畜牧兽医行业标准汇编

（2025）

中国农业出版社　编

中国农业出版社
农村读物出版社
北　京

出 版 说 明

　　近年来，我们陆续出版了多部中国农业标准汇编，已将 2004—2022 年由我社出版的 5 000 多项标准单行本汇编成册，得到了广大读者的一致好评。无论从阅读方式还是从参考使用上，都给读者带来了很大方便。

　　为了加大农业标准的宣贯力度，扩大标准汇编本的影响，满足和方便读者的需要，我们在总结以往出版经验的基础上策划了《畜牧兽医行业标准汇编（2025）》。本书收录了 2023 年发布的畜禽场场区设计技术规范、生产性能测定技术规范、猪场建设规范、干草调制技术规范、饲料原料、饲料中成分的测定、疫病诊断技术、兽药残留量测定、屠宰加工设备、畜禽屠宰操作规程等方面的农业标准 63 项，并在书后附有 2023 年发布的 3 个标准公告供参考。

　　特别声明：

　　1. 汇编本着尊重原著的原则，除明显差错外，对标准中所涉及的有关量、符号、单位和编写体例均未做统一改动。

　　2. 从印制工艺的角度考虑，原标准中的彩色部分在此只给出黑白图片。

　　本书可供农业生产人员、标准管理干部和科研人员使用，也可供有关农业院校师生参考。

中国农业出版社

2024 年 10 月

目　　录

第一部分
畜牧类标准

ICS 65.020.30
CCS B 40

中华人民共和国农业行业标准

NY/T 682—2023
代替 NY/T 682—2003

畜禽场场区设计技术规范

Technical specification for overall plane design of livestock and poultry farms

2023-02-17 发布

2023-06-01 实施

中华人民共和国农业农村部 发布

前　　言

本文件按照 GB/T 1.1—2020《标准化工作导则　第 1 部分:标准化文件的结构和起草规则》的规定起草。

本文件代替 NY/T 682—2003《畜禽场场区设计技术规范》。与 NY/T 682—2003 相比,除结构调整和编辑性改动外,主要技术变化如下:

a) 修改了规范性引用文件章节,将已废除的引用标准改为现行有效标准;

b) 修改了术语和定义章节,增加了 2 个术语;

c) 修改了隔离区的内容含义,细分为隔离区和无害化处理区;

d) 取消了原标准中要求标题,内容提升一级标题;

e) 修改了要求章节中关于场址选择防疫距离的相关内容,完善了不应建场条件;

f) 修改了畜禽场场区占地面积估算表;

g) 取消了畜禽场围墙外防疫沟的建设要求;

h) 新增了饲草储存设施设计参数表;

i) 修改了畜禽舍朝向设计要求;

j) 新增了场区工程投资控制额度表。

本文件由农业农村部计划财务司提出并归口。

本文件起草单位:农业农村部规划设计研究院、农业农村部工程建设服务中心。

本文件主要起草人:耿如林、陈乙元、杜孝明、曹干、盛宝永、鲜于开艳。

畜禽场场区设计技术规范

1 范围

本文件规定了畜禽场的场址选择、总平面布置、竖向设计、场区给排水、场区电气、场区道路、场区绿化和主要技术经济指标。

本文件适用于新建、改建、扩建的舍饲奶牛、肉牛、猪、羊、家禽等畜禽场场区总体设计，本文件不适用于以放牧为主的畜禽场场区和多层立体养殖场场区设计。

2 规范性引用文件

下列文件中的内容通过文中的规范性引用而构成本文件必不可少的条款。其中，注日期的引用文件，仅该日期对应的版本适用于本文件；不注日期的引用文件，其最新版本（包括所有的修改单）适用于本文件。

GB 18596 畜禽养殖业污染物排放标准

GB 50016 建筑设计防火规范

3 术语和定义

下列术语和定义适用于本文件。

3.1

畜禽场 livestock and poultry farms

具有一定规模，采用先进养殖技术和生产工艺，实行合理密度舍饲，从事种畜禽选育或商品畜禽生产的专业化生产场所。

3.2

无害化处理区 harmless treatment area

把畜禽粪便、尸体、污水等废弃物进行加工处理，使其无害化或资源化再利用的区域。

3.3

隔离区 quarantine area

对本场患病畜禽或场外引进畜禽进行检疫隔离的区域。

4 场址选择

4.1 畜禽场选址应具备相应土地使用协议或国土部门颁发的土地使用证书，且符合当地土地利用发展规划、城乡建设发展规划和环境保护规划的要求。

4.2 场址选址应符合动物防疫条件，并对周边的天然屏障、人工屏障、行政区划、饲养环境、动物分布等情况，以及动物疫病的发生、流行状况等因素进行风险评估，根据评估结果确认选址。

4.3 场址应水源充足，水质符合生产生活用水要求，排水畅通，供电可靠，交通便利，地质条件能满足工程建设要求。

4.4 场址周围宜具备粪污消纳条件，畜禽场建设需通过环境影响评价。

4.5 以下地区或地段不应建场：

    a) 生活饮用水的水源保护区，风景名胜区，以及自然保护区的核心区和缓冲区；

    b) 城镇居民区、文化教育科学研究区等人口集中区域；

    c) 受洪水或山洪威胁及泥石流，滑坡等自然灾害多发地带；

    d) 法律法规规定的其他禁养区域。

5 总平面布置

5.1 根据畜禽场生产工艺要求,按功能分区布置各建(构)筑物位置。畜禽场一般划分生活管理区、辅助生产区、生产区、无害化处理区和隔离区。

5.2 建筑物应具有合理朝向,满足采光、通风要求,建筑物长轴宜沿场区等高线布置。

5.3 畜禽场大门应位于场区主干道与场外道路连接处,场区出入口处设置车辆消毒池及人员消毒通道。车辆消毒池应与门同宽,长≥4.0 m,深≥0.2 m。进场人员或车辆应消毒后才能进入场区。

5.4 场区周围应建有围墙,围墙高度2.5 m～3.0 m;围墙距一般建筑物的间距宜大于3.0 m,距畜禽舍的间距宜大于5.0 m。

5.5 生活管理区主要布置管理人员办公用房、技术人员业务用房、职工生活用房、人员和车辆消毒设施及门卫、大门等,应位于场区全年主导风向的上风处或侧风处,在紧邻场区大门内侧集中布置。生活管理区与生产区间距宜大于30.0 m,并有隔离设施。

5.6 辅助生产区的供水、供电、供热、设备维修、物资仓库、饲料储存等辅助生产设施,应靠近生产区的负荷中心布置。

5.7 青贮、干草、块根块茎类饲料或垫草等大宗物料的储存场地,应按照储用合一的原则,布置在饲料输入口与生产区之间并尽量靠近生产区,应设置原料入口和饲料出口,禁止生产区内外运料车交叉使用。储存场地应处于生产区全年主导风向的上风向处或侧风向处,干草棚、饲料加工间等建筑物应满足GB 50016中相关防火规范要求。

5.8 饲料、青贮、饲草储存设施相关参数见表1。

表 1 饲料、青贮、饲草储存时间及容重参数表

项目名称	储存时间,月	容重,kg/m³	备注
饲料	1～2	800～1 000	袋装
青贮	12	500～700	青贮窖压实
饲草	6～12	300～350	高密度草捆

5.9 生产区主要布置各类畜禽舍和相应的挤奶厅、蛋库、剪毛间、药浴池、人工授精室、胚胎移植室、装车台配套等设施,并设置在靠近出入口,不宜穿越生产区。生产区与其他区之间应用围墙或绿化隔离带严格分开,在生产区入口处设置人员更衣消毒室和车辆消毒设施。

5.10 生产区畜禽舍长轴方向宜与当地冬季主导风向平行设置,以利于畜舍冬季保温需要。相邻两栋长轴平行的畜禽舍间距,无舍外运动场时,两平行侧墙的间距控制在8.0 m～15.0 m为宜;有舍外运动场时,相邻运动场栏杆的间距控制以3.0 m～4.0 m为宜。相邻畜禽舍端墙之间的间距控制以12.0 m～15.0 m为宜。

5.11 无害化处理区主要布置废弃物存放设施和无害化处理设施等,该区应处于场区全年主导风向的下风向处和场地地势最低处,与生产区的间距应满足兽医卫生防疫要求。无害化处理区与生产区有专用道路相通,与场外有专用大门相通。

5.12 隔离区主要布置畜禽隔离舍及兽医诊疗室,该区可与无害化处理区平行布置,应处于场区全年主导风向的下风向处。

6 竖向设计

6.1 畜禽舍内地面标高应高于舍外地面标高0.2 m～0.4 m,并与场区道路标高相协调。场区道路设计标高宜高于场区标高。

6.2 场区应尽量与自然地形相适应,用地自然坡度小于5%时,宜采用平坡式竖向布置方式;用地自然坡度大于8%时,宜采用台阶式竖向布置方式;用地自然坡度为5%～8%时,宜采用混合式竖向布置方式。

7 场区给排水

7.1 畜禽场供水管线布置应考虑施工、维护方便,运行安全可靠,节省造价。尽量缩短管线的长度,避开不良地质构造处,尽量沿现有或规划道路敷设。供水压力应满足生产工艺要求,供水量应满足综合生活用水、生产用水、浇洒道路和绿地用水、管网漏损水量和未预见用水量之和。

畜禽场主要用水指标参数见表2。

表 2　主要用水指标参数表

项目名称	单位	数量	备注
1. 生活用水			
生产人员	升/(人·天)	100～150	场内吃、住、消毒
管理及技术人员	升/(人·天)	30～50	
2. 生产用水			
猪	升/(头·天)	80～120	平均至每头基础母猪
奶牛	升/(头·天)	150～200	平均至每头基础母牛
肉牛	升/(头·天)	100～150	按存栏量计
羊	升/(只·天)	10～15	平均至每头基础母羊
鸡	L/(千只·天)	150～200	按存栏量计
3. 其他用水	m³/d	$N \times (10\% \sim 15\%)$	N 为生活、生产用水总和

7.2 场区应实行雨污分流的原则,场区自然降水宜采用明沟形式有组织的排水。场区污水应采用暗管收集,集中处理,符合 GB 18596 的规定后达标排放。

7.3 排水管渠系统应根据畜禽场总体规划和建设情况统一布置,分期建设。排水管渠断面尺寸应按远期规划的最高日最高时设计流量设计,按现状水量复核,并考虑畜禽场远景发展的需要。排水管渠平面位置和高程,应根据地形、土质、地下水位、道路情况、原有的和规划的地下设施、施工条件以及养护管理方便等因素综合考虑确定。管渠高程设计除考虑地形坡度外,还应考虑与其他地下设施的关系以及接户管的连接方便。

7.4 排水系统应采用重力流为主。当无法采用重力流或重力流不经济时,可采用压力流。污水管道和附属构筑物应保证其密实性,防止污水外渗和地下水渗入。

7.5 生产污水需处理达标后方可排放。排水管渠材质、管渠构造、管渠基础、管道接口,应根据排水水质、水温、冰冻情况、断面尺寸、管内外所受压力、土质、地下水位、地下水侵蚀性、施工条件及对养护工具的适应性等因素进行选择与设计。

8 场区电气

8.1 重要的畜禽生产用电、消防设备用电、寒冷地区锅炉房用电负荷等级应采用二级,其他用电负荷宜为三级。

8.2 场区供电电压等级应根据用电容量、供电距离、当地供电网现状及其发展规划等因素,经技术经济比较后确定。

8.3 场区供电应自成系统,且系统应简单可靠,并便于管理维修。

8.4 向畜禽舍供电宜采用链式供电系统,每个链式供电回路的畜禽舍数量不宜超过5栋。

8.5 场区宜设路灯照明。

8.6 场区宜设置视频安防监控系统,应设置监控室。

9 场区道路

9.1 场区道路要求在各种气候条件下保证能通车,防止扬尘。应分别有人员行走和运送饲料的净道、供运输粪污和病死畜禽的污道及供畜禽产品装车外运的专用通道。

9.2 生产区内净道、污道应分设,避免交叉使用。净道转弯半径应大于 4.0 m,污道转弯半径应大于 3.0 m。

9.3 净道作为场区的主干道应硬化处理,宜采用混凝土路面或沥青砼路面,也可采用平整石块或条石路面。路面宽度 4.0 m~6.0 m,路面横坡 1.0%~2.0%,纵坡 0.3%~8.0%,多雪的严寒地区纵坡应小于 6.0%。

9.4 污道路面做法可同净道,也可采用碎石路面或石灰渣土路面。路面宽度 2.0 m~4.0 m。

9.5 场内道路一般与建筑物长轴平行或垂直布置。道路与建筑物外墙最小距离,当无出入口时,以 1.5 m 为宜;有出入口时,以不小于 3.0 m 为宜。

10 场区绿化

10.1 选择适合当地生长、对人畜无害的花草及树木进行场区绿化,绿化率宜为 20%~30%。鸡、鸭等家禽养殖场不宜种植高大树木。

10.2 树木与建筑物外墙、围墙、道路边缘及排水明沟边缘的距离应不小于 1.5 m。

11 主要技术经济指标

11.1 畜禽场场区投资控制额度指标可按表 3 的推荐值估算。

表 3 畜禽场场区工程投资控制额度表

工程类别	子项名称	单位	投资指标,元	备注
给水工程	管网工程	m	90~150	DN110~DN150,PE 材料
	水源工程	m	500~800	井深 100 m~200 m
排水工程	管网工程	m	30~50	含检查井,检查井 20 m~30 m 一个
电气工程	高压埋地供电线路	m	300~550	10 kV、聚乙烯绝缘电缆穿管埋地
	低压埋地供电线路	m	150~300	380 V/220 V、聚乙烯铠装绝缘电缆直埋
	通信埋地线路	m	80~160	通信光纤穿管埋地
	监控埋地线路	m	80~100	监控线路穿管埋地
	路灯供电线路	m	70~100	380 V/220 V、聚乙烯铠装绝缘电缆直埋
	场区路灯	套	1 000~2 000	3 m~6 m 高庭院灯、路灯
	室外监控摄像机	套	2 000~2 500	每千伏安投资额(含配套设备)与容量成反比
	箱式变压器	kVA	800~1 200	
	杆上变压器	kVA	400~600	
	注:各类线路如采用架空方式,单价可降低 20%~30%			
道路及硬化工程	混凝土路	m²	120~150	机械化操作场区内主干道、净道、污道
	沙石路	m²	50~80	适用于小规模非机械化操作场区
	硬化地面	m²	120~150	配套设施用地(饲料储存区)地面
绿化工程		m²	30~80	牧草或树木
围护工程	实体围墙	m	500~700	砖砌围墙,墙高 2.2 m~2.4 m
	围栏	m	120~150	铁栅栏
	电动大门	个	10 000~15 000	管理区主出入口
	钢板大门	个	5 000~8 000	次出入口
土方工程	挖方 填方	m³	15~25	运距 5 km 以内
注:以上投资指标为华北地区无复杂地形条件工程造价,其他地区造价指标可参考执行,地形复杂、施工难度较大地区造价指标宜在此基础上增加 15%~30%。				

11.2 畜禽场选址所需占地面积可按表 4 的推荐值估算,征用土地时应按设计图纸计算实际用地范围。

表 4　畜禽场场区占地面积估算表

类别	单位	饲养规模	饲养工艺	单位占地面积，m²	备注
种猪场	头	≥300	舍饲	70～90	按基础母猪计
商品猪场	头	≥600	舍饲	50～70	按基础母猪计
奶牛场	头	≥100	舍外设运动场	90～120	按成奶牛存栏量计
奶牛场	头	≥100	舍饲加卧栏	60～80	按成奶牛存栏量计
肉牛繁育场	头	≥200	舍外设运动场	70～100	按种母牛存栏量计
肉牛育肥场	头	≥200	集中育肥	30～50	按每批存栏量计
种羊场	只	≥300	舍外设运动场	30～50	按基础母羊计
肉羊育肥场	只	≥500	集中育肥	10～15	按每批存栏量计
种鸡场	万套	≥1	舍饲平养	6 000～8 000	按种鸡存栏量计
蛋鸡场	万只	1～20	三层或四层阶梯	3 000～4 000	按产蛋鸡存栏量计
蛋鸡场	万只	≥20	四层～八层叠层	2 000～3 000	按产蛋鸡存栏量计
肉鸡场	万只	5～20	舍饲平养	2 500～3 000	按每批存栏量计
肉鸡场	万只	≥20	四层叠层	800～1 000	按每批存栏量计
种鸭场	万套	≥1	舍饲平养	6 500～8 000	按存栏量计
商品鸭场	万只	≥1	舍饲平养	3 000～5 000	按存栏量计
种鹅场	万套	≥1	舍饲平养	23 000～27 000	按存栏量计
商品鹅场	万只	≥1	舍饲平养	7 500～9 000	按存栏量计

ICS 65.020.30
CCS B 43

中华人民共和国农业行业标准

NY/T 1236—2023
代替 NY/T 1236—2006

种羊生产性能测定技术规范

Technical specification for the performance test of goat and sheep stud

2023-12-22 发布

2024-05-01 实施

中华人民共和国农业农村部 发布

前　　言

本文件按照 GB/T 1.1—2020《标准化工作导则　第 1 部分:标准化文件的结构和起草规则》的规定
起草。

本文件代替 NY/T 1236—2006《绵、山羊生产性能测定技术规范》,与 NY/T 1236—2006 相比,除结
构调整和编辑性改动外,主要技术变化如下:

    a)　更改了术语和定义(见第 3 章,2006 年版的第 3 章);

    b)　增加了测定条件(见第 4 章);

    c)　增加了断奶重、周岁重,精液量、精子密度、精子活力、精子畸形率、6 月龄体重、肋肉厚、后腿重、
       失水率、羊绒强力、乳蛋白率的测定(见第 5 章,附录 A);

    d)　删除了外形、嫩度、大理石纹、瘦肉率、羊毛弯曲大小、绒长、毛卷性状、毛卷大小、毛长、毛色均匀
       度的测定(见 2006 年版的第 4 章);

    e)　增加了抽样(见第 6 章);

    f)　增加了记录表格(见附录 B)。

请注意本文件的某些内容可能涉及专利。本文件的发布机构不承担识别专利的责任。

本文件由农业农村部种业管理司提出。

本文件由全国畜牧业标准化技术委员会(SA/TC 274)归口。

本文件起草单位:全国畜牧总站、中国农业科学院北京畜牧兽医研究所、农业农村部种羊及羊毛羊绒
质量监督检验测试中心(乌鲁木齐)、兰州大学、新疆巩乃斯种羊场、辽宁白绒山羊育种中心等。

本文件主要起草人:刘丑生、郑文新、刘刚、魏彩虹、李发弟、杜立新、孟飞、朱芳贤、韩旭、高维明、韩迪、
赵俊金、邱小田、史建民、赵文生、郭江鹏。

本文件及其所代替文件的历次版本发布情况为:

    ——2006 年首次发布为 NY/T 1236—2006;

    ——本次为第一次修订。

种羊生产性能测定技术规范

1 范围

本文件规定了种羊生产性能测定的测定条件、测定项目、抽样、测定方法。

本文件适用于种羊生产性能的测定,非种用羊参照执行。

2 规范性引用文件

下列文件中的内容通过文中的规范性引用而构成本文件必不可少的条款。其中,注日期的引用文件,仅该日期对应的版本适用于本文件;不注日期的引用文件,其最新版本(包括所有的修改单)适用于本文件。

GB/T 6978　含脂毛洗净率试验方法　烘箱法

GB/T 8170　数值修约规则与极限数值的表示和判定

GB/T 13835.5　兔毛纤维试验方法　第5部分:单纤维断裂强度和断裂伸长率

GB 18267—2013　山羊绒

GB/T 26939—2011　种羊鉴定术语、项目与符号

GB/T 27629　毛绒束纤维断裂强度试验方法

NY/T 1167　畜禽场环境质量及卫生控制规范

NY/T 2222　动物纤维直径及成分检测　显微图像分析仪法

QB/T 1268　毛皮　物理和机械试验　厚度的测定

3 术语和定义

GB/T 26939—2011界定的以及下列术语和定义适用于本文件。

3.1

测定站测定　station testing

将所有的待测个体集中在一个专门的性能测定站或者某一个特定的羊场中,在一定时间内进行的性能测定。

3.2

场内测定　on-farm testing

直接在各个羊场内进行的性能测定。

4 测定条件

4.1 同一测定站或测定场待测种羊的圈舍、运动场、光照、饮水和卫生等管理条件宜基本一致。饲养环境及其卫生条件应符合NY/T 1167的规定。

4.2 测定站(场)应具备相应的测定设备和用具,如测杖、皮尺、背膘测定仪、电子秤等。

4.3 测定站(场)应配备有固定的专业技术人员。

4.4 测定站(场)应符合卫生防疫要求。

4.5 待测羊应有明确的个体编号。

4.6 待测羊应健康、生长发育正常、无遗传缺陷,附具检疫合格证。

4.7 待测羊的营养水平应达到相应饲养标准的要求。

5 测定项目

5.1 通用性状

5.1.1 体重：
—— 初生重；
—— 断奶重；
—— 周岁重；
—— 成年重。

5.1.2 体尺：
—— 体高；
—— 体长；
—— 胸围；
—— 管围；
—— 胸宽；
—— 胸深；
—— 腰角宽；
—— 十字部高。

5.1.3 公羊繁殖性状：
—— 精液量；
—— 精子密度；
—— 精子活力；
—— 精子畸形率。

5.1.4 母羊繁殖性状：
—— 性成熟年龄；
—— 初配年龄；
—— 产羔率；
—— 繁殖成活率。

5.2 肉用性状

5.2.1 基本测定项目：
—— 6月龄体重；
—— 宰前活重；
—— 胴体重；
—— 屠宰率。

5.2.2 辅助测定项目：
—— 背脂厚；
—— 眼肌面积；
—— 肋肉厚（GR值）；
—— 肉骨比；
—— 后腿重；
—— 净肉重；
—— 胴体净肉率；
—— 肉色；
—— 失水率。

注：以上测定项目，测定站测定时为必须测定项目，场内测定时为选择性测定项目。

5.3 毛用性状

5.3.1 基本测定项目：
—— 剪毛量；

——剪毛后体重；

——被毛密度；

——毛丛自然长度；

——毛纤维直径；

——羊毛油汗。

5.3.2 辅助测定项目：

——净毛率；

——净毛量；

——羊毛强伸度；

——被毛匀度；

——羊毛弯曲。

注：以上测定项目，测定站测定时为必须测定项目，场内测定时为选择性测定项目。

5.4 绒用性状

5.4.1 基本测定项目：

——抓绒量；

——抓绒后体重；

——绒纤维直径；

——绒层厚度。

5.4.2 辅助测定项目：

——净绒率；

——羊绒强力。

注：以上测定项目，测定站测定时为必须测定项目，场内测定时为选择性测定项目。

5.5 羔·裘皮用性状

5.5.1 基本测定项目：

——被毛光泽；

——花纹类型；

——皮张厚度；

——皮重；

——板质；

——皮张面积；

——皮毛密度。

5.5.2 辅助测定项目：

——花案面积；

——正身面积。

注：以上测定项目，测定站测定时为必须测定项目，场内测定时为选择性测定项目。

5.6 乳用性状

5.6.1 基本测定项目：

——产奶量；

——乳脂率；

——乳蛋白率；

——乳干物质率。

5.6.2 辅助测定项目：后代群体平均产奶量。该项目测定站测定时为必须测定项目，场内测定时为选择性测定项目。

6 抽样

6.1 抽样地点

受测单位养殖场或种羊场。

6.2 测定站抽样数量

每个种羊场随机抽样数量不少于 100 只,其中公羊不少于 30 只,母羊不少于 80 只;屠宰测定数量不少于 30 只。

7 生产性能测定方法

生产性能测定方法按照附录 A 的规定执行。测定记录表格见附录 B。

附　录　A

（规范性）

生产性能测定方法

A.1　通用性状测定

A.1.1　初生重

羔羊初生后 1 h 内未吸吮初乳前称得的体重,单位为千克(kg)。结果修约至 1 位小数。

A.1.2　阶段体重

断奶重、周岁重、成年体重均为空腹称重,单位为千克(kg)。结果修约至 1 位小数。

A.1.3　体尺

A.1.3.1　体高

羊只在坚实平坦地面正站立,用杖尺测量肩胛最高点到地面垂直距离,单位为厘米(cm)。结果修约至 1 位小数。

A.1.3.2　体长

羊只在坚实平坦地面正站立,用杖尺测量肩端前缘到坐骨结节端的直线距离,单位为厘米(cm)。结果修约至 1 位小数。

A.1.3.3　胸围

羊只在坚实平坦地面正站立,用卷尺测量肩胛后端绕胸一周的长度,单位为厘米(cm)。结果修约至 1 位小数。

A.1.3.4　管围

羊只在坚实平坦地面正站立,用卷尺测量左前肢管部最细处的水平周径,单位为厘米(cm)。结果修约至 1 位小数。

A.1.3.5　胸宽

羊只在坚实平坦地面正站立,用杖尺测量肩胛最宽处左右两侧的直线距离,单位为厘米(cm)。结果修约至 1 位小数。

A.1.3.6　胸深

羊只在坚实平坦地面正站立,用杖尺测量肩胛最高处到胸突的直线距离,单位为厘米(cm)。结果修约至 1 位小数。

A.1.3.7　腰角宽

羊只在坚实平坦地面正站立,用杖尺测量两侧腰角外缘间的直线距离,单位为厘米(cm)。结果修约至 1 位小数。

A.1.3.8　十字部高

羊只在坚实平坦地面正站立,用杖尺测量十字部至地面的垂直距离,单位为厘米(cm)。结果修约至 1 位小数。

A.1.4　公羊繁殖性能

A.1.4.1　精液量

每只公羊一次射出精液的量,单位为毫升(mL)。结果修约至 1 位小数。

A.1.4.2　精子密度

每只公羊 1 mL 精液中所含有的精子数目,单位为亿个每毫升(亿个/mL)。采用血细胞计数器或密度仪测定精子密度。

A.1.4.3 精子活力

在显微镜下一个视野内观察,前向运动的精子在整个视野中所占的比率。100%前向运动者为1.0,70%为0.7,以此类推。

A.1.4.4 精子畸形率

用吉姆萨染色法随机测定200个精子,其中精子畸形个数占总观测精子个数的百分比。重复3次,用3次平均值表示。

A.1.5 母羊繁殖性能

A.1.5.1 产羔率

产羔数与分娩母羊数的百分比。结果修约至1位小数。

A.1.5.2 繁殖成活率

断乳羔羊数与能繁母羊数的百分比。结果修约至1位小数。

A.2 肉用性能测定

A.2.1 6月龄体重

6月龄时称量的空腹体重,单位为千克(kg)。结果修约至1位小数。

A.2.2 宰前活重

禁食12 h~16 h,禁饮2 h的受测羊只自然状态下称量的体重,单位为千克(kg)。结果修约至1位小数。

A.2.3 胴体重

将待测羊屠宰后,充分放血,去皮、头(由环枕关节处分割)、管骨及管骨以下部分和内脏(保留肾脏及肾脂),剩余部分静置30 min后称重,单位为千克(kg)。结果修约至1位小数。

A.2.4 净肉重

胴体经剔除骨骼后的重量(骨骼上附着的肉不应超过500 g),单位为千克(kg)。结果修约至1位小数。

A.2.5 屠宰率

胴体重与宰前活重的百分比,按公式(A.1)进行计算。结果修约至2位小数。

$$J = \frac{K}{M} \times 100 \quad\quad\quad\quad\quad\quad (A.1)$$

式中:

J ——屠宰率的数值,单位为百分号(%);

K ——胴体重的数值,单位为千克(kg);

M ——宰前活重的数值,单位为千克(kg)。

A.2.6 背脂厚

A.2.6.1 游标卡尺法

将胴体从第12肋骨后端切断,用游标卡尺测量肋骨后端距离背脊中线1 cm处体表脂肪层厚度,单位为毫米(mm)。结果修约至1位小数。

A.2.6.2 B超法

羊只在坚实平坦地面正站立,保持背腰部平直,用手触摸确定测量位置,在第12肋骨与第13肋骨之间离背脊中线1 cm处剪毛,置探头于该部位,获取图像并测量,单位为毫米(mm)。结果修约至1位小数。测量前,应对超声波设备进行检查和校正。

A.2.7 眼肌面积

A.2.7.1 硫酸纸拓印法

A.2.7.1.1 从右半片胴体的第 12 根肋骨后缘横切断,将硫酸纸贴在眼肌横断面上,用软质铅笔沿眼肌横断面的边缘描下轮廓,用求积仪测定轮廓内面积作为眼肌面积。

A.2.7.1.2 若无求积仪,可采用不锈钢直尺,准确测量 A.2.7.1.1 中轮廓的长度和宽度,眼肌面积按公式(A.2)计算。结果修约至 2 位小数。

$$Q = R \times S \times 0.7 \quad\cdots\cdots\cdots\cdots\cdots\cdots\cdots\cdots\cdots\cdots\cdots\cdots \quad (A.2)$$

式中:

Q ——眼肌面积的数值,单位为平方厘米(cm^2);

R ——眼肌高度的数值,单位为厘米(cm);

S ——眼肌宽度的数值,单位为厘米(cm);

0.7——修正系数。

A.2.7.2 B超法

按照 A.2.6.2 方法测定。

A.2.8 肋肉厚(GR值)

用游标卡尺测量第 12 肋骨与第 13 肋骨之间、距背脊中线 11 cm 处的组织厚度(见图 A.1),单位为毫米(mm)。结果修约至 1 位小数。

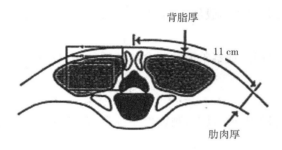

图 A.1 背脂厚和肋肉厚示意图

A.2.9 肉骨比

胴体经剔净肉后,净肉重与骨骼重的比值。结果修约至 1 位小数。

A.2.10 后腿重

称量从最后腰椎处横切下后腿的重量,单位为千克(kg)。结果修约至 1 位小数。

A.2.11 胴体净肉率

胴体净肉重占胴体重的百分率。结果修约至 2 位小数。

A.2.12 肉色

分别于屠宰后 45 min 和 24 h 进行测定,在胸腰椎结合处取背最长肌,剔除外膜及脂肪组织后用肉色评分标准图和色差仪测定;用色差仪进行测定时,不能对色差仪探头施加压力,每个肉样测 2 个平行,2 个平行间测定结果偏差应小于 5%。

A.2.13 失水率

屠宰后 2 h 内取长度为 7 cm 的背最长肌肉样,平置在洁净的橡皮片上,用直径为 5 cm 的圆形取样器切取中心部分背最长肌样品一块,厚度为 1.5 cm,立即用精度为 0.000 1 g 的天平称重;然后,夹于上下各垫 18 层定性中速滤纸中央,再上下各用一块 2 cm 厚的塑料板,在 35 kg 的压力下保持 5 min;撤除压力后,立即称肉样重。肉样前后重量的差异,即为肉样失水重。结果修约至 2 位小数。失水率按公式(A.3)进行计算。

$$f = \frac{g-h}{g} \times 100 \quad\cdots\cdots\cdots\cdots\cdots\cdots\cdots\cdots\cdots\cdots\cdots \quad (A.3)$$

式中:

f ——失水率,单位为百分号(%);

g ——压前重量的数值,单位为克(g);

h ——压后重量的数值,单位为克(g)。

A.3 毛用性能测定

A.3.1 剪毛量

从羊只个体上剪下全部羊毛,用秤称重,单位为千克(kg)。结果修约至1位小数。

A.3.2 剪毛后体重

受测羊只空腹剪毛后称测的重量,单位为千克(kg)。结果修约至1位小数。

A.3.3 被毛密度

肩胛后缘10 cm处用密度钳采样,测1 cm²面积羊毛根数,单位为根每平方厘米(根/cm²)。结果修约至1位小数。

A.3.4 毛丛自然长度

测定时,将毛丛分开,保持羊毛的自然状态,用钢直尺沿毛丛的生长方向测量其自然长度。单位为厘米(cm),精确度为0.5 cm。

A.3.5 毛纤维直径

分别从羊只3个部位(肩部、体侧和股部)各取毛样15 g,测定程序按照NY/T 2222的规定执行。

A.3.6 羊毛油汗

肩胛后缘10 cm处将毛从打开,观察羊毛油汗含量和颜色。记录符号按照GB/T 26939—2011中4.1的规定执行。

A.3.7 净毛率

从肩胛后缘10 cm处采毛样150 g以上,测定程序按照GB/T 6978的规定执行。

A.3.8 净毛量

将个体剪毛量乘以该个体净毛率计算得出净毛量,单位为千克(kg)。结果修约至1位小数。

A.3.9 羊毛强伸度

测定羊毛束纤维强度,测定程序按照GB/T 27629的规定执行。

A.3.10 被毛匀度

根据肩胛后缘部位与股部羊毛纤维直径的差异来判断,无差异为匀度好,有差异为匀度差。记录符号按GB/T 26939的规定执行。

A.3.11 羊毛弯曲

将体侧部毛丛分开观察判断。表示方法与记录符号:

W——弯曲明显,呈浅波状或近似半圆形,符合理想要求;

W⁻——弯曲不明显,呈平波状;

W⁺——表示弯曲的底小弧度深,呈高弯曲;

W⁰——表示体躯主要部位有环状弯曲。

A.4 绒用性能测定

A.4.1 抓绒量

从具有双层毛被的羊身上抓取得的,以下层绒毛为主附带有少量自然杂质、未经加工的绒毛量,单位为克(g)。结果修约至1位小数。

A.4.2 抓绒后体重

被测羊只空腹抓绒后称测的活重,单位为千克(kg)。结果修约至1位小数。

A.4.3 绒纤维直径

从被测羊只肩胛骨后缘10 cm处剪取5 g~15 g的绒,测定程序按照NY/T 2222的规定执行。

A.4.4 绒层厚度

在肩胛后缘 10 cm 处,用不锈钢直尺测量绒层底部至绒层顶端之间距离,单位为毫米(mm)。结果修约至 1 位小数。

A.4.5 净绒率

在抓取羊只全身羊绒中随机抽取 150 g 以上羊绒,测定程序按照 GB 18267—2013 中 5.2.3.5 的规定执行。

A.4.6 羊绒强力

羊绒强力测定程序按照 GB/T 13835.5 的规定执行。

A.5 羔·裘皮性能测定

A.5.1 被毛光泽

将皮张毛面向上平展地铺在操作台上,目测毛皮不同部位被毛光泽情况。分为正常(亦称光润)、不足(亦称欠光润)、碎玻璃状光泽 3 种。

A.5.2 花纹类型

根据各羊品种标准判定花纹类型。

A.5.3 皮张厚度

按照 QB/T 1268 的规定执行。

A.5.4 皮重

去除皮张上残留的油、肉后皮张的重量,单位为克(g)。结果修约至 1 位小数。

A.5.5 板质

将皮张板面朝上,毛面朝下平展地放在操作台上,抚摸板面各处厚薄是否适中、均匀和坚韧;有无描刀、破洞等人为加工缺陷。对照标样,皮板质量可分为良好、略薄、薄弱 3 种。

A.5.6 皮张面积

将皮张板面向上平展地铺在操作台上,用直尺测量从颈部中间至尾根测出长度,在皮张腰部适当位置测出宽度,二者相乘计算出皮张面积,单位为平方厘米(cm²)。结果修约至整数。

A.5.7 皮毛密度

将皮张毛面向上平展地铺在操作台上,根据毛卷紧实性与花案清晰度等情况目测、手触判定。对照标样,判定结果分为过密、过稀、适中 3 种。

A.5.8 花案面积

将皮张毛面向上,在室内对着自然光线(阳光不能直射),观察毛面上反射出光泽程度,单位为平方厘米(cm²)。结果修约至 1 位小数。按公式(A.4)进行计算。

$$AE = AF \times AG \quad\quad\quad\quad\quad\quad\quad\quad\quad\quad\quad (A.4)$$

式中:

AE ——花案面积的数值,单位为平方厘米(cm²);

AF ——花案分布长度的数值,单位为厘米(cm);

AG ——花案分布宽度的数值,单位为厘米(cm)。

A.5.9 正身面积

将皮张板面向上平展地铺在操作台上,用直尺测量毛皮上前肩横线至尾根横线之间的长度以及两直线之间的宽度,二者相乘计算出正身面积,单位为平方厘米(cm²)。结果修约至整数。

A.6 乳用性能测定

A.6.1 产奶量

在正常饲养水平条件下,每只母羊每个泌乳期的产奶量,单位为千克(kg)。结果修约至 1 位小数。需注明胎次。

A.6.2 乳脂率

以一个泌乳期的第 2、第 5、第 8 个泌乳月第 15 天所产奶的脂肪量之和与这几天产奶量之和的百分比来表示。结果修约至 2 位小数。按公式(A.5)进行计算。

$$AK = \frac{AL}{AM} \times 100 \quad\cdots\cdots\cdots\cdots\cdots\cdots\cdots\cdots\cdots\cdots\cdots\cdots\cdots\cdots\cdots\cdots\cdots \quad (A.5)$$

式中：

AK ——乳脂率的数值,单位为百分号(%);

AL ——第 2、第 5、第 8 个泌乳月第 15 天所产奶的脂肪量之和,单位为千克(kg);

AM ——第 2、第 5、第 8 个泌乳月第 15 天所产奶量之和,单位为千克(kg)。

A.6.3 乳蛋白率

以一个泌乳期的第 2、第 5、第 8 个泌乳月第 15 天所产奶的蛋白量之和与这几天产奶量之和的百分比来表示。结果修约至 2 位小数。按公式(A.6)进行计算。

$$AN = \frac{AO}{AP} \times 100 \quad\cdots\cdots\cdots\cdots\cdots\cdots\cdots\cdots\cdots\cdots\cdots\cdots\cdots\cdots\cdots\cdots\cdots \quad (A.6)$$

式中：

AN ——乳蛋白率的数值,单位为百分号(%);

AO ——第 2、第 5、第 8 个泌乳月第 15 天所产奶的蛋白量之和,单位为千克(kg);

AP ——第 2、第 5、第 8 个泌乳月第 15 天所产奶量之和,单位为千克(kg)。

A.6.4 乳干物质率

以一个泌乳期的第 2、第 5、第 8 个泌乳月的第 15 天的奶的干物质重量之和与这几天产奶量之和的百分比来表示。结果修约至 2 位小数。按公式(A.7)进行计算。

$$AQ = \frac{AR}{AS} \times 100 \quad\cdots\cdots\cdots\cdots\cdots\cdots\cdots\cdots\cdots\cdots\cdots\cdots\cdots\cdots\cdots\cdots\cdots \quad (A.7)$$

式中：

AQ ——干物质率的数值,单位为百分号(%);

AR ——第 2、第 5、第 8 个泌乳月第 15 天所产奶的干物质重量之和,单位为千克(kg);

AS ——第 2、第 5、第 8 个泌乳月第 15 天所产奶量之和,单位为千克(kg)。

A.6.5 后代群体平均产奶量

在正常饲养水平条件下,子代群体每一年度所产奶量的总和与实际产奶羊只数之比,单位为千克(kg)。结果修约至 1 位小数。需注明胎次。

A.7 数值修约

测定结果的数值修约按照 GB/T 8170 的规定执行。

附 录 B
（资料性）
记录表格

B.1 种羊生产性能测定信息登记表

见表B.1。

表B.1 种羊生产性能测定信息登记表

编号：________________ 登记日期：______年______月______日

场（小区、站、公司、户）名：________________

地点：________省（自治区、直辖市）________县（区、市）________乡（镇）________村

联系人：________________联系方式：________________

基本情况							
品种		类型				个体编号	
出生日期		性别				出生地	
引入日期		来源地				毛色	
综合鉴(评)定等级							
通用性状							
初生重，kg		断奶重，kg		周岁重，kg		成年重，kg	
体高，cm		体长，cm		胸围，cm		管围，cm	
胸宽，cm		胸深，cm		腰角宽，cm		十字部高，cm	
精液量，mL		精子密度，亿个/mL		精子活力		精子畸形率，%	
性成熟年龄		初配年龄		产羔率，%		繁殖成活率，%	
肉用性状							
6月龄体重，kg		宰前活重，kg		胴体重，kg		屠宰率，%	
背脂厚，cm		眼肌面积，cm		肋肉厚，GR值		肉骨比，%	
后腿重，kg		胴体净肉率，%		肉色，分		失水率，%	
毛用性状							
剪毛量，kg		剪毛后体重，kg				被毛密度，根/cm^2	
毛丛自然长度，cm		毛纤维直径，μm				羊毛油汗	
净毛率，%		净毛量，kg				羊毛强伸度，g	
被毛匀度		羊毛弯曲					
绒用性状							
抓绒量，kg		抓绒后体重，kg				绒纤维直径，μm	
绒层厚度，mm		净绒率，%				羊绒强力，g	
羔·裘皮用性能							
被毛光泽		花纹类型		皮张厚度，cm		皮重，g	
板质		皮张面积，cm^2		皮毛密度		花案面积，cm^2	
正身面积，cm^2							
乳用性能							
产奶量，kg		乳脂率，%				乳蛋白率，%	
乳干物质率，%		后代群体平均产奶量，kg					
变动信息							
离群日期	离群去向		离群原因				
			转让	出售	死亡		淘汰

记录人： 电话： E-mail：

B.2 其他信息登记表

B.2.1 剪毛(抓绒)量记录表见表 B.2.1。

表 B.2.1 剪毛(抓绒)量记录表

种羊场名：＿＿＿＿＿＿＿＿＿＿＿＿＿＿

序号	种羊号	品种	年龄	性别	体重 kg	日期	剪毛量 (抓绒量) kg	等级	测定员

B.2.2 种羊生长发育登记表见表 B.2.2。

表 B.2.2 种羊生长发育登记表

品种：＿＿＿＿＿＿＿＿＿＿＿＿ 种羊号：＿＿＿＿＿＿＿＿＿＿＿＿＿＿＿＿

发育阶段	体重 kg	体重测 定日期	体尺,cm								体尺测 定日期	测定员
			体高	体长	胸围	胸宽	胸深	腰角宽	十字部高	管围		
初生												
断奶日龄												
12 月龄												
18 月龄												
24 月龄												

B.2.3 种羊屠宰测定结果记录表见表 B.2.3。

表 B.2.3 种羊屠宰测定结果记录表

种羊场：＿＿＿＿＿＿＿＿＿＿＿＿＿＿＿＿

羊号	宰前活重 kg	胴体重 kg	屠宰率 %	后腿比例 %	腰肉比例 %	GR 值 mm	眼肌面积 cm²	净肉重 kg	净肉率 %	肉骨比 %

B.2.4 种羊肉品质评定结果记录表见表 B.2.4。

表 B.2.4 种羊肉品质评定结果记录表

种羊场：＿＿＿＿＿＿＿＿＿＿＿＿＿＿＿＿

羊号	时间 h	肉色 分	pH	失水率 %	瘦肉率 %	肌内脂肪 %

B.2.5 种羊超声波测定记录表见表 B.2.5。

表 B.2.5 种羊超声波测定记录表

种羊场：＿＿＿＿＿＿＿＿＿＿＿＿＿＿＿＿

羊号	月龄	背脂厚 mm	眼肌面积 cm²	GR 值 mm	测定日期	测定员

B.2.6 公羊采精记录表见表 B.2.6。

表 B.2.6 公羊采精记录表

种羊场：＿＿＿＿＿＿＿＿＿＿＿＿＿＿＿＿

公羊号	采精日期	精液量 mL	密度 亿个/mL	活力	畸形率 %	测定员

B.2.7 母羊配种记录表见表 B.2.7。

表 B.2.7 母羊配种记录表

种羊场名：_____

母羊号	品种	毛色特征	第一次配种时间	与配公羊号	第二次配种时间	与配公羊号	第三次配种时间	与配公羊号	预产期

B.2.8 母羊产羔记录表见表 B.2.8。

表 B.2.8 母羊产羔记录表

种羊场名：_____

母羊号	品种	胎次	与配公羊号	产羔日期	羔羊编号	羔羊性别	羔羊初生重 kg	羔羊毛色	产羔难易度				记录员
									正产	助产	引产	剖腹产	

————————————

ICS 65.020.01
CCS B 40

中华人民共和国农业行业标准

NY/T 4295—2023

退化草地改良技术规范
高寒草地

Technical specification for the improvement of degraded rangeland—
Alpine rangeland

2023-02-17 发布　　　　　　　　　　　　2023-06-01 实施

中华人民共和国农业农村部 发布

前　　言

本文件按照 GB/T 1.1—2020《标准化工作导则　第 1 部分:标准化文件的结构和起草规则》的规定起草。

请注意本文件的某些内容可能涉及专利。本文件的发布机构不承担识别专利的责任。

本文件由农业农村部畜牧兽医局提出。

本文件由全国畜牧业标准化技术委员会(SAC/TC 274)归口。

本文件起草单位:中国农业大学、四川省草原科学研究院、青海省畜牧兽医科学院、西藏农牧科学院草业科学研究所。

本文件主要起草人:张英俊、刘刚、郑群英、魏小星、多吉顿珠、黄顶、道里刚、王钰。

退化草地改良技术规范　高寒草地

1　范围

本文件规定了退化高寒草地退化程度划分和改良技术要求,描述了退化高寒草地改良的证实方法。

本文件适用于不同退化程度高寒草地的改良恢复。

2　规范性引用文件

下列文件中的内容通过文中的规范性引用而构成本文件必不可少的条款。其中,注日期的引用文件,仅该日期对应的版本适用于本文件;不注日期的引用文件,其最新版本(包括所有的修改单)适用于本文件。

GB 6142　禾本科草种子质量分级

NY/T 1176　休牧和禁牧技术规程

NY/T 1342　人工草地建设技术规程

NY/T 1905　草原鼠害安全防治技术规程

3　术语和定义

下列术语和定义适用于本文件。

3.1

高寒草地　alpine rangeland

在高海拔寒冷地区,因高寒气候发育形成的多年生草本植物为优势种,或有高寒灌丛参与组成的草地类型。

注:包括高寒草甸、高寒草原、高寒荒漠。

3.2

禁牧　grazing ban

对草地施行一年以上禁止放牧利用的措施。

3.3

休牧　rest

对草地施行一年以内短期禁止放牧利用的措施。

3.4

秃斑率　bareground patch ratio

单位面积内原生植被的草皮层被剥蚀后形成的斑块化裸地所占的百分率。

4　高寒草地退化程度划分

4.1　应依据植物群落特征确定草地退化程度,分为未退化、轻度退化、中度退化和重度退化 4 个等级。按照表 1 对高寒草地退化程度进行等级划分。

表 1　高寒草地退化程度

单位为百分号

植物群落	草地退化程度等级			
	未退化	轻度退化	中度退化	重度退化
总覆盖度相对百分数的减少率	0～10	11～20	21～30	＞30
草层高度相对百分数的降低率	0～10	11～20	21～50	＞50

4.2 应根据高寒草地退化程度等级,选用禁牧、休牧、鼠害防控、划破草皮、施肥、免耕补播、植被重建技术进行综合改良。未退化草地应实施草畜平衡,见《草畜平衡管理办法》。

5 退化高寒草地改良技术要求

5.1 轻度退化草地

轻度退化草地同时采用休牧和施肥技术进行综合改良。

a) 休牧:在返青期进行休牧。按照 NY/T 1176 的规定执行。

b) 施肥:施氮素量为 7 kg/hm²～15 kg/hm² 或厩肥用量为 15 000 kg/hm²,施肥时间一般在 6 月—7 月下雨前用机械或人工撒施。

5.2 中度退化草地

中度退化草地采用禁牧、划破草皮、施肥、鼠害防控技术进行综合改良。

a) 禁牧:中度退化草地应禁牧 2 年～3 年。按 NY/T 1176 的规定执行。

b) 划破草皮:针对通气性差的草地,在早春表层土壤解冻后进行,采用相应专用机械,每隔 30 cm 进行切根划破,深度 10 cm～15 cm。

c) 施肥:施氮素量为 15 kg/hm²～25 kg/hm²;厩肥用量为 22 500 kg/hm²。施肥时间、施肥方式按 5.1 b)的规定执行。

d) 鼠害防控:在鼠密度达到防控阈值时,按 NY/T 1905 的规定执行。

5.3 重度退化草地

重度退化草地采用以下技术进行综合改良。

a) 禁牧:重度退化草地禁牧 5 年～6 年。按照 NY/T 1176 的规定执行。

b) 施肥:施氮素量为 25 kg/hm²～35 kg/hm²;厩肥用量为 30 000 kg/hm²。施肥时间、施肥方式按 5.1 b)的规定执行。

c) 免耕机械补播:按表 2 选择草种、播种量和播种方式。草种质量按照 GB 6142 的规定执行。

表 2 主要改良草种及建议播种量

草名称	播种量	播种深度	播种方式
披碱草/老芒麦/垂穗披碱草/短芒披碱草	30 kg/hm²～37.5 kg/hm²	2 cm	单播(混播按照单播的 50%～70%)
冷地早熟禾/草地早熟禾	7.5 kg/hm²～15 kg/hm²	1 cm～2 cm	单播(混播按照单播的 20%～30%)
中华羊茅	15 kg/hm²～18 kg/hm²	1 cm～2 cm	单播(混播按照单播的 20%～30%)
注:混播一般是用上繁草(披碱草属)+下繁草(早熟禾属+羊茅属)结合。			

d) 植被重建:当重度退化草地秃斑率大于 80% 时,在土层厚度<50 cm 的天然草地以自然修复为主,在土层厚度≥50 cm 的平地或缓坡采取植被重建的方式进行。方式按 NY/T 1342 的规定执行。

e) 鼠害防控:在鼠密度达到防控阈值时,按 NY/T 1905 的规定执行。

6 证实方法

在对不同退化程度进行改良时应做记录。记录信息如下:

a) 退化草地地点、退化等级、草地现状(植物种类、植被盖度、群落高度等)、改良技术;

b) 禁牧休牧方式、起始和结束时间;

c) 施肥方式、肥料种类、施肥时间、施肥量;

d) 划破草皮时间、划破深度、划破草皮机械;

e) 免耕机械补播草种、补播量、补播时间、补播机械;

f) 鼠害防控时间、药饵种类和投放量;

g) 植被重建时间、草种种类及量、肥料种类及量、机械。

参 考 文 献

中华人民共和国农业部令 2005 年第 48 号公告　草畜平衡管理办法

————————————

ICS 65.020.30
CCS B 43

中华人民共和国农业行业标准

NY/T 4308—2023

肉用青年种公牛后裔测定技术规范

Technical specification for progeny test of young beef bull

2023-02-17 发布

2023-06-01 实施

中华人民共和国农业农村部 发布

前　言

本文件按照 GB/T 1.1—2020《标准化工作导则　第 1 部分:标准化文件的结构和起草规则》的规定起草。

请注意本文件的某些内容可能涉及专利。本文件的发布机构不承担识别专利的责任。

本文件由农业农村部种业管理司提出。

本文件由全国畜牧业标准化技术委员会(SAC/TC 274)归口。

本文件起草单位:中国农业科学院北京畜牧兽医研究所、通辽市家畜繁育指导站。

本文件主要起草人:高雪、李俊雅、陈燕、王维、戴广宇、王景山、侯景辉、李杰、高会江、张路培、徐凌洋、朱波、史明艳、石顺利、马海滨。

肉用青年种公牛后裔测定技术规范

1 范围

本文件规定了肉用青年种公牛后裔测定的参测青年公牛、后裔测定场、后测试配、测定数据收集、遗传评估和结果公布等技术要求。

本文件适用于13月龄～24月龄肉用青年种公牛后裔测定。

2 规范性引用文件

下列文件中的内容通过文中的规范性引用而构成本文件必不可少的条款。其中，注日期的引用文件，仅该日期对应的版本适用于本文件；不注日期的引用文件，其最新版本（包括所有的修改单）适用于本文件。

GB 4143　牛冷冻精液

NY/T 2660　肉牛生产性能测定技术规范

NY/T 2695　牛遗传缺陷基因检测技术规程

3 术语和定义

下列术语和定义应用于本文件。

3.1

后裔测定　progeny test

根据肉用青年种公牛后代的生产性能、体型外貌评分等性状表现，评估其种用价值。

3.2

中国肉牛选择指数　China beef index

根据育种目标，对公牛个体或后裔相关肉用目标性状进行育种值估计，并按其经济权重计算得到的综合指数。

4 参测青年公牛

4.1　来源于有种畜禽生产经营许可证的育种场（站）。

4.2　经计划选配产生，且3代以上系谱完整。

注：计划选配是指根据育种目标，为获得具有优秀遗传性能的后备公牛而实施的配种方式。

4.3　品种特征明显，生长发育符合品种要求，体型外貌评定达到该品种特级或一级。

4.4　DNA检测确认不携带NY/T 2695规定的遗传缺陷基因。

4.5　冷冻精液品质应符合GB 4143的规定。

4.6　年龄应在13月龄～24月龄。

5 后裔测定场

5.1　与参测青年公牛同一品种的健康能繁母牛存栏应达到100头。

5.2　牛场饲养管理规范，牛只系谱档案、配种、繁殖等数据记录完整。

5.3　应配备肉牛生产性能测定必要的设施设备。

5.4　应设专人从事后裔测定工作。

6 后测试配

6.1　每头参测青年公牛应提供500剂以上试配冷冻精液。

6.2 每头参测青年公牛的试配冷冻精液应至少分配到 5 个不同省(自治区、直辖市)10 个后裔测定场,每个省(自治区、直辖市)至少分配到 2 个后裔测定场。

6.3 参测青年公牛冷冻精液后测试配应遵循随机原则,并在 3 个月内完成配种工作。

6.4 与配母牛应与试配冷冻精液同一品种,并优先选择第一胎母牛。

7 测定数据收集

7.1 后裔测定场应在试配冷冻精液分发后 6 个月内,提供参测青年公牛的配种和母牛妊娠记录,见附录 A 的表 A.1;18 个月内提供参测青年公牛后代出生记录,见附录 A 的表 A.2,并保留参测青年公牛的全部健康后代。

7.2 参测青年公牛所有健康后代应按照 NY/T 2660 的规定进行生产性能测定,并填报生产性能测定数据。

7.3 参测青年公牛所有健康后代应在 15 月龄～18 月龄,按照该品种体型外貌评定标准评分,并填报体型外貌评定数据。

7.4 每头参测青年公牛后代数不少于 100 头,并进行生产性能测定,其中包含屠宰性能测定数据的后代数不少于 20 头。

8 遗传评估

根据后裔测定数据,采用最佳线性无偏估计方法(BLUP),对参测青年公牛的各性状进行个体育种值估计,并计算中国肉牛选择指数(CBI),作为公牛排序依据。

9 后裔测定结果公布

定期发布后裔测定结果,内容包括:参测青年公牛各性状估计育种值及排名,育种值估计准确性;中国肉牛选择指数(CBI)及其排名。

附 录 A
（资料性）
参测青年公牛后裔测定记录表

A.1 参测青年公牛配种及母牛妊娠记录表

见表 A.1。

表 A.1 参测青年公牛配种及母牛妊娠记录表

牛场代码	参测公牛管理号	配种记录				妊娠记录		
		与配母牛登记号	与配母牛胎次	配种日期	配种员	冻精剂数	妊检结果	妊娠鉴定日期

A.2 参测青年公牛后代出生记录表

见表 A.2。

表 A.2 参测青年公牛后代出生记录表

牛场代码	参测公牛管理号	与配母牛登记号	与配母牛品种	产犊日期	犊牛登记号	犊牛性别	犊牛毛色	初生重kg	产犊难易性[a]	犊牛生活力[b]

[a] 1——顺产;2——轻度助产;3——重度助产;4——难产(剖腹产)。
[b] 1——死胎;2——出生后 24 h 内死亡;3——犊牛出生后 48 h 死亡;4——犊牛成活。

ICS 59.140.20
CCS B 45

中华人民共和国农业行业标准

NY/T 4309—2023

羊毛纤维卷曲性能试验方法

Test method for crimp perormance of wool fibres

2023-02-17 发布
2023-06-01 实施

中华人民共和国农业农村部 发布

前　言

本文件按照 GB/T 1.1—2020《标准化工作导则　第 1 部分:标准化文件的结构和起草规则》的规定起草。

请注意本文件的某些内容可能涉及专利。本文件的发布机构不承担识别专利的责任。

本文件由农业农村部畜牧兽医局提出。

本文件由全国畜牧业标准化技术委员会(SAC/TC 274)归口。

本文件起草单位:中国农业科学院兰州畜牧与兽药研究所、农业农村部动物毛皮及制品质量监督检验测试中心(兰州)、全国畜牧总站。

本文件主要起草人:高雅琴、郭天芬、杜天庆、杨晓玲、刘桂珍、李维红、王宏博、席斌、熊琳、梁丽娜、褚敏。

羊毛纤维卷曲性能试验方法

1 范围

本文件描述了羊毛纤维卷曲性能试验方法。

本文件适用于羊毛纤维卷曲性能的测定。

2 规范性引用文件

下列文件中的内容通过文中的规范性引用而构成本文件必不可少的条款。其中，注日期的引用文件，仅该日期对应的版本适用于本文件；不注日期的引用文件，其最新版本（包括所有的修改单）适用于本文件。

GB/T 6529 纺织品 调湿和试验用标准大气

GB/T 8170 数值修约规则与极限数值的表示和判定

3 术语和定义

下列术语和定义适用于本文件。

3.1

卷曲数 crimp frequency

羊毛纤维单位自然长度内的卷曲个数。

3.2

卷曲长度 crimp length

加轻负荷后测得的纤维长度。

3.3

伸直长度 straightening length

加重负荷后测得的纤维长度。

3.4

卷曲率 crimp ratio

羊毛纤维的伸直长度和卷曲长度的差值与伸直长度比值的百分率。

[来源：GB/T 3291.1—1997,2.66,有修改]

3.5

卷曲回复率 crimp recovery rate

羊毛纤维的伸直长度和伸直后回复长度的差值与伸直长度比值的百分率。

3.6

卷曲弹性率 crimp elastic recovery rate

羊毛纤维的伸直长度和伸直后回复长度的差值与伸直长度和卷曲长度的差值比值的百分率。

4 原理

在规定的负荷下，在一定的受力时间内，测定羊毛纤维的长度变化，确定卷曲数、卷曲率、卷曲回复率、卷曲弹性回复率等性能。

5 仪器和工具

5.1 纤维卷曲弹性仪

卷曲弹性仪技术要求：
  a) 量程范围不小于 5 mN；
  b) 长度分度值为 0.01 mm。

5.2 绒板:绒面与纤维成对比色。

5.3 镊子。

5.4 游标卡尺,分度值 0.1 mm。

5.5 放大镜。

6 取样与试样制备

6.1 混合毛

6.1.1 批样抽取

6.1.1.1 每 20 包随机抽 1 包,不足 20 包按 20 包计算,100 包以上每增加 50 包增抽 1 包,不足成包的按 1 包计。

6.1.1.2 打开毛包,从毛包的 2 个不同部位抽取,其中一个部位从毛包中心抽取,另一个部位应距中心 50 cm 以上的位置抽取,批样质量不少于 5 kg。

6.1.2 实验室样品抽取

将批样平铺在工作台上,均匀找好 20 个点进行取样,再将样品翻转使其反面朝上,均匀找好 20 个点进行取样,至实验室样品约 1 kg。

6.2 套毛

从完整套毛的肩部、背部、股部和体侧部随机抽取不少于 6 束毛束。

7 试验方法

7.1 束纤维试验方法

7.1.1 从实验室样品中抽取不少于 20 束卷曲未被破坏的小毛束,毛束大小以明显看出卷曲为宜。

7.1.2 将小毛束分别平整地放在绒板上,用游标卡尺,从毛束根部 10 mm 处读取至 35 mm 内全部卷曲峰和卷曲谷个数 J_A,若需要时使用放大镜。

7.2 单根纤维试验方法

7.2.1 预调湿和调湿

按照 GB/T 6529 的规定执行。

7.2.2 单根纤维卷曲数和平均卷曲数

7.2.2.1 将卷曲弹性仪的夹持距离调整为 20 mm。

7.2.2.2 从实验室样品中随机抽取 4 束纤维放在绒板上。

7.2.2.3 用镊子从任意一束纤维中随机夹起一根不短于 30 mm 的纤维悬挂于卷曲弹性仪的天平平衡臂上,用镊子将纤维另一端置于下夹持器中,夹持位置控制在羊毛纤维的中下部(在松弛状态下,使纤维实际长度大于 25 mm)。

7.2.2.4 加轻负荷 0.02 mN,测纤维卷曲长度 L_0,读取 25 mm 内全部左卷曲峰和右卷曲峰个数 J_A。卷曲计数示例见附录 A。

7.2.2.5 加重负荷 1.5 mN,经 30 s 后,测定纤维伸直长度 L_1。

7.2.2.6 除去重负荷,恢复 2 min,加轻负荷 0.02 mN,过 30 s 后,测定纤维伸直长度 L_2。

7.2.2.7 进行下一根纤维测试,每束试样随机测试 5 根纤维,测试总根数不得少于 20 根。

8 试验数据处理

8.1 束纤维卷曲数

束纤维卷曲数和平均卷曲数分别按公式(1)和公式(2)计算。

$$J_S = \frac{J_A}{2 \times 25} \times 10 \quad\text{...(1)}$$

$$\overline{J}_S = \frac{\sum\limits_{i=1}^{n} J_{si}}{n} \quad\text{...(2)}$$

式中：

J_S ——束纤维的卷曲数,单位为每10毫米的个数(个/10 mm);

J_A ——束纤维全部卷曲峰和卷曲谷个数,单位为每25毫米的个数(个/25 mm);

$\overline{J}_S$ ——束纤维平均卷曲数,单位为每10毫米的个数(个/10 mm);

J_{si} ——第 i 束束纤维的卷曲数,单位为每10毫米的个数(个/10 mm);

n ——试验束数。

8.2 单根纤维卷曲数和平均卷曲数

单根纤维卷曲数和平均卷曲数分别按公式(3)和公式(4)计算。

$$J_n = \frac{J_A}{2 \times 25} \times 10 \quad\text{...(3)}$$

$$\overline{J}_n = \frac{\sum\limits_{i=1}^{n} J_{ni}}{n} \quad\text{...(4)}$$

式中：

J_n ——单根纤维的卷曲数,单位为每10毫米的个数(个/10 mm);

J_A ——单根纤维全部左卷曲峰和右卷曲峰个数,单位为每25毫米的个数(个/25 mm);

$\overline{J}_n$ ——平均卷曲数,单位为每10毫米的个数(个/10 mm);

J_{ni} ——第 i 根纤维的卷曲数,单位为每10毫米的个数(个/10 mm);

n ——试验根数。

8.3 单根纤维卷曲率和平均卷曲率

单根纤维卷曲率和平均卷曲率分别按公式(5)和公式(6)计算。

$$J = \frac{L_1 - L_0}{L_1} \times 100 \quad\text{...(5)}$$

$$\overline{J} = \frac{\sum\limits_{i=1}^{n} J_i}{n} \quad\text{...(6)}$$

式中：

J ——单根纤维的卷曲率,单位为百分号(%);

$\overline{J}$ ——平均卷曲率,单位为百分号(%);

J_i ——第 i 根纤维的卷曲率,单位为百分号(%);

L_0 ——纤维的卷曲长度,单位为毫米(mm);

L_1 ——纤维的伸直长度,单位为毫米(mm);

n ——试验根数。

8.4 单根纤维卷曲回复率和平均卷曲回复率

单根纤维卷曲回复率和平均卷曲回复率分别按公式(7)和公式(8)计算。

$$J_w = \frac{L_1 - L_2}{L_1} \times 100 \quad\text{...(7)}$$

$$\overline{J}_w = \frac{\sum\limits_{i=1}^{n} J_{wi}}{n} \quad\text{...(8)}$$

式中：

J_w ——单根纤维卷曲回复率，单位为百分号(%)；

$\bar{J}_w$ ——平均卷曲回复率，单位为百分号(%)；

J_{wi} ——第 i 根纤维卷曲回复率，单位为百分号(%)；

L_1 ——纤维的伸直长度，单位为毫米(mm)；

L_2 ——纤维在去除重负荷，经 2 min 回复，再在轻负荷下测得的长度，单位为毫米(mm)。

n ——试验根数。

8.5 单根纤维卷曲弹性率和平均卷曲弹性率

单根纤维卷曲弹性率和平均卷曲弹性率式分别按公式(9)和公式(10)计算。

$$J_D = \frac{L_1 - L_2}{L_1 - L_0} \times 100 \quad\text{……………………(9)}$$

$$\bar{J}_D = \frac{\sum_{i=1}^{n} J_{Di}}{n} \quad\text{……………………(10)}$$

式中：

J_D ——平均卷曲弹性率，单位为百分号(%)；

$\bar{J}_D$ ——单根纤维卷曲弹性率，单位为百分号(%)；

J_{Di} ——第 i 根纤维卷曲弹性率，单位为百分号(%)；

L_0 ——纤维的卷曲长度，单位为毫米(mm)；

L_1 ——纤维的伸直长度，单位为毫米(mm)；

L_2 ——纤维在去除重负荷，经 2 min 回复，再在轻负荷下测得的长度，单位为毫米(mm)；

n ——试验根数。

试验结果计算至小数点后 2 位，修约至 1 位小数。数值修约按 GB/T 8170 的规定进行。

9 试验报告

试验报告应包括以下内容：

a) 样品名称、规格、编号；

b) 执行标准化文件编号；

c) 仪器名称及型号；

d) 温湿度条件；

e) 试验结果；

f) 试验日期。

附　录　A
（资料性）
卷曲数计数示例

A.1 大卷曲内有小卷曲,则不计小卷曲数,示例见图 A.1 a)。

A.2 小卷曲纤维按左卷曲峰和右卷曲峰总数计数,示例见图 A.1 b)。

A.3 遇到圈状纤维时,应解除圈后再计数,示例见图 A.1 c)。

A.4 若两端都超过卷曲峰的顶点时,以一个计,示例见图 A.1 d)。

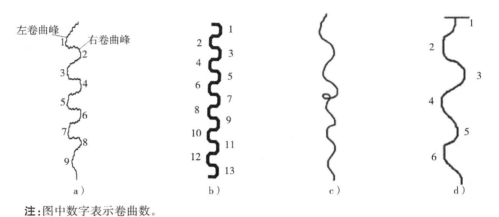

注:图中数字表示卷曲数。

图 A.1　卷曲数计数示例

参 考 文 献

[1]　GB 1523—2013　绵羊毛
[2]　GB/T 3291.1—1997　纺织　纺织材料性能和试验术语
[3]　GB/T 13835.9—2009　兔毛纤维试验方法　第 9 部分:卷曲性能
[4]　GB/T 14338—2008　化学纤维　短纤维卷曲性能试验方法

ICS 65.020.30
CCS B 40

中华人民共和国农业行业标准

NY/T 4321—2023

多层立体规模化猪场建设规范

Construction specification for multistory intensive pig farms

2023-02-17 发布   2023-06-01 实施

中华人民共和国农业农村部 发布

前　言

本文件按照 GB/T 1.1—2020《标准化工作导则　第 1 部分:标准化文件的结构和起草规则》的规定起草。

本文件由农业农村部计划财务司提出并归口。

本文件起草单位:农业农村部规划设计研究院、农业农村部工程建设服务中心、安徽斯高德农业科技有限公司、中国畜牧业协会、重庆余平式畜牧技术咨询有限公司、大牧人机械(胶州)有限公司、北京京鹏环宇畜牧科技股份有限公司、北京中宇瑞德建筑设计有限公司、中国农业大学。

本文件主要起草人:陈乙元、耿如林、曹楠、朱丽梅、胡林、富建鲁、杜孝明、张月红、朱莹琳、孙勇跃、刘丹丹、余平、李修松、高继伟、孙婉莹、施正香。

多层立体规模化猪场建设规范

1 范围

本文件规定了多层立体规模化猪场建设通用要求、规模与项目构成、选址与总平面布局、工艺设计与设备配置、建筑工程与公用工程、防疫隔离与资源化利用、节能节水与环境保护、主要技术经济指标等内容。

本文件适用于存栏0.24万头基础母猪或年出栏5万头以上育肥猪的规模化养殖企业新建、改建或扩建多层立体规模化猪场项目，其他类型猪场参照执行。

2 规范性引用文件

下列文件中的内容通过文中的规范性引用而构成本文件必不可少的条款。其中，注日期的引用文件，仅该日期对应的版本适用于本文件；不注日期的引用文件，其最新版本（包括所有的修改单）适用于本文件。

GB 5749　生活饮用水卫生标准

GB/T 17824.3　规模猪场环境参数及环境管理

GB 18596　畜禽养殖业污染物排放标准

GB/T 18920　城市污水再生利用　城市杂用水水质

HJ 497　畜禽养殖业污染治理工程技术规范

3 术语和定义

下列术语和定义适用于本文件。

3.1

多层猪舍　multistory pig houses

楼式猪舍　storied building pig houses

一般是指2层及以上，集成空气预处理、机械通风、机械供料、自动送水、环境自动控制、自动清粪、臭气集中处理等技术，为猪只正常生产提供良好生产环境的立体养殖建筑。

3.2

多层立体规模化猪场　multistory intensive pig farms

以多层猪舍为主要生产建筑，集成先进养猪技术与设施装备，按照现代化养猪生产工艺流程建设的猪场，以高效集约用地为主要特征。

3.3

自繁自养模式　self-bred and self-raised mode

在同一养殖区内，通过饲养基础母猪生产生长育肥猪的全过程饲养模式。

3.4

母猪场　sow farm

也称仔猪繁殖场。饲养繁育母猪和断奶仔猪的猪场。

3.5

专业育肥猪场　professional fattening farm

饲养断奶仔猪到生长育肥猪阶段的猪场。

4 通用要求

4.1 为规范多层立体规模化猪场建设，合理确定项目选址、建设内容、建设规模和设施装备水平，并为项目投资决策提供依据。

4.2 多层立体规模化猪场建设应统筹规划,与当地畜牧业发展规划、防疫体系建设规划和城乡发展规划相协调。

4.3 多层立体规模化猪场建设应遵守国家有关工程建设的标准和规范,执行国家节约土地、节约用水、节约能源、保护环境和消防安全等要求,符合各监管部门制定颁布的有关规定。

4.4 多层立体规模化猪场建设,应根据当地畜牧业发展现状、市场定位及技术经济条件,确保安全可靠、技术先进、经济合理、使用方便和管理规范。

5 建设规模与项目构成

5.1 建设规模

多层立体规模化猪场的建设规模,根据不同猪场类型,规模等级参考表1的规定。

表 1 多层立体规模化猪场建设规模等级表

单位为万头

类 别		超大型	大型	中型	小型
自繁自养场	基础母猪存栏量	≥2	1～<2	0.5～<1	0.24～<0.5
母猪场(仔猪扩繁场)	基础母猪存栏量	≥2	1～<2	0.5～<1	0.24～<0.5
专业育肥猪场	育肥猪存栏量	≥20	10～<20	5～<10	2.5～<5

5.2 项目构成

包括生产设施及辅助设施,建设内容可参考表2。具体工程应根据工艺设计及实际需要建设。

表 2 多层立体规模化猪场建设内容表

类别	生产设施		辅助设施
自繁自养场	公猪舍、后备母猪舍、配怀猪舍、分娩猪舍、保育猪舍、生长育肥猪舍	隔离猪舍、中转猪舍、转猪通道、应急通道、兽医化验室、饲料配送中心、饲料间、病死猪无害化处理设施、粪便污水处理设施、作业道路、生产隔离绿化、装卸猪台、洗消中心等	门卫及消毒间、宿舍、食堂、管理用房、水泵房、锅炉房、变配电室、发电机房、地磅房、车库、机修车间、蓄水构筑物等设施
母猪场(仔猪扩繁场)	公猪舍、后备猪舍、配怀猪舍、分娩猪舍		
专业育肥猪场	保育猪舍、生长育肥猪舍		

6 选址与总平面布局

6.1 选址

6.1.1 场址选择应符合国家相关法律法规、当地国土空间规划和村镇建设发展规划的要求。

6.1.2 场址选择应位于地基承载力良好的地区,有合适的地形与工程地质条件,不应选择易受洪水、地震灾害和滑坡、沼泽、风口等不良条件的地区。场址应具备工程建设需要的水文地质和工程地质条件。

6.1.3 场址选址应根据有关规定,对场所周边的天然屏障、人工屏障、行政区划、饲养环境、动物分布等情况,以及动物疫病的发生、流行状况等因素进行风险评估,根据评估结果确认选址。

6.1.4 在丘陵山地建场时,宜选择向阳、通风的坡面,坡度不宜超过20%。

6.1.5 根据当地常年主导风向,场址应设于居民集中居住区、公共建筑群的下风向。

6.1.6 场址选择应保障道路通达性,至少有一进一出两条硬化道路与场址连接。

6.1.7 场址不宜在原有猪场或其他畜禽养殖场场地重建。无法避免时,应在重建前对场地及土壤中病原微生物彻底消杀。

6.2 总平面布局

6.2.1 多层立体规模化猪场总体布局应按照功能明确分区,主要包括生活管理区、生产区、隔离区和粪污无害化处理区。各功能区之间应相对独立布置,严格遵守防疫要求,各功能区之间建筑物距离宜大于30 m。

6.2.2 生活管理区应布置于常年主导风向的上风向和地势较高处,并与场区主要出入口相连接,便于内外联系。

6.2.3 生产区的饲料配送中心应布置在主导风向的上风向或侧风向,且位于与外界交通便利位置。其他设施依次布局公猪舍、后备母猪舍、配怀猪舍、分娩猪舍、保育(育肥)猪舍。考虑通风、防疫要求,生产区各栋猪舍间应保持 20 m 以上生物安全距离或有安全有效的防疫隔离设施。

6.2.4 多层立体规模化猪场宜设置独立种公猪舍,单层建设。隔离区应布置于常年主导风向的下风向处或地势较低处,与生产区之间应保持不小于 50 m 的生物安全间距和绿化隔离带,与生产区和场外的联系应有专用的大门和道路。

6.2.5 场区绿化应结合场区与猪舍之间的隔离、遮阳及防沙尘的需要进行。可根据当地实际种植美化环境、净化空气的树种和花草,树木宜选高大乔木,不宜种植有毒、有刺、飞絮的植物。场区绿化覆盖率不高于 30%。

6.3 道路及竖向设计

6.3.1 道路设计应适应生产工艺流程,保障场内外运输通畅。

6.3.2 场区内道路应分为净道和污道,净道与污道应避免交叉使用。

6.3.3 场内道路宽度不小于 4 m,场区不少于 2 个出入口,饲料配送中心设置回车场。

6.3.4 场区道路最小纵坡不应小于 0.3%,一般地区最大纵坡不应大于 8%,严寒地区道路路面应考虑防滑措施,最大纵坡不应大于 6%。

6.3.5 场区应与自然地形相适应,用地自然坡度小于 5% 时,宜采用平坡式竖向布置方式;用地自然坡度大于 8% 时,宜采用台阶式竖向布置方式;用地自然坡度为 5%～8% 时,宜采用混合式竖向布置方式。

6.3.6 采用阶梯式竖向布置方式时,应设置挡土墙或护坡,挡土墙、护坡与猪舍间距离不宜小于挡土墙的垂直高度。

6.3.7 场区应结合地形布局,合理设计工艺生产路线,减小土方工程。在丘陵山地建场时,各平台间应综合考虑给排水、排污之间的输送便利性,降低动力成本。

6.4 占地面积

多层立体规模化猪场占地面积应满足表 3 要求。

表 3 多层立体规模化猪场建设占地面积

单位为平方米

类型	每头占地面积	备注
自繁自养场	2.0～3.5	按全群存栏量计算
	20.0～35.0	按基础母猪存栏量计算
母猪场(仔猪扩繁场)	3.5～5.5	按全群存栏量计算
	8.0～12.0	按基础母猪存栏量计算
专业育肥猪场	2.0～3.0	按全群存栏量计算
注:该数据以 4 层～6 层中型规模猪场为例。		

小型猪场占地面积在标准用地规模基础上可增加 5%～10%,大型猪场宜在标准用地规模基础上减少 5%～10%。超大型猪场占地面积宜在标准用地规模基础上减少 10%～20%。

7 工艺设计与设备配置

7.1 工艺设计

7.1.1 宜采用分阶段、分群饲养工艺,一般采用三阶段或四阶段饲养。三阶段为配怀(空怀＋妊娠)、分娩、生长育肥(含保育),四阶段为配怀、分娩、保育、生长育肥。

7.1.2 采用单元全进全出养殖工艺。生产节律宜采用周批次或多周批次。为减少周转频率,宜采用三周或四周批生产。

7.1.3 小型自繁自养场或母猪场宜采用同一栋舍上下循环模式,基础母猪在上层,保育、生长育肥猪依次布置在下层。大型猪场空怀和妊娠母猪与分娩母猪分开布置,同层周转。不同猪舍之间应采取单向流动的生产工艺流线,不同栋舍、同栋舍不同层之间应相对独立,不宜相互交叉,应根据合理的生产节律确定各层饲养规模。

7.1.4 后备母猪宜通过坡道、电梯转入或转出;淘汰母猪宜通过坡道、电梯转出舍外;仔猪宜采用电梯、坡道转入或转出;生长育肥猪宜采用坡道、升降平台转出舍外;病死猪宜通过电梯(专用)、溜管(滑道)转出舍外。

7.1.5 多层立体规模化猪场外宜设置饲料配送中心,场内各类猪舍外宜设置饲料转运站,场外饲料宜采用气动或塞盘方式输送至转运站。猪舍层数小于4层或建筑高度小于17 m时,舍外饲料可采用塞盘方式直接传输到各楼层。猪舍层数超过4层或建筑高度大于17 m时,舍外饲料宜采用斗式提升机或气动等方式传输到各楼层;若采用塞盘传输方式,需设置中转平台。

7.1.6 清粪工艺以机械清粪方式为主,分娩猪舍、保育猪舍也可采用水泡粪,配怀猪舍、生长育肥猪舍应采用机械清粪。粪污排出时应避免楼层间交叉污染。

7.2 饲养密度

每个栏舍的饲养密度宜按表4的规定执行。

表4 猪只饲养密度

猪群类别	饲养方式	每栏饲养猪头数,头	每头占床面积,m²
种公猪	单栏	1	7.5～9.0
后备公猪	单栏	1～2	4.0～5.0
后备母猪	大栏/限位栏	1	1.2～1.3
空怀妊娠母猪	限位栏或大栏	1～4	1.3～2.0
哺乳母猪	分娩栏	1窝	4.2～5.0
保育猪	大群(并窝)	10～23	0.3～0.5
生长育肥猪	大群	10～22	0.8～1.0

7.3 主要设施设备

7.3.1 设备应选用通用性强、便于操作和维修、高效低耗、经济性能好的定型产品。

7.3.2 多层立体规模化猪场设备应与饲养规模和工艺配套,主要包括栏位系统、供水供料系统、环境控制系统、清粪系统、粪污处理系统、病死猪无害化处理系统、臭气处理系统、清洗消毒等设备。

7.3.3 多层立体规模化猪场应配置物联网系统和智能化设备,包括猪舍环境自动控制系统、自动控制饲喂系统、猪只信息监控系统、生物识别等。

多层立体规模化猪场设备参考配置宜按表5的规定执行。

表5 设备参考表

设备类别	主要设备
饲养设备	猪栏、料槽、漏缝地板等
供水供料设备	供水系统主要包括:供水管道、加药器、过滤器、节水器、饮水器等 供料系统主要包括:料塔,气动送料、塞盘输料、饲料提升机等饲料输送系统、下料系统、控制系统等
养殖环境控制设备	供暖设备主要包括:哺乳仔猪用的保温箱、电热板、保温灯、热水采暖系统、热风采暖系统等 通风设备主要包括:风机、通风小窗、布风管、导流板等 降温设备主要包括:湿帘风机系统、滴水降温系统等 空气处理设备主要包括:空气过滤系统、空调降温系统等 环境控制器、照明设备等
清粪设备	机械刮板清粪系统、虹吸管道清粪系统等
废弃物处理设备	粪污处理设备主要包括:固液分离机、厌氧发酵装置、翻抛机、铲车、沼气净化系统、沼气储存系统、沼气燃烧装置、沼气发电机、污水搅拌系统、污水循环泵、曝气器、污水提升泵、污泥脱水机、提粪绞龙等 无害化处理设备主要包括:病死猪运输车、动物尸体破碎机、焚烧炉、化制机、高温降解设备等 空气净化设施主要包括:生物滤池除臭系统、通风除臭系统、化学洗涤喷淋系统、催化氧化臭气处理系统等

表 5（续）

设备类别	主要设备
清洗消毒设备	高压冲水系统、消毒机、人员消毒装置、物料消毒装置和车辆消毒装置等
其他设备	实验室设备主要包括：人工授精、兽医防疫、化验等工作需要的仪器设备 办公、信息化设备主要包括：计算机、打印机、监控系统、Web 网络 电梯升降机、运输车辆、监测设备、消防设备等

8 建筑工程与公用工程

8.1 建筑工程

8.1.1 根据饲养工艺需求合理确定多层立体猪舍各层平面布局，合理设定结构柱网，提高猪舍利用率。

8.1.2 多层立体猪舍层高应结合使用功能、工艺要求和技术经济条件等综合确定，层高宜为 3.6 m～4.5 m。猪舍内人员主要工作场所及通行区域净高不应低于 2.1 m。

8.1.3 多层立体猪舍地面应平整，不宜设置反坎、台阶等影响人、猪通行的高差变化。地面应具有防滑、防积水性能，排粪沟应采取防水措施。地面、墙面、吊顶应选用耐擦洗、耐腐蚀材质。

8.1.4 楼层间赶猪通道坡度宜平缓并采取防滑措施，坡度不宜大于 10%，通道宽度 0.9 m～1.2 m，宜两侧设置 1.2 m～1.5 m 高实体挡板或实体墙。

8.1.5 多层立体猪舍建筑高度小于等于 24 m 时，耐火等级不应低于三级；大于 24 m 时，耐火等级不应低于二级。猪舍屋面板、墙面板应采用不燃材料。

8.1.6 员工宿舍不应设置在猪舍内。办公室、休息室设置在猪舍内时，应采用耐火极限不低于 2.5 h 的防火隔墙和 1.0 h 的楼板与其他部位分隔。隔墙上需开设相互连通的门时，应采用乙级防火门。

8.2 结构工程

8.2.1 猪场内各功能建筑物，建筑结构的设计使用年限宜采用 50 年，建筑结构的安全等级为二级。

8.2.2 多层猪舍及管理用房等建筑物的抗震设防类别宜划为标准设防类，配套的单层猪舍抗震设防类别可划为适度设防类。

8.2.3 各功能建筑物应根据使用功能的要求、当地抗震设防的要求以及经济的合理性确定结构形式。

8.2.4 结构设计应按现行国家法规、规范、标准的规定执行，并遵循地方规范、标准的要求。

8.2.5 猪舍应考虑粪污对结构的腐蚀性，应考虑干湿交替对结构带来的不利影响。

8.3 给排水工程

8.3.1 猪场水源供水能力应大于等于猪场需水总量，水源水质应符合 GB 5749 的规定。再生水可用作猪场猪舍冲洗、辅助用房冲厕、场区绿化及道路清扫等用水，水质应符合 GB/T 18920 的规定。

8.3.2 猪场应充分利用市政给水管网或自备水源给水管网的水压直接供水，用水点处水压不宜大于0.2 MPa，并应满足用水器具工作压力的要求。

8.3.3 采用干清粪生产工艺的猪场，供水量不应低于表 6 的数值。

表 6 猪场供水量参考数值

单位为立方米每天

猪场类型及规模		超大型	大型	中型	小型
自繁自养场	猪场供水总量	≥1 800	900～<1 800	450～<900	230～<450
	猪群饮水总量	≥1 050	520～<1 050	260～<520	130～<260
母猪场（仔猪扩繁场）	猪场供水总量	≥490	245～<490	125～<245	60～<125
	猪群饮水总量	≥315	160～<315	80～<160	40～<80
专业育肥猪场	猪场供水总量	≥1 310	655～<1 310	330～<655	165～<330
	猪群饮水总量	≥730	365～<730	180～<365	90～<180

8.3.4 各层应设排尿支管及立管将尿液汇入污水集中池，设排粪立管将各层排粪沟或积粪漏斗中的粪便

排入总粪沟。排尿管管径不宜小于 100 mm,排粪管管径不宜小于 200 mm。所设立管顶端设置伸顶通气管。

8.3.5 场区应做到雨污分流,污水应采用暗沟或管道输送。

8.4 采暖通风工程

8.4.1 舍内空气设计参数及卫生标准应符合 GB/T 17824.3 的规定。

8.4.2 猪舍通风应按机械通风方式进行设计。舍内气流组织合理,分布均匀,不造成不同楼层猪舍之间空气交换,并满足使用灵活、节能的要求。

8.4.3 通风系统设计应采用节能措施。排风系统宜设置热回收装置。当设置热回收装置时,应防止排风污染进风,并防止排风污染物对热回收装置材质的影响。

8.4.4 种公猪舍可采用正压或负压通风,进风应配置空气净化消毒装置。技术经济比较合理时,其他猪舍可设置进风空气净化消毒装置。

8.4.5 猪舍排风口不应临近人员活动区,并经净化处理后,通过高空有组织排放;不具备高空排放条件的,宜净化处理后排放。

8.4.6 室外通风温度高于舍内设计高临界温度时,应配置降温设备。

8.4.7 哺乳仔猪应配置局部加温设施。

8.5 电气工程

8.5.1 饲养设备、供水供料设备、环境控制设备、智能控制系统及消防等设备的用电负荷等级应设为二级负荷。

8.5.2 生长育肥猪舍的人工照明的光照度宜为 30 lx～50 lx,其他猪舍人工照明的光照度应为 50 lx～150 lx。配怀猪舍光照时间保持在 16 h 以上。

8.5.3 多层立体猪舍应设置防雷措施,雷电防护装置应与主体工程同时设计、同时施工、同时投入使用。

9 防疫隔离与资源化利用

9.1 防疫隔离

9.1.1 库房通风口、排水口等孔洞处应安装防鼠、防鸟设施,饲料库房进出口大门应设置挡鼠板,仓库、猪舍等门窗可安装防鸟网,门窗确保关闭后严实无缝隙。

9.1.2 场区内绿化应远离仓库、猪舍等门窗区域,距离 5 m 以上。

9.1.3 多层立体规模化猪场应建设独立车辆洗消中心,入场车辆应经地清洗、消毒、烘干并达标后,方可入场。

9.1.4 每次出猪后,应及时对出猪台进行清洗消毒,条件允许的,可配置全自动洗消出猪台。

9.2 无害化处理与资源化利用

9.2.1 病死及病害动物无害化处理、粪污处理和恶臭气体处理设施应与生产设施同时设计、同时施工、同时投产使用,各处理工艺的处理能力和处理效率应与生产规模相匹配。

9.2.2 猪场产生的病死及病害动物不得随意丢弃,应进行无害化处理,处理工艺的选择及处理要求按《病死及病害动物无害化处理技术规范》的相关规定执行。

9.2.3 固体粪便堆肥处理工艺宜选择深槽发酵、浅槽发酵、条垛式发酵、发酵罐发酵等发酵工艺,同时应根据工艺技术要求及粪便的实际条件,适时调整、控制发酵各阶段的主要技术参数。

9.2.4 养殖污水应以生化处理工艺为主,降低处理成本,处理后应资源化利用,无法做到资源化利用的区域应按照当地环保要求达标排放。

9.2.5 养殖场恶臭气体可采用物理除臭、化学除臭、生物除臭等除臭工艺,处理工艺相关要求应符合 HJ 497 的规定。

10 节能节水与环境保护

10.1 节能节水

10.1.1 猪舍设计应优先采用被动式节能技术,根据气候条件,合理采用围护结构保温隔热与遮阳、天然采光、自然通风等措施,降低猪舍的供暖、通风和照明系统的能耗。

10.1.2 采用外保温时,外墙和屋面宜减少出挑构件、附墙构件和屋顶突出物,外墙与屋面的热桥部分应采取阻断热桥措施。

10.1.3 严寒和寒冷地区外门应有减少冷风渗透的保温措施。

10.1.4 配变电站应靠近负荷中心或大功率用电设备,各级配电宜减少供电线路的距离。

10.1.5 配电系统宜三相平衡,三相不平衡度不宜大于15%。

10.1.6 容量较大的用电设备,当功率因数较低且远离变压器时,宜采用无功功率就地补偿方式。

10.1.7 应设置电能监测与计量系统。

10.1.8 宜实行分质供水,根据不同的用水要求综合利用各种水资源,因地制宜采取措施充分利用再生水、雨水等非传统水源。应选用节水型器具及配件。

10.2 环境保护

10.2.1 养殖污水经过处理后灌溉还田或达标排放。

10.2.2 猪场恶臭处理过程中不应产生二次污染,恶臭污染物的排放浓度应符合 GB 18596 的规定。

11 主要技术经济指标

11.1 建设投资

11.1.1 以自繁自养模式为基础,估算多层立体规模化猪场项目建设投资,主要包括建筑工程费、设备购置费、工程建设其他费和预备费等,多层立体规模化猪场建设投资估算指标应符合表7的规定。

11.1.2 母猪场(仔猪扩繁场)根据基础母猪存栏规模,宜为自繁自养模式猪场建设投资的30%～40%。

11.1.3 专业育肥场根据出栏规模,宜为自繁自养模式猪场建设投资的50%～60%。

表 7 自繁自养模式多层立体规模化猪场建设投资估算表

单位为万元

序号	项目名称	建设投资控制额度			
		超大型	大型	中型	小型
1	工程费用	122 000～80 500	63 400～42 300	32 300～21 200	16 000～11 100
1.1	建筑工程费	65 400～41 000	34 500～22 500	17 400～11 800	8 200～5 900
(1)	生产设施	59 800～38 000	32 000～21 000	16 000～11 000	7 500～5 500
(2)	辅助设施	5 600～3 000	2 500～1 500	1 400～800	700～400
1.2	设备购置费	45 800～31 500	23 500～16 300	12 400～7 800	6 300～4 300
(1)	生产设备	40 800～28 000	21 000～14 800	11 000～7 000	5 500～3 800
(2)	辅助设备	5 000～3 500	2 500～1 500	1 400～800	800～500
1.3	场区工程费	10 800～8 000	5 400～3 500	2 500～1 600	1 500～900
2	工程建设其他费用	4 000～3 500	1 800～1 200	1 200～800	1 000～400
3	预备费	5 000～4 000	2 800～1 500	1 500～1 000	1 000～500
4	建设投资合计	131 000～88 000	38 000～45 000	35 000～23 000	18 000～12 000

11.2 建设工期

多层立体规模化猪场项目建设工期按照建筑工程的工期及设备购置安装工期确定,在保证施工质量的前提下,应力求缩短工期,一次建成投产。不同规模种猪场建设工期应参考表8的规定。

表8　多层立体规模化猪场建设工期表

单位为月

序号	项目名称	建设工期控制			
		超大型	大型	中型	小型
1	自繁自养场	30～36	24～30	18～24	9～12
2	母猪场(仔猪扩繁场)	18～24	12～18	9～12	6～9
3	专业育肥猪场	18～24	12～18	9～12	6～9

11.3　劳动定员

多层立体规模化猪场劳动定员应参考表9规定。生产人员应进行上岗培训。

表9　多层立体规模化猪场劳动定员表

单位为人

序号	项目名称	劳动定员控制			
		超大型	大型	中型	小型
1	自繁自养场	200～240	110～130	60～70	35～50
2	母猪场(仔猪扩繁场)	120～150	70～90	40～50	25～30
3	专业育肥猪场	100～120	55～65	35～40	20～25

参　考　文　献

［1］　农业部《关于印发〈病死及病害动物无害化处理技术规范〉的通知》

ICS 65.020.30
CCS B 43

中华人民共和国农业行业标准

NY/T 4326—2023

畜禽品种(配套系) 澳洲白羊种羊

Livestock and poultry breed (line)—Australian white stud sheep

2023-04-11 发布

2023-08-01 实施

中华人民共和国农业农村部 发布

前　言

　　本文件按照 GB/T 1.1—2020《标准化工作导则　第 1 部分：标准化文件的结构和起草规则》的规定起草。

　　请注意本文件的某些内容可能涉及专利。本文件的发布机构不承担识别专利的责任。

　　本文件由农业农村部种业管理司提出。

　　本文件由全国畜牧业标准化技术委员会(SAC/TC 274)归口。

　　本文件起草单位：兰州大学、甘肃农业大学、天津奥群牧业有限公司。

　　本文件主要起草人：李发弟、乐祥鹏、李万宏、林春建、张清峰、王维民、张小雪。

畜禽品种(配套系) 澳洲白羊种羊

1 范围

本文件规定了澳洲白羊品种来源、品种特征、生产性能、等级评定、性能测定。

本文件适用于澳洲白羊种羊的鉴定和等级评定。

2 规范性引用文件

下列文件中的内容通过文中的规范性引用而构成本文件必不可少的条款。其中,注日期的引用文件,仅该日期对应的版本适用于本文件;不注日期的引用文件,其最新版本(包括所有的修改单)适用于本文件。

NY/T 1236 绵、山羊生产性能测定技术规范

3 术语和定义

本文件没有需要界定的术语和定义。

4 品种来源

澳洲白羊原产于澳大利亚新南威尔士州,以万瑞绵羊、白头杜泊羊为父本,无角陶赛特和特克赛尔羊为母本,培育而成的专门化肉羊品种。我国于2011年从澳大利亚引进,主要分布在天津、新疆、甘肃、内蒙古、辽宁、山东、山西等地。

5 品种特征

5.1 外貌特征

全身白色粗毛,体质结实,结构匀称,肌肉发达饱满,体躯侧看呈长方形,后视呈方形。公、母羊均无角,头略短小,宽度适中,鼻梁宽大,略微隆起,耳大向外平展。颈粗壮,肩胛宽平,胸深,背腰长而宽平,臀部宽而长,后躯深,四肢健壮,蹄质结实呈灰色或黑色。成年羊外貌特征见附录A。

5.2 体重和体尺

6月龄、12月龄和24月龄澳洲白羊种羊的体重和体尺见表1。

表 1 澳洲白羊种羊体重和体尺

性别	月龄	体重,kg	体高,cm	体长,cm	胸围,cm
公	6	55.7±7.13	61.4±3.20	59.9±3.45	85.9±4.48
	12	75.7±6.09	71.4±4.23	74.9±5.15	94.7±5.03
	24	96.5±7.16	80.4±6.47	87.2±7.03	104.5±7.52
母	6	50.4±5.38	55.3±2.15	53.8±2.40	72.1±2.81
	12	66.7±8.12	65.2±4.13	71.3±4.76	87.8±4.98
	24	81.4±9.16	73.9±4.47	77.6±4.98	96.1±5.27

6 生产性能

6.1 产肉性能

6月龄、12月龄和24月龄澳洲白羊种羊的产肉性能见表2。

表 2　澳洲白羊种羊产肉性能

性别	月龄	宰前活重,kg	胴体重,kg	屠宰率,%
公	6	51.0	26.2	51.42
	12	86.3	45.4	52.61
	24	98.5	51.6	52.42
母	6	46.5	23.4	50.35
	12	70.6	36.2	51.34
	24	81.9	42.3	51.64

6.2　繁殖性能

公羊性成熟年龄为 9 月龄,初配年龄为 12 月龄～14 月龄。母羊性成熟年龄为 8 月龄,常年发情,初配年龄为 10 月龄～12 月龄,发情周期为 14 d～20 d,发情持续时间为 36 h～48 h,平均妊娠期为 148 d。初产母羊平均产羔率为 130%,经产母羊为 142%。

7　等级评定

7.1　分级

7.1.1　特级

符合本品种外貌特征,繁殖性能正常,无遗传缺陷;体重和体尺均高于表 3 中一级羊指标 10% 及以上的个体评为特级羊。

7.1.2　一级

符合本品种外貌特征,繁殖性能正常,无遗传缺陷;体重和体尺均达到表 3 指标评为一级羊。

表 3　一级羊体重和体尺最低指标

性别	月龄	体重,kg	体尺,cm		
			体高	体长	胸围
公	6	50	58	55	80
	12	70	68	75	95
	24	95	75	85	100
母	6	45	55	55	75
	12	65	63	70	85
	24	80	70	75	95

7.1.3　二级

符合本品种外貌特征,繁殖性能正常,无遗传缺陷;体重和体尺低于表 3 指标 10% 以内的个体评为二级羊。

7.2　评定时间

可全年进行等级评定,评定羊只的年龄为 6 月龄、12 月龄和 24 月龄。

8　性能测定

按 NY/T 1236 的规定执行。

附 录 A
（资料性）
澳洲白羊种羊外貌特征

澳洲白羊成年羊外貌特征见图 A.1～图 A.6。

图 A.1 成年公羊侧面

图 A.2 成年母羊侧面

图 A.3　成年公羊头部

图 A.4　成年母羊头部

图 A.5　成年公羊后躯

图 A.6　成年母羊后躯

ICS 65.020.01
CCS B 04

中华人民共和国农业行业标准

NY/T 4329—2023

叶酸生物营养强化鸡蛋生产技术规程

Technical code for production of folate biofortified chicken egg

2023-04-11 发布　　　　　　　　　　　　2023-08-01 实施

中华人民共和国农业农村部　发布

前　言

本文件按照 GB/T 1.1—2020《标准化工作导则　第 1 部分:标准化文件的结构和起草规则》的规定起草。

请注意本文件的某些内容可能涉及专利。本文件的发布机构不承担识别专利的责任。

本文件由农业农村部农产品质量安全监管司提出。

本文件由农业农村部农产品营养标准专家委员会归口。

本文件起草单位:中国农业科学院北京畜牧兽医研究所、播恩集团股份有限公司、农业农村部食物与营养发展研究所、北京市畜牧总站、天津博菲德科技有限公司、安食农业科学研究(北京)有限公司、光大畜牧(北京)有限公司。

本文件主要起草人:张军民、赵青余、秦玉昌、王浩、汤超华、倪冬姣、王梁、朱大洲、贾亚雄、张会艳、邓雪娟、梁豪、崔月。

叶酸生物营养强化鸡蛋生产技术规程

1 范围

本文件规定了叶酸生物营养强化鸡蛋生产过程的选址、布局与设施、饲养管理、饲喂要求、投入品要求、鸡蛋收集、出场检验。

本文件适用于叶酸生物营养强化鸡蛋的生产。

2 规范性引用文件

下列文件中的内容通过文中的规范性引用而构成本文件必不可少的条款。其中,注日期的引用文件,仅该日期对应的版本适用于本文件;不注日期的引用文件,其最新版本(包括所有的修改单)适用于本文件。

GB 5009.211 食品安全国家标准 食品中叶酸的测定

GB 5749 生活饮用水卫生标准

GB/T 5916 产蛋鸡和肉鸡配合饲料

GB/T 5918 饲料产品混合均匀度的测定

GB/T 10647 饲料工业术语

GB 13078 饲料卫生标准

GB/T 22544 蛋鸡复合预混合饲料

GB/T 32148 家禽健康养殖规范

GB/T 39438 包装鸡蛋

NY/T 388 畜禽场环境质量标准

NY/T 1338 蛋鸡饲养 HACCP 管理技术规范

NY/T 4342 叶酸生物营养强化鸡蛋

3 术语和定义

GB/T 10647 界定的以及下列术语和定义适用于本文件。

3.1

叶酸生物营养强化鸡蛋 folate biofortified chicken egg

通过增加饲粮叶酸含量,经蛋鸡转化生产,使鸡蛋中叶酸含量满足本文件规定叶酸含量要求的鸡蛋。

3.2

叶酸强化饲粮 folic acid fortified diet

用于生产叶酸强化鸡蛋的配合饲料。

4 选址、布局与设施

应符合 GB/T 32148 的要求。

5 饲养管理

5.1 环境卫生

应符合 NY/T 388 的规定。

5.2 温度、湿度与光照

应符合相应品种蛋鸡饲养管理手册的要求。

5.3 空气质量

应符合 NY/T 388 的规定。

5.4 饮水

蛋鸡采用自由饮水,饮水质量应符合 GB 5749 的规定。

5.5 常规养殖管理

应符合 NY/T 1338 的规定。

6 饲喂要求

6.1 宜选择产蛋高峰期蛋鸡生产叶酸生物营养强化鸡蛋。

6.2 更换饲粮或饲粮配方时要渐进进行,以免对鸡群造成应激。

7 投入品要求

7.1 饲粮营养

7.1.1 叶酸强化饲粮营养应符合不同品种和生理阶段蛋鸡的营养需求。

7.1.2 饲粮叶酸含量不宜小于 2.5 mg/kg,不宜高于 10 mg/kg。

7.2 饲料添加剂

叶酸添加剂包含但不限于化学制备叶酸($C_{19}H_{19}N_7O_6$),其他叶酸来源应符合《饲料添加剂品种目录》或《饲料原料目录》规定。

7.3 添加方法

7.3.1 叶酸应采用逐级扩大方式添加至预混料及配合饲料中。

7.3.2 叶酸与胆碱混合后不可储存,应现用现混。

7.4 预混料

预混料物理指标应符合 GB/T 22544 的要求。

7.5 饲粮加工

7.5.1 叶酸强化饲粮中,叶酸添加剂量应符合《饲料添加剂安全使用规范》的规定。

7.5.2 饲粮的混合均匀度变异系数应≤10%,混合均匀度检验方法按照 GB/T 5918 的规定执行。

7.5.3 配合饲料应符合 GB/T 5916 的规定。

7.5.4 叶酸强化饲粮宜现用现配。

7.6 饲粮卫生指标

应符合 GB 13078 的规定。

8 鸡蛋收集

8.1 产蛋鸡饲粮逐级替换为叶酸强化饲粮连续饲喂 21 d 后,鸡蛋叶酸含量应符合 NY/T 4342 的规定,可作为叶酸生物营养强化鸡蛋收集。

8.2 叶酸强化饲粮逐级替换为常规饲粮连续饲喂 2 d 后,不宜将产出鸡蛋作为叶酸生物营养强化鸡蛋收集。

8.3 蛋鸡用药和休药期产出鸡蛋不得作为叶酸生物营养强化鸡蛋收集。

9 出场检验

9.1 组批

以来自同一鸡场、同一品种、同日或同一班次生产的鸡蛋样品为一个组批。

9.2 抽样

按照 GB/T 39438 的规定执行。

9.3 检测

鸡蛋中叶酸含量测定应按照 GB 5009.211 的规定执行。

9.4 鸡蛋叶酸含量

应符合 NY/T 4342 的规定。

ICS 65.120
CCS B 25

中华人民共和国农业行业标准

NY/T 4338—2023

苜蓿干草调制技术规范

Technical specification for alfalfa hay–making

2023-04-11 发布

2023-08-01 实施

中华人民共和国农业农村部 发布

前　言

本文件按照 GB/T 1.1—2020《标准化工作导则　第 1 部分:标准化文件的结构和起草规则》的规定起草。

请注意本文件的某些内容可能涉及专利。本文件的发布机构不承担识别专利的责任。

本文件由农业农村部畜牧兽医局提出。

本文件由全国畜牧业标准化技术委员会(SAC/TC 274)归口。

本文件起草单位:全国畜牧总站、内蒙古农业大学、中国农业大学、中国农业科学院草原研究所、河北省农林科学院、宁夏农林科学院、黑龙江省农业科学院、青岛农业大学。

本文件主要起草人:李存福、刘芳、贾玉山、格根图、尹强、王梅娟、苏红田、任斌、杨瑞杰、刘忠宽、班丽萍、刘克思、李玉荣、高秋、何珊珊、张义、林积圳、屠德鹏、张蓉、尚晨、孙娟、刘贵波、王坤龙、刘燕、荣磊。

苜蓿干草调制技术规范

1 范围

本文件规定了苜蓿干草调制的术语和定义、流程、刈割、晾晒、搂草、捡拾打捆和码垛储存等要求,描述了过程记录等证实方法。

本文件适用于苜蓿干草的机械化收获和自然干燥调制。

2 规范性引用文件

下列文件中的内容通过文中的规范性引用而构成本文件必不可少的条款。其中,注日期的引用文件,仅该日期对应的版本适用于本文件;不注日期的引用文件,其最新版本(包括所有的修改单)适用于本文件。

GB/T 10395.20 农林机械安全 第 20 部分:捡拾打捆机

GB/T 10395.21 农林机械安全 第 21 部分:旋转式摊晒机和搂草机

NY/T 1631 方草捆打捆机 作业质量

JB 8520 旋转式割草机 安全要求

JB/T 8836 往复式割草机 安全技术要求

3 术语和定义

下列术语和定义适用于本文件。

3.1

干草 hay

经过刈割、干燥,达到安全储存含水量的饲草产品。

3.2

草条 windrow

经机械作业割倒后在地面上拢成的条状鲜草。

3.3

晾晒 air-dry

饲草刈割后,在田间的自然干燥过程。

3.4

打捆 baling

将地面上晾晒后的饲草用打捆机捡拾、压实、捆扎成捆的过程。

4 流程

苜蓿干草调制流程包括刈割、晾晒、搂草、捡拾打捆、码垛储存 5 个环节,流程如图 1 所示。

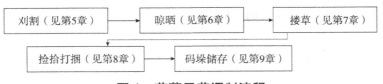

图 1 苜蓿干草调制流程

5 刈割

5.1 刈割时期

5.1.1 第一茬宜选择在现蕾期至初花期刈割。

5.1.2 第二茬及以后各茬符合下列任一条件时进行刈割：
- a) 再生草进入现蕾期或初花期；
- b) 草群高度达 60 cm 以上；
- c) 生长天数 35 d 左右。

5.1.3 最后一茬草应在初霜前 35 d～40 d 完成刈割，进入休眠期以后不再刈割。

5.1.4 刈割前，应根据天气情况，选择连续有 3 d 以上晴朗、有风、空气湿度小的天气进行刈割。

5.1.5 每茬草的刈割持续时间不宜超过 7 d。

5.2 刈割机械

5.2.1 宜选用具有茎秆压扁装置的割草机刈割。

5.2.2 割草机的安全使用要求及方法按照 JB/T 8836 或 JB 8520 的规定执行。

5.3 刈割要求

5.3.1 根据苜蓿生长情况及不同地块的土壤表层水分状况规划刈割顺序，合理安排收获机械和动力机械的配置和调度。清理作业区的障碍物。

5.3.2 最后一茬刈割留茬高度不宜低于 7 cm，其他茬次宜在 4 cm～6 cm。

5.3.3 割草作业时，地块较小采用往复行走法；地块较大采用环形套割法。作业速度应控制在 10 km/h 以内。

5.3.4 根据茎秆压扁程度和效果调节压扁间隙。

6 晾晒

6.1 使用摊晒机或翻晒机及时进行摊晒或翻晒作业，松散草条，加速干燥。

6.2 机械安全作业按照 GB/T 10395.21 的规定执行。

7 搂草

7.1 晾晒的苜蓿草应在含水量 40%～50%时进行搂草并垄作业。

7.2 搂草并垄作业宜在清晨或傍晚进行，以减少叶片脱落。搂草作业宜避开大风天气或采用顺风单条搂草。搂草方向应和割草方向一致。

7.3 机械安全作业按照 GB/T 10395.20 的规定执行。

8 捡拾打捆

8.1 采用小方草捆和大方草捆 2 种规格。小方草捆质量在 25 kg 左右，大方草捆质量在 500 kg 左右。

8.2 小方草捆打捆作业时，苜蓿草含水量宜在 18%～20%；大草捆打捆作业时，含水量宜在 14%～16%。

8.3 捡拾打捆作业宜避开高温干燥时段，以减少叶片的掉落和破碎；调整打捆机捡拾器的高度，以避免带入土块等杂质。

8.4 打捆作业方向应和刈割晾晒作业方向一致。

8.5 机械打捆作业按照 NY/T 1631 的规定执行。

8.6 机械安全作业按照 GB/T 10395.20 的规定进行。

9 码垛储存

9.1 打捆的苜蓿采用储草棚码垛或露天码垛进行储存。

9.2 码垛按照草捆质量分批次码放,底部应有托架并留有 20 cm～30 cm 的通风道。码垛时,同一层草捆每隔一定距离留 10 cm～20 cm 的间隙,起到透气、防潮、防霉等效果。

9.3 监测草垛内部的温度、水分和气味的变化,防止发热、发霉变质。

10 证实方法

10.1 记录苜蓿干草调制的刈割、晾晒、搂草、捡拾打捆、码垛储存等信息。

10.2 刈割记录内容包括日期、作业地点、阴晴、气温、空气湿度、刈割时期、茬次、作业机械、作业方式、留茬高度、压扁间隙和责任人等信息。

10.3 晾晒、搂草、捡拾打捆记录内容包括日期、阴晴、气温、空气湿度、草条状况、作业机械、作业方式和责任人等信息。

10.4 码垛储存内容包括日期、储存地点、空气温度、空气湿度、储存方式、通风道尺寸、草捆含水量、草捆温度和责任人等信息。

————————————

ICS 65.020.01
CCS B 45

中华人民共和国农业行业标准

NY/T 4342—2023

叶酸生物营养强化鸡蛋

Folate boifortified chicken egg

2023-04-11 发布　　　　　　　　　　　　　2023-08-01 实施

中华人民共和国农业农村部 发布

前　言

本文件按照 GB/T 1.1—2020《标准化工作导则　第 1 部分:标准化文件的结构和起草规则》的规定起草。

请注意本文件的某些内容可能涉及专利。本文件的发布机构不承担识别专利的责任。

本文件由农业农村部农产品质量安全监管司提出。

本文件由农业农村部农产品营养标准专家委员会归口。

本文件起草单位:中国农业科学院北京畜牧兽医研究所、播恩集团股份有限公司、农业农村部食物与营养发展研究所、北京市畜牧总站、天津博菲德科技有限公司、安食农业科学研究(北京)有限公司。

本文件主要起草人:张军民、秦玉昌、赵青余、王浩、汤超华、倪冬姣、朱大洲、王晓红、王梁、贾亚雄、余雅男、孙丹丹、邓雪娟、梁豪。

叶酸生物营养强化鸡蛋

1 范围

本文件规定了叶酸生物营养强化鸡蛋的术语和定义、技术要求、检验规则、判定规则、标签、包装、储存和运输。

本文件适用于叶酸生物营养强化鸡蛋。

2 规范性引用文件

下列文件中的内容通过文中的规范性引用而构成本文件必不可少的条款。其中,注日期的引用文件,仅该日期对应的版本适用于本文件;不注日期的引用文件,其最新版本(包括所有的修改单)适用于本文件。

GB 2749　食品安全国家标准　蛋与蛋制品

GB 5009.211　食品安全国家标准　食品中叶酸的测定

GB 7718　食品安全国家标准　预包装食品标签通则

GB 21710　食品安全国家标准　蛋与蛋制品生产卫生规范

GB 28050　食品安全国家标准　预包装食品营养标签通则

GB/T 39438　包装鸡蛋

NY/T 4174　食用农产品生物营养强化通则

3 术语和定义

NY/T 4174 界定的以及下列术语和定义适用于本文件。

3.1

叶酸生物营养强化鸡蛋　folate biofortified chicken egg

通过增加饲粮叶酸含量,经蛋鸡转化生产,使鸡蛋中叶酸含量满足本文件规定的叶酸含量要求的鸡蛋。

4 技术要求

4.1 感官要求

鸡蛋感官要求应符合 GB/T 39438 鸡蛋质量分级的一级及以上要求,其他指标应符合 GB 2749 的规定。

4.2 叶酸含量要求

表 1　鸡蛋叶酸含量

指标	要求
叶酸含量	≥120 μg/100 g 鸡蛋可食部

4.3 食品安全要求

按照 GB 2749 和 GB 21710 及国家有关标准规定执行。

5 检验规则

5.1 检验批

以来自同一鸡场、同一品种、同日或同一班次生产的鸡蛋样品为一个组批,每组批抽样数量应符合表

2 的规定。

表 2　鸡蛋抽样方案

样本数,枚	抽样数,枚
≤1 000	≥3
1 001～5 000	≥5
5 001～10 000	≥7
>10 000	≥9

5.2　鸡蛋中叶酸含量测定

按照 GB 5009.211 的规定执行。

5.3　判定规则

鸡蛋叶酸含量不符合本文件规定,或对检验结果有争议情况下应对留样进行复检,或在同组批产品中按本文件规定重新加倍抽样复检。复检结果仍不符合本文件规定,即判定本组批产品不合格。

6　标签、包装、储存和运输

6.1　标签和包装

预包装叶酸生物营养强化鸡蛋标识应按照 GB 7718 和 GB 28050 的规定执行。

6.2　储存和运输

储存和运输过程应按照 GB/T 39438 的规定执行。

ICS 65.120
CCS B 25

中华人民共和国农业行业标准

NY/T 4381—2023

羊草干草

China Leymus hay

2023-12-22 发布
2024-05-01 实施

中华人民共和国农业农村部 发布

前　言

本文件按照 GB/T 1.1—2020《标准化工作导则　第 1 部分：标准化文件的结构和起草规则》的规定起草。

请注意本文件的某些内容可能涉及专利。本文件的发布机构不承担识别专利的责任。

本文件由农业农村部畜牧兽医局提出。

本文件由全国畜牧业标准化技术委员会(SAC/TC 274)归口。

本文件起草单位：全国畜牧总站、中国农业大学、内蒙古农业大学、浙江工商大学、吉林省草原管理总站、黑龙江省草原管理总站、内蒙古呼伦贝尔市草原工作站、内蒙古宁城县畜牧局、内蒙古兴安盟乌兰河地方级自然保护区管理局。

本文件主要起草人：刘芳、尹晓飞、李存福、李玉荣、林积圳、赵小丽、苏红田、洪军、刘万良、张英俊、邓波、贾玉山、李鹏、张义、王梅娟、高秋、何珊珊、屠德鹏、胡志玲、朝格图、王天义、刘岩。

羊草干草

1 范围

本文件规定了羊草(China Leymus,*Leymus chinensis*)干草质量技术要求、取样、检验规则和包装储运要求。

本文件适用于羊草人工草地或以羊草为优势种的天然草地生产干草的质量控制。

2 规范性引用文件

下列文件中的内容通过文中的规范性引用而构成本文件必不可少的条款。其中,注日期的引用文件,仅该日期对应的版本适用于本文件;不注日期的引用文件,其最新版本(包括所有的修改单)适用于本文件。

GB/T 6432 饲料中粗蛋白的测定方法 凯氏定氮法

GB/T 6435 饲料中水分的测定

GB 13078 饲料卫生标准

GB/T 14699.1 饲料 采样

GB/T 18868 饲料中水分、粗蛋白质、粗纤维、粗脂肪、赖氨酸、蛋氨酸快速测定近红外光谱法

GB/T 20806 饲料中中性洗涤纤维(NDF)的测定

NY/T 1459 饲料中酸性洗涤纤维的测定

NY/T 2129 饲草产品抽样技术规程

3 术语和定义

下列术语和定义适用于本文件。

3.1

羊草草地 grassland of China Leymus

以羊草为优势种的天然草地和羊草人工草地。

3.2

羊草干草 China Leymus hay

在羊草草地上收获并调制成的干草。

注:一般包括羊草、伴生的其他可食性草及不可食性草。

3.3

羊草纯度 purity of China Leymus

干草中羊草所占的质量百分比。

3.4

不可食性草 edible herbage

不能够被家畜采食利用的牧草。

4 技术要求

4.1 感官要求

4.1.1 颜色

羊草干草呈绿色、黄绿色或枯黄色。

4.1.2 霉变

无霉变。

4.1.3 气味

具有牧草的清香气味，无异味。

4.1.4 杂质

不应包含除羊草干草及杂草以外的其他物质，如铁丝、石块、塑料、土块等。

4.2 纯度和不可食草比例要求

羊草干草纯度和不可食草比例应符合表1的要求。

表 1 羊草干草质量纯度和不可食性草比例

单位为百分号

指标	等级			
	特级	一级	二级	三级
羊草纯度	≥90	≥80	≥65	≥50
不可食草比例	<1	<1	<1	<1

4.3 理化指标要求

羊草干草理化指标要求应符合表2的要求。

表 2 羊草干草质量理化指标

单位为百分号

指标	等级			
	特级	一级	二级	三级
粗蛋白	≥9	≥7	≥5	≥4
中性洗涤纤维	<55	<60	<65	<70
酸性洗涤纤维	<30	<35	<40	<45
含水量	≤14			
注：理化指标均以干物质为基础计算。				

5 取样

按照 NY/T 2129 或 GB/T 14699.1 的规定执行。

6 检验方法

6.1 感官指标

采用目测法、鼻嗅等方法进行检测。

6.2 羊草纯度和不可食草比例

手工取样获得一个总份样。将总份样中的羊草、其他可食性草和不可食草分开，分别称重，分别计算羊草及不可食草占总份样的百分比。

6.3 粗蛋白

按照 GB/T 6432 或 GB/T 18868 的规定执行，仲裁法按照 GB/T 6432 的规定执行。

6.4 中性洗涤纤维

按照 GB/T 20806 的规定执行。

6.5 酸性洗涤纤维

按照 NY/T 1459 的规定执行。

6.6 水分

按照 GB/T 6435 或 GB/T 18868 的规定执行，仲裁法采用 GB/T 6435。

6.7 卫生指标

按照 GB 13078 的规定执行。

7 检验规则

7.1 批次

在同一块羊草草地上连续生产、生产日期相同、数量不超过 200 t 的草产品划分为一个批次。

7.2 判定规则

7.2.1 符合第 4 章规定的所有要求判定为该批次产品合格。

7.2.2 检验结果中有任何指标不符合本文件规定时,可自同批产品中重新加倍取样进行复检。若复检有一项结果不符合本文件规定,即判定该批产品不合格。卫生指标中的微生物指标不应复检。

7.2.3 质量等级判定规则:

a) 分项判定:抽检样品某一项(或几项)符合某一等级时,则判定所代表的该批次产品符合该项(或几项)指标的质量等级;

b) 综合判定:抽检样品的各项理化指标均同时符合某一等级时,则判定所代表的该批次产品为该等级;当有任意一项指标低于该等级标准时,则按单项指标最低值所在等级定级;任意一项低于最低级别标准时,则判定所代表的该批次产品为等外级产品。

8 包装储运

8.1 包装材料应无毒无害。

8.2 储存时应防雨、防潮、通风、防火。

8.3 运输中应防火灾、雨淋,不应与有毒有害物品混运。

————————

ICS 65.020.30
CCS B 43

中华人民共和国农业行业标准

NY/T 4443—2023

种牛术语

Terminology of bovine seedstock

2023-12-22 发布

2024-05-01 实施

中华人民共和国农业农村部 发布

前　言

本文件按照 GB/T 1.1—2020《标准化工作导则　第 1 部分:标准化文件的结构和起草规则》的规定起草。

请注意本文件的某些内容可能涉及专利。本文件的发布机构不承担识别专利的责任。

本文件由农业农村部种业管理司提出。

本文件由全国畜牧业标准化技术委员会(SAC/TC 274)归口。

本文件起草单位:全国畜牧总站、北京奶牛中心、北京农业职业技术学院、南京农业大学、中国农业大学、中国农业科学院北京畜牧兽医研究所、新疆维吾尔自治区畜牧总站、西藏自治区畜牧总站。

本文件主要起草人:刘海良、赵凤茹、李姣、田璐、孙飞舟、张书义、张桂香、王根林、孙东晓、李俊雅、高会江、许斌、晋美嘉措。

种牛术语

1 范围

本文件界定了牛分类、繁殖及繁殖技术、育种及育种技术和性状的术语。

本文件适用于种牛选育、生产性能测定以及选种选配等牛遗传育种和科研教学相关领域。

2 规范性引用文件

本文件没有规范性引用文件。

3 牛分类术语

3.1

肉用牛 beef cattle

以产肉为主要经济用途的牛品种。

3.2

乳用牛 dairy cattle

以产奶为主要经济用途的牛品种。

3.3

兼用牛 dual purpose cattle

具有 2 种或 2 种以上主要经济用途的牛品种。

4 繁殖及繁殖技术术语

4.1 公牛的繁殖术语

4.1.1

性成熟 sexual maturation

青年牛在初情期后具有正常繁殖能力的生理状态。

4.1.2

精子 sperm

公牛的成熟生殖细胞。

4.1.3

精液 semen

由公牛的生殖器官产生并排出体外含有精子的液体。

4.1.4

射精量 ejaculate volume

公牛一次采精时射出的精液量。

4.1.5

精液品质检查 semen examination

测定精液的外观、射精量、精子活力、精子密度、精子形态等指标，以评价和预测其受精能力的技术。

4.1.6

精子活力 sperm motility

在 37 ℃环境下前向运动精子占总精子数的百分率。

4.1.7

精子密度　sperm concentration

单位体积精液中的精子数。

4.1.8

畸形精子　abnormal sperm

形态异常的精子。

注：包括但不限于大头、小头、卷尾、短尾、原生质滴等。

4.1.9

精液稀释　semen dilution

在精液中加入适合精子体外存活并保持受精能力的稀释液,降低精子密度的方法。

4.1.10

精液保存　semen preservation

延长离体精子体外存活时间,并维持其受精能力的方法。

4.1.11

精子畸形率　abnormal sperm rate

畸形精子占总精子数的百分率。

4.1.12

精子获能　sperm capacitation

精子在体内或体外发生一系列生理生化变化,以获得受精能力的生理现象。

4.2　母牛的繁殖术语

4.2.1

初情期　puberty

母牛初次发情并排卵的时间。

4.2.2

发情　estrus

雌性动物随着初情期的到来,在生殖激素的调节下伴随着卵泡的成熟、排卵所出现的性行为和生殖系统周期性生理变化现象。

4.2.3

发情周期　estrous cycle

从一次发情的开始到下一次发情开始的时间间隔（间隔天数）。

4.2.4

卵子　ovum

母牛的成熟生殖细胞。

4.2.5

受精　fertilization

精子和卵子结合形成合子的生理过程。

4.2.6

受精卵　zygote

精子和卵子结合后形成的合子。

4.2.7

胚胎　embryo

发育到一定阶段的受精卵。

4.2.8

附植　implantation

进入子宫后的早期胚胎孵化后,逐渐与子宫内膜密切接触,并侵入附着于子宫内膜的过程。

4.2.9

胎膜　fetal membrane

胎儿本体以外包被胎儿的几层膜的总称。

注:包括卵黄囊、羊膜、绒毛膜、尿膜和脐带。

4.2.10

妊娠　pregnancy

受精卵在母牛生殖道内生长发育的生理现象。

4.2.11

妊娠期　gestation period

妊娠母牛配种日至分娩日的天数。

4.2.12

预产期　predicted calving date

根据牛的配种日期与妊娠期推算的分娩日期。

4.2.13

流产　abortion

母牛妊娠一定时间后,妊娠中断,排出未发育成熟胎儿的生理现象。

4.2.14

早产　premature delivery

牛妊娠 210 d 后,产出不足月龄胎儿的现象。

4.2.15

围产期　transition period

母牛分娩前后各 21 d 的一段时间。

注:通常将产前 21 d 称为围产前期,产后 21 d 称为围产后期。

4.2.16

分娩　parturition

母牛在妊娠期满后,将发育成熟的胎儿、胎膜和胎水由子宫经产道排出的生理过程。

4.2.17

难产　dystocia

分娩时在一定时间内胎儿不能自然从母体顺利产出的现象。

4.2.18

胎次　parity

母牛产犊的次数。

4.2.19

初产牛　primiparous cow

初次产犊的母牛。

4.2.20

经产牛　multiparous cow

产过一胎以上的母牛。

4.2.21

空怀牛　open cow

适宜繁殖但未妊娠的母牛。

4.2.22

泌乳牛　milking cow；lactating cow

处于泌乳时期和状态的母牛。

4.2.23

供体牛　donor

提供胚胎或卵母细胞的母牛。

4.2.24

受体牛　recipient

接受胚胎移植的母牛。

4.2.25

情期受胎率　conception rate

配种后受胎母牛数占配种情期母牛总头数的百分率。

4.2.26

不返情率　non-return rate

母牛配种后一定时间内，未表现发情的母牛数占配种母牛总数的百分率。

4.2.27

总受胎率　over-all conception rate

在一定时期内，妊娠母牛数占配种母牛总数的百分率。

4.2.28

年繁殖率　annual reproductive rate

年度内实繁奶牛头数占年度初应繁奶牛头数的百分率。

4.2.29

犊牛成活率　calf survival rate

断乳时成活犊牛数占出生时活犊牛数的百分率。

4.2.30

繁殖成活率　reproductive-survival rate

一个年度内成活犊牛数占上年底存栏适繁母牛数的百分率。

4.2.31

产犊难易性　calving ease

母牛分娩时产犊的难易程度。

注：分顺产、轻度助产、强力助产和外科助产4类。

4.2.32

产犊间隔　calving interval

母牛连续2次产犊之间的间隔天数。

4.2.33

黄体　corpus luteum

牛卵巢上分泌孕酮的黄色腺体。

4.2.34

持久黄体　persistent corpus luteum

牛卵巢上持续存在，超过正常发情周期并分泌孕酮的黄体。

4.2.35

不育　sterility

公、母牛暂时性或永久性地不能繁殖后代的现象。

4.2.36

不孕　infertility

母牛达到繁殖年龄或分娩后，多次配种未妊娠的现象。

4.2.37

卵巢囊肿　ovarian cyst

卵巢上存在超过正常卵泡直径和排卵时间的卵泡，或存在超过正常黄体直径和存在时间的黄体的现象。

4.2.38

乏情　anestrus

达到初情期的雌性动物不出现发情周期的现象。

4.2.39

产后发情　postpartum estrus

母牛分娩后出现的第一次发情。

4.2.40

安静发情　silent estrus

母畜卵泡发育成熟并排卵，但无典型发情征状。

注： 安静发情也称安静排卵。

4.3　繁殖技术术语

4.3.1

发情鉴定　estrus diagnosis

采用试情、外部观察、直肠检查和阴道检查等方法识别母牛是否发情和判断发情阶段的技术。

4.3.2

人工授精　artificial insemination，AI

用人工方法采集公牛精液，经处理后，输入母牛的生殖道内以繁殖后代的技术。

4.3.3

妊娠诊断　pregnancy diagnosis

采用临床或实验室的方法判断配种后母牛是否妊娠的方法。

4.3.4

同期发情　estrus synchronization

用激素处理或其他方法调整母牛发情周期，使之在预定时间内集中发情的技术。

4.3.5

超数排卵　superovulation

在母畜发情周期中，施以外源性促性腺激素，使卵巢中比自然情况下有较多的卵泡发育并排卵的技术。

4.3.6

体外受精　in vitro fertilization，IVF

牛配子在体外进行受精并体外培养发育的过程。

4.3.7

胚胎采集　embryo collection

将早期胚胎从母牛的子宫或输卵管中冲出并回收利用的过程。

4.3.8

胚胎移植　embryo transfer，ET

将体内、外生产的牛早期胚胎移植到受体牛体内的过程。

5 育种及育种技术术语

5.1 育种术语

5.1.1

品种 breed

经过人工选育或者发现并经过改良,具有一定的经济价值,遗传性状比较一致的牛群。

5.1.2

品系 line strain

品种内的一种结构形式(亚群)。

注:同一个品系内个体具有所属品种的基本特征,但又具有某些独特的特性。

5.1.3

系谱 pedigree

记载个体的识别号、出生日期、血统来源、生长发育及生产性能等信息的育种文件。

5.1.4

地方品种 indigenous breed

在不同的自然生态环境条件下,经过自然选择或人工选择,逐步形成的适应当地自然条件并具有某种特殊经济或性能的品种。

5.1.5

培育品种 improved breed

根据培育目标,经过长期培育,生产力和育种价值比较高,并经过国家审定的品种。

5.1.6

引入品种 introduced breed

由其他国家或其他地区引入的品种。

5.1.7

质量性状 qualitative trait

由单个或少数几个基因所控制,一般不受环境因素影响,表型呈不连续分布的性状。

5.1.8

数量性状 quantitative trait

由多基因所控制,很大程度上受环境因素影响,表型呈连续分布的性状。

5.1.9

核心群 nucleus herd;elite herd

选择性能优秀且健康,用于培育下一代种牛的个体组成的群体。

5.1.10

扩繁群 multiplication herd

主要用于扩增生产群的种畜群体。

5.1.11

生产群 production herd

直接以生产畜产品为目的的牛群。

5.1.12

育种值 breeding value

控制一个数量性状的所有基因座上基因的加性效应总和。

5.1.13

估计育种值 estimated breeding value

根据牛只个体及其亲属相关性状的表型、遗传联系以及基因型信息,使用特定的统计学方法获得的性状的基因加性效应值。

5.1.14

相对育种值 relative breeding value

个体育种值相对于所在群体均值的百分数。

5.1.15

系谱指数 pedigree index,PI

利用牛只个体的系谱信息(被估个体祖先包括父母、祖代、曾祖代等的信息),对祖先的个体育种值通过加权获得的综合指数。

5.1.16

综合选择指数 total selection index

根据群体遗传改良方案的育种目标,将公牛个体各重要经济性状的估计育种值,按照其重要性分别进行加权,形成评价公牛相对综合遗传素质的指数。

5.1.17

杂种优势 heterosis

不同种群间杂交所产生的杂种后代,通常在生活力、繁殖力和生产性能方面,在一定程度上优于两个亲本种群均数的一种生物学现象。

注:通常将杂种一代(F_1)在特定性状上的性能值与纯合两亲代均数间的差数,作为杂种优势的度量值。

5.1.18

留种率 proportion selected

选留作为亲本的个体在所有候选个体中所占的百分率。

5.1.19

选择强度 selection intensity

标准化的选择差,即以表型标准差为单位的选择差。

5.1.20

遗传进展 genetic gain,genetic progress

群体的平均育种值在不同世代或不同年度中的改变。

注:遗传进展也称遗传获得量。

5.1.21

遗传力 heritability

一个特定群体中,由遗传因素所导致的某一数量性状表型变异的比例。

5.1.22

遗传相关(系数) genetic correlation(coefficient)

遗传学中将亲属个体间具有共同基因来源的概率表示为亲属的远近程度,亦即亲缘系数(r_A)。

5.1.23

综合育种值估计准确度 accuracy of breeding value estimation

综合选择指数与综合育种值之间的相关。

注:用综合选择指数来估计个体的综合育种值的准确性。按公式(1)计算。

$$r_{HI} = \frac{Cov(H,I)}{\sigma_H \sigma_I} \quad \cdots\cdots\cdots\cdots\cdots\cdots\cdots\cdots\cdots\cdots\cdots \quad (1)$$

式中:

r_{HI} ——综合选择指数与综合育种值之间的相关;

$Cov(H,I)$——综合育种值与综合选择指数的协方差;

σ_I ——综合选择指数的标准差;

σ_H ——综合育种值的标准差。

5.1.24

种公牛　breeding bull

经基因组选择或后裔测定,具有较高选择准确性、综合选择指数排名靠前的用于种用的公牛。

5.1.25

验证公牛　proven bull

经后裔测定,具有较高选择准确性、综合选择指数排名靠前的公牛。

5.2　育种技术术语

5.2.1

选择　selection

根据不同标准筛选个体,造成群体内个体参与繁殖的机会不均等,从而导致不同个体对后代的贡献不一致的措施。

5.2.2

基因组选择　genomic selection

利用分布在全基因组的高密度遗传标记(通常使用 SNP 标记)进行标记辅助选择。

5.2.3

品种登记　breed registration

将符合品种标准的个体识别号、出生日期和血统来源等有关资料,登记在专门的登记簿中或储存于电子计算机内特定的数据管理系统的一项育种措施。

5.2.4

系谱评定　pedigree evaluation

利用亲本或祖先的性能测定信息来对某个体进行遗传评估的方法。

5.2.5

外貌评分　conformation classification

采用评分制评定种牛外貌等级的方法。

5.2.6

体型线性评定　linear type classification

对奶牛体型进行数量化评定的方法。

注:针对每个体型性状,按生物学特性的变异范围,定出性状的最大值和最小值,然后以线性的尺度进行评分。

5.2.7

选配　selective mating

有目的地决定公、母牛的交配,使后代获得良好的基因组合的育种措施。

5.2.8

后裔测定　progeny test

根据公牛后代的生产性能测定记录、体型鉴定评分以及繁殖、健康、长寿性等功能性状数据,使用特定的统计分析方法估计各性状的育种值,并以此为基础计算选择指数,评定公牛种用价值的技术过程。

6　性状术语

6.1　生长性状术语

6.1.1

体高　withers height,stature

鬐甲最高点到地面的垂直高度。

6.1.2

十字部高　hip height

牛体两腰角连线中点至地面的垂直高度。

6.1.3

体斜长　body length

牛肩胛骨前缘至坐骨结节后缘的距离。

6.1.4

尻长　rump length

牛腰角前缘至坐骨结节的直线距离。

6.1.5

胸深　chest depth

牛鬐甲后缘处背线至胸骨下缘的直线距离。

6.1.6

胸宽　chest width

肩胛骨后缘两体侧垂直切面间的距离。

6.1.7

腰角宽　hip width

牛两腰角外缘的水平宽度。

6.1.8

坐骨端宽　pin bone width

臀端两侧坐骨结节外缘间的直线距离。

6.1.9

髋宽　thurl width

牛臀角外缘的最大距离。

6.1.10

胸围　circumference of chest, chest girth

肩胛骨后缘处体躯的垂直周径。

6.1.11

腹围　abdominal circumference

十字部前缘腹部最大处的垂直周径。

6.1.12

管围　circumference of cannon bone

左前肢管部上 1/3 最细处的水平周径。

6.1.13

阴囊围　scrotal circumference

阴囊最大围度部位的水平周长。

6.1.14

体重　body weight

牛只晨饲前称测的重量。

注：常用测定指标有 6 月龄重、12 月龄重、18 月龄重、26 月龄重。

6.1.15

初生重　birth weight

犊牛出生后至采食初乳前的重量。

6.1.16

断奶重　weaning weight

犊牛断奶时的重量。

6.1.17

成年体重 mature weight

肉牛 36 月龄及以上体重。

6.2 生产性状术语

6.2.1 乳用性状术语

6.2.1.1

乳用特征 dairy character

与产奶有联系的体型特征。

6.2.1.2

乳脂率 milk fat rate

乳中脂肪的含量。

注：一般以百分率表示。

6.2.1.3

乳蛋白率 milk protein rate

乳中蛋白质的含量。

注：一般以百分率表示。

6.2.1.4

乳糖率 lactose rate

乳中乳糖的含量。

注：一般以百分率表示。

6.2.1.5

牛奶固形物比例 milk solid rate

牛奶中乳脂肪、乳蛋白、乳糖、矿物质和维生素等干物质含量占全乳的百分率。

6.2.1.6

体细胞数 somatic cell count,SCC

每毫升生鲜牛奶中体细胞的数量。

注：体细胞包括嗜中性粒细胞、淋巴细胞、巨噬细胞等白细胞及脱落的乳腺上皮细胞等。

6.2.1.7

标准乳 fat-corrected milk,FCM

校正到含乳脂肪为 4% 的奶量。

注：按公式（2）计算。

$$W = (0.4 + 15F) \times M \quad \cdots\cdots\cdots\cdots\cdots\cdots\cdots\cdots\cdots\cdots\cdots\cdots\cdots\cdots (2)$$

式中：

W ——4% 乳脂校正乳量的数值，单位为千克（kg）；

F ——该期所测得乳脂率的数值，单位为百分号（%）；

M ——乳脂率为 F 时的奶产量的数值，单位为千克（kg）。

注：标准乳也指 4% 乳脂校正乳。

6.2.1.8

305 d 校正奶量 305-day corrected milk yield

实际泌乳天数的产奶量经过系数校正后获得的数值。

注：一般用实际泌乳天数的产奶量乘以校正系数来计算。校正为 305 d 的近似产奶量，便于比较。不同胎次、年龄、挤奶次数、泌乳天数，校正系数不同。

6.2.1.9

成年当量 mature equivalent,ME

预测青年母牛成年时产乳能力的计算标准。

6.2.1.10

泌乳速度 milking speed

单位时间从乳房中排出的奶量。

6.2.1.11

泌乳曲线 lactation curve

自分娩后产乳开始直至干乳前的整个泌乳期间每日、每周、每旬或每月平均泌乳量的连线。

6.2.2 肉用性状术语

6.2.2.1

平均日增重 daily gain，DG

在某个饲养阶段内，平均每头牛每天体重的增加量。

注：按公式（3）计算。

$$DG = \frac{W_2 - W_1}{n} \times 1000 \quad \cdots\cdots\cdots\cdots\cdots\cdots\cdots\cdots\cdots\cdots\cdots\cdots\cdots\cdots\cdots\cdots\cdots \quad (3)$$

式中：

DG ——平均日增重的数值，单位为千克每天（g/d）；

W_1 ——饲养开始时体重的数值，单位为千克（kg）；

W_2 ——饲养结束时体重的数值，单位为千克（kg）；

n ——饲养天数，单位为天（d）。

称重应在早晨饲喂前空腹进行。

6.2.2.2

育肥期日增重 daily gain during fattening period，FDG

在育肥期内，平均每头牛每日体重增加量。

注：按公式（4）计算。

$$FDG = \frac{W_4 - W_3}{n} \quad \cdots\cdots\cdots\cdots\cdots\cdots\cdots\cdots\cdots\cdots\cdots\cdots\cdots\cdots\cdots\cdots\cdots \quad (4)$$

式中：

FDG ——育肥期日增重的数值，单位为千克每天（kg/d）；

W_3 ——育肥始重的数值，单位为千克（kg）；

W_4 ——育肥终重的数值，单位为千克（kg）；

n ——育肥天数，单位为天（d）。

6.2.2.3

宰前活重 slaughter weight

育肥牛屠宰前禁食 24 h、禁水 3 h 后的活重。

6.2.2.4

胴体重 carcass weight

去头、皮、尾、蹄、生殖器官及周围脂肪、母牛的乳房及周围脂肪、内脏（保留肾脏及周围脂肪）的重量。

6.2.2.5

屠宰率 dressing rate

胴体重占宰前活重的百分率。

6.2.2.6

净肉重 lean meat weight

胴体剔骨后的包括肉、肾脏及周围脂肪的全部重量。

6.2.2.7

净肉率 lean meat rate

净肉重占宰前活重的百分率。

6.2.2.8

胴体长 carcass length

耻骨缝前缘至第 1 肋骨与胸骨联合点前缘间的长度。

6.2.2.9

胴体深 carcass depth

牛胴体自第 7 胸椎棘突的体表至第 7 胸骨下部体表的垂直距离。

6.2.2.10

体表脂肪覆盖率 fat cover rate

体表覆盖脂肪的面积占胴体表面积的百分率。

6.2.2.11

大理石纹 marbling

分布在肌肉中可见的纹理状脂肪。

6.2.2.12

眼肌面积 ribeye area

第 12～13 胸肋间眼肌的横切面积。

注：眼肌也称为背最长肌。

6.2.2.13

背膘厚 backfat thickness

第 12～13 肋骨间背部皮下脂肪的厚度。

6.2.2.14

嫩度 tenderness

牛肉的柔软、多汁和易于被嚼烂的程度。

注：通常用剪切力表示嫩度。剪切力越低，嫩度越高。

6.2.2.15

系水力 water holding capacity

肌肉保持水分的能力。

6.2.2.16

肉色 lean tissue color

牛屠宰后 24 h 内，目测胸腰结合处背最长肌横断面的颜色。

6.2.2.17

脂肪颜色 fat color

牛屠宰并经成熟，胸腰结合处新鲜背部脂肪断面的颜色。

6.2.2.18

剪切力 shearing force

一定的肉和肉制品样品剪切时出现的断裂抵抗力。

6.2.2.19

蒸煮损失 cooking loss

生肉蒸煮过程中，因含水量降低造成肉品重量的损失量。

6.2.2.20

肉骨比 meat to bone ratio

胴体净肉重与骨重的比率。

注:剔骨时,要求骨头带肉不超过 3 kg。按公式(5)计算。

$$MBR = \frac{W_5}{W_6} \times 100 \quad \cdots\cdots (5)$$

式中:

MBR ——肉骨比的数值,单位为百分号(%);

W_5 ——净肉重的数值,单位为千克(kg);

W_6 ——骨重的数值,单位为千克(kg)。

6.2.2.21

采食量 feed intake

在某一生长阶段的每天饲料干物质消耗量。

6.2.2.22

日干物质采食量 dry matter intake,DMI

动物 24 h 内对所给饲料干物质的进食数量。

注:单位以 kg/d 表示。

6.2.2.23

强度育肥 intensive fattening

利用精饲料型日粮,对架子牛进行 3 个月~6 个月饲喂,快速达到出栏体重的肉牛生产方式。

注:又称为短期育肥或快速育肥。

6.2.2.24

持续育肥 continuous fattening,straight line fattening

犊牛断奶后直接转入育肥阶段,根据生产目的不同,持续育肥 12 月龄~24 月龄出栏的肉牛生产方式。

注:又称为直线育肥或线性育肥。

6.3 饲料转化率性状术语

6.3.1

料重比 feed-gain ratio,FGR

生产单位重量畜产品所消耗的饲料量。

注1:用于反映肉用牛饲料转化率的指标。

注2:通常以消耗的饲料干物质与增重的比值表示。按公式(6)计算。

$$FGR = \frac{\sum_{i=1}^{n} X_i}{W_8 - W_7} \quad \cdots\cdots (6)$$

式中:

FCR ——饲料转化率;

X_i ——第 i 天的饲料干物质采食量的数值,单位为千克(kg);

n ——测定的天数,单位为天(d);

W_7 ——测定开始时被测牛体重的数值,单位为千克(kg);

W_8 ——测定结束时被测牛体重的数值,单位为千克(kg)。

6.3.2

剩余采食量 residual feed intake

畜禽实际采食量与其维持生长、泌乳、产仔等所计算的预期采食量的差值。

索 引

汉语拼音索引

A

B

C

D

F

Z

英文对应词索引

A

B

C

D

W

Z

―――――――――

ICS 11.220
CCS B 41

中华人民共和国农业行业标准

NY/T 4448—2023

马匹道路运输管理规范

Management specifications for the land transportation of horses

2023-12-22 发布

2024-05-01 实施

中华人民共和国农业农村部 发布

前　言

本文件按照 GB/T 1.1—2020《标准化工作导则　第 1 部分:标准化文件的结构和起草规则》的规定起草。

请注意本文件的某些内容可能涉及专利。本文件的发布机构不承担识别专利的责任。

本文件由农业农村部畜牧兽医局提出。

本文件由全国动物卫生标准化技术委员会(SAC/TC 181)归口。

本文件起草单位:中国农业大学、中国马业协会、青岛农业大学、中国动物卫生与流行病学中心、北京市畜牧总站。

本文件主要起草人:王勤、白煦、岳高峰、王煜、丁立焕、范钦磊、杨宇泽。

马匹道路运输管理规范

1 范围

本文件规定了马匹道路运输的基本要求、车辆要求、运输管理、清洗消毒、安全福利保障、无害化处理等。

本文件适用于需道路运输的运动骑乘用(比赛、休闲骑乘、观赏、仪仗、表演展示、伴侣、教学、康养等)、种用、进出无疫区(无疫小区)等马匹的运输。

2 规范性引用文件

下列文件中的内容通过文中的规范性引用而构成本文件必不可少的条款。其中,注日期的引用文件,仅该日期对应的版本适用于本文件;不注日期的引用文件,其最新版本(包括所有的修改单)适用于本文件。

GB 7258 机动车运行安全技术条件

GB/T 19056 汽车行驶记录仪

GB 23254 货车及挂车 车身反光标识

GB/T 36195 畜禽粪便无害化处理技术规范

NY/T 4136—2022 车辆洗消中心生物安全技术

NY 5027 无公害食品 畜禽饮用水水质

QC/T 908 运马车

3 术语和定义

本文件没有需要界定的术语和定义。

4 基本要求

4.1 运输计划

4.1.1 运输单位和个人应在运输前向所在地县级人民政府农业农村主管部门备案。

4.1.2 运输单位应在运输前制定运输计划,运输计划应包含以下内容:人员配置、马匹准备、物资准备、车辆准备、路线行程、随行资质证明文件、马匹管理、疫病防控、应急预案等。

4.2 随行资质证明文件

随行携带资质证明文件,包括马匹护照等身份证明文件、免疫接种证明、动物检疫证明、进口报关单证或海关检疫单证、车辆消毒记录。

4.3 人员配置

4.3.1 驾驶员应具备公安交管部门规定的与车辆相应的驾驶资格。

4.3.2 驾驶运马车辆少于100 h的驾驶员,不得单独驾驶车辆运输马匹。超过4 h的连续运输应配备2名及以上具有运马经验的驾驶员轮换驾驶车辆。

4.3.3 运输马匹过程中宜全程配备1名兽医(具有执业兽医资格证)及1名以上马工作为随行人员,负责监控车内马匹状况、饲喂马匹、清理粪便、发生紧急状况时进行处置。

4.3.4 所有随车人员应身体健康,并具有有效期内的健康证明。

4.4 马匹准备

4.4.1 检查马匹护照等身份证明,确认待运马匹身份。

4.4.2 兽医检查马匹健康状态,查验马匹疫苗接种记录,评估马匹是否适合车辆运输。未经检疫的马匹不应运输。

4.4.3 同一车辆应运输同级别健康水平的马匹。

4.4.4 马匹装车前可喂食水和饲草料。

4.4.5 检查蹄铁的牢固程度,对易蹴蹄的马匹使用合适的绷带对蹄铁进行包扎。

4.4.6 根据具体运输情况,马匹可佩戴护蹄,使用牵引绳,穿戴防蚊马衣、面罩、蒙眼布、护颈。马尾可进行捆扎,避免尾鬃与车内设施纠缠。

4.5 物资准备

4.5.1 充足饲草料和清洁饮水,饮水应符合 NY 5027 的要求。

4.5.2 清洗消毒的设施设备。

4.5.3 口罩、手套、鞋套、防护服等一次性个人防护物品。

4.5.4 保质期内的灭火器,数量视运输车辆大小而定。

4.5.5 马粪收纳袋、警戒线、隔离带、应急物品箱、药箱等应急物资。

4.5.6 铁锹、扫把、饮水桶、地板刷等随车工具物资。

4.5.7 符合国家规定且在有效期内的消毒剂,消毒剂种类应定期轮换使用。

4.6 应急预案

4.6.1 运输前,运输单位应制订车辆应急预案,承运人应熟悉预案所有内容,包括但不限于:

    a) 车辆所有人、驾驶人及后备驾驶人信息、联系方式及紧急情况联系人;

    b) 车辆维修、保养、保险、救援等联系方式;

    c) 出发及到达地点的县级农业农村主管部门和动物疫病预防控制机构,沿途可提供服务的马场等相关机构及人员联系方式,以及车辆受损无法继续前行的备用车辆;

    d) 马主、兽医等联系方式;

    e) 与车辆安全使用相关的注意事项。

4.6.2 马匹运输前,运输单位应做好行车路线和备选路线预案,充分考虑道路因素,包括但不限于:

    a) 运输过程中应随时关注前方道路情况,对紧急情况提早做出预判,及时调整行车路线;

    b) 停车处应远离居民区、学校、医院、养殖场、农贸市场、水源地、主干道等;

    c) 运输路线应尽量避免经过有疫病报告地区,若无法绕开疫区,车辆进入前应紧闭门窗、打开空气过滤循环装置,迅速通过不停车,车辆驶离疫区后应尽快开窗通风,可对车体及空气过滤循环装置进行消毒。

4.6.3 运输前应提前查看沿途天气变化,并随时关注最新天气预报。避免极端天气运输马匹,避免经过灾害易发生路段。途中突遇极端天气时,应立即选择安全地点停靠,停止运输。

4.6.4 发现马匹发生意外受伤时,车辆就近选择安全区或动物卫生检查站停靠,由兽医介入治疗。意外死亡的马匹,应按照死亡动物无害化处理要求进行处理。

4.6.5 运输过程中马匹出现疑似染疫症状[精神萎靡、体温升高($>38.5\ ℃$)、咳嗽、流鼻液、呼吸频率增加(成年马>16 次/min,幼驹>40 次/min)、腹泻等],承运人应立即向所在地农业农村主管部门或动物疫病预防控制机构报告,车辆就近选择安全区或动物卫生检查站停靠;随行人员可留在车厢中照顾马匹,马匹不应牵出车厢,无关人员不应靠近车辆,车厢内粪污集中存放,等待相关部门人员到场处理。

5 车辆要求

5.1 基本要求

5.1.1 车辆应符合 GB 7258 及 QC/T 908 的要求。

5.1.2 车辆应在所在地县级人民政府农业农村主管部门进行备案。

5.1.3 车厢壁及底部、隔离地板应采用无毒、无味、耐腐蚀、防渗漏、耐高温、防滑、防火的材质制成,便于清洗、消毒和烘干。

5.1.4 隔离隔断的材质应采用耐腐蚀、耐高温、防火的材质制成,应表面平滑,无棱角,便于开闭、拆卸、清洗、浸泡、消毒和烘干。

5.1.5 车厢底部应具有防滑和减震性能,便于马匹站立站稳。

5.1.6 车身应具有反光标识,并符合 GB 23254 的要求。

5.1.7 车厢内应安装照明设备,照明设备应用冷光,且有安全防护罩。

5.1.8 车辆应安装汽车行驶记录仪,并符合 GB/T 19056 的要求。

5.1.9 车厢内应安装监控系统和报警装置,在驾驶室即可完成对以上各项功能的操作控制。

5.1.10 车辆应配备卫星定位系统车载终端,实现车辆的实时定位和行驶路线的跟踪,相关信息记录应保存半年以上。

5.1.11 车辆通风口应安装防虫网,车厢内宜安装灭蚊灯。

5.1.12 车辆应配备坡道供马匹上下车,坡道表面做防滑处理,两侧有安全可靠的可拆卸防护栏,坡道与地面夹角不得大于 20°,与车辆间缝隙应覆盖保护垫或采取有效防护措施避免马蹄插入。

5.2 车厢内部结构

5.2.1 车厢应为全封闭式框架结构,保证良好通风。车厢内壁平整,无尖锐凸起物件;车厢底部与车厢壁接缝处应连接严密,且经防渗漏处理,不应遗洒或渗漏出排泄物。

5.2.2 车厢内部隔间的隔板应坚固和安全,隔板应可以拆卸。

5.2.3 车厢内马头处应设有拴马环。

5.2.4 车厢地板与顶板之间垂直高度应不低于 2.2 m。

5.2.5 车厢内壁应覆盖保护垫,保护垫材质应坚实,不易被啃食,覆盖高度为马匹躯干可接触的范围。

5.2.6 车厢应设有可从外部开启的应急门窗,满足紧急情况下的应急通风和对马匹状态的观察,关闭时应保证车厢的密封性,侧窗位置应加装围栏。

5.3 车厢功能配置

5.3.1 车厢宜安装通风系统,系统应确保车厢空气每小时至少全部更换 1 次。新风入口、出风口应装有防雨格栅,防止雨水浸入。

5.3.2 车厢宜安装保温及温控系统,与通风系统协同实现车厢环境气体的流通、更换和控温。

5.3.3 车厢宜安装粪污收集系统,回收装置应容积大、耐腐蚀、清洗方便,排污口应配备长度不小于 3 m 的排污软管。

6 运输管理

6.1 运输车辆不应运载无关人员。

6.2 运输车辆不应存放易燃易爆、有毒有害的危险品及具有潜在疫病传播风险的物品。

6.3 运输车辆应按规定路线行驶,并主动接受监督检查。

6.4 运输车辆不应将马匹与犬、牛、羊等其他动物混装运输。

6.5 随行人员应了解马匹运输相关的防疫知识和法规要求,能够自主执行运输环节的生物安全操作。

6.6 随行人员应穿戴清洁消毒后的衣物、鞋靴开展运输工作,下车时应佩戴口罩、手套和鞋套。

6.7 运输马匹时,随行人员应在确保行车安全的前提下,通过监控实时观察车厢内状况。

6.8 中途停车时,车辆停放地点应尽量远离动物、人群和其他运载动物及动物产品的车辆。

6.9 运输途中不应倾倒垃圾及马匹排泄物、垫料、污水等废弃物。

7 清洗消毒

7.1 人员

进入马场前应更换场内工作服和工作鞋,在消毒池或消毒垫进行鞋靴消毒后方可进入场内。避免身穿场外生活服装直接接触马匹,离场前换下工作服和工作鞋。

接触马匹、饲料、马用相关物品等前后应洗手,并用季铵盐含量为 400 mg/L～1 200 mg/L 的消毒剂、75％医用酒精或含量为 80 mg/L～100 mg/L 的次氯酸消毒剂擦拭消毒。

7.2 驾驶室

驾驶室的清洗消毒应与车辆同步进行,包括物品移除、清扫、吸尘、消毒等过程,应涵盖驾驶室内表面、可拆卸物品、随车物品和内部空间的清洗消毒。方向盘、仪表盘、踏板、挡杆、车窗摇柄等部位可进行擦拭消毒,驾驶室空间、可拆卸物品和随车配备物品可进行熏蒸消毒或用过氧乙酸气溶胶喷雾消毒。

7.3 车体清洗

车辆清洗可按照 NY/T 4136—2022 中第 7 章的要求进行。

7.4 车体消毒

7.4.1 车辆晾干或烘干后,方可进行消毒。

7.4.2 消毒液的配制和静置时间应符合说明书要求。

7.4.3 车内可密封的空间用熏蒸消毒或用过氧乙酸气溶胶喷雾消毒。

7.4.4 车身和底盘可用复合型戊二醛长效消毒剂(1∶50)、复合酚(1∶200)、过氧乙酸或次氯酸钠喷雾消毒。

7.4.5 车体用消毒液喷洒全车、不留死角。静置后,用水枪对车体进行冲洗至干净。

7.4.6 可移动隔板、隔离栅栏等拆除组件可用过氧乙酸或漂白粉溶液喷雾消毒或熏蒸消毒。

7.4.7 空气过滤系统及空调系统滤网应单独拆下清洗、消毒、烘干。

7.5 车体干燥

消毒完成后,应对车厢内部进行通风晾干。必要时可进行高温烘干,烘干温度不低于 70 ℃,有效温度保持时间不低于 30 min。

8 安全福利保障

8.1 马匹运输

8.1.1 在马匹装卸过程中,对抗拒上下车的马匹不应使用暴力、恐吓手段。

8.1.2 好斗马匹之间、公马之间、公马与母马之间应进行有效间隔。

8.1.3 每个隔间长度和宽度应不小于 2.3 m×0.7 m。

8.1.4 多个马匹共用一个隔间时应有足够的地面空间,成年马匹平均每匹占地面积应不小于 1.2 m²,18 月龄～24 月龄马匹平均每匹占地面积应不小于 1.0 m²,12 月龄～18 月龄马匹平均每匹占地面积应不小于 0.9 m²,5 月龄～12 月龄马匹平均每匹占地面积应不小于 0.7 m²。

8.1.5 马匹站立方向根据车内布局决定,马头朝向前进方向,尽量与车头方向平行或呈一定夹角,夹角应不大于 90°。

8.2 特殊马匹运输

8.2.1 母马怀孕 300 d 后不适宜运输,产前 7 d 不应运输。

8.2.2 幼驹未断奶前应与母马同时运输,幼驹脐带未愈合时不应运输。

8.2.3 幼驹断奶后,7 d 内不应运输,在幼驹度过断奶应激期后可运输,运输过程应有其他马匹陪伴,不宜单独运输。

8.2.4 患病或外伤马匹不适宜运输,应在疾病痊愈后或外伤愈合后进行运输。

8.2.5 特殊患病马匹确需紧急运输或转运至诊疗场所的,应由兽医进行评估,开具同意运输证明,并做相应处理,运输全程应由兽医陪同。

8.3 运输过程

8.3.1 行驶速度:高速路应不超过 90 km/h、国道和省道应不超过 60 km/h、乡镇城市道路应不超过

40 km/h、沙石及未硬化路面应不超过 30 km/h、颠簸路面应不超过 20 km/h；雨、雪、雾、大风等特殊天气在相应道路限速基础上降低 30%～50%；车辆转弯速度应不超过 20 km/h。

8.3.2　车辆行驶中避免急起急停，应缓慢提速或减速。遇突发情况紧急制动后，应尽快将车辆移至服务区等安全位置，停车查看马匹状况。

8.3.3　车外温度高于 30 ℃ 或低于 0 ℃ 时应打开车内空调系统，车内温度应保持在 5 ℃～25 ℃。

8.3.4　超过 5 h 的运输，应给马匹投喂干草，可在马匹方便采食的位置悬挂干草兜。干草兜悬挂在马匹鬐甲到前胸之间的相应高度，捆绑牢固，避免脱落。

8.3.5　单次不间断运输时间不宜超过 8 h。单次运输时间超过 8 h，马匹应有不少于 12 h 休息时间方可再次运输。超过 4 h 的运输，应使用马匹运输专用护腿对四肢进行保护，护腿高度前腿至腕关节以上，后腿至跗关节以上。超过 8 h 的运输应适当增加垫料的铺设，选用刨花、稻壳等粉尘少、松软、吸水性好的垫料。

8.3.6　监测马匹是否按时饮水，确保马匹运输途中停水时间不超过 5 h，及时检查马匹是否能够接触到饮水、饮水装置工作是否正常、水质是否良好。若马匹饮水量减少，可在水中添加食盐，或口服/拌食电解质，鼓励马匹喝水。

8.4　运输后管理

8.4.1　卸马区应地势平坦、宽阔，地面应硬化，便于清洁消毒；应有防止马匹逃逸的围栏、围网；在异常天气时，应采取有效措施防止粪便、垫料等物品扩散。

8.4.2　马匹应由马工逐个平稳牵行到车外，严禁多匹马牵行或驱赶下车。

8.4.3　未断奶马驹应跟随被牵引的母马一同下车，必要时应有人员保护，避免从坡道两侧掉落。

8.4.4　马匹下车后可短暂站立休息或牵遛放松，适当饮水，并适时去除绑腿等护具，观察马匹精神状态，是否有与车辆碰撞造成的受伤等。发现异常，应及时通知兽医到场处理。

8.4.5　马匹平稳后，可牵回马厩或在围栏休息。长途运输后，应通过饮水或胃投等方式及时补充电解质。

8.4.6　完成每一程后都应对车辆进行全面清洁消毒，见第 7 章。

8.4.7　运输后，应详细建立健全运输台账，记录运输马匹名称、数量、运输时间、启运地点、到达地点、运输路线、车辆清洗、消毒，以及运输过程中马匹生病、死亡、染疫的处置等情况。

9　无害化处理

　　运输中产生的排泄物、垫料、污水、剩余草料等废弃物，应集中密闭存放，在马匹卸载后，统一收集进行无害化处理。处理后，应符合 GB/T 36195 的相关要求。

　　运输过程中马匹死亡或者因检疫不合格需要进行无害化处理的，承运人应立即通知马主，配合做好无害化处理，不应擅自弃置和处理，并委托当地病死畜禽无害化处理场处理。

———————

ICS 11.220
CCS B 41

中华人民共和国农业行业标准

NY/T 4450—2023

动物饲养场选址
生物安全风险评估技术

Techniques for biosafety risk assessment
of animal breeding farm site opting

2023-12-22 发布   2024-05-01 实施

中华人民共和国农业农村部 发布

前　言

本文件按照 GB/T 1.1—2020《标准化工作导则　第 1 部分：标准化文件的结构和起草规则》的规定起草。

请注意本文件的某些内容可能涉及专利。本文件的发布机构不承担识别专利的责任。

本文件由农业农村部畜牧兽医局提出。

本文件由全国动物卫生标准化技术委员会(SAC/TC 181)归口。

本文件起草单位：中国动物卫生与流行病学中心。

本文件主要起草人：王媛媛、滕翔雁、柳焜耀、张春光、王岩、李汉堡、刘德举、刘从敏、姚建聪、贾智宁、王伟涛、苏红、高倩文、翟海华、董雅琴、朱琳、李卫华。

动物饲养场选址生物安全风险评估技术

1 范围

本文件规定了动物饲养场选址生物安全风险评估的总则、内容、结论和报告的一般要求。

本文件适用于与动物防疫相关的新建动物饲养场选址风险评估。

2 规范性引用文件

下列文件中的内容通过文中的规范性引用而构成本文件必不可少的条款。其中,注日期的引用文件,仅该日期对应的版本适用于本文件;不注日期的引用文件,其最新版本(包括所有的修改单)适用于本文件。

GB/T 41441.1—2022 规模化畜禽场良好生产环境 第1部分:场地要求

3 术语和定义

下列术语和定义适用于本文件。

3.1

天然屏障 natural barrier

天然存在的具有足以阻断相关动物疫病传播,阻止人和动物自然流动的地貌或天然阻隔,如山脉、丘陵、沟壑、自然林带、河流、湖泊、池塘等。

3.2

人工屏障 artificial barrier

为防止动物疫病传入和扩散而人为建设的实体围墙、防疫沟壑、绿化隔离带等。

4 风险评估

4.1 通用内容

4.1.1 动物饲养场选址宜与其他动物饲养场、动物隔离场所、动物屠宰加工场所、动物和动物产品无害化处理场所、动物诊疗场所、经营动物及动物产品的集贸市场、饮用水水源地、居民生活区、学校医院等公共场所、野生动物出没地等保持必要的距离,并充分利用天然屏障、人工屏障等条件提升生物安全水平。

4.1.2 通过分析周边天然屏障、人工屏障、饲养环境、动物分布等情况,以及动物疫病发生、流行和控制等因素,综合评估选址建场后动物疫病从外部传入动物饲养场内部,以及从动物饲养场内部传到外部的途径和可能性,指导动物饲养场科学选址;同时,针对风险评估发现的问题,指导动物饲养场在设计和建造中有重点地强化生物安全设施设备和管理要求,进一步降低动物疫病传播风险。

4.1.3 动物饲养场选址除应考虑动物防疫相关风险外,还应符合GB/T 41441.1—2022中4.1.1~4.1.5的相关要求,符合当地土地利用总体规划、城乡发展规划和生态环境保护规划,在畜禽养殖承载能力范围内。待建动物饲养场与动物诊疗场所之间距离应为200 m以上。如果待建动物饲养场为种畜禽场或大型畜禽养殖场,应距离畜禽批发市场3000 m以上。

4.1.4 本文件仅对主要风险要素进行评估,共包括5项评估要素,其中,4.4.1~4.4.2对选址风险影响较大,设置高、中、低3档风险;4.4.3~4.4.5对选址风险影响较小,设置中、低2档风险。

4.1.5 具体评估时,按照附录A的规定执行。

4.1.6 本文件所称距离均为直线距离。

4.2 评估人员

风险评估专家组人数应为单数,通常由3名~5名专家组成,实行组长负责制。专家应来自动物饲养、动物疫病防控、动物卫生监督执法、动物流行病学调查、风险评估等领域。

4.3 评估方式

4.3.1 书面审查

4.3.1.1 待建动物饲养场建设用地周边 3 000 m 及所在县域卫星图。图纸应标注待建场周围 3 000 m 内动物饲养场、动物隔离场所、动物屠宰加工场所、动物和动物产品无害化处理场所、动物诊疗场所、经营动物及动物产品的集贸市场、饮用水水源地、居民生活区、学校医院等公共场所、野生动物、天然屏障等分布和距离情况。

4.3.1.2 待建动物饲养场建设方案。包括饲养动物种类和数量、建设规模、规划布局、相关配套设施设备、道路建设和生物安全措施等设计方案及相关的平面布局图等。

4.3.1.3 近一年来待建动物饲养场所在县域动物疫病发生、流行和控制情况,降水和洪水等生态气象信息。

4.3.2 现场勘查

4.3.2.1 应充分考察待建动物饲养场周边天然屏障对选址生物安全风险的影响。

4.3.2.2 走访邻近集镇、村庄,实地查看待建动物饲养场周边环境;对周边养殖场(户)进行调研,收集养殖和疫病发生等信息。

4.4 评估内容

4.4.1 待建动物饲养场周边动物饲养情况

4.4.1.1 待建动物饲养场周边的易感动物是影响待建场生物安全的主要风险。

4.4.1.2 评估指标包括 4 项,即待建动物饲养场周边 500 m 内有无动物饲养场、待建动物饲养场与种畜禽场距离、待建动物饲养场与动物隔离场所距离、待建动物饲养场周边 3 000 m 内易感动物饲养场总数。根据各指标所测数值,评估为高、中、低 3 档风险。

4.4.1.3 评估时,除考虑动物饲养场外,还需考虑散养密集区动物饲养场情况,可将一个自然村视为一个动物饲养场。

4.4.2 待建动物饲养场周边风险场所情况

4.4.2.1 动物屠宰加工场所、动物和动物产品无害化处理场所、经营动物及动物产品的集贸市场可能被病原污染,对待建动物饲养场构成潜在风险,待建动物饲养场应与上述场所保持必要距离。

4.4.2.2 评估指标包括 3 项,即待建动物饲养场与动物屠宰加工场所之间距离、待建动物饲养场与动物及动物产品无害化处理场所之间距离、待建动物饲养场与经营动物及动物产品的集贸市场之间距离。根据各指标所测距离,评估为高、中、低 3 档风险。

4.4.3 待建动物饲养场周边地理生态环境

4.4.3.1 动物饲养场选址优先顺序依次是山地、丘陵、平原,周围最好有山、沟壑等天然屏障。

4.4.3.2 动物饲养场宜建在地势高而干燥的地方,背风向阳,方便排水和通风,地面平整,少有坑洼积水,防止蚊虫、微生物滋生诱发各种动物疫病。

4.4.3.3 动物饲养场应避免建在生态脆弱地区(如地震、洪水、泥石流、山体滑坡等易发、高发区),选址应高于历史洪水线,还应考虑台风、洪涝等灾害天气发生频率。

4.4.3.4 评估指标包括 2 项,即地势和风向、洪涝灾害。评估结果分为中、低 2 档风险。

4.4.4 与居民生活区、生活饮用水水源地、学校医院等公共场所之间的距离

4.4.4.1 待建动物饲养场应与居民生活区、生活饮用水水源地、学校医院等公共场所之间保持必要距离,以降低人员活动、畜禽运输流动和畜禽相关消费活动对待建场的影响。

4.4.4.2 根据与居民生活区、生活饮用水水源地、学校医院等公共场所之间的距离,评估结果分为中、低 2 档风险。

4.4.5 周边野生动物情况

4.4.5.1 野猪、野鸟等野生动物活动范围大,可对待建场构成动物防疫影响,应加以关注和防护。

4.4.5.2 根据周边是否存在野生动物情况,评估结果分为中、低2档风险。

4.5 评估结论

4.5.1 可以建场

经专家组评估认为,4.4.1~4.4.5所列11项指标均为低风险,且当地动物疫病控制良好,则综合风险等级较低,评估结果表述为"可以建场"。

4.5.2 附条件建场

4.5.2.1 经专家组评估认为,所有评估指标中有2项以内(含2项)为高风险,其余均为中风险或低风险,且当地动物疫病控制良好,则综合风险等级为中等,评估结果表述为"附条件建场"。

4.5.2.2 针对评估为高、中风险的指标,应根据待建动物饲养场种类、规模建立有针对性的人工屏障,完善生物安全设施设备,实施严格的生物安全管理制度,全部整改到位后,经原专家组再次评估,达到风险可控的,评估结果改为"可以建场"。

4.5.3 不建议建场

经专家组评估认为,所有评估指标中有3项以上(含3项)为高风险,则综合风险等级较高,评估结果表述为"不建议建场"。

5 评估报告

5.1 评估报告应包括评估专家组成员、评估方式(书面、现场)、评估过程、评估结论等基本信息。

5.2 评估过程应说明资料来源,包括数据来源、采集途径、质量控制等。对于缺失的关键数据,应提出解决办法或相关建议。

5.3 在评估过程中,如评估专家认为4.4.1~4.4.5评估内容和评估结果判定未能有效反映当地或待建动物饲养场实际情况,可适当调整评估要素、风险等级等内容,并在报告中列明具体情况和修改理由。

5.4 必要时,评估报告中还应写明所有可能影响评估工作的制约因素,如费用、资源或时间等,并说明其可能后果。

附 录 A

（规范性）

动物饲养场选址生物安全风险评估指标

评估时,首先要写明待建动物饲养场名称、待建地点、动物种类(猪、牛、羊、禽、其他)、养殖类型(原种畜禽、种畜禽、自繁自养、商品畜禽、其他)、养殖规模、评估人员、评估日期等基本信息;然后按照表 A.1 开展评估;最后形成评估结论。待建动物饲养场与动物诊疗场所之间距离应为 200 m 以上。如果待建动物饲养场为种畜禽场和大型畜禽养殖场,应距离畜禽批发市场 3 000 m 以上。

表 A.1 动物饲养场选址生物安全风险评估表

评估要素	评估指标	具体内容	风险等级	风险等级评估结果
周边动物饲养情况	待建场周边 500 m 范围内有无动物饲养场	没有动物饲养场	低风险	
		存在非易感动物饲养场	中风险	
		存在易感动物饲养场	高风险	
	待建场与种畜禽场距离	距离>1 000 m	低风险	
		500 m≤距离≤1 000 m,且有良好天然屏障	中风险	
		500 m≤距离≤1 000 m,且无良好天然屏障,或者距离<500 m	高风险	
	待建场与动物隔离场所距离	距离>3 000 m	低风险	
		1 500 m≤距离≤3 000 m,且有良好天然屏障	中风险	
		1 500 m≤距离≤3 000 m,且无良好天然屏障,或者距离<1 500 m	高风险	
	待建场周边 3 000 m 范围内易感动物饲养场总数	数量≤10 个	低风险	
		10 个<数量≤30 个,且有良好天然屏障	中风险	
		10 个<数量≤30 个,且无良好天然屏障,或者数量>30 个	高风险	
周边风险场所情况	待建场与动物屠宰加工场所之间距离	距离>1 000 m	低风险	
		500 m≤距离≤1 000 m,且有良好天然屏障	中风险	
		500 m≤距离≤1 000 m,且无良好天然;或者距离<500 m	高风险	
	待建场与动物及动物产品无害化处理场所之间距离	距离>3 000 m	低风险	
		1 500 m≤距离≤3 000 m,且有良好天然屏障	中风险	
		1 500 m≤距离≤3 000 m,且无良好天然屏障,或者距离<1 500 m	高风险	
	待建场与经营动物及动物产品的集贸市场之间距离	距离>1 000 m	低风险	
		500 m≤距离≤1 000 m,且有良好天然屏障	中风险	
		500 m≤距离≤1 000 m,且无良好天然屏障;或者距离<500 m	高风险	
周边地理生态环境	地势和风向	建在山区、丘陵地带,且山、丘陵能够庇护待建点免受主风向影响。或者建在平原地带,但有天然屏障	低风险	
		建在山区、丘陵地带,且待建点暴露在主风向影响下。或者建在平原地带,没有天然屏障	中风险	
	洪涝灾害	待建场处于历史洪水线以上。或者待建场虽建在洪水经过路线上,但有良好天然屏障。或者有洪水或台风,但不是每年都有	低风险	
		待建场位于历史洪水线以下。或者每年都会发生洪水或台风	中风险	
与居民生活区、生活饮用水水源地、学校医院等公共场所之间的距离		距离≥1 000 m;或者 500 m≤距离<1 000 m,且有良好天然屏障	低风险	
		500 m≤距离<1 000 m,且无良好天然屏障;或者距离<500 m	中风险	
周边野生动物情况		没有野生动物,或者虽有野生动物,但有良好天然屏障	低风险	
		有野生动物,且无良好天然屏障	中风险	
结论			□可以建场 □附条件建场 □不建议建场	

参 考 文 献

［1］ 《自然资源部办公厅关于保障生猪养殖用地有关问题的通知》(自然资电发〔2019〕39 号)

［2］ 《国务院办公厅关于稳定生猪生产促进转型升级的意见》(国办发〔2019〕44 号)

［3］ 《动物防疫条件审查办法》(农业农村部令 2022 年第 8 号)

第二部分
兽医类标准

ICS 11.220
CCS B 41

中华人民共和国农业行业标准

NY/T 537—2023

代替 NY/T 537—2002

猪传染性胸膜肺炎诊断技术

Diagnostic techniques for porcine contagious pleuropneumonia

2023-02-17 发布

2023-06-01 实施

中华人民共和国农业农村部 发布

前　言

本文件按照 GB/T 1.1—2020《标准化工作导则　第 1 部分:标准化文件的结构和起草规则》的规定起草。

本文件代替 NY/T 537—2002《猪放线杆菌胸膜肺炎诊断技术》。与 NY/T 537—2002 相比,除结构调整和编辑性改动外,主要技术变化如下:

a) 增加了"缩略语"(见第 4 章);

b) 增加了"临床诊断"(见第 5 章);

c) 增加了"PCR 检测"(见第 8 章);

d) 增加了"实时荧光 PCR 检测方法"(见第 9 章);

e) 增加了"综合结果判定说明"(见第 12 章);

f) 增加了"胸膜肺炎放线杆菌形态图"(见附录 B);

g) 删除了"补体结合试验"(见 2002 年版的第 4 章);

h) 修改了"酶联免疫吸附试验"(见第 11 章,2002 年版的第 6 章)。

请注意本文件的某些内容可能涉及专利。本文件的发布机构不承担专利的责任。

本文件由农业农村部畜牧兽医局提出。

本文件由全国动物卫生标准化技术委员会(SAC/TC 181)归口。

本文件起草单位:中国动物卫生与流行病学中心、河南科技大学、江苏省农业科学院、广西壮族自治区动物疫病预防控制中心、山东畜牧兽医职业学院、青岛市即墨区畜牧业发展服务中心。

本文件主要起草人:魏荣、张慧、周俊明、汪洋、盖文燕、徐天刚、刘丽蓉、孙翔翔、王岩、魏甜甜、董雅琴、刘爽、倪艳秀、吴发兴、何奇松、熊毅。

本文件及其所代替文件的历次版本发布情况为:

——2002 年首次发布为 NY/T 537—2002;

——本次为第一次修订。

引　言

　　猪传染性胸膜肺炎(porcine pleuropneumonia)是由胸膜肺炎放线杆菌引起的一种猪的急性呼吸道传染病。发病猪以急性出血性纤维素性肺炎和慢性纤维素性坏死性胸膜炎为主要特征。急性病例病死率高,慢性病例能耐过,表现出消瘦和生长发育不良。目前,该病在世界上养猪国家广泛存在。

　　胸膜肺炎放线杆菌(*Actinobacillus pleuropneumoniae*,APP)属于巴氏杆菌科放线杆菌属。根据对辅酶Ⅰ(NAD)的依赖性,分为生物Ⅰ型和生物Ⅱ型;根据荚膜多糖及脂多糖的抗原性差异,目前将本菌分为19个血清型。通常1~12、15~19型为生物Ⅰ型,生物需要依赖NAD,大多数13型和14型属于生物Ⅱ型,生长不依赖NAD。不同血清型甚至同一血清型中不同菌株之间的毒力有差异,一般1型、5型、9型及11型毒力最强,2型、3型、6型、8型、12型及15型为中等毒力或低毒力。我国APP主要流行血清型为1型、2型、3型、4型、5型、7型。

猪传染性胸膜肺炎诊断技术

1 范围

本文件规定了猪传染性胸膜肺炎临床诊断、样品采集和运送、病原分离与鉴定、PCR 检测、实时荧光 PCR 检测、琼脂扩散试验、酶联免疫吸附试验的技术要求和规范。

本文件适用于猪传染性胸膜肺炎的诊断、检疫、检测、监测和流行病学调查等。

2 规范性引用文件

下列文件中的内容通过文中的规范性引用而构成本文件必不可少的条款。其中,注日期的引用文件,仅该日期对应的版本适用于本文件;不注日期的引用文件,其最新版本(包括所有的修改单)适用于本文件。

NY/T 541　兽医诊断样品采集、保存与运输技术规范

3 术语和定义

下列术语和定义适用于本文件。

3.1

卫星现象　satellite phenomenon

挑取 APP 菌落接种于血琼脂表面,用金黄色葡萄球菌点种或垂直划线,在 37 ℃ 5%～10% CO_2 条件下培养 24 h～48 h。越靠近金黄色葡萄球菌菌落生长的本菌菌落越大,越远的越小甚至不见菌落生长,即所谓"卫星现象",也称 V 因子需要试验。

3.2

β 溶血　β hemolysis

菌落周围形成完全透明的溶血环,红细胞完全溶解,称为 β 溶血。相对的,在菌落周围形成不透明的草绿色溶血环,红细胞未溶解,血红蛋白变成绿色,称为 α 溶血。

3.3

胸膜肺炎放线杆菌含重复子毒素　*Actinobacillus pleuropneumoniae*　RTX,Apx

APP 可产生 4 种毒素,分别为 ApxⅠ、ApxⅡ、ApxⅢ、ApxⅣ,均为重要的毒力因子,具有细胞毒性或溶血性,是一种穿孔毒素,属于含重复子毒素(repeats in toxin,RTX)家族。其中,ApxⅣ存在于所有血清型,且只在猪体内产生。

4 缩略语

下列缩略语适用于本文件。

APP:胸膜肺炎放线杆菌(*Actinobacillus pleuropneumoniae*)

PBS:磷酸盐缓冲液(Phosphate-buffered saline buffer)

TSB:胰蛋白大豆肉汤(Trypticase soy broth)

NAD:烟酰胺腺嘌呤二核苷酸,也称 V 因子(Nicotinamide adenine dinucleotide)

CAMP:协同溶血试验(Christis-Atkins-Munch-peterson)

Apx:胸膜肺炎放线杆菌含重复子毒素(*Actinobacillus pleuropneumoniae*　RTX)

PCR:聚合酶链式反应(Polymerase chain reaction)

DNA:脱氧核糖核酸(Deoxyribonucleic acid)

dNTP:脱氧核糖核苷三磷酸(Deoxy-ribonucleoside triphosphate)

TE:Tris-EDTA 缓冲液(Tris-EDTA buffer)

TAE:TAE 缓冲液(Tris-acetic-EDTA buffer)
ELISA:酶联免疫吸附试验(Enzyme linked immune sorbent assay)
HRP:辣根过氧化物酶(Horseradish peroxidase)
TMB:3,3′,5,5′-四甲基联苯胺(3,3′,5,5′-Tetramethylbenzidine)
IPTG:异丙基-β-D-硫代半乳糖苷(Isopropyl-beta-D-thiogalactopyranoside)

5 临床诊断

5.1 流行病学

5.1.1 易感动物

对猪具有高度宿主特异性,各年龄猪均易感。

5.1.2 传染源

带菌猪、病猪及其分泌物是本病的传染源。病菌主要存在于肺脏病变部位、扁桃体、支气管、鼻分泌物中。

5.1.3 传播途径

主要传播途径是通过猪与猪的直接接触或短距离飞沫传播。

5.1.4 流行特点

一年四季均可发生,秋末春初季节变化时多发。饲养环境突然改变、密集饲养、通风不良、气候突变及长途运输等诱因可引起本病。猪场或猪群之间的传播,多由引进或混入带菌猪、慢性感染猪所致,集约化猪场往往呈跳跃式急性暴发,死亡率高。

5.2 临床症状

5.2.1 最急性型

本病临床症状因动物的年龄、免疫状态、疫病状态、环境因素及对病原的易感程度等不同而呈现差异。猪群中一头或几头猪只突然发病。体温升高达 41 ℃～42 ℃,并可出现短期呕吐。鼻、耳、眼及后躯皮肤常发绀,最后阶段出现严重呼吸困难,临死前常从口、鼻流出血性泡沫状分泌物。有时未见任何症状即突然死亡。

5.2.2 急性型

病猪体温升高,可达 40.5 ℃～41 ℃,精神委顿,喜卧少动,饮食不振。有咳嗽、喘气、呼吸困难等严重呼吸道症状。

5.2.3 亚急性型或慢性型

病猪体温可能无明显变化,常呈现间歇性咳嗽,呼吸异常、食欲不振、增重减少。疾病暴发初期,母猪常出现流产(可能由发热引起)。个别猪只出现中耳炎。若混合感染猪流感病毒、巴氏杆菌、支原体等其他呼吸道病原时,病程恶化,病死率明显增加。

5.3 病理特征

5.3.1 剖检后的眼观变化主要是纤维素性肺炎,可呈单侧、双侧、大叶性、弥漫性或多灶性,肺炎区色深,有出血点或斑块状出血,中等硬度,略有弹性,急性、亚急性和慢性病例可见肺部纤维素性渗出物。

5.3.2 纤维素性胸膜炎明显,急性和慢性病例均可见胸腔含有带血色的液体,胸膜有粘连区,气管和支气管充满带血色的黏液性泡沫分泌物。

5.3.3 组织学变化以肺组织坏死、出血、中性粒细胞浸润、血管栓塞、广泛水肿和纤维素性渗出为特征,坏死区周围发生巨噬细胞浸润和纤维化。

5.4 结果判定

易感动物出现5.2.1 或5.2.2 或5.2.3 至少一项临床症状且符合5.1 流行病学及5.3 病理特征,判定为 APP 感染疑似病例。

6 样品采集和运送

6.1 耗材

6.1.1 无菌棉拭子。

6.1.2 灭菌管。

6.1.3 医用防护服。

6.2 试剂

6.2.1 PBS,按照附录 A 中 A.1 描述的方法配制。

6.2.2 30%甘油磷酸盐缓冲液,按照 A.2 描述的方法配制。

6.3 活体病料采集

按照 NY/T 541 规定的方法采样。用棉拭子伸入鼻腔采集分泌物,将该鼻拭子样品端置于含有 1 mL PBS 或 30%甘油磷酸盐缓冲液的灭菌管中。

6.4 尸体病料采集

无菌采集具有典型病变的肺、肺门淋巴结、扁桃体、气管或鼻腔分泌物。最急性感染死亡的病猪,除采集上述病料外,还可取脾、血液病料,置于无菌密封袋或密封容器中。

6.5 样品运送

按照 NY/T 541 规定的方法运输。采集的样品,在 2 ℃～8 ℃条件下保存时间应不超过 24 h。

7 病原分离与鉴定

7.1 仪器设备和耗材

7.1.1 生物安全柜。

7.1.2 CO_2 恒温培养箱。

7.1.3 光学显微镜。

7.1.4 微量可调移液器(0.1 μL～10 μL、2 μL～20 μL、10 μL～100 μL 和 100 μL～1 000 μL 各 1 支)。

7.1.5 10 mL 无菌试管。

7.1.6 吸头。

7.1.7 接种环。

7.2 试剂

7.2.1 血琼脂,按照 A.3 描述的方法配制。

7.2.2 巧克力琼脂,按照 A.4 描述的方法配制。

7.2.3 TSB,按照 A.5 描述的方法配制。

7.2.4 商品化革兰染色试剂。

7.2.5 NAD 储存液,按照 A.6 描述的方法配制。

7.2.6 商品化新生牛血清。

7.2.7 尿素琼脂,按照 A.7 描述的方法配制。

7.2.8 商品化微量生化鉴定管(D-木糖、甘露醇、棉子糖、阿拉伯胶糖等)。

7.3 分离培养

在生物安全柜中用接种环无菌蘸取采集的样品划线接种于血琼脂表面,再用金黄色葡萄球菌作交叉划线,在 37 ℃ 5%～10% CO_2 条件下培养 24 h～48 h,形成菌落后依据 7.4～7.8 鉴定。

7.4 培养特性

7.4.1 菌落特性

APP 为黏液型的小菌落,直径 0.5 mm～1 mm。多数菌株可产生稳定的 β 溶血。生物Ⅰ型 APP 依赖 NAD,包括 1～12 血清型、15～19 血清型,不能在血琼脂上生长,可在含有 NAD 或由共培养的葡萄球菌提供 NAD 的血琼脂上生长,产生"卫星现象"。生物Ⅱ型不依赖 NAD,包括 13 血清型和 14 血清型,可在血琼脂上生长,不产生"卫星现象"。

7.4.2 卫星现象

挑取 APP 菌落接种于血琼脂表面,用金黄色葡萄球菌点种或垂直划线,在 37 ℃ 5%～10% CO_2 条件下培养 24 h～48 h。越靠近金黄色葡萄球菌菌落生长的本菌菌落越大,越远的越小甚至不见菌落生长,即所谓"卫星现象",也称 V 因子需要试验(见附录 B 中的 B.1)。

7.5 涂片染色镜检

取典型菌落作革兰染色,镜检显示为革兰阴性小球杆菌,两极着色(见 B.2)。

7.6 增殖培养

在生物安全柜中挑取 β 溶血或具有"卫星现象"的典型单菌落在巧克力琼脂上进行再次纯培养后,挑取单个菌落接种于添加 10% 新生牛血清和 10 μg/mL NAD 的 TSB 液体培养基中,37 ℃培养 24 h～48 h 至液体混浊。

7.7 生化鉴定

7.7.1 尿素酶试验

将分离菌接种于尿素琼脂斜面上,置于 37 ℃ CO_2 恒温培养箱中培养 3 h～12 h,斜面变粉红色者为尿素酶试验阳性,否则为阴性。

7.7.2 CAMP 试验

在血琼脂上用具有 β 溶血的金黄色葡萄球菌划一横线,在此横线下方隔 0.3 cm～0.5 cm 处划垂直线接种被检菌,置于 37 ℃ CO_2 恒温培养箱中培养 24 h,横线与垂直线相邻空间的溶血区明显增大者为阳性,否则为阴性。

7.7.3 糖发酵试验

将少量待检菌接种于糖发酵管培养液内,置于 37 ℃ CO_2 恒温培养箱中培养 48 h～72 h,能分解某种糖会产酸或产酸产气。产酸时,可使颜色变黄,产气者于倒置小发酵管内出现气泡。发酵 D-木糖、甘露醇,不发酵棉子糖、阿拉伯胶糖者为阳性,否则为阴性。

7.8 核酸鉴定

对符合 7.4～7.7 的分离菌株,选用 PCR 检测(见第 8 章)或实时荧光 PCR 检测(见第 9 章)进行核酸鉴定。

7.9 血清型鉴定

对符合 7.4～7.8 的分离菌株,可用琼脂扩散实验(见第 10 章)进行血清型鉴定。

7.10 结果判定

病原分离培养形成的菌落符合 APP 培养特性、染色特征、生化特性且核酸阳性者,判定 APP 分离阳性。

8 PCR 检测

8.1 仪器设备和耗材

8.1.1 组织匀浆器或研钵。

8.1.2 生物安全柜。

8.1.3 冷冻离心机。

8.1.4 恒温水浴锅。

8.1.5 PCR 扩增仪。

8.1.6 稳压稳流电泳仪和水平电泳槽。

8.1.7 凝胶成像系统或紫外透射仪。

8.1.8 微量可调移液器(0.1 μL~10 μL、2 μL~20 μL、10 μL~100 μL 和 100 μL~1 000 μL 各 1 支)。

8.1.9 吸头。

8.1.10 PCR 管。

8.1.11 1.5 mL 无菌离心管。

8.2 试剂

8.2.1 PBS,按照 A.1 描述的方法配制。

8.2.2 消化液Ⅰ和消化液Ⅱ,按照 A.8 描述的方法配制。

8.2.3 酚/氯仿/异戊醇混合液,按照 A.9 描述的方法配制。

8.2.4 75%乙醇。

8.2.5 TE 缓冲液,按照 A.10 描述的方法配制。

8.2.6 商品化 PCR 反应试剂盒。

8.2.7 1×TAE 电泳缓冲液,按照 A.11 描述的方法配制。

8.2.8 商品化上样缓冲液。

8.2.9 琼脂糖。

8.2.10 DNA 相对分子量标准物 Marker DL 2 000。

8.2.11 无菌双蒸水(ddH$_2$O)。

8.2.12 阴、阳性对照:分别为灭菌的 TSB 培养基和灭活的 APP 菌株。

8.2.13 上、下游引物:按照附录 C 中 C.1 的描述合成。

8.3 样品处理

8.3.1 组织样品

用无菌剪刀和镊子剪取典型病变组织 0.5 g~1.0 g,加入 0.5 mL~1 mL PBS,于组织匀浆器或研钵中充分匀浆或研磨,将组织悬液转入无菌离心管中备用。

8.3.2 鼻及气管分泌物

鼻拭子在 0.5 mL~1 mL PBS 中反复挤压,12 000 r/min 离心 5 min,沉淀用 200 μL PBS 重悬备用。

8.3.3 增菌培养物

按照 7.3~7.6 所述方法进行病原分离培养,并吸取增菌培养物 500 μL 于无菌离心管中,12 000 r/min 离心 5 min,沉淀用 200 μL PBS 重悬备用。

8.4 组织样品 DNA 的制备

8.4.1 分别取上述处理后样品、阴性对照、阳性对照各 100 μL,加入到 1.5 mL 无菌离心管,再在每管中加入 500 μL 消化液Ⅰ和 10 μL 消化液Ⅱ,反复吹打混匀,置于 55 ℃条件下水浴 30 min~60 min。

8.4.2 分别加入 500 μL 酚/氯仿/异戊醇混合液,混匀,于 4 ℃条件下 12 000 r/min 离心 10 min,分别吸取离心后的上层清液转移至新的 1.5 mL 无菌离心管中。

8.4.3 加入等体积−20 ℃预冷的异丙醇,混匀,室温放置 15 min,4 ℃条件下 12 000 r/min 离心 15 min,轻轻倒去上清液,倒置吸水纸上,吸干液体。

8.4.4 加入 700 μL 75%乙醇,轻轻混匀;4 ℃条件下 12 000 r/min 离心 30 s,轻轻倒去上清液,将管壁上的残余液体离心,用微量加样器尽量将其吸干,不要碰触沉淀,置于室温条件下干燥 10 min。

8.4.5 加入 10 μL TE 缓冲液,轻轻混匀,溶解 DNA,置于−20 ℃条件下保存备用。也可采用商品化的试剂盒提取 DNA。

8.5 鼻及气管分泌物和增菌培养物 DNA 的制备

取鼻及气管分泌物或增菌培养物,12 000 r/min 离心 5 min。弃去上清液,沉淀用 50 μL 无菌 ddH$_2$O 重悬,于 100 ℃水浴 10 min,置于−20 ℃条件下保存备用。

8.6 PCR 反应

PCR 反应体系见表1。

表1 PCR 反应体系

组分	体积,μL
10×PCR buffer(Mg²⁺ Plus)	2.5
dNTPs(2.5 mmol/L)	2.0
上游引物(工作浓度 10 μmol/L)	1.0
下游引物(工作浓度 10 μmol/L)	1.0
模板 DNA	2.0
Taq 酶(5 U/μL)	0.2
无菌 ddH₂O	16.3

将 PCR 管放入 PCR 扩增仪进行扩增。反应程序为:95 ℃预变性 5 min,95 ℃变性 30 s,52 ℃退火 1 min,72 ℃延伸 30 s,35 个循环,72 ℃终延伸 10 min。

8.7 凝胶电泳

取 PCR 扩增产物和 DNA 相对分子量标准物 Marker DL 2 000 各 5 μL,于 1.0%琼脂糖凝胶中进行电泳,100 V~120 V 恒压电泳 20 min~40 min,在凝胶成像系统上观察结果,并做好记录。

8.8 结果判定

8.8.1 成立条件

阴性对照未扩增出任何条带,阳性对照扩增出 377 bp 的条带,则试验成立(见附录 D)。

8.8.2 结果判定

在阴性对照和阳性对照试验结果成立的前提下,如果样品扩增出 377 bp 的特异性条带,判定该样品 APP 核酸阳性。

9 实时荧光 PCR 检测

9.1 仪器设备和耗材

9.1.1 实时荧光定量 PCR 仪。

9.1.2 微量可调移液器(0.1 μL~10 μL、2 μL~20 μL、10 μL~100 μL 和 100 μL~1 000 μL 各 1 支)。

9.1.3 吸头。

9.1.4 PCR 管。

9.2 试剂

9.2.1 商品化实时荧光定量 PCR 反应试剂盒。

9.2.2 上、下游引物及探针,按照 C.2 描述的方法合成。

9.2.3 无菌双蒸水(ddH₂O)。

9.2.4 阴、阳性对照:分别为灭菌的 TSB 培养基和灭活的 APP 菌株。

9.3 样品处理

样品处理见 8.3。

9.4 样品 DNA 的制备

样品 DNA 的制备见 8.4。

9.5 实时荧光 PCR 反应

实时荧光 PCR 反应体系见表2。

表 2　实时荧光 PCR 反应体系

组分	体积,μL
Premix Ex *Taq*	12.5
上游引物(工作浓度 10 μmol/L)	0.5
下游引物(工作浓度 10 μmol/L)	0.5
探针	0.5
模板 DNA	2.0
无菌 ddH₂O	9.0

实时荧光 PCR 反应程序为:95 ℃预变性 30 s;95 ℃变性 5s,56 ℃退火 30 s 并收集荧光信号,循环 40 次。

9.6　结果判定

9.6.1　阈值设定

阈值(threshold)设定原则以阈值线刚好超过正常阴性对照品扩增曲线的最高点,不同仪器可根据仪器噪声情况进行调整。

9.6.2　成立条件

阴性对照应没有 Ct 值显示或显示 Ct 值≥40.0;阳性对照的 Ct 值<30.0 且出现特定的扩增曲线(见附录 E)。否则,实验视为无效。

9.6.3　结果判定

检测样本 Ct 值<30.0,且出现特定的扩增曲线,判定为核酸阳性。检测样本 30.0≤Ct 值<40.0 时重复一次,如果仍为 30.0≤Ct 值<40.0 且出现特定的扩增曲线,判定为核酸阳性;否则判定为核酸阴性。检测不到样本 Ct 值或 Ct 值≥40.0,判定为核酸阴性。

10　琼脂扩散试验

10.1　仪器设备和耗材

10.1.1　水浴锅或微波炉。

10.1.2　打孔器。

10.1.3　载玻片。

10.1.4　恒温培养箱。

10.1.5　微量可调移液器(0.1 μL～10 μL、2 μL～20 μL、10 μL～100 μL 和 100 μL～1 000 μL 各 1 支)。

10.1.6　吸头。

10.1.7　试剂

10.1.8　琼脂糖。

10.1.9　氯化钠。

10.1.10　APP 1～15 型单因子血清,见附录 F。

10.2　琼脂板的制备

10.2.1　取琼脂糖 1.0 g,氯化钠 0.85 g,加双蒸水至 100 mL,在沸水浴中溶化混匀。

10.2.2　按制板所需体积分装(如用 25.4 mm×76.2 mm 载玻片,胶厚 2 mm,需加琼脂凝胶 3.87 mL),4 ℃保存备用。

10.2.3　临用前,取分装好的 4 ℃保存琼脂凝胶管,在沸水中溶化后,倒在水平玻璃板或载玻片上,凝固后按图 1 打孔,火焰封底。

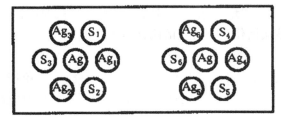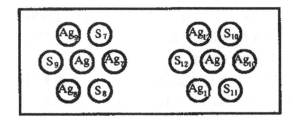

标引序号说明:

Ag ——待检多糖抗原;

Ag₁～Ag₁₂——分别为 1～12 型标准株多糖抗原;

S₁～S₁₂——分别为 1～12 型标准株单因子血清。

图 1 琼脂扩散试验示意图

10.3 加样

中间孔加待检菌多糖抗原(见附录 G),周边孔加 1～15 型单因子血清和对应型标准株多糖抗原(见附录 F),加量以加满为宜(见图 1)。加样完毕后,将凝胶板放入湿盒内置于 37 ℃恒温培养箱中反应,24 h 后观察并记录结果。

10.4 结果判定

被检抗原与单因子血清之间出现明显清晰的沉淀线,并与标准型抗原和单因子血清之间形成的沉淀线完全融合,即可判为该相关血清型。

11 酶联免疫吸附试验(ELISA)

11.1 仪器设备和耗材

11.1.1 酶标检测仪。

11.1.2 恒温培养箱。

11.1.3 洗板机。

11.1.4 酶标板。

11.1.5 微量可调移液器(0.1 μL～10 μL、2 μL～20 μL、10 μL～100 μL 和 100 μL～1 000 μL 各 1 支)。

11.1.6 吸头。

11.2 试剂

11.2.1 抗原包被液,按照 A.12 描述的方法配制。

11.2.2 洗涤液,按照 A.13 描述的方法配制。

11.2.3 封闭液,按照 A.14 描述的方法配制。

11.2.4 样品稀释液,按照 A.15 描述的方法配制。

11.2.5 商品化 TMB 显色液。

11.2.6 终止液,按照 A.16 描述的方法配制。

11.3 抗原与抗体

11.3.1 ApxⅣ重组抗原

克隆 APP shope 4074 菌株(标准菌株血清 1 型)*apx* Ⅳ编码基因(GenBank 序列号:AF021919)5 434 bp～6 511 bp 片段,插入表达载体 pET32a,经 IPTG 诱导、Ni 柱纯化获得高纯度的 ApxⅣ重组蛋白,作为试验用抗原。

11.3.2 商品化辣根过氧化酶(HRP)标记羊抗猪 IgG 抗体

按说明书稀释使用。

11.3.3 阴性对照血清

阴性对照血清来自未经 APP 疫苗免疫的健康猪,鼻拭子增菌物经 PCR 检测为 APP 抗原阴性,Apx Ⅳ-ELISA 检测的 OD 值应介于 0.13～0.2,过滤分装该血清作为试验中的阴性对照血清。

11.3.4 阳性对照血清

选取未免疫健康猪,以纯化 Apx Ⅳ 重组蛋白 1 mg 配合 Gel 01 PR 佐剂免疫,共免疫 2 次,免疫间隔 14 d,末次免疫后 7 d 采血分离猪血清,Apx Ⅳ-ELISA 检测 OD 值与阴性对照血清 OD 值的比值应高于 2.5,过滤分装该血清作为试验中的阳性对照血清。

11.4 抗原包被

用抗原包被液将纯化的 Apx Ⅳ 重组抗原稀释至 0.625 μg/mL,用移液器将稀释好的抗原加入到酶标板各孔内,100 μL/孔,加盖于 4 ℃冰箱中放置 18 h～20 h。

11.5 洗涤

甩掉酶标板孔内的抗原包被液,加入洗涤液 200 μL/孔,室温(20 ℃～25 ℃)下浸泡 5 min,甩去洗涤液,在吸水纸上叩击,尽量排尽洗涤液。再重新加入洗涤液,按同法洗 2 次。

11.6 封闭

用移液器将封闭液加入酶标板各孔中,200 μL/孔,37 ℃温箱孵育 60 min。

11.7 洗涤

取出酶标板将其甩干,用洗涤液洗涤 3 次,方法同 11.5。

11.8 加样

待检血清、阳性对照血清和阴性对照血清用样品稀释液作 1∶100 稀释,对照血清作复孔,100 μL/孔。加盖于 37 ℃温箱内孵育 90 min。

11.9 洗涤

取出酶标板将其甩干,用洗涤液洗涤 3 次,方法同 11.5。

11.10 加 HRP 标记羊抗猪 IgG 抗体

HRP 标记的羊抗猪 IgG 抗体用洗涤液按说明书稀释后使用,100 μL/孔。加盖于 37 ℃温箱内孵育 50 min。

11.11 洗涤

取出酶标板,将其甩干,用洗涤液洗涤 3 次,方法同 11.5。

11.12 加底物显色液

加入 TMB 显色液,100 μL/孔,室温避光反应 10 min。

11.13 终止反应

加入终止液,50 μL/孔。

11.14 结果判定

11.14.1 成立条件

终止反应后,15 min 内在酶标仪 450 nm 波长处,测定酶标板的每孔光吸收值。计算对照血清的平均 OD 值,当 P/N 值≥2.5(P 为阳性对照平均 OD 值,N 为阴性对照平均 OD 值),并且 0.2＞N＞0.13 时,则试验成立。

11.14.2 结果判定

计算每份被检血清 OD 值与阴性对照平均 OD 值的比值,则得出每份样品的 S/N 值(S 为被检血清 OD 值,N 为阴性对照平均 OD 值)。判定标准:样品 S/N 值≥2.5,样品判定 APP 抗体阳性;样品 S/N 值＜2.5,样品判定 APP 抗体阴性。也可采用商品化的 Apx Ⅳ-ELISA 试剂盒进行检测。

12 综合结果判定

12.1 出现 5.2.1 或 5.2.2 或 5.2.3 至少一项临床症状且符合 5.1 流行病学及 5.3 病理特征的发病猪,

可判定疑似猪传染性胸膜肺炎。

12.2 在12.1基础上,病原分离与鉴定(第7章)或PCR检测(第8章)或实时荧光PCR检测(第9章)任何一项检测阳性,可诊断为猪传染性胸膜肺炎。

12.3 在12.1基础上,酶联免疫吸附试验(ELISA)(第11章)抗体检测阳性的发病猪,可诊断为猪传染性胸膜肺炎。

附 录 A
（规范性）
溶液的配制方法（试剂为分析纯及以上）

A.1 磷酸盐缓冲液（PBS）

称取 8.0 g 氯化钠（NaCl）、0.2 g 氯化钾（KCl）、0.24 g 磷酸二氢钾（KH₂PO₄）、3.65 g 磷酸氢二钠（Na₂HPO₄·12H₂O），加入 800 mL 双蒸水中溶解，调节溶液的 pH 至 7.2～7.4，加双蒸水定容至 1 000 mL。分装后，在 121 ℃灭菌 15 min～20 min，或过滤除菌，室温保存。

A.2 30％甘油磷酸盐缓冲液（pH 7.6）

取 30 mL 甘油、4.2 g 氯化钠（NaCl）、1.0 g 磷酸二氢钾（KH₂PO₄）、3.10 g 磷酸氢二钾（K₂HPO₄）、0.02％酚红 1.5 mL，加双蒸水定容至 100 mL。溶解后，调节溶液的 pH 至 7.6，121 ℃高压灭菌 15 min，冰箱中保存备用。

A.3 血琼脂

取营养琼脂 100 mL 煮沸溶解，121 ℃高压灭菌 15 min，冷却到约 50 ℃，以无菌方式加入脱纤维绵羊血 8 mL，摇匀，倾注无菌平皿。

A.4 巧克力琼脂

取营养琼脂 100 mL 煮沸溶解，121 ℃高压灭菌 15 min，冷却到约 60 ℃，以无菌方式加入脱纤维绵羊血 8 mL，置于 85 ℃水浴中 10 min～15 min，摇匀后倾注无菌平皿。

A.5 胰蛋白大豆肉汤（TSB）

取 30 g TSB，加双蒸水溶解并定容至 1 000 mL，121 ℃高压蒸汽灭菌 15 min，2 ℃～8 ℃条件下保存。使用前，加入 100 mL 无菌新生牛血清和 1 mL NAD 储存液（见 A.6）。

A.6 烟酰胺腺嘌呤二核苷酸（NAD）储存液

取 1 g NAD 溶解于 100 mL 双蒸水中，充分摇匀溶解后，0.22 μm 的细菌滤器过滤，分装于无菌离心管中，置于－20 ℃条件下保存 6 个月。

A.7 尿素琼脂

称取 1 g 蛋白胨、5 g 氯化钠（NaCl）、1 g 葡萄糖、2 g 磷酸二氢钾（KH₂PO₄），加双蒸水溶解后加入 3 mL 0.4％酚红溶液混匀，调 pH 至 7.2±0.1，加双蒸水定容至 1 000 mL。加入 20 g 琼脂后加热混匀，121 ℃高压灭菌 15 min，冷却至 50 ℃～55 ℃后，加入过滤除菌的 20％尿素溶液 100 mL 至终浓度 2％，分装于灭菌试管中，置斜面备用。

A.8 消化液Ⅰ和消化液Ⅱ

消化液Ⅰ：Tris-HCl（pH 8.0）终浓度为 10 mmol/L；EDTA（pH 8.0）终浓度为 25 mmol/L；SDS 终浓度为 200 μg/mL；NaCl 终浓度为 100 mmol/L。

消化液Ⅱ：100 mg 蛋白酶 K 溶解于 5 mL 灭菌双蒸水中。

A.9 酚/氯仿/异戊醇混合液

Tris 饱和酚-氯仿-异戊醇按 25:24:1 的比例混合。

A.10 TE 缓冲液

配置终浓度为 10 mmol/L Tris-HCl(pH 8.0)和 1 mmol/L EDTA(pH 8.0)的混合溶液,高压灭菌后,2 ℃~8 ℃保存备用。

A.11 1×TAE 电泳缓冲液

称取 242 g Tris 碱、57.1 mL 冰乙酸、100 mL 0.5 mol/L EDTA(pH 8.0),溶解混匀后调 pH 至 8.0,用双蒸水定容至 1 000 mL,充分混匀后即为 50×TAE,4 ℃保存备用。使用前,用双蒸水将其做 50 倍稀释即为 1×TAE,现用现配。

A.12 抗原包被液(0.15 mol/L,pH 9.6 碳酸盐缓冲液)

取 4.876 g 碳酸钠(Na_2CO_3)、8.4 g 碳酸氢钠($NaHCO_3$)加双蒸水溶解并定容至 1 000 mL,121 ℃高压 15 min,4 ℃冰箱保存。

A.13 洗涤液(0.01 mol/L pH 7.4,PBS-Tween 20)

取 3.222 g 磷酸氢二钠($Na_2HPO_4 \cdot 12H_2O$)、0.204 g 磷酸二氢钾(KH_2PO_4)、8.775 g 氯化钠($NaCl$)、0.186 g 氯化钾(KCl)加双蒸水溶解并定容至 1 000 mL,再加入 0.5 mL Tween-20。

A.14 封闭液

洗涤液内加入终浓度 1‰明胶,热水溶解后,恢复至室温备用。

A.15 样品稀释液

洗涤液内加入终浓度 1‰脱脂奶粉,溶解成浑浊液备用。

A.16 反应终止液(2 mol/L 硫酸)

取浓硫酸(纯度 98%)11 mL 加入 89 mL 双蒸水,静置冷却后备用。

附 录 B
（资料性）
APP 形态图

B.1 APP 菌落形态及卫星现象

见图 B.1。

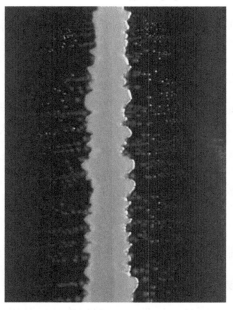

图 B.1 APP 菌落形态及卫星现象

B.2 APP 革兰染色镜检形态图

见图 B.2。

图 B.2 APP 革兰染色镜检形态图（×1 000）

附　录　C
（规范性）
PCR 检测引物及实时荧光 PCR 检测引物、探针

C.1　PCR 检测引物

表 C.1 列出了 PCR 检测引物信息。

表 C.1　PCR 检测引物

目的片段	引物名称	5′- 3′的序列	产物大小
apxⅣA 基因	上游引物	GGGGACGTAACTCGGTGATT	377 bp
	下游引物	GCTCACCAACGTTTGCTCAT	

C.2　实时荧光 PCR 检测引物、探针

表 C.2 列出了实时荧光 PCR 检测引物及探针信息。

表 C.2　实时荧光 PCR 检测引物、探针

目的片段	引物名称	5′- 3′的序列	产物大小
apxⅣA 基因	上游引物	GGGGACGTAACTCGGTGATT	377 bp
	下游引物	GCTCACCAACGTTTGCTCAT	
	探针	FAM-CGGTGCGGACACCTATATCT-BHQ1	

附　录　D
（资料性）
PCR 检测判定电泳图例

PCR 检测判定电泳图例见图 D.1。

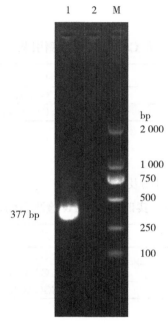

标引序号说明：
M——DL 2 000 Marker；
1——阳性对照；
2——阴性对照。
图 D.1　PCR 检测判定电泳图例

附　录　E
（资料性）
实时荧光 PCR 检测判定图例

E.1　实时荧光 PCR 检测判定图例

见图 E.1。

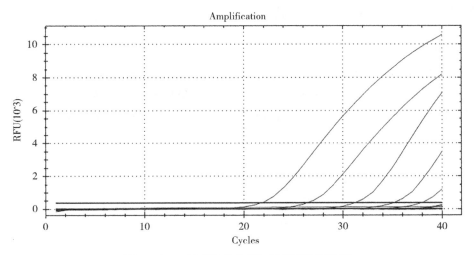

图 E.1　实时荧光 PCR 检测判定图例

E.2　说明

扩增曲线 APP 核酸浓度由左至右为 1 ng /μL、10^{-1}ng/μL、10^{-2}ng/μL、10^{-3}ng/μL、10^{-4}ng/μL，阴性对照没有 Ct 值显示。

附　录　F
（资料性）
单因子血清制备

F.1　免疫抗原的制备

将 APP 标准菌株划线于巧克力培养基,于 37 ℃培养 18 h,将琼脂表面的菌苔用含 0.3%福尔马林生理盐水洗下来,洗涤 2 次后,重悬至约 10%细胞悬液。

F.2　单因子血清制备

每种血清型 APP 抗原免疫健康新西兰大白兔 2 只。第一次免疫剂量为 0.5 mL/只,分 4 点～6 点背部皮下注射,之后 7 次免疫均为耳缘静脉注射,每只兔每次免疫剂量分别为 1 mL、2 mL、3 mL、3 mL、3 mL、3 mL、3 mL,免疫周期为 2 次/周。免疫完成 1 周后,采血分离血清。所有血清置于－20 ℃保存,长期保存应置于－80 ℃保存。

附 录 G
（资料性）
多糖抗原的提取

G.1 将接种在巧克力琼脂上的 APP 培养物用适量生理盐水洗下，以 4 000 r/min 离心 15 min，去上清液，再用生理盐水洗 1 次。

G.2 沉淀菌体按 1：15（V/V）加入双蒸水，混匀后置于 68 ℃水浴中，使瓶中菌液接近水浴温度，再加入等体积 68 ℃ 90％酚液，置于 68 ℃水浴 15 min～20 min，其间不断搅拌。

G.3 取出后在冰浴中冷却。

G.4 在 4 ℃下以 7 000 r/min 离心 20 min，离心后分 3 层，即水层、酚层和不溶解的部分。

G.5 小心吸取上部水层。

G.6 将酚层和不溶性物质加入与 B.2 中等量的 68 ℃双蒸水，搅拌后放入 68 ℃水浴 15 min～20 min，然后再重复 B.3～B.5 程序提取 1 次。

G.7 将 2 次收集的水层混合，即为 APP 琼脂扩散抗原。

ICS 11.220
CCS B 41

中华人民共和国农业行业标准

NY/T 540—2023
代替 NY/T 540—2002

鸡病毒性关节炎诊断技术

Diagnostic techniques for avian viral arthritis

2023-02-17 发布

2023-06-01 实施

中华人民共和国农业农村部 发布

前　言

本文件按照 GB/T1.1—2020《标准化工作导则　第 1 部分:标准化文件的结构和起草规则》的规定起草。

本文件代替 NY/T 540—2002《鸡病毒性关节炎琼脂凝胶免疫扩散试验方法》,与 NY/T 540—2002 相比,除结构调整和编辑性改动外,主要技术变化如下:

a) 增加了引言;

b) 增加了规范性引用文件(见第 2 章);

c) 增加了术语和定义(见第 3 章);

d) 增加了缩略语(见第 4 章);

e) 增加了临床诊断(见第 5 章);

f) 增加了样品采集和处理(见第 6 章);

g) 删除了琼脂凝胶免疫扩散试验(见 2002 年版的第 2 章);

h) 增加了病毒分离与鉴定(见第 7 章);

i) 增加了 RT-PCR 试验(见第 8 章);

j) 增加了实时荧光 RT-PCR 试验(见第 9 章);

k) 增加了间接 ELISA(见第 10 章);

l) 增加了综合判断(见第 11 章)。

请注意本文件的某些内容可能涉及专利。本文件的发布机构不承担识别专利的责任。

本文件由农业农村部畜牧兽医局提出。

本文件由全国动物卫生标准化技术委员会(SAC/TC 181)归口。

本文件起草单位:中国动物卫生与流行病学中心、山东农业大学、青岛易邦生物工程有限公司。

本文件主要起草人:李阳、于晓慧、唐熠、刘东、刘朔、左媛媛、蒋文明、李金平、张富友、苏红、王楷宬、王素春、王一新、王静静、侯广宇、刁有祥、刘华雷。

本文件及其所代替文件的历次版本发布情况为:

——2002 年首次发布为 NY/T 540—2002;

——本次为第一次修订。

引　言

鸡病毒性关节炎,又称病毒性腱鞘炎或滑液囊炎,是由不同血清型及致病型的禽呼肠孤病毒(Avian Reovirus,ARV)感染引起的鸡或火鸡的一种传染病。该病传播速度快、发病范围广,不同日龄、不同品种的鸡均可感染,但对商品肉鸡的危害尤为严重,给我国肉鸡养殖业造成严重经济损失。农业农村部将本病列为三类动物疫病。

该病一年四季均可流行,以冬季多发,呈散发或地方性流行。病鸡和带毒禽是主要的传染源,可通过消化道和呼吸道传播。同时,病鸡在鸡群中既能水平传播,也能经蛋垂直传播。临床上多见于4周龄~16周龄的鸡,尤以4周龄~7周龄多发,以跛行、关节炎、腱鞘炎、腓肠肌肌腱断裂为主要特征。禽呼肠孤病毒在分类地位上属于呼肠孤病毒科正呼肠孤病毒属,病毒粒子呈二十面体对称排列,有双层衣壳结构,无囊膜,直径约75 nm,一般无血凝特性。病毒的基因组为分节段的双股RNA,由大小不同的3个类别的10个节段组成。

鸡病毒性关节炎目前仍是严重威胁养禽业健康发展的重要疫病,近年来呈现新的流行特点,流行毒株也不断变异,存在多种血清型和基因型的病毒同时流行。随着近些年科技的进步,原有的标准已不能满足当前我国鸡病毒性关节炎诊断的技术需求,需要对原标准进一步完善。

鸡病毒性关节炎诊断技术

1 范围

本文件规定了鸡病毒性关节炎的临床诊断、病毒分离与鉴定、反转录-聚合酶链式反应（RT-PCR）、实时荧光 RT-PCR（Real-time RT-PCR）和间接 ELISA 抗体检测方法的技术要求。

本文件适用于鸡病毒性关节炎的诊断、检疫、检测、监测和流行病学调查等。

2 规范性引用文件

下列文件中的内容通过文中的规范性引用而构成本文件必不可少的条款。其中，注日期的引用文件，仅该日期对应的版本适用于本文件；不注日期的引用文件，其最新版本（包括所有的修改单）适用本文件。

GB/T 6682　分析实验室用水规格和试验方法

GB 19489　实验室生物安全通用要求

3 术语和定义

下列术语和定义适用于本文件。

3.1

鸡病毒性关节炎　aian viral arthritis

由禽呼肠孤病毒感染引起的鸡或火鸡的一种重要传染病。

4 缩略语

下列缩略语适用于本文件。

ARV：禽呼肠孤病毒（Avian Reovirus）

CEF：鸡胚成纤维细胞（Chicken Embryonic Fibroblasts）

CPE：细胞病变效应（Cytopathic Effect）

ELISA：酶联免疫吸附试验（Enzyme Linked Immunosorbent Assay）

MEM：基础 Eagle 培养基（Minimal Eagle's Medium）

PBS：磷酸盐缓冲液（Phosphate Buffered Saline）

RT-PCR：反转录-聚合酶链式反应（Reverse Transcription-polymerase Chain Reaction）

Real-time RT-PCR：实时荧光反转录聚合酶链式反应（Real-time Reverse Transcription-polymerase Chain Reaction）

SPF：无特定病原（Specific Pathogen Free）

TAE：三羟甲基氨基甲烷-乙酸-乙二胺四乙酸（Trihydroxymethyl Aminomethane-acetic Acid-ethylene diaminetetra Acetic Acid）

TMB：3,3′,5,5′-四甲基联苯胺（3,3′,5,5′-Tetramethyl-Benzidine）

5 临床诊断

5.1 流行病学

5.1.1 该病一年四季均可发生。

5.1.2 不同品种的鸡均可感染，但肉用型或肉蛋兼用型等体型较大的鸡多发。

5.1.3 不同日龄的鸡均可感染。

5.1.4 发病率高，死亡率较低，日龄越小越易感。雏鸡感染后，发病率和死亡率显著高于青年鸡和成年鸡。日龄大的鸡感染后潜伏期较长,有的可耐过。

5.1.5 该病可垂直传播,也可水平传播。

5.2 临床症状

5.2.1 病鸡精神沉郁,食欲减退,卧地倦动。

5.2.2 跗关节肿胀,腿变形,站立困难,跛行或单腿跳跃,严重病例瘫痪。

5.2.3 生长停滞、贫血、消瘦,日龄小的严重病例可逐渐衰竭死亡。

5.3 病理变化

5.3.1 剖检变化

5.3.1.1 跗关节和跖关节的腱鞘水肿,病鸡关节腔内有淡黄或淡红色渗出液,病程后期逐渐形成纤维素性渗出。

5.3.1.2 腿骨质脆,易折断。

5.3.1.3 肌腱断裂。

5.3.2 组织学病变

5.3.2.1 在急性期,出现水肿、凝固性坏死,异嗜细胞集聚血管周围浸润,网状细胞增生,最后引起腱鞘壁层明显增厚,滑膜腔充满异嗜细胞和脱落的滑膜细胞,随着破骨细胞增生而形成骨膜炎。

5.3.2.2 在慢性期,滑膜形成绒毛样突起,并有淋巴样结节,大量纤维组织增生,明显见到网状细胞、淋巴细胞、巨噬细胞和浆细胞的浸润或增生。趾关节和跗关节区也出现相同的一般炎症反应。

5.4 结果判定

当鸡符合 5.1 且符合 5.2、5.3 之一的,可判定为疑似鸡病毒性关节炎。

6 样品采集和处理

6.1 器材

6.1.1 手术剪刀和镊子。

6.1.2 离心管。

6.1.3 样品保存管。

6.1.4 组织匀浆器。

6.1.5 采血器。

6.1.6 滤器(孔径 0.22 μm)。

6.2 试剂

6.2.1 0.01 mol/L pH 7.2 PBS,配方应符合附录 A 中 A.1 的规定。

6.2.2 青霉素(4 000 IU/mL)。

6.2.3 链霉素(4 μg/mL)。

6.3 样品采集

6.3.1 生物安全措施

实验室生物安全措施按照 GB 19489 的规定执行。

6.3.2 组织病料采集

6.3.2.1 活禽采样:灭菌棉拭子插入泄殖腔旋转 2 圈~3 圈后,放入含青霉素 4 000 IU/mL 和链霉素 4 μg/mL 的无菌 PBS 样品保存管中。

6.3.2.2 病死禽采样:无菌采取肝脏、脾脏、肾脏等组织样品或者关节腔内容物样品,放入样品保存管中。

6.3.3 血清样品采集

经翅静脉采集鸡血液,每只应不少于 1 mL。无菌分离血清,装入 2 mL 离心管中,密封后 2 ℃~8 ℃ 冷藏或－20 ℃冷冻保存。

6.4 样品处理

6.4.1 拭子样品:经剧烈振荡后,10 000 r/min 离心 10 min,取上清液,2 ℃～8 ℃冷藏或−20 ℃冷冻保存。

6.4.2 组织样品:无菌条件下将组织剪碎,按1:4加入生理盐水(青霉素 4 000 IU/mL 和链霉素 4 μg/mL)后组织研磨器制成匀浆,反复冻融 2 次～3 次,10 000 r/min 离心 10 min,取上清液,用直径 0.22 μm 滤器过滤除菌,2 ℃～8 ℃冷藏或−20 ℃冷冻保存。

7 病毒分离与鉴定

7.1 器材

7.1.1 冰箱(2 ℃～8 ℃、−20 ℃、−70 ℃不同温度)。

7.1.2 恒温孵化箱。

7.1.3 冷冻离心机。

7.1.4 25 cm² 细胞培养瓶。

7.1.5 倒置生物显微镜。

7.2 试剂

7.2.1 0.01 mol/L PBS(pH 7.2),配方按照 A.1 的规定执行。

7.2.2 细胞培养液,配方按照 A.2 的规定执行。

7.2.3 细胞维持液,配方按照 A.3 的规定执行。

7.2.4 0.25%胰酶,配方按照 A.4 的规定执行。

7.3 试验细胞与动物

7.3.1 5 日龄～7 日龄 SPF 鸡胚或 9 日龄～11 日龄 SPF 鸡胚。

7.3.2 CEF 细胞。

7.4 试验程序

7.4.1 鸡胚分离病毒

7.4.1.1 取处理后的拭子样品或组织样品,经卵黄囊途径无菌接种于 5 枚 5 日龄～7 日龄的 SPF 鸡胚,或者经绒毛尿囊膜途径接种 5 枚 9 日龄～11 日龄的 SPF 鸡胚。具体操作如下:分别在 SPF 鸡胚无血管处和气室顶端打一小孔,用吸球在气室顶端孔处抽吸以制造人工气室,然后用注射器于 SPF 鸡胚无血管处接毒(设对照胚 2 枚,以同样方式接种无菌 PBS),0.2 mL/枚,之后将所打孔用石蜡封闭,37 ℃继续孵化。

7.4.1.2 接种 48 h 内死亡的鸡胚弃去不用。48 h 后每 12 h 照胚一次,记录鸡胚死亡情况。收集 48 h 以后的死胚及 96 h 仍存活鸡胚,置于 2 ℃～8 ℃条件下 4 h 或过夜,无菌收取鸡胚进行病毒鉴定。

7.4.1.3 用初代分离的鸡胚参照 6.4.2 的要求进行处理后,参照 7.4.1.1 和 7.4.1.2 的要求于 SPF 鸡胚继续盲传 2 代。

7.4.2 细胞培养分离病毒

7.4.2.1 制备 CEF

见附录 B。

7.4.2.2 接种病毒

7.4.2.2.1 待细胞长成单层后,先倒去细胞培养瓶中的营养液,加入 1 mL 已经处理后的拭子样品或组织样品,37 ℃孵育 60 min,其间每隔 15 min 轻轻摇动细胞培养瓶,孵育后弃掉样品,用细胞维持液洗细胞 1 次,加入 5 mL 细胞维持液,37 ℃在 5% CO_2 培养箱培养。细胞对照瓶不接种样品,弃去细胞培养液后加 5 mL 细胞维持液。

7.4.2.2.2 观察和记录:70%以上单层细胞出现细胞变大变圆、遮光度增加等典型 CPE 时,将细胞培养物冻融后,离心去掉细胞碎片,取上清液进行病毒鉴定。

7.4.2.2.3 盲传:如果接种 6 d 后仍未见 CPE,弃去培养液,将培养物反复冻融 3 次,收集细胞和病毒的冻融液,5 000 r/min 离心 5 min,收集上清液,按 7.4.2.2.1 所述方法再接种单层细胞进行盲传,如此盲传3 代。

7.4.3 病毒鉴定

鸡胚和出现 CPE 的细胞培养液,应选用本文件中第 8 章(RT-PCR)或第 9 章(实时荧光 RT-PCR)所述方法进行核酸鉴定。

7.4.4 结果判定

7.4.4.1 细胞盲传 3 代未见 CPE 或鸡胚传代未见病变,且经本文件第 8 章或第 9 章中所述任一方法检测阴性者,判定病毒分离阴性。

7.4.4.2 对出现 CPE 的细胞培养液或出现病变的鸡胚,且经本文件第 8 章或第 9 章中所述任一方法检测阳性者,判为病毒分离阳性。

8 RT-PCR 试验

8.1 器材

8.1.1 Ⅱ级生物安全柜。

8.1.2 PCR 仪。

8.1.3 冷冻离心机(最大转速为 15 000 r/min)。

8.1.4 电泳仪。

8.1.5 电泳槽。

8.1.6 紫外凝胶成像仪。

8.1.7 冰箱(2 ℃~8 ℃、−20 ℃)。

8.1.8 微量移液器(最大量程分别为 10 μL、20 μL、100 μL、1 000 μL),带滤芯的枪头。

8.1.9 电子天平:精度为 0.001 g。

8.2 试剂

8.2.1 符合 GB/T 6682 规定的一级水。

8.2.2 核酸提取试剂盒。

8.2.3 RT-PCR 相关试剂;可选用商品化试剂盒。

8.2.4 DNA 分子量标准(DL 2 000 bp 或其他等效力分子量标准)。

8.2.5 阳性对照标准品采用已知病毒材料,如鸡呼肠孤病毒感染的 SPF 鸡胚。

8.2.6 阴性对照标准品采用 SPF 鸡胚。

8.2.7 RT-PCR 检测所需引物:

    a) 上游引物 F:5′-ATCCATGGGGGATTAACTCAA-3′;

    b) 下游引物 R:5′-AGTCGACTGGTATCGATGCC-3′,扩增片段长度为 1 088 bp,引物浓度为10 μmol/L。

8.2.8 TAE 缓冲液:配制方法按照 A.5 的规定执行。

8.2.9 1.0% 琼脂糖凝胶:配制方法按照 A.6 的规定执行。

8.3 试验程序

8.3.1 RNA 提取

可选市售商品化 RNA 提取试剂盒,按说明书进行。

8.3.2 核酸扩增

8.3.2.1 引物:将引物稀释到工作浓度 10 μmol/L。

8.3.2.2 RT-PCR 反应体系配置：RT-PCR 反应体系配置见表1。

表1 RT-PCR 反应体系配置表

组分	体积，μL
2×一步法 RT-PCR 缓冲液	12.5
上游引物 F	1.0
下游引物 R	1.0
RT-PCR 酶	1.0
ddH$_2$O	4.5
RNA	5.0
总体积	25.0

8.3.2.3 RT-PCR 扩增：按照8.3.2.2的加样顺序加完后，充分混匀，瞬时离心，使液体都沉降到PCR管底。同时，设立阳性对照和阴性对照。按照下列程序进行扩增：50 ℃反转录 30 min；94 ℃预变性 2 min；然后进行 35 个循环：95 ℃变性 30 s、55 ℃退火 30 s、72 ℃延伸 45 s；最后 72 ℃延伸 10 min；4 ℃保存备用。也可选用其他等效的 RT-PCR 扩增试剂盒。

8.3.3 RT-PCR 扩增产物电泳

8.3.3.1 加样：取 6 μL～8 μL RT-PCR 扩增产物和 2 μL 加样缓冲液混匀，后加入到 1×TAE 缓冲液配制的 1.0%琼脂糖凝胶中，每次电泳同时设标准 DNA Marker、阴性对照、阳性对照。

8.3.3.2 电泳：电压 80 V～100 V 或电流 40 mA～50 mA，电泳 30 min～40 min。最后，由凝胶成像系统观察并拍照记录。

8.3.4 试验成立条件

电泳结束后，取出凝胶置凝胶成像仪（或紫外透射仪）上观察。阳性对照电泳结果应出现约 1 088 bp 扩增条带，同时阴性对照无扩增条带。

8.3.5 结果判定

试验成立的情况下，被检样品扩增产物电泳出现约 1 088 bp 目标条带，判定为 ARV 核酸阳性（见附录 C）；被检样品无扩增条带，判为 ARV 核酸阴性。

9 实时荧光 RT-PCR 试验

9.1 器材

9.1.1 荧光 PCR 仪。

9.1.2 其余器材同 8.1.1～8.1.9。

9.2 试剂

9.2.1 符合 GB/T 6682 规定的一级水。

9.2.2 核酸提取试剂。

9.2.3 一步法实时荧光 RT-PCR 试剂盒。

9.2.4 阳性对照标准品采用已知病毒材料，如鸡呼肠孤病毒感染的 SPF 鸡胚尿囊液。

9.2.5 阴性对照标准品采用 SPF 鸡胚尿囊液。

9.2.6 实时荧光 RT-PCR 检测所需引物及探针：

a) 上游引物 F1：5′-ATGGCCTATCTAGCCACACCTG-3′；

b) 下游引物 R1：5′-CAACGTGATAGCATCAATAGTAC-3′；

c) 探针 P：5′-FAM-TGCTAGGAGTCGGTTCTCGCA-BHQ1-3′，扩增片段长度为 93 bp，引物、探针浓度为 10 μmol/L。

9.3 试验程序

9.3.1 核酸提取

同 8.3.1。

9.3.2 核酸扩增

9.3.2.1 实时荧光 RT-PCR 反应混合液配制:按照表 2 的规定配置实时荧光 RT-PCR 反应体系。

表 2 实时荧光 RT-PCR 反应体系配置表

组分	体积,μL
2×RT-PCR 缓冲液	10.4
酶混合液	0.8
上游引物 F1	0.4
下游引物 R1	0.4
探针	0.8
无核酶灭菌水	5.2
RNA	2.0
总体积	20.0

9.3.2.2 实时荧光 RT-PCR 反应

按照 9.3.2.1 的加样顺序加完后,充分混匀,瞬时离心,使液体都沉降到 PCR 管底。同时,设立阳性对照和阴性对照。将 PCR 管放在荧光 PCR 仪上进行扩增,反应条件为:42 ℃ 5 min,95 ℃ 10 s,进行 1 个循环;95 ℃ 5 s,60 ℃ 34 s(收集荧光信号),进行 40 个循环。反应结束后,根据收集的荧光曲线和 Ct 值判定结果。也可选用其他等效的实时荧光 RT-PCR 扩增试剂盒。

9.3.3 试验成立条件

阳性对照品扩增曲线有明显对数增长期,且 Ct 值≤35;同时,阴性对照品扩增曲线无对数增长期。

9.3.4 结果判定

试验成立,被检样品 Ct 值≤35,且出现标准的 S 形扩增曲线,则判为阳性;当 35＜Ct 值≤38,则判定为可疑,重复测定后仍在可疑区间的样本判为阳性;当无 Ct 值或 Ct 值＞38,则判为阴性(见附录 D)。

10 间接 ELISA

10.1 器材

10.1.1 台式高速离心机(最大转速为 15 000 r/min)。

10.1.2 酶标仪。

10.1.3 微量移液器:最大量程分别为 10 μL、20 μL、100 μL、1 000 μL。

10.1.4 聚苯乙烯板。

10.1.5 水平振荡器。

10.1.6 恒温培养箱。

10.2 试剂

10.2.1 阳性血清:SPF 鸡接种 ARV 参考毒株 21 d,经 RT-PCR 检测为阳性后制备的血清。

10.2.2 阴性血清:SPF 鸡血清。

10.2.3 ARV 抗原:ARV 参考毒株制备的抗原。

10.2.4 酶标二抗:兔抗鸡辣根过氧化物酶标记的 IgG,效价应在 1∶32 以上。

10.2.5 PBS:配制方法按照 A.1 的规定执行。

10.2.6 包被液:配制方法按照 A.7 的规定执行。

10.2.7 洗涤液:配制方法按照 A.8 的规定执行。

10.2.8 样品稀释液(封闭液):配制方法按照 A.9 的规定执行。

10.2.9 底物溶液:TMB 底物显色液。

10.2.10 终止液(浓度为 2 mol/L):配制方法按照 A.10 的规定执行。

10.3 样品

10.3.1 取 6.3.3 中处理的待检鸡血清样品,每份宜不少于 200 μL,应无溶血。

10.3.2 用样品稀释液将被检血清样品稀释 10 倍(1∶10,如 10 μL 血清加入 90 μL 稀释液中)。

10.3.3 每稀释一个样品应更换一个吸头,做好样品的标记。稀释的样品血清充分混匀后,加入包被孔。

10.4 操作步骤

10.4.1 将试验试剂预温到 20 ℃～25 ℃。

10.4.2 将全病毒抗原用包被液稀释 400 倍,每孔 100 μL 加入到 96 孔聚苯乙烯板中,37 ℃孵育 2 h 后,继续 4 ℃孵育过夜。孵育后应用洗涤液洗 5 次,在吸水纸上拍干板上残余液体。

10.4.3 每孔加入 200 μL 封闭液,37 ℃温箱孵育 1 h,用 10.4.2 方法洗板。

10.4.4 在 A1、A2 孔各加 100 μL 阴性血清对照,A3、A4 孔各加 100 μL 阳性血清对照。

10.4.5 将稀释好的待检血清加入其他各孔,100 μL/孔,混匀后,37 ℃孵育 1 h,用 10.4.2 方法洗板。

10.4.6 酶标二抗应用样品稀释液按 1∶1 000 倍稀释,每孔加入 100 μL,37 ℃孵育 1 h,用 10.4.2 方法洗板。

10.4.7 每孔加入 100 μL TMB 显色液,37 ℃避光条件下孵育 15 min。

10.4.8 每孔加入 50 μL 终止液,轻轻振荡,终止反应。

10.4.9 将酶标板置于酶标仪中,于 450 nm 测定各孔样品的吸光值(OD),该操作应在 30 min 内完成。

10.5 试验成立条件

阳性对照平均值减去阴性对照平均值之差必须大于 0.071 5,阴性对照平均值必须小于或等于 0.067 5,试验条件成立;否则,试验不成立,应重新测定。

10.6 结果判定

10.6.1 样品 $OD_{450} \geqslant 0.071\ 5$,判为 ARV 抗体阳性。

10.6.2 样品 $OD_{450} \leqslant 0.067\ 5$,判为 ARV 抗体阴性。

10.6.3 样品 $0.067\ 5 < OD_{450} < 0.071\ 5$,判为可疑,重复测定后仍在可疑区间的样本判为阳性。

10.7 也可采用等效 ELISA 抗体检测试剂盒进行检测。

11 综合判断

11.1 临床判定为疑似的鸡,按照病毒分离与鉴定(第 7 章)、RT-PCR 试验(第 8 章)和实时荧光 RT-PCR 试验(第 9 章)中规定的任一方法检测为阳性的,判定为鸡病毒性关节炎。

11.2 临床非免疫鸡,经间接 ELISA(第 10 章)检测出抗体阳性的,可判定为鸡病毒性关节炎。

附　录　A

（规范性）

溶液配制（试剂要求分析纯及以上）

A.1　0.01 mol/L 磷酸盐缓冲液（PBS,pH 7.2）

配制 0.01 mol/L 磷酸盐缓冲液所需试剂如下：

a)　8 g 的氯化钠（NaCl）；

b)　0.2 g 的氯化钾（KCl）；

c)　2.9 g 的磷酸氢二钠（$Na_2HPO_4 \cdot 12H_2O$）；

d)　0.2 g 的磷酸二氢钾（KH_2PO_4）。

试剂加水溶解至 1 L,调整 pH 为 7.2,高压灭菌,4 ℃保存。

A.2　细胞营养液

准确量取 MEM 营养液 90 mL、犊牛血清 10 mL,充分混匀,使用 5‰碳酸氢钠（$NaHCO_3$）调整 pH 至 7.2～7.4,4 ℃保存。

A.3　细胞维持液

准确称取 MEM 营养液 98 mL、犊牛血清 2 mL,充分混匀,使用 5‰碳酸氢钠（$NaHCO_3$）调整 pH 至 7.6～7.8,4 ℃保存。

A.4　0.25% 胰酶

准确称取 MEM 营养液 100 mL、胰酶 0.25 g,充分混匀,溶解后过滤除菌,−20 ℃保存。

A.5　1×TAE 缓冲液

准确称取 50×TAE 缓冲液 20 mL,加入 980 mL 去离子水,充分混匀,室温保存。

A.6　1.0% 琼脂糖凝胶

加热完全融化,待冷却至 50 ℃～60 ℃,加入适量核酸染料,混匀,倒入凝胶板中,冷却备用。

A.7　包被液（0.05 mol/L,pH 9.6）

准确称取碳酸钠（Na_2CO_3）2.756 g、碳酸氢钠（$NaHCO_3$）6.216 g,加入 1 000 mL 去离子水,充分混匀,调整 pH 为 9.6,室温保存。

A.8　洗涤液

准确量取 PBS 1 000 mL,加入 0.5 mL Tween-20,充分混匀,室温保存。

A.9　样品稀释液（封闭液）

准确称取脱脂奶粉 5.0 g,加入 100 mL 洗涤液,充分混匀后,室温保存。

A.10　终止液（2 mol/L）

准确量取浓硫酸（98%）58 mL,加入 442 mL 去离子水,充分混匀后,室温保存。

附　录　B
（资料性）
CEF 细胞制备方法

B.1 将选好的 9 d～10 d 的发育良好的 SPF 鸡胚用 5% 的碘酒棉球消毒蛋壳气室部位,再用酒精棉球脱碘。

B.2 无菌取出鸡胚,放入灭菌的玻璃皿内,用 pH 7.2 的 PBS 冲洗 1 次,去头、四肢和内脏;再用 pH 7.2 的 PBS 冲洗 2 次。

B.3 用剪刀剪成小块($2 \text{ mm}^3 \sim 3 \text{ mm}^3$),用 pH 7.2 的 PBS 冲洗 2 次。

B.4 加约 4 mL 0.25% 胰酶溶液,37 ℃消化 30 min,其间 15 min 轻摇 1 次。

B.5 消化结束,弃掉胰酶消化液,用 pH 7.2 的 PBS 冲洗 2 次,再用细胞培养液冲洗 1 次。

B.6 加入适量的细胞培养液,用刻度吸管反复吹打(使细胞充分分散)。

B.7 将细胞分散液倒入带 6 层～8 层纱布的 100 mL 灭菌烧杯中(过滤之前先用少许细胞培养液润湿纱布),加入适量培养液(40 mL/胚),过滤。按上述操作重滤一遍。

B.8 计数,滤液中活细胞浓度应为 1×10^6 个/mL～1.5×10^6 个/mL。

B.9 分装到培养瓶中(4 mL/瓶～5 mL/瓶),置于 37 ℃培养箱培养。状态良好(细胞透明度大,轮廓清晰)的细胞适宜病毒接种。

附　录　C

（资料性）

禽呼肠孤病毒 RT-PCR 检测阳性参照图

图 C.1 为禽呼肠孤病毒 RT-PCR 检测阳性参照图。

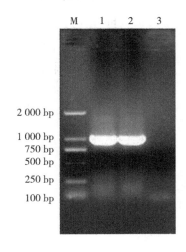

标引序号说明：

M ——DNA 分子量标准（DL 2 000 Marker）；

1 ——禽呼肠孤病毒阳性对照；

2 ——禽呼肠孤病毒阳性样品；

3 ——阴性对照。

图 C.1　禽呼肠孤病毒 RT-PCR 检测阳性参照图

附 录 D

（资料性）

禽呼肠孤病毒实时荧光 RT-PCR 检测阳性参照图

图 D.1 为禽呼肠孤病毒实时荧光 RT-PCR 检测阳性参照图。

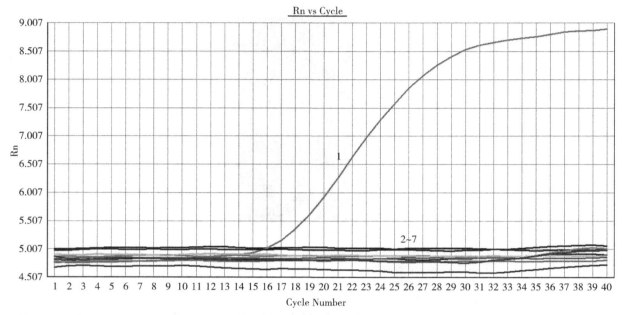

标引序号说明：

1 ——阳性对照；

2～7 ——阴性样品。

图 D.1 禽呼肠孤病毒实时荧光 RT-PCR 检测阳性参照图

ICS 11.220
CCS B 41

中华人民共和国农业行业标准

NY/T 545—2023

代替 NY/T 545—2002

猪痢疾诊断技术

Diagnostic techniques for swine dysentery

2023-02-17 发布

2023-06-01 实施

中华人民共和国农业农村部 发布

前　言

本文件按照 GB/T 1.1—2020《标准化工作导则　第 1 部分：标准化文件的结构和起草规则》的规定起草。

本文件代替 NY/T 545—2002《猪痢疾诊断技术》，与 NY/T 545—2002《猪痢疾诊断技术》相比，除结构调整和编辑性改动外，主要技术变化如下：

a) 修改了猪痢疾的病原名称（见 2002 年版的前言）；

b) 增加了术语和定义（见第 3 章）；

c) 增加了生物安全要求（见第 5 章）；

d) 增加了猪痢疾短螺旋体的 PCR 检测方法（见第 10 章）；

e) 增加了综合判定（见第 11 章）；

f) 增加了鉴别诊断（见第 12 章）；

g) 增加了生理盐水、磷酸盐缓冲液、15 g/L 琼脂凝胶的配制方法（见附录 A 中的 A.1、A.2、A.4）；

h) 增加了病原、组织病理、平板培养及 PCR 电泳图片（分别见附录 B 中的 B.1、B.2、B.3 和附录 D 中的 D.1）；

i) 增加了厌氧产气包说明的附录（见附录 C）；

j) 删除了肠致病性实验操作部分（见 2002 年版的 7.3.3.2）；

k) 删除了厌氧培养装置及使用方法（见 2002 年版的附录 A）。

请注意本文件的某些内容可能涉及专利。本文件的发布机构不承担识别专利的责任。

本文件由农业农村部畜牧兽医局提出。

本文件由全国动物卫生标准化技术委员会（SAC/TC 181）归口。

本文件起草单位：山东农业大学、上海市动物疫病预防控制中心、赤峰市农牧业综合行政执法支队。

本文件主要起草人：李建亮、张维谊、王一新、王晓旭、崔言顺、徐锋、王建、马志强、徐瑞雪、杨萍萍、衣婷婷。

本文件及其所代替文件的历次版本发布情况为：

——2002 年首次发布为 NY/T 545—2002；

——本次为第一次修订。

猪痢疾诊断技术

1 范围

本文件规定了猪痢疾的临床诊断、粪便和大肠组织中猪痢疾短螺旋体显微镜检查、分离培养，以及 PCR 检测的技术要求、综合判定及鉴别诊断。

本文件适用于猪痢疾的诊断。本文件所规定的粪便中猪痢疾短螺旋体显微镜检查不适用于急性病例后期、慢性及投药后病例。

2 规范性引用文件

下列文件中的内容通过文中的规范性引用而构成本文件必不可少的条款。其中，注日期的引用文件，仅该日期对应的版本适用于本文件；不注日期的引用文件，其最新版本（包括所有的修改单）适用于本文件。

GB/T 6682　分析实验室用水规格和试验方法

GB 19489　实验室生物安全通用要求

GB/T 27401　实验室质量控制规范　动物检疫

NY/T 541　兽医诊断样品采集、保存与运输技术规范

SN/T 1207　猪痢疾检疫技术规范

3 术语和定义

下列术语和定义适用于本文件。

3.1

猪痢疾　swine dysentery

曾称为猪密螺旋体痢疾、血痢、黏液出血性腹泻或弧菌性痢疾，是由猪痢疾短螺旋体（*Brachyspira hyodysenteriae*，B. h）引起猪的一种严重的肠道传染病。其特征是黏液性或黏液出血性腹泻，大肠黏膜发生卡他性出血性炎症，有的发展为纤维素性坏死性炎症。

3.2

猪痢疾短螺旋体　*Brachyspira hyodysenteriae*

猪痢疾短螺旋体是猪痢疾的病原，存在于猪的病变肠段黏膜、肠内容物及粪便中，对外界环境有较强的抵抗力，过去常称为猪痢疾密螺旋体或猪痢疾蛇形螺旋体。

3.3

投药后病例　diseased pig of taking medication

已被投喂泰乐菌素、杆菌肽等对猪痢疾短螺旋体敏感的药物的猪只。

3.4

聚合酶链式反应　polymerase chain reaction

用于扩增位于两端已知序列之间 DNA（deoxyribonucleic acid，脱氧核糖核酸）的方法。模板 DNA 经过高温变性成单链，在 DNA 聚合酶和适宜的温度下，两条互不相补的寡核苷酸片段即引物分别与模板 DNA 两条链上的一段互补序列发生退火，接着在 DNA 聚合酶的催化下以 4 种 dNTP（deoxyribonucleoside triphosphate，脱氧核苷三磷酸）为底物，使退火引物得以延伸，如此反复变性、退火和 DNA 合成这一循环，使位于两端已知序列之间的 DNA 片段呈几何倍数扩增，经 25 个～30 个扩增循环，扩增倍数达到约 10^6。

4 缩略语

下列缩略语适用于本文件。

DNA:脱氧核糖核酸(Deoxyribonucleic acid)

dNTP:脱氧核苷三磷酸(Deoxyribonucleoside triphosphate)

NADH:还原型辅酶Ⅰ(Nicotinamide adenine dinucleotide)

nox:NADH 氧化酶(NADH oxidase)

PBS:磷酸盐缓冲液(Phosphate buffered saline)

PCR:聚合酶链式反应(Polymerase chain reaction)

SD:猪痢疾(Swine Dysentery)

TAE:Tris 乙酸盐 EDTA 缓冲液(Tris Acetate-EDTA buffer)

Taq 酶:DNA 聚合酶(*Taq*DNApolymerase)

TSA:胰蛋白胨大豆琼脂(Trypticase Soy Agar)

5 生物安全要求

样品采集、处理及检测过程中涉及的实验操作应符合 GB 19489、GB/T 27401、NY/T 541、SN/T 1207 的相关规定。

6 临床诊断

6.1 流行病学

6.1.1 猪痢疾在自然流行中只发生于猪。各种年龄、品种、性别的猪均易感,但保育后期至育肥前期猪(1.5 月龄~4 月龄)发生较多,而哺乳仔猪、成年猪发病率低。

6.1.2 本病主要通过粪便污染而经消化道感染。阴雨潮湿、气候多变等各种应激因素,均可促进本病的发生。

6.1.3 本病无明显季节性,流行经过比较缓慢,持续期较长,多数病猪转为慢性,康复后(自然康复或治疗后)可复发或多次复发,很难根除。

6.2 临诊症状

6.2.1 潜伏期

2 d 至 2 个月不等,自然感染一般为 1 周~2 周。

6.2.2 临床症状

6.2.2.1 最急性型

多见于暴发本病之初,表现急性剧烈腹泻,排便失禁,呈高度脱水状态而迅速死亡。病程 12 h~24 h。

6.2.2.2 急性型

病初多排软粪或稀粪。随后,粪便中出现大量黏液和血液(凝块),呈油脂样、蛋清样或胶冻状。粪色为棕色、红色或黑红色不一。病猪迅速消瘦,常转为慢性或死亡。病程 1 周~2 周。

6.2.2.3 亚急性或慢性型

黏液出血性下痢时轻时重,生长发育停滞,常呈恶病质状态。部分康复猪经一定时间可复发。病程 4 周以上。

6.3 病理变化

6.3.1 主要病变见于大肠,其他组织器官均无特征性病变。

6.3.2 早期病变常出现在结肠旋袢顶部,随病情进一步发展可蔓延至盲肠、整个结肠和直肠前段。急性病例表现为黏液性、出血性和纤维素性渗出,肉眼可见大肠黏膜充血、肿胀和出血,并有胶胨样附着物,常混有血液和纤维素。严重时,黏膜表面有散在性或弥散性糠麸样或干酪样坏死物覆盖,刮去后露出不规则糜烂出血溃疡面。

6.3.3 组织病理学检查，早期病例的肠黏膜上皮与固有层分离，微血管外露而发生灶性坏死。当病理变化进一步发展时，肠黏膜表层细胞坏死，黏膜完整性受到不同程度的破坏，并形成伪膜。在固有层内有多量炎性细胞浸润，肠腺上皮细胞不同程度变性、萎缩和坏死。黏膜表面及腺窝内可见数量不一的猪痢疾短螺旋体，但以急性期数量较多，有时密集呈网状。病理变化局限于黏膜层，一般不超过黏膜下层，其他各层保持相对完整性。

7 粪便及肛拭子中猪痢疾短螺旋体显微镜检查

7.1 主要仪器与试剂

7.1.1 光学显微镜。

7.1.2 暗视野镜头。

7.1.3 载玻片。

7.1.4 盖玻片。

7.1.5 酒精灯。

7.1.6 草酸铵结晶紫染色液(革兰氏染色第一液)或10倍稀释的石炭酸复红。

7.1.7 生理盐水。

7.1.8 样品

7.1.8.1 待测样品

猪新鲜粪便(含黏液)或直肠拭子或大肠内容物及黏膜。

7.1.8.2 阳性对照

含猪痢疾短螺旋体的菌苔或菌液。

7.1.8.3 阴性对照

不含猪痢疾短螺旋体的生理盐水。

7.2 操作步骤

7.2.1 悬滴样品制作

取待测样品少许置于少量生理盐水(配制方法按照附录A中的A.1规定执行)中，做成悬滴样品后镜检。同时，制作阳性对照、阴性对照悬滴样品。

7.2.2 染色样品制作

取少许待测样品抹片，干燥，火焰固定，以草酸铵结晶紫液或稀释的石炭酸复红染色2 min～3 min，水洗，吸干后待检。每份样品最少制片2张。同时，制作阳性对照、阴性对照抹片。

7.2.3 显微镜检查

悬滴样品在暗视野(或暗光)显微镜下观察，染色样品以油镜直接观察。每片样品至少观察10个视野。

7.3 结果判定

7.3.1 若悬滴样品在暗视野下可观察到同阳性对照中相似的长6 μm～8.5 μm、呈2个～5个疏螺旋状、两端尖锐、呈蛇样活泼运动的菌体，同时阴性对照中无此菌体时，判为样品猪痢疾短螺旋体阳性。

7.3.2 染色观察当阳性对照为染色阳性、阴性对照为染色阴性时，试验结果成立。染色样品中，若无螺旋体着色，则判为阴性。检测样本中有1个以上的重复切片中呈染色阳性时(见附录B中的B.1)，即判该样本为猪痢疾短螺旋体阳性；否则判为阴性。

7.3.3 当视野中有数量较多(3条～5条或以上)猪痢疾短螺旋体时，在获菌落、溶血性等培养结果前，可作为诊断的重要参考依据。

8 大肠组织中猪痢疾短螺旋体显微镜检查(组织病理学观察)

8.1 材料准备

8.1.1 主要仪器设备

8.1.1.1 切片机。

8.1.1.2 光学显微镜。

8.1.1.3 染色缸。

8.1.1.4 载玻片。

8.1.1.5 盖玻片。

8.1.1.6 水浴锅。

8.1.1.7 恒温培养箱。

8.1.2 试剂

8.1.2.1 除特别规定外,在检测中使用的试剂均为分析纯,实验用水应符合 GB/T 6682 的规定。

8.1.2.2 10％中性福尔马林。

8.1.2.3 70％酒精。

8.1.2.4 95％酒精。

8.1.2.5 无水乙醇。

8.1.2.6 二甲苯。

8.1.2.7 切片石蜡

8.1.2.8 草酸铵结晶紫染色液。

8.1.2.9 吉姆萨染色液。

8.1.3 样品

有病变的大肠(盲肠、结肠和直肠前段)组织。

8.2 操作步骤

8.2.1 组织切片样品制作

8.2.1.1 切取小块(1 cm³)样品置于 10％中性福尔马林(V/V)中固定 12 h～24 h;取出样品用流水冲洗 1 h;先后置样品于 39 ℃ 的 95％酒精及无水乙醇中,各脱水 30 min。

8.2.1.2 将脱水后的样品放入 38 ℃ 二甲苯中,10 min～15 min 透明;取透明样品放入 56 ℃ 二甲苯石蜡(体积比 1∶1)10 min,再放入 56 ℃ 二甲苯石蜡(体积比 1∶3)20 min,然后放入 56 ℃ 石蜡,30 min～60 min 进行浸蜡,包埋。

8.2.1.3 切片,贴片,每个样品制作 3 个玻片,置于 56 ℃ 条件下 2 h～3 h 或 38 ℃ 温箱中过夜烘干,备染。

8.2.2 组织切片样品染色

8.2.2.1 切片样品放入二甲苯 3 min～5 min 脱蜡;先置于无水乙醇,再依次置于 95％酒精、70％酒精中各 2 min～3 min,水洗。

8.2.2.2 以草酸铵结晶紫液浸染脱蜡后的切片样品 3 min～5 min,水洗,干燥,二甲苯透明,封片,备检。或以 10 倍稀释的吉姆萨染液浸染脱蜡切片样品 8 h～24 h,再迅速通过两缸无水乙醇,干燥,二甲苯透明,封片,高倍视野镜检。

8.3 结果判定

在黏膜表面,特别是在腺窝内如见到聚集不同数量的两端尖锐、螺旋状菌体,则判定为组织中含猪痢疾短螺旋体菌体(见 B.2)。

9 病原分离培养

9.1 材料准备

9.1.1 主要仪器设备

9.1.1.1　厌氧培养装置。

9.1.1.2　厌氧指示剂。

9.1.1.3　细菌学实验常规设备。

9.1.1.4　高压灭菌锅。

9.1.1.5　培养皿（90 mm）。

9.1.1.6　离心机。

9.1.1.7　剖检用器材。

9.1.2　试剂

9.1.2.1　除特别规定外，在检测中使用的试剂均为分析纯，实验用水应符合 GB/T 6682 的规定。

9.1.2.2　0.01 mol/L pH 7.2 磷酸盐缓冲液（PBS）（配制方法按照 A.2 的规定执行）或灭菌生理盐水。

9.1.2.3　胰蛋白胨大豆琼脂培养基（TSA）。

9.1.2.4　含抗生素的胰蛋白胨大豆琼脂血培养基（配制方法按照 A.3 的规定执行）。

9.1.3　样品

疑似猪痢疾病例或患有出血性肠炎且未投放相关治疗药物的猪活体可采集新鲜的粪便和直肠拭子。剖检时采集其结肠、盲肠及直肠前段，分段结扎（每段 10 cm），分离取出。样品应尽早作分离培养，也可在 0 ℃～4 ℃保存 4 d～7 d。

9.2　操作步骤

9.2.1　样本处理

取粪便、直肠拭子或剖检肠段内容物，以灭菌生理盐水或 PBS 作 1∶5 稀释，2 000 r/min 离心 10 min，弃去沉淀。将上清液再以 6 000 r/min～8 000 r/min 离心 20 min，取沉淀物划线以备接种。如污染严重，可将沉淀物作 10 倍倍比稀释，取各梯度稀释液分别划线接种。

9.2.2　分离培养和移植纯化

9.2.2.1　用接种环蘸取 2 环～3 环样本划线接种含有抗生素的 TSA 血琼脂平板，迅速放置于含厌氧指示剂的厌氧袋（罐）或其他厌氧装置中，充 99% N$_2$、1% O$_2$，或加入厌氧产气袋（包）（见附录 C），（37±1）℃培养。

9.2.2.2　每隔 2 d 打开厌氧装置观察一次，观察有无溶血区或溶血菌落。

9.2.2.3　先做溶血区内物质涂片，染色镜检。如见猪痢疾短螺旋体样菌体，可在无菌落溶血区内移取小块琼脂划线于 TSA 血琼脂平板若干皿。如此每隔 2 d 移植一次，一般 2 次～4 次后即可纯化保存。

9.2.3　溶血观察

生长于 TSA 血琼脂平板的致病性猪痢疾短螺旋体是完全溶血（β 溶血），一般看不见菌落。当培养条件适宜时，在溶血区可见到云雾状菌苔（见 B.3）。溶血区内物质涂片的染色镜检及判定同 7.2.3、7.3。

10　PCR 检测

10.1　材料准备

10.1.1　主要仪器设备

10.1.1.1　PCR 扩增仪。

10.1.1.2　电泳仪。

10.1.1.3　凝胶成像系统。

10.1.1.4　冷冻离心机。

10.1.1.5　水浴锅。

10.1.1.6　单泳道微量可调移液器。

10.1.2　试剂材料

10.1.2.1 PCR 配套试剂(10×PCR 缓冲液、dNTPs、*Taq* 酶)。

10.1.2.2 细菌基因组提取试剂。

10.1.2.3 灭菌双蒸水。

10.1.2.4 DNA Marker。

10.1.2.5 电泳缓冲液,按照 A.4.1 的方法配制。

10.1.2.6 琼脂糖凝胶,按照 A.4.2 的方法配制。

10.1.2.7 Goldview 核酸染料或其他 DNA 染色剂。

10.1.3 待检样品

从病料中分离的细菌培养物或者疑似患病猪粪便或肛拭子。

10.1.4 引物

扩增猪痢疾短螺旋体 NADH 氧化酶基因(*nox*)序列上下游引物如下:

上游引物(BHF):5′-ACT AAA GAT CCT GAT GTA TTT G-3′;

下游引物(BHR):5′-CTA ATA AAC GTC TGC TGC C-3′。

10.1.5 阳性对照

猪痢疾短螺旋体。

10.2 操作

10.2.1 DNA 的提取

刮取云雾状菌苔或溶血区内物质或 100 mg 疑似患病猪粪便于离心管,加入 100 μL 灭菌双蒸水,混匀,沸水浴 10 min,12 000 r/min 离心 5 min,取上清液以细菌基因组提取试剂提取 DNA。

在提取 DNA 时,设立阳性对照样品(猪痢疾短螺旋体)和阴性对照样品(灭菌蒸馏水),按同样的方法提取 DNA。

10.2.2 PCR 扩增

PCR 反应体系按照表 1 的规定执行。

表 1 PCR 反应体系

组分	体积,μL
10×PCR 缓冲液(含 Mg^{2+})	5
dNTP(2.5 mmol/L)	4
Taq 酶(5 U/μL)	0.5
上游引物(10 μmol/L)	1
下游引物(10 μmol/L)	1
模板 DNA	0.5~1
灭菌双蒸水	补至 50

PCR 扩增参数:95 ℃预变性 5 min;95 ℃变性 30 s,52 ℃退火 30 s,72 ℃延伸 45 s,35 个循环;最后 72 ℃延伸 5 min,4 ℃保存。

10.2.3 凝胶电泳

用电泳缓冲液制备 15 g/L 琼脂糖凝胶,加入 Goldview 核酸染料或其他 DNA 染色剂至终浓度为 1.5 μg/mL(也可在电泳后进行染色)。取 5 μL PCR 扩增产物与 2 μL 上样缓冲液混合后加入点样孔进行电泳,电场强度 5 V/cm~9 V/cm,20 min~30 min。用凝胶成像仪观察分析电泳结果。

10.2.4 结果判定

当阳性对照(猪痢疾短螺旋体)的 DNA 模板扩增出 352 bp 的片段、阴性对照(灭菌蒸馏水)未见有 PCR 扩增条带时,试验成立。

试验成立时,样品孔泳道如见有 352 bp 大小的扩增条带(见附录 D 中的 D.1),需将 PCR 产物进行测序。序列经 BLAST 分析,如序列同猪痢疾短螺旋体 *nox* 基因序列(*nox* 基因序列见 D.2)一致性达

99.7%以上,则判定检样中含猪痢疾短螺旋体;否则,判为阴性。

11 综合判定

符合第 6 章临床诊断特征的病例,且在 7.3 粪便及肛拭子中猪痢疾短螺旋体镜检及 8.3 大肠组织切片镜检判为阳性的前提下,9.2.3 或 10.2.4 中任何 1 项阳性者,判定其发生猪痢疾。

12 鉴别诊断

本病应注意与下列几种病进行鉴别:
a) 猪沙门菌病:为败血症变化,在实质器官和淋巴结有出血或坏死,小肠内可发现黏膜病理变化,肠道糠麸样溃疡。确诊应根据大肠内有无猪痢疾短螺旋体和从小肠内或其他实质器官中分离出沙门菌来确定。
b) 猪增生性肠炎:病理变化主要见于小肠,确诊在于增生性肠炎病理变化特点和肠上皮细胞内有胞内劳森菌的存在。
c) 猪结肠炎:由结肠菌毛样短螺旋体引起,临床症状与慢性型猪痢疾相似,但剖检病理变化局限于结肠,确诊依靠结肠菌毛样短螺旋体的分离鉴定。

附 录 A

（规范性）

试剂及培养基的配制方法

A.1 生理盐水的配制

称取 8.5 g（精确度 1 mg，下同）氯化钠（NaCl）溶于 1 L 蒸馏水中，121 ℃高压灭菌 15 min。

A.2 0.01 mol/L pH 7.2 磷酸盐缓冲液（PBS）的配制

称取氯化钠（NaCl）8.0 g、氯化钾（KCl）0.2 g、磷酸氢二钠（Na_2HPO_4）1.44 g、磷酸二氢钾（KH_2PO_4）0.24 g，加蒸馏水至 800 mL。将上述成分依次溶解，用 HCl 调 pH 至 7.2±0.1，灭菌双蒸水加至 1 000 mL 定容，121 ℃高压灭菌 15 min。

A.3 含抗生素胰蛋白胨大豆琼脂血液培养基的配制

称取胰酶消化蛋白胨（trypticase）15.0 g、大豆蛋白胨（peptone from soybean meal）5.0 g、氯化钠（NaCl）5.0 g、琼脂粉 15.0 g，量取蒸馏水 1 000 mL，将以上材料混合。使用浓度约为 40 g/L（约 1 mol/L）的氢氧化钠溶液或浓度约为 36.5 g/L（约 1 mol/L）的盐酸溶液调整 pH 至 7.1～7.5，加热溶解，过滤分装于中性容器中，121 ℃高压灭菌 15 min～20 min 备用。冷至 45 ℃～50 ℃。以无菌法加入牛、绵羊、马或兔抗凝血或脱纤血，使之含量为 5%～10%。同时，加入壮观霉素（400 μg/mL）和多黏菌素 B（100 μg/mL），或壮观霉素（400 μg/mL）、多黏菌素 B（50 μg/mL）及万古霉素（50 μg/mL）制成含抗生素的 TSA 选择性培养基，以提高分离效果。

A.4 15 g/L 琼脂糖凝胶的配制

A.4.1 50×TAE 缓冲液的配制（pH 8.0）

称取三羟甲基氨基甲烷（Tris）242 g、乙二胺四乙酸钠盐（Na_2EDTA·2H_2O）37.2 g，将以上 2 种试剂按次序溶于 900 mL 去离子水中，充分溶解，加入 57.1 mL 的醋酸，充分搅拌，加去离子水将溶液定容至 1 L，室温保存。

A.4.2 15 g/L 琼脂糖凝胶的配制

量取 50×TAE 缓冲液 2 mL，加入 98 mL 去离子水，配成 100 mL 1×TAE 缓冲液，加入三角烧瓶，加入琼脂糖 1.5 g，加热充分溶解，当温度降至 50 ℃左右，加入 3 μL～5 μL DNA 染料，混匀后倒入制胶模具内，插入齿梳，等待凝胶凝固。

附　录　B
（资料性）
猪痢疾短螺旋体染色形态、病理组织切片及培养图片

B.1　猪痢疾短螺旋体草酸铵结晶紫染色形态

猪痢疾短螺旋体染色镜检可见菌体长 6 μm～8.5 μm、呈 2 个～5 个疏螺旋状，如图 B.1 所示。

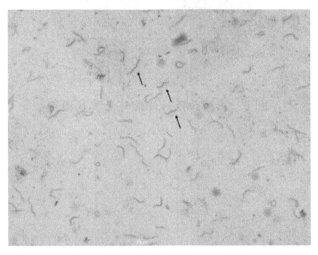

图 B.1　猪痢疾短螺旋体草酸铵结晶紫染色形态

B.2　大肠组织切片吉姆萨染色显微镜检

患病猪大肠组织切片腺窝内可见聚集不同数量的两端尖锐、螺旋状菌体，如图 B.2 所示。

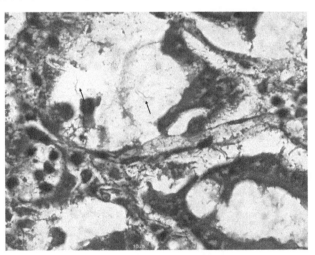

图 B.2　大肠组织切片吉姆萨染色显微镜检

B.3 猪痢疾短螺旋体云雾状菌苔

猪痢疾短螺旋体在 TSA 血琼脂平板上培养的溶血区可见到云雾状菌苔,如图 B.3 所示。

图 B.3 猪痢疾短螺旋体云雾状菌苔

附　录　C

（资料性）

厌氧产气袋（包）

厌氧产气袋（包）（AnaeroPack）是由日本三菱瓦斯化学株式会社发明并拥有专利的一类产品，其基本原理是将密闭空间中的氧气完全或者部分吸收掉，然后产生二氧化碳。根据实验室培养厌氧微生物的不同需要，开发出完全厌氧培养（AneroPack-Anaero，30 min 反应后氧气浓度降为 0）、微需氧培养（AnaeroPack-MicroAero，氧气浓度 8％～9％，二氧化碳浓度 7％～8％）和嗜二氧化碳培养（AnaeroPack-CO_2，氧气浓度 15％ 左右，二氧化碳浓度 6％ 左右）三种类型，350 mL、2.5 L 和 3.5 L 三个系列及配套密封容器，以便于实现最经济的使用要求。在猪痢疾短螺旋体分离培养中，选用完全厌氧培养型，密封容器可根据培养平板的数量合理选用。

附 录 D

（资料性）

猪痢疾短螺旋体引物扩增结果示例图及 NADH oxidase（*nox*）基因序列

D.1 猪痢疾短螺旋体引物扩增结果示例图

大小为 352 bp 的猪痢疾短螺旋体引物扩增的条带如图 D.1 所示。

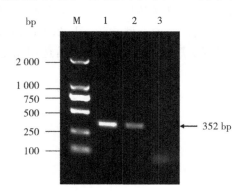

标引序号说明：

M ——DL 2 000 DNA Marker；

1 ——样品；

2 ——阳性对照；

3 ——阴性对照。

图 D.1 猪痢疾短螺旋体引物扩增的条带检测示例图

D.2 猪痢疾短螺旋体 NADH oxidase（*nox*）基因序列（352 bp）

ACTAAAGATC CTGATGTATT TGCTATAGGT GACTGTGCTA CTGTATATTC
AAGAGCTTCT GAAAAACAAG AATATATTGC TTTAGCTACT AATGCTGTAA
GAATGGGTAT TGTTGCTGCT AATAATGCTT TAGGAAAACA TGTTGAATAT
TGCGGT（N）ACTC AAGGTTCTAA TGCTATTTGT GTATTTGGAT ACAATATGGC
TTCTACTGGT TGGTCTGAAG AAACTGCTAA GAAAAAAGGA TTAAAAGTAA
AATCTAACTT CTTCAAAGAT TCTGAAAGAC CAGAATTTAT GCCTACTAAT
GAAGATGTTT TAGTAAAAAT CATTTATGAA GAAGGCAGCA GACGTTTATT
AG

注：N 代表 4 兼并碱基（ATGC）中的任意一个。

ICS 11.220
CCS B 41

中华人民共和国农业行业标准

NY/T 554—2023
代替 NY/T 554—2002

鸭甲型病毒性肝炎1型和3型诊断技术

Diagnostic techniques for duck A viral hepatitis 1 and 3

2023-02-17 发布

2023-06-01 实施

中华人民共和国农业农村部 发布

前　言

本文件按照 GB/T 1.1—2020《标准化工作导则　第 1 部分:标准化文件的结构和起草规则》的规定起草。

本文件代替 NY/T 554—2002《鸭病毒性肝炎诊断技术》,与 NY/T 554—2002 相比,除结构调整和编辑性改动外,主要技术变化如下:

a) 增加了临床症状和病理变化(见第 5 章);

b) 增加了病毒的分离(见第 6 章);

c) 增加了 DHAV-1 和 DHAV-3 RT-PCR(见第 7 章);

d) 增加了 DHAV-1 和 DHAV-3 RT-qPCR(见第 8 章);

e) 增加了 DHAV-1 病毒中和试验(见第 9 章);

f) 增加了 DHAV-1 血清中和试验(见第 9 章);

g) 增加了 DHAV-1 和 DHAV-3 抗体的胚胎中和试验(见第 10 章);

h) 删除了雏鸭接种/保护试验(见 2002 年版的第 2 章);

i) 删除了鸭(鸡)胚接种/中和试验(见 2002 年版的第 3 章)。

本文件推荐的临床症状和病理变化、病毒分离、RT-PCR、RT-qPCR、病毒中和试验、血清中和试验方法与 WOAH 推荐的相应方法基本一致。

请注意本文件的某些内容可能涉及专利。本文件的发布机构不承担识别专利的责任。

本文件由农业农村部畜牧兽医局提出。

本文件由全国动物卫生标准化技术委员会(SAC/TC 181)归口。

本文件起草单位:华南农业大学、中国农业大学、山东省滨州畜牧兽医研究院。

本文件主要起草人:郭霄峰、罗均、张大丙、王笑言、沈志强、王文秀、王金良。

本文件及其所代替文件的历次版本发布情况为:

——2002 首次发布为 NY/T 554—2002;

——本次为第一次修订。

鸭甲型病毒性肝炎 1 型和 3 型诊断技术

1 范围

本文件规定了鸭甲肝病毒 1 型和 3 型在鸭胚中的分离、RT-PCR 鉴定、RT-qPCR 鉴定;鸭甲肝病毒 1 型的微量中和试验鉴定、抗体的微量中和试验检测和胚胎中和试验方法;鸭甲肝病毒 3 抗体的胚胎中和试验方法。

本文件适用于鸭甲型病毒性肝炎 1 型和 3 型的诊断与检疫。

2 规范性引用文件

本文件没有规范性引用文件。

3 术语和定义

本文件没有需要界定的术语和定义。

4 缩略语

下列缩略语适用于本文件。

DHAV:鸭甲肝病毒(Duck Hepatitis A Virus)

DEF:鸭胚成纤维细胞(Duck Embryo Fibroblasts)

DEL:鸭胚肝细胞(Duck Embryo Liver Cells)

DEEC:鸭胚上皮细胞(Duck Embryo Epithelial Cells)

CPE:细胞病变(Cytopathic Effect)

DMEM:杜氏改良伊格尔培养基(Dulbecco's Modified Eagle Medium)

$TCID_{50}$:半数细胞培养感染量(Median Tissue Culture Infective Dose)

W/V:重量体积比(Weight/Volume)

RT-PCR:反转录-聚合酶链反应(Reverse Transcription-Polymerase Chain Reaction)

PBS:磷酸盐缓冲液(Phosphate Buffer Saline)

RT-qPCR:荧光定量 PCR(quantitative real-time PCR)

5 临床诊断

5.1 临床症状

5.1.1 该病主要发生于 3 周龄以内的雏鸭,并且以 1 周龄内的雏鸭为主。感染鸭发病急、传播快、病死率高。

5.1.2 发病初期,病鸭精神萎靡,食欲减退或废绝,眼半闭呈昏睡状,头触地;12 h~24 h 后,病鸭出现神经症状,表现为运动失调、身体倒向一侧、两脚痉挛,死前头向背部扭曲,两腿伸直、向后张开,呈典型的角弓反张状。

5.1.3 最急性病鸭常未见任何异常而突然抽搐痉挛死亡。

5.2 病理变化

5.2.1 大体病变主要为肝脏肿大、质地易脆,表面呈黄红色或花斑状,并有特征性的点状出血或刷状出血。

5.2.2 多数病例可见胆囊肿胀、胆汁充盈,部分病例脾脏肿大。

5.2.3 急性病例的组织学病变表现为肝细胞坏死、变性和淋巴细胞浸润,慢性病例或耐过鸭常见不同程度的空泡变性和淋巴细胞聚集。

5.3 结果判定

凡具有 5.1 临床症状和 5.2 病理变化的病鸭,初步判定为疑似鸭病毒性肝炎。

6 病毒分离

6.1 仪器设备

6.1.1 冷冻台式离心机。

6.1.2 照蛋器。

6.1.3 恒温培养箱。

6.1.4 1 mL 注射器及针头。

6.1.5 手术剪。

6.1.6 镊子。

6.1.7 研钵。

6.2 耗材

0.22 μm 细菌滤器。

6.3 试剂

6.3.1 青霉素。

6.3.2 链霉素。

6.3.3 卡那霉素。

6.3.4 PBS 溶液,按照附录 A 的规定配制。

6.3.5 50%甘油生理盐水。

6.4 胚胎

10 日龄～12 日龄 DHAV-1 或 DHAV-3 抗体阴性鸭胚。

6.5 样品采集

6.5.1 采集感染初期或发病急性期病鸭的肝脏。

6.5.2 送检病料置于灭菌的 50%甘油生理盐水中。

6.6 样品保存

6.6.1 采集的样品若在 48 h 内处理,可于 4 ℃保存。

6.6.2 或尽快置于－20 ℃以下保存(－70 ℃储存最好)。

6.7 样品处理

6.7.1 组织样品于研钵中研磨后加入 5 倍～10 倍 pH 7.2～7.4 的 PBS 溶液,制成组织悬浮液。然后 3 000 r/min 4 ℃离心 30 min,取上清液作为接种材料。

6.7.2 为防止细菌污染,可在样品液中加入青霉素 1 000 IU/mL、链霉素 1 000 μg/mL 和卡那霉素 1 000 μg/mL,于 37 ℃温箱中作用 30 min。或采用 0.22 μm 细菌滤器对上述病料样品液作滤过除菌。

6.7.3 对处理的样品作无菌检验。

6.8 鸭胚接种

6.8.1 取已处理并且无菌检验合格的样品,经尿囊腔接种 10 日龄～12 日龄的非免疫鸭胚,每枚鸭胚接种 0.2 mL 病毒液,每个样品接种 4 枚～5 枚鸭胚。将已接种病毒的鸭胚置于 37 ℃恒温培养箱中孵育。

6.8.2 弃去接种后 24 h 内死亡的鸭胚。对 24 h 内未死亡的鸭胚,每间隔 6 h 观察胚胎的死亡情况。收集 24 h～96 h 死亡鸭胚,放入 4 ℃冰箱中静置 4 h～12 h,待鸭胚血管收缩,进行鸭胚剖检。

6.9 胚胎病变

胚胎大体病变为发育迟滞、全身皮下出血、腹部和后肢水肿。胚肝呈黄红色、肿胀,并可能有坏死灶。

6.10 病毒收获

无菌收取 24 h～96 h 内的死胚或活胚的尿囊液和肝脏，-20 ℃保存备用。

7 RT-PCR 检测

7.1 仪器

7.1.1 冷冻离心机。

7.1.2 凝胶成像系统。

7.1.3 PCR 仪。

7.2 耗材

7.2.1 RNase-Free 离心管。

7.2.2 0.2 mL 的指形管。

7.2.3 1.5 mL 的指形管。

7.3 试剂

7.3.1 DHAV-1 上下游引物。

7.3.2 DHAV-3 上下游引物。

7.3.3 RNA 抽提试剂盒。

7.3.4 逆转录酶。

7.3.5 dNTPs。

7.3.6 *Taq* DNA 酶。

7.3.7 琼脂糖。

7.3.8 1 000 bp DNA Ladder。

7.3.9 PBS 溶液，按照附录 A 中 A.1 的规定配制。

7.3.10 氯仿。

7.3.11 70%的乙醇。

7.3.12 RNase-Free ddH$_2$O。

7.3.13 阳性核酸对照。

7.3.14 阴性核酸对照。

7.4 DHAV 的检测

7.4.1 引物

DHAV-1 F：AAG AAG GAG AAA ATY(C 或 T) AAG GAA GG；

DHAV-1 R：TTG ATG TCA TAG CCC AAS(C 或 G) ACA GC；

扩增 3D 基因片段，扩增长度为 467 bp。

DHAV-3 F：TGG CTA TTG ACT TTG GCT T；

DHAV-3 R：TGT TAT GGA CTG GAA CCA CT；

扩增 5'UTR 区域，扩增长度为 292 bp。

7.4.2 病料的处理

以无菌术式收集病鸭的肝脏，或胚胎的肝脏、尿囊液。肝脏样品在组织研磨器中研磨成乳糜状，加 PBS 制成 10%(W/V)悬浮液。肝脏悬浮液或尿囊液经 12 000 r/min 4 ℃离心 15 min，取上清液备用。

7.4.3 病毒核酸的抽提

7.4.3.1 用 RNA 抽提试剂盒提取病毒的 RNA。取 250 μL 尿囊液或肝组织研磨上清液于一新的 RNase-Free 离心管中，加入 750 μL 裂解液，剧烈振荡，室温下静置 5 min。

7.4.3.2 随后加 200 μL 氯仿，剧烈振荡 15 s，室温下放置 2 min。

7.4.3.3 12 000 r/min 4 ℃离心 15 min,取上清液于另一支离心管中。加入等体积的 70%乙醇,混匀。再将溶液转移到吸附柱中。

7.4.3.4 12 000 r/min 4 ℃离心 60 s,弃掉滤液(溶液较多的情况下,可多次进行)。向吸附柱中加入 350 μL去蛋白溶液,12 000 r/min 4 ℃离心 60 s,弃掉滤液。

7.4.3.5 向吸附柱中加入 500 μL漂洗液,静置 2 min。12 000 r/min 4 ℃离心 60 s,弃掉滤液(重复 1 次)。

7.4.3.6 12 000 r/min 4 ℃离心 2 min,弃掉滤液,室温静置数分钟,以彻底晾干漂洗液。

7.4.3.7 将吸附柱转移到一个新的 RNase-Free 离心管中,加入 30 μL～50 μL RNase-Free ddH$_2$O,静置 2 min。

7.4.3.8 12 000 r/min 4 ℃离心 2 min,收集含 RNA 的滤液。获得的 RNA 溶液保存于−20 ℃或者直接用于 RT-PCR。

7.4.4 RT-PCR 扩增

7.4.4.1 一步法 RT-PCR。取 2 支 0.2 mL 的指形管,一管加入 DHAV-1 上下游引物(DHAV-1 F 和 DHAV-1 R)各 10 pmol,另一管加入 DHAV-3 上下游引物(DHAV-3 F 和 DHAV-3 R)各 10 pmol。随后分别在两管中依次加入下列试剂,总体积为 20 μL:

    a) 模板,提取样品的总 RNA 5 μL;

    b) 逆转录酶,1 μL;

    c) 10 mmol/L dNTPs,2 μL;

    d) *Taq* DNA 酶,2 μL;

    e) 10×RT-PCR 缓冲液,2 μL;

    f) RNase-Free ddH$_2$O 至 20 μL。

7.4.4.2 于 PCR 仪中扩增:45 ℃反转录 30 min;94 ℃预变性 5 min;94 ℃变性 20 s,52 ℃退火 30 s,72 ℃延伸 30 s,共进行 40 个循环;72 ℃再延伸 5 min。同时,设立 DHAV-1 和 DHAV-3 阳性以及阴性对照。

7.4.4.3 反应结束后电泳检测。

7.4.5 PCR 产物的电泳检测

    反应结束后,取 5 μL～10 μL PCR 产物于 1.2%～1.5%的琼脂糖凝胶中电泳,同时以 1 000 bp DNA Ladder 为参照。电泳条件为 50 V 恒压、电泳 40 min。电泳结束后,将凝胶于紫外灯下观察。

7.4.6 结果判定

7.4.6.1 DHAV-1 阳性对照在 467 bp 处有一条特异的 DNA 条带,或者 DHAV-3 阳性对照在 292 bp 处有一条特异性条带,阴性对照没有目的带,判定试验成立。

7.4.6.2 待检样品在 467 bp 位置有 DNA 带,判定为 DHAV-1 阳性,否则为阴性。

7.4.6.3 待检样品在 292 bp 位置处有条带,判定为 DHAV-3 阳性,否则为阴性。

7.4.6.4 如同一待检样品均可扩增出 467 bp 和 292 bp 的条带,阴性无条带,则判定为 DHAV-1 和 DHAV-3 混合感染。

8 RT-qPCR 检测

8.1 仪器

8.1.1 冷冻离心机。

8.1.2 恒温水浴箱。

8.1.3 荧光定量 PCR 仪。

8.2 耗材

8.2.1 RNase-Free 离心管。

8.2.2 0.2 mL 的指形管。

8.2.3 1.5 mL 的指形管。

8.3 试剂

8.3.1 DHAV-1 上下游引物或 DHAV-3 上下游引物。

8.3.2 RNA 抽提试剂盒。

8.3.3 逆转录酶。

8.3.4 dNTPs。

8.3.5 *Taq* DNA 酶。

8.3.6 RNA 酶抑制剂。

8.3.7 PBS 溶液，按照附录 A 中 A.1 的规定配制。

8.3.8 氯仿。

8.3.9 70% 的乙醇。

8.3.10 RNase-Free ddH$_2$O。

8.3.11 SYBR Green Master Mix。

8.3.12 阳性核酸对照。

8.3.13 阴性核酸对照。

8.4 DHAV 检测

8.4.1 引物

qDHAV-1F：TGGTCGAGTCCCATACACTATAA；

qDHAV-1R：GCCACACTTTCCACTGCCCCTA；

扩增长度 153 bp。

qDHAV-3F：TGGTCGAGTCCCATACACTATAA；

qDHAV-3R：CTCGGCACAGGATCCAATAATC；

扩增长度 106 bp。

8.4.2 病料处理

以无菌术式收集病鸭的肝脏，或胚胎的肝脏、尿囊液。肝脏样品在组织研磨器中研磨成乳糜状，加 PBS 制成 10%(W/V)悬浮液。肝脏悬浮液或尿囊液经 12 000 r/min 4 ℃离心 15 min，取上清液备用。

8.4.3 病毒核酸的抽提

8.4.3.1 用 RNA 抽提试剂盒提取病毒的 RNA。取 250 μL 尿囊液或肝组织研磨上清液于一新的 RNase-Free 离心管中，加入 750 μL 裂解液，剧烈振荡，室温下静置 5 min。

8.4.3.2 随后加 200 μL 氯仿，剧烈振荡 15 s，室温下放置 2 min。

8.4.3.3 12 000 r/min 4 ℃离心 15 min，取上清液，加入等体积的 70% 乙醇，混匀。将溶液转移到吸附柱中。

8.4.3.4 12 000 r/min 4 ℃离心 60 s，弃掉滤液（溶液较多的情况下，可多次进行）。向吸附柱中加入 350 μL 去蛋白溶液，12 000 r/min 4 ℃离心 60 s，弃掉滤液。

8.4.3.5 向吸附柱中加入 500 μL 漂洗液，静置 2 min，12 000 r/min 4 ℃离心 60 s，弃掉滤液（重复1次）。

8.4.3.6 12 000 r/min 4 ℃离心 2 min，弃掉滤液，室温静置数分钟，以彻底晾干漂洗液。

8.4.3.7 将吸附柱转移到一个新的 RNase-Free 离心管中，加入 30 μL～50 μL RNase-Free ddH$_2$O，静置 2 min。

8.4.3.8 12 000 r/min，4 ℃离心 2 min，收集含 RNA 的滤液。获得的 RNA 溶液保存于 -20 ℃或者直接用于 qPCR。

8.4.4 RT-qPCR 扩增

8.4.4.1 取 2 支 0.2 mL 的指形管，分别加入 RNA 5 μL 和 qDHAV-1、qDHAV-3 下游引物（10 mmol/

L)各 2 μL,混匀,先置 70 ℃加热 5 min,再冰浴 3 min。

8.4.4.2 在上述混合液加入下列试剂,总体积为 25 μL:
 a) dNTP Mix(10 mmol/L),5 μL;
 b) M-MLV RT 5× Reaction Buffer,5 μL;
 c) M-MLV 反转录酶,0.5 μL;
 d) RNase 抑制剂,0.5 μL;
 e) RNase-Free ddH$_2$O,7 μL,混匀。

8.4.4.3 置 42 ℃反应 1 h,在 94 ℃条件下灭活 5 min,获得 DHAV-1 和 DHAV-3 的 cDNA。

8.4.4.4 取 2 支 0.2 mL 的指形管,其中一管加入 DHAV-1 cDNA 2 μL,qDHAV-1 上下游引物各 1 μL (10 μmol/L);另一管加入 DHAV-3 cDNA 2 μL,qDHAV-3 上下游引物各 1 μL(10 μmol/L);再于每支指形管中加入 SYBR Green Master Mix 预混液 10 μL 和 ddH$_2$O 6 μL,混匀。

8.4.4.5 在荧光定量 PCR 仪中运行扩增:在 95 ℃预变性 5 min;以 95 ℃变性 10 s,60 ℃退火 30 s;运行 40 个循环。

8.4.4.6 溶解曲线程序为:95 ℃ 15 s,60 ℃ 60 s;以 0.3 ℃/5 s 的速度,从 60 ℃升至 95 ℃,在 95 ℃维持 15 s。

8.4.5 结果判定

8.4.5.1 阴性对照无 Ct 值,无扩增曲线(见附录 E 中的 E.1);阳性对照 Ct 值≤35,扩增曲线拐点清楚,指数期明显(见 E.2);溶解曲线呈单一峰(见 E.3),判定试验成立。

8.4.5.2 待检样品无 Ct 值,无扩增曲线,判定为 DHAV-1 或 DHAV-3 阴性。

8.4.5.3 待检样品以 qDHAV-1-F:TGGTCGAGTCCCATACACTATAA;qDHAV-1-R:GCCA-CACTTTCCACTGCCCCTA 为引物,样品 Ct 值≤35,有特定的扩增曲线,判定为 DHAV-1 阳性。

8.4.5.4 待检样品以 qDHAV-3-F:TGGTCGAGTCCCATACACTATAA;qDHAV-3-R:CTCGGCA-CAGGATCCAATAATC 为引物,样品 Ct 值≤35,有特定的扩增曲线,判定为 DHAV-3 阳性。

8.4.5.5 Ct 值＞35 的样品需复检,重复后若无 Ct 值,判定为阴性;否则,判定为阳性。

9 DHAV-1 微量中和试验

9.1 固定血清检测病毒

9.1.1 病毒及血清

9.1.1.1 待检 DHAV-1 病毒。

9.1.1.2 DHAV-1 阳性血清。

9.1.1.3 DHAV-1 阴性血清。

9.1.1.4 鸡血清。

9.1.2 耗材

96 孔细胞培养板。

9.1.3 胚胎和细胞

9.1.3.1 17 日龄或 12 日龄 DHAV-1 抗体阴性鸭胚。

9.1.3.2 DEL,按照附录 B 的规定制备。

9.1.3.3 DEF,按照附录 C 的规定制备。

9.1.3.4 DEEC,按照附录 D 的规定制备。

9.1.4 试剂

9.1.4.1 DMEM 培养基。

9.1.4.2 营养液,按照附录 A 中 A.2 的规定配制。

9.1.4.3 维持液,按照附录 A 中 A.3 的规定配制。

9.1.5 病毒中和试验

9.1.5.1 用 DMEM 培养基将待检病毒样品作 $10^{-11} \sim 10^{-1}$ 倍比稀释,然后分别与等体积的阳性血清、阴性血清混合,37 ℃作用 60 min。

9.1.5.2 将病毒血清混合液转入已长成单层并已弃去营养液的 DEL 或 DEF 或 DEEC 96 孔板中,每孔 50 μL。加入含 2%鸡血清的维持液,每孔 50 μL,每个稀释度重复 4 孔。最后一列 4 孔作为空白对照。

9.1.5.3 将细胞板置于 37 ℃ 5% CO_2 的细胞培养箱内继续培养 3 d~5 d,观察 CPE。CPE 特征为细胞变圆并坏死。按 Reed-Muench 法计算病毒的 $TCID_{50}$。

9.1.6 结果判定

9.1.6.1 空白对照孔未出现 CPE,判定试验成立。

9.1.6.2 阳性血清试验组的 $TCID_{50}$≥阴性血清试验组的 $TCID_{50}$ 100 倍时,判定待检样品为 DHAV-1 阳性。

9.2 固定病毒检测血清

9.2.1 病毒及血清

9.2.1.1 DHAV-1。

9.2.1.2 DHAV-1 阳性血清。

9.2.1.3 DHAV-1 阴性血清。

9.2.1.4 待检血清。

9.2.1.5 鸡血清。

9.2.2 胚胎和细胞

9.2.2.1 17 日龄或 12 日龄 DHAV-1 抗体阴性鸭胚。

9.2.2.2 DEL,按照附录 B 的规定制备。

9.2.2.3 DEF,按照附录 C 的规定制备。

9.2.2.4 DEEC,按照附录 D 的规定制备。

9.2.3 耗材

96 孔细胞培养板。

9.2.4 试剂

9.2.4.1 DMEM 培养基。

9.2.4.2 营养液,按照附录 A 中 A.2 的规定配制。

9.2.4.3 维持液,按照附录 A 中 A.3 的规定配制。

9.2.5 病毒 $TCID_{50}$ 的滴定

9.2.5.1 用 DMEM 培养基将 DHAV-1 病毒作 $10^{-11} \sim 10^{-1}$ 倍比稀释,取适宜稀释度病毒液接种于已弃去培养液并长满 DEL 或 DEF 或 DEEC 细胞的 96 孔板中,每孔 50 μL,每个稀释度重复 4 孔。最后一列的 4 孔作为空白对照。

9.2.5.2 将细胞板置于 37 ℃作用 1 h,然后加入含 2%鸡血清的细胞维持液,每孔 50 μL。将细胞板置于 37 ℃ 5% CO_2 培养箱内继续培养 3 d~5 d,按 Reed-Muench 法计算病毒的 $TCID_{50}$。

9.2.6 血清中和试验

9.2.6.1 将待测血清样品置于 56 ℃水浴锅内灭活 30 min,然后用 DMEM 培养基将其作 2 倍系列稀释。

9.2.6.2 将 $2^1 \sim 2^{10}$ 系列稀释的血清样品、DHAV-1 阳性血清、阴性血清分别与等体积 100 $TCID_{50}$ DHAV-1 病毒混合,37 ℃作用 60 min。

9.2.6.3 将病毒与血清的混合液转入到已长成单层并已弃去营养液的 DEL 或 DEF 或 DEEC 96 孔板中,每孔 50 μL,同时加入含 2%鸡血清的维持液,每孔 50 μL。每个稀释度的血清样品重复 4 孔,阳性、阴性和空白对照各设置 2 孔。

9.2.6.4 将细胞板置于 37 ℃ 5% CO_2 的细胞培养箱内继续培养 5 d,观察 CPE。

9.2.7 结果判定

9.2.7.1 阳性和空白对照孔未出现 CPE,而阴性对照孔出现 CPE,判定试验成立。

9.2.7.2 血清的中和效价为完全抑制细胞发生病变的最高血清稀释度。抗体中和效价 $\geqslant 1:16$ 的血清判定为 DHAV-1 中和抗体阳性。

9.2.7.3 抗体中和效价 $\leqslant 1:16$ 的血清判定为 DHAV-1 中和抗体阴性。

10 胚胎中和试验检测 DHAV-1 或 DHAV-3 中和抗体

10.1 仪器设备

10.1.1 冷冻台式离心机。

10.1.2 恒温培养箱。

10.1.3 1 mL 注射器及针头。

10.2 病毒及血清

10.2.1 DHAV-1。

10.2.2 DHAV-3。

10.2.3 DHAV-1 阳性血清。

10.2.4 DHAV-1 阴性血清。

10.2.5 DHAV-3 阳性血清。

10.2.6 DHAV-3 阴性血清。

10.2.7 待检血清。

10.3 胚胎

10.3.1 9 日龄～10 日龄 SPF 鸡胚。

10.3.2 10 日龄～12 日龄 DHAV-1 或 DHAV-3 抗体阴性鸭胚。

10.4 试剂

10.4.1 PBS 溶液,按照附录 A 中 A.1 的规定配制。

10.4.2 青霉素。

10.4.3 链霉素。

10.5 中和试验

10.5.1 以 pH 7.2～7.4 的 PBS 溶液将青霉素和链霉素分别稀释至 2 000 IU/mL 和 2 000 μg/mL。

10.5.2 将 DHAV-1 或 DHAV-3 病毒液按 8:1:1 的体积比与青霉素和链霉素混合,备用。

10.5.3 将 DHAV-1 与等体积的待检血清、DHAV-1 阳性血清、DHAV-1 阴性血清混合,置于 37 ℃ 温箱中作用 30 min。

10.5.4 或将 DHAV-3 与等体积的待检血清、DHAV-3 阳性血清、DHAV-3 阴性血清混合,置于 37 ℃ 温箱中作用 30 min。

10.5.5 以每枚胚 0.2 mL 病毒血清混合液经尿囊腔接种 9 日龄～10 日龄 SPF 鸡胚或 10 日龄～12 日龄的非免疫鸭胚,每个样品接种 4 枚～5 枚胚。于 37 ℃ 恒温培养箱中孵育。

10.5.6 弃去接种后 24 h 内死亡的胚胎。24 h 后每间隔 6 h 观察胚胎的死亡情况,收集 24 h～96 h 死亡的胚胎,放入 4 ℃ 冰箱中静置 4 h～12 h,待胚胎血管收缩,进行剖检。

10.6 结果判定

10.6.1 阳性血清对照组的胚胎未发生死亡,胚体无病变;而阴性血清对照组胚胎发生死亡,胚胎发育迟滞、全身皮下出血、腹部和后肢部水肿。胚肝呈黄红色、肿胀并可能有坏死灶,判定试验成立。

10.6.2 在DHAV-1与待检血清混合的试验组中,如未发生胚胎死亡,胚体无病变,判定为待检测血清DHAV-1抗体阳性。

10.6.3 在DHAV-1与待检血清混合的试验组中,如胚胎发生死亡,胚胎发育迟滞、全身皮下出血、腹部和后肢部水肿,胚肝呈黄红色、肿胀并可能有坏死灶,判定为待检测血清DHAV-1抗体阴性。

10.6.4 在DHAV-3与待检血清混合的试验组中,如未发生胚胎死亡,胚体无病变,判定为待检测血清DHAV-3抗体阳性。

10.6.5 在DHAV-3与待检血清混合的试验组中,如胚胎发生死亡,胚胎发育迟滞、全身皮下出血、腹部和后肢部水肿,胚肝呈黄红色、肿胀并可能有坏死灶,判定为待检测血清DHAV-3抗体阴性。

11 综合判定

11.1 凡具有5.1临床症状和5.2病理变化,并且RT-PCR后约467 bp处有一条特异的DNA条带,判定为鸭甲型病毒性肝炎1型。

11.2 凡具有5.1临床症状和5.2病理变化,微量中和试验病毒阳性,判定为鸭甲型病毒性肝炎1型。

11.3 凡具有5.1临床症状、5.2病理变化,待检样品以qDHAV-1-F:TGGTCGAGTCCCATACAC-TATAA,qDHAV-1-R:GCCACACTTTCCACTGCCCCTA为引物,样品Ct值≤35,有特定的扩增曲线,判定为鸭甲型病毒性肝炎1型。

11.4 凡具有5.1临床症状、5.2病理变化,并且RT-PCR后292 bp处有一条特异的DNA条带,判定为鸭甲型病毒性肝炎3型。

11.5 凡具有5.1的临床症状、5.2病理变化,待检样品以qDHAV-3-F:TGGTCGAGTCCCATACAC-TATAA,qDHAV-3-R:CTCGGCACAGGATCCAATAATC为引物,样品Ct值≤35,有特定的扩增曲线,判定为鸭甲型病毒性肝炎3型。

11.6 凡满足9.2.7.2或10.6.2的条件,判定为DHAV-1中和抗体阳性。

11.7 凡满足9.2.7.3或10.6.3的条件,判定为DHAV-1中和抗体阴性。

11.8 凡满足10.6.4的条件,判定为DHAV-3中和抗体阳性。

11.9 凡满足10.6.5的条件,判定为DHAV-3中和抗体阴性。

附　录　A
（规范性）
试剂配制方法

A.1　PBS 缓冲液

配制 pH 7.4 PBS 缓冲液所需试剂如下：

a)　0.2 g 的氯化钾；

b)　8.0 g 的氯化钠；

c)　0.27 g 的磷酸二氢钾；

d)　3.58 g 的十二水合磷酸氢二钠。

以上试剂均为分析纯,溶解于适量双蒸水中,调 pH 至 7.2～7.4,用双蒸水定容至 1 000 mL,4 ℃ 保存。

A.2　营养液

在 900 mL 的 DMEM 培养基中加入 100 mL 胎牛血清,再加青霉素至终浓度 100 IU/mL。以 7% $NaHCO_3$ 调 pH 至 7.2～7.4。

A.3　维持液

在 980 mL 的 DMEM 培养基中加入 20 mL 胎牛血清,再加青霉素至终浓度 100 IU/mL。以 7% $NaHCO_3$ 调 pH 至 7.2～7.4。

附 录 B

（规范性）

鸭胚肝细胞(DEL)的制备

B.1 将 17 日龄的鸭胚放入超净台内,气室朝上,先用碘酊消毒气室部位,后用酒精棉脱碘;敲开气室部的蛋壳,撕开蛋壳膜、尿囊膜及羊膜,用镊子轻轻取出鸭胚,放入无菌的平皿中。取出肝脏,弃胆囊,用 PBS 缓冲液清洗 3 次。

B.2 将肝脏转移到无菌的小烧杯中,剪碎;然后,用 PBS 缓冲液清洗 3 次。向肝脏碎片中加入 0.05% 胰酶(胰酶的量为组织块的 3 倍~5 倍),然后置于 37 ℃水浴中 5 min ~10 min。

B.3 弃掉胰酶,用 DMEM 清洗 3 次,再用 2 mL DMEM 吹散组织块;然后,用 4 层无菌纱布或细胞筛过滤。

B.4 过滤后的细胞悬液 1 000 r/min 离心 10 min,弃掉上清液。加少量 DMEM 培养液,轻轻吹散底部的细胞沉淀。

B.5 用计数板进行细胞计数,计数后的细胞按 4×10^5 个/mL 用 DMEM 培养液进行稀释。转入细胞瓶或细胞培养板中,放入 37 ℃ 5.0% CO_2 培养箱中进行培养。

附　录　C
（规范性）
鸭胚成纤维细胞（DEF）的制备

C.1　将12日龄的鸭胚放入超净台内，气室朝上，先用碘酊消毒气室部位，后用酒精棉脱碘；敲开气室部的蛋壳，撕开蛋壳膜、尿囊膜及羊膜，用镊子轻轻取出鸭胚，放入无菌的平皿中。剪除头、四肢、内脏，用PBS缓冲液清洗3次。

C.2　将胚的胴体转移到无菌的小烧杯中，剪碎，然后用PBS缓冲液清洗3次。向胴体碎片中加入0.25%胰酶（胰酶的量为组织块的3倍～5倍），然后置于37 ℃水浴中5 min～10 min。

C.3　弃掉胰酶，用DMEM清洗3次，再用2 mL DMEM吹散组织块；然后，用4层无菌纱布或细胞筛过滤。

C.4　过滤后的细胞悬液1 000 r/min离心10 min，弃掉上清液。加少量DMEM培养液，轻轻吹散底部的细胞沉淀。

C.5　用计数板进行细胞计数，计数后的细胞按4×10^5个/mL用DMEM培养液进行稀释。转入细胞瓶或细胞培养板中，放入37 ℃ 5.0% CO_2培养箱中进行培养。

附　录　D

（规范性）

鸭胚上皮细胞系（DEEC）的制备

D.1　将长满 DEEC 的细胞培养瓶中的培养液弃去,加入无菌的 PBS 缓冲液轻摇 30 s,弃去上清液。

D.2　加入 2 mL 在 37 ℃预热的 EDTA-胰酶,温和地摇动细胞瓶 1 min,使 EDTA-胰酶均匀分布在整个细胞薄层,然后用移液管吸去 EDTA 胰酶。

D.3　重新加入 1 mL EDTA-胰酶使其分布在整个细胞薄层,于 37 ℃孵育细胞直至细胞从培养瓶表面分离(5 min~10 min),必要时摇动或吹打使细胞充分分离,然后加入 1 mL 胎牛血清灭活残余的胰酶。

D.4　加入 19 mL 配置好的含有 L-谷氨酰胺和 6%~10%胎牛血清的 D-DMEM 培养液,轻轻用移液管吹散细胞团。

D.5　每个 T25 培养瓶中加入 5 mL 4×10^5 个/mL 细胞悬液,于 37 ℃ 5% CO_2 培养箱里培养细胞,2 d~3 d 即可生长单层细胞。

D.6　细胞冻存步骤:常规方法冻存,按 1:4:5 配冻存液,即 1 份甘油、4 份血清和 5 份培养基。

附　录　E
（资料性）
荧光定量 PCR 曲线图

E.1　荧光定量 PCR 阴性扩增曲线见图 E.1。

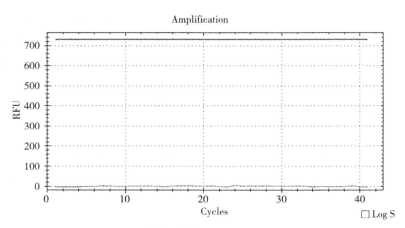

图 E.1　荧光定量 PCR 阴性扩增曲线

E.2　荧光定量 PCR 阳性扩增曲线见图 E.2。

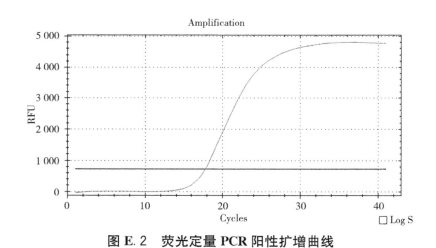

图 E.2　荧光定量 PCR 阳性扩增曲线

E.3　荧光定量 PCR 溶解曲线见图 E.3。

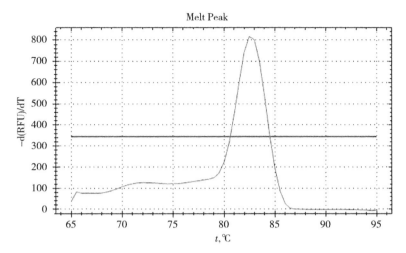

图 E.3　荧光定量 PCR 溶解曲线

ICS 11.220
CCS B 41

中华人民共和国农业行业标准

NY/T 572—2023
代替 NY/T 572—2016、NY/T 2960—2016

兔出血症诊断技术

Diagnostic techniques for rabbit haemorrhagic disease

2023-12-22 发布

2024-05-01 实施

中华人民共和国农业农村部 发布

前　言

本文件按照 GB/T 1.1—2020《标准化工作导则　第 1 部分:标准化文件的结构和起草规则》的规定起草。

本文件代替 NY/T 572—2016《兔病毒性出血病血凝和血凝抑制试验方法》和 NY/T 2960—2016《兔病毒性出血症病毒 RT-PCR 检测方法》,与 NY/T 572—2016 和 NY/T 2960—2016 相比,除结构调整和编辑性改动外,主要技术变化如下:

a) 增加了临床诊断(见第 5 章);

b) 更改了兔出血症病毒血凝和血凝抑制试验方法的试剂(见 6.2.1,2016 年版的 3.4 和 3.5)、样品(见 6.2.2,2016 年版的 3.5)、HA 试验(见 6.2.5,2016 年版的第 5 章)、HI 试验(见 6.2.6,2016 年版的第 7 章);

c) 删除了玻片血凝法(见 2016 年版的第 6 章);

d) 更改了 RT-PCR 试验的引物(见 6.3.2.1,2016 年版的第 5 章)、RT-PCR 步骤(见 6.3.4,2016 年版的 6.4、6.5)、结果判定(见 6.3.6,2016 年版的第 7 章);

e) 增加了实时荧光定量 RT-PCR 试验(见 6.4);

f) 增加了综合判定(见第 7 章)。

请注意本文件的某些内容可能涉及专利。本文件的发布机构不承担识别专利的责任。

本文件由农业农村部畜牧兽医局提出。

本文件由全国动物卫生标准化技术委员会(SAC/TC 181)归口。

本文件起草单位:江苏省农业科学院、中国动物卫生与流行病学中心。

本文件主要起草人:王芳、胡波、宋艳华、王志亮、陈萌萌、邵卫星、魏后军、范志宇、仇汝龙、朱伟峰。

本文件及其所代替文件的历次版本发布情况为:

——2002 年首次发布为 NY/T 572—2002,2016 年第一次修订;

——2016 年首次发布为 NY/T 2960—2016,本次为第一次整合修订。

兔出血症诊断技术

1 范围

本文件规定了兔出血症临床诊断、血凝和血凝抑制试验、RT-PCR 试验、实时荧光定量 RT-PCR 试验的技术要求。

本文件适用于兔出血症流行病学调查、诊断、检疫以及病原鉴定。

2 规范性引用文件

下列文件中的内容通过文中的规范性引用而构成本文件必不可少的条款。其中,注日期的引用文件,仅该日期对应的版本适用于本文件;不注日期的引用文件,其最新版本(包括所有的修改单)适用于本文件。

GB 19489 实验室 生物安全通用要求

NY/T 541 兽医诊断样品采集、保存与运输技术规范

3 术语和定义

本文件没有需要界定的术语和定义。

4 缩略语

下列缩略语适用于本文件。

RHD1:兔出血症 1 型(rabbit haemorrhagic disease type 1)

RHD2:兔出血症 2 型(rabbit haemorrhagic disease type 2)

RHDV1:兔出血症病毒 1 型(rabbit haemorrhagic disease virus type 1)

RHDV2:兔出血症病毒 2 型(rabbit haemorrhagic disease virus type 2)

5 临床诊断

5.1 易感动物

5.1.1 兔出血症病毒 1 型(RHDV1)主要感染 2 月龄以上家兔并出现明显的临床症状。

5.1.2 兔出血症病毒 2 型(RHDV2)可感染家兔和野兔,家兔更易感,7 日龄以上的哺乳仔兔出现明显的临床症状和死亡。RHDV2 对其他动物,如地中海松田鼠和白齿鼩等,也有易感性。

5.2 临床症状

5.2.1 兔出血症(RHD)具有高度传染性和致死率,病兔的死亡率可达 70%～90%。

5.2.2 最急性型:主要表现为突然死亡,死前表现短暂的兴奋,突然倒地,划动四肢呈游泳状继之昏迷,濒死时抽搐,角弓反张,典型病例可见鼻孔流出血样液体,肛门松弛,肛周有少量淡黄色黏液附着。

5.2.3 急性型:主要表现为精神不振,食欲减退,渴欲增加,呼吸迫促乃至呼吸困难。死前有短期兴奋、挣扎、狂奔、咬笼,全身颤抖,四肢划动。肛门松弛,肛周有少量淡黄色黏液附着,少数病死兔鼻孔中流出血样液体。

5.2.4 慢性型:主要表现为精神不振,食欲减退或废绝,消瘦严重,衰竭而死。少数耐过兔,则发育不良,生长迟缓。

5.2.5 RHDV1 感染死亡兔与 RHDV2 感染死亡兔的症状相似。

5.3 剖检病变

5.3.1 肝脏淤血、肿大、质脆,表面呈淡黄色或灰白色条纹,切面粗糙;脾脏淤血、肿大,呈黑紫色;肾脏肿

大、淤血,并有出血点。

5.3.2 胸腺水肿、肿大、出血;肺脏有不同程度充血、淤血、水肿、出血;心脏淤血,心包膜有点状出血。

5.3.3 鼻腔、喉头和气管黏膜淤血、出血;气管和支气管内有泡沫状血液。

5.3.4 胃肠多充盈,浆膜出血;小肠黏膜充血、出血;肠系膜淋巴结水样肿大,其他淋巴结多数充血。

5.3.5 胸腔和腹腔有血液样渗出物。

5.4 结果判定

出现5.1、5.2、5.3的情况,初步判为兔出血症临床疑似病例,需要进一步开展实验室诊断。

6 实验室诊断

6.1 样品采集、保存、运输和处理

6.1.1 总则

样品采集、保存和运输按照 NY/T 541 的规定执行。涉及病原检测应在生物安全二级实验室操作,按照 GB 19489 的规定执行。

6.1.2 组织样品采集

无菌采集病死兔肝脏组织,装入无菌采样袋或一次性灭菌的 15 mL 或 50 mL 离心管并编号。

6.1.3 样品保存和运输

样品采集后置于保温箱中,加入预冷的冰袋,密封,24 h 内送实验室;如未能在 24 h 送达实验室,应冰冻样品,加冰袋低温运输。样品应尽快处理,在 2 ℃～8 ℃ 保存宜不超过 24 h;若需长期保存,样品应放在 −70 ℃ 以下冰箱中。

6.1.4 样品处理

6.1.4.1 取兔肝脏组织,剪碎、研磨或匀浆,按 1 g 组织加 10 mL PBS 的比例配成悬液,反复冻融 3 次,再以 8 000 r/min 离心 30 min,取上清液作为血凝和血凝抑制试验材料。

6.1.4.2 取兔肝脏组织,剪碎、研磨或匀浆,按 1 g 组织加 10 mL DEPC 水的比例配成悬液,反复冻融 3 次,再以 8 000 r/min 离心 30 min,取上清液作为核酸检测材料。

6.2 血凝(HA)和血凝抑制(HI)试验

6.2.1 试剂

6.2.1.1 PBS 配置方法应符合附录 A 中 A.3 的规定。

6.2.1.2 人"B"型或"O"型红细胞悬液(首选"B"型)应符合 A.4 的规定。

6.2.1.3 25% 高岭土悬液配方应符合 A.5 的规定。

6.2.1.4 抗兔出血症病毒 1 型特异性血清、抗兔出血症病毒 2 型特异性血清、阴性血清(SPF 兔血清)血清需进行非特异性凝集和非特异性抑制因子处理,见附录 B。用于抗原检测时,用 PBS 稀释将阳性血清至 HI 效价为 1∶64～1∶256。

6.2.2 样品

待检兔肝脏悬液、阳性对照 RHD1 病死兔肝脏悬液(或 RHDV1 重组 VP60 蛋白)、阳性对照 RHD2 病死兔肝脏悬液(或 RHDV2 重组 VP60 蛋白)、阴性对照健康兔肝脏悬液。

6.2.3 RHDV1 重组 VP60 蛋白的制备

将重组兔出血症病毒 1 型 VP60 杆状病毒接种 Sf 9 昆虫细胞,5 d 后,收集细胞培养物,反复冻融 3 次后,以 3 000 r/min 离心 5 min,取上清液即为 RHDV1 重组 VP60 蛋白,置于 2 ℃～8 ℃ 条件下备用。

6.2.4 RHDV2 重组 VP60 蛋白的制备

将重组兔出血症病毒 2 型 VP60 杆状病毒接种 Sf 9 昆虫细胞,5 d 后,收集细胞培养物,反复冻融 3 次后,以 3 000 r/min 离心 5 min,取上清液即为 RHDV2 重组 VP60 蛋白,置于 2 ℃～8 ℃ 条件下备用。

6.2.5 HA 试验

6.2.5.1 在 96 孔 U 型微量反应板上,从第 2 孔至第 21 孔,每孔加入 25 μL PBS。

6.2.5.2 在第1、第2孔加入待检兔肝脏悬液 25 μL。

6.2.5.3 从第2孔开始,充分混合后用 25 μL 微量移液器等量倍比稀释至第21孔,稀释后第21孔弃去 25 μL。

6.2.5.4 第22孔加入 RHD1 病死兔肝脏悬液(或 RHDV1 重组 VP60 蛋白)25 μL、第23孔加入 RHD2 病死兔肝脏悬液(或 RHDV2 重组 VP60 蛋白)25 μL 作为阳性对照,第24孔加入健康兔肝脏悬液 25 μL 为阴性对照。

6.2.5.5 每孔加 1% 人红细胞 25 μL,立即置于微型振荡器上摇匀,于 2 ℃~8 ℃静置 45 min~60 min,待阴性对照孔中红细胞完全沉积后观察结果。

6.2.5.6 结果判定。当 RHD1 病死兔肝脏悬液(或 RHDV1 重组 VP60 蛋白)、RHD2 病死兔肝脏悬液(或 RHDV2 重组 VP60 蛋白)阳性对照红细胞 100% 凝集,健康兔肝脏悬液红细胞 100% 沉积时,试验成立。被检样品红细胞 100% 凝集的最高稀释度作为其血凝效价,HA 效价≥1:80 判为阳性,HA 效价≤1:10 判为阴性;HA 效价为 1:20 或 1:40 判为可疑,应重复试验,重复后 HA 效价≥1:20 的判为阳性,否则判为阴性。

6.2.6 HI 试验

6.2.6.1 4 个血凝单位(4 HAU)悬液配置。根据 6.2.5 测定的待检兔肝悬液 HA 效价,用 PBS 配制成 4 HAU 的悬液。

6.2.6.2 在 96 孔 U 型微量反应板上,自第2孔至第24孔,每孔加入 PBS 25 μL。

6.2.6.3 吸取处理后的血清 25 μL 于第1、第2孔,第2孔充分混匀后用 25 μL 移液器等量倍比稀释至第24孔,稀释后第24孔弃去 25 μL。

6.2.6.4 第1~第24孔,每孔分别加 4 HAU 的抗原 25 μL,摇匀,37 ℃温箱作用 30 min~60 min。

6.2.6.5 每孔各加 1% 人红细胞 25 μL,立即置于微型振荡器上摇匀,于 2 ℃~8 ℃冰箱静置 45 min~60 min,待 PBS 对照孔的红细胞完全沉积后观察结果。

6.2.6.6 每次测定须设已知效价的阳性血清对照、阴性血清对照(SPF 兔血清)、4 HAU 抗原对照、被处理血清对照(含 PBS 25 μL、待检处理血清 25 μL、1% 人红细胞 25 μL)、PBS 对照(含 PBS 50 μL、1% 人红细胞 25 μL)。

6.2.6.7 结果判定。当阳性血清 HI 效价与已知结果相比,误差不高于 1 个滴度时,阴性对照血清 HI 效价不高于 1:2,4 个血凝单位对照 HA 效价为 1:4,试验成立。以完全抑制 4 HAU 抗原凝集的血清最高稀释度为被检血清 HI 抗体效价。用于抗体检测时,被检血清 HI 效价≥1:16 时,判为阳性。用于抗原(病毒)检测时,4 HAU 待检兔肝悬液能被抗兔出血症病毒 1 型特异性血清和抗兔出血症病毒 2 型特异性血清抑制,判为疑似 RHDV1 阳性;4 HAU 待检兔肝悬液的血凝能被抗兔出血症病毒 2 型特异性血清抑制,不能被抗兔出血症病毒 1 型特异性血清抑制,判为疑似 RHDV2 阳性。

注:在实际检测工作中,由于人的血细胞不易获取,也不易保存,而且不同操作者的判定结果缺乏一致性,所以可用其他方法代替 HA 和 HI 试验。

6.3 RT-PCR 试验

6.3.1 仪器设备

6.3.1.1 PCR 扩增仪。

6.3.1.2 高速冷冻离心机(最大离心力在 12 000 g 以上)。

6.3.1.3 核酸电泳仪和水平电泳槽。

6.3.1.4 微量移液器(0.5 μL~10 μL;2 μL~20 μL;20 μL~200 μL;100 μL~1 000 μL)。

6.3.1.5 凝胶成像系统或紫外透射仪。

6.3.2 试剂与材料

6.3.2.1 引物,见附录 C 中的 C.1。

6.3.2.2 50×TAE 储存液,配制方法按照附录 A 中的 A.1 执行。

6.3.2.3 1.2%琼脂糖凝胶,配制方法按照 A.2 执行。

6.3.2.4 DEPC 水,配制方法按照 A.6 执行。

6.3.2.5 样品。待检兔肝脏悬液、阳性对照 RHD1 病死兔肝脏悬液(或重组质粒 pMD19-T-vp60-1,$vp60$基因序列 GenBank:FJ794180)、阳性对照 RHD2 病死兔肝脏悬液(或重组质粒 pMD19-T-vp60-2,$vp60$基因序列 GenBank:MT383749)、阴性对照健康兔肝脏悬液(或 DEPC 水)。

6.3.3 肝脏样品 RNA 的提取

取样品 200 μL,加入 Trizol 700 μL,振荡混匀后,室温放置 10 min;加入氯仿 300 μL,剧烈振荡后,室温放置 1 min,以 2 ℃~8 ℃ 11 000 r/min 离心 15 min;取上层水相 500 μL,加入 500 μL 异丙醇,混匀,−20 ℃放置 15 min,以 2 ℃~8 ℃ 11 000 r/min 离心 10 min;去上清液,缓缓加入 75%乙醇 1 mL 洗涤,以 2 ℃~8 ℃ 8 000 r/min 离心 5 min;去上清液,室温干燥 20 min,加入 DEPC 水 20 μL,使充分溶解。或者按 RNA 抽提试剂盒的方法进行。

6.3.4 RT-PCR 步骤

6.3.4.1 反转录反应

取提取的 RNA 5 μL 加入反转录反应液(配方见附录 D 中的 D.1)中,瞬间离心混匀后置于 PCR 仪中,反应参数为:65 ℃反应 15 min,42 ℃孵育 1 h,95 ℃ 5 min,同时设立阴性对照和阳性对照,产物于−20 ℃保存备用。

6.3.4.2 PCR 反应

取反转录产物 4 μL 加入 PCR 反应液(配方见 D.2)中,反应参数为:95 ℃ 3 min;然后进入循环 95 ℃ 15 s,58 ℃ 15 s,72 ℃ 30 s,35 个循环;于 72 ℃延伸 5 min,2 ℃~8 ℃保存。

6.3.5 结果观察

将 PCR 反应产物于 1.2%琼脂糖凝胶进行电泳,电压为 120 V,时间为 30 min,紫外灯下观察结果,并进行拍照。

6.3.6 结果判定

RHDV1 阳性对照有唯一一条约 347 bp 的目的条带,RHDV2 阳性对照有唯一一条约 748 bp 的目的条带,阴性对照、空白对照无相应的目的条带的情况下,检测样品出现与阳性对照相同目的条带的判为阳性,即判定为 RHDV1 或/和 RHDV2 核酸阳性。

6.4 实时荧光定量 RT-PCR 试验

6.4.1 仪器设备

6.4.1.1 实时荧光定量 PCR 仪。

6.4.1.2 其他器材同 6.3.1.2~6.3.1.5。

6.4.2 试剂与材料

6.4.2.1 引物和探针,见附录 E 中的 E.1。

6.4.2.2 DEPC 水,配置方法按照 A.6 执行。

6.4.2.3 样品。待检兔肝脏悬液、阳性对照 RHD1 病死兔肝脏悬液(或重组质粒 pMD19-T-vp60-1,$vp60$基因序列 GenBank:FJ794180)、阳性对照 RHD2 病死兔肝脏悬液(或重组质粒 pMD19-T-vp60-2,$vp60$基因序列 GenBank:MT383749)、阴性对照健康兔肝脏悬液(或 DEPC 水)。

6.4.3 肝脏样品 RNA 的提取

同 6.3.3。

6.4.4 实时荧光定量 RT-PCR 操作

取提取的 RNA 2 μL 加入反应液(配方见 E.4)中,瞬间离心混匀后,置于实时荧光定量 PCR 仪中。按下列参考反应条件进行扩增(可根据仪器及试剂进行适当调整):42 ℃ 5 min,95 ℃ 10 s;然后进入循环 95 ℃ 5 s,60 ℃ 34 s,40 个循环。

6.4.5 结果观察

试验检测结束后,根据收集的荧光曲线和 Ct 值判定结果。

6.4.6 结果判定

阳性对照品 Ct 值≤35且扩增曲线有明显对数增长期,同时阴性对照扩增曲线无对数增长期的情况下,试验成立。检测样品的 Ct 值≤35,且出现标准的 S 形扩增曲线,判为阳性,即样品中存在 RHDV1 或/和 RHDV2 核酸;无 Ct 值或 Ct 值＞38,且无标准扩增曲线,判为阴性,即样品中不存在 RHDV1 或/和 RHDV2 核酸。当检测样品 35＜Ct 值≤38,且扩增曲线均呈标准的 S 形曲线,判为可疑,需进行一次重复实验,如重复后仍然为上述结果,判为阳性;如 Ct 值≤35,判为阳性;如 Ct 值＞38,判为阴性。

7 综合判定

7.1 疑似 RHDV 感染引起的 RHD

符合 5.1、5.2、5.3,且 6.2 病原样品 HA 试验阳性,判定为疑似兔出血症;可根据 6.2 病原样品 HI 试验进一步分型,HI 试验为疑似 RHDV1 阳性的判定为疑似兔出血症 1 型,HI 试验为疑似 RHDV2 阳性的判定为疑似兔出血症 2 型。

7.2 确诊 RHDV 感染引起的 RHD

7.2.1 符合 7.1,且 6.3 或 6.4 试验结果为 RHDV1 核酸阳性,判定为兔出血症 1 型。

7.2.2 符合 7.1,且 6.3 或 6.4 试验结果为 RHDV2 核酸阳性,判定为兔出血症 2 型。

7.2.2 符合 7.1,且 6.3 或 6.4 试验结果为 RHDV1 和 RHDV2 核酸阳性,判定为 RHDV1、RHDV2 混合感染的兔出血症。

附 录 A

（规范性）

试剂的配制

A.1 核酸电泳缓冲液(TAE)

A.1.1 50×TAE 储存液：分别称量 $Na_2EDTA \cdot 2H_2O$ 37.2 g、冰醋酸 57.1 mL、Tris·Base 242 g，加灭菌双蒸水定容至 1 000 mL。或商品化的试剂。

A.1.2 1×TAE 溶液：取 10 mL 储存液加 490 mL 蒸馏水即可。

A.2 1.2%琼脂糖凝胶

将 1.2 g 琼脂糖干粉加到 100 mL TAE 溶液中，沸水浴或微波炉加热至琼脂糖熔化，待凝胶稍冷却后加入溴化乙锭，终浓度为 0.5 μg/mL。

A.3 PBS 溶液(0.01 mol/L PBS,pH 7.0~7.2)

分别量取 KH_2PO_4 0.24 g、Na_2HPO_4 1.44 g、NaCl 8.0 g、KCl 0.2 g，加灭菌双蒸水定容至 1 000 mL，调节 pH 至 7.0~7.2，2 ℃~8 ℃保存备用。或商品化的试剂。

A.4 人"B"型或"O"型红细胞悬液的制备

取人"B"型或"O"型红细胞以 20 倍量 PBS(0.01 mol/L,pH 7.0~7.2)混匀洗涤红细胞，以 2 000 r/min 离心 5min，弃上清液，重复洗涤 4 次。最后，将沉积的红细胞用 PBS 配成 1%和 20%(体积分数)的红细胞悬液，置于 2 ℃~8 ℃条件下备用。

A.5 25%高岭土悬液

取高岭土粉末 25 g，加入按 A.3 配置的 PBS 溶液，定容至 100 mL，2 ℃~8 ℃保存。使用前摇匀。

A.6 DEPC 水

将 DEPC 加入去离子水中至终浓度为 0.1%，充分混匀后作用 12 h，分装，121 ℃高压灭菌 30 min，冷却后置于 2 ℃~8 ℃条件下备用。

附　录　B

（资料性）

血清非特异性凝集因子和非特异性抑制因子的处理方法

B.1　血清非特异性凝集因子的处理

兔血清会对人红细胞产生非特异性凝集，可用人红细胞对待检血清进行吸附。具体方法：取 100 μL 血清，56 ℃水浴灭活 30 min，加入 100 μL 20%人"B"型红细胞悬液，振荡混匀，2 ℃～8 ℃作用 1 h 后（其间振荡混匀 3 次），以 2 000 r/min 离心 5 min（2 ℃～8 ℃），收集上清液。

B.2　血清非特异性抑制因子的处理

利用高岭土处理血清中的非特异性抑制因子。具体方法：将按 B.1 处理的兔血清加入 200 μL 25% 高岭土的沉淀中，振荡混匀，20 ℃～25 ℃作用 1 h 后（其间振荡混匀 3 次），以 8 000 r/min 离心 5 min，收集的上清液即为 1：2 稀释的血清。

附　录　C

（资料性）

RT-PCR 试验用引物

C.1　引物

*vp*60 基因扩增引物序列如表 C.1 所列。

表 C.1　*vp*60 基因扩增引物序列

检测目的	引物序列(5′-3′)		扩增大小，bp
*RHDV*1-*vp*60 基因	上游引物：TATTCTGGGAACAACTCCAC		347
	下游引物：AACAGTCCGGTTGGATTTTG		
*RHDV*2-*vp*60 基因	上游引物：CCCTGGAAGCAGTTCGTCAAAC		748
	下游引物：GATGTCAACAAGGTCTGACAG		

C.2　兔出血症病毒 1 型中国 WF/2007 株 PCR 扩增 *vp*60 基因靶序列

TATTCTGGGAACAACTCCACCAACGTGCTTCAGTTTTGGTACGCTAATGCTGGGTCTGCG
ATTGACAACCCTATCTCCCAGGTTGCACCAGACGGCTTCCCTGACATGTCATTCGTGCCCTTT
AACAGCCCCAACATTCCGACCGCGGGGTGGGTCGGGTTTGGTGGTATTTGGAACAGTAACAA
CGGTGCCCCCGCTGCTACAACTGTGCAGGCCTATGAGTTAGGTTTTGCCACTGGGGCACCAAA
CAGCCTCCAGCCCACCACCAACACTTCAGGTGCACAGACTGTCGCTAAGTCCATTTATGCCGT
GGTAACCGGCACAAACCAAAATCCAACCGGACTGTT(347 bp)

C.3　兔出血症病毒 2 型中国 SC2020/04 株 PCR 扩增 *vp*60 基因靶序列

CCCTGGAAGCAGTTCGTCAAACGTGCTTGAGCTTTGGTATGCTAGTGCCGGGTCTGCAGC
TGACAACCCCATCTCCCAAATTGCTCCAGATGGTTTCCCTGACATGTCATTTGTACCCTTCAG
CGGTATCACCATCCCTACCGCAGGGTGGGTCGGGTTCGGTGGGATCTGGAACAGCAGTAATGG
TGCCCCCTACGTCACGACCATGCAGGCTTATGAGTTGGGTTTTGCCACTGGAGTACCGAGCAA
CCCCCAACCCACCACCACCACTTCAGGGGCTCAGATTGTTGCCAAGTCCATCTATGGCGTTGCA
AATGGCATAAACCAGACAACAGCCGGGTTGTTTGTGATGGCATCTGGTGTCATATCCACTCCA
AACAGCAGTGCCACTACGTACACACCTCAGCCAAACAGGATTGTTAACGCACCTGGCACCCCT
GCTGCTGCCCCTATTGGCAAGAACACACCCATCATGTTCGCGTCTGTTGTTAGGCGCACCGGC
GACATCAACGCTGAGGCCGGTTCAACTAACGGAACCCAGTACGGCGCGGGATCACAACCGCTG
CCGGTGACAATTGGACTTTCACTGAACAATTATTCATCGGCACTTATGCCTGGGCAGTTCTTC
GTTTGGCAGCTAAACTTTGCTTCCGGCTTCATGGAACTTGGCTTGAGTGTTGATGGATACTTC
TACGCGGGAACAGGGGCTTCAGCCACCCTCATTGACCTGTCAGACCTTGTTGACATC(748 bp)

附 录 D
（资料性）
RT-PCR 反应液配制

D.1 反转录反应液

反转录反应液的配方见表 D.1。

表 D.1 反转录反应液配方

组分	1 个检测体系的加入量，μL
Anchored Oligo(dT)18 Primer(0.5 μg/μL)	1
2×TS Reaction Mix	10
TransScriptRT/RI Enzyme Mix	1
gDNA Remover	1
RNase-free Water	2
RNA 模板	5

D.2 PCR 反应液

PCR 反应液的配方见表 D.2。

表 D.2 PCR 反应液配方

组分	1 个检测体系的加入量，μL
2×Rapid *Taq* Master Mix	20
RHDV1 上游引物(10 μmol/L)	1
RHDV1 下游引物(10 μmol/L)	1
RHDV2 上游引物(10 μmol/L)	1
RHDV2 下游引物(10 μmol/L)	1
反转录产物	1

附　录　E

（资料性）

实时荧光定量 RT-PCR 引物及反应液

E.1　引物和探针

*vp*60 基因扩增引物和探针序列见表 E.1。

表 E.1　*vp*60 基因扩增引物和探针序列

检测目的	引物序列(5′-3′)	扩增大小,bp
*RHDV-vp*60 基因	上游引物：CGGTTTGCCGMCATTG	78
	下游引物：CCAAARCTSAAGCACGTTKG	
	RHDV1 探针：VIC-AGTGCAAGTTATTCTGGSAACAACTC-BHQ1	
	RHDV2 探针：FAM-AACGCAAGTTTCCCTGGAAGCAGTTC-BHQ1	

E.2　兔出血症病毒 1 型中国 WF/2007 株 PCR 扩增 *vp*60 基因靶序列

CGGTTTGCCGACATTGACCATCGAAGAGGCAGTGCAAGTTATTCTGGGAACAACTCCAC
CAACGTGCTTCAGTTTTGG(78 bp)

E.3　兔出血症病毒 2 型中国 SC2020/04 株 PCR 扩增 *vp*60 基因靶序列

CGGTTTGCCGCCATTGACCACGACAGAGGCAACGCAAGTTTCCCTGGAAGCAGTTCGTCA
AACGTGCTTGAGCTTTGG(78 bp)

E.4　实时荧光 RT-PCR 反应液

实时荧光 RT-PCR 反应液的配方见表 E.2。

表 E.2　实时荧光 RT-PCR 反应液配方

组分	1 个检测体系的加入量,μL
2×One Step RT-PCR BufferⅢ	10
TaKaRa Ex *Taq* HS（5 U/μL）	0.4
PrimeScript RT Enzyme MixⅡ	0.4
上游引物(10 μmol/L)	0.6
下游引物(10 μmol/L)	0.6
ROX Reference DyeⅡ（50×）	0.4
RHDV1 荧光探针(10 μmol/L)	0.8
RHDV2 荧光探针(10 μmol/L)	0.8
RNA 产物	2
灭菌水	4
注：无需 ROX 的荧光定量 PCR 检测仪,反应液中以灭菌水替代 ROX。	

ICS 11.220
CCS B 41

中华人民共和国农业行业标准

NY/T 574—2023
代替 NY/T 574—2002

地方流行性牛白血病诊断技术

Diagnostic techniques for enzootic bovine leukosis

2023-12-22 发布

2024-05-01 实施

中华人民共和国农业农村部 发布

前　言

本文件按照 GB/T 1.1—2020《标准化工作导则　第1部分:标准化文件的结构和起草规则》的规定起草。

本文件代替 NY/T 574—2002《地方流行性牛白血病琼脂凝胶免疫扩散试验方法》,与 NY/T 574—2002 相比,除结构调整和编辑性改动外,主要技术变化如下:

a) 更改了本文件的适用范围(见第1章,2002年版的第1章);

b) 增加了术语与定义(见第3章);

c) 增加了缩略语(见第4章);

d) 增加了临床诊断(见第5章);

e) 增加了样品采集、保存与运输(见第6章);

f) 增加了病原分离(见第7章);

g) 增加了巢式 PCR(见第8章);

h) 增加了实时荧光 PCR(见第9章);

i) 增加了阻断 ELISA(见第10章);

j) 增加了琼脂凝胶免疫扩散中试剂耗材、仪器设备、加样、孵育、实验成立条件(见11.1、11.2、11.3.3、11.3.4、11.3.5);

k) 更改了琼脂凝胶免疫扩散中琼脂平板制备(见11.3.1,2002年版的2.2.1)、打孔(见11.3.2,2002年版的2.2.2)、结果判定(见11.3.6,2002年版的2.3);

l) 增加了综合判定(见第12章)。

请注意本文件的某些内容可能涉及专利。本文件的发布机构不承担识别专利的责任。

本文件由农业农村部畜牧兽医局提出。

本文件由全国动物卫生标准化技术委员会(SAC/TC 181)归口。

本文件起草单位:中国动物疫病预防控制中心、青海省动物疫病预防控制中心、北京亿森宝生物科技有限公司、重庆市动物疫病预防控制中心、上海市动物疫病预防控制中心、四川省动物疫病预防控制中心、陕西省动物疫病预防控制中心、陕西省动物卫生与屠宰管理站。

本文件主要起草人:孙雨、王传彬、顾小雪、翟新验、杨林、刘颖昳、徐琦、毕一鸣、蔡金山、阚威、王新杰、孙晓明、高姗姗、白雪冬、曾政、董春霞、骆璐、赵洪进、王建、杨显超、陈斌、陈弟诗、赵光明、朱宝、齐亚辉、孙航、胡冬梅、冯冰。

本文件及其所代替文件的历次版本发布情况为:

——2002年首次发布为 NY/T 574—2002《地方流行性牛白血病琼脂凝胶免疫扩散试验方法》;

——本次为第一次修订。

地方流行性牛白血病诊断技术

1 范围

本文件规定了牛白血病的临床诊断、样品采集与处理、病原学和血清学方法的技术要求。

本文件适用于牛白血病的诊断、检测、检疫、监测和流行病学调查。

2 规范性引用文件

下列文件中的内容通过文中的规范性引用而构成本文件必不可少的条款。其中,注日期的引用文件,仅该日期对应的版本适用于本文件;不注日期的引用文件,其最新版本(包括所有的修改单)适用于本文件。

GB/T 6682　分析实验室用水规格和试验方法

GB 19489　实验室　生物安全通用要求

3 术语和定义

下列术语和定义适用于本文件。

3.1

地方流行性牛白血病 enzootic bovine leukosis

一种以淋巴样细胞恶性增生,进行性恶病质变化和全身淋巴结肿大为特征的一种慢性、进行性、接触传染性肿瘤病。由反转录病毒科肿瘤病毒亚科中的牛白血病病毒(Bovine leukaemia virus,BLV)引起。

3.2

聚合酶链式反应 polymerase chain reaction

利用一段DNA为模板,在DNA聚合酶和核苷酸底物共同参与下,将该段DNA扩增至足够数量,以便进行结构和功能分析。

3.3

实时荧光PCR real-time PCR

一种利用荧光信号、累积实时监测整个PCR进程的试验方法。

3.4

***Ct*值** cycle threshold

每个实时荧光PCR反应管内的荧光信号量达到设定的阈值所经历的循环次数。

3.5

琼脂凝胶免疫扩散 agar gel immunodiffusion

琼扩试验

在琼脂凝胶中进行的抗原抗体免疫沉淀反应,可用于血清学定型。

3.6

酶联免疫吸附试验 enzyme-linked immunosorbent assay

由酶分子与抗体分子共价结合形成酶标记抗体。此种结合不会改变抗体的免疫学特性,也不影响酶的生物学活性。通过此种酶标记抗体与吸附在固相载体上的抗原发生特异性结合,当加入底物溶液后,底物可在酶作用下出现显色反应。此种显色反应可通过酶标仪进行定量测定,从而通过底物的显色反应来判定有无相应的免疫反应。

4 缩略语

下列缩略语适用于本文件。

AGID：琼脂凝胶免疫扩散（agar gel immunodiffusion）

DNA：脱氧核糖核酸（deoxyribonucleic acid）

EBL：地方流行性牛白血病（enzootic bovine leukosis）

ELISA：酶联免疫吸附试验（enzyme-linked immunosorbent assay）

FBL：胎牛肺细胞（fetal bovine lung）

MEM：最低必需培养基（minimum essential medium）

OD：光密度（optical density）

PCR：聚合酶链式反应（polymerase chain reaction）

PBS：磷酸盐缓冲液（phosphate buffered saline）

PBMC：外周血单核细胞（peripheral blood mononuclear cell）

5 临床诊断

5.1 易感动物

各年龄段牛（包括牦牛、水牛以及野生牛类）均易感，肿瘤（淋巴肉瘤）常见于 3 岁以上的牛。

5.2 传播途径

牛的各种体液（鼻和支气管液、唾液、血液、精液、牛奶）中均存在 BLV，可通过血源性传播、分泌物传播、乳源性传播、寄生虫传播、精液和胚胎移植传播等多种途径传播，也可通过被血液污染的直肠检查用针头、手术设备、手套以及吸血昆虫等机械性传播。

5.3 临床症状

5.3.1 地方流行型

潜伏期一般为 4 年～5 年，多发生于 3 岁以上成年牛，4 岁～8 岁牛感染率最高。最急性病例无前驱症状即死亡。亚急性病例病程多为 7 d 至数月，表现为食欲减退、贫血和肌无力。当肿瘤广泛生长时，体温可升高至 39.5 ℃～40 ℃，病牛表现为生长缓慢，全身体表淋巴结显著肿大而且坚硬，依部位不同可导致病牛头偏向一侧，眼球突出，严重时被挤出眼眶，有的出现贫血，心脏受损，消化功能紊乱，流产、难产或不孕，共济失调、麻痹等症状。

5.3.2 散发型

犊牛多见于 4 月龄以下，主要表现为淋巴结对称性肿大。青年牛多见于 18 月龄～20 月龄，出现全身淋巴结肿大，内脏特别是胸腺出现肿瘤，并伴有贫血和下痢，心和肝脏的肿瘤可导致病牛死亡。

5.4 病理变化

剖检可见，淋巴结和某些器官肿瘤病变，瘤块外观肿大、灰红色、坚实、有弹性。肿瘤的发生分布每例不一，成年牛多发体表淋巴结，膈肌、肠系膜、真胃、肌肉、心肌多有肿瘤病变。肿瘤的病理组织学表现为有致密的基质及淋巴细胞和成淋巴细胞的大量增殖，患病组织有大量瘤细胞浸润、破坏并代替正常的组织细胞。

5.5 结果判定

易感动物符合 5.3、5.4 的规定，可初步判定为疑似病例。确诊应采集易感动物的血液或组织进行病原学或血清学检测。

6 样品采集、保存与运输

6.1 总则

宜选择 EBL 发病期、具有典型临床症状的牛，进行样品采集。在采样过程中，应避免交叉污染。样品采集、保存及运输应符合 GB 19489 的规定。

6.2 样品采集

6.2.1 抗凝血样品采集

采集牛静脉抗凝血 5 mL，来回颠倒几次，使抗凝剂与血液充分混合。使用商品化核酸提取试剂，提取抗凝血中的 PBMC。

6.2.2 组织器官样品采集

无菌采集典型肿瘤病变组织 0.5 g～1.0 g，置于无菌采样袋或其他灭菌容器中，密封保存。

6.2.3 血清样品采集

无菌采集牛静脉血 5 mL，分离血清。将血清置于 2 mL 无菌离心管中，加盖密封保存。

6.3 样品保存和运输

样品采集后，应尽快置于保温箱中，加入预冷的冰袋，密封，宜 24 h 内送实验室检测。待检样品应尽快处理，在 4 ℃ 存放应不超过 4 d。样品在低温条件下保存时间稍长；样品若长期保存，应以 −70 ℃ 以下条件为宜。

6.4 样品处理

6.4.1 抗凝血样品处理

使用商品化 PBMC 细胞提取试剂，提取抗凝血中的 PBMC。

6.4.2 组织器官样品处理

加入 0.5 mL～1 mL 0.01 mol/L 的 PBS(pH 7.2)，于组织匀浆器或研钵中充分匀浆或研磨，将组织悬液转入无菌离心管中备用。

6.4.3 血清样品处理

血清样品以 6 000 r/min 离心 5 min，取上清液待检。

7 病原分离

7.1 基本要求

除特殊说明外，本文件所有操作程序均应符合 GB 19489 的规定。

7.2 试剂耗材

7.2.1 除特殊说明外，本文件使用的化学试剂均为分析纯，水均为符合 GB/T 6682 规定的二级水。

7.2.2 商品化 Ficoll Pague PLUS 提取试剂。

7.2.3 商品化 MEM 培养基。

7.3 病原分离与鉴定

采用 PBMC 和指示细胞共培养，通过刺激有丝分裂原产生感染性的病毒。将 1.5 mL 外周血置于乙二胺四乙酸中，用聚蔗糖/甲基泛影酸钠密度梯度法离心分离 PBMC 或用商品化 Ficoll Pague PLUS 提取试剂盒提取 PBMC。用 $2×10^6$ 个的 FBL 细胞培养 PBMC，置于 40 mL 含 20% 胎牛血清的 MEM 中，生长 3 d～4 d。病毒在 FBL 细胞的单层细胞中发育，导致合胞体的形成。制备短期培养物，可将 PBMC 置于无 FBL 的培养基中，于 24 孔板中培养 3 d。取培养物的上清液，采用 PCR 方法和实时荧光 PCR 方法检测 BLV 前病毒。

8 巢式 PCR

8.1 试剂耗材

8.1.1 商品化 DNA 提取试剂盒。

8.1.2 商品化 10×PCR 缓冲液。

8.1.3 DL 2 000 marker。

8.1.4 50×TAE 缓冲液，配制方法按照附录 A 中 A.1 的规定执行。

8.1.5 2% 琼脂糖凝胶，配制方法按照 A.3 的规定执行。

8.1.6 商品化无 RNA 酶水。

8.1.7 6×上样缓冲液。

8.1.8 微量可调移液器(10 μL～100 μL，20 μL～200 μL，100 μL～1 000 μL)以及相应滤芯吸头。

8.1.9 0.2 mL PCR 管。

8.2 仪器设备

8.2.1 PCR 扩增仪。

8.2.2 台式离心机。

8.2.3 电泳仪。

8.2.4 普通冰箱(-20 ℃)。

8.2.5 Ⅱ级生物安全柜。

8.3 引物序列

鉴定 *env* 基因的引物序列及其 PCR 产物长度见表 1,特异性扩增片段序列见附录 B。

表 1 鉴定 *env* 基因的引物序列及其 PCR 产物长度

引物名称	序列	长度,bp	扩增片段大小,bp
BLV-env-1	TCTGTGCCAAGTCTCCCAGATA	22	598
BLV-env-2	AACAACAACCTCTGGGAAGGG	21	
BLV-env-3	CCCACAAGGGCGGCGCCGGTTT	22	444
BLV-env-4	GCGAGGCCGGGTCCAGAGCTGG	22	

8.4 对照样品

阳性对照:含有目的基因片段的质粒或者病毒分离培养物。

阴性对照:无 RNA 酶水。

8.5 实验步骤

8.5.1 DNA 提取

按商品化 DNA 提取试剂盒的操作说明书,分别提取待检样品、阳性对照、阴性对照 DNA,置于 -20 ℃冰箱中备用。

8.5.2 巢式 PCR 反应

巢式 PCR 反应第一轮扩增体系见表 2。

表 2 第一轮 PCR 扩增体系

组成	体积,μL
10× PCR 缓冲液	5
引物 BLV-env-1(20 pmol/μL)	1.25
引物 BLV-env-2(20 pmol/μL)	1.25
dNTP(每个 25 mmol/L)	0.15
$MgCl_2$(25 mmol/L)	3
Taq 聚合酶(1.25 U)	0.25
蒸馏水	19.1
模板(约 1 μg DNA)	20
总计	50

巢式 PCR 反应第二轮扩增体系见表 3。

表 3 第二轮 PCR 扩增体系

组成	体积,μL
10× PCR 缓冲液	5
引物 BLV-env-3(20 pmol/μL)	1.25
引物 BLV-env-4(20 pmol/μL)	1.25
dNTP(每个 25 mmol/L)	0.15
$MgCl_2$(25 mmol/L)	3
Taq 聚合酶(1.25 U)	0.25
蒸馏水	36.1
模板(第一轮 PCR 产物)	3
总计	50

第一轮 PCR 按如下条件进行 PCR 反应：94 ℃预变性 2 min；95 ℃变性 30 s，58 ℃退火 30 s，72 ℃延伸 60 s，30 个循环；72 ℃终延伸 4 min。扩增后产物加入第二轮 PCR 反应体系内，按如下条件进行 PCR 反应：94 ℃预变性 2 min；95 ℃变性 30 s，58 ℃退火 30 s，72 ℃延伸 60 s，30 个循环；72 ℃终延伸 4 min。

8.5.3 电泳

将 10 μL 巢式 PCR 产物和 2 μL 的上样缓冲液（6×）混合，点于 2%的凝胶上（含有核酸染料）进行电泳，用分子量标准比较判断 PCR 片段大小。

8.6 结果判定

BLV 阳性对照出现 444 bp 目的条带，且 BLV 阴性对照无相应条带，实验成立。

阳性样本和阳性对照片段大小为 444 bp；阴性样本无 444 bp 目的片段。

为了进一步验证检测结果，可将 PCR 产物进行测序，如果测序结果与目的基因序列一致，则判该样品中含有 BLV。

9 实时荧光 PCR

9.1 试剂耗材

9.1.1 商品化 DNA 提取试剂盒。

9.1.2 商品化 2×实时荧光定量 PCR 预混液（2×PCR master mix）。

9.1.3 微量可调移液器（10 μL~100 μL，20 μL~200 μL，100 μL~1 000 μL）以及相应滤芯吸头。

9.1.4 实时荧光定量 PCR 扩增管。

9.2 仪器设备

9.2.1 实时荧光定量 PCR 扩增仪。

9.2.2 台式高速离心机。

9.2.3 微量可调移液器（10 μL~100 μL，20 μL~200 μL，100 μL~1 000 μL）以及相应滤芯吸头。

9.3 引物探针

鉴定 *pol* 基因的引物探针序列及其实时荧光 PCR 产物长度见表 4，特异性扩增片段序列见附录 C。

表 4　*pol* 基因的引物探针序列及其实时荧光 PCR 产物长度

引物名称	序列	引物长度，bp	扩增片段大小，bp
MRBLVL	CCTCAATTCCCTTTAAACTA	20	120
MRBLVR	GTACCGGGAAGACTGGATTA	20	
MRBLV probe	5′-FAM-GAACGCCTCCAGGCCCTTCA-BHQ1-3′	20	

9.4 实验步骤

9.4.1 核酸提取

步骤同 8.5.1。

实时荧光 PCR 扩增体系见表 5。

表 5　实时荧光 PCR 扩增体系

组成	体积，μL
2× PCR master mix	12.5
引物 MRBLVL（10 μmol/L）	1
引物 MRBLVR（10 μmol/L）	1
MRBLV probe（10 μmol/L）	0.5
模板（基因组 DNA，500 ng）	X（一般为 5）
双蒸水	10—X
总计	25

9.4.2 反应程序

95 ℃ 15 min,1 个循环;94 ℃ 60 s,60 ℃ 60 s,50 个循环,在每次循环的退火时收集荧光。

9.5 结果判定

阳性对照 Ct 值≤40,且出现特征性扩增曲线,阴性对照无 Ct 值,且无特征性扩增曲线,试验成立。被检样品 Ct 值小于或等于 40 判定为 BLV 核酸阳性;阴性样品是没有 Ct 值或 Ct 值大于 50 判定为 BLV 核酸阴性;被检样品 $40 < Ct$ 值≤50 且出现特征性扩增曲线,样品检测结果判为疑似,疑似样品应重新检测,若 Ct 值<50,判定为 BLV 核酸阳性,若 Ct 值≥50,判定为 BLV 核酸阴性。

10 阻断 ELISA

10.1 试剂耗材

10.1.1 包被抗原:BLV-gp51 抗原。

10.1.2 对照血清:BLV 阴性对照血清、BLV 阳性对照血清。

10.1.3 浓缩酶标抗体:抗 gp51 辣根过氧化物酶标记物。

10.1.4 10×浓缩洗涤液,配制方法按照附录 D 中 D.1 的规定执行。

10.1.5 底物液,配制方法按照 D.2 的规定执行。

10.1.6 终止液,配制方法按照 D.3 的规定执行。

10.1.7 微量可调移液器(10 μL～100 μL,20 μL～200 μL,100 μL～1 000 μL)及相应滤芯吸头。

10.1.8 八通道移液器(50 μL～300 μL)及相应滤芯吸头。

10.1.9 96 孔酶标板。

10.2 仪器设备

10.2.1 酶标仪。

10.2.2 恒温培养箱。

10.2.3 洗板机。

10.2.4 台式离心机。

10.3 实验操作

10.3.1 加样

取出包被板,在每个反应孔中加入 50 μL 稀释液,在 2 个阴性对照孔和 2 个阳性对照孔中分别加入阴性对照血清和阳性对照血清,每孔各 50 μL。在待测样品孔中加入 50 μL 未稀释的牛血清样品。

10.3.2 孵育

振荡混匀,盖上封板膜,18 ℃～26 ℃孵育(30±3)min。

10.3.3 洗板

弃去包被板中液体,用 300 μL 的洗涤液,每个孔洗涤 3 次。在每一次洗涤后,吸去每个板孔中的液体,在最后一次甩掉后,在吸水材料上用力扣板,吸去剩余的液体。

10.3.4 加入酶标抗体

每孔加入 100 μL 用洗涤液 100 倍稀释的酶标抗体,盖上封板膜,18 ℃～26 ℃孵育(60±5)min。

10.3.5 洗板

按 10.3.3 方法洗板。

10.3.6 加底物

每孔加入 100 μL 底物液,18 ℃～26 ℃避光孵育（20±3）min。

10.3.7 反应终止

每孔加入 100 μL 终止液。

10.3.8 读取吸光度

在 450 nm 条件下,测量并记录每个样品和对照的 OD 值。

10.4 实验结果判定

10.4.1 结果计算

阴性对照 OD 平均值($\overline{NC}$)＝(NC1＋NC2)/2

阳性对照 OD 平均值($\overline{PC}$)＝(PC1＋PC2)/2

$S/N\% = 100 \times 样品/\overline{NCX}$

10.4.2 实验成立条件

$\overline{NCX} \geqslant 0.6$；$\overline{PCX}/\overline{NCX} \leqslant 0.2$

10.4.3 结果判定

$S/N\% \geqslant 40$，判定为 BLV 抗体阴性；$S/N\% < 40$，判定为 BLV 抗体阳性。

11 琼脂凝胶免疫扩散(AGID)

11.1 试剂耗材

11.1.1 抗原：含有 BLV 的特异性糖蛋白 gp51。

11.1.2 对照血清：BLV 阴性对照血清、BLV 弱阳性对照血清、BLV 阳性对照血清。

11.1.3 试剂级琼脂糖。

11.1.4 8.5% NaCl 的 0.2 mol/L Tris 缓冲液(pH 7.2)，配制方法按照附录 E 的规定执行。

11.1.5 微量可调移液器(10 μL～100 μL,20 μL～200 μL,100 μL～1 000 μL)及相应滤芯吸头。

11.2 仪器设备

11.2.1 培养皿。

11.2.2 恒温培养箱。

11.2.3 水浴锅或微波炉。

11.2.4 六边形打孔器(内径 5 mm)。

11.2.5 电子天平(0.1 mg)。

11.2.6 4 ℃冰箱。

11.3 实验操作

11.3.1 琼脂平板制备

琼脂在水浴锅或微波炉内加热融化，每平皿(直径 8.5 cm)倒 15 mL，4 ℃冰箱冷却凝固。

11.3.2 打孔

用六边形打孔器打 1 个中心孔及其外周呈六边形排列的 6 个孔并封底(见图 1)。

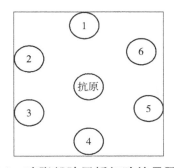

图 1 琼脂凝胶平板打孔编号图示

11.3.3 加样

中央孔加入 BLV 抗原,1、3、5 孔分别加入待检血清样品,2、4、6 孔加入标准阳性血清。加至孔满，平皿加盖。

11.3.4 孵育

将平皿盖上平皿盖,放入湿盒内。将湿盒置于 20 ℃~27 ℃培养,分别在 24 h、48 h、72 h 读取结果。

11.3.5 实验成立条件

阳性对照血清孔与抗原孔之间形成一条清晰、致密的白色沉淀线,弱阳性对照血清孔与抗原之间形成一条比较清晰但不致密的白色沉淀线,实验有效。如果阳性对照不产生预期结果,则实验无效。

11.3.6 结果判定

待测血清与抗原形成一条特异性沉淀线,并与阳性对照血清形成的线一致,则判为 BLV 抗体阳性。待测血清使阳性对照血清线向抗原孔弯曲,但不与抗原形成可见的沉淀线,则为 BLV 抗体弱阳性。待测血清与抗原没有形成一条特异性沉淀线,并且不使阳性对照血清线弯曲,则为 BLV 抗体阴性。

12 综合判定

符合 5.5,且 8.6、9.5、10.4.3、11.3.6 任何一项阳性者,判定为牛白血病。

附　录　A
（规范性）
PCR 试验用溶液的配制

A.1　50×TAE 电泳缓冲液

配制 50×TAE 电泳缓冲液所需试剂如下：

a)　242 g,2 mol Tris；

b)　37.2 g,0.1 mol $Na_2EDTA \cdot 2H_2O$。

加入去离子水 800 mL,充分搅拌溶解。加入 57.1 mL 的冰乙酸,充分溶解。加去离子水定容至 1 L。

A.2　1×TAE 电泳缓冲液

取 4 mL 50×TAE 电泳缓冲液、196 mL 去离子水,混合后充分搅拌均匀。

A.3　2% 琼脂糖凝胶

取 2 g 琼脂糖(电泳级),100 mL TAE 电泳缓冲液(1×),加入三角锥形瓶中,在微波炉中溶解琼脂糖,待沸腾溶解后加入核酸染料,摇动使染料均匀分布于胶液中,然后倒胶,待其凝固后即可使用。

附　录　B

（资料性）

巢式 PCR 方法的特异性片段

B.1　BLV *env* 基因第一轮扩增片段序列

TCTGTGCCAAGTCTCCCAGATACACCTTGGACTCTGTAAATGGCTATCCTAAGATCTACT
GGCCCCCCCCACAAGGGCGGCGCCGGTTTGGAGCCAGGGCCATGGTCACATATGATTGCGAGC
CCCGATGCCCTTATGTGGGGGCAGATCGGTTCGACTGCCCCCACTGGGACAATGCCTCCCAGG
CTGATCAAGGATCCTTTTATGTCAATCATCAGATTTTATTCCTGCATCTCAAACAATGTCAT
GGAATTTTCA CTCTAACCTGGGAGATATGGGGATATGATCCCCTGATCACCTTTTCTTTACA
TAAGATCCCTGATCCCCCTCAACCCGACTTTCCCCAGTTGAACAGTGACTGGGTTCCCTCTGTC
AGATCATGGGCCCTGCTTTTAAATCAAACAGCACGGGCCTTCCCAGACTGTGCTATATGTTGG
GAACCTTCCCCTCCCTGGGCTCCCGAAATATTAGTATATAACAAAACCATCTCCAGCTCTGGA
CCCGGCCTCGCCCTCCCGGACGCCCAAATCTTCTGGGTCAACTCGTCCTCGTTTAACACCACCC
AAGGATGGCACCACCCTTCCCAGAGGTTGTTGTT

B.2　BLV *env* 基因第二轮扩增片段序列

CCCACAAGGGCGGCGCCGGTTTGGAGCCAGGGCCATGGTCACATATGATTGCGAGCCCCGA
TGCCCTTATGTGGGGGCAGATCGGTTCGACTGCCCCCACTGGGACAATGCCTCCCAGGCTGAT
CAAGGATCCTTTTATGTCAATCATCAGATTTTATTCCTGCATCTCAAACAATGTCATGGAAT
TTTCACTCTAACCTGGGAGATATGGGGATATGATCCCCTGATCACCTTTTCTTTACATAAGAT
CCCTGATCCCCCTCAACCCGACTTTCCCCAGTTGAACAGTGACTGGGTTCCCTCTGTCAGATCA
TGGGCCCTGCTTTTAAATCAAACAGCACGGGCCTTCCCAGACTGTGCTATATGTTGGGAACCT
TCCCCTCCCTGGGCTCCCGAAATATTAGTATATAACAAAACCATCTCCAGCTCTGGACCCGGCC
TCGC

附　录　C

（资料性）

实时荧光 PCR 方法的特异性片段

实时 PCR 的扩增片段序列：

CCTCAATTCCCTTTAAACTAGAACGCCTCCAGGCCCTTCAAGACCTGGTCCATCGCTCTC
TGGAGGCAGGTTATATCTCCCCCTGGGACGGGCCAGGCAATAATCCAGTCTTCCCGGTAC

附　录　D
（规范性）
阻断 ELISA 溶液的配制

D.1　10×浓缩洗涤液

称取 $Na_2HPO_4 \cdot 12H_2O$ 29 g、KH_2PO_4 2 g、NaCl 80 g、KCl 2 g，加入 800 mL 灭菌纯化水搅拌溶解，再加入 1 mL ProClin 300、10 mL 的吐温 20，加灭菌纯化水定容至 1 000 mL，过滤除菌，2 ℃～8 ℃保存。使用前，将 10×浓缩洗涤液用蒸馏水（或去离子水）10 倍稀释，即 1 份 10 倍浓缩洗涤液加 9 份蒸馏水（或去离子水）。

D.2　底物液

A 液：称取柠檬酸 5.76 g、过氧化脲 0.5 g、乙酸钠 6.21 g，加入 800 mL 灭菌纯化水搅拌溶解，再加入 ProClin 300 0.5 mL，而后加纯化水定容至 1 000 mL，过滤除菌，2 ℃～8 ℃保存。

B 液：称取柠檬酸 5.76 g、TMB 0.2 g，加入甲醇 100 mL 溶解，再加入 ProClin 300 0.5 mL，最后加灭菌纯化水定容至 1 000 mL，过滤除菌，2 ℃～8 ℃避光保存。

A 液、B 液等体积混匀即为底物液。

D.3　终止液（0.5 mol/L 硫酸）

量取灭菌纯化水 800 mL，缓慢加入浓硫酸（18.4 mol/L）27.2 mL，搅拌均匀，而后加灭菌纯化水定容至 1 000 mL，2 ℃～8 ℃保存。

附 录 E
（规范性）
琼脂凝胶免疫扩散溶液的配制

8.5% NaCl 的 0.2 mol/L Tris 缓冲液（pH 7.2）配制方法：

称取三羟甲基氨基甲苯（Tris methylamine）24.33 g，加灭菌纯化水定容至 1 000 mL，用 2.5 mol/L 盐酸调 pH 至 7.2。将 NaCl 85 g 溶于 250 mL Tris/HCl 中，加灭菌纯化水定容至 1 000 mL。

ICS 67.100.10
CCS X 16

中华人民共和国农业行业标准

NY/T 4290—2023

生牛乳中β-内酰胺类兽药残留
控制技术规范

Technical specification for control of β-lactam veterinary drug
residues in raw cow milk

2023-02-17 发布   2023-06-01 实施

中华人民共和国农业农村部 发布

前　言

本文件按照 GB/T 1.1—2020《标准化工作导则　第 1 部分:标准化文件的结构和起草规则》的规定起草。

请注意本文件的某些内容可能涉及专利。本文件的发布机构不承担识别专利的责任。

本文件由农业农村部畜牧兽医局提出。

本文件由全国畜牧业标准化技术委员会(SAC/TC 274)归口。

本文件起草单位:中国农业科学院北京畜牧兽医研究所、农业农村部奶产品质量安全风险评估实验室(北京)、农业农村部奶及奶制品质量监督检验测试中心(北京)、青岛农业大学、河南花花牛乳业集团股份有限公司。

本文件主要起草人:刘慧敏、韩荣伟、王小鹏、郑楠、王加启、赵圣国、王军、于忠娜、杨永新、都启晶、范荣波、姜洪宁、张养东、孟璐、张宁、杨永。

生牛乳中 β-内酰胺类兽药残留控制技术规范

1 范围

本文件规定了生牛乳生产过程中 β-内酰胺类兽药残留控制相关的药物管理、牛只管理、设备管理、采样与检测、纠偏、核实和记录要求。

本文件适用于泌乳牛生乳中 β-内酰胺类兽药残留控制。

2 规范性引用文件

下列文件中的内容通过文中的规范性引用而构成本文件必不可少的条款。其中，注日期的引用文件，仅该日期对应的版本适用于本文件；不注日期的引用文件，其最新版本（包括所有的修改单）适用于本文件。

GB/T 22975　牛奶和奶粉中阿莫西林、氨苄西林、哌拉西林、青霉素 G、青霉素 V、苯唑西林、氯唑西林、萘夫西林和双氯西林残留量的测定　液相色谱-串联质谱法

GB/T 22989　牛奶和奶粉中头孢匹林、头孢氨苄、头孢洛宁、头孢喹肟残留量的测定　液相色谱-串联质谱法

GB 31650　食品安全国家标准　食品中兽药最大残留限量

3 术语和定义

下列术语和定义适用于本文件。

3.1

弃奶期　milk discard time

泌乳牛从停止给药到其生乳许可交售的间隔时间。

4 β-内酰胺类兽药的管理控制

4.1　牛使用的 β-内酰胺类兽药，应是国家农业行政管理部门批准使用的兽药。

4.2　兽药应按照其标签说明书规定的条件储存和运输，防止因药效降低增加使用量或延长使用时间。

4.3　泌乳期和干奶期药物应分区放置，并对干奶期药物增加泌乳牛禁用标识，防止用错兽药导致执行错误的弃奶期。

4.4　过期或变质的药物及医疗垃圾应作无害化处理，建立无害化处理记录，注明清理原因及方法，防止药物污染奶牛饮用水、饲料或生乳。

5 用药产奶牛及生乳控制

5.1 牛只处置

5.1.1　患病牛应及时进行隔离，并进行标识管理，防止混入健康牛群。

5.1.2　患病牛需使用 β-内酰胺类药物治疗时，应优先选用高效、窄谱 β-内酰胺类药物，以降低病原菌的耐药性。

5.1.3　经执业兽医师批准，按照标签说明规范用药，弃奶期应遵循标签说明，保留相关记录。

5.2 生乳处置

5.2.1　用药牛只弃奶期结束后，其生乳中 β-内酰胺类兽药残留检测结果应符合 GB 31650 的规定。

5.2.2　新引进的泌乳牛，其生乳中 β-内酰胺类兽药残留检测结果应符合 GB 31650 的规定。

5.2.3　用药牛只弃奶期内应单独挤奶，防止其生乳混入正常生乳储奶罐。

5.2.4 储奶罐生乳中的 β-内酰胺类兽药残留不符合 GB 31650 规定时,应作无害化处置。

6 设备处置

6.1 用药牛只弃奶期内生乳接触过的容器和设备,应按照标准化清洗流程清洗至无 β-内酰胺类兽药残留检出。

6.2 储奶罐生乳中的 β-内酰胺类兽药残留不符合 GB 31650 规定时,应对挤奶厅的管道、设备和储奶罐按照标准化清洗流程清洗至无 β-内酰胺类兽药残留检出。

7 采样与检测

7.1 采样

7.1.1 用药的牛只采样时,应挤出全部乳区生乳,混匀后采集样品。

7.1.2 储奶罐采样时,应充分混匀奶罐中生乳,从奶罐上、中、下三层分别取样并混匀后采集样品。

7.2 检测

7.2.1 所选用的 β-内酰胺类兽药残留快速检测产品,应对其灵敏度、准确度、稳定性等进行验证。

7.2.2 用药牛只的生乳样品,采用 β-内酰胺类兽药残留快速检测产品初筛,所选用的试剂盒应涵盖奶牛使用的 β-内酰胺类药物。

7.2.3 储奶罐中的生乳样品,采用 β-内酰胺类兽药残留快速检测产品初筛,如检测结果呈阳性,应进一步按照 GB/T 22975 和 GB/T 22989 中规定的方法进行确证。

8 纠偏

当生乳中 β-内酰胺类兽药残留量超出 GB 31650 规定的最大残留限量值时,应按第 4 章至第 7 章的要求逐项检查,并纠正。

9 核实

检测生乳中 β-内酰胺类兽药残留量,当超过 GB 31650 规定的最大残留限量值时,重复第 8 章要求,直至连续 3 d 生乳中 β-内酰胺类兽药残留量符合 GB 31650 的规定。

10 记录

β-内酰胺类兽药的管理、泌乳牛用药、设备清洗、兽药残留生乳处置、采样、检测等关键点应做好记录。记录保存至少 2 年。

————————————

ICS 67.100.10
CCS X 16

中华人民共和国农业行业标准

NY/T 4291—2023

生乳中铅的控制技术规范

Technical specification for control of lead level in raw milk

2023-02-17 发布

2023-06-01 实施

中华人民共和国农业农村部 发布

前　言

本文件按照 GB/T 1.1—2020《标准化工作导则　第 1 部分:标准化文件的结构和起草规则》的规定起草。

请注意本文件的某些内容可能涉及专利。本文件的发布机构不承担识别专利的责任。

本文件由农业农村部畜牧兽医局提出。

本文件由全国畜牧业标准化技术委员会(SAC/TC 274)归口。

本文件起草单位:中国农业科学院北京畜牧兽医研究所、农业农村部奶产品质量安全风险评估实验室(北京)、农业农村部奶及奶制品质量监督检验测试中心(北京)、山东省农业科学院农业质量标准与检测技术研究所、全国畜牧总站。

本文件主要起草人:郑楠、苑学霞、赵善仓、王加启、赵小丽、刘慧敏、王峰恩、范丽霞、董燕婕、王磊、张宁。

生乳中铅的控制技术规范

1 范围

本文件规定了生乳生产和储运过程中对铅含量的控制要求,以及生乳中铅含量的检测、纠偏、核实和记录要求。

本文件适用于生乳生产和储运过程中铅的控制。

2 规范性引用文件

下列文件中的内容通过文中的规范性引用而构成本文件必不可少的条款。其中,注日期的引用文件,仅该日期对应的版本适用于本文件;不注日期的引用文件,其最新版本(包括所有的修改单)适用于本文件。

GB 3095 环境空气质量标准

GB 4806.7 食品安全国家标准 食品接触用塑料材料及制品

GB 4806.9 食品安全国家标准 食品接触用金属材料及制品

GB 4806.11 食品安全国家标准 食品接触用橡胶材料及制品

GB 5009.12 食品安全国家标准 食品中铅的测定

NY/T 1167 畜禽场环境质量及卫生控制规范

3 术语和定义

本文件没有需要界定的术语和定义。

4 奶畜养殖环境与投入品控制

4.1 养殖环境

奶畜场环境质量应符合 NY/T 1167 的规定;大气应符合 GB 3095 的规定。

4.2 饮用水

奶畜饮用水中铅含量应小于 0.01 mg/L。

4.3 饲料

奶畜全混合日粮中铅含量(以干物质计)应小于或等于 5 mg/kg。

5 挤乳及储运控制

5.1 设备及材质

5.1.1 挤乳机及管道中与生乳直接接触的塑料材料,铅含量应符合 GB 4806.7 的规定;金属材料的铅含量应符合 GB 4806.9 的规定;橡胶材料的铅含量应符合 GB 4806.11 的规定。

5.1.2 生乳储存、运输应配备直冷式或带有制冷系统的不锈钢储奶罐,容器内部使用材料应符合 GB 4806.9的规定。搅拌设备中使用的润滑脂应达到食品级要求。

5.2 消毒剂

挤乳及储运过程中使用的消毒剂铅含量应小于或等于 30 mg/kg。

5.3 洗涤剂

挤乳及储运过程中使用的洗涤剂铅含量应小于或等于 100 mg/kg。

5.4 清洁用水

挤乳及储运过程中使用的清洁用水铅含量应小于 0.01 mg/L。冲洗方式为单向冲洗,确保消毒剂、洗涤剂无残留。

6 检测、纠偏与核实

6.1 检测

生乳中铅的测定方法按照 GB 5009.12 的规定执行。

6.2 纠偏

当生乳中铅含量超过预警值 0.02 mg/kg 时，应按第 4 章和第 5 章的要求逐项检查，并纠正。

6.3 核实

当生乳中铅含量超过预警值 0.02 mg/kg 时，重复 6.2 纠偏，直至连续 3 d 生乳中铅含量不超过 0.02 mg/kg 为止。

7 记录

7.1 应保存反映生乳中铅状况的所有文件和记录。

7.2 记录包括但不限于以下方面：

    a) 生乳中铅监测记录；

    b) 各项控制措施的监测记录，如饮用水和饲料铅含量记录、清洗消毒记录、润滑脂记录；

    c) 纠偏和核实记录。

7.3 记录保存 2 年以上。

ICS 67.100.10
CCS X 16

中华人民共和国农业行业标准

NY/T 4292—2023

生牛乳中体细胞数控制技术规范

Technical specification for control of somatic cell count in raw cow milk

2023-02-17 发布

2023-06-01 实施

中华人民共和国农业农村部 发布

前　言

本文件按照 GB/T 1.1—2020《标准化工作导则　第 1 部分:标准化文件的结构和起草规则》的规定起草。

请注意本文件的某些内容可能涉及专利。本文件的发布机构不承担识别专利的责任。

本文件由农业农村部畜牧兽医局提出。

本文件由全国畜牧业标准化技术委员会(SAC/TC 274)归口。

本文件起草单位:中国农业科学院北京畜牧兽医研究所、农业农村部奶产品质量安全风险评估实验室(北京)、农业农村部奶及奶制品质量监督检验测试中心(北京)、青岛农业大学、安徽省农业科学院畜牧兽医研究所、河南花花牛乳业集团有限公司、现代牧业(集团)有限公司、石家庄君乐宝乳业有限公司、全国畜牧总站。

本文件主要起草人:张养东、杨永新、王小鹏、康志远、王加启、郑楠、赵小丽、张学、刘慧敏、韩荣伟、王军、赵小伟、于忠娜、范荣波、都启晶、赵圣国、孟璐、杨永、朱洪龙、姜洪宁。

生牛乳中体细胞数控制技术规范

1 范围

本文件规定了生牛乳生产过程中体细胞数的控制技术,以及体细胞数监测、纠偏、核实和记录要求。

本文件适用于荷斯坦牛、娟姗牛、西门塔尔牛等养殖场生乳中体细胞数的控制,水牛和牦牛养殖场参照执行。

2 规范性引用文件

下列文件中的内容通过文中的规范性引用而构成本文件必不可少的条款。其中,注日期的引用文件,仅该日期对应的版本适用于本文件;不注日期的引用文件,其最新版本(包括所有的修改单)适用于本文件。

GB 13078　饲料卫生标准

GB/T 16568　奶牛场卫生规范

NY/T 34　奶牛饲养标准

NY/T 800　生鲜牛乳中体细胞测定方法

NY/T 4053　生牛乳质量安全生产控制技术规范

3 术语和定义

下列术语和定义适用于本文件。

3.1

体细胞数　somatic cell count

每毫升生牛乳中巨噬细胞、淋巴细胞、嗜中性粒细胞及乳腺上皮细胞等细胞数的总和。

4 饲养管理

4.1 饲料营养

奶牛饲料卫生应符合 GB 13078 的规定;日粮营养应符合 NY/T 34 的规定。其中,干奶期和泌乳期奶牛总维生素 E 摄入量宜不低于 1 000 IU/d,总硒元素以干物质计含 0.35 mg/kg~0.40 mg/kg。

4.2 奶牛管理

4.2.1 干奶期奶牛

奶牛预产期前约 60 d 宜逐渐停止挤奶,停奶当天最后一次挤净牛乳后,应采取措施预防乳腺感染,包括但不限于每个乳区灌注兽用抗菌药物和乳头封闭剂。

4.2.2 泌乳期奶牛

泌乳期奶牛宜每月进行 1 次乳中体细胞数测定,按照 NY/T 4053 的规定执行奶牛隔离、标识、治疗和淘汰。

5 挤奶环节管理

5.1 挤奶系统检查及维护

5.1.1　开机后检查奶杯、脉动管、奶管及挤奶系统气密性,脉动真空压为 40 kPa~50 kPa。

5.1.2　每半年应检测 1 次脉动频率,挤奶脉动频率为 50 次/min~65 次/min;挤奶设备脱杯流量为 0.6 kg/min~1.0 kg/min,应定时更换奶衬。

5.2 挤奶过程

5.2.1 挤奶前应药浴1次奶牛乳头,应用干净、消毒毛巾或一次性纸巾擦干。

5.2.2 应挤弃前3把奶,前3把奶异常的奶牛应分开挤奶;接触异常奶的人员,双手应清洗消毒,再对其他牛进行挤奶操作。

5.2.3 挤奶过程中应巡杯,避免漏气,掉杯后应冲洗干净重新上杯。

5.2.4 挤奶结束后应药浴1次奶牛乳头,应选择形成保护膜的药浴液。

6 牛体健康管理

6.1 奶牛乳头末端健康
泌乳牛乳头末端和乳头孔角质层应无明显的皲裂,其评分宜在3分及3分以内,见附录A。

6.2 乳房清洁度
泌乳牛乳房表面应无大面积粪污斑块,其清洁度评分宜在3分及3分以内,见附录B。

6.3 肢蹄清洁度
泌乳牛后肢飞节及以下应无大量结块的粪污斑块,其清洁度评分宜在3分及3分以内,见附录C。

7 环境管理

7.1 环境卫生
7.1.1 奶牛养殖场环境卫生应符合GB/T 16568的规定。

7.1.2 牛床垫料应充足、干燥和松软,无明显可见粪污、积水或石块,宜采用包含但不限于沙子、稻壳、发酵后的干牛粪。

7.2 应激防控
7.2.1 当牛舍温度低于0℃时,宜采用保温措施,包含但不限于挂卷帘和设挡风屏障。

7.2.2 当牛舍温湿指数大于68时,宜采取措施缓解热应激,包含但不限于遮阳、开风机通风、喷雾和喷淋。

8 体细胞数监测

宜每周测定1次奶罐乳中体细胞数,每月测定1次个体泌乳奶牛乳中体细胞数,检测方法应符合NY/T 800的要求。

9 纠偏

当奶罐乳中体细胞数超过400 000个/mL时,按第4章~第7章的要求逐项检查,并纠正。

10 核实

检测奶罐乳中体细胞数,当超过400 000个/mL时,重复第9章的要求,直至连续3 d生牛乳中体细胞数不超过400 000个/mL为止。

11 记录

11.1 应保存反映生牛乳中体细胞数信息的所有文件记录。

11.2 记录包括但不限于以下方面:
    a) 奶罐乳中体细胞数监测记录;
    b) 泌乳牛体细胞数测定记录;
    c) 乳腺炎牛隔离治疗记录;
    d) 纠偏和核实记录。

11.3 记录保存2年以上。

附　录　A
（资料性）
奶牛乳头末端健康评分

奶牛乳头末端健康评分见表 A.1。

表 A.1　奶牛乳头末端健康评分

分值	评分描述	图示
1	乳头末端非常平滑,乳头孔平坦、周围可见光滑无角质的环	
2	乳头末端平滑,乳头孔平坦、周围呈现有光滑的角质环	
3	乳头末端皮肤粗糙,乳头孔有 1 mm～3 mm 的角质层且向外有放线状的皲裂	
4	乳头末端皮肤非常粗糙,乳头孔有 3 mm 以上的粗糙的角质环且乳头孔向外有明显的皲裂,有乳头开花情况	

附 录 B

（资料性）

奶牛乳房清洁度

奶牛乳房清洁度见表 B.1。

表 B.1 奶牛乳房清洁度

分值	评分描述	图示
1	奶牛乳房表面非常干净，无可见粪污	
2	奶牛乳房表面较干净，有可见粪污斑点	
3	奶牛乳房表面有明显的小面积粪污斑块	
4	奶牛乳房表面黏结有明显的大面积粪污斑块	

附 录 C

（资料性）

奶牛肢蹄清洁度

奶牛肢蹄清洁度见表 C.1。

表 C.1 奶牛肢蹄清洁度

分值	评分描述	图示
1	奶牛后肢飞节及以下仅有少量可见粪污斑点	
2	奶牛后肢飞节及以下有明显可见粪污斑点	
3	奶牛后肢飞节及以下黏附较多的粪污斑块	
4	奶牛后肢飞节及以下黏附有结块的粪污斑块	

ICS 67.100.10
CCS X 16

中华人民共和国农业行业标准

NY/T 4293—2023

奶牛养殖场生乳中病原微生物
风险评估技术规范

Technical specification for microbial pathogens risk assessment
in raw milk of dairy farms

2023-02-17 发布

2023-06-01 实施

中华人民共和国农业农村部 发布

前　言

本文件按照 GB/T 1.1—2020《标准化工作导则　第 1 部分:标准化文件的结构和起草规则》的规定起草。

请注意本文件的某些内容可能涉及专利。本文件的发布机构不承担识别专利的责任。

本文件由农业农村部畜牧兽医局提出。

本文件由全国畜牧业标准化技术委员会(SAC/TC 274)归口。

本文件起草单位:中国农业科学院北京畜牧兽医研究所、农业农村部奶产品质量安全风险评估实验室(北京)、农业农村部奶及奶制品质量监督检验测试中心(北京)、青岛农业大学、原生态牧业公司。

本文件主要起草人:孟璐、都启晶、李威、王加启、郑楠、刘慧敏、王军、韩荣伟、于忠娜、杨永新、范荣波、姜洪宁、张养东、赵圣国、张宁、刘采娟。

奶牛养殖场生乳中病原微生物风险评估技术规范

1 范围

本文件规定了奶牛养殖场生乳中病原微生物风险评估的工作流程、危害识别、风险监测和风险分级等要求。

本文件适用于奶牛养殖场生乳中病原微生物的风险评估。

2 规范性引用文件

下列文件中的内容通过文中的规范性引用而构成本文件必不可少的条款。其中,注日期的引用文件,仅该日期对应的版本适用于本文件;不注日期的引用文件,其最新版本(包括所有的修改单)适用于本文件。

GB 4789.4 食品安全国家标准 食品微生物学检验 沙门氏菌检验

GB 4789.6 食品安全国家标准 食品微生物学检验 致泻大肠埃希氏菌检验

GB 4789.14 食品安全国家标准 食品微生物学检验 蜡样芽孢杆菌检验

GB 4789.30 食品安全国家标准 食品微生物学检验 单核细胞增生李斯特氏菌检验

GB 4789.36 食品安全国家标准 食品微生物学检验 大肠埃希氏菌 O157：H7/NM 检验

GB 5749 生活饮用水卫生标准

GB/T 18646 动物布鲁氏菌病诊断技术

GB/T 27637 副结核分枝杆菌实时荧光 PCR 检测方法

NY/T 2962 奶牛乳房炎乳汁中金黄色葡萄球菌、凝固酶阴性葡萄球菌、无乳链球菌分离鉴定方法

NY/T 3234 牛支原体 PCR 检测方法

SN/T 2101 出口乳及乳制品中结核分枝杆菌检测方法 荧光定量 PCR

3 术语和定义

下列术语和定义适用于本文件。

3.1

风险分级 risk classification

基于奶牛养殖场生乳生产过程中病原微生物危害及监测数据所确定的风险等级。

4 工作流程

奶牛养殖场生乳中病原微生物风险评估工作流程见图1。

5 危害识别

5.1 奶牛养殖场生乳中需评估的病原微生物应包括但不限于牛种布鲁氏菌、牛型结核分枝杆菌、副结核分枝杆菌、牛支原体、金黄色葡萄球菌、病原性大肠埃希氏菌、无乳链球菌、蜡样芽孢杆菌、单核细胞增生李斯特氏菌、沙门氏菌等。

5.2 依据奶牛养殖场消毒、兽医卫生检验、疫病检疫和防疫、挤奶操作、干奶操作、奶牛疾病诊疗等相关过往记录、公开的风险咨讯,结合咨询驻场兽医,确定生乳中需要评估的病原微生物。

6 风险监测

6.1 牛种布鲁氏菌和牛型结核分枝杆菌,应每半年监测1次,监测方法按照 GB/T 18646 和 SN/T 2101 的要求。

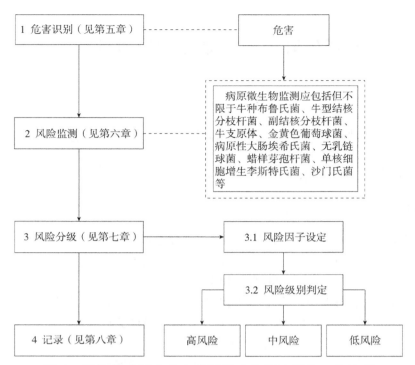

图 1　奶牛养殖场生乳中病原微生物风险评估工作流程

6.2　副结核分枝杆菌、牛支原体、金黄色葡萄球菌、病原性大肠埃希氏菌、无乳链球菌、蜡样芽孢杆菌、单核细胞增生李斯特氏菌、沙门氏菌等,应每季度监测 1 次,监测方法按照附录 A 的要求。

7　风险分级

7.1　风险因子设定

依据牛场记录及风险监测结果,应按照附录 B 将生乳中病原微生物风险因子设定为高风险因子、中风险因子和低风险因子。

7.2　风险级别判定

按照附录 C 进行统计判定,符合高风险因子 1 项及以上,判定为高风险;符合中风险因子 1 项及以上,判定为中风险;符合低风险因子 1 项及以上,判定为低风险;当同时符合 2 个或 3 个风险级别时,则按照最高风险级别判定。

8　记录

奶牛养殖场应做好采样、风险监测和风险分级等结果记录。记录保存至少 2 年。

附　录　A

（规范性）

奶牛养殖场生乳中病原微生物监测

奶牛养殖场生乳中病原微生物监测方法见表 A.1。

表 A.1　奶牛养殖场生乳中病原微生物监测方法

病原微生物	监测频率	检测方法
副结核分枝杆菌	每季度 1 次	GB/T 27637
牛支原体	每季度 1 次	NY/T 3234
金黄色葡萄球菌	每季度 1 次	NY/T 2962
病原性大肠埃希氏菌	每季度 1 次	GB 4789.6、GB 4789.36
无乳链球菌	每季度 1 次	NY/T 2962
蜡样芽孢杆菌	每季度 1 次	GB 4789.14
单核细胞增生李斯特氏菌	每季度 1 次	GB 4789.30
沙门氏菌	每季度 1 次	GB 4789.4

附 录 B
（规范性）
奶牛养殖场生乳中病原微生物风险因子

奶牛养殖场生乳中病原微生物风险因子见表B.1。

表 B.1 奶牛养殖场生乳中病原微生物[a]风险因子

分类	编号	风险因子
高风险因子	1	从牛群或生乳中检出牛种布鲁氏菌
	2	从牛群或生乳中检出牛型结核分枝杆菌
	3	从牛种布鲁氏菌或牛型结核分枝杆菌疫区引种
	4	对患有布鲁氏菌病的奶牛未按国家规定进行处置
	5	未按照国家布鲁氏菌病防治计划中一类地区牧场每年检疫2次,进行阳性牛扑杀
	6	未按国家规定对患有结核病的奶牛强制扑杀
中风险因子	1	从牛群或生乳中检出副结核分枝杆菌
	2	从牛群或生乳中检出牛支原体
	3	从生乳中检出金黄色葡萄球菌超过 10^5 CFU/mL
	4	从疫区采购饲草、饲料
	5	奶牛养殖场从业人员患有人兽共患传染病
	6	新引进的奶牛未进行牛种布鲁氏菌检疫
	7	新引进的奶牛未进行牛型结核分枝杆菌检疫
	8	未按程序进行及时、合理免疫
低风险因子	1	从牛群或生乳中检出金黄色葡萄球菌(不超过 10^5 CFU/mL)、病原性大肠埃希氏菌、无乳链球菌、蜡样芽孢杆菌、单核细胞增生李斯特氏菌和沙门氏菌中的一种或几种
	2	奶牛养殖场从业人员未定期体检
	3	挤奶前和挤奶后只对部分乳头消毒
	4	牛床未保持干燥和未及时更换或添加垫料
	5	未及时按规定使用兽药治疗病畜
	6	生产生活用水不符合 GB 5749 的要求
	7	未对储奶罐进行彻底清洗消毒
[a] 包括但不限于牛种布鲁氏菌、牛型结核分枝杆菌、副结核分枝杆菌、牛支原体、金黄色葡萄球菌、病原性大肠埃希氏菌、无乳链球菌、蜡样芽孢杆菌、单核细胞增生李斯特氏菌、沙门氏菌。		

附　录　C
（规范性）
奶牛养殖场生乳中病原微生物风险级别判定

奶牛养殖场生乳中病原微生物风险级别判定见表 C.1。

表 C.1　奶牛养殖场生乳中病原微生物[a]风险级别判定表

风险级别	编号	风险因子	判定结果	
			是	否
高风险	1	是否从牛群或生乳中检出牛种布鲁氏菌		
	2	是否从牛群或生乳中检出牛型结核分枝杆菌		
	3	是否从牛种布鲁氏菌或牛型结核分枝杆菌疫区引种		
	4	是否对患有布鲁氏菌病的奶牛按国家规定进行处置		
	5	是否按照国家布鲁氏菌病防治计划中一类地区牧场每年检疫 2 次，进行阳性牛扑杀		
	6	是否按国家规定对患有结核病的奶牛强制扑杀		
中风险	1	是否从牛群或生乳中检测出副结核分枝杆菌		
	2	是否从牛群或生乳中检测出牛支原体		
	3	是否从生乳中检测出金黄色葡萄球菌超过 10^5 CFU/mL		
	4	是否从疫区采购饲草、饲料		
	5	奶牛养殖场从业人员是否患有人兽共患传染病		
	6	新引进的奶牛是否进行牛种布鲁氏菌检疫		
	7	新引进的奶牛是否进行牛型结核分枝杆菌检疫		
	8	是否按程序进行及时、合理免疫		
低风险	1	是否从牛群或生乳中检出金黄色葡萄球菌（不超过 10^5 CFU/mL）、病原性大肠埃希氏菌、无乳链球菌、蜡样芽孢杆菌、单核细胞增生李斯特氏菌和沙门氏菌中的一种或几种		
	2	奶牛养殖场从业人员是否定期体检		
	3	挤奶前和挤奶后是否只对部分乳头消毒		
	4	牛床是否保持干燥和未及时更换或添加垫料		
	5	是否及时按规定使用兽药治疗病畜		
	6	生产生活用水是否符合 GB 5749 的要求		
	7	是否对储奶罐进行彻底清洗消毒		
[a]　包括但不限于牛种布鲁氏菌、牛型结核分枝杆菌、副结核分枝杆菌、牛支原体、金黄色葡萄球菌、病原性大肠埃希氏菌、无乳链球菌、蜡样芽孢杆菌、单核细胞增生李斯特氏菌、沙门氏菌。				

ICS 11.220
CCS B 41

中华人民共和国农业行业标准

NY/T 4302—2023

动物疫病诊断实验室档案管理规范

Specification for archives management of animal disease
diagnostic laboratory

2023-02-17 发布　　　　　　　　　　　　　　2023-06-01 实施

中华人民共和国农业农村部 发布

前　言

本文件按照 GB/T 1.1—2020《标准化工作导则　第 1 部分:标准化文件的结构和起草规则》的规定起草。

请注意本文件的某些内容可能涉及专利。本文件的发布机构不承担识别专利的责任。

本文件由农业农村部畜牧兽医局提出。

本文件由全国动物卫生标准化技术委员会(SAC/TC 181)归口。

本文件起草单位:中国动物疫病预防控制中心、中国动物卫生与流行病学中心。

本文件主要起草人:魏巍、王传彬、刘丽蓉、顾小雪、徐琦、周智、刘颖昳、毕一鸣、孙雨、赵柏林。

动物疫病诊断实验室档案管理规范

1 范围

本文件规定了动物疫病诊断实验室档案管理工作的总体要求、管理机制和岗位职责、材料的归档、档案的保管、利用、鉴定与销毁，以及电子档案管理。

本文件适用于动物疫病诊断实验室的档案管理工作。

2 规范性引用文件

下列文件中的内容通过文中的规范性引用而构成本文件必不可少的条款。其中，注日期的引用文件，仅该日期对应的版本适用于本文件；不注日期的引用文件，其最新版本（包括所有的修改单）适用于本文件。

GB/T 11822　科学技术档案案卷构成的一般要求
GB/T 18894　电子文件归档与电子档案管理规范
GB/T 20530　文献档案资料数字化工作导则
GB/T 27025　检测和校准实验室能力的通用要求
DA/T 1　档案工作基本术语
DA/T 6　档案装具
JGJ 25　档案馆建筑设计规范
NY/T 2961　兽医实验室　质量和技术要求
RB/T 214　检验检测机构资质认定能力评价检验检测机构通用要求

3 术语和定义

DA/T 1界定的以及下列术语和定义适用于本文件。

3.1

动物疫病诊断实验室　animal disease diagnostic laboratory

从事动物疫病检测、监测、诊断、研究等工作的实验室。

3.2

业务材料　business documents

动物疫病诊断实验室在工作中形成的数据、图片、结果、报告、声像资料等记录。

3.3

档案管理　archives management

对有价值的业务材料进行归档、保管、利用、鉴定与销毁的活动。

4 总体要求

4.1　动物疫病诊断实验室（以下简称实验室）应建立档案管理制度，将档案管理列入常规工作，配备必要的人员、资金和设施设备，为档案管理工作提供保障。

4.2　应按照安全保密、统一管理、集中保管、方便利用的基本原则，开展业务材料的归档和档案的保管、利用、鉴定和销毁，确保档案的真实性、完整性、安全性和有效性。

4.3　档案材料存在纸质和电子两种载体形式时，在内容、格式、相关说明及描述上应保持一致。两者不一致时，应以纸质档案记载信息为准。

5 管理机制和岗位职责

5.1 档案管理机制

应明确档案管理部门或岗位,指定档案管理负责人,配备专职或兼职档案管理员。建立实验室负责人统筹规划、档案管理负责人组织实施、档案管理员和业务承办人具体落实的管理机制。

5.2 岗位职责

5.2.1 实验室负责人全面指导、监督档案管理工作。

5.2.2 档案管理负责人制订档案管理工作计划,组织协调实验室各个部门开展业务材料的归档和档案的保管、利用、鉴定和销毁工作。

5.2.3 档案管理员指导业务承办人做好业务材料的归档,并落实档案的保管、利用、鉴定和销毁工作。

5.2.4 业务承办人收集其在工作中形成的业务材料,对业务材料的完整、准确负责,定期将办理完毕的业务材料交档案管理员,不应随意篡改、丢弃或自行保管。

6 材料的归档

6.1 归档范围

6.1.1 下列直接记录和反映实验室工作和活动,具有保存价值的业务材料均应纳入归档范围:
   a) 办公管理档案;
   b) 质量管理档案;
   c) 生物安全管理档案;
   d) 诊断/检测档案;
   e) 科学研究档案;
   f) 人员管理档案;
   g) 设施环境档案;
   h) 设备档案;
   i) 试剂耗材档案。

6.1.2 业务材料应分类归档并确定保管期限(见附录 A),可根据实验室实际需要增加归档材料种类和保管期限。

6.1.3 归档的纸质材料宜使用正本,无正本的情况下可使用副本或复印件。无论正本、副本或复印件,应图文清晰、标识完整、手续完备。

6.1.4 质量管理档案应按照 GB/T 27025、NY/T 2961 和 RB/T 214 定期审查归档的诊断方法、操作规程、技术规范等文件,并在必要时进行补充。

6.2 归档时间

检测报告(包括检测原始记录)在异议期过后及时归档,其他各种资料随时归档。归档周期可分为半年归档或年度归档 2 种。半年归档一般应于当年 7 月底前完成,年度归档一般应于翌年 3 月底前完成。

6.3 归档份数

归档的业务材料一般为 1 式 1 份,重要的、利用频繁的可适当增加份数。

6.4 归档手续

所有归档业务材料整理完毕后,由业务承办人填写归档业务材料清单(见附录 B),经档案管理员审核验收、清点无误后制定档案的唯一性编号,办理交接手续。归档业务材料清单永久保存。

6.5 组卷和分类

6.5.1 经收集整理的业务材料及时组卷、排序编号、装订入盒,编制案卷目录、卷内文件目录、案卷装订等操作按照 GB/T 11822 的相关规定执行。

6.5.2 业务材料可采用"业务类型-保管期限-年度"或"保管期限-年度-业务类型"的方法进行分类。也可根据本实验室实际情况,结合档案保存条件进行分类。分类方案一经确定应保持稳定。

6.5.3 跨年度的业务材料以办结日期确定形成时间。

7 档案的保管

7.1 业务材料应分类保管,设置专门的档案库房。库房内温度、湿度应符合 JGJ 25 的规定。

7.2 档案库房应配备必要的防火、防盗、防水、防潮、防光、防尘、防辐射、防高温、防有害生物以及应急照明等设备。

7.3 档案装具的配备应符合 DA/T 6 的相关规定。

7.4 档案库房由档案管理员管理,其他人员未经批准不得进入。档案管理员应定期清点库存档案,检查档案安全情况,对受损档案采取措施进行修复。

7.5 档案的保管期限,从档案装订入盒的翌年 1 月 1 日起计算。

8 档案的利用

8.1 档案的利用包括阅览、摘录、借阅、复制、展览等方式。利用档案应遵守登记和审批制度,办理档案利用登记表(见附录 C)。

8.2 阅览、摘录、复制档案时,应在指定地点进行,不应随意带离。

8.3 借阅、复制、展览等外借档案时,应规定归还时间,临近到期时间档案管理员对借出人予以提醒。到期需要继续利用的,应办理续借手续。

8.4 档案利用完毕归还时,档案管理员应检查档案状态,确认档案完好后入库。如发现篡改、丢失、损坏等情况,应立即报告档案管理负责人。

9 档案的鉴定与销毁

9.1 档案管理员定期检查档案的保管期限,对保管期限已满的档案提出鉴定申请。质量管理档案应按照 6.1.4 的规定定期评审。

9.2 开展档案鉴定应成立由档案管理负责人、档案管理员和业务承办人组成的档案鉴定小组。

9.3 应从档案的时间、内容、来源、利用价值等方面综合分析,鉴定档案的保管价值,填写档案鉴定记录单(见附录 D)。

9.4 对保存期限已满、经鉴定尚有保管价值的档案,应延长保管期限。

9.5 对保存期限已满、经鉴定已无保管价值的档案,登记后予以销毁。

9.6 销毁档案必须由 2 人或 2 人以上监督实施,或送到政府指定的档案材料销毁机构进行销毁。

9.7 应建立档案销毁记录单(见附录 E),注明销毁档案名称、档案编号、日期、地点、方式,销毁人和监销人员应在销毁清单上签字确认,档案销毁清单应永久保存。

10 电子档案管理

10.1 实验室应对具有保存利用价值的电子业务材料进行收集、整理和归档。

10.2 应配备与电子档案管理需求相适应的硬件系统、软件系统和存储、备份等设备,基于安全的网络和离线存储介质实施电子文件归档和电子档案管理。

10.3 有条件的实验室可开展纸质档案数字化工作,纸质档案数字化工作应按照 GB/T 20530 的相关规定执行。

10.4 电子档案管理的具体要求按照 GB/T 18894 的相关规定执行。

附 录 A

（资料性）

动物疫病诊断实验室业务材料归档范围、保管期限

动物疫病诊断实验室业务材料归档范围、保管期限见表A.1。

表 A.1 动物疫病诊断实验室业务材料归档范围、保管期限

序号	业务类型	归档范围	保管期限
1	办公管理档案	实验室重要工作计划、重要工作总结、年度大事记；重大和新发动物疫病发现、监测、流行病学调查记录；重大奖惩记录、重要会议记录等	永久
2	质量管理档案	质量手册、程序文件、作业指导书、操作规程、受控文件清单、文件变更、发放、回收记录、方法选择、验证和确认、外部质量评价、能力验证、实验室间比对、考核、评审记录等质量记录和技术记录	10年
3	生物安全管理档案	生物安全管理手册、生物安全自查报告；菌毒种（细胞株）的采集、分离、引进、保存、使用记录；生物材料、动物尸体等废弃物处理记录；安全事故处理记录、危险材料清单等	30年
4	诊断/检测档案	送检样品信息登记单、样品接收、制备、分发记录、诊断/检测结果记录、诊断/检测报告、留存或备份样品记录、检测完毕剩余样品处置记录等	10年
5	科学研究档案	科学研究的立项、技术路线、实验方案、实验动物使用、实验数据、课题验收、论文著作、专利申请、成果奖励、成果转化、实物材料保存位置记录等	30年
6	人员管理档案	教育背景、证书、继续教育及业绩记录、能力评估、以往工作背景、当前工作描述、健康检查和免疫记录、接受培训记录、员工表现评价记录等	10年
7	设施环境档案	实验室温湿度记录、环境消毒记录、消毒效果评价记录、设施环境控制记录等	10年
8	设备档案	设备及其软件标识、制造商名称、型号、序列号或其他唯一性标识、验收记录、设备到货日期和投入使用日期、存放地点、损坏、故障、改装或修理记录、服务合同、维护记录、检定证书、校准报告等	10年
9	试剂耗材档案	试剂耗材申请、采购、入库、出库、使用、库存、过期销毁记录等	10年

附 录 B

（资料性）

归档业务材料清单

归档业务材料清单见表 B.1。

表 B.1 归档业务材料清单

序号	业务材料名称	编号	页数	归档日期	业务承办人	收档人	备注
1							
2							
3							
4							
5							
6							
7							
8							
9							
10							

附　录　C
（资料性）
档案利用登记表

档案利用登记表见表C.1。

表 C.1　档案利用登记表

序号	档案名称	档案编号	利用方式	借用人	审批人	借用日期	归还日期	收档人	备注
1									
2									
3									
4									
5									
6									
7									
8									
9									
10									

附 录 D

（资料性）

档案鉴定记录单

档案鉴定记录单见表 D.1。

表 D.1 档案鉴定记录单

记录单编号：

序号	档案名称	档案编号	归档时间	保管期限	鉴定意见
1					
2					
3					
4					
5					
6					
7					
8					
9					
10					

鉴定小组成员签字：

　　　　　　　　　　　　　　　　　　　　　　　　　　　　年　　月　　日

实验室负责人审批：

　　　　　　　　　　　　　　　　　　　　　　　　　　　　年　　月　　日

附　录　E

（资料性）

档案销毁记录单

档案销毁记录单见表 E.1。

表 E.1　档案销毁记录单

记录单编号：

序号	档案名称	档案编号	鉴定记录单编号	销毁方式
1				
2				
3				
4				
5				
6				
7				
8				
9				
10				

档案管理负责人审核： 年　　月　　日
实验室负责人审批： 年　　月　　日

销毁执行人	监销人	销毁日期	销毁地点

参 考 文 献

[1] GB 19489　实验室　生物安全通用要求
[2] NY/T 1948　兽医实验室生物安全要求通则

————————

ICS 11.220
CCS B 41

中华人民共和国农业行业标准

NY/T 4303—2023

动物盖塔病毒感染诊断技术

Diagnostic techniques for animal getah virus infection

2023-02-17 发布

2023-06-01 实施

中华人民共和国农业农村部 发布

NY/T 4303—2023

前　言

本文件按照 GB/T 1.1—2020《标准化工作导则　第 1 部分：标准化文件的结构和起草规则》的规定起草。

请注意本文件的某些内容可能涉及专利。本文件的发布机构不承担识别专利的责任。

本文件由农业农村部畜牧兽医局提出。

本文件由全国动物卫生标准化技术委员会(SAC/TC 181)归口。

本文件起草单位：中国动物卫生与流行病学中心、云南省畜牧兽医科学院。

本文件主要起草人：徐天刚、王静林、左媛媛、李楠、孟锦昕、张慧、何于雯、戈胜强、李阳、王淑娟、吴晓东、王志亮。

引　言

　　盖塔病(Getah Virus Disease)是由披膜病毒科甲病毒属盖塔病毒(Getah Virus,GETV)引起的一种虫媒性人畜共患病,主要通过蚊、蠓等吸血节肢动物叮咬马、猪等哺乳动物传播。猪作为一种中间宿主,对盖塔病毒的传播与扩散起到重要作用。该病感染宿主范围较为广泛,可引起人类和许多脊椎动物的无症状感染,自然条件下已知马和猪感染出现有临床症状,如马的热症、皮疹和水肿,母猪的繁殖障碍和新生仔猪死亡等。盖塔病主要流行于欧亚大陆和澳大利亚北部的太平洋沿岸地区,近年来我国多有报道并有蔓延扩散趋势。该病的发生有一定的季节性和地域性,与吸血节肢动物媒介的活跃期和活动范围相关,一旦传入可呈地方流行或暴发流行。本文件的实施对提高马和猪盖塔病的诊断和监测水平,及时采取防控措施,保护家畜健康和产业发展,将起到重要作用。

　　本文件诊断技术内容包括临床诊断、病原学诊断方法和血清学诊断方法。其中推荐的病原核酸RT-PCR检测方法与SN/T 3198—2012《猪盖塔病RT-PCR检测技术规范》相比,具有检测宿主广,引物特异性好,与经典毒株、流行毒株匹配度更高的优势。

　　本文件的制定参考了国外相关文献并结合了我国有关研究成果。

动物盖塔病毒感染诊断技术

1 范围

本文件规定了马、猪盖塔病毒感染的临床诊断、样品采集与处理,以及病毒分离、RT-PCR、荧光 RT-PCR、间接 ELISA 抗体检测、血清中和试验等实验室诊断方法的技术要求。

本文件适用于马、猪盖塔病毒感染的诊断、检测、检疫、监测和流行病学调查。

2 规范性引用文件

下列文件中的内容通过文中的规范性引用而构成本文件必不可少的条款。其中,注日期的引用文件,仅该日期对应的版本适用于本文件;不注日期的引用文件,其最新版本(包括所有的修改单)适用本文件。

GB 19489 实验室生物安全通用要求

3 术语和定义

本文件没有需要界定的术语和定义。

4 缩略语

下列缩略语适用于本文件。

CPE:细胞病变效应(Cytopathic Effect)

cDNA:互补脱氧核糖核酸(Complementary DNA)

DEPC:焦碳酸二乙酯(Diethyl Pyrocarbonate)

EDTA:乙二胺四乙酸(Ethylene DiamineTetraacetic Acid)

ELISA:酶联免疫吸附试验(Enzyme linked immunosorbent assay)

GETV:盖塔病毒(Getah Virus)

MEM:最低限度必需氨基酸营养液(Minimum Essential Medium)

PBS:磷酸盐缓冲液(Phosphate Buffered Saline)

PCR:聚合酶链式反应(Polymerase Chain Reaction)

PFU:噬斑形成单位(Plaque Forming Unit)

RT-PCR:反转录-聚合酶链式反应(Reverse Transcript-Polymerase Chain Reaction)

TAE:三羟甲基氨基甲烷-乙酸-乙二胺四乙酸缓冲液(Tris-Acetic acid-EDTA Buffer)

5 生物安全措施

进行马、猪盖塔病毒感染的诊断、检测时,如动物剖检、样品采集与处理、核酸提取等,按照 GB 19489 的规定执行。

6 临床诊断

6.1 流行特点

6.1.1 盖塔病毒感染可致马、猪出现明显临床症状。

6.1.2 盖塔病毒可在蚊、蠓等吸血节肢动物媒介体内复制并通过叮咬马、猪等动物进行传播。

6.1.3 盖塔病在马、猪中的暴发时间往往与蚊、蠓等吸血节肢动物媒介的季节高峰期相吻合。每年 6 月—9 月通常为该病流行期,气候湿热地区为高流行区域。

6.2 临床症状

6.2.1 病马临床症状

6.2.1.1 马主要表现为高烧不退,体温持续 38.5 ℃～40 ℃,一般经历 7 d～14 d 的发病过程后症状消失,体温恢复正常,通常预后良好。

6.2.1.2 马后肢跗关节水肿和僵硬、颌下淋巴结肿胀和轻度疼痛、精神抑郁、轻度黄疸、阴囊水肿。荨麻疹偶见,多表现为 3 mm～5 mm 大小不等的丘疹,常见于颈肩部、前肢、臀部、股部和小腿部。

6.2.2 病猪临床症状

6.2.2.1 成年猪表现为轻度发热和厌食。

6.2.2.2 母猪表现为繁殖障碍、产死胎等症状,部分严重者呈犬坐姿势或出现神经症状,最后全身衰竭死亡。

6.2.2.3 新生仔猪表现为皮肤充血发红、肌肉震颤、精神不振、腹泻、排出棕黄色稀粪,呈现较高的死亡率。

6.3 病理变化

6.3.1 马、猪脾脏淋巴细胞和淋巴结可见增生、肿大和淤血,偶发皮肤炎症。

6.3.2 马、猪的脑、肝和骨骼肌易受侵袭,骨骼肌可发生退化、萎缩、坏死和肌纤维的炎性病变。

6.4 结果判定

符合 6.1 且出现 6.2 和 6.3 所述情形,可初步判定为疑似盖塔病毒感染。若进一步确诊,应采样进行实验室诊断。

7 样品采集与处理

7.1 样品采集

7.1.1 组织样品

无菌采集马的肺、肝、脾、肾、淋巴结、脊髓组织;采集猪的脾、淋巴结以及死亡胎儿 25 g～50 g,装入样品保存管,加入 50% 甘油-PBS 保存液,使保存液液面没过样品,加盖封口,冷冻保存。

7.1.2 血液样品

无菌采集处于发热期的马或猪的肝素抗凝血、EDTA 抗凝血以及无添加剂全血各 1 管,每管应不少于 3 mL。密封后冷藏保存。

7.2 样品处理

7.2.1 组织样品

取发病或死亡动物肺、肝、脾、肾、淋巴结、脊髓等组织或死亡胎儿脏器约 2 g,剪碎后加入 10 mL PBS 溶液(含青霉素 1 000 IU/mL 和链霉素 1 000 μg/mL)充分研磨,制成 1:5 的组织悬浮液,4 ℃ 冰箱中浸提 4 h。取 2 mL 上清液用超声波裂解处理(100 μA,1 min～2 min)或反复冻融 3 次,3 000 r/min 离心 10 min,取上清液备用。标记编号后立即进行病原检测或冷冻保存。

7.2.2 血液样品

7.2.2.1 肝素抗凝血:取肝素抗凝血 200 μL,加入 1 mL PBS,1 000 r/min 离心 10 min,吸出上层血浆。标记编号后立即进行病原检测或冷冻保存。

7.2.2.2 EDTA 抗凝血:无须处理,标记编号后立即进行病原检测或冷冻保存。

7.2.2.3 无添加剂全血:按常规方法制备血清,标记编号后立即进行抗体检测或冷冻保存。

8 实验室诊断

8.1 病毒分离

8.1.1 主要仪器和器材

8.1.1.1 生物安全柜。

8.1.1.2 CO_2 细胞培养箱。

8.1.1.3 倒置生物显微镜。

8.1.1.4 台式低温高速离心机。

8.1.1.5 研钵和研杵(或组织匀浆机)。

8.1.1.6 24 孔细胞培养板。

8.1.2 主要试剂

8.1.2.1 0.01 mol/L PBS(pH 7.4),按照附录 A 中 A.1 的规定配制。

8.1.2.2 50％甘油-PBS 保存液,按照 A.2 的规定配制。

8.1.2.3 青霉素,浓度为 10 000 IU/mL。

8.1.2.4 链霉素,浓度为 10 000 μg/mL。

8.1.2.5 细胞完全营养液和维持液,按照 A.3 的规定配制。

8.1.3 病毒分离

将 BHK-21(或 Vero、C6/36 等敏感传代细胞系)加入 24 孔细胞培养板,培养至长满单层。用无菌 PBS 洗涤细胞 3 次后,每孔接种 0.2 mL 疑似病畜的组织研磨上清液,或 50 μL 制备的血浆样品(加入不含胎牛血清的细胞维持液至 0.2 mL 终体积),37 ℃(适用于 BHK-21、Vero 细胞)或 28 ℃(适用于 C6/36 细胞)吸附 60 min 后弃掉液体,加入含 2％胎牛血清的细胞维持液,每孔 1 mL,在细胞培养箱中培养,并逐日观察是否出现细胞病变(CPE)。初代分离若未出现 CPE,应盲传 3 代,每代连续观察 7 d。

8.1.4 病毒鉴定

将出现 CPE 的细胞悬液选用 8.2 或 8.3 所述方法进行核酸鉴定和分析。

8.1.5 结果判定

8.1.5.1 细胞盲传 3 代未见细胞病变,且经 8.1.4 所述方法检测为阴性者,判定为病毒分离阴性。

8.1.5.2 出现细胞病变,且经 8.1.4 所述方法检测为阳性者,判定为病毒分离阳性。

8.2 RT-PCR

8.2.1 主要仪器和器材

8.2.1.1 PCR 扩增仪。

8.2.1.2 台式低温高速离心机。

8.2.1.3 电泳仪和水平电泳槽。

8.2.1.4 凝胶成像仪(或紫外透射仪)。

8.2.1.5 研钵和研杵(或组织匀浆机)。

8.2.1.6 微量可调移液器(2.5 μL、10 μL、100 μL、200 μL、1 000 μL 等不同规格)。

8.2.1.7 PCR 扩增管。

8.2.1.8 无 RNA 酶离心管和枪头。

8.2.2 引物与试剂

8.2.2.1 引物(序列信息见附录 B 中的 B.1)。

8.2.2.2 商品化病毒 RNA 提取试剂盒。

8.2.2.3 反转录酶(200 U/μL)。

8.2.2.4 核糖核酸酶(RNase)抑制剂(40 U/μL)。

8.2.2.5 dNTPs 混合物(10 mmol/L)。

8.2.2.6 预混 *Taq* 酶。

8.2.2.7 DL 2 000 DNA 分子质量标准。

8.2.2.8 DEPC 处理水(按照附录 C 中 C.1 的规定配制)。

8.2.2.9 TAE 缓冲液(按照 C.2 和 C.3 的规定配制)。

8.2.2.10 1%琼脂糖凝胶(按照 C.4 的规定配制)。

8.2.2.11 阳性对照样品:含有盖塔病毒的 EDTA 抗凝血或细胞培养物。

8.2.2.12 阴性对照样品:健康动物的 EDTA 抗凝血、正常细胞培养物或 DEPC 处理水。

8.2.3 试验程序

8.2.3.1 病毒 RNA 提取

采用商品化病毒 RNA 提取试剂盒提取血液、组织、细胞培养物等各类样本中的病毒核酸,或用自动化核酸提取仪提取各类样本中的病毒核酸。如在 2 h 内检测,可将提取的核酸置于冰上保存;否则,应置于−80 ℃保存。

8.2.3.2 cDNA 的制备

在含有 8 μL RNA 的 PCR 扩增管内,加入随机引物[pd(N)6]1 μL,10 mmol/L dNTPs 混合物 1 μL,轻敲管壁以混匀,瞬时离心,65 ℃条件下水浴 10 min,然后立即置于冰浴中 2 min。在含有 RNA 的 PCR 管内,依次加入 1 μL 的反转录酶、4 μL 的 5×反转录酶缓冲液、0.5 μL 的核糖核酸酶(RNase)抑制剂、4.5 μL 的 DEPC 处理水,使反应终体积为 20 μL,轻敲管壁以混匀反应体系,瞬时离心,30 ℃ 10 min,42 ℃ 60 min,70 ℃ 15min。将制备好的 cDNA 立即进行目的基因扩增或冷冻保存备用。

8.2.3.3 基因扩增

配制 25 μL 反应体系所需试剂如下:
a) 2.5 μL 的 cDNA 模板;
b) 12.5 μL 的预混 *Taq* 酶;
c) 0.5 μL 的引物 GETV240F(20 pmol/μL);
d) 0.5 μL 的引物 GETV835R(20 pmol/μL);
e) 9.0 μL 的 DEPC 处理水。

瞬时离心后,置于 PCR 扩增仪内进行扩增。扩增程序为:94 ℃预变性 5 min;94 ℃变性 30 s,55 ℃退火 30 s,72 ℃延伸 45 s,30 个循环;72 ℃延伸 10 min,4 ℃保存扩增产物。

8.2.3.4 电泳

RT-PCR 反应结束后,取反应产物 8 μL,DL 2 000 分子质量标准 5 μL,分别在 1%琼脂糖凝胶中电泳,100 mA 电泳 20 min,用凝胶成像仪观察结果并拍照保存。

8.2.4 试验成立的条件

阳性对照样品的 PCR 产物出现 596 bp 特异性扩增条带,阴性对照和空白对照无扩增条带出现(引物二聚体除外)时,试验成立。

8.2.5 结果判定

被检样品 PCR 产物出现 596 bp 扩增条带时,可判定样品为盖塔病毒核酸阳性;否则为阴性。

8.3 荧光 RT-PCR

8.3.1 主要仪器和器材

8.3.1.1 荧光 PCR 扩增仪。

8.3.1.2 台式低温高速离心机。

8.3.1.3 研钵和研杵(或自动匀浆机)。

8.3.1.4 PCR 扩增管。

8.3.1.5 微量可调移液器(2.5 μL、10 μL、100 μL、200 μL、1 000 μL 等不同规格)。

8.3.1.6 无 RNA 酶离心管和枪头。

8.3.2 引物、探针及主要试剂

8.3.2.1 引物和探针(序列信息见 B.2)。

8.3.2.2 病毒 RNA 提取试剂盒。

8.3.2.3 荧光 RT-PCR 试剂盒。

8.3.2.4 阳性对照样品:含有盖塔病毒的 EDTA 抗凝血或细胞培养物。

8.3.2.5 阴性对照样品:健康动物的 EDTA 抗凝血、正常细胞培养物或 DEPC 处理水。

8.3.3 试验程序

8.3.3.1 病毒 RNA 提取

同 8.2.3.1。

8.3.3.2 荧光 RT-PCR 扩增

按商品化荧光 RT-PCR 试剂盒说明书操作。将有关试剂在室温下融化,2 000 r/min 离心 5 s。每个样品配制 20 μL 反应体系,配制如下:

    a)   10.0 μL 的 2×一步法荧光 RT-PCR 缓冲液;

    b)   0.4 μL 的 *Taq* 酶(5 U/μL);

    c)   0.4 μL 的反转录酶混合物;

    d)   0.4 μL 的 Rox 参比染料;

    e)   0.4 μL 的引物 GETV-F(10 pmol/μL);

    f)   0.4 μL 的引物 GETV-R(10 pmol/μL);

    g)   0.4 μL 的探针 GETV-P(10 pmol/μL);

    h)   2.0 μL 的模板 RNA;

    i)   5.6 μL 的 DEPC 处理水。

将荧光 RT-PCR 反应板(或管)封板(或盖紧管盖)标记后混匀,瞬时离心,放入荧光 PCR 扩增仪内进行扩增。注意:反应体系可依据所用试剂盒的不同而适当改变。扩增程序如下:42 ℃反转录 5 min,1 个循环;95 ℃预变性 10 s,1 个循环;95 ℃变性 5 s,60 ℃退火延伸 34 s,40 个循环。设定程序在第三阶段每个循环的退火延伸时收集荧光信号。

8.3.4 试验成立条件

阳性对照的 *Ct* 值应<28,并出现典型的扩增曲线;阴性对照无 *Ct* 值并且无扩增曲线,试验结果有效。否则,应重新进行试验。

8.3.5 结果判定

被检样品 *Ct* 值<35,且出现典型的扩增曲线,判定为盖塔病毒核酸阳性。无 *Ct* 值则判为盖塔病毒核酸阴性。当 35≤*Ct* 值≤40,判定为可疑,应重新检测;如出现典型的扩增曲线,且 *Ct* 值≤40,判定为盖塔病毒核酸阳性。

8.4 间接 ELISA 抗体检测

8.4.1 主要仪器和器材

8.4.1.1 酶标仪。

8.4.1.2 恒温培养箱。

8.4.1.3 洗瓶或洗板机。

8.4.1.4 微量可调移液器(2.5 μL、10 μL、100 μL、200 μL、1 000 μL 等不同规格)。

8.4.1.5 ELISA 反应板、枪头等。

8.4.2 主要试剂

8.4.2.1 包被抗原:经灭活和纯化处理的盖塔病毒细胞毒。

8.4.2.2 酶标二抗:辣根过氧化物酶标记的羊抗猪(或马)IgG。

8.4.2.3 对照:盖塔病毒阳性对照血清、盖塔病毒阴性对照血清。

8.4.2.4 包被液:0.05 mol/L pH 9.6 碳酸盐缓冲液(按照附录 D 中 D.1 的规定配制)。

8.4.2.5 洗涤液:含 0.05% 吐温-20、pH 7.4 的 PBS(按照 D.2 的规定配制)。

8.4.2.6 封闭液及抗体稀释液:含 3% 牛血清白蛋白(BSA)的 pH 7.4 的 PBS(按照 D.3 的规定配制)。

8.4.2.7 底物溶液:TMB 溶液(按照 D.4 的规定配制)。

8.4.2.8 终止液:2 mol/L H_2SO_4(按照 D.5 的规定配制)。

8.4.3 试验程序

8.4.3.1 抗原包被和封闭

将收获的盖塔病毒细胞毒经甲醛灭活后,按蔗糖密度梯度法超速离心纯化,获得的抗原用包被液稀释至终浓度为 1 μg/mL,每孔 100 μL 包被 96 孔酶标板,4 ℃孵育过夜。洗涤液洗涤 3 次,每次 5 min。酶标板每孔加入 200 μL 封闭液,置于 37 ℃恒温培养箱中封闭 60 min,洗涤液洗涤 3 次,每次 5 min,甩干孔内残液,在吸水纸上拍干备用。

8.4.3.2 加样

将盖塔病毒阳性对照血清、阴性对照血清及待检血清用抗体稀释液分别作 1:400 倍稀释,酶标板每孔加入 100 μL,阴、阳性对照各加 2 孔,37 ℃恒温培养箱中孵育 60 min,洗涤液洗涤 3 次,每次 5 min,甩干孔内残液,在吸水纸上拍干备用。

8.4.3.3 加酶标二抗

根据被检测动物种类不同,加入 1:3 000(或按照说明书推荐)稀释的辣根过氧化物酶标记的羊抗马或抗猪 IgG,每孔 100 μL,37 ℃恒温培养箱中孵育 60 min,洗涤液洗涤 3 次,每次 5 min,甩干孔内残液,在吸水纸上拍干备用。

8.4.3.4 显色与终止

每孔加入底物溶液 50 μL,避光显色 5 min。显色完毕后,每孔加入 50 μL 终止液终止反应,立即在酶标仪 450 nm 波长处读取结果。

8.4.4 试验成立条件

阳性对照血清的平均 OD_{450}≥1.0,阴性对照血清平均 OD_{450}≤0.3 时,试验结果有效;否则,应重新进行试验。

8.4.5 结果判定

按下列公式计算样品 S/N 值:S/N=待检样品 OD_{450}值/阴性对照平均 OD_{450}值。

在试验成立的前提下,样品 S/N 值≥2.1 判定为盖塔病毒抗体阳性;S/N 值≤1.5 判为盖塔病毒抗体阴性;1.5<S/N 值<2.1,判为可疑。对结果可疑样品必须进行复检,如复检结果仍为可疑,则于 2 周后重新采样检测。

8.5 血清中和试验(噬斑减少中和试验)

8.5.1 主要仪器和器材

8.5.1.1 CO_2细胞培养箱。

8.5.1.2 倒置生物显微镜。

8.5.1.3 微量振荡器。

8.5.1.4 6 孔细胞培养板。

8.5.1.5 微量可调移液器(2.5 μL、10 μL、100 μL、200 μL、1 000 μL 等不同规格)。

8.5.2 主要试剂

8.5.2.1 1%琼脂糖(按照 D.6 的规定配制)。

8.5.2.2 3%中性红(按照 D.7 的规定配制)。

8.5.2.3 细胞完全培养液和维持液(按照 A.3 的规定配制)。

8.5.3 试验程序

8.5.3.1 毒价测定

将盖塔病毒液用无血清细胞维持液作 10^{-1}~10^{-10} 稀释,取长满单层 BHK-21 细胞的 6 孔细胞培养板,吸出培养液,将 10^{-3}~10^{-8} 的病毒稀释液 100 μL 分别加入到 6 孔细胞培养板,37 ℃吸附 60 min。吸出细胞板内液体,加入第一层胶(含 1%琼脂糖和 2%胎牛血清的细胞维持液),每孔 3 mL,37 ℃培养1 d~2 d。当显微镜下观察出现噬斑时,加入第二层胶(含 1%琼脂糖、0.03%中性红溶液和含 2%胎牛血清的细胞维持液),每孔 3 mL,6 h 后观察噬斑并计数。测定噬斑形成单位(PFU)。

8.5.3.2 中和试验

将待检血清于 56 ℃水浴 30 min 灭活。取血清 10 μL 和无血清细胞维持液 90 μL 混合,在 96 孔培养板上做连续倍比稀释。然后,加入 100 μL(含 200 个 PFU)的病毒液,经微量振荡器振荡 1 min～2 min,37 ℃中和作用 60 min。分别接种在已经长满单层 BHK-21 细胞的 6 孔板,37 ℃吸附 60 min,在试验中分别设有 0 个 PFU、10 个 PFU、50 个 PFU 和 100 个 PFU 对照。加入第一层胶(含 1%琼脂糖和含 2%胎牛血清的细胞维持液),37 ℃培养 1 d～2 d。当显微镜下观察出现噬斑时,加入第二层胶(含 1%琼脂糖、0.03%中性红溶液和 2%胎牛血清的细胞维持液),6 h 后观察噬斑并计数。

8.5.4 结果判定

8.5.4.1 计算中和抗体滴度

以 Reed 和 Muench 氏法计算(示例见附录 E):

距离比例＝(高于 90%的噬斑百分数－90%)/(高于 90%的噬斑百分数－低于 90%的噬斑百分数)

90%噬斑抑制终点＝高于 90%稀释度对数＋距离比例×稀释系数的对数

8.5.4.2 判定

对照成立,以 90%抑制噬斑减少为滴定终点,血清抗体稀释滴度大于等于 1∶10 的标本判为阳性。

9 综合判定

9.1 临床判定为疑似的易感动物,经 8.1 分离出盖塔病毒,或经 8.2、8.3 任一项检测为盖塔病毒核酸阳性的,可判定为盖塔病发病。

9.2 临床无明显特异症状的非免疫动物经 8.4、8.5 任一项检测为盖塔病毒抗体阳性的,可判定该动物曾经感染过盖塔病毒。若 8.4 和 8.5 检测结果不一致,以 8.5 检测结果为准。

9.3 临床无明显特异症状的同群或具有流行病学相关性易感动物,采集血液或组织样品经 8.1、8.2、8.3 任一项检测为阳性的,可判定为盖塔病感染。

附 录 A
（规范性）
病毒分离相关溶液的配制

A.1 0.01 mol/L PBS(pH 7.4)

称取 8.00 g 氯化钠(NaCl)、0.20 g 氯化钾(KCl)、1.42 g 磷酸氢二钠(Na_2HPO_4)、0.27 g 磷酸二氢钾(KH_2PO_4)，调整 pH 至 7.4，加去离子水定容至 1 000 mL，高压灭菌，室温保存。

A.2 50% 甘油-PBS 保存液(pH 7.4)

将 0.01 mol/L PBS 与纯甘油(分析纯)等量混合，调整 pH 至 7.4，分装为小瓶，高压灭菌，室温或 4 ℃保存。

A.3 细胞完全营养液和维持液

A.3.1 MEM 基础营养液

称取 9.5 g MEM 干粉和 2.2 g 碳酸氢钠($NaHCO_3$)，加去离子水定容至 1 000 mL，充分混匀，过滤除菌后 4 ℃保存备用。

A.3.2 200 mmol/L 谷氨酰氨溶液(母液)

称取 2.923 g 谷氨酰氨(L-glutanin)，加去离子水配制成 100 mL 溶液。

A.3.3 细胞完全营养液(pH 7.2)

取 900 mL 的 MEM 基础营养液加 100 mL 的灭活胎牛血清混合，配制成 1 000 mL 的溶液，加入青霉素至终浓度 100 IU/mL，链霉素至终浓度 100 μg/mL，谷氨酰氨至终浓度 2 mmol/L，4 ℃保存备用。

A.3.4 细胞维持液(pH 7.2)

1 000 mL 的 MEM 基础营养液，加入青霉素至终浓度 100 IU/mL，链霉素至终浓度 100 μg/mL，谷氨酰氨至终浓度 2 mmol/L，4 ℃保存备用。

附 录 B

（资料性）

盖塔病毒 RT-PCR、荧光 RT-PCR 相关引物和探针

B.1 盖塔病毒 RT-PCR 检测引物

表 B.1 列出了盖塔病毒 RT-PCR 检测引物信息。

表 B.1 盖塔病毒 RT-PCR 检测引物

引物名称	引物序列（5′-3′）	产物大小，bp	基因
GETV240F	TCCAACAGGCGTCACCATC	596	NS1
GETV835R	GCTTTCGGCTCTCGGTGTA		

B.2 盖塔病毒荧光 RT-PCR 检测引物和探针

表 B.2 列出了盖塔病毒荧光 RT-PCR 检测引物和探针信息。

表 B.2 盖塔病毒荧光 RT-PCR 检测引物和探针

引物名称	引物序列（5′-3′）	产物大小，bp	基因
GETV-F	CGCTTATCTGGACTTGGTCG	129	NS4
GETV-R	GAAGGTACTGCGCTCCTGATT		
GETV probe	FAM-TCTGCCCGGCCAAACTAAGATGTTAC-TAMRA		

B.3 引物和探针的稀释

开盖前，将新合成的引物或探针进行瞬时离心（12 000 r/min，30 s）；用 DEPC 处理水溶解，加水量为 10×总纳摩尔数，充分混匀，此时引物或探针的浓度为 100 pmol/μL，可作为储存液，−20 ℃或以下温度保存；使用时，将 100 pmol/μL 的引物或探针储存液用 DEPC 处理水配制浓度为 20 pmol/μL（RT-PCR）或 10 pmol/μL（荧光 RT-PCR）的使用液，−20 ℃或以下温度保存。

附　录　C
（规范性）
核酸检测试验用溶液配制

C.1　DEPC 处理水

取 1 mL DEPC 加入去离子水至终体积 1 000 mL，充分混匀后将瓶盖拧松，置于 37 ℃放置过夜，高压灭菌。室温或 4 ℃保存备用。

C.2　50×TAE 储存液

取 242 g 的 Tris 碱、37.2 g 的 $Na_2EDTA \cdot 2H_2O$、57.1 mL 的冰乙酸，加 800 mL 去离子水充分溶解，混匀后加去离子水定容至 1 000 mL。室温保存。

C.3　1×TAE 缓冲液

使用前，将 50×TAE 做 50 倍稀释即可。

C.4　1%琼脂糖凝胶

称取 1.0 g 琼脂糖放入 100 mL 的 1×TAE 电泳缓冲液中，加热融化，待温度降至 60 ℃左右，加入 2.5 μL 核酸染料 Gold View(10 mg/mL)，混匀后制备凝胶块。

附　录　D

（规范性）

酶联免疫吸附试验和血清中和试验用溶液的配制

D. 1　包被缓冲液——0.05 mol/L 碳酸盐缓冲液(pH 9.6)

称取 0.318 g 碳酸钠(Na_2CO_3)、0.558 g 碳酸氢钠(NaHCO₃)，调整 pH 至 9.6，加去离子水定容至 200 mL，充分混匀，过滤除菌，室温保存备用。

D. 2　洗涤缓冲液——含 0.05% 吐温-20 的 0.01 mol/L PBS(pH 7.4)

取 0.5 mL 的吐温-20(Tween-20)，加入 1 000 mL 的 0.01 mol/L PBS(pH 7.4)中，充分混匀，现用现配。

D. 3　封闭液及抗体稀释液——含 3% BSA 的 0.01 mol/L PBS(pH 7.4)

称取 3 g 牛血清白蛋白(BSA)，加入 100 mL 的 0.01 mol/L PBS(pH 7.4)中，充分混匀，现用现配。

D. 4　底物溶液(TMB 溶液)

D. 4.1　A 液

称取 20 mg 的 3,3′,5,5′-四甲基联苯胺(TMB)，加入 10 mL 无水乙醇(分析纯)中，待充分溶解后加去离子水定容至 100 mL。用 0.45 μm 滤膜过滤后，避光 4 ℃～8 ℃棕色瓶保存。

D. 4.2　B 液

取 7.17 g 磷酸氢二钠(Na_2HPO_4)、0.93 g 的柠檬酸($C_6H_8O_7$)和 0.64 mL 的过氧化氢尿素溶液(0.75%)，加去离子水定容至 100 mL，调整 pH 至 5.0～5.4。

D. 4.3　用法

使用时，将 A 液、B 液按 1∶1 的比例混合，现用现配。

D. 5　终止液(2 mol/L H_2SO_4)

将 11.10 mL 浓 H_2SO_4 缓慢加入 88.90 mL 去离子水中，混匀，冷却至室温。

D. 6　1%琼脂糖

取 1.00 g 琼脂糖溶解于 100 mL 去离子水中，103 kPa 高压蒸汽灭菌 30 min，4 ℃保存。

D. 7　3%中性红

取 3.00 g 中性红溶解于 100 mL 去离子水中，103 kPa 高压蒸汽灭菌 30 min，4 ℃保存。

附 录 E
（资料性）
血清中和试验（噬斑减少中和试验）测定示例

将待检血清灭活后做 1∶10～1∶160 倍比稀释，分别与稀释好的病毒（0.1 mL 含 200 个 PFU）等量混合，置 37 ℃作用 60 min，接种至已经长满单层 BHK-21 细胞的 6 孔板，每个稀释度接种 2 个孔，置 37 ℃作用 60 min，加入预热的第一层胶（含 1%琼脂糖和细胞维持液），37 ℃培养 1 d～2 d，当显微镜下观察出现噬斑时加入预热的第二层胶（含 1%琼脂糖、0.03%中性红溶液和细胞维持液），37 ℃继续培养，6 h 后观察噬斑并开始计数。结果按 Reed 和 Muench 氏法计算。示例如表 E.1。

表 E.1　测定示例数据

血清稀释度	噬斑数		平均噬斑数	出现噬斑的百分数	噬斑抑制的百分数
	1 号	2 号			
1∶10（10^{-1}）	0	0	0	0	100
1∶20（$10^{-1.3}$）	3	3	3	6	94
1∶40（$10^{-1.6}$）	11	13	12	24	76
1∶80（$10^{-1.9}$）	19	21	20	40	60
1∶160（$10^{-2.2}$）	44	40	42	84	16
对照	51	49	50		

距离比例＝（高于 90%的噬斑百分数－90%）/（高于 90%的噬斑百分数－低于 90%的噬斑百分数）

$$＝（94－90）/（94－76）$$

$$＝0.22$$

90%噬斑抑制终点＝高于 90%稀释度对数＋距离比例×稀释系数的对数

$$＝－1.3＋0.22×（－0.3）$$

$$＝－1.3＋（－0.066）$$

$$＝－1.366$$

即该份血清中和效价为 $10^{-1.366}$，相当于血清作 1∶23 稀释。

ICS 11.220
CCS B 41

中华人民共和国农业行业标准

NY/T 4304—2023

牦牛常见寄生虫病防治技术规范

Technical specification for prevention and control of common
parasitic diseases of yak

2023-02-17 发布

2023-06-01 实施

中华人民共和国农业农村部 发布

前　言

本文件按照 GB/T 1.1—2020《标准化工作导则　第 1 部分:标准化文件的结构和起草规则》的规定起草。

请注意本文件的某些内容可能涉及专利。本文件的发布机构不承担识别专利的责任。

本文件由农业农村部畜牧兽医局提出。

本文件由全国动物卫生标准化技术委员会(SAC/TC 181)归口。

本文件起草单位:青海省动物疫病预防控制中心、青海省畜牧兽医科学院、中国动物疫病预防控制中心、中国动物卫生与流行病学中心。

本文件主要起草人:蔡金山、蔡进忠、李静、孙雨、胡广卫、雷萌桐、李春花、杨林、王媛媛、沈艳丽、赵全邦、阚威、林元清、汤承、刘书杰、孙辉、阳爱国、拉巴次仁、高生智、孙璐、李英、都占林、炊文婷、游潇倩。

牦牛常见寄生虫病防治技术规范

1 范围

本文件规定了牦牛常见寄生虫病防治技术的术语与定义、牦牛常见寄生虫病、流行病学调查及诊断、监测、综合防治措施及档案管理的技术要求。

本文件适用于牦牛常见寄生虫病的防治。

2 规范性引用文件

下列文件中的内容通过文中的规范性引用而构成本文件必不可少的条款。其中,注日期的引用文件,仅该日期对应的版本适用于本文件;不注日期的引用文件,其最新版本(包括所有的修改单)适用于本文件。

GB 8978　污水综合排放标准

GB/T 22329　牛皮蝇蛆病诊断技术

GB/T 36195　畜禽粪便无害化处理技术规范

NY 467　畜禽屠宰卫生检疫规范

3 术语与定义

下列术语与定义适用于本文件。

3.1

牦牛　yak

以青藏高原为中心及其毗邻高山、亚高山高寒地区的特有珍稀牛种之一,草食性反刍家畜,能适应高寒气候,主要集中于青藏高原中心地带及东部边缘的青海、西藏和四川的西北地区。

3.2

内寄生虫　entozoic parasite

寄生于宿主内部组织器官中的寄生虫。

3.3

外寄生虫　epizoic parasite

寄生于宿主体表、皮肤或内脏器官的节肢动物门的寄生虫。

3.4

中间宿主　intermediate host

寄生虫的幼虫或无性繁殖阶段所寄生的宿主。

3.5

药物喷淋　drug spray

通过使用药物液体喷洒喷雾的方式预防、治疗寄生虫病的措施。

4 牦牛常见寄生虫

4.1 内寄生虫

4.1.1 吸虫

主要包括肝片吸虫、大片吸虫、歧腔吸虫、前后盘吸虫等。

4.1.2 线虫

主要包括奥斯特线虫、马歇尔线虫、血矛线虫、细颈线虫、网尾线虫、毛细线虫、毛尾线虫、食道口线虫、原圆线虫、仰口线虫、夏伯特线虫、毛圆线虫、古柏线虫等。

4.1.3 绦虫及绦虫蚴

绦虫主要包括莫尼茨绦虫、曲子宫绦虫、无卵黄线绦虫,绦虫蚴主要包括牛囊尾蚴、棘球蚴、脑多头蚴、细颈囊尾蚴等。

4.2 外寄生虫

主要包括疥螨、痒螨、虱、蠕形蚤、牛皮蝇等。

4.3 原虫

主要包括巴贝斯虫、泰勒虫、球虫、锥虫、弓形虫、隐孢子虫等。

5 流行病学调查

5.1 调查方式

采用查阅资料、回顾性调查、现场调查相结合的方式。

5.2 调查内容

调查流行规律、地理分布和流行趋势,了解和掌握当地的自然条件、饲养管理水平、存栏情况、畜群的生产性能、发病情况、死亡情况、中间宿主及传播媒介的存在与分布情况、寄生虫病的传播和流行动态等。

6 监测

6.1 监测方案

应结合当地实际,根据本地区牦牛寄生虫病流行情况,制订本地区牦牛寄生虫病监测方案,开展内寄生虫病、原虫病和外寄生虫病监测。

6.2 抽样比例

以县(区)为单位,依据牦牛寄生虫病的分布确定抽样点。每县不少于 2 个村,抽样不少于 10 群牛,抽样总数不少于 200 头。对未进行寄生虫病防治的牦牛群,1 000 头以上的按 5% 采样;100 头~1 000 头的按 10% 采样;100 头以下的按 15% 采样。已进行寄生虫病防治的牦牛群,不论牛群大小,抽样总量不少于 30 头,犊牛、周岁牛和成年牛按 1∶1∶1 比例抽检。

6.3 监测指标

6.3.1 防治密度

防治密度按公式(1)计算。

$$M = \frac{X_1}{Y_1} \times 100 \quad \cdots\cdots\cdots\cdots\cdots\cdots\cdots\cdots\cdots\cdots\cdots\cdots\cdots \quad (1)$$

式中:

M ——防治密度,单位为百分号(%);

X_1 ——防治牛数;

Y_1 ——存栏牛数。

6.3.2 感染率

感染率按公式(2)计算。

$$G = \frac{X_2}{Y_2} \times 100 \quad \cdots\cdots\cdots\cdots\cdots\cdots\cdots\cdots\cdots\cdots\cdots\cdots\cdots \quad (2)$$

式中:

G ——感染率,单位为百分号(%);

X_2 ——阳性牛数;

Y_2 ——检查牛数。

6.3.3 虫卵减少率

虫卵减少率按公式(3)计算。

$$C = \frac{Q_1 - Q_2}{Q_1} \times 100 \quad \cdots\cdots\cdots\cdots\cdots\cdots\cdots\cdots\cdots\cdots\cdots\cdots\cdots \quad (3)$$

式中：

C ——虫卵（幼虫）减少率，单位为百分号（%）；

Q_1 ——驱虫前每克粪便虫卵数；

Q_2 ——驱虫后每克粪便虫卵数。

6.3.4 虫卵转阴率

虫卵转阴率按公式（4）计算。

$$Z = \frac{X_3}{Y_3} \times 100 \quad \cdots\cdots\cdots\cdots\cdots\cdots\cdots\cdots\cdots\cdots\cdots\cdots\cdots \quad (4)$$

式中：

Z ——虫卵（幼虫）转阴率，单位为百分号（%）；

X_3 ——虫卵（幼虫）转阴牛数；

Y_3 ——抽检阳性牛数。

6.3.5 粗计驱虫率

粗计驱虫率按公式（5）计算。

$$H = \frac{Q_3 - Q_4}{Q_3} \times 100 \quad \cdots\cdots\cdots\cdots\cdots\cdots\cdots\cdots\cdots\cdots\cdots\cdots \quad (5)$$

式中：

H ——粗计驱虫率，单位为百分号（%）；

Q_3 ——阳性对照组荷虫数；

Q_4 ——驱虫组荷虫数。

6.3.6 驱净率

驱净率按公式（6）计算。

$$N = \frac{X_4}{Y_4} \times 100 \quad \cdots\cdots\cdots\cdots\cdots\cdots\cdots\cdots\cdots\cdots\cdots\cdots\cdots \quad (6)$$

式中：

N ——驱净率，单位为百分号（%）；

X_4 ——虫体转阴牛数；

Y_4 ——检查牛数。

7 临床诊断

7.1 临床症状

7.1.1 吸虫病

患病牦牛临床表现为逐渐消瘦，被毛粗乱，精神沉郁，下痢，贫血，肝区压痛敏感和眼睑、颌下及胸下水肿，腹水等症状时，可判断为牦牛吸虫病临床疑似病例。

7.1.2 线虫病

患病牦牛临床表现为消化失调、食欲不振、腹泻、黏膜苍白、下痢时，可判断为牦牛胃肠道线虫病临床疑似病例；牦牛临床表现为咳嗽、初为干咳后变湿咳、流淡黄色黏液性鼻涕、呼吸困难时，可初步判断为牦牛网尾线虫病临床疑似病例。

7.1.3 绦虫病及绦虫蚴病

患病牦牛临床表现转圈运动等神经症状时，可判断为牦牛脑多头蚴病临床疑似病例；病牛腹泻、粪便中常发现虫体节片，可诊断为绦虫临床疑似病例。

7.1.4 外寄生虫病

患病牦牛在冬、春季节临床表现为背部出现虫瘤，致使皮肤溃破，重者引起局部组织化脓基本可诊断为牦牛皮蝇属寄生蝇幼虫临床疑似病例;牦牛临床表现剧痒、脱毛、结痂、患部皮肤脱毛,引起精神不振、贫血、消瘦等症状,可诊断为牦牛螨病临床疑似病例。

7.1.5 原虫病

患病牦牛临床表现为贫血、高热、明显的黄疸和血红蛋白尿,可初步诊断为巴贝斯和泰勒虫病临床疑似病例。

7.2 一般临床症状

主要为营养不良、皮肤及可视黏膜苍白等。对疑似肝脏、肺脏和脑部棘球蚴病、脑多头蚴病、肺线虫病诊断时,可采用 X 射线检查、B 超等影像学检查方法进行辅助诊断。

7.3 病原学诊断

7.3.1 粪便检查法

7.3.1.1 肉眼观察法

采集牦牛新鲜粪便,放置于平皿中肉眼观察,在粪便中检出节片或虫体即可确诊。

7.3.1.2 直接涂片法

吸取清洁常水或 50%甘油水溶液,滴于载玻片上,用捡便匙挑取少许被检新鲜粪便,与水滴混匀,除去粪渣后,加盖玻片,镜检检出吸虫、绦虫、线虫的虫卵或球虫的卵囊等即可确诊。

7.3.1.3 饱和盐水漂浮法

7.3.1.3.1 用于绦虫卵、线虫卵、吸虫卵和球虫卵囊的检查。

7.3.1.3.2 用天平称取 1 g 粪便,放入粪缸内,加 10 mL～20 mL 饱和盐水,使粪便溶解开并捣碎混匀。用 60 目的铜筛滤去粪渣后倒入试管内,补加饱和盐水溶液,使试管溢满,轻轻盖上 20 mm×20 mm 的盖玻片,其间不留气泡。20 min 后取下盖玻片,用 10×10 倍显微镜镜检,并重新在试管口加盖玻片,反复多次检查,检出虫卵即可确诊。

7.3.1.4 反复洗涤沉淀法

7.3.1.4.1 用于相对密度大的线虫卵、绦虫卵和吸虫卵的检查。

7.3.1.4.2 取少许粪便,放在玻璃杯内,加 2 倍左右的清水,用玻棒充分搅匀。用细网筛或纱布过滤到另一玻杯内,静置 10 min～20 min,将杯内的上层液吸去,再加清水。摇匀后,静置或离心。如此反复数次,待上层液透明时,弃去上层清液,吸取沉渣,作涂片用 10×10 倍显微镜镜检。节省时间可用离心机来加速沉淀,将滤液倒入离心管内离心沉淀,以 3 000 r/min～4 000 r/min 速度离心 1 min,然后去其上层液体,再加清水,混匀,如此反复多次,至上层液体透明为止,检出虫体或虫卵即可确诊。

7.3.1.5 尼龙筛淘洗法

7.3.1.5.1 用于较大虫卵的检查,如肝片吸虫卵。

7.3.1.5.2 取 5 g～10 g 粪便于杯中,加少量水,用镊子或玻棒搅碎,加水混匀。用上层孔径为 0.18 mm～0.425 mm 的铜筛、下层孔径为 0.057 mm 的尼龙筛进行过滤后取出铜筛,将尼龙筛依次浸在 2 只盛水的盆内。用光滑圆头的玻棒反复搅拌筛内粪渣,直至粪便中的有色杂质干净为止。最后,用清水洗筛壁四周与玻棒,使粪渣集中于筛底。用吸管吸取粪便渣,涂于玻片上,加盖片用 10×10 倍显微镜镜检,检出虫卵即可确诊。

7.3.2 幼虫检查法

7.3.2.1 用于牦牛网尾线虫病生前诊断,也可用于分离患病牦牛组织器官中的幼虫,一般使用贝尔曼氏法。

7.3.2.2 将固定在漏斗架上的漏斗下端接一根橡皮管,用止水夹夹住。取 10 g～20 g 粪便(主要选粪球),用纱布包好放入漏斗内,加 40 ℃生理盐水,淹没粪球。静止 1 h～3 h 后打开胶管,将漏斗下部的水放入离心管内,以 1 000 r/min～1 500 r/min 速度离心 2 min,弃去上清液,吸取沉淀物用 10×10 倍显微镜镜检沉淀物寻找幼虫,直到将全部沉淀物检查完为止,检出幼虫即可确诊。

7.3.3 原虫检查法

7.3.3.1 血液检查

7.3.3.1.1 鲜血压片检查

7.3.3.1.1.1 用于牦牛血液中锥虫病的诊断。

7.3.3.1.1.2 耳尖部采血,将第一滴血滴在洁净的载玻片上,立即覆以盖玻片,即时在低倍镜下检查,检出虫体等即可确诊。

7.3.3.1.2 涂片染色镜检

7.3.3.1.2.1 用于牦牛血液中梨形虫病的诊断。

7.3.3.1.2.2 耳尖采血,滴于载玻片一端,按常规推制成血片,并使其干燥。滴甲醇2滴~3滴于血膜上,使其固定,而后用吉姆萨染色或瑞氏染色;血涂片油镜下检查,检出虫体等即可确诊。

7.3.3.2 排泄、分泌物检查

7.3.3.2.1 用于牦牛胎儿毛滴虫病的诊断。

7.3.3.2.2 采集母牛阴道与子宫的分泌物、流产胎儿的羊水、公牛的包皮液等。将病料置于载玻片上,用10×10倍显微镜镜检,可见其长度略大于一般的白细胞,能清楚地见到波动膜,波动膜常作为与其他一些非致病性鞭毛虫和纤毛虫在形态上的区别依据,检出虫体等即可确诊。

7.3.4 皮肤及皮下检查法

7.3.4.1 用于牦牛螨病、牛皮蝇蛆病、蜱、虱等病的诊断。

7.3.4.2 牛皮蝇蛆幼虫、蜱、虱在牦牛的皮肤表面检查。螨病需从患部刮取皮屑进行镜检。刮取皮屑时,应选择病变部和健康交界处。先剪毛,然后用外科刀刮取皮屑,直至刮到皮肤微有出血痕迹。将刮取物收集到试管内,加入10%氢氧化钠(钾)溶液,加热煮到将开未开,反复数次,静止30 min或离心。取沉渣用10×10倍显微镜镜检,检出虫体等即可确诊。

7.3.5 完全剖检法

7.3.5.1 用于牦牛线虫、绦虫及绦虫蚴(牛囊尾蚴、棘球蚴、多头蚴和细颈囊尾蚴)、吸虫、外寄生虫(包括疥螨、痒螨、虱、蠕形蚤、牛皮蝇蛆等)检查,按照附录A的方法执行。

7.3.5.2 虱、蜱、蚤等外寄生虫在颈侧部、肩胛后部、腹侧下部、臀部各取1 dm²测定感染情况,检出虫体等即可确诊。并计数,统计感染率和感染强度。

7.3.5.3 牛皮蝇蛆病的检测按照GB/T 22329的规定执行。

7.3.6 免疫学检测法

采集牦牛血液分离血清,用酶联免疫吸附试验等方法检测棘球蚴、肝片吸虫、弓形虫病的特异性抗体。抗体为阳性可判为疑似,检出虫体可确诊。

8 预防及治疗

8.1 预防

8.1.1 综合管理

8.1.1.1 采取轮牧、外界环境除虫、粪便无害化处理、预防感染等相结合的综合防控措施。

8.1.1.2 根据牦牛主要寄生虫病种类及流行规律,开展定期、高密度、大面积预防性驱虫或杀虫。

8.1.2 卫生管理

8.1.2.1 逐日清除粪便,打扫厩舍,改善环境卫生。

8.1.2.2 控制或杀灭中间宿主(如螺蛳)及传播者,饲养场(圈舍)内不应饲养禽、犬、猫及其他动物,并采取灭鼠、灭蝇等措施。

8.1.2.3 定期对牦牛舍、器具及周围环境消毒。

8.1.3 饲养管理

8.1.3.1 避开在低湿的地点放牧,避免清晨、傍晚、雨天放牧,防止牦牛饮用低洼地区的积水。

8.1.3.2 加强放牧管理,幼牛与成年牛应当分开放牧。

8.1.3.3 病牛应及时隔离治疗,不应混群放牧饲养。

8.1.3.4 扩大和利用人工草场,采用放牧与补饲相结合的饲养方式,满足牦牛对能量和营养物质的需要,增强牛体抵抗力。

8.1.3.5 在牦牛屠宰时均应进行检疫,检疫按 NY 467 的规定执行。

8.1.4 免疫预防

有商品化疫苗的,使用疫苗进行免疫预防。

8.2 药物防治

8.2.1 防治对象

包括牦牛线虫病、吸虫病、绦虫病及绦虫蚴病、原虫病,以及虱、蜱、蝇、螨、蚤等外寄生虫引起的寄生虫病。

8.2.2 用药原则

药物防治遵循以下原则:

    a)   选择高效、安全、广谱、低残留和休药期短的抗寄生虫药物;

    b)   采用轮换用药、穿梭用药和联合用药等方法进行驱虫,减少抗药性;

    c)   驱虫后粪便进行堆积发酵等无害化处理;

    d)   泌乳和准备屠宰上市的牦牛,应执行休药期的相关规定。

8.2.3 防治程序

牦牛内寄生虫病、原虫病与外寄生虫病防治用药程序见附录 B。

8.2.4 防治周期

防治周期为 1 年,计划性驱虫并每年执行。

8.3 寄生虫污染物的处理

8.3.1 患螨病牛药物喷淋后的废药液按 GB 8978 的规定处理。药物喷淋操作方法见附录 C。

8.3.2 病牛尸体及患病脏器等应进行深埋、化制等无害化处理。

8.3.3 对牦牛粪便按 GB/T 36195 的规定处理。

9 档案管理

9.1 建立牦牛调出、调进档案,及时完整记录种用牦牛的来源、特征、主要生产性能和育种记录等、调出种牛发运目的地等。

9.2 建立发病及防治档案,及时记录防治数量、用药品种、使用剂量、给药时间、发病率、病死率及死亡原因、诊治过程、环境消毒与污染物无害化处理等情况。

附　录　A

（规范性）

完全剖检法

A.1　一般原则

全身性寄生虫学剖检法先检查牦牛体表有无寄生虫，有则收集之。然后将皮剥下，检查皮下组织，再剖开腹腔和胸腔，分别结扎食道、胃、小肠和大肠，摘除全部消化器官、呼吸器官、泌尿器官、生殖器官、心脏和相连大血管。同时，仔细检查胸腔和腹腔，并收集其中的液体。取下头部、膈脚供检查。

A.2　体表寄生虫检查

A.2.1　一般原则

对于体表寄生的蜱、螨、虱、跳蚤，可采用肉眼观察和显微镜观察相结合的方法进行检查。蜱寄生于动物体表，个体较大，通过肉眼观察即可发现；螨个体较小，常需刮取皮屑，于显微镜下寻找虫体或虫卵。

A.2.2　螨的检查

A.2.2.1　直接检查法

可将刮下的皮屑放于载玻片上，滴加50％甘油溶液，覆以另一张载玻片，搓压玻片使病料散开。

A.2.2.2　刮取检查法

器械在酒精灯上消毒，在疑似病牛皮肤患部与健康部交界处用外科凸刃小刀或骨刮勺沾上甘油或甘油与水的混合液刮取皮屑，使刀刃与皮肤表面垂直，反复刮取表皮，直到稍微出血为止。刮下的皮屑放于载玻片上，滴加50％甘油溶液，置于显微镜下检查。

A.2.3　虱和其他吸血节肢动物检查

虱、蜱、蚤等吸血节肢动物寄生虫在牦牛的腋窝、鼠蹊、乳房和趾间及耳后等部位寄生较多。可手持镊子进行仔细检查，采到虫体后放入有塞的瓶中或浸泡于70％酒精中。注意从体表分离蜱时，切勿用力过猛。应将其假头与皮肤垂直，轻轻往外拉。以免口器折断在皮肤内，引起炎症。

A.2.4　皮蝇蛆检查

在9月—10月剖杀牦牛，逐头检查食道浆膜、黏膜、瘤胃浆膜、大网膜、肠系膜、脊椎内部、背部皮下等部位的皮蝇幼虫；3月—5月触摸牛背部皮下，检查有无皮下瘤疱或皮肤虫孔，检出皮蝇3期幼虫，分类鉴定，统计感染率和感染强度。

A.2.5　体表寄生虫的保存

无翅的蜘蛛昆虫一般用70％的酒精保存。有翅昆虫防腐处理后制成干制标本。干燥保存，注意防潮、防霉、防蛀。

A.3　体内寄生虫检查

A.3.1　消化系统

先将肝胰取下，再将食道、胃、小肠、大肠、盲肠分别双重结扎后分离。同时，注意观察腹腔脏器、网膜及肠系膜表面及腹腔内有无寄生虫。

A.3.1.1　食道

沿纵轴剪开，检查黏膜表面、黏膜下和肌肉层有无虫体，尤其应注意筒线虫、皮蝇幼虫和肉孢子虫。

A.3.1.2　胃

A.3.1.2.1　瘤胃剪开，检查胃壁黏膜上有无同盘吸虫。网胃、瓣胃一般不检查。

A.3.1.2.2 真胃放在搪瓷盆内沿大弯剪开,用生理盐水冲洗胃壁上的虫体,必要时刮取胃黏膜检查。

A.3.1.2.3 胃内容物加生理盐水稀释,搅匀,沉淀 1 h~1.5 h,倒去上层液体,再加满生理盐水,搅匀沉淀,30 min 左右。如此反复多次,直至上层液体透明为止。最后,将沉淀物分若干次倒入玻璃平皿中检查,挑出所有虫体,并分类计数。

A.3.1.2.4 胃内容物量多时,不能在短时间内检查完毕,可在反复沉淀之后,于沉淀物中加入甲醛,使成3%的浓度,保存以后检查。

A.3.1.3 肠

A.3.1.3.1 应分别进行检查,先用生理盐水在盆内将肠管冲洗后剪开。其内容物用反复沉淀法检查,必要时刮取肠黏膜检查。

A.3.1.3.2 肠内容物量多时,不能在短时间内检查完毕,可在反复沉淀之后,于沉淀物中加入甲醛,使成3%的浓度,保存以后检查。

A.3.1.4 肝和胰脏

肝脏先剥离胆囊,放在平皿内单独检查。然后,用剪刀沿胆管剪开,检查其中有无虫体。肝组织用手撕成小块,用手挤压,反复沉淀法检查沉淀物。也可用幼虫分离法对撕碎组织中的虫体进行分离。胰脏用剪刀沿胰管剪开检查,其后与肝的检查方法相同。

A.3.2 呼吸系统

用剪刀剪开鼻腔、喉、气管和支气管,先用肉眼观察,然后刮取黏膜检查,将分泌物和刮取物涂于载片上,在解剖镜或显微镜下观察。肺组织按肝胰处理方法进行检查。

A.3.3 泌尿系统

切开肾脏,先将肾盂用肉眼观察,再用刮搔法检查,然后将肾组织切成小薄片,压于两玻片之间,在低倍镜下检查。输尿管和膀胱放于瓷盘中,并用刮搔法检查黏膜,用反复沉淀法检查尿液。

A.3.4 生殖系统

先剪开检查有无虫体,并刮取黏膜进行压片检查。

A.3.5 血液循环系统

先用肉眼观察心脏,然后将心脏剖开,观察心室和心肌,先涂片染色镜检。将内容物洗于生理盐水中,用反复沉淀法检查。大血管也采用此法。注意观察肠系膜静脉、门静脉血管。心肌压片镜检,检查有无住肉孢子虫。

A.3.6 淋巴系统

A.3.6.1 淋巴结

先切开用手挤压检查有无虫体,然后触片染色镜检。

A.3.6.2 脾

用肉眼观察,先观其表面,然后用剪刀剪开组织查看有无虫体。

A.3.7 肌肉组织

对唇、颊和膈脚及全身有代表性肌肉进行肉眼观察。当发现囊状或小白点状、线状可疑物时,应剪下肌肉样本制作压片,在解剖镜或显微镜下检查;对膈肌脚也可用消化法进行检查。

A.3.8 头部

剖开鼻窦、副鼻窦、额窦等检查。打开口腔,检查舌、咽喉等。检查眼结膜腔内容物,并剥出眼球,切开将前房水收集于皿中,反复冲洗沉淀后,在放大镜下检查沉淀物,并从眼睑的内面和结膜取得刮下物在镜下观察;最后打开颅腔,检查脑组织,先用肉眼观察,然后切成薄片压片镜检。

A.4 内寄生虫标本的采集和保存

A.4.1 采集

注意采集标本的完整性。采集的虫体,如附有杂物或不干净,可将虫体装入生理盐水的瓶中加以摇荡洗涤。有些线虫口囊发达,常附有杂物,妨碍检查口囊内部的构造。因此,在固定之前用毛笔把口囊内的杂物先刷出去。

A.4.2 保存

A.4.2.1 线虫常用巴氏液固定,其配方为福尔马林 3 mL、食盐 0.75 g、蒸水 100 mL。固定时,巴氏液加热到 60 ℃~80 ℃,可使虫体伸展,仍保存在此液内。

A.4.2.2 吸虫、绦虫和棘头虫用 70%的酒精固定保存。为使吸虫或绦虫的组织较快松弛,还可以把它们放入 0.5%薄荷脑热水中。松弛后的虫体,为以后制作玻片标本方便,可将虫体压于两玻片之间,两端用线绳扎上,加压时间依虫体大小而定,为 30 min 至 12 h。此后将虫体取出,装入 70%酒精保存。

A.4.3 虫体的固定

对于寄生虫学剖检所获得的虫体或畜体自然排出的虫体,当虫体新鲜时能鉴定的就当时鉴定。特别是线虫结构较为清晰,将其放在载片上,滴加适量生理盐水并覆以盖片,就可进行观察鉴定。当时难以鉴定的虫体要及时清洗,用 70%的酒精或巴氏液(3%福尔马林生理盐水)固定。吸虫和绦虫为了将来做鉴定,需在固定之前进行压薄加工。即把吸虫和选择出的绦虫节片(头节、成熟节片和孕卵节片)放于两张载片之间,适当加以压力,两端用线或橡皮绳扎住,投入固定液中固定。然后,投入标本瓶中保存。

A.4.4 记录

当进行寄生虫学剖检时,应及时填写剖检记录,包括动物种类、性别、年龄、解剖编号、虫体寄生部位、初步鉴定结果、虫体数量、地点、解剖日期、解剖者姓名等。

附　录　B

（资料性）

牦牛常见寄生虫病防治用药程序

牦牛常见寄生虫病防治用药程序见表 B.1。

表 B.1　牦牛常见寄生虫病防治用药程序

类别	驱虫时间	可选药物
线虫病	一年进行 2 次驱虫。第 1 次在 12 月至翌年 2 月冬季重点驱除寄生期幼虫；第 2 次在 8 月—10 月进行秋季驱虫	伊维菌素、乙酰氨基阿维菌素、莫西克汀
		阿苯达唑（丙硫苯咪唑）
		芬苯达唑
		奥芬达唑
		盐酸左旋咪唑
吸虫病	在吸虫病流行区，一年进行 2 次驱虫。第 1 次在 10 月—11 月重点驱除吸虫幼虫及成虫；第 2 次在 2 月—4 月重点驱除成虫	阿苯达唑（丙硫苯咪唑）
		芬苯达唑
		奥芬达唑
		三氯苯达唑
		氯氰碘柳胺
绦虫病	在绦虫病流行区，8 月—9 月重点驱除绦虫幼虫。包虫病流行区对犬实行"犬犬投药、月月驱虫"防治包虫病	阿苯达唑（丙硫苯咪唑）
		芬苯达唑
		奥芬达唑
		吡喹酮
		氯硝柳胺
原虫病	在原虫病流行区，以消灭传播媒介为主，配合药物预防与治疗	咪唑苯脲
		锥黄素
外寄生虫病	在 2 月—8 月选用杀虫剂，采用喷淋或涂擦的方法按产品使用说明书杀灭虱、蜱、螨、蚤等 9 月—12 月选用口服、注射或浇背的方法杀虫。感染严重时应间隔 7 d—10 d 第 2 次给药	伊维菌素、埃谱利诺菌素、莫西克汀
	牦牛皮蝇蛆病防治在 9 月—10 月，选用有效药物采用口服、注射或浇背的方法杀虫	二嗪农
混合感染	混合感染线虫病和外寄生虫病	伊维菌素、埃谱利诺菌素、莫西克汀
	混合感染线虫、吸虫、绦虫和外寄生虫病	芬苯达唑＋伊维菌素，阿苯达唑＋伊维菌素等复方制剂

附　录　C
（资料性）
牦牛药物喷淋杀虫方法

C.1　喷淋场地选择

C.1.1　地势平坦，交通方便。

C.1.2　应修建在夏季牧场，喷淋地基应避免有泉水或流沙。

C.2　喷淋场地规格

C.2.1　喷淋场地为喇叭形，长 20 m，宽 5 m（容纳牦牛 60 头～80 头），喷淋通道两旁围栏高 1.6 m，入淋圈进口宽 1.6 m。地面向外倾斜，坡度为 2%，用水泥抹平，并划防滑小方格。

C.2.2　喷淋液不能排入河流，排水沟坡度为 5%，一端设深污井。

C.3　所需器械

背负式电动喷雾器、农用智能电动喷雾器、背负式机械喷雾器。

C.4　喷淋时间

C.4.1　应在 6 月—7 月喷淋。1 头牛喷淋 1 次，螨病患牛隔 7 d～10 d 重复喷淋 1 次。

C.4.2　药物喷淋宜在 11:00 左右开始，15:00 左右停止。阴天、雨天、大风天或气候突变均不宜喷淋。

C.5　药物选择

可选用二嗪哝类杀虫剂，应交替使用不同类型的杀虫剂。使用前，应了解掌握每种药物的性状、药理作用、作用与用途、用法与用量、不良反应、注意事项、休药期规定等。如选用新药，应在预实验的基础上使用。

C.6　药液配制

C.6.1　有效浓度按药物使用说明书进行配制，现配现用。避免使用碱性水。

C.6.2　药液的温度在药淋时，中午前后温度一般在 18 ℃～25 ℃，配置药液的水温控制在 10 ℃～12 ℃。

C.7　喷淋方法

从牛体前部至后部，自上到下喷淋。喷淋药液要均匀周到，保证每头牛都喷淋完全。

C.8　效果检查

C.8.1　喷淋前的检查喷淋前观察临床症状，检查外寄生虫感染情况。

C.8.2　药物喷淋效果检查。喷淋后至少检查 3 次杀虫效果，第 1 次在喷淋后 7 d，第 2 次在喷淋后 28 d，第 3 次在喷淋后 90 d。

C.8.3　每次检查都作详细记录。检查结束后，统计喷淋杀虫效果。

C.9　喷淋前后注意事项

C.9.1　根据当地牛数、抓绒时间及交通情况，统一安排各户牛群的喷淋次序。组织人力。准备药品及人畜中毒的解救药品。

C.9.2 当地最近1个月内未发生过牛的严重传染病时可集中牦牛喷淋。

C.9.3 喷淋前2h给牦牛饮足水,防止喷淋时药液中毒。

C.9.4 喷淋时,要有专人看护,防止挤压、踩踏。

C.9.5 喷淋后,牦牛在干燥台上稍停留。使牛体的药液流入深污井。喷淋后至少当天内不赶牛过河。

C.10 人畜中毒的处理

C.10.1 喷淋后的牦牛如发生颤抖、咬牙、精神沉郁、中流白沫,应按药物中毒解救方法进行解毒处理。

C.10.2 喷淋时皮肤受伤浸入药水,应用上述药物清洗治疗。

C.10.3 工作人员注意做好防护,如呕吐、头晕等中毒症状,及时就医。

———————————

ICS 65.080
CCS B 40

中华人民共和国农业行业标准

NY/T 4363—2023

畜禽固体粪污中铜、锌、砷、铬、镉、铅、汞的
测定　电感耦合等离子体质谱法

Determination of copper,zinc,arsenic,chromium,cadmium,lead,mercury in livestock
and poultry solid manure—Inductively coupled plasma mass spectrometry

2023-04-11 发布
2023-08-01 实施

中华人民共和国农业农村部 发布

前　　言

本文件按照 GB/T 1.1—2020《标准化工作导则 第 1 部分:标准化文件的结构和起草规则》的规定起草。

请注意本文件的某些内容可能涉及专利。本文件的发布机构不承担识别专利的责任。

本文件由农业农村部畜牧兽医局提出。

本文件由全国畜牧业标准化技术委员会(SAC/TC 274)归口。

本文件起草单位:江西省农业技术推广中心。

本文件主要起草人:杨琳芬、符金华、李勇、徐国茂、徐田放、夏骏、吴科盛、李瑾瑾、樊晶、万文根。

畜禽固体粪污中铜、锌、砷、铬、镉、铅、汞的测定
电感耦合等离子体质谱法

1 范围

本文件描述了畜禽固体粪污中铜、锌、砷、铬、镉、铅、汞的电感耦合等离子体质谱（ICP-MS）测定方法。

本文件适用于畜禽固体粪污中铜、锌、砷、铬、镉、铅、汞的测定。

本文件的铜、锌、砷、铬、镉、铅、汞定量限分别为 0.2 mg/kg、1.0 mg/kg、0.2 mg/kg、0.1 mg/kg、0.01 mg/kg、0.1 mg/kg、0.005 mg/kg。

2 规范性引用文件

下列文件中的内容通过文中的规范性引用而构成本文件必不可少的条款。其中，注日期的引用文件，仅该日期对应的版本适用于本文件；不注日期的引用文件，其最新版本（包括所有的修改单）适用于本文件。

GB/T 6682　分析实验室用水规格和试验方法

GB/T 25169　畜禽粪便监测技术规范

3 术语和定义

下列术语和定义适用于本文件。

3.1

畜禽固体粪污　livestock and poultry solid manure

畜禽养殖过程中产生的粪、尿、外漏饮水和冲洗水及少量散落饲料等组成的固态混合物。

注：一般指干物质（DM）含量≥15%的畜禽粪污。

4 原理

试样经微波消解后，用电感耦合等离子体质谱（ICP-MS）仪测定。以元素特定的质量数（质荷比，m/z）定性，待测元素质谱信号与内标元素质谱信号的强度比与待测元素的浓度呈正比，外标法定量。

5 试剂或材料

警示：各种强酸应小心操作，稀释和取用需在通风橱中进行。

除非另有说明，仅使用优级纯试剂。

5.1　水：GB/T 6682，一级。

5.2　硝酸。

5.3　盐酸。

5.4　硝酸溶液：取 20 mL 硝酸，缓慢加入 980 mL 水中，混匀。

5.5　盐酸-硝酸混合溶液：硝酸＋盐酸＝1＋1，混匀，临用现配。

5.6　金（Au）溶液（1 000 mg/L）。

5.7　汞稳定剂溶液（2 mg/L）：取 2 mL 金（Au）溶液（5.6），用硝酸溶液（5.4）稀释到 1 000 mL，摇匀。

5.8　标准溶液：铜和锌浓度为 10 mg/mL；砷、铬、镉、铅和汞浓度为 1 mg/L。采用经国家认证并授予标准物质证书的单元素或多元素标准溶液。

5.9　内标元素标准溶液：锗（Ge）、钪（Sc）、铟（In）和铋（Bi）浓度为 10 μg/mL 或多元素混合内标标准溶液，浓度为 1 μg/mL。

5.10 混合标准中间溶液:精确移取铜、锌、砷、铬、镉和铅标准溶液(5.8)各 50 μL,精确移取汞标准溶液(5.8)10 μL,置于 50 mL 容量瓶中,用汞稳定剂溶液(5.7)稀释至刻度,摇匀,配置成铜、锌浓度为 10 μg/mL,砷、铬、镉和铅浓度为 1 μg/mL,汞浓度为 0.2 μg/mL 的混合标准中间溶液。

5.11 内标元素工作溶液:取适量内标单元素或多元素内标溶液,用硝酸溶液(5.4)配制成合适浓度的溶液。

> 注:由于不同仪器采用的蠕动泵管内径有所不同,当在线加入内标时,需考虑样液中内标元素的浓度,样液混合后的内标元素参考浓度范围为 25 ng/mL~100 ng/mL。

5.12 混合标准系列工作溶液:取混合标准中间溶液适量(5.10),用汞稳定剂溶液(5.7)逐级稀释,浓度见附录 A。临用现配。

5.13 氩气(Ar):纯度≥99.999%。

5.14 氦气(He):纯度≥99.999%。

6 仪器设备

6.1 电感耦合等离子体质谱仪(ICP-MS)。

6.2 微波消解仪:配有 50 mL 聚四氟乙烯消解罐。

6.3 电子天平:感量 0.000 1 g。

> 注:所用的消解内罐、玻璃器皿容器等清洗干净后,再用20%硝酸溶液浸泡 2 h,用去离子水冲洗干净,晾干后使用。

7 样品

按 GB/T 25169 制备畜禽固体粪污风干样品,经粗磨、细磨后,全部通过 0.25 mm 尼龙筛,混匀,备用。

8 试验步骤

8.1 试样溶液的制备

平行做 2 份试验。称取试样 0.2 g~0.5 g(精确至 0.000 1 g)于消解罐中,准确加入盐酸-硝酸混合溶液(5.5)4 mL~8 mL,轻微振荡摇动,使试样和消解液混合,旋紧罐盖,置微波消解仪器中消解。参考消解条件:10 min 由室温匀速升温到 120 ℃,保持 3 min,然后 5 min 内升温至 200 ℃,保持 20 min(不同仪器可能有差别)。冷却后取出,缓慢打开罐盖排气,将试样溶液转移至 50 mL 容量瓶,用少量硝酸溶液(5.4)冲洗内盖和消解罐,洗涤液并入容量瓶,用硝酸溶液(5.4)定容,混匀。消解后如有不溶物质,应静置或离心,取上清液备用。同时制备试样空白溶液。

8.2 仪器参考条件

8.2.1 电感耦合等离子体质谱仪参考条件见表 1。

表 1 电感耦合等离子体质谱仪参考条件

参数名称	参数
射频功率	1 500 W
等离子体气流量	18 L/min
辅助气流量	1.2 L/min
载气流量	0.78 L/min
扫描次数	20
读数次数	1
重复次数	3
进样时间	120 s
样品延迟	15 s
冲洗	120 s
脉冲电压	1 000 V
碰撞池模式气体流量	3.5 L/min

8.2.2 元素分析参考条件

在质谱调谐通过后,各元素分析模式参考条件见表2。

表2 元素分析模式参考条件

序号	元素名称	元素符号	m/z	内标	分析模式
1	铜	Cu	63	Ge	KED
2	锌	Zn	66	Ge	KED
3	砷	As	75	Ge	KED
4	铬	Cr	52	Sc	KED
5	镉	Cd	111、114	In	KED
6	铅	Pb	206、207、208	Bi	KED
7	汞	Hg	202	Bi	KED
注:KED为碰撞池模式。					

8.3 测定

按照上述仪器参考条件,调节电感耦合等离子体质谱仪至最佳工作分析状态,依次测定混合标准系列工作溶液(5.12)、空白溶液和试样溶液(8.1),同时导入内标元素工作溶液(5.11),测定待测元素和内标元素的信号响应值,以待测元素的浓度为横坐标、待测元素与内标元素质谱信号强度之比为纵坐标,绘制标准曲线。标准曲线线性相关系数 $r \geqslant 0.995$。试样溶液浓度应在标准曲线范围之内,若超出线性范围时,应将试样溶液用硝酸溶液(5.4)稀释后,重新测定。

9 试验数据处理

试样中各元素的含量以 ω_a 计,数值以毫克每千克(mg/kg)表示,按公式(1)计算。

$$\omega_a = \frac{(C_i - C_0) \times V \times f}{m \times 1000} \cdots\cdots（1）$$

式中:

C_i——试样溶液中待测元素浓度的数值,单位为纳克每毫升(ng/mL);

C_0——空白溶液中待测元素浓度的数值,单位为纳克每毫升(ng/mL);

V ——试样溶液定容体积的数值,单位为毫升(mL);

f ——试样溶液的稀释倍数;

m ——试样质量的数值,单位为克(g)。

测定结果以平行测定的算术平均值表示,保留3位有效数字。

10 精密度

当元素含量 $\leqslant 1$ mg/kg 时,在重复性条件下,2次独立测试结果与其算术平均值的绝对差值不大于该算术平均值的20%。当元素含量为 1 mg/kg～50 mg/kg 时,在重复性条件下,2次独立测试结果与其算术平均值的绝对差值不大于该算术平均值的10%。当元素含量 $\geqslant 50$ mg/kg 时,在重复性条件下,2次独立测试结果与其算术平均值的绝对差值不大于该算术平均值的15%。

附　录　A

（资料性）

混合标准系列工作溶液浓度

混合标准系列工作溶液浓度见表 A.1。

表 A.1　混合标准系列工作溶液浓度

序号	元素名称	元素符号	单位	系列 1	系列 2	系列 3	系列 4	系列 5	系列 6
1	铜	Cu	ng/mL	0	5	20	100	200	500
2	锌	Zn	ng/mL	0	5	20	100	200	500
3	砷	As	ng/mL	0	0.5	2	10	20	50
4	铬	Cr	ng/mL	0	0.5	2	10	20	50
5	镉	Cd	ng/mL	0	0.5	2	10	20	50
6	铅	Pb	ng/mL	0	0.5	2	10	20	50
7	汞	Hg	ng/mL	0	0.1	0.4	2	4	10

ICS 65.080
CCS B 40

中华人民共和国农业行业标准

NY/T 4364—2023

畜禽固体粪污中139种药物残留的测定
液相色谱-高分辨质谱法

Determination of 139 drug residues in faeces of livestock and poultry solid manure—
Liquid chromatography–high resolution mass spectrometry

2023-04-11 发布 2023-08-01 实施

中华人民共和国农业农村部 发布

前　言

本文件按照 GB/T 1.1—2020《标准化工作导则　第 1 部分:标准化文件的结构和起草规则》的规定起草。

请注意本文件某些内容可能涉及专利。本文件的发布机构不承担识别专利的责任。

本文件由农业农村部畜牧兽医局提出。

本文件由全国畜牧业标准化技术委员会(SAC/TC 274)归口。

本文件起草单位:中国农业科学院农业质量标准与检测技术研究所。

本文件主要起草人:徐贞贞、王雪、杨曙明、陈爱亮、王珂雯、李会。

畜禽固体粪污中 139 种药物残留的测定 液相色谱-高分辨质谱法

1 范围

本文件描述了畜禽固体粪污中 139 种药物残留的液相色谱-高分辨质谱测定方法。

本文件适用于畜禽固体粪污中 139 种药物残留的定性。

2 规范性引用文件

下列文件中的内容通过文中的规范性引用而构成本文件必不可少的条款。其中，注日期的引用文件，仅该日期对应的版本适用于本文件；不注日期的引用文件，其最新版本（包括所有的修改单）适用于本文件。

GB/T 6682 分析实验室用水规格和试验方法

GB/T 25169 畜禽粪便监测技术规范

3 术语和定义

下列术语和定义适用于本文件。

3.1

畜禽固体粪污 livestock and poultry solid manure

畜禽养殖过程中产生的粪、尿、外漏饮水和冲洗水及少量散落饲料等组成的固态混物。

注：一般指干物质（DM）含量≥15%的畜禽粪污。

4 原理

畜禽固体粪污中的药物残留用 Na_2EDTA-McIIvaine 缓冲液和乙腈提取，经 QuEChERS 方法净化，用液相色谱-高分辨质谱仪定性，基质匹配标准溶液校准，外标法定量。

5 试剂或材料

除非另有说明，仅使用分析纯试剂。

5.1 水：GB/T 6682，一级水。

5.2 甲醇：色谱纯。

5.3 乙腈：色谱纯。

5.4 50%甲醇溶液：取 10 mL 甲醇，用水溶解并稀释至 20 mL。

5.5 流动相 A：称取 0.15 g 乙酸铵，置于 1 000 mL 容量瓶中，用水溶解，再加 2 mL 甲酸，并用水定容，混匀。

5.6 流动相 B：准确量取 2 mL 甲酸，用甲醇稀释至 1 000 mL。

5.7 Na_2EDTA-McIIvaine 缓冲液：分别称取无水磷酸氢二钠 10.9 g、乙二胺四乙酸二钠 3 g、柠檬酸 12.9 g，加水溶解并稀释至 1 000 mL。

5.8 混合标准储备溶液（100 μg/mL）：分别精密称取标准品适量，并用其指出的溶剂配制成 8 组混合标准储备溶液（见附录 A）。其中，A 组（20 种）、B 组（15 种）、C 组（8 种）、D 组（8 种）、E 组（2 种）、F 组（5 种）、G 组（2 种）、H 组（13 种）。A 组、B 组、C 组、D 组、G 组、H 组 6 组标准储备溶液置于－20 ℃以下避光保存，有效期为 12 个月；其他 2 组标准储备溶液置于－20 ℃以下避光保存，有效期为 2 个月。或购买商品化有证标准储备溶液。

5.9 混合标准中间溶液（1 μg/mL）：准确量取各组混合标准储备溶液（5.8）100 μL，用 50%甲醇溶液（5.4）稀释，混匀。临用现配。

5.10 混合标准系列工作溶液:准确量取混合标准中间溶液(5.9)适量,置于 10 mL 容量瓶中,用 50％甲醇溶液(5.4)稀释成 2 ng/mL、5 ng/mL、10 ng/mL、20 ng/mL、50 ng/mL、100 ng/mL 混合标准系列工作溶液,混匀。临用现配。

5.11 QuEChERS 盐析包:每份含 4 g 硫酸钠及 1 g 氯化钠。

5.12 QuEChERS 除脂分散净化剂:每份含 1 g 净化剂或性能相当的产品。

6 仪器设备

6.1 液相色谱-高分辨质谱仪:配有电喷雾离子源的飞行时间质谱。

6.2 分析天平:精度为 0.01 mg 和 0.01 g。

6.3 涡旋混合仪。

6.4 离心机:转速不低于 9 500 r/min。

6.5 氮吹仪。

6.6 冷冻干燥机。

6.7 微孔滤膜:0.22 μm,有机系。

7 样品

7.1 试样制备

采样地点及采样量按照 GB/T 25169 畜禽粪便监测技术规范进行(不做加酸处理)。所采集的畜禽固体粪污样品采用冷冻干燥至恒重(2 次称重值之差≤10 mg),经研磨过 2 mm 分析筛,再细磨过 0.25 mm 分析筛制成制备样。常温干燥避光保存。

7.2 基质空白试样

选取混合程度较高、待测物保留时间处仪器响应值应小于该待测物定量限对应仪器响应值的 30％的畜禽固体粪污作为基质空白样品。

8 试验步骤

8.1 提取

平行做 2 份试验。准确称取试样 2 g(精确至 0.01 g),置于 50 mL 离心管中,加入 8 mL Na₂EDTA-McIIvaine 缓冲液(5.7),涡旋混匀,再加入 10.0 mL 乙腈(V_1),涡旋 1 min 后加入 1 份盐析包(5.11),静置 10 min 使盐析分层,9 500 r/min 条件下离心 10 min,准确量取 8 mL 的上层清液(V_2)于 15 mL 离心管中,在 40 ℃下,氮气吹干,用 2 mL 乙腈复溶,备用。

8.2 净化

称取 0.5 g 除脂分散净化剂(5.12)于 15 mL 净化管,加入 2 mL 水,混匀、涡旋 2 min 后,将上述 2 mL 备用复溶液(8.1)全部转移至净化管中得到 4 mL 净化溶液(V_3),涡旋 1 min,在 9 500 r/min 条件下离心 5 min,上清液过滤膜,供液相色谱-高分辨质谱仪分析测定。

8.3 基质匹配混合标准系列溶液的制备

取若干份空白试样,按"8.1"和"8.2"处理,制备空白试样溶液,准备量取混合标准系列工作溶液(5.10)各 1 mL,氮气吹干后,用空白试样溶液 1 mL 稀释,混匀。供液相色谱-高分辨质谱仪测定。

8.4 液相色谱参考条件

液相色谱参考条件如下:

    a) 色谱柱:C₁₈柱,柱长 150 mm,内径 3.0 mm,粒径 1.8 μm,或性能相当者;

    b) 柱温:40 ℃;

    c) 流速:0.4 mL/min;

    d) 进样量:2 μL;

e) 梯度洗脱程序见表1。

表 1 梯度洗脱程序

时间,min	流动相 A,%	流动相 B,%
0	95	5
0.5	95	5
3.0	85	15
10.0	60	40
18.0	0	100
23.0	0	100
23.1	95	5
26.0	95	5

8.5 质谱参考条件

质谱参考条件如下:

a) 离子源:电喷雾离子源;

b) 扫描方式:正离子模式(ESI+);

c) 碎裂电压:125 V;

d) 干燥气温度:250 ℃;

e) 雾化气压力:241.315 kPa;

f) 毛细管电压:3 000 V;

g) 采集模式:全扫描(Scan MS)及二级离子扫描(Target MS/MS);

h) Scan MS 模式监控窗口:相对质量偏差$\leq 10 \times 10^{-6}$(10 ppm),扫描范围:50 m/z~1 300 m/z;

i) Target MS/MS 模式监控窗口:相对质量偏差$\leq 15 \times 10^{-6}$(15 ppm),扫描范围:50 m/z~1 000 m/z;

j) 采集频率:2 spectra/s。

8.6 高分辨质谱谱库构建

输入 139 种药物的中英文名称、CAS 号及化学式,由高分辨质谱谱库构建软件计算得到每个标准品的理论质量数。采用 100 ng/mL 的混合标准工作溶液在全扫描(Scan MS)模式下进行测定,得到每个药物的保留时间和母离子精确质量数测定值;在二级离子扫描(Target MS/MS)模式下,对每种药物进行碎片离子谱图采集,并将其导入高分辨质谱谱库,与相应药物的保留时间(见附录B)、精确质量数测定值、中英文名称、CAS 号、分子式等信息相关联,完成谱库构建。

8.7 鉴别

筛选分析依据全扫描(Scan MS)模式下保留时间及精确质量数测定值。如检出的色谱峰保留时间与谱库中的保留时间偏差在$\pm 2.5\%$,且母离子测定精确质量数与理论质量数的相对偏差小于或等于5×10^{-6}(5 ppm),则可以初步判断试样中含有该种药物。

8.8 确认

对于初步鉴别出的阳性药物,在二级离子扫描(Target MS/MS)下检测其在不同碰撞能下典型的二级碎片离子(见附录C),如果至少有 2 个及以上丰度较高的碎片离子测定精确质量数与谱库中相应碎片离子质量数相对偏差小于或等于10×10^{-6}(10 ppm),且上述二级碎片离子与浓度接近的标准工作液中对应的碎片离子的相对丰度一致,即偏差不超过表 2 规定的范围,且平行试验结果一致的情况下,可判定为试样中存在这种药物。

表 2 确证分析时相对离子丰度的最大允许相对偏差

单位为百分号

相对离子丰度	>50	>20 至 50	>10 至 20	≤10
允许的相对偏差	±20	±25	±30	±50

8.9 定量

母离子为定量离子,以 73 种药物基质匹配标准系列工作溶液(8.3)的浓度为横坐标、色谱峰面积为纵坐标,绘制标准曲线,标准曲线的相关系数应不低于 0.99。所测样品中药物的响应值应均在该标准曲线的线性范围内。若超出该线性范围,则需减少试样量重新试验或将试样溶液稀释后和基质匹配标准溶液做相应重新测定。

9 试验数据处理

试样中药物残留量以 ω 计,数值以微克每千克($\mu g/kg$)表示,按公式(1)计算。

$$\omega = \frac{\rho \times V_1 \times V_3 \times 1000}{m \times V_2 \times 1000} \quad\cdots\cdots\cdots\cdots\cdots\cdots\cdots\cdots\cdots\cdots\cdots\cdots\cdots (1)$$

式中:

ω ——试样中被测药物含量的数值,单位为微克每千克($\mu g/kg$);

ρ ——由基质标准曲线查得的试样中被测药物浓度的数值,单位为纳克每毫升(ng/mL);

V_1 ——提取液体积的数值,单位为毫升(mL);

V_2 ——用于氮吹体积的数值,单位为毫升(mL);

V_3 ——净化后体积的数值,单位为毫升(mL);

m ——试样质量的数值,单位为克(g)。

测定结果用平行测定的算术平均值表示,保留 3 位有效数字。

10 检出限、定量限和精密度

10.1 检出限和定量限

本方法的检出限和定量限应符合附录 C 的规定。

10.2 精密度

在重复性条件下,2 次独立测定结果与其算术平均值的绝对差值应不大于该算术平均值的 15%。

附　录　A

（资料性）

139 种标准品的纯度和配制溶剂要求

139 种标准品的纯度和配制溶剂要求见表 A.1。

表 A.1　139 种标准品的纯度和配制溶剂要求

分组	编号	中文名称	英文名称	纯度,%	溶剂
A组	1	苯甲酰磺胺	Sulfabenzamide	99.9	甲醇
	2	磺胺嘧啶	Sulfadiazine	99.0	甲醇
	3	磺胺二甲嘧啶	Sulfadimidine	99.0	甲醇
	4	磺胺邻二甲氧嘧啶	Sulfadoxine	98.0	甲醇
	5	磺胺甲基嘧啶	Sulfamerazine	99.0	甲醇
	6	磺胺甲噻二唑	Sulfamethizole	98.0	甲醇
	7	磺胺甲氧哒嗪	Sulfamethoxypyridazine	98.0	甲醇
	8	磺胺苯吡唑	Sulfaphenazole	99.0	甲醇
	9	磺胺吡唑	Sulfapyrazole	98.0	甲醇
	10	磺胺吡啶	Sulfapyridine	98.0	甲醇
	11	磺胺噻唑	Sulfathiazole	99.9	甲醇
	12	磺胺二甲异嘧啶	Sulfisomidine	99.8	甲醇
	13	甲氧苄啶	Trimethoprim	99.5	甲醇
	14	磺胺醋酰钠	Sulfacetamide	98.0	甲醇
	15	磺胺氯哒嗪	Sulfachloropyridazine	99.9	甲醇
	16	磺胺甲噁唑	Sulfamethoxazole	98.0	甲醇
	17	磺胺对甲氧嘧啶	Sulfametoxydiazine	99.0	甲醇
	18	磺胺间甲氧嘧啶	Sulfamonomethoxin	95.7	甲醇
	19	磺胺噁唑	Sulfamoxole	98.0	甲醇
	20	磺胺异噁唑	Sulphisoxazole	99.0	甲醇
	21	磺胺间二甲氧嘧啶	Sulfadimethoxine	99.9	甲醇
	22	磺胺脒	Sulfaguanidine	99.5	甲醇
	23	磺胺喹噁啉	Sulfaquinoxaline	98.9	甲醇
	24	磺胺	Sulfanilamide	99.9	甲醇
B组	1	西诺沙星	Cinoxacin	99.5	甲醇（+1%H_2O+1%乙腈）
	2	达氟沙星	Danofloxacin	98.0	甲醇（+1%H_2O+1%乙腈）
	3	二氟沙星	Difloxacin	99.0	甲醇（+1%H_2O+1%乙腈）
	4	恩诺沙星	Enrofloxacin	98.0	甲醇（+1%H_2O+1%乙腈）
	5	氟甲喹	Flumequine	98.0	甲醇（+1%H_2O+1%乙腈）
	6	加替沙星	Gatifloxacin	98.0	甲醇（+1%H_2O+1%乙腈）
	7	洛美沙星	Lomefloxacin	98.0	甲醇（+1%H_2O+1%乙腈）
	8	马波沙星	Marbofloxacin	97.0	甲醇（+1%H_2O+1%乙腈）
	9	莫西沙星	Moxifloxacin	98.0	甲醇（+1%H_2O+1%乙腈）
	10	氧氟沙星	Ofloxacin	98.0	甲醇（+1%H_2O+1%乙腈）
	11	奥比沙星	Orbifloxacin	99.0	甲醇（+1%H_2O+1%乙腈）
	12	沙拉沙星	Sarafloxacin	98.0	甲醇（+1%H_2O+1%乙腈）
	13	司帕沙星	Sparfloxacin	98.0	甲醇（+1%H_2O+1%乙腈）
	14	妥舒沙星	Tosufloxacintosylate	97.2	甲醇（+1%H_2O+1%乙腈）
	15	氟罗沙星	Fleroxacin	98.0	甲醇（+1%H_2O+1%乙腈）
	16	环丙沙星	Ciprofloxacin	99.9	甲醇（+1%H_2O+1%乙腈）
	17	依诺沙星	Enoxacin	99.0	甲醇（+1%H_2O+1%乙腈）
	18	吉米沙星	Gemifioxacin	99.6	甲醇（+1%H_2O+1%乙腈）
	19	那氟沙星	Nadifloxacin	99.9	甲醇（+1%H_2O+1%乙腈）
	20	萘啶酸	Nalidixic acid	99.9	甲醇（+1%H_2O+1%乙腈）
	21	诺氟沙星	Norfloxacin	94.3	甲醇（+1%H_2O+1%乙腈）
	22	噁喹酸	Oxolinic acid	98.0	甲醇（+1%H_2O+1%乙腈）
	23	吡哌酸	Pipemidic acid	99.0	甲醇（+1%H_2O+1%乙腈）

表 A.1（续）

分组	编号	中文名称	英文名称	纯度,%	溶剂
C组	1	2-氨基苯并咪唑	2-Aminobenzimidazole	99.0	甲醇（+1%DMSO）
	2	2-氨基氟苯咪唑	2-Aminoflubendazole	99.9	甲醇（+1%DMSO）
	3	氯甲硝咪唑	5-Chloro-1-methyl-4-nitroimidazole	98.0	甲醇（+1%DMSO）
	4	阿苯达唑-2-氨基砜	Albendazole-2-aminosulfone	99.0	甲醇（+1%DMSO）
	5	噻苯咪唑酯	Cambendazole	98.5	甲醇（+1%DMSO）
	6	氟苯咪唑	Flubendazole	99.3	甲醇（+1%DMSO）
	7	甲苯咪唑	Mebendazole	98.0	甲醇（+1%DMSO）
	8	噻苯咪唑	Thiabendazole	98.0	甲醇（+1%DMSO）
	9	阿苯达唑	Albendazole	98.9	甲醇（+1%DMSO）
	10	阿苯达唑亚砜	Albendazole sulfoxide	98.6	甲醇（+1%DMSO）
	11	氨基甲苯咪唑	Mebendazole-amine	98.0	甲醇（+1%DMSO）
	12	苯并咪唑	Benzimidazole	99.3	甲醇（+1%DMSO）
	13	卡硝唑	Carnidazole	98.4	甲醇（+1%DMSO）
	14	地美硝唑	Dimetridazole	99.0	甲醇（+1%DMSO）
	15	芬苯达唑	Fenbendazole	99.9	甲醇（+1%DMSO）
	16	5-硝基苯并咪唑	5-Nitrobenzimidazole	98.0	甲醇（+1%DMSO）
	17	异丙硝唑	Ipronidazole	99.2	甲醇（+1%DMSO）
	18	5-羟基甲苯咪唑	5-Hydroxyl-mebendazole	99.9	甲醇（+1%DMSO）
	19	芬苯达唑砜	Fenbendazole sulfone	99.9	甲醇（+1%DMSO）
	20	地美硝唑-2-羟基	2-Hydroxymethyl-1-methyl-5-nitroimidazole	98.0	甲醇（+1%DMSO）
D组	1	2-甲基-4-硝基咪唑	2-Methyl-4-nitroimidazole	99.0	甲醇（+1%DMSO）
	2	5-羟基噻苯咪唑	5-Hydroxythiabendazole	99.9	甲醇（+1%DMSO）
	3	左旋咪唑	Levamisole	99.9	甲醇（+1%DMSO）
	4	奥芬达唑	Oxfendazole	99.0	甲醇（+1%DMSO）
	5	丙氧苯咪唑	Oxibendazole	99.0	甲醇（+1%DMSO）
	6	洛硝达唑	Ronidazole	97.0	甲醇（+1%DMSO）
	7	替硝唑	Tinidazole	99.7	甲醇（+1%DMSO）
	8	三氯苯达唑	Triclabendazole	98.8	甲醇（+1%DMSO）
	9	羟基甲硝唑	Hydroxy metronidazole	99.7	甲醇（+1%DMSO）
	10	甲巯咪唑	Methimazole	99.9	甲醇（+1%DMSO）
	11	甲硝唑	Metronidazole	99.9	甲醇（+1%DMSO）
	12	塞克硝唑	Secnidazole	99.9	甲醇（+1%DMSO）
	13	尼莫拉唑	Nimorazole	99.5	甲醇（+1%DMSO）
	14	4-硝基咪唑	4-Nitroimidazole	98.0	甲醇（+1%DMSO）
E组	1	尼日利亚菌素	Nigericin	98.0	甲醇
	2	莫能菌素	Monensin	98.3	甲醇
	3	盐霉素	Salinomycin	98.0	甲醇
	4	甲基盐霉素	Narasin	98.0	甲醇
	5	马度米星	Maduramicin	98.1	甲醇
F组	1	阿维菌素	Abamectin	96.4	乙酸乙酯
	2	克林霉素	Clindamycin	98.0	乙酸乙酯
	3	依普菌素	Eprinomectin	92.4	乙酸乙酯
	4	泰乐菌素	Tylosin	98.0	乙酸乙酯
	5	维吉尼霉素 M1	Virginiamycin M1	95.0	乙酸乙酯
	6	多拉菌素	Doramectin	98.4	乙酸乙酯
	7	红霉素	Erythromycin	95.4	乙酸乙酯
	8	伊维菌素	Ivermectin	91.8	乙酸乙酯
	9	林可霉素	Lincomycin	98.0	乙酸乙酯
	10	吉他霉素	Kitasamycin	92.0	乙酸乙酯
	11	螺旋霉素	Spiramycin	95.0	乙酸乙酯
	12	替米考星	Tilmicosin	94.0	乙酸乙酯

表 A.1（续）

分组	编号	中文名称	英文名称	纯度,%	溶剂
G组	1	氯唑西林	Cloxacillin	99.5	乙腈
	2	萘夫西林	Naftifine	99.2	乙腈
	3	甲氧苯青霉素	Methicillin	98.4	乙腈
	4	青霉素 G	Penicillin G	98.0	乙腈
	5	青霉素 V	Penicillin V	97.0	乙腈
	6	哌拉西林	Piperacillin	98.0	乙腈
	7	氨苄西林	Ampicillin	98.0	乙腈
H组	1	阿氯米松双丙酸酯	Alclometasone dipropionate	98.0	乙腈
	2	倍氯米松双丙酸酯	Beclomethasone dipropionate	98.0	乙腈
	3	倍他米松双丙酸酯	Betamethasone dipropionate	98.0	乙腈
	4	氯倍他索丙酸酯	Clobetasol 17- propionate	99.0	乙腈
	5	氯倍他松丁酸酯	Clobetasone butyrate	98.0	乙腈
	6	地夫可特	Deflazacort	99.5	乙腈
	7	二氟拉松双醋酸酯	Diflorasone diacetate	98.0	乙腈
	8	表睾酮	Epitestosterone	98.0	乙腈
	9	氟替卡松丙酸酯	Fluticasone propionate	99.0	乙腈
	10	哈西奈德	Halcinonide	98.0	乙腈
	11	醋酸甲地孕酮	Megestrol acetate	99.9	乙腈
	12	莫米他松糠酸酯	Mometasone furoate	99.6	乙腈
	13	泼尼卡酯	Prednicarbate	98.0	乙腈
	14	倍氯米松	Beclomethasone	99.9	乙腈
	15	倍他米松戊酸酯	Betamethasone valerate	99.0	乙腈
	16	醋酸氯地孕酮	Beclomethasone	99.9	乙腈
	17	可的松	Cortisone	99.9	乙腈
	18	地塞米松	Dexamethasone	99.8	乙腈
	19	氟氢可的松	Fludrocortisone	99.9	乙腈
	20	氟米松	Flumethasone	99.5	乙腈
	21	特戊酸氟米松	Flumethasone pivalate	99.5	乙腈
	22	氟轻松	Fluocinolone	98.1	乙腈
	23	氟氢缩松	Flurandrenolide	98.0	乙腈
	24	氟米龙	Fluorometholone	98.0	乙腈
	25	氢化可的松	Hydrocortisone	99.9	乙腈
	26	醋酸美伦孕酮	Melengestrol acetate	99.5	乙腈
	27	甲基泼尼松龙	Methylprednisolone	98.0	乙腈
	28	醋酸甲基泼尼松龙	Methylprednisolone 21-acetate	99.5	乙腈
	29	诺龙	Nandrolone	98.1	乙腈
	30	睾酮	Testosterone	99.9	乙腈
	31	曲安奈德	Triamcinolone acetonide	99.9	乙腈
	32	黄体酮	Progesterone	99.9	乙腈
	33	泼尼松	Prednisone	99.9	乙腈
	34	布地奈德	Budesonide	98.0	乙腈

附　录　B

（资料性）

73 种标准溶液(100 ng/mL)全扫描模式下定量离子色谱图

73 种标准溶液全扫描模式下定量离子色谱图见图 B.1～图 B.73。

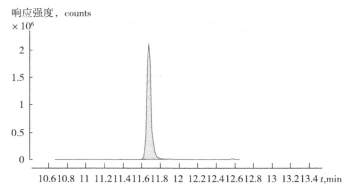

图 B.1　苯甲酰磺胺标准溶液定量离子色谱图(*RT*＝11.7 min)

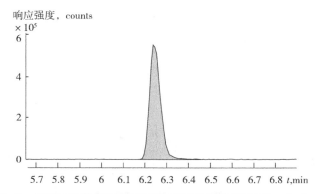

图 B.2　磺胺嘧啶标准溶液定量离子色谱图(*RT*＝6.1 min)

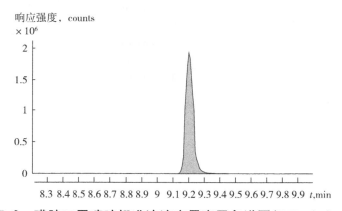

图 B.3　磺胺二甲嘧啶标准溶液定量离子色谱图(*RT*＝9.0 min)

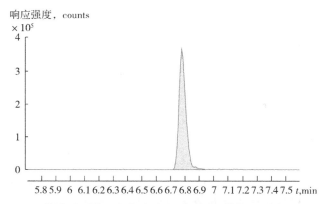

图 B.4　磺胺噻唑标准溶液定量离子色谱图(*RT*＝6.6 min)

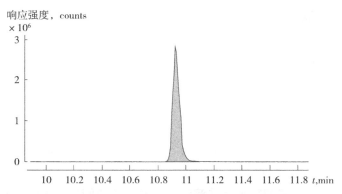

图 B.5　磺胺邻二甲氧嘧啶标准溶液定量离子色谱图(*RT*＝10.9 min)

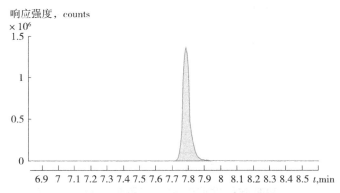

图 B.6　磺胺甲基嘧啶标准溶液定量离子色谱图(*RT*＝7.6 min)

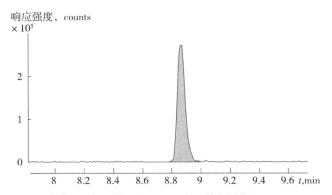

图 B.7　磺胺甲噻二唑标准溶液定量离子色谱图(*RT*＝8.8 min)

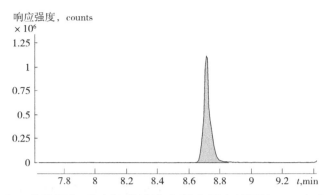

图 B.8　磺胺甲氧哒嗪标准溶液定量离子色谱图(RT＝8.6 min)

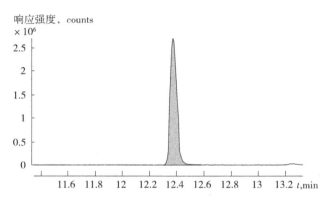

图 B.9　磺胺苯吡唑标准溶液定量离子色谱图(RT＝12.4 min)

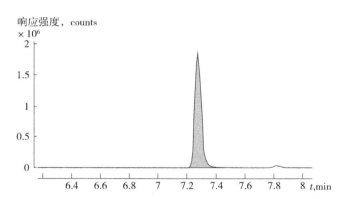

图 B.10　磺胺吡啶标准溶液定量离子色谱图(RT＝7.1 min)

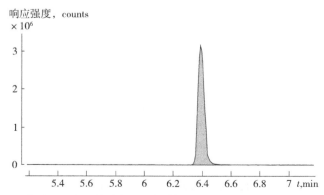

图 B.11　磺胺二甲异嘧啶标准溶液定量离子色谱图(RT＝6.2 min)

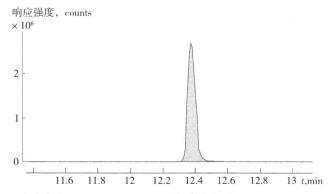

图 B.12 磺胺吡唑标准溶液定量离子色谱图（*RT*＝12.4 min）

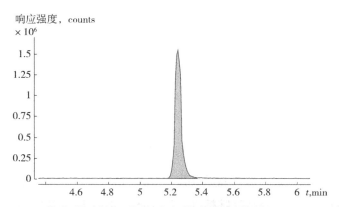

图 B.13 磺胺醋酰钠标准溶液定量离子色谱图（*RT*＝5.2 min）

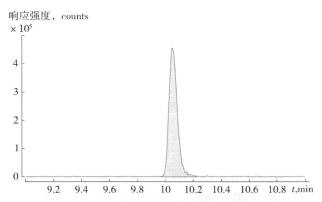

图 B.14 磺胺氯哒嗪标准溶液定量离子色谱图（*RT*＝10.0 min）

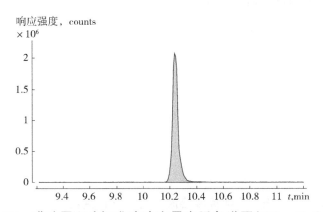

图 B.15 磺胺甲噁唑标准溶液定量离子色谱图（*RT*＝10.2 min）

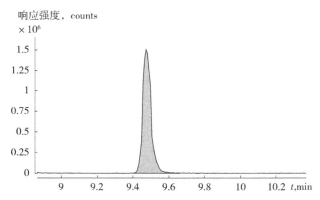

图 B. 16   磺胺对甲氧嘧啶标准溶液定量离子色谱图($RT=9.4\ \mathbf{min}$)

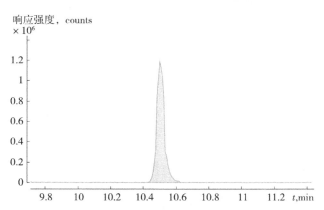

图 B. 17   磺胺间甲氧嘧啶标准溶液定量离子色谱图($RT=10.4\ \mathbf{min}$)

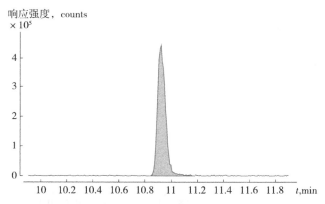

图 B. 18   磺胺噁唑标准溶液定量离子色谱图($RT=10.9\ \mathbf{min}$)

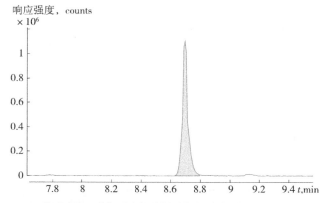

图 B. 19   磺胺异噁唑标准溶液定量离子色谱图($RT=8.6\ \mathbf{min}$)

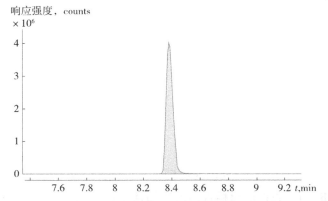

图 B.20 甲氧苄啶标准溶液定量离子色谱图($RT=8.4\ \mathrm{min}$)

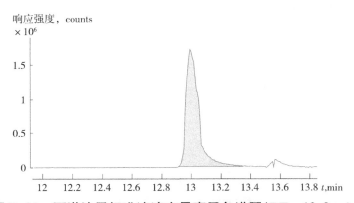

图 B.21 西诺沙星标准溶液定量离子色谱图($RT=12.9\ \mathrm{min}$)

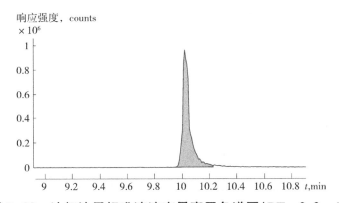

图 B.22 达氟沙星标准溶液定量离子色谱图($RT=9.9\ \mathrm{min}$)

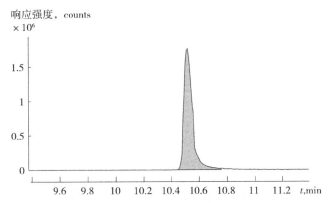

图 B.23 二氟沙星标准溶液定量离子色谱图($RT=10.4\ \mathrm{min}$)

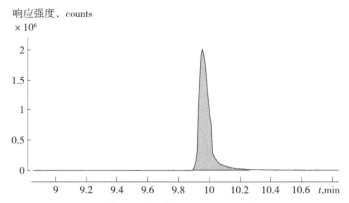

图 B.24　恩诺沙星标准溶液定量离子色谱图(RT＝9.9 min)

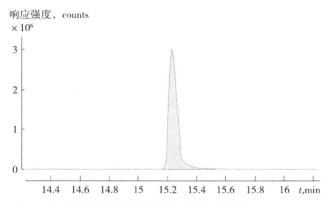

图 B.25　氟甲喹标准溶液定量离子色谱图(RT＝15.2 min)

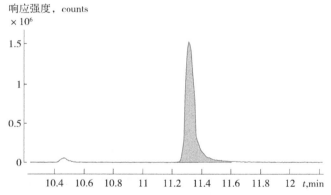

图 B.26　加替沙星标准溶液定量离子色谱图(RT＝11.2 min)

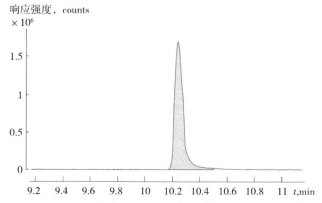

图 B.27　洛美沙星标准溶液定量离子色谱图(RT＝10.2 min)

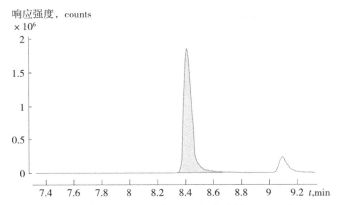

图 B.28　马波沙星标准溶液定量离子色谱图($RT=8.3$ min)

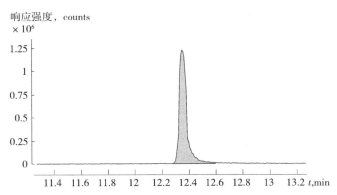

图 B.29　莫西沙星标准溶液定量离子色谱图($RT=12.3$ min)

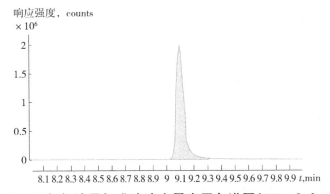

图 B.30　氧氟沙星标准溶液定量离子色谱图($RT=9.0$ min)

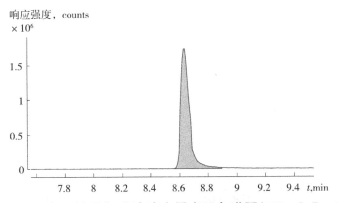

图 B.31　氟罗沙星标准溶液定量离子色谱图($RT=8.5$ min)

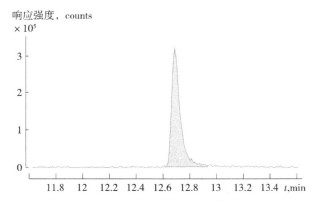

图 B.32 妥舒沙星标准溶液定量离子色谱图($RT=12.6$ min)

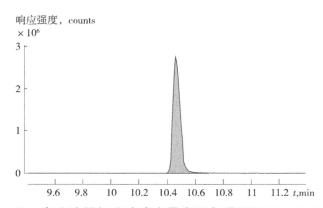

图 B.33 奥比沙星标准溶液定量离子色谱图($RT=10.4$ min)

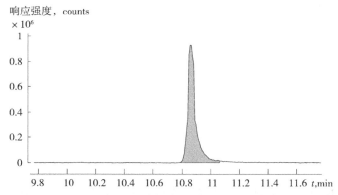

图 B.34 沙拉沙星标准溶液定量离子色谱图($RT=10.8$ min)

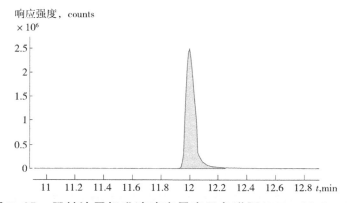

图 B.35 司帕沙星标准溶液定量离子色谱图($RT=11.9$ min)

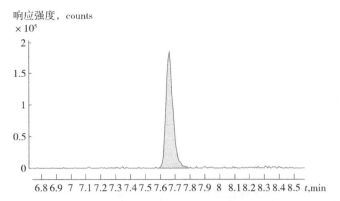

图 B.36　阿苯达唑-2-氨基砜标准溶液定量离子色谱图（*RT*＝7.6 min）

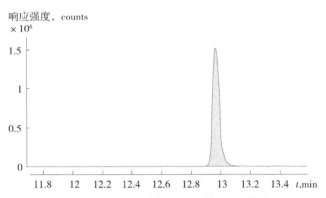

图 B.37　2-氨基氟苯咪唑标准溶液定量离子色谱图（*RT*＝13.1 min）

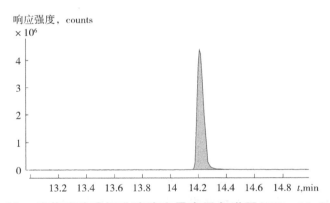

图 B.38　噻苯咪唑酯标准溶液定量离子色谱图（*RT*＝14.0 min）

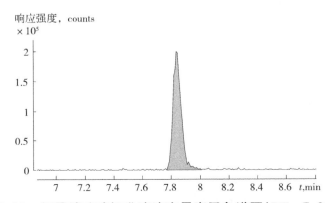

图 B.39　氯甲硝咪唑标准溶液定量离子色谱图（*RT*＝7.8 min）

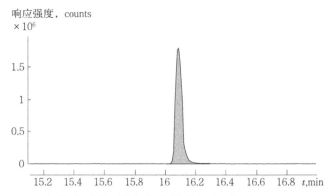

图 B.40　氟苯咪唑标准溶液定量离子色谱图(RT＝16.0 min)

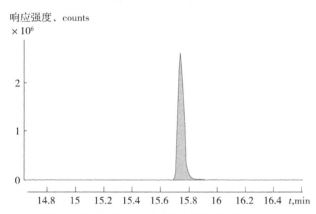

图 B.41　甲苯咪唑标准溶液定量离子色谱图(RT＝15.6 min)

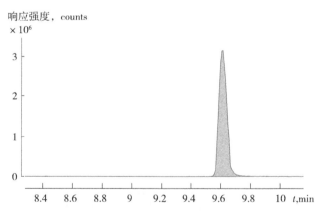

图 B.42　噻苯咪唑标准溶液定量离子色谱图(RT＝9.2 min)

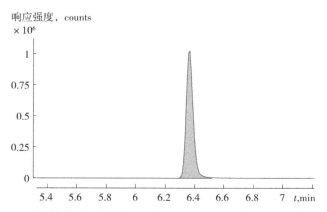

图 B.43　2-氨基苯并咪唑标准溶液定量离子色谱图(RT＝6.3 min)

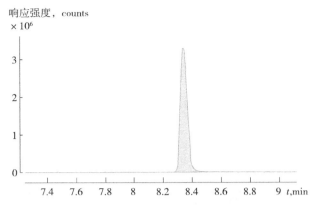

图 B.44　5-羟基噻苯咪唑标准溶液定量离子色谱图（*RT*＝8.2 min）

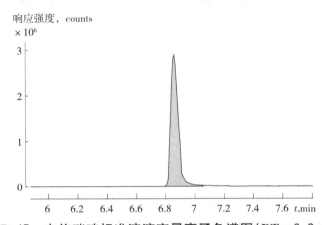

图 B.45　左旋咪唑标准溶液定量离子色谱图（*RT*＝6.8 min）

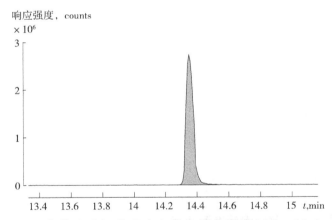

图 B.46　奥芬达唑标准溶液定量离子色谱图（*RT*＝14.2 min）

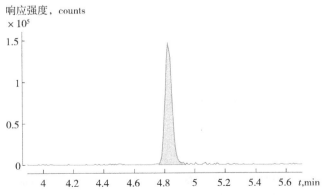

图 B.47　2-甲基-4-硝基咪唑标准溶液定量离子色谱图（*RT*＝4.9 min）

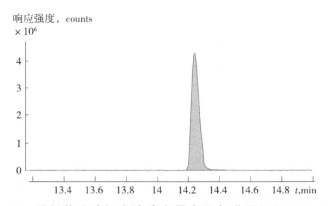

图 B.48　丙氧苯咪唑标准溶液定量离子色谱图(RT＝14.0 min)

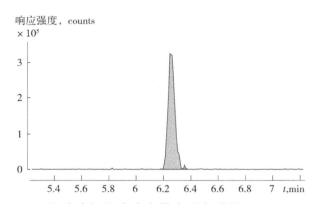

图 B.49　罗硝唑标准溶液定量离子色谱图(RT＝6.2 min)

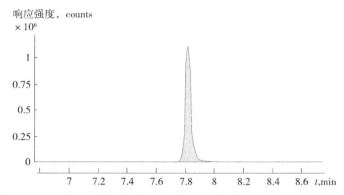

图 B.50　替硝唑标准溶液定量离子色谱图(RT＝7.8 min)

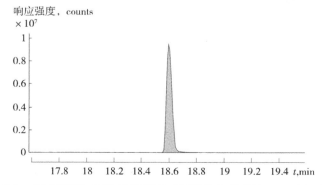

图 B.51　三氯苯达唑标准溶液定量离子色谱图(RT＝18.6 min)

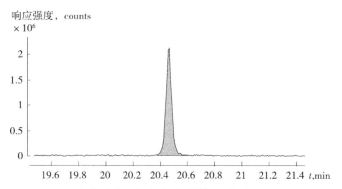

图 B.52　尼日利亚菌素标准溶液定量离子色谱图($RT=20.5$ min)

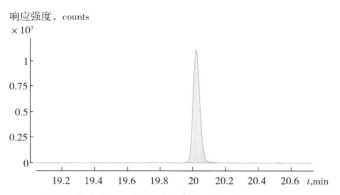

图 B.53　莫能菌素标准溶液定量离子色谱图($RT=20.0$ min)

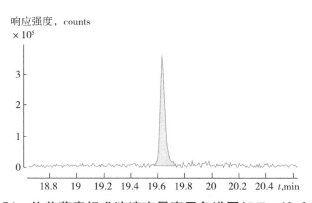

图 B.54　依普菌素标准溶液定量离子色谱图($RT=19.6$ min)

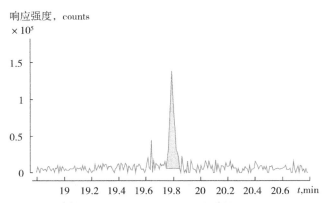

图 B.55　阿维菌素标准溶液定量离子色谱图($RT=19.8$ min)

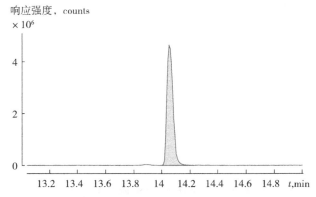

图 B.56　克林霉素标准溶液定量离子色谱图($RT=14.0$ min)

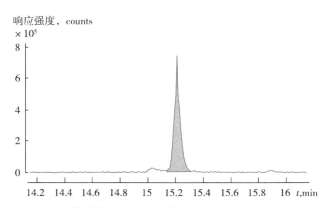

图 B.57　泰乐菌素标准溶液定量离子色谱图($RT=15.2$ min)

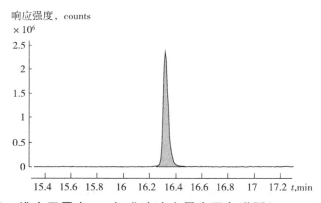

图 B.58　维吉尼霉素 M1 标准溶液定量离子色谱图($RT=16.3$ min)

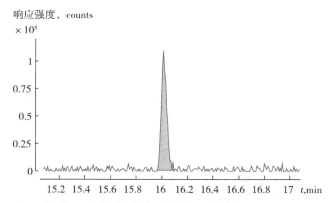

图 B.59　氯唑西林标准溶液定量离子色谱图($RT=16.1$ min)

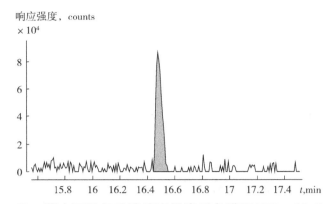

图 B.60　萘夫西林标准溶液定量离子色谱图($RT=16.5$ min)

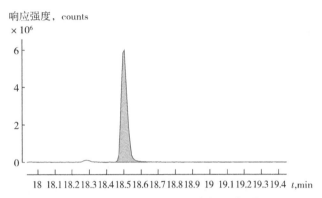

图 B.61　倍氯米松双丙酸酯标准溶液定量离子色谱图($RT=18.5$ min)

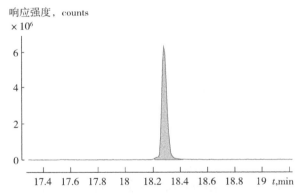

图 B.62　倍他米松双丙酸酯标准溶液定量离子色谱图($RT=18.3$ min)

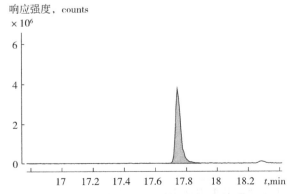

图 B.63　阿氯米松双丙酸酯标准溶液定量离子色谱图($RT=17.4$ min)

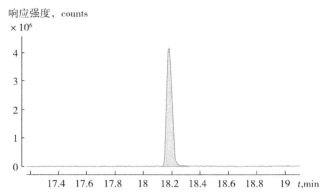

图 B.64　醋酸甲地孕酮标准溶液定量离子色谱图（RT＝18.0 min）

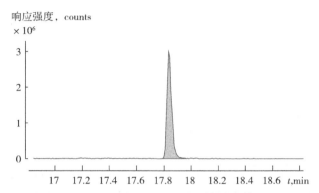

图 B.65　氯倍他索丙酸酯标准溶液定量离子色谱图（RT＝17.8 min）

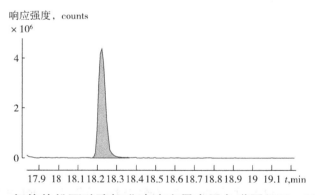

图 B.66　氯倍他松丁酸酯标准溶液定量离子色谱图（RT＝18.2 min）

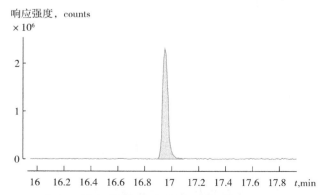

图 B.67　地夫可特标准溶液定量离子色谱图（RT＝16.9 min）

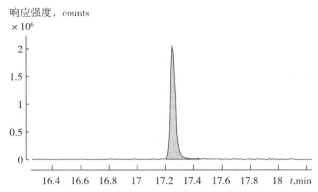

图 B.68 二氟拉松双醋酸酯标准溶液定量离子色谱图($RT=17.3$ min)

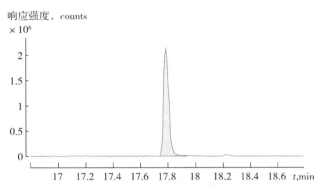

图 B.69 氟替卡松丙酸酯标准溶液定量离子色谱图($RT=17.8$ min)

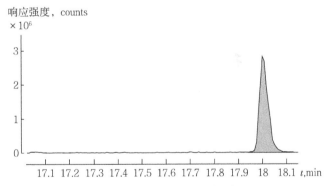

图 B.70 哈西奈德标准溶液定量离子色谱图($RT=18.0$ min)

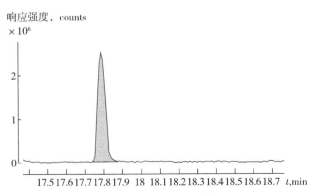

图 B.71 表睾酮标准溶液定量离子色谱图($RT=17.8$ min)

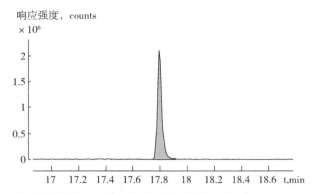

图 B.72 莫米他松糠酸酯标准溶液定量离子色谱图($RT=17.8$ min)

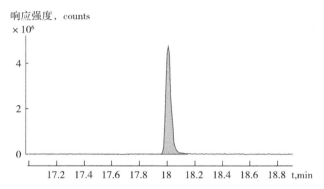

图 B.73 泼尼卡酯标准溶液定量离子色谱图($RT=18.0$ min)

附　录　C
（规范性）
139 种药物及代谢物的相关信息及检出限和定量限要求

139 种药物及代谢物的相关信息及检出限和定量限应符合表 C.1 规定。

表 C.1 139 种药物及代谢物的相关信息及检出限和定量限要求

分组	编号	中文名称	英文名称	CAS号	理论精确质量数	典型二级碎片离子	检出限 (LOD) μg/kg	定量限 (LOQ) μg/kg
A组	1	苯甲酰磺胺	Sulfabenzamide	127-71-9	277.0641	156.0114/108.0444/92.0495	12.5	25
	2	磺胺嘧啶	Sulfadiazine	68-35-9	251.0597	156.0114/108.0444/185.0822	50	125
	3	磺胺二甲嘧啶	Sulfadimidine	57-68-1	279.0910	186.0332/156.0114/92.0495	50	125
	4	磺胺邻二甲氧嘧啶	Sulfadoxine	2447-57-6	311.0809	156.0114/108.0431/92.0495	50	125
	5	磺胺甲基嘧啶	Sulfamerazine	127-79-7	265.0754	156.01/110.0713/199.0978	25	125
	6	磺胺甲噻二唑	Sulfamethizole	144-82-1	271.0318	156.0114/108.0431/92.0495	12.5	125
	7	磺胺甲氧哒嗪	Sulfamethoxypyridazine	80-35-3	281.0703	156.0114/108.0444/215.0927	25	125
	8	磺胺苯吡唑	Sulfaphenazole	526-08-9	315.0910	160.0869/222.0332/108.0444	2.5	12.5
	9	磺胺吡唑	Sulfapyrazole	852-19-7	329.1069	173.0947/156.0114/108.0444	5	25
	10	磺胺吡啶	Sulfapyridine	144-83-2	250.0645	156.0114/184.0869/108.0444	25	125
	11	磺胺噻唑	Sulfathiazole	72-14-0	256.0209	156.0114/92.0495/65.0386	12.5	25
	12	磺胺二甲异嘧啶	Sulfisomidine	515-64-0	279.0910	124.0869/186.0332/156.063	12.5	125
	13	甲氧苄啶	Trimethoprim	738-70-5	291.1452	230.1162/123.0665/261.0982	12.5	125
	14	磺胺醋酰钠	Sulfacetamide	144-80-9	215.0485	156.0114/108.0444/92.0495	12.5	125
	15	磺胺氯哒嗪	Sulfachloropyridazine	80-32-0	285.0208	156.0114/108.0444/92.0495	12.5	125
	16	磺胺甲噁唑	Sulfamethoxazole	723-46-6	254.0594	92.0468/108.0444/156.0080	25	125
	17	磺胺对甲氧嘧啶	Sulfametoxydiazine	651-06-9	281.0703	156.0114/108.0444/126.0662	25	125
	18	磺胺间甲氧嘧啶	Sulfamonomethoxin	1220-83-3	281.0703	156.0100/108.0444/92.0495	25	125
	19	磺胺噁唑	Sulfamoxole	729-99-7	268.0750	156.0114/92.0495/108.0444	12.5	25
	20	磺胺异噁唑	Sulphisoxazole	127-69-5	268.0750	108.0444/92.0495/156.0114	25	125
	21	磺胺间二甲氧嘧啶[a]	Sulfadimethoxine	122-11-2	311.0809	156.0114/108.0431/92.0495	—	32.7
	22	磺胺脒[a]	Sulfaguanidine	57-67-0	215.0597	156.0114/60.0556/108.0444	—	324.7
	23	磺胺喹噁啉[a]	Sulfaquinoxaline	59-40-5	301.0754	156.0114/108.0444/92.0495	—	47.8
	24	磺胺[a]	Sulfanilamide	63-74-1	173.0379	92.0495/156.0114/108.044	—	124.4

表 C.1（续）

分组	编号	中文名称	英文名称	CAS号	理论精确质量数	典型二级碎片离子	检出限(LOD) μg/kg	定量限(LOQ) μg/kg
B组	1	西诺沙星	Cinoxacin	28657-80-9	263.066 3	245.0557/217.0608/189.0295	5	12.5
	2	达氟沙星	Danofloxacin	112398-08-0	358.156 2	340.1456/314.1663/96.0808	12.5	25
	3	二氟沙星	Difloxacin	98106-17-3	400.146 7	382.1362/356.1569/299.0979	12.5	25
	4	恩诺沙星	Enrofloxacin	93106-60-6	360.171 8	342.1612/316.1820/245.1073	5	12.5
	5	氟甲喹	Flumequine	42835-25-6	262.087 4	244.0768/202.0288/174.0338	0.75	12.5
	6	加替沙星	Gatifloxacin	112811-59-3	376.167 3	358.1562/332.1769/289.1347	12.5	25
	7	洛美沙星	Lomefloxacin	98079-51-7	352.146 7	334.1362/308.1569/265.1167	12.5	25
	8	马波沙星	Marbofloxacin	115550-35-1	363.146 3	72.0781/345.1357/320.1041	12.5	25
	9	莫西沙星	Moxifloxacin	151096-09-2	402.182 4	384.1718/358.1925/261.1022	12.5	25
	10	氧氟沙星	Ofloxacin	82419-36-1	362.151 1	318.1612/261.1022/344.1405	5	12.5
	11	奥比沙星	Orbifloxacin	113617-63-3	396.153	352.1631/378.1424/295.1053	12.5	25
	12	沙拉沙星	Sarafloxacin	98105-99-8	386.131 1	368.1205/342.1412/299.0980	12.5	25
	13	司帕沙星	Sparfloxacin	110871-86-8	393.173 3	375.1627/349.1834/292.1256	12.5	25
	14	妥舒沙星	Tosufloxacintosylate	115964-29-9	405.116 9	387.1063/314.0900/56.0495	125	125
	15	氟罗沙星	Fleroxacin	79660-72-3	370.137 3	326.1475/352.1267/269.0896	12.5	25
	16	环丙沙星[a]	Ciprofloxacin	85721-33-1	332.140 5	314.1299/288.1507/231.0564	—	31.2
	17	依诺沙星[a]	Enoxacin	74011-58-8	321.135 8	303.1252/257.1397/277.1459	—	51.4
	18	吉米沙星[a]	Gemifloxacin	175463-14-6	390.157 3	372.1466/313.1333/232.0881	—	49.5
	19	那氟沙星[a]	Nadifloxacin	124858-35-1	361.156 9	343.1452/283.0877/229.0408	—	20.2
	20	萘啶酸[a]	Nalidixic acid	389-08-2	233.092 1	215.0815/187.0502/159.0553	—	144.9
	21	诺氟沙星[a]	Norfloxacin	70458-96-7	320.140 5	302.1299/276.1507/233.1073	—	79.7
	22	噁喹酸[a]	Oxolinic acid	14698-29-4	262.071 0	244.0604/160.0393/216.0291	—	105.3
	23	吡哌酸[a]	Pipemidic acid	51940-44-4	304.140 4	286.1299/217.1094/260.1506	—	80.6
C组	1	2-氨基苯并咪唑	2-Aminobenzimidazole	934-32-7	134.071 3	65.0386/92.0495/80.0495	2.5	12.5
	2	2-氨基氟苯咪唑	2-Aminoflubendazole	82050-13-3	256.088 1	95.0292/123.0241/133.0634	12.5	25
	3	氯甲硝咪唑	5-Chloro-1-methyl-4-nitroimidazole	4897-25-0	162.006 8	116.0136/145.0037/81.0447	12.5	25
	4	阿苯达唑-2-氨基砜	Albendazole-2-aminosulfone	80983-34-2	240.080 1	198.0332/133.0635/72.0444	12.5	125
	5	嚓苯哒唑酯	Cambendazole	26097-80-3	303.091 0	261.0441/217.0524/243.0335	2.5	12.5
	6	氟苯咪唑	Flubendazole	31430-15-6	314.093 6	282.0673/123.024195.0292	5	25
	7	甲苯咪唑	Mebendazole	31431-39-7	296.103 0	264.0768/105.0335/77.0386	5	25
	8	噻苯咪唑	Thiabendazole	148-79-8	202.043 3	131.0604/175.0324/65.0386	2.5	12.5

表 C.1（续）

分组	编号	中文名称	英文名称	CAS 号	理论精确质量数	典型二级碎片离子	检出限（LOD）μg/kg	定量限（LOQ）μg/kg
C 组	9	阿苯达唑[a]	Albendazole	54965-21-8	266.0958	234.0696/209.1159/99.0441	—	21.6
	10	阿苯达唑亚砜[a]	Albendazole sulfoxide	54029-12-8	282.0911	240.0437/159.0427/43.0532	—	95.5
	11	氨基甲苯咪唑[a]	Mebendazole-amine	52329-60-9	238.0975	105.0335/77.0386/51.0229	—	151.5
	12	苯并咪唑[a]	Benzimidazole	51-17-2	119.0606	92.0495/65.0386	—	29.1
	13	卡硝唑[a]	Carnidazole	42116-76-7	245.0703	118.0321/75.0263/60.0028	—	22.7
	14	二甲硝咪唑[a]	Dimetridazole	551-92-8	142.0611	96.0682/81.0447/54.0338	—	39.1
	15	芬苯达唑[a]	Fenbendazole	43210-67-9	300.0801	268.0539/159.0427/190.0049	—	25.2
	16	5-硝基苯并咪唑[a]	5-Nitrobenzimidazole	94-52-0	164.0458	118.0526/91.0417/64.0308	—	25.4
	17	异丙硝唑[a]	Ipronidazole	14885-29-1	170.0924	124.0995/109.0760/96.0682	—	76.5
	18	5-羟基甲苯咪唑[a]	5-Hydroxyl-mebendazole	60254-95-7	298.0857	266.0924/79.0542/160.0505	—	19.9
	19	芬苯达唑砜[a]	Fenbendazole sulfone	54029-20-8	332.0670	300.0437/159.0427/77.0386	—	25.6
	20	二甲硝咪唑-2-羟基[a]	2-Hydroxymethyl-1-methyl-5-nitroimidazole	936-05-0	158.0560	140.0455/55.0417/110.0475	—	36.8
D 组	1	2-甲基-4-硝基咪唑	2-Methyl-4-nitroimidazole	696-23-1	128.0457	42.0338/82.0526/41.0260	2.5	12.5
	2	5-羟基噻苯咪唑	5-Hydroxythiabendazole	948-71-0	218.0383	191.0274/147.0553/81.0335	5	12.5
	3	左旋咪唑	Levamisole	14769-73-4	205.0794	178.0685/123.0263/91.0542	5	25
	4	奥芬达唑[a]	Oxfendazole	53716-50-0	316.0750	191.0689/284.0488/159.0427	5	25
	5	丙氧苯咪唑[a]	Oxibendazole	20559-55-1	250.1186	218.0924/176.0455/148.0505	0.75	12.5
	6	洛硝达唑	Ronidazole	7681-76-7	201.0618	140.0455/55.0417/110.0475	25	125
	7	替硝唑	Tinidazole	19387-91-8	248.0700	121.0318/202.0771/93.0005	25	125
	8	三氯苯达唑[a]	Triclabendazole	68786-66-3	358.9574	343.9339/273.9962/198.0008	5	25
	9	羟基甲硝咪唑[a]	Hydroxy metronidazole	4812-40-2	188.0670	123.0553/144.0404/126.0298	5	18.7
	10	甲巯咪唑[a]	Methimazole	60-56-0	115.0325	57.0573/88.0216/100.0090	—	155.8
	11	甲硝唑[a]	Metronidazole	413-48-1	172.0717	128.0455/82.0526/45.0335	—	378.8
	12	塞克硝唑[a]	Secnidazole	3366-95-8	186.0885	128.0455/59.0491/111.0427	—	17.0
	13	尼莫拉唑[a]	Nimorazole	6506-37-2	227.1139	114.0913/100.0757/70.0651	—	393.7
	14	4-硝基咪唑[a]	4-Nitroimidazole	3034-38-6	114.0302	68.0369/84.0318/41.0260	—	268.8
E 组	1	尼日利亚菌素	Nigericin	28380-24-7	747.4661	501.3195/237.1086/168.4700	2.5	12.5
	2	莫能菌素	Monensin	22373-78-0	693.4184	675.4079/461.2876/501.3187	2.5	12.5
	3	盐霉素[a]	Salinomycin	55721-31-8	773.4830	431.2404/531.3292/265.1410	—	467.3
	4	甲基盐霉素[a]	Narasin	55134-13-9	787.4982	431.2404/531.3292/179.1567	—	36.6
	5	马度米星[a]	Maduramicin	84878-61-5	939.5294	877.5284/719.4341/631.3805	—	40.6

表 C.1（续）

分组	编号	中文名称	英文名称	CAS号	理论精确质量数	典型二级碎片离子	检出限(LOD) μg/kg	定量限(LOQ) μg/kg
F组	1	阿维菌素	Abamectin	71751-41-2	895.4818	751.4028/449.2510/327.1931	25	125
	2	克林霉素	Clindamycin	18323-44-9	425.1872	126.1277/377.1838/70.0651	0.75	12.5
	3	依普菌素	Eprinomectin	123997-26-2	936.5090	490.2773/352.1728/382.3535	25	125
	4	泰乐菌素	Tylosin	1401-69-0	916.5264	174.1125/772.4451/598.3559	50	125
	5	维吉尼霉素 M1	Virginiamycin M1	21411-53-0	526.2551	355.1289/508.2442/133.0648	2.5	12.5
	6	多拉菌素[a]	Doramectin	117704-25-3	921.4963	777.4185/449.2510/183.0628	—	398.4
	7	红霉素[a]	Erythromycin	114-07-8	734.4685	576.3742/158.1176/316.2119	—	55.2
	8	伊维菌素[a]	Ivermectin	70288-86-7	897.4963	753.4185/183.0628/329.2087	—	440.5
	9	林可霉素[a]	Lincomycin	154-21-2	407.2210	126.1277/359.2177/70.0651	—	31.1
	10	吉他霉素[a]	Kitasamycin	1392-21-8	786.4633	174.1125/109.0648/558.3273	—	279.3
	11	螺旋霉素[a]	Spiramycin	8025-81-8	843.5213	174.1125/540.3167/699.4368	—	38.3
	12	替米考星[a]	Tilmicosin	108050-54-0	869.5733	174.1125/696.4681	—	471.7
G组	1	氯唑西林	Cloxacillin	61-72-3	436.0721	277.0370/160.0427/436.0729	50	125
	2	萘夫西林	Naftifine	147-52-4	415.1322	199.0754/256.0968/171.0441	25	125
	3	甲氧苯青霉素[a]	Methicillin	7081-44-9	381.1110	222.0761/128.0528/59.0491	—	175.4
	4	青霉素 G[a]	Penicillin G	61-33-6	335.1060	160.0427/176.0706/114.0338	—	353.4
	5	青霉素 V[a]	Penicillin V	87-08-1	351.1005	160.0427/114.0372/90.9764	—	446.4
	6	哌拉西林[a]	Piperacillin	61477-96-1	518.1694	143.0815/359.1364/302.1162	—	31.1
	7	氨苄西林[a]	Ampicillin	69-53-4	348.1024	207.056/304.1125/74.0070	—	68.0
H组	1	阿氯米松双丙酸酯	Alclometasone dipropionate	66734-13-2	521.2313	503.1393/355.1459/279.1744	25	125
	2	倍氯米松双丙酸酯	Beclomethasone dipropionate	5534-09-8	521.2315	503.22/319.1693/411.2166	0.75	12.5
	3	倍他米松双丙酸酯	Betamethasone dipropionate	5593-20-4	505.2596	411.2166/319.1693/279.1744	0.75	12.5
	4	丙酸氯倍他索酯	Clobetasol 17-propionate	25122-46-7	467.1995	355.1471/373.1577/279.1755	12.5	25
	5	氯倍他松丁酸酯	Clobetasone butyrate	25122-57-0	479.1995	343.1459/279.138/371.1408	12.5	25
	6	地夫可特	Deflazacort	14484-47-0	442.2224	424.2119382.2013/400.2119	5	12.5
	7	二氟拉松双醋酸酯	Diflorasone diacetate	33564-31-7	495.2189	317.1536/335.1642/3/95.1853	25	125
	8	表睾酮	Epitestosterone	481-30-1	289.2173	97.0648/109.0648/253.1951	0.75	12.5
	9	氟替卡松丙酸酯	Fluticasone propionate	80474-14-2	501.1917	313.1598/293.1536/205.0659	12.5	25
	10	哈西奈德	Halcinonide	3093-35-4	455.1995	359.1408/377.1514/435.1933	12.5	25
	11	醋酸甲地孕酮	Megestrol acetate	595-33-5	385.2373	325.2162/267.1744/224.1559	2.5	12.5
	12	莫米他松糠酸酯	Mometasone furoate	83919-23-7	521.1492	503.1386/355.1459/279.1744	25	125

表 C.1（续）

分组	编号	中文名称	英文名称	CAS号	理论精确质量数	典型二级碎片离子	检出限(LOD) μg/kg	定量限(LOQ) μg/kg
	13	泼尼卡酯	Prednicarbate	73771-04-7	489.248 3	381.206/289.1587/115.0390	5	12.5
	14	倍氯米松[a]	Beclomethasone	4419-39-0	409.177 8	391.1671/355.1904/279.1744	—	292.4
	15	倍他米松戊酸酯[a]	Betamethasone valerate	2152-44-5	477.264 7	355.1904/279.2744/337.1798	—	37.9
	16	醋酸氯地孕酮[a]	Beclomethasone	4419-39-0	405.183 7	345.1616/309.1849/301.1354	—	302.1
	17	可的松[a]	Cortisone	53-06-5	361.201 0	163.1117/121.0648/343.1904	—	18.3
	18	地塞米松[a]	Dexamethasone	50-02-2	393.207 2	355.1904/373.2010/337.1798	—	393.7
	19	氟氢可的松[a]	Fludrocortisone	127-31-1	423.217 7	325.181/239.1442/343.1915	—	81.3
	20	氟米松[a]	Flumethasone	2135-17-3	411.197 8	253.1223/391.1519/335.1642	—	31.1
	21	特戊酸氟米松[a]	Flumethasone pivalate	2002-29-1	495.255 3	57.071/335.1642/253.1223	—	82.6
	22	氟轻松[a]	Fluocinolone	67-73-2	453.208 3	413.1959/433.2021/337.1434	—	34.2
	23	氟氢缩松[a]	Flurandrenolide	1524-88-5	437.233 4	361.181/341.1759/323.1653	—	20.6
H组	24	氟米龙[a]	Fluorometholone	426-13-1	377.212 3	279.1744/339.1955/321.1849	—	406.5
	25	氢化可的松[a]	Hydrocortisone	50-23-7	363.216 6	327.1955/121.0648/309.1849	—	757.6
	26	醋酸美伦孕酮[a]	Melengestrol acetate	2919-66-6	397.237 3	337.2162/279.1744/187.1117	—	37.6
	27	甲基泼尼松龙[a]	Methylprednisolone	83-43-2	375.216 6	357.206/339.1955/161.0961	—	27.4
	28	醋酸甲基泼尼松龙[a]	Methylprednisolone 21-acetate	53-36-1	417.227 2	399.2166/339.1955/253.1587	—	446.4
	29	诺龙[a]	Nandrolone	434-22-0	275.200 6	257.19/239.1794/109.0648	—	471.7
	30	睾酮[a]	Testosterone	58-22-0	289.216 2	97.0648/109.0648/289.2162	—	47.6
	31	曲安奈德[a]	Triamcinolone acetonide	76-25-5	435.217 7	415.2115/397.2010/399.1591	—	89.3
	32	黄体酮[a]	Progesterone	57-83-0	315.231 9	97.0648/297.2213/123.0804	—	73.5
	33	泼尼松[a]	Prednisone	53-03-2	359.185 3	341.1747/147.0804/267.1380	—	47.1
	34	布地奈德[a]	Budesonide	51333-22-3	431.242 8	413.2322/323.1642/147.0804	—	311.5

[a] 为定性鉴别的药物品种。

ICS 65.020.30
CCS B 43

中华人民共和国农业行业标准

NY/T 4422—2023

牛蜘蛛腿综合征检测 PCR法

Detection of arachnomelia syndrome in cattle—PCR method

2023-12-22 发布

2024-05-01 实施

中华人民共和国农业农村部 发布

前　　言

本文件按照 GB/T 1.1—2020《标准化工作导则　第 1 部分:标准化文件的结构和起草规则》的规定起草。

请注意本文件的某些内容可能涉及专利。本文件的发布机构不承担识别专利的责任。

本文件由农业农村部种业管理司提出。

本文件由全国畜牧业标准化技术委员会(SAC/TC 274)归口。

本文件起草单位:中国农业大学、新疆农业大学。

本文件主要起草人:王雅春、初芹、焦士会、黄锡霞、谢振全、田月珍、马毅、俞英、张毅、王丹、胡丽蓉。

牛蜘蛛腿综合征检测　PCR 法

1　范围

本文件描述了牛蜘蛛腿综合征检测的 PCR 法。

本文件适用于西门塔尔牛、瑞士褐牛、中国西门塔尔牛、新疆褐牛、三河牛、蜀宣花牛及其他含有西门塔尔牛和/或褐牛血缘个体的蜘蛛腿综合征的遗传检测。

2　规范性引用文件

下列文件中的内容通过文中的规范性引用而构成本文件必不可少的条款。其中,注日期的引用文件,仅该日期对应的版本适用于本文件;不注日期的引用文件,其最新版本(包括所有的修改单)适用于本文件。

GB/T 19495.2　转基因产品检测　实验室技术要求

GB/T 27642　牛个体及亲子鉴定微卫星 DNA 法

农业部 2031 号公告—14—2013　转基因动物及其产品成分检测　普通牛(*Bos taurus*)内标准基因定性 PCR 方法

NY/T 2695　牛遗传缺陷基因检测技术规程

NY/T 3446　奶牛短脊椎畸形综合征检测 PCR 法

3　术语和定义

下列术语和定义适用于本文件。

3.1

牛蜘蛛腿综合征　arachnomelia syndrome,AS

一种牛的先天性、致死性骨骼系统畸形、临床表现四肢外观像"蜘蛛腿"的常染色体遗传病。

注:患病犊牛头部畸形,包括下颌骨短,上颌骨向下凹陷,上颌前端呈圆锥形,并向上微微翘起;脊柱向背侧弯曲,明显"蜷缩驼背"状态,但肋骨和肩胛骨正常;四肢僵直,骨骼畸形,后肢畸形尤为严重,掌骨和跖骨向内侧弯曲与身体平行或呈一定角度,长骨骨端正常,长骨骨干比正常犊牛细而脆弱,外径和内径偏小但骨密质部分的宽度未发生改变,四肢外观像"蜘蛛腿"。

[来源:NY/T 2695—2015,3.9,有修改]

4　原理

根据褐牛 AS 致因突变位点和西门塔尔牛 AS 致因突变位点的侧翼序列设计特异性引物,并在上游引物 5′端分别加上 HEX 和 FAM 荧光标记,随后对 DNA 样品进行 PCR 扩增,获得与预期片段大小一致的 PCR 产物。PCR 产物变性解链后,经毛细管电泳技术进行片段分离,依据荧光吸收峰图鉴定片段长度,判定基因型,确定被检个体为携带者还是正常个体。

注 1:褐牛 AS 致因突变位点为牛 5 号染色体上亚硫酸盐氧化酶(sulfite oxidase,*SUOX*)基因外显子 4 上 136 bp～137 bp 之间的 1 个 G 碱基插入,cDNA 上的位置为 363 bp～364 bp,即表示为 c.363—364insG 位点。

注 2:西门塔尔牛 AS 致因突变位点为牛 23 号染色体上钼辅因子合成蛋白 1(molybdenum cofactor synthesis 1,*MOCS1*)基因外显子 11 上 110 bp～111 bp 处的 CA 碱基缺失,cDNA 上的位置为 1 224 bp～1 225 bp,即表示为 c.1224—1225delCA 位点。

5　试剂和材料

5.1　主要试剂和配制

除非另有说明,在分析中仅使用确认为分析纯的试剂和蒸馏水或去离子水或相当纯度的水。

5.1.1 去离子甲酰胺(纯度为100%)。

5.1.2 DNA 分子量标记:可以清楚区分 100 bp~1 000 bp 的 DNA 片段。

5.1.3 *Taq* DNA 聚合酶。

5.1.4 PCR 缓冲液。

5.1.5 氯化镁溶液(25 mmol/L)。

5.1.6 乙二胺四乙酸溶液[500 mmol/L EDTA(pH 8.0)]:称取二水乙二胺四乙酸二钠 186.1 g,溶于 800 mL 水中,加氢氧化钠约 20 g,调 pH 至 8.0,加水定容至 1 000 mL。高压灭菌条件为 121 ℃,1.034× 10^5 Pa,蒸汽灭菌 30 min。

5.1.7 50×TAE 储存液:称取 242.2 g 三羟甲基氨基甲烷(Tris),先用 500 mL 水加热搅拌溶解后,加入 100 mL 乙二胺四乙酸溶液(5.1.6),用冰乙酸调 pH 至 8.0,然后加水定容至 1 000 mL。

5.1.8 1×TAE 缓冲液:50×TAE 储存液 80 mL(5.1.7),加水定容至 4 000 mL。

5.1.9 6×凝胶载样缓冲液:称取 0.25 g 溴酚蓝、0.25 g 二甲苯氰、40 g 蔗糖,加水溶解后,定容至 100 mL,4 ℃保存。

5.1.10 dNTPs 混合溶液(各 2.5 mmol/L):将浓度为 10 mmol/L 的 dATP、dTTP、dGTP、dCTP 4 种脱氧核糖核苷酸溶液等体积混合。

5.2 荧光标记引物

5.2.1 *SUOX* 基因荧光标记引物

SUOX-F:5′-CTCAAGAGTCACCACGCAGAT-3′;

SUOX-R:5′-ATGGAGGGTGCCTTGTCGTC-3′。

预期扩增片段大小为 274 bp 或 275 bp(见附录 A)。

注:SUOX-F 引物 5′端标记荧光报告基团(HEX)。

5.2.2 *MOCS1* 基因荧光标记引物

MOCS1-F:5′-CTGAGTCTCCTCTTCTGTTTTCA-3′;

MOCS1-R:5′-GTTGGCATCTGAGTCCAGGT-3′。

预期扩增片段大小为 250 bp 或 248 bp(见附录 A)。

注:MOCS1-F 引物 5′端标记荧光报告基团(FAM)。

6 仪器设备

6.1 全自动毛细管电泳分析系统:分辨率为 1 bp,检测最低浓度可达 5 pg/μL。

6.2 分析天平:感量 0.1 g 和 0.1 mg。

6.3 PCR 扩增仪:升降温速度>1.5 ℃/s,孔间温度差异<1.0 ℃。

6.4 电泳槽、电泳仪等电泳装置。

6.5 凝胶成像系统或照相系统。

7 检测方法

7.1 试样制备

按照 NY/T 3446 的规定执行。

7.2 DNA 提取

按照 GB/T 27642 的规定执行。

7.3 DNA 浓度和纯度检测

按照农业部 2031 号公告—14—2013 的规定执行。

7.4 PCR 扩增

7.4.1 试样 PCR 扩增

使用 5.2.1 和 5.2.2 中列出的荧光标记引物分别对试样 DNA 进行 PCR 扩增,每个试样每个反应设置 2 个平行。PCR 扩增体系如表 1 所示。

表 1　PCR 扩增反应体系

项目	体积
水	—
25 mmol/L 氯化镁溶液	1.25 μL
10×PCR 缓冲液	2.0 μL
10 mmol/L dNTPs 混合溶液(各 2.5 mmol/L)	2.0 μL
10 μmol/L 上游引物 F	1.5 μL
10 μmol/L 下游引物 R	1.5 μL
50 ng/μL～100 ng/μL DNA 模板	1.0 μL
5 U/μL TaqDNA 聚合酶	0.25 μL
总体积	20 μL

注 1:"—"表示水体积。如果 PCR 缓冲液中含有氯化镁,则不加氯化镁溶液,并相应调整水的体积,使反应总体积达到 20 μL。

注 2:SUOX 基因 PCR 反应,上游引物 F 指 SUOX-F,下游引物指 SUOX-R;MOCS1 基因 PCR 反应,上游引物 F 指 MOCS1-F,下游引物 R 指 MOCS1-R。

7.4.2　对照样 PCR 扩增

在试样 PCR 扩增的同时,应设置阳性对照、阴性对照和空白对照。

以同时携带褐牛 AS 致因突变位点和西门塔尔牛 AS 致因突变位点的基因组 DNA 作为阳性对照;以正常个体 DNA 作为阴性对照;以水作为空白对照。对照样 PCR 扩增反应体系如表 1 所示。

注:阳性对照优先选择有证的标准物质或标准样;如果没有,可以根据附录 A 中序列人工合成。

7.4.3　扩增条件

95℃预变性 5 min;95 ℃变性 30 s、63 ℃退火 30 s、72 ℃延伸 30 s,35 个循环;72 ℃延伸 10 min。

7.5　PCR 产物琼脂糖凝胶电泳检测

按照 NY/T 2695 的规定执行。扩增片段大小与预期片段大小一致时,进行全自动毛细管电泳检测。

7.6　全自动毛细管电泳检测

7.6.1　PCR 产物混合与稀释

将同一样品的 SUOX 和 MOCS1 基因的 PCR 产物各取 5 μL 等体积混合,加入 500 μL 的水稀释。

7.6.2　毛细管电泳检测

取稀释后 PCR 产物 1 μL,加入去离子甲酰胺 9 μL、DNA 分子量标记 0.6 μL,混匀。95 ℃变性 5 min 后,立即转移至冰浴 5 min,全自动毛细管电泳检测系统上样检测。

8　结果分析与表述

8.1　对照检测结果分析

阳性对照和阴性对照的 PCR 反应中,SUOX 和 MOCS1 基因序列得到特异性扩增,且扩增片段大小与预期片段大小一致,而空白对照中没有预期扩增片段,表明 PCR 反应体系正常工作;否则,重新扩增。

8.2　试样检测结果分析与表述

8.2.1　正常个体

SUOX 基因 PCR 产物有 1 个信号峰(位于 274 bp 处),MOCS1 基因 PCR 产物有 1 个信号峰(位于 250 bp 处),表明褐牛 AS 致因突变位点与西门塔尔牛 AS 致因突变位点均为野生型纯合子,该被检个体为正常个体。表述为"试样未检出褐牛 AS 致因突变与西门塔尔牛 AS 致因突变,被检个体为正常个体"。正常个体的荧光 PCR 产物检测结果见附录 B 中的图 B.1。

8.2.2　携带者

8.2.2.1 褐牛 AS 致因突变位点携带者

SUOX 基因 PCR 产物有 2 个信号峰(分别位于 274 bp 和 275 bp 处),*MOCS1* 基因 PCR 产物有 1 个信号峰(位于 250 bp 处),表明褐牛 AS 致因突变位点为杂合子,西门塔尔牛 AS 致因突变位点为野生型纯合子,该被检个体为携带者。表述为"试样检出褐牛 AS 致因突变,未检出西门塔尔牛 AS 致因突变,被检个体为携带者"。褐牛 AS 致因突变位点携带者的荧光 PCR 产物检测结果见图 B.2。

8.2.2.2 西门塔尔牛 AS 致因突变位点携带者

SUOX 基因 PCR 产物有 1 个信号峰(位于 274 bp 处),*MOCS1* 基因 PCR 产物有 2 个信号峰(分别位于 248 bp 和 250 bp 处),表明褐牛 AS 致因突变位点为野生型纯合子,西门塔尔牛 AS 致因突变位点为杂合子,该被检个体为携带者。表述为"试样未检出褐牛 AS 致因突变,检出西门塔尔牛 AS 致因突变,被检个体为携带者"。西门塔尔牛 AS 致因突变位点携带者的荧光 PCR 产物检测结果见图 B.3。

8.2.2.3 褐牛和西门塔尔牛 AS 致因突变位点携带者

SUOX 基因 PCR 产物有 2 个信号峰(分别位于 274 bp 和 275 bp 处),*MOCS1* 基因 PCR 产物有 2 个信号峰(分别位于 248 bp 和 250 bp 处),表明褐牛 AS 致因突变位点与西门塔尔牛 AS 致因突变位点均为杂合子,该被检个体为携带者。表述为"试样检出褐牛 AS 致因突变与西门塔尔牛 AS 致因突变,被检个体为携带者"。褐牛 AS 致因突变位点和西门塔尔牛 AS 致因突变位点携带者的荧光 PCR 产物检测结果见图 B.4。

9 废弃物的处理

按照 GB/T 19495.2 的规定执行。

10 检测过程中防止交叉污染的措施

按照 GB/T 19495.2 的规定执行。

附 录 A

（资料性）

PCR 扩增产物核苷酸序列

A.1 *SUOX* 基因特异性扩增核苷酸序列（GenBank：509837）

```
  1  CTCAAGAGTC ACCACGCAGA TATACCAGGG AGGAAGTGAA ATCCCACAGC AGCCCTGAGA
 61  CTGGGGTCTG GGTAACTTTG GGCTGTGAGG TTTTTGATAT CACAGAATTT GTGGACATAC
121  ACCCAGGGGG GG[G]CATCAAA GCTGATGCTA GCAGCCGGGG GTCCTTTAGA GCCCTTCTGG
181  GCCCTCTATG CTGTTCACAA CCAGCCCCAC GTGCGAGAGA TACTAGCTCA GTACAAGATT
241  GGGGAGCTGA GCCCTGACGA CAAGGCACCC TCCAT
```

注1：序列方向为 5′-3′。

注2：5′端下划线部分为 *SUOX* 基因特异性扩增上游引物序列，3′端下划线部分为 *SUOX* 基因特异性扩增引物的下游引物序列。

注3：[G]表示 *SUOX* 基因的 c.363—364insG 位点。

A.2 *MOCS1* 基因特异性扩增核苷酸序列（GenBank：281917）

```
  1  CTGAGTCTCC TCTTCTGTTT TCATTCTAGA GTTATTTTTG ATGCGCCAAG ATTCCCCACC
 61  AGCCCTTCCA AGCACTTTCA GGAACTCTCT CCGTGTTCAG GTTCTGAGAC A[CA]GAGTGAG
121  TTTCTCCAGC CAGATGGTGA CTTTATGGAA AGGAGGCGGG GTCCCCCAGG CCCCTCTTGT
181  TGCCCAGCGG TGGCTGGGGT CCAGCCTCCC TCAGAGACAC TTCAGTTCCC ACCTGGACTC
241  AGATGCCAAC
```

注1：序列方向为 5′-3′。

注2：5′端下划线部分为 *MOCS1* 基因特异性扩增序列上游引物序列，3′端下划线部分为 *MOCS1* 基因特异性扩增序列引物的下游序列。

注3：[CA]表示 *MOCS1* 基因的 c.1224—1225delCA 位点。

附　录　B

（资料性）

荧光 PCR 产物毛细管电泳峰图检测结果判定

B.1　正常个体

见图 B.1。

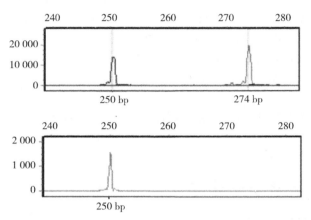

注:此图所示为正常个体检测结果。*SUOX* 基因有 1 个信号峰（位于 274 bp 处），*MOCS1* 基因有 1
个信号峰（位于 250 bp 处），橙色信号峰为 250 bp DNA 分子量标记。

图 B.1　正常个体荧光 PCR 产物毛细管电泳峰图检测结果

B.2　褐牛 AS 致因突变位点携带者

见图 B.2。

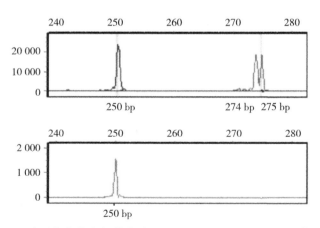

注:此图所示为褐牛 AS 致因突变位点携带者检测结果。*SUOX* 基因有 2 个信号峰（分别位于 274
bp 和 275 bp 处），*MOCS1* 基因有 1 个信号峰（位于 250 bp 处），橙色信号峰为 250 bp DNA 分子
量标记。

图 B.2　褐牛 AS 致因突变位点携带者荧光 PCR 产物毛细管电泳峰图检测结果

B.3　西门塔尔牛 AS 致因突变位点携带者

见图 B.3。

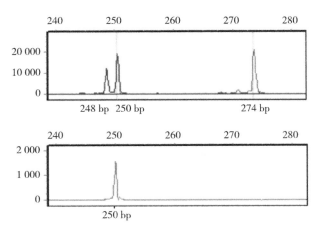

注:此图所示为西门塔尔牛 AS 致因突变位点携带者检测结果。*SUOX* 基因有 1 个信号峰(位于 274 bp 处),*MOCS1* 基因有 2 个信号峰(分别位于 248 bp 与 250 bp 处),橙色信号峰为 250 bp DNA 分子量标记。

图 B.3　西门塔尔牛 AS 致因突变位点携带者荧光 PCR 产物毛细管电泳峰图检测结果

B.4　褐牛 AS 致因突变位点和西门塔尔牛 AS 致因突变位点携带者

见图 B.4。

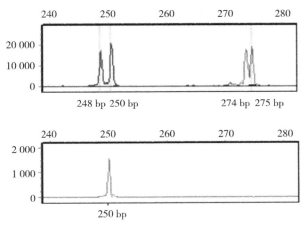

注:此图所示为褐牛 AS 致因突变位点与西门塔尔牛 AS 致因突变位点携带者检测结果。*SUOX* 基因有 2 个信号峰(分别位于 274 bp 和 275 bp 处),*MOCS1* 基因有 2 个信号峰(分别位于 248 bp 和 250 bp 处),橙色信号峰为 250 bp DNA 分子量标记。

图 B.4　褐牛 AS 致因突变位点与西门塔尔牛 AS 致因突变位点携带者荧光 PCR 产物毛细管电泳峰图检测结果

ICS 11.220
CCS B 41

中华人民共和国农业行业标准

NY/T 4436—2023

动物冠状病毒通用RT-PCR检测方法

Universal RT-PCR assay for animal coronavirus

2023-12-22 发布

2024-05-01 实施

中华人民共和国农业农村部 发布

前　　言

本文件按照 GB/T 1.1—2020《标准化工作导则　第 1 部分:标准化文件的结构和起草规则》的规定起草。

请注意本文件的某些内容可能涉及专利。本文件的发布机构不承担识别专利的责任。

本文件由农业农村部畜牧兽医局提出。

本文件由全国动物卫生标准化技术委员会(SAC/TC 181)归口。

本文件起草单位:中国动物卫生与流行病学中心。

本文件主要起草人:王楷成、庄青叶、王素春、潘俊慧、李阳、张富友、李超、李金平、侯广宇、蒋文明、王静静、刘朔、于晓慧、袁丽萍、左媛媛、尹馨、刘华雷。

引　言

冠状病毒在分类地位上属于套式病毒目(Nidovirales)、冠状病毒亚目(Cornidovirineae)、冠状病毒科(Coronaviridae)。2018年,国际病毒学分类委员会(International Committee on Taxonomy of Viruses,ICTV)将冠状病毒科分为Letovirinae病毒亚科和正冠状病毒亚科(Orthocoronavirinae)2个亚科。其中,Letovirinae病毒亚科仅包括一个属,即*Alphaletovirus*属;而正冠状病毒亚科则包括α、β、γ和δ4个属。冠状病毒具有宿主多样性,人和多种动物,如猪、牛、羊、禽、犬、猫、鼠、骆驼、蝙蝠、鲸鱼等均可感染,甚至引发严重疾病,严重威胁人类健康和畜牧业生产安全。目前发现的人和动物冠状病毒至少包括46个种,有的种还包含多个不同的病毒株。我国常见的动物冠状病毒,如猪传染性胃肠炎病毒(TGEV)、猪流行性腹泻病毒(PEDV)、牛冠状病毒(BCoV)、马冠状病毒(ECoV)、猫传染性腹膜炎病毒(FCoV)、犬冠状病毒(CCoV)和鸡传染性支气管炎病毒(IBV)等动物冠状病毒可引起动物发病、死亡,给畜牧业造成严重的经济损失。基于国内外动物冠状病毒的流行形势,亟须建立一种动物冠状病毒通用筛查方法。本文件可用于检测各类动物冠状病毒,对动物疫病防控和公共卫生安全具有重要意义。

动物冠状病毒通用 RT-PCR 检测方法

1 范围

本文件规定了动物冠状病毒通用 RT-PCR 检测方法的技术要求。

本文件适用于动物组织、分泌物、排泄物及其培养物等样品中动物冠状病毒核酸的检测。

2 规范性引用文件

下列文件中的内容通过文中的规范性引用而构成本文件必不可少的条款。其中,注日期的引用文件,仅该日期对应的版本适用于本文件;不注日期的引用文件,其最新版本(包括所有的修改单)适用于本文件。

GB/T 6682 分析实验室用水规格和试验方法

GB 19489 实验室 生物安全通用要求

NY/T 541 兽医诊断样品采集、保存与运输技术规范

3 术语和定义

本文件没有需要界定的术语和定义。

4 缩略语

下列缩略语适用于本文件。

bp:碱基对(Base Pair)

PBS:磷酸盐缓冲液(Phosphate-Buffered Saline Buffer)

RdRp:RNA 依赖性 RNA 聚合酶(RNA-dependent RNA Polymerase)

RNA:核糖核酸(Ribonucleic Acid)

RT-PCR:逆转录-聚合酶链反应(Reverse Transcription-Polymerase Chain Reaction)

5 试剂和材料

5.1 试剂

5.1.1 除另有规定外,所用试剂均为分析纯,所用水符合 GB/T 6682 规定的二级水。

5.1.2 PBS(0.01 mol/L,pH 7.4),配制方法按照附录 A 中 A.1 的规定执行。

5.1.3 RNA 提取试剂盒。

5.1.4 RT-PCR 一步法扩增试剂盒或其他等效的 RT-PCR 扩增试剂盒。

5.1.5 DNA 分子量标准(DL 2 000 bp 或其他等效力分子量标准)。

5.1.6 上样缓冲液(参照所选购上样缓冲液的说明使用)。

5.1.7 电泳缓冲液,配制方法按照 A.2 的规定执行。

5.1.8 阳性对照:经过培养的鸡传染性支气管炎或猪流行性腹泻病毒。

5.1.9 阴性对照:SPF 鸡胚尿囊液或 Vero 细胞培养物。

5.2 引物

引物针对冠状病毒的 *RdRp* 基因的保守区域设计,上游引物 CoV-F 的序列为:5′-GGTTGGGAT-TAYCCWAARTGYGA-3′,下游引物 CoV-R 的序列为:5′-YTGTGAACAAAAYTCRTGWGGACC-3′,Y 为简并碱基(Y:C/T),R 为简并碱基(R:A/G),W 为简并碱基(W:A/T)。扩增产物大小为 600 bp。

5.3 仪器设备

5.3.1　高速台式冷冻离心机:最高转速为 16 000 r/min。

5.3.2　PCR 扩增仪。

5.3.3　组织匀浆器。

5.3.4　4 ℃冰箱、−20 ℃冰箱和−70 ℃冰箱。

5.3.5　高压灭菌锅。

5.3.6　微量可调移液器(10 μL、100 μL、200 μL、1 000 μL 等不同规格),以及与其配套的无核酸酶吸头。

5.3.7　核酸电泳系统。

5.3.8　凝胶成像系统。

5.3.9　生物安全柜。

5.4　耗材

5.4.1　1.5 mL 和 2 mL 的无菌 Eppendorf 管。

5.4.2　0.2 mL PCR 管。

6　样品采集与处理

6.1　采样方法

6.1.1　分泌物或排泄物拭子样品

6.1.1.1　咽喉拭子:采取时,要将拭子深入喉头或上腭裂来回刮擦 3 次～5 次,取咽喉分泌液。

6.1.1.2　泄殖腔/肛拭子:将拭子深入肛门或泄殖腔,转 2 圈～3 圈沾取黏液和粪便。

6.1.1.3　将咽喉拭子、肛/泄殖腔拭子分别或一起放入盛有 1.0 mL PBS 的 Eppendorf 管中,编号备用。样品的采集按照 NY/T 541 的规定执行。

6.1.2　内脏或组织样品

用镊、剪无菌采集气管、肺、脾等样品,置于自封塑料袋中,编号备用。

6.1.3　环境拭子样品

采集时,将拭子在待检测环境位置来回刮擦 3 次～5 次,并置于盛有 1.0 mL PBS 的 Eppendorf 管中,编号备用。

6.2　样品保存与运输

采集的样品密封后,采用保温箱或保温桶加冰密封,尽快运送到实验室。采集的样本立即置于 2 ℃～8 ℃冷藏箱或者保温箱暂存,时间不超过 24 h;样品不能被及时送到实验室时,应置于−20 ℃冰箱中保存;若需长期保存,置于−70 ℃冰箱,避免反复冻融(最多冻融 3 次)。样品的保存与运输按照 NY/T 541 的规定执行。

6.3　样品处理

6.3.1　拭子样品处理

将 6.1.1 中所采集的分泌物、排泄物或环境拭子样品放至室温,混匀,置于高速台式冷冻离心机中 12 000 r/min离心 5 min,取上清液备用。

6.3.2　内脏或组织样品处理

将 6.1.2 中所采集的内脏或组织样品,无菌取待检样品约 2.0 g,置于研钵中充分研磨,再加 10 mL PBS 混匀,或置于组织匀浆器中,加入 10 mL PBS 匀浆,然后将组织悬液转入无菌 Eppendorf 管中 12 000 r/min 离心 10 min,取上清液转入 Eppendorf 管中,备用。样品处理要符合 GB 19489 的要求。

7　RT-PCR

7.1　核酸提取

选择 RNA 提取试剂盒提取 RNA,或等效的其他 RNA 提取试剂提取 RNA。每次提取 RNA,应同时包括阳性对照样品和阴性对照样品。

7.2 扩增试剂准备与配制

在反应混合物配制区进行,按照 RT-PCR 一步法扩增试剂盒操作说明配制。RT-PCR 反应体系各组分的配制按照表 1 的规定执行。

表 1 RT-PCR 反应体系的配制

组分	体积,μL
2×1 step Buffer	12.5
上游引物 CoV-F(10 μmol/L)	1.0
下游引物 CoV-R(10 μmol/L)	1.0
一步法酶混合物	1.0
ddH$_2$O	6.5
模板 RNA	3.0
总体积	25.0

7.3 加样

在样本处理区进行。在各设定的 PCR 管中分别加入 7.1 中制备的 RNA 溶液各 3 μL,盖紧管盖后,500 r/min 离心 30 s。每次扩增时,应当设立阳性对照、阴性对照及空白对照。阳性对照应用阳性对照样品提取核酸作为模板,阴性对照应用阴性对照样品所提取核酸作为模板,空白对照应用 ddH$_2$O。

7.4 RT-PCR 反应条件

50 ℃反转录 30 min;94 ℃预变性 5 min,94 ℃变性 30 s,50 ℃退火 30 s,72 ℃延伸 30 s,进行 35 个循环;72 ℃延伸 10 min。

7.5 电泳

7.5.1 制备 1.0%琼脂糖凝胶板,配制方法按照 A.3 的规定执行。

7.5.2 取 5 μL PCR 产物,与 1 μL 上样缓冲液混合,加入琼脂糖凝胶板的加样孔中。

7.5.3 加入 DNA 分子量标准,作为对照。

7.5.4 盖好电泳仪,插入电极,5 V/cm 电压电泳,30 min。

7.5.5 用紫外凝胶成像系统查看并保存结果。

7.5.6 用 DNA 分子量标准进行比较,判断 PCR 扩增片段大小。

8 综合判定

8.1 试验成立的条件

RT-PCR 扩增产物电泳后,阳性对照有约 600 bp 大小的特异性条带,阴性对照和空白对照没有任何条带(见附录 B 中的图 B.1),则试验结果成立;否则,结果不成立。

8.2 阳性判定

在阳性对照、阴性对照和空白对照试验结果都成立的前提下,若样品的 RT-PCR 产物电泳后有约 600 bp 条带,判定为动物冠状病毒核酸阳性。如需确认动物冠状病毒具体种类,须对 PCR 产物进行测序,通过遗传演化分析确认。

8.3 阴性判定

在阳性对照、阴性对照和空白对照试验结果都成立的前提下,如果检测样品在约 600 bp 位置未出现特异性条带,判定为动物冠状病毒核酸阴性。

附　录　A

（规范性）

相关试剂的配制

A.1　磷酸盐缓冲液（PBS）配制

配制磷酸盐缓冲液所需试剂如下：

a)　8 g 的氯化钠（NaCl）；

b)　0.2 g 的氯化钾（KCl）；

c)　1.44 g 的磷酸氢二钠（Na_2HPO_4）；

d)　0.24 g 的磷酸二氢钾（KH_2PO_4）。

试剂加水溶解至 1 L，调整 pH 为 7.2～7.4，然后高压灭菌，室温保存。

A.2　电泳缓冲液的配制

配制 50×TAE 所需试剂如下：

a)　242 g 三羟甲基氨基甲烷；

b)　57.1 mL 的冰乙酸；

c)　100 mL 0.5 mol/L 乙二胺四乙酸（pH 8.0）。

试剂加水溶解至 1 L，室温保存。使用时，用蒸馏水稀释成 1 倍浓度使用。

A.3　1.0% 琼脂糖凝胶的配制

准确称取琼脂糖 1.0 g，加入 100 mL 1×TAE 电泳缓冲液，微波炉中完全融化，待冷却至 50 ℃～60 ℃时，摇匀，加入适量的染料，混匀，倒入制胶板中，凝固后取下梳子，备用。

附 录 B

（资料性）

动物冠状病毒 RT-PCR 检测结果

图 B.1 为动物冠状病毒 RT-PCR 检测电泳结果参照图。

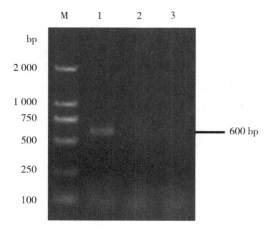

标引序号说明：

M——DNA 分子标准（DL 2 000）；

1——阳性对照；

2——阴性对照；

3——空白对照。

图 B.1 动物冠状病毒 RT-PCR 检测电泳结果

ICS 65.020.30
CCS B 40

中华人民共和国农业行业标准

NY/T 4440—2023

畜禽液体粪污中四环素类、磺胺类和喹诺酮类药物残留量的测定 液相色谱−串联质谱法

Determination of tetracyclines, sulfonamides and quinolones residues in liquid
manure of livestock and poultry—
Liquid chromatography−tandem mass spectrometry

2023-12-22 发布   2024-05-01 实施

中华人民共和国农业农村部 发布

前　言

本文件按照 GB/T 1.1—2020《标准化工作导则　第 1 部分：标准化文件的结构和起草规则》的规定起草。

请注意本文件的某些内容可能涉及专利。本文件的发布机构不承担识别专利的责任。

本文件由农业农村部畜牧兽医局提出。

本文件由全国畜牧业标准化技术委员会(SAC/TC 274)归口。

本文件起草单位：中国农业科学院农业质量标准与检测技术研究所、中国农业科学院都市农业研究所。

本文件主要起草人：陈刚、陶秀萍、王安如、贾曼、薛毅、胡剑。

畜禽液体粪污中四环素类、磺胺类和喹诺酮类药物残留量的测定 液相色谱-串联质谱法

1 范围

本文件描述了畜禽液体粪污中4种四环素类（四环素、土霉素、金霉素和多西环素）、15种磺胺类（磺胺嘧啶、磺胺二甲基嘧啶、磺胺氯哒嗪、磺胺甲噁唑、磺胺甲氧嗪、磺胺对甲氧嘧啶、磺胺间甲氧嘧啶、磺胺噻唑、磺胺间二甲氧嘧啶、磺胺甲噻二唑、磺胺苯吡唑、磺胺脒、磺胺醋酰钠、磺胺邻二甲氧嘧啶、磺胺喹噁啉）和14种喹诺酮类（诺氟沙星、氟罗沙星、司帕沙星、奥比沙星、恩诺沙星、达氟沙星、培氟沙星、二氟沙星、环丙沙星、沙拉沙星、洛美沙星、氧氟沙星、氟甲喹、噁喹酸）药物残留量的液相色谱-串联质谱测定方法。

本文件适用于猪、牛、鸡等畜禽液体粪污中四环素类、磺胺类和喹诺酮类药物残留量的测定。

本文件畜禽液体粪污中四环素类、磺胺类和喹诺酮类33种药物残留量的测定方法检出限为2 μg/L，定量限为5 μg/L。

2 规范性引用文件

下列文件中的内容通过文中的规范性引用而构成本文件必不可少的条款。其中，注日期的引用文件，仅该日期对应的版本适用于本文件；不注日期的引用文件，其最新版本（包括所有的修改单）适用于本文件。

GB/T 6682 分析实验室用水规格和试验方法

GB/T 27522 畜禽养殖污水采样技术规范

3 术语和定义

下列术语与定义适用于本文件。

3.1

畜禽液体粪污 liquid manure of livestock and poultry

畜禽养殖过程中产生的粪便、尿液、污水、养殖垫料和少量散落饲料等组成的液体混合物。

注：一般指干物质（DM）含量<15%的畜禽粪污。

4 原理

试样中待测物经 Na_2EDTA-McIIvaine 缓冲液和乙腈-甲醇溶液提取，QuEChERS方法净化，用液相色谱-串联质谱仪测定，基质匹配标准溶液校准，外标法定量。

5 试剂或材料

除非另有说明，仅使用分析纯试剂。

5.1 水：GB/T 6682，一级。

5.2 甲醇：色谱纯。

5.3 乙腈：色谱纯。

5.4 萃取盐包：每份含4 g无水硫酸钠及1 g氯化钠。

5.5 分散净化剂：每份含900 mg无水硫酸钠、150 mg C_{18}及50 mg N-丙基乙二胺（PSA）。

5.6 Na_2EDTA-McIIvaine 缓冲液：准确称取无水磷酸氢二钠10.9 g、乙二胺四乙酸二钠3 g、柠檬酸12.9 g，加水溶解并定容至1 000 mL。

5.7 乙腈-甲醇溶液:量取 750 mL 乙腈(5.3)与 250 mL 甲醇(5.2),混匀。

5.8 80%甲醇溶液:量取 800 mL 甲醇(5.2),加水定容至 1 000 mL,混匀。

5.9 0.2%甲酸溶液:量取 2 mL 甲酸,加水定容至 1 000 mL,混匀。

5.10 0.2%甲酸甲醇溶液:量取 2 mL 甲酸,用甲醇(5.2)定容至 1 000 mL,混匀。

5.11 标准储备溶液(1 mg/mL):准确称取标准品(见附录 A 中表 A.1)各 10 mg(精确至 0.01 mg),分别用表中标明的溶剂溶解,并用甲醇(5.2)定容至 10 mL,混匀。置于−18 ℃以下避光保存。磺胺类和喹诺酮类标准储备溶液有效期为 6 个月,四环素类标准储备溶液有效期为 1 个月。

5.12 混合标准中间溶液(5 μg/mL):准确吸取标准储备溶液(5.11)各 50 μL 于 10 mL 容量瓶中,用甲醇(5.2)稀释至刻度,现用现配。

5.13 混合标准系列工作溶液:准确移取混合标准中间溶液(5.12)适量,用 80%甲醇溶液(5.8)稀释成 2 ng/mL、5 ng/mL、10 ng/mL、50 ng/mL、100 ng/mL 和 200 ng/mL 混合标准系列工作溶液,现用现配。

5.14 微孔滤膜:0.22 μm,有机系。

6 仪器设备

6.1 液相色谱-串联质谱仪:配有电喷雾离子源(ESI)。

6.2 分析天平:感量 0.01 mg 和 0.01 g。

6.3 涡旋混合仪。

6.4 冷冻离心机:转速不低于 10 000 r/min。

6.5 氮吹仪。

6.6 超声波清洗器。

7 样品

7.1 按照 GB/T 27522 的规定取样。取样后,样品应在−18 ℃以下保存。试验前,取适量恢复至室温的样品,混匀备用。

7.2 空白样品:选取类型相同、均匀一致且在待测物保留时间处、仪器响应值小于方法定量限 30%的畜禽液体粪污样品,作为空白试样。

8 试验步骤

8.1 提取

平行做 2 份试验。准确移取样品 2 mL 于 50 mL 离心管中,加入 2 mL Na₂EDTA-McIIvaine 缓冲液(5.6),涡旋混匀 1 min,加入 8 mL 乙腈-甲醇溶液(5.7)提取,涡旋混匀后超声提取 15 min,于 4 ℃条件下10 000 r/min 离心 10 min。取全部上层清液于 50 mL 离心管中,加入萃取盐包(5.4),涡旋混匀 1 min,静置 10 min 盐析分层,于 4 ℃条件下 10 000 r/min 离心 10 min,取上层有机相,备用。

8.2 净化

取 5 mL 有机相(8.1)于 15 mL 离心管中,加入一份分散净化剂(5.5),涡旋混匀 1 min,于 4 ℃条件下10 000 r/min 离心 5 min。取 4 mL 上层清液于 40 ℃水浴条件下氮气吹干,用 80%甲醇溶液(5.8)定容至1 mL,过 0.22 μm 微孔滤膜(5.14),供液相色谱-串联质谱仪分析测定。

8.3 基质匹配标准系列溶液的制备

取空白样品若干份,按 8.1 和 8.2 处理,氮气吹干,得到空白基质。分别准确加入混合标准系列工作溶液各 1 mL(5.13)复溶,配制成 2 ng/mL、5 ng/mL、10 ng/mL、50 ng/mL、100 ng/mL、200 ng/mL 基质匹配标准系列溶液。

8.4 测定

8.4.1 液相色谱参考条件

色谱柱:C$_{18}$柱,柱长 150 mm,内径 3.0 mm,粒径 1.8 μm,或性能相当者;

柱温:30 ℃;

流速:0.3 mL/min;

进样量:5 μL;

流动相 A:0.2%甲酸溶液(5.9);

流动相 B:0.2%甲酸甲醇溶液(5.10);

梯度洗脱程序见表 1。

表 1　梯度洗脱程序

时间,min	流动相 A,%	流动相 B,%
0	90	10
0.50	90	10
0.60	65	35
1.00	65	35
6.00	10	90
10.00	10	90
10.10	90	10
15.00	90	10

8.4.2　串联质谱参考条件

电离方式:电喷雾离子源,正离子模式(ESI$^+$);

监测方式:多反应监测(MRM);

碰撞气(CAD):34.475 kPa(5 psi);

雾化气(GS1):413.7 kPa(60 psi);

辅助气(GS2):413.7 kPa(60 psi);

喷雾电压(IS):5 000 V;

离子源温度(TEM):500 ℃;

多反应监测(MRM)离子对、去簇电压及碰撞能量见表 2。

表 2　33 种药物的多反应监测(MRM)离子对、去簇电压及碰撞能量的参考值

类别	被测物名称	监测离子对,m/z	去簇电压,V	碰撞能量,eV
四环素类	四环素	445.1＞410.1[a]	90	30
		445.1＞427.7		30
	土霉素	461.0＞426.3[a]	110	28
		461.0＞443.0		19
	金霉素	479.1＞443.9[a]	120	30
		479.1＞462.0		25
	多西环素	445.4＞427.6[a]	90	27
		445.4＞410.3		29
磺胺类	磺胺嘧啶	251.5＞155.9[a]	72	21
		251.5＞108.1		34
	磺胺二甲基嘧啶	278.9＞108.2[a]	85	27
		278.9＞156.2		38
	磺胺氯哒嗪	285.0＞156.1[a]	70	23
		285.0＞108.0		33
	磺胺甲噁唑	254.2＞156.1[a]	72	23
		254.2＞108.1		32
	磺胺甲氧嗪	281.0＞156.0[a]	75	25
		281.0＞108.0		27
	磺胺对甲氧嘧啶	281.1＞156.0[a]	70	25
		281.1＞108.0		30

表 2（续）

类别	被测物名称	监测离子对，m/z	去簇电压，V	碰撞能量，eV
磺胺类	磺胺间甲氧嘧啶	281.1＞156.1[a]	75	25
		281.1＞108.1		30
	磺胺噻唑	256.1＞156.1[a]	62	22
		256.1＞108.1		34
	磺胺间二甲氧嘧啶	311.2＞108[a]	90	39
		311.2＞156		44
	磺胺甲噻二唑	271.1＞156.1[a]	40	21
		271.1＞107.8		34
	磺胺苯吡唑	315.0＞158.0[a]	90	40
		315.0＞108.0		40
	磺胺脒	214.8＞155.9[a]	60	21
		214.8＞108		30
	磺胺醋酰钠	215.0＞107.9[a]	60	27
		215.0＞156.0		15
	磺胺邻二甲氧嘧啶	311.1＞155.9[a]	120	30
		311.1＞108		37
	磺胺喹噁啉	301.0＞156.1[a]	73	24
		301.0＞108.1		37
喹诺酮类	诺氟沙星	320.1＞302.2[a]	100	29
		320.1＞276		25
	氟罗沙星	370.3＞326.4[a]	117	27
		370.3＞269.1		37
	司帕沙星	393.4＞292.2	74	34
		393.4＞349.2[a]		29
	奥比沙星	396.4＞295.2	90	35
		396.4＞352.0[a]		27
	恩诺沙星	360.1＞342.5	120	30
		360.1＞316.0[a]		30
	达氟沙星	358.3＞340.3[a]	80	31
		358.3＞314.1		25
	培氟沙星	334.3＞290.3[a]	94	25
		334.3＞233.4		41
	二氟沙星	400.2＞356.3[a]	70	31
		400.2＞299.5		36
	环丙沙星	332.1＞314.0[a]	110	30
		332.1＞288.0		27
	沙拉沙星	386.1＞368.1[a]	70	30
		386.1＞342.2		30
	洛美沙星	352.2＞265.5[a]	80	30
		352.2＞334.6		30
	氧氟沙星	362.5＞261.4	112	38
		362.5＞318.2[a]		27
	氟甲喹	262.0＞202.0	85	45
		262.0＞244.2[a]		40
	噁喹酸	262.2＞216.1[a]	90	33
		262.2＞244.2		10
[a]　为定量离子。				

8.4.3　定性

在相同试验条件下，试样溶液与基质匹配标准系列溶液中待测物的保留时间相对偏差应在±2.5%之内。根据表 2 选择的定性离子对，比较试样谱图中待测物定性离子的相对离子丰度与浓度接近的基质匹配系列标准溶液中对应的定性离子的相对离子丰度,若偏差不超过表 3 规定的范围,则可判定为样品中存在对应的待测物。

表 3　定性测定时相对离子丰度的最大允许偏差

单位为百分号

相对离子丰度	>50	20~50	10~20	≤10
最大允许偏差	±20	±25	±30	±50

8.4.4　定量

以基质匹配标准系列溶液(8.3)的浓度为横坐标、色谱峰面积为纵坐标,绘制标准曲线,标准曲线的相关系数应不低于 0.99。所测试样中药物的响应值应均在标准曲线的线性范围内。如超出线性范围,应重新试验或将试样溶液和基质匹配标准溶液作相应稀释后重新测定。单点校准定量时,试样溶液中待测物的浓度与标准溶液浓度相差应不超过 30%。33 种药物的标准溶液定量离子色谱图见附录 B。

9　试验数据处理

试样中药物的残留量 ω 以质量分数计,数值以微克每升($\mu g/L$)表示。单点校准按公式(1)计算,多点校准按公式(2)计算。

$$\omega = \frac{A \times C_S \times V_1 \times V_2 \times 1000}{A_S \times V_3 \times v \times 1000} \quad \cdots\cdots\cdots\cdots\cdots\cdots\cdots\cdots\cdots\cdots (1)$$

式中:

A ——试样溶液中待测物的色谱峰面积;

C_S ——基质匹配标准系列溶液中待测物浓度的数值,单位为纳克每毫升(ng/mL);

V_1 ——提取溶液中有机相体积的数值,单位为毫升(mL);

V_2 ——氮吹所用净化溶液体积的数值,单位为毫升(mL);

A_S ——基质匹配系列标准溶液中待测物的峰面积;

V_3 ——氮气吹干后复溶液体积的数值,单位为毫升(mL);

v ——试样体积的数值,单位为毫升(mL)。

$$\omega = \frac{C_i \times V_1 \times V_2 \times 1000}{V_3 \times v \times 1000} \quad \cdots\cdots\cdots\cdots\cdots\cdots\cdots\cdots\cdots\cdots (2)$$

式中:

C_i ——从基质匹配标准曲线查得的试样溶液中待测物 i 的浓度的数值,单位为纳克每毫升(ng/mL);

V_1 ——提取溶液中有机相体积的数值,单位为毫升(mL);

V_2 ——氮吹所用净化溶液体积的数值,单位为毫升(mL);

V_3 ——氮气吹干后复溶液体积的数值,单位为毫升(mL);

v ——试样体积的数值,单位为毫升(mL)。

测定结果用平行测定的算术平均值表示,保留 3 位有效数字。

10　精密度

在重复性条件下,2 次独立测定结果与其算术平均值的绝对差值不大于该算术平均值的 15%。

附 录 A

（资料性）

四环素类、磺胺类和喹诺酮类标准品纯度和配制溶剂信息

四环素类、磺胺类和喹诺酮类标准品纯度和配制溶液信息见表 A.1。

表 A.1 四环素类、磺胺类和喹诺酮类标准品纯度和配制溶剂信息

类别	序号	中文名称	英文名称	CAS 号	纯度，%	溶剂
四环素类	1	四环素	Tetracycline	60-54-8	≥97.6	甲醇
	2	土霉素	Oxytetracycline	79-57-2	≥98.0	甲醇
	3	金霉素	Chlortetracycline	57-62-5	≥94.5	甲醇
	4	多西环素	Doxycycline	564-25-0	≥98.5	甲醇
磺胺类	5	磺胺嘧啶	Sulfadiazine	68-35-9	≥98.5	甲醇
	6	磺胺二甲基嘧啶	Sulfadimidine	57-68-1	≥98.5	甲醇
	7	磺胺氯哒嗪	Sulfachloropyridazine	80-32-0	≥98.0	甲醇
	8	磺胺甲噁唑	Sulfamethoxazole	723-46-6	≥98.0	甲醇
	9	磺胺甲氧嗪	Sulfamethoxypyridazine	80-35-3	≥98.5	甲醇
	10	磺胺对甲氧嘧啶	Sulfameter	651-06-9	≥98.0	甲醇
	11	磺胺间甲氧嘧啶	Sulfamonomethoxine	1220-83-3	≥98.5	甲醇
	12	磺胺噻唑	Sulfathiazole	72-14-0	≥98.5	甲醇
	13	磺胺间二甲氧嘧啶	Sulfadimethoxypyrimidine	155-91-9	≥98.5	甲醇
	14	磺胺甲噻二唑	Sulfamethizole	144-82-1	≥98.5	甲醇
	15	磺胺苯吡唑	Sulfaphenazolum	526-08-9	≥98.5	甲醇
	16	磺胺脒	Sulfaguanidine	57-67-0	≥98.5	甲醇
	17	磺胺醋酰钠	Sulfacetamide Sodium	127-56-0	≥98.5	90%甲醇溶液
	18	磺胺邻二甲氧嘧啶	sulfadimoxine	2447-57-6	≥98.5	甲醇
	19	磺胺喹噁啉	Sulfaquinoxaline	59-40-5	≥98.5	5%氨水甲醇溶液
喹诺酮类	20	诺氟沙星	Norfloxacin	70458-96-7	≥98.5	甲醇
	21	氟罗沙星	Fleroxacin	79660-72-3	≥98.5	甲醇
	22	司帕沙星	Sparfloxacin	110871-86-8	≥98.5	5%氨水甲醇溶液
	23	奥比沙星	Orbifloxacin	113617-63-3	≥97.7	5%氨水甲醇溶液
	24	恩诺沙星	Enrofloxacin	93106-60-6	≥98.5	甲醇
	25	达氟沙星	Danofloxacin	112398-08-0	≥94.2	甲醇
	26	培氟沙星	Pefloxacin	149676-40-4	≥98.5	甲醇
	27	二氟沙星	Difluoxacin	98106-17-3	≥98.5	甲醇
	28	环丙沙星	Ciprofloxacin	85721-33-1	≥98.5	5%氨水甲醇溶液
	29	沙拉沙星	Sarafloxacin	98105-99-8	≥97.0	5%氨水甲醇溶液
	30	洛美沙星	Lomefloxacin	98079-51-7	≥98.5	5%氨水甲醇溶液
	31	氧氟沙星	Ofloxacin	82419-36-1	≥98.5	5%氨水甲醇溶液
	32	氟甲喹	flumequine	42835-25-6	≥98.5	5%氨水甲醇溶液
	33	噁喹酸	Oxolinic Acid	14698-29-4	≥98.0	5%氨水甲醇溶液

附　录　B

（资料性）

四环素类、磺胺类和喹诺酮类 33 种药物的标准溶液定量离子色谱图

四环素类、磺胺类和喹诺酮类 33 种药物的标准溶液（50 ng/mL）定量离子色谱图见图 B.1～图 B.33。

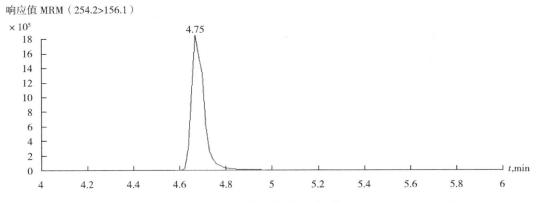

图 B.1　磺胺甲噁唑标准溶液定量离子色谱图（RT＝4.75 min）

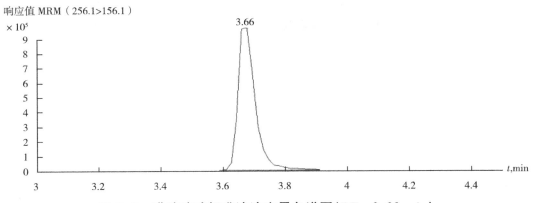

图 B.2　磺胺噻唑标准溶液定量色谱图（RT＝3.66 min）

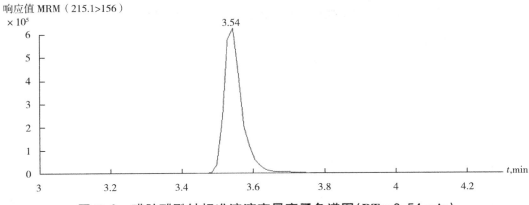

图 B.3　磺胺醋酰钠标准溶液定量离子色谱图（RT＝3.54 min）

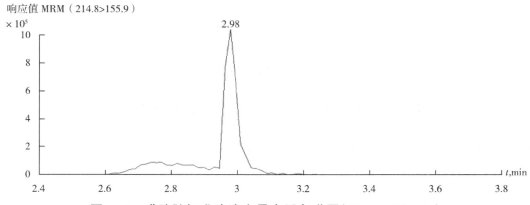

图 B.4　磺胺脒标准溶液定量离子色谱图（RT＝2.98 min）

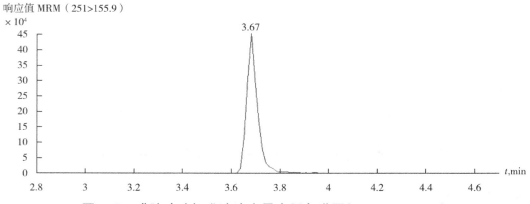

图 B.5　磺胺嘧啶标准溶液定量离子色谱图（RT＝3.67 min）

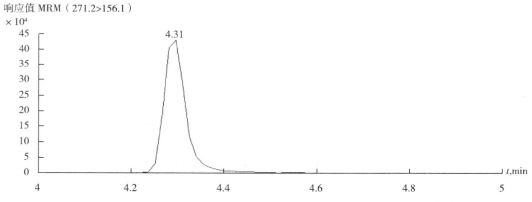

图 B.6　磺胺甲噻二唑标准溶液定量离子色谱图（RT＝4.31 min）

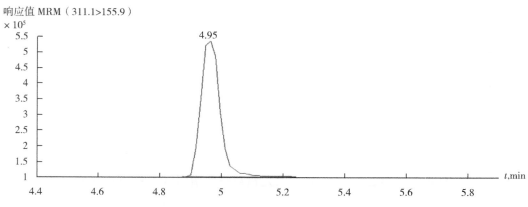

图 B.7　磺胺邻二甲氧嘧啶标准溶液定量离子色谱图（RT＝4.95 min）

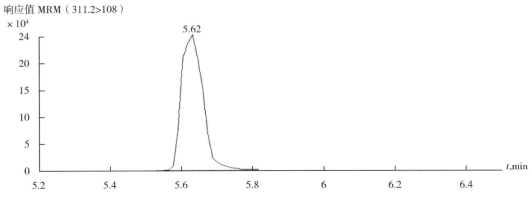

图 B.8 磺胺间二甲氧嘧啶标准溶液定量离子色谱图(RT＝5.62 min)

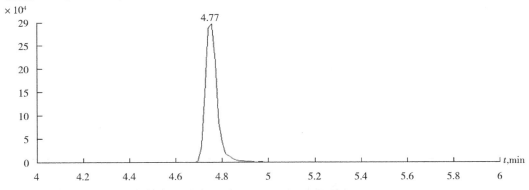

图 B.9 磺胺氯哒嗪标准溶液定量离子色谱图(RT＝4.77 min)

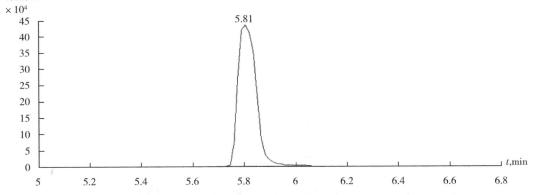

图 B.10 磺胺喹噁啉标准溶液定量离子色谱图(RT＝5.81 min)

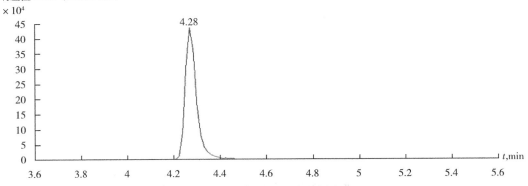

图 B.11 磺胺对甲氧嘧啶标准溶液定量离子色谱图(RT＝4.28 min)

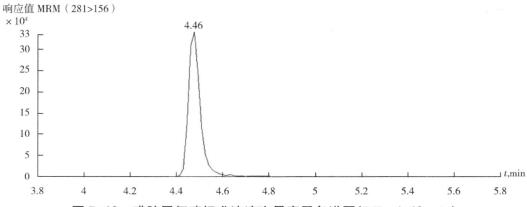

图 B.12　磺胺甲氧嗪标准溶液定量离子色谱图(RT＝4.46 min)

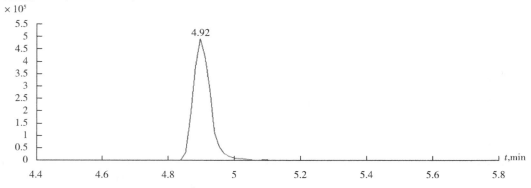

图 B.13　磺胺间甲氧嘧啶标准溶液定量离子色谱图(RT＝4.92 min)

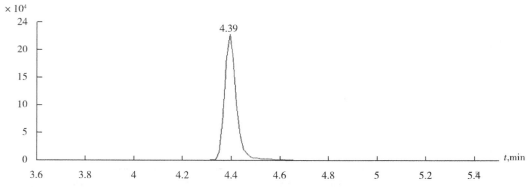

图 B.14　磺胺二甲基嘧啶标准溶液定量离子色谱图(RT＝4.39 min)

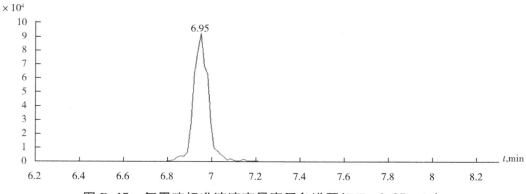

图 B.15　氟甲喹标准溶液定量离子色谱图(RT＝6.95 min)

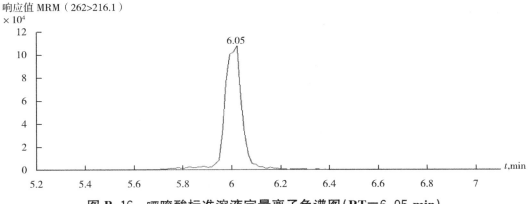

图 B.16 噁喹酸标准溶液定量离子色谱图(RT=6.05 min)

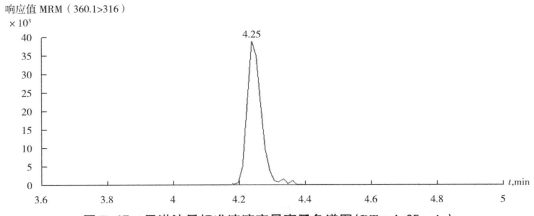

图 B.17 恩诺沙星标准溶液定量离子色谱图(RT=4.25 min)

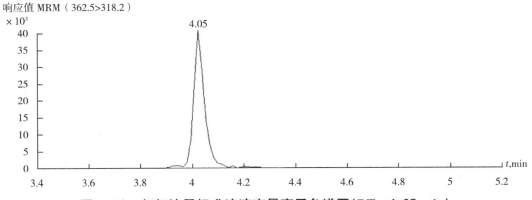

图 B.18 氧氟沙星标准溶液定量离子色谱图(RT=4.05 min)

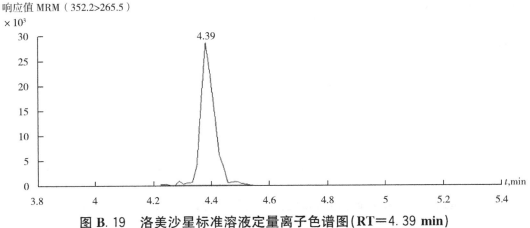

图 B.19 洛美沙星标准溶液定量离子色谱图(RT=4.39 min)

响应值 MRM（358.3>340.1）

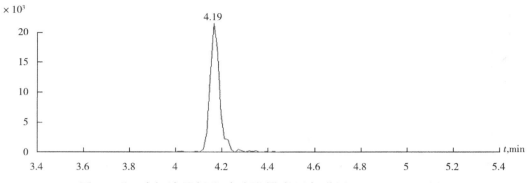

图 B.20　达氟沙星标准溶液定量离子色谱图(RT＝4.19 min)

响应值 MRM（332.1>314）

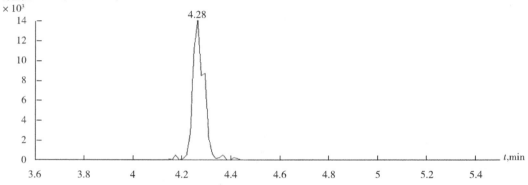

图 B.21　环丙沙星标准溶液定量离子色谱图(RT＝4.28 min)

响应值 MRM（334.3>290.3）

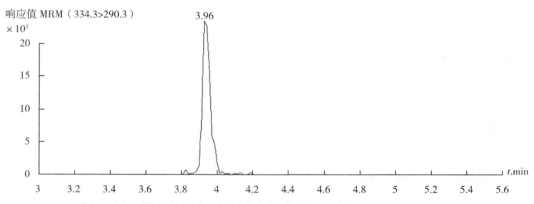

图 B.22　培氟沙星标准溶液定量离子色谱图(RT＝3.96 min)

响应值 MRM（315>158）

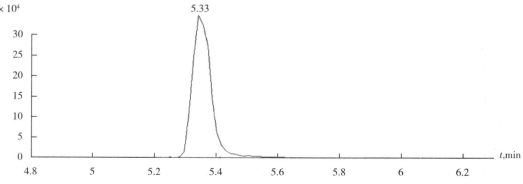

图 B.23　磺胺苯吡唑标准溶液定量离子色谱图(RT＝5.33 min)

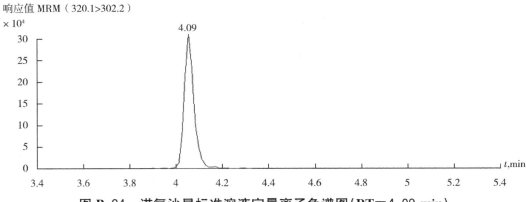

图 B.24 诺氟沙星标准溶液定量离子色谱图(RT＝4.09 min)

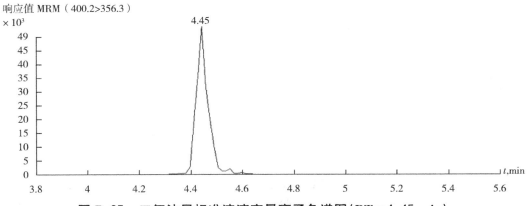

图 B.25 二氟沙星标准溶液定量离子色谱图(RT＝4.45 min)

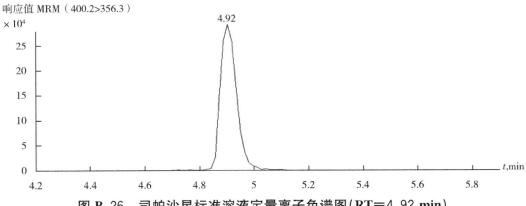

图 B.26 司帕沙星标准溶液定量离子色谱图(RT＝4.92 min)

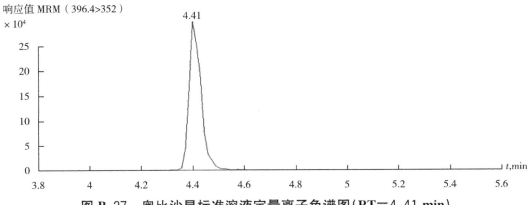

图 B.27 奥比沙星标准溶液定量离子色谱图(RT＝4.41 min)

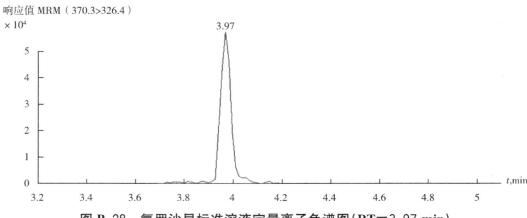

图 B.28 氟罗沙星标准溶液定量离子色谱图（RT＝3.97 min）

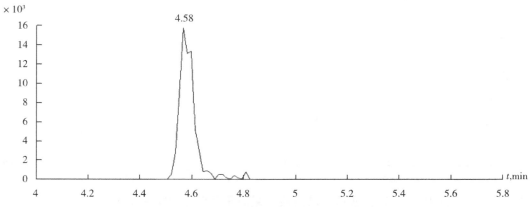

图 B.29 沙拉沙星标准溶液定量离子色谱图（RT＝4.58 min）

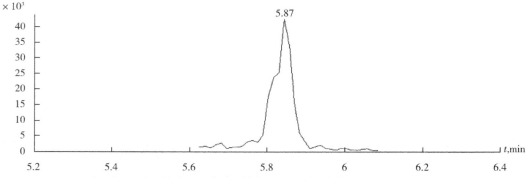

图 B.30 多西环素标准溶液定量离子色谱图（RT＝5.87 min）

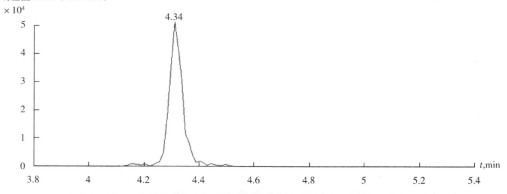

图 B.31 土霉素标准溶液定量离子色谱图（RT＝4.34 min）

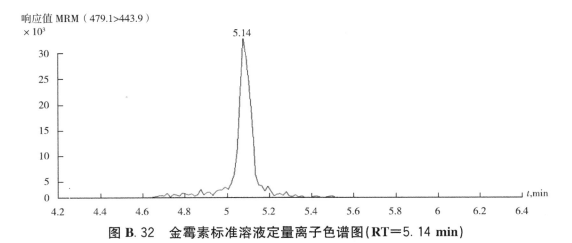

图 B.32　金霉素标准溶液定量离子色谱图(RT＝5.14 min)

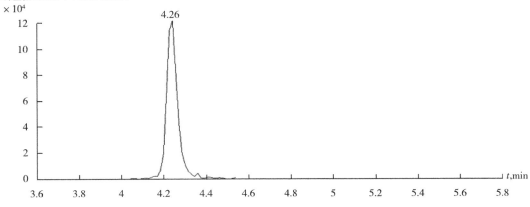

图 B.33　四环素标准溶液定量离子色谱图(RT＝4.26 min)

第三部分
饲料类标准

ICS 65.120
CCS B 46

中华人民共和国农业行业标准

NY/T 116—2023
代替 NY/T 116—1989

饲料原料　稻谷

Feed material—Paddy

2023-02-17 发布

2023-06-01 实施

中华人民共和国农业农村部 发布

前　言

本文件按照 GB/T 1.1—2020《标准化工作导则　第 1 部分：标准化文件的结构和起草规则》的规定起草。

本文件代替 NY/T 116—1989《饲料用稻谷》，与 NY/T 116—1989 相比，除结构调整和编辑性改动外，主要技术变化如下：

a)　删除了夹杂物的相关要求（见 1989 年版的第 5 章）；

b)　更改了粗蛋白质、粗纤维和粗灰分含量等级指标（见 4.2,1989 年版的 6.1），增加了杂质和脂肪酸值的指标（见 4.2）；

c)　更改了取样的规定（见第 5 章,1989 年版的 7.1）；

d)　更改了试验方法的具体内容（见第 6 章,1989 年版的 7.2）；

e)　增加了检验规则（见第 7 章）；

f)　更改了包装、运输和储存要求（见第 8 章,1989 年版的第 9 章），增加了标签要求（见第 8 章）。

请注意本文件的某些内容可能涉及专利。本文件的发布机构不承担识别专利的责任。

本文件由农业农村部畜牧兽医局提出。

本文件由全国饲料工业标准化技术委员会（SAC/TC 76）归口。

本文件起草单位：中国农业大学、全国畜牧总站。

本文件主要起草人：朴香淑、潘龙、王黎文、龙沈飞、贺腾飞、张帅、王红亮、李军涛、马晓康、王剑、张连华、吴阳。

本文件及其所代替文件的历次版本发布情况为：

——1989 年首次发布为 NY/T 116—1989；

——本次为第一次修订。

饲料原料 稻谷

1 范围

本文件规定了饲料原料稻谷的术语和定义、技术要求、取样、试验方法、检验规则、标签、包装、运输和储存要求。

本文件适用于饲料原料稻谷的生产、检验与贸易。

2 规范性引用文件

下列文件中的内容通过文中的规范性引用而构成本文件必不可少的条款。其中，注日期的引用文件，仅该日期对应的版本适用于本文件；不注日期的引用文件，其最新版本（包括所有的修改单）适用于本文件。

GB/T 5494 粮油检验 粮食、油料的杂质、不完善粒检验

GB/T 6432 饲料中粗蛋白的测定 凯氏定氮法

GB/T 6434 饲料中粗纤维的含量测定 过滤法

GB/T 6435 饲料中水分的测定

GB/T 6438 饲料中粗灰分的测定

GB/T 8170 数值修约规则与极限数值的表示和判定

GB/T 10647 饲料工业术语

GB 13078 饲料卫生标准

GB/T 14699.1 饲料 采样

GB/T 18823 饲料检测结果判定的允许误差

GB/T 18868 饲料中水分、粗蛋白质、粗纤维、粗脂肪、赖氨酸、蛋氨酸快速测定 近红外光谱法

GB/T 20569—2006 稻谷储存品质判定规则

3 术语和定义

GB/T 10647 界定的术语和定义适用于本文件。

4 技术要求

4.1 外观与性状

呈黄色颗粒，色泽一致，无霉变、无结块及异味。

4.2 理化指标

应符合表1的要求。

表 1 理化指标

项目	指标		
	一级	二级	三级
粗蛋白质，%	≥7.0	≥6.0	≥5.0
粗纤维，%	≤9.0	≤11.0	≤12.0
粗灰分，%	≤5.0	≤6.0	≤7.0
水分，%	≤14.0		
杂质，%	≤1.0		
脂肪酸值，KOH/(mg/100 g)	≤37.0		
注：水分、杂质以原样为基础计算，脂肪酸值以干物质为基础计算，其他指标均以88%干物质为基础计算。			

4.3 卫生指标

应符合 GB 13078 的规定。

5 取样

按 GB/T 14699.1 的规定执行。

6 试验方法

6.1 外观与性状

取适量未经制备的试样置于清洁、干燥的白瓷盘中,在正常光照、通风良好、无异味的环境下,观察其色泽和形态,并嗅其气味。

6.2 粗蛋白质

按 GB/T 6432 或 GB/T 18868 的规定执行,其中 GB/T 6432 为仲裁方法。

6.3 粗纤维

按 GB/T 6434 或 GB/T 18868 的规定执行,其中 GB/T 6434 为仲裁方法。

6.4 粗灰分

按 GB/T 6438 的规定执行。

6.5 水分

按 GB/T 6435 或 GB/T 18868 的规定执行,其中 GB/T 6435 为仲裁方法。

6.6 杂质

按 GB/T 5494 的规定执行。

6.7 脂肪酸值

按 GB/T 20569—2006 中附录 A 的规定执行。

6.8 卫生指标

按 GB 13078 的规定执行。

7 检验规则

7.1 组批

以同种类、同产地、同收获年份、同运输单元、同储存单位的稻谷为一批,每批产品不得超过 200 t。

7.2 判定规则

7.2.1 所检验项目全部合格,判定为该批次产品合格。

7.2.2 质量等级判定如下:

    a) 综合判定:抽检样品的各项理化指标均同时符合某一等级时,则判定所代表的该批次产品为该等级;当有任意一项指标低于该等级指标时,则按单项指标最低值所在等级定级。任意一项低于最低级别指标时,则判定所代表的该批次产品为不符合本文件规定的产品。

    b) 分项判定:抽检样品某一项(或几项)符合某一等级时,则判定所代表的该批次产品符合该项(或几项)指标的质量等级。

7.2.3 检验结果中有任何指标不符合本文件规定时,可自同批产品中重新加倍取样进行复检。复检结果有一项指标不符合本文件规定,则判定该批产品不合格。微生物指标不得复检。

7.2.4 各项目指标的极限数值判定按 GB/T 8170 中修约值比较法的规定执行。

7.2.5 检验结果判定的允许误差按 GB/T 18823 的规定执行,卫生指标除外。

8 标签、包装、运输和储存

8.1 标签

应在包装物上或随行文件中注明产品的名称、类别、等级、产地和收获年份。

8.2 包装

包装材料应清洁卫生、无毒、无污染，并具有防潮、防漏等性能。

8.3 运输

运输工具应清洁卫生，运输中应防止暴晒、雨淋，同时避免包装破损。不应与有害有毒物质混装、混运。

8.4 储存

储存时应通风、干燥、防暴晒、防雨淋、防虫、防鼠，不应与有毒有害物质混储。

————————————

ICS 65.120
CCS B 46

中华人民共和国农业行业标准

NY/T 129—2023
代替 NY/T 129—1989

饲料原料 棉籽饼

Feed material—Cottonseed cake

2023-04-11 发布

2023-08-01 实施

中华人民共和国农业农村部 发布

前　言

本文件按照 GB/T 1.1—2020《标准化工作导则　第 1 部分：标准化文件的结构和起草规则》的规定起草。

本文件代替 NY/T 129—1989《饲料用棉籽饼》，与 NY/T 129—1989 相比，除结构调整和编辑性改动外，主要技术变化如下：

a)　更改了适用范围（见第 1 章，见 1989 年版第 1 章）；

b)　更改了质量等级指标（见 4.3，见 1989 年版第 6 章）；

c)　增加了粗脂肪指标（见 4.3）；

d)　增加了粗蛋白质、粗纤维、粗脂肪和水分的近红外试验方法（见第 6 章）；

e)　增加了检验规则（见第 7 章）。

请注意本文件的某些内容可能涉及专利。本文件的发布机构不承担识别专利的责任。

本文件由农业农村部畜牧兽医局提出。

本文件由全国饲料工业标准化技术委员会（SAC/TC 76）归口。

本文件起草单位：陕西省畜牧技术推广总站、新疆泰昆集团有限责任公司、新疆维吾尔自治区饲料工业协会、陕西秦云农产品检验检测股份有限公司。

本文件主要起草人：李会玲、赵彩会、贾青、李胜、杨帆、韩远广、许艳丽、王均良、李玫、宋宇轩、陈如春、刘雪梅、贾俊、陈争上、雷浩。

本文件及其所代替文件的历次版本发布情况为：

——1989 年首次发布为 GB 10378—89，1993 年标准号调整为 NY/T 129—1989；

——本次为第一次修订。

饲料原料　棉籽饼

1　范围

本文件规定了饲料原料棉籽饼的技术要求、取样、试验方法、检验规则、标签、包装、运输、储存和保质期,描述了相应的取样和试验方法。

本文件适用于以棉籽为原料,经脱绒、脱壳或未脱壳压榨取油后的饲料原料棉籽饼。

2　规范性引用文件

下列文件中的内容通过文中的规范性引用而构成本文件必不可少的条款。其中,注日期的引用文件,仅该日期对应的版本适用于本文件;不注日期的引用文件,其最新版本(包括所有的修改单)适用于本文件。

GB/T 6432　饲料中粗蛋白的测定　凯氏定氮法

GB/T 6433　饲料中粗脂肪的测定

GB/T 6434　饲料中粗纤维的含量测定　过滤法

GB/T 6438　饲料中粗灰分的测定

GB/T 8170　数值修约规则与极限数值的表示和判定

GB/T 10358　油料饼粕　水分及挥发物含量的测定

GB 10648　饲料标签

GB 13078　饲料卫生标准

GB/T 14698　饲料原料显微镜检查方法

GB/T 14699.1　饲料　采样

GB/T 18823　饲料检测结果判定的允许误差

GB/T 18868　饲料中水分、粗蛋白质、粗纤维、粗脂肪、赖氨酸、蛋氨酸快速测定　近红外光谱法

3　术语和定义

本文件没有需要界定的术语和定义。

4　技术要求

4.1　外观与性状

小瓦片状或饼状,色泽呈新鲜一致的黄褐色;无霉变、虫蛀及异味异臭。

4.2　夹杂物

不应含有饲料原料棉籽饼以外的物质,若加入抗氧化剂、防霉剂等添加剂时,应做相应的说明。

4.3　理化指标

应符合表1的要求。

表 1　理化指标

项目	等级		
	一级	二级	三级
粗蛋白质,%	≥40.0	≥32.0	≥25.0
粗纤维,%	≤10.0	≤14.0	≤23.0
粗灰分,%	≤6.0	≤7.0	
粗脂肪,%	≥3.0		
水分,%	≤10.0		
注:除水分外各项指标均以88%干物质为基础计算。			

4.4 卫生指标

应符合 GB 13078 的要求。

5 取样

按 GB/T 14699.1 的规定执行。

6 试验方法

6.1 感官检验

取适量样品置于洁净白瓷盘内,在正常光照、通风良好、无异味的环境下,通过目视、鼻嗅、触摸等感官检验方法检测。

6.2 夹杂物

按 GB/T 14698 的规定执行。

6.3 粗蛋白质

按 GB/T 6432 或 GB/T 18868 的规定执行,其中 GB/T 6432 为仲裁方法。

6.4 粗纤维

按 GB/T 6434 或 GB/T 18868 的规定执行,其中 GB/T 6434 为仲裁方法。

6.5 粗灰分

按 GB/T 6438 的规定执行。

6.6 粗脂肪

按 GB/T 6433 或 GB/T 18868 的规定执行,其中 GB/T 6433 为仲裁方法。

6.7 水分

按 GB/T 10358 或 GB/T 18868 的规定执行,其中 GB/T 10358 为仲裁方法。

6.8 卫生指标

按 GB/T 13078 的规定执行。

7 检验规则

7.1 组批

以相同材料、相同生产工艺、连续生产或同一班次生产的同一规格的产品为一批,但每批产品不得超过 30 t。

7.2 出厂检验

出厂检验项目为外观与性状、水分、粗蛋白质。

7.3 型式检验

型式检验项目为第 4 章规定的所有项目。在正常生产情况下,每半年进行 1 次型式检验,有下列情况之一时,需要进行型式检验:

　　a)　产品定型投产时;

　　b)　生产工艺或原料来源有较大改变,可能影响产品质量时;

　　c)　停产 3 个月以上,重新恢复生产时;

　　d)　出厂检验结果与上次型式检验结果有较大差异时;

　　e)　行业管理部门提出检验要求时。

7.4 判定规则

7.4.1 所检项目全部合格,判定为该批次产品合格。

7.4.2 检验结果中有任何指标不符合本文件规定时,可自同批产品中重新加倍取样进行复检。复检结果有任一项指标不符合本文件规定,则判定该批产品不合格。微生物指标不应复检。

7.4.3 质量等级判定原则为：

  a) 综合判定：抽检样品的各项理化指标均同时符合某一等级时，则判定所代表的该批次产品为该等级，若有任意一项指标低于该等级时，则按单项指标所能达到的最低级别定级。

  b) 分项判定：抽检样品某一项（或几项）符合某一等级时，则判定所代表的该批次产品符合该项（或几项）指标的质量等级。

7.4.4 各项目指标的极限数值判定按 GB/T 8170 中修约值比较法执行。

7.4.5 理化指标检验结果判定的允许误差按 GB/T 18823 的规定执行。

8 标签、包装、运输、储存和保质期

8.1 标签

按 GB 10648 的规定执行。

8.2 包装

包装材料应无毒、无害、防潮、防漏。

8.3 运输

运输中防止包装破损、日晒、雨淋，不应与有毒有害物质混运。

8.4 储存

在通风干燥处储存，防止日晒、雨淋、鼠害，不应与有毒有害物品或其他有污染的物品混合储存。

8.5 保质期

未开启包装的产品，在规定的运输、储存条件下，产品保质期与标签中标明的保质期一致。

————————————

ICS 65.120
CCS B 46

中华人民共和国农业行业标准

NY/T 130—2023
代替 NY/T 130—1989

饲料原料 大豆饼

Feed material—Soybean cake(expeller)

2023-02-17 发布
2023-06-01 实施

中华人民共和国农业农村部 发布

前　言

本文件按照 GB/T 1.1—2020《标准化工作导则　第 1 部分：标准化文件的结构和起草规则》的规定起草。

本文件代替 NY/T 130—1989《饲料用大豆饼》，与 NY/T 130—1989 的相比，除结构调整和编辑性改动外，主要技术变化如下：

a)　将感官性状、水分、夹杂物、质量指标及分级标准、卫生标准五章合并为一章，删除了脲酶活性允许指标（见第 4 章，1989 年版的第 3~7 章和第 9 章）；

b)　更改了粗蛋白质、粗灰分、粗纤维、粗脂肪和水分指标（见 4.3，1989 年版的第 4 章、6.1、6.2）；

c)　增加了检验规则（见第 7 章）。

请注意本文件的某些内容可能涉及专利。本文件的发布机构不承担识别专利的责任。

本文件由农业农村部畜牧兽医局提出。

本文件由全国饲料工业标准化技术委员会（SAC/TC 76）归口。

本文件起草单位：中国农业大学。

本文件主要起草人：王春林、杨凤娟、黄承飞、刘岭、谯仕彦。

本文件及其所代替文件的历次版本发布情况为：

——1989 年首次发布为 GB 10379—89，1995 年调整为 NY/T 130—1989；

——本次为第一次修订。

饲料原料 大豆饼

1 范围

本文件规定了饲料原料大豆饼的术语和定义,技术要求,取样,试验方法,检验规则,标签、包装、运输、储存和保质期。

本文件适用于饲料原料大豆饼(豆饼)生产者声明产品符合性,或作为生产者与采购方签署贸易合同的依据,也可作为市场监管或认证机构认证的依据。

2 规范性引用文件

下列文件中的内容通过文中的规范性引用而构成本文件必不可少的条款。其中,注日期的引用文件,仅该日期对应的版本适用于本文件;不注日期的引用文件,其最新版本(包括所有的修改单)适用于本文件。

GB/T 6432 饲料中粗蛋白的测定 凯氏定氮法

GB/T 6433 饲料中粗脂肪的测定

GB/T 6434 饲料中粗纤维的含量测定 过滤法

GB/T 6438 饲料中粗灰分的测定

GB/T 8170 数值修约规则与极限数值的表示和判定

GB/T 10358 油料饼粕 水分及挥发物含量的测定

GB/T 10360 油料饼粕 扦样

GB/T 10647 饲料工业术语

GB 10648 饲料标签

GB 13078 饲料卫生标准

GB/T 14698 饲料原料显微镜检查方法

GB/T 18823 饲料检测结果判定的允许误差

3 术语和定义

GB/T 10647 界定的术语和定义适用于本文件。

4 技术要求

4.1 外观与性状

色泽一致的饼或片状,无霉变、无虫蛀、无异味异嗅。

4.2 夹杂物

不应掺入饲料原料大豆饼以外的物质,若加入饲料添加剂抗氧化剂、防霉剂时,应标明其名称。

4.3 理化指标

应符合表1的要求。

表 1 理化指标

单位为百分号

项目	指标		
	一级	二级	三级
粗蛋白质	≥43.0	≥40.0	≥37.0
粗灰分	≤7.0		
粗纤维	≤7.0		

表 1（续）

项目	指标		
	一级	二级	三级
粗脂肪	≥4.0		
水分	≤12.0		
注：各项理化指标含量除水分以原样为基础计算外，其他均以88%干物质为基础计算。			

4.4 卫生指标

应符合 GB 13078 的要求。

5 取样

按 GB/T 10360 的规定执行。

6 试验方法

6.1 外观与性状

取未经制备的试样适量置于清洁、干燥的白瓷盘中，在自然光线下观察其色泽和形态，并嗅其气味。

6.2 夹杂物

按 GB/T 14698 的规定执行。

6.3 粗蛋白质

按 GB/T 6432 的规定执行。

6.4 粗灰分

按 GB/T 6438 的规定执行。

6.5 粗纤维

按 GB/T 6434 的规定执行。

6.6 粗脂肪

按 GB/T 6433 的规定执行。

6.7 水分

按 GB/T 10358 的规定执行。

6.8 卫生指标

按 GB 13078 规定的试验方法执行。

7 检验规则

7.1 组批

以相同材料、相同生产工艺、连续生产或同一班次生产的同一规格的产品为一批，每批不超过 60 t。

7.2 出厂检验

出厂检验项目包括外观与性状、粗蛋白质和水分。

7.3 型式检验

型式检验项目为本文件第 4 章规定的所有项目。在正常生产情况下，每半年至少进行 1 次型式检验。有下列情况之一时，亦应进行型式检验：

 a) 产品定型投产时；

 b) 生产工艺或主要原料来源有较大改变，可能影响产品质量时；

 c) 停产 3 个月以上，重新恢复生产时；

 d) 出厂检验结果与上次型式检验结果有较大差异时；

 e) 饲料行政管理部门提出检验要求时。

7.4 判定规则

7.4.1 所检验项目全部合格,判定为该批次产品合格。

7.4.2 质量等级判定如下:

    a) 综合判定:抽检样品的各项理化指标均同时符合某一等级时,则判定所代表的该批次产品为该等级;当有任意一项指标低于该等级指标时,则按单项指标最低值所在等级定级。任意一项低于最低级别指标时,则判定所代表的该批次产品为不符合本文件规定的产品。

    b) 分项判定:抽检样品某一项(或几项)符合某一等级时,则判定所代表的该批次产品符合该项(或几项)指标的质量等级。

7.4.3 检验结果中有任何指标不符合本文件规定时,可自同批产品中重新加倍取样进行复检。复检结果有一项指标不符合本文件规定,则判定该批产品不合格。微生物指标不得复检。

7.4.4 各项目指标的极限数值判定按 GB/T 8170 中修约值比较法的规定执行。

7.4.5 检验结果判定的允许误差按 GB/T 18823 的规定执行,卫生指标除外。

8 标签、包装、运输、储存和保质期

8.1 标签

应符合 GB 10648 的要求。

8.2 包装

包装材料应无毒、无害、防潮、防破损。

8.3 运输

运输中防止包装破损、日晒、雨淋,不应与有毒有害物质共运。

8.4 储存

在通风干燥处储存,防止日晒、雨淋、鼠害,不应与有毒有害物品或其他有污染的物品混合储存。

8.5 保质期

未开启包装的产品,在规定的运输和储存条件下,产品保质期应与产品标签中标明的保质期一致。

———————————

ICS 65.120
CCS B 46

中华人民共和国农业行业标准

NY/T 211—2023
代替 NY/T 211—1992

饲料原料 小麦次粉

Feed material—Wheat short

2023-02-17 发布

2023-06-01 实施

中华人民共和国农业农村部 发布

前　言

本文件按照 GB/T 1.1—2020《标准化工作导则　第 1 部分：标准化文件的结构和起草规则》的规定起草。

本文件代替 NY/T 211—1992《饲料用次粉》，与 NY/T 211—1992 相比，除结构调整和编辑性改动外，主要技术变化如下：

  a) 更改了水分、粗蛋白质、粗纤维和粗灰分的含量等级指标（见 4.3，1992 年版的 4.1、6.1）；增加了淀粉的含量指标（见 4.3）；

  b) 增加了取样的具体规定（见第 5 章）；

  c) 更改了试验方法的具体内容（见第 6 章，1989 年版的第 7 章）；

  d) 增加了检验规则（见第 7 章）；

  e) 更改了包装、储存和运输（见第 8 章，1989 年版的第 9 章），增加了标签和保质期的规定（见第 8 章）。

请注意本文件的某些内容可能涉及专利。本文件的发布机构不承担识别专利的责任。

本文件由农业农村部畜牧兽医局提出。

本文件由全国饲料工业标准化技术委员会（SAC/TC 76）归口。

本文件起草单位：中国农业大学、全国畜牧总站。

本文件主要起草人：朴香淑、许啸、黄强、王红亮、贺腾飞、龙沈飞、王军军、刘岭、王黎文、李平、马红、张泽宇、马东立、马嘉瑜。

本文件及其所代替文件的历次版本发布情况为：

  ——1992 年首次发布为 NY/T 211—1992；

  ——本次为第一次修订。

饲料原料 小麦次粉

1 范围

本文件规定了饲料原料小麦次粉的术语和定义，技术要求，取样，试验方法，检验规则，标签、包装、运输、储存和保质期。

本文件适用于饲料原料小麦次粉生产者声明产品符合性，或作为生产者与采购方签署贸易合同的依据，也可作为市场监管或认证机构认证的依据。

2 规范性引用文件

下列文件中的内容通过文中的规范性引用而构成本文件必不可少的条款。其中，注日期的引用文件，仅该日期对应的版本适用于本文件；不注日期的引用文件，其最新版本（包括所有的修改单）适用于本文件。

GB/T 6432 饲料中粗蛋白的测定 凯氏定氮法

GB/T 6434 饲料中粗纤维的含量测定 过滤法

GB/T 6435 饲料中水分的测定

GB/T 6438 饲料中粗灰分的测定

GB/T 8170 数值修约规则与极限数值的表示和判定

GB/T 10647 饲料工业术语

GB 10648 饲料标签

GB 13078 饲料卫生标准

GB/T 14698 饲料原料显微镜检查方法

GB/T 14699.1 饲料 采样

GB/T 18823 饲料检测结果判定的允许误差

GB/T 18868 饲料中水分、粗蛋白质、粗纤维、粗脂肪、赖氨酸、蛋氨酸快速测定 近红外光谱法

GB/T 20194 动物饲料中淀粉含量的测定 旋光法

3 术语和定义

GB/T 10647 界定的术语和定义适用于本文件。

4 技术要求

4.1 外观与性状

粉状，色泽一致，呈浅褐色。无霉变、无结块且无异味。

4.2 夹杂物

不应掺入饲料原料小麦次粉以外的物质，若加入饲料添加剂抗氧化剂、防霉剂时，应标明其名称。

4.3 理化指标

应符合表1的要求。

表 1 理化指标

项目	指标		
	一级	二级	三级
粗纤维，%	≤3.5	≤5.5	≤7.0
粗灰分，%	≤2.5	≤3.0	≤4.0

表 1（续）

项目	指标		
	一级	二级	三级
粗蛋白质,%	≥13.0		
淀粉,g/kg	≥200		
水分,%	≤13.5		
注:各项理化指标含量除水分以原样为基础计算外,其他均以88%干物质为基础计算。			

4.4 卫生指标

应符合 GB 13078 的要求。

5 取样

按 GB/T 14699.1 的规定执行。

6 试验方法

6.1 外观与性状

取适量试样置于清洁、干燥的白瓷盘中,在正常光照、通风良好、无异味的环境下,观察其色泽和形态,并嗅其气味。

6.2 夹杂物

按 GB/T 14698 的规定执行。

6.3 粗纤维

按 GB/T 6434 或 GB/T 18868 的规定执行,其中 GB/T 6434 为仲裁方法。

6.4 粗灰分

按 GB/T 6438 的规定执行。

6.5 粗蛋白质

按 GB/T 6432 或 GB/T 18868 的规定执行,其中 GB/T 6432 为仲裁方法。

6.6 淀粉

按 GB/T 20194 的规定执行。

6.7 水分

按 GB/T 6435 或 GB/T 18868 的规定执行,其中 GB/T 6435 为仲裁方法。

6.8 卫生指标

按 GB 13078 规定的试验方法执行。

7 检验规则

7.1 组批

以相同材料、相同生产工艺、同一日期连续生产的同一规格的产品为一批,每批不超过 300 t。

7.2 出厂检验

出厂检验项目包括:外观与性状、粗灰分和水分。

7.3 型式检验

型式检验项目为本文件第 4 章规定的所有项目。在正常生产情况下,每半年至少进行 1 次型式检验。有下列情况之一时,亦应进行型式检验:

    a) 产品定型投产时;

    b) 生产工艺或主要原料来源有较大改变,可能影响产品质量时;

    c) 停产 3 个月以上,重新恢复生产时;

    d) 出厂检验结果与上次型式检验结果有较大差异时;

    e) 饲料行政管理部门提出检验要求时。

7.4 判定规则

7.4.1 所检验项目全部合格,判定为该批次产品合格。

7.4.2 质量等级判定如下:

    a) 综合判定:抽检样品的各项理化指标均同时符合某一等级时,则判定所代表的该批次产品为该等级;当有任意一项指标低于该等级指标时,则按单项指标最低值所在等级定级。任意一项低于最低级别指标时,则判定所代表的该批次产品为不符合本文件规定的产品。

    b) 分项判定:抽检样品某一项(或几项)符合某一等级时,则判定所代表的该批次产品符合该项(或几项)指标的质量等级。

7.4.3 检验结果中有任何指标不符合本文件规定时,可自同批产品中重新加倍取样进行复检。复检结果有一项指标不符合本文件规定,则判定该批产品不合格。微生物指标不得复检。

7.4.4 各项目指标的极限数值判定按 GB/T 8170 中修约值比较法的规定执行。

7.4.5 检验结果判定的允许误差按 GB/T 18823 的规定执行,卫生指标除外。

8 标签、包装、运输、储存和保质期

8.1 标签

应符合 GB 10648 的要求。

8.2 包装

包装材料应无毒、无害、防潮、防破损。

8.3 运输

运输中防止包装破损、日晒、雨淋,不应与有毒有害物质共运。

8.4 储存

在通风干燥处储存,防止日晒、雨淋、鼠害,不应与有毒有害物品或其他有污染的物品混合储存。

8.5 保质期

未开启包装的产品,在规定的运输和储存条件下,产品保质期应与产品标签中标明的保质期一致。

————————————

ICS 65.120
CCS B 46

中华人民共和国农业行业标准

NY/T 216—2023

代替 NY/T 216—1992、NY/T 214—1992

饲料原料　亚麻籽饼

Feed material—Flaxseed expeller

2023-02-17 发布　　　　　　　　　　　　　2023-06-01 实施

中华人民共和国农业农村部 发布

前　言

本文件按照 GB/T 1.1—2020《标准化工作导则　第 1 部分：标准化文件的结构和起草规则》的规定起草。

本文件代替 NY/T 216—1992《饲料用亚麻仁饼》及 NY/T 214—1992《饲料用胡麻籽饼》，与 NY/T 216—1992 相比，除结构调整和编辑性改动外，主要技术变化如下：

 a) 将感官性状、水分、夹杂物、质量指标及分级标准、卫生标准五章合并一章（见第 4 章，1992 年版的第 3～6 章和第 8 章）；

 b) 更改感官性状为外观与性状（见 4.1，1992 年版的第 3 章）；

 c) 更改质量指标及分级标准为理化指标（见 4.3，1992 年版的第 6 章），增加了粗脂肪指标（见 4.3），更改了粗蛋白质和粗纤维的分级标准（见 4.3，1992 年版的 6.1）；

 d) 增加了取样章节（见第 5 章）；

 e) 将检验更改为试验方法（见第 6 章，1992 年版的第 7 章），增加了外观与性状（见 6.1），增加了夹杂物检验方法（见 6.2），增加了粗脂肪测定方法（见 6.6），增加了卫生指标（见 6.8）；

 f) 增加了检验规则（见第 7 章）；

 g) 更改包装、储存和运输为标签、包装、运输、储存和保质期（见第 8 章，1992 年版的第 8 章）；

 h) 增加了标签（见 8.1）；

 i) 增加了保质期（见 8.5）。

请注意本文件的某些内容可能涉及专利。本文件的发布机构不承担识别专利的责任。

本文件由农业农村部畜牧兽医局提出。

本文件由全国饲料工业标准化技术委员会（SAC/TC 76）归口。

本文件起草单位：中国农业大学。

本文件主要起草人：赖长华、陈一凡、王璐、王力、朱正鹏、李军涛、马东立、马红。

本文件及其所代替文件的历次版本发布情况为：

 ——1992 年首次发布为 NY/T 216—1992；

 ——本次为第一次修订，整合并入了 NY/T 214—1992《饲料用胡麻籽饼》。

饲料原料　亚麻籽饼

1　范围

本文件规定了饲料原料亚麻籽饼的术语和定义,技术要求,取样,试验方法,检验规则,标签、包装、运输、储存和保质期。

本文件适用于饲料原料亚麻籽饼生产者声明产品符合性,或作为生产者与采购方签署贸易合同的依据,也可作为市场监管或认证机构认证的依据。

本文件不适用于经浸提获得的亚麻籽粕饲料原料。

2　规范性引用文件

下列文件中的内容通过文中的规范性引用而构成本文件必不可少的条款。其中,注日期的引用文件,仅该日期对应的版本适用于本文件;不注日期的引用文件,其最新版本(包括所有的修改单)适用于本文件。

GB/T 6432　饲料中粗蛋白的测定　凯氏定氮法

GB/T 6433　饲料中粗脂肪的测定

GB/T 6434　饲料中粗纤维的含量测定　过滤法

GB/T 6438　饲料中粗灰分的测定

GB/T 8170　数值修约规则与极限数值的表示和判定

GB/T 10358　油料饼粕　水分及挥发物含量的测定

GB/T 10360　油料饼粕　扦样

GB/T 10647　饲料工业术语

GB 10648　饲料标签

GB 13078　饲料卫生标准

GB/T 14698　饲料原料显微镜检查方法

GB/T 18823　饲料检测结果判定的允许误差

3　术语和定义

GB/T 10647界定的术语和定义适用于本文件。

4　技术要求

4.1　外观与性状

厚片状或圆饼状,色泽均匀呈黄色至褐色,具有亚麻籽饼特有香味,无发霉、变质及异味。

4.2　夹杂物

不应掺入饲料原料亚麻籽饼以外的物质,若加入饲料添加剂抗氧化剂、防霉剂时,应标明其名称。

4.3　理化指标

应符合表1的要求。

表1　理化指标

单位为百分号

项目	指标		
	一级	二级	三级
粗蛋白质	≥35.0	≥32.0	≥28.0

表 1（续）

项目	指标		
	一级	二级	三级
粗纤维	≤12.0	≤14.0	≤16.0
粗灰分	≤6.0	≤7.0	≤8.0
粗脂肪	≥3.5		
水分	≤12.0		
注：各项理化指标含量除水分以原样为基础计算外，其他均以88％干物质为基础计算。			

4.4 卫生指标

应符合 GB 13078 的要求。

5 取样

按 GB/T 10360 的规定执行。

6 试验方法

6.1 外观与性状

取适量未经制备的试样置于清洁、干燥的白瓷盘中，在自然光线下观察其色泽和形态，并嗅其气味。

6.2 夹杂物

按 GB/T 14698 的规定执行。

6.3 粗蛋白质

按 GB/T 6432 的规定执行。

6.4 粗纤维

按 GB/T 6434 的规定执行。

6.5 粗灰分

按 GB/T 6438 的规定执行。

6.6 粗脂肪

按 GB/T 6433 的规定执行。

6.7 水分

按 GB/T 10358 的规定执行。

6.8 卫生指标

按 GB 13078 的规定执行。

7 检验规则

7.1 组批

以相同材料、相同生产工艺、连续生产或同一班次生产的同一规格的产品为一批，每批不超过 40 t。

7.2 出厂检验

出厂检验项目包括外观与性状、粗蛋白质和水分。

7.3 型式检验

型式检验项目为本文件第 4 章规定的所有项目。在正常生产情况下，每半年至少进行 1 次型式检验。有下列情况之一时，亦应进行型式检验：

a) 产品定型投产时；

b) 生产工艺或主要原料来源有较大改变，可能影响产品质量时；

c) 停产 3 个月以上，重新恢复生产时；

d) 出厂检验结果与上次型式检验结果有较大差异时；

　e)　饲料行政管理部门提出检验要求时。

7.4　判定规则

7.4.1　所检验项目全部合格,判定为该批次产品合格。

7.4.2　质量等级判定如下:

　a)　综合判定:抽检样品的各项理化指标均同时符合某一等级时,则判定所代表的该批次产品为该等级;若有任意一项指标低于该等级指标时,则按单项指标所能达到的最低级别定级。任意一项低于最低级别指标时,则判定所代表的该批次产品不符合本文件规定的产品。

　b)　分项判定:抽检样品某一项(或几项)符合某一等级时,则判定所代表的该批次产品符合该项(或几项)指标的质量等级。

7.4.3　检验结果中有任何指标不符合本文件规定时,可自同批产品中重新加倍取样进行复检。复检结果有一项指标不符合本文件规定,则判定该批产品不合格。微生物指标不得复检。

7.4.4　各项目指标的极限数值判定按 GB/T 8170 中修约值比较法的规定执行。

7.4.5　检验结果判定的允许误差按 GB/T 18823 的规定执行,卫生指标除外。

8　标签、包装、运输、储存和保质期

8.1　标签

应符合 GB 10648 的要求。

8.2　包装

包装材料应清洁卫生,防止污染、防潮、破损。

8.3　运输

运输工具应清洁卫生,防止破损、日晒、雨淋,不应与有毒有害物质混装混运。

8.4　储存

在通风干燥处储存,防止日晒、雨淋、鼠害,不应与有毒有害物品混合储存。

8.5　保质期

未开启包装的产品,在规定的运输和储存条件下,产品保质期应与产品标签中标明的保质期一致。

————————————

ICS 65.120
CCS B 46

中华人民共和国农业行业标准

NY/T 4269—2023

饲料原料　膨化大豆

Feed material—Extruded soybean

2023-02-17 发布

2023-06-01 实施

中华人民共和国农业农村部 发布

前　言

本文件按照 GB/T 1.1—2020《标准化工作导则　第 1 部分:标准化文件的结构和起草规则》的规定起草。

请注意本文件的某些内容可能涉及专利。本文件的发布机构不承担识别专利的责任。

本文件由农业农村部畜牧兽医局提出。

本文件由全国饲料工业标准化技术委员会(SAC/TC 76)归口。

本文件起草单位:中国农业大学、全国畜牧总站、北京普凡实创农牧科技有限公司。

本文件主要起草人:贺平丽、谯仕彦、臧建军、曾祥芳、刘桂珍、王荃、卢德秋、刘焕龙、杨凤娟。

饲料原料 膨化大豆

1 范围

本文件规定了饲料原料膨化大豆的术语和定义,技术要求,取样,试验方法,检验规则,标签、包装、运输、储存和保存期。

本文件适用于饲料原料膨化大豆生产者声明产品符合性,或作为生产者与采购方签署贸易合同的依据,也可作为市场监管或认证机构认证的依据。

2 规范性引用文件

下列文件中的内容通过文中的规范性引用而构成本文件必不可少的条款。其中,注日期的引用文件,仅该日期对应的版本适用于本文件;不注日期的引用文件,其最新版本(包括所有的修改单)适用于本文件。

GB 5009.229—2016 食品安全国家标准 食品中酸价的测定

GB/T 5917.1 饲料粉碎粒度测定 两层筛筛分法

GB/T 6432 饲料中粗蛋白的测定 凯氏定氮法

GB/T 6433—2006 饲料中粗脂肪的测定

GB/T 6434 饲料中粗纤维的含量测定 过滤法

GB/T 6438 饲料中粗灰分的测定

GB/T 8170—2010 数值修约规则与极限数值的表示和判定

GB/T 8622 饲料用大豆制品中尿素酶活性的测定

GB/T 10647 饲料工业术语

GB 10648 饲料标签

GB 13078 饲料卫生标准

GB/T 14489.1 油料 水分及挥发物含量的测定

GB/T 14698 饲料显微镜检查方法

GB/T 14699.1 饲料 采样

GB/T 18823 饲料检测结果判定的允许误差

GB/T 18868 饲料中水分、粗蛋白质、粗纤维、粗脂肪、赖氨酸、蛋氨酸快速测定 近红外光谱法

GB/T 19541 饲料原料 豆粕

3 术语和定义

GB/T 10647 界定的术语和定义适用于本文件。

4 技术要求

4.1 原料要求

原料为全脂大豆,不应添加全脂大豆以外的其他物质。膨化大豆可添加饲料添加剂抗氧化剂、防霉剂,其使用见《饲料添加剂品种目录》和《饲料添加剂安全使用规范》。

4.2 外观与性状

淡黄色至浅棕色的粉状,质软,呈现油感;具有膨化大豆固有的香味,无异味。

4.3 理化指标

应符合表1的要求。

表 1 理化指标

项目	指标	
	一级	二级
粗蛋白质，%	≥35.0	≥32.0
粒度(1.00 mm 标准筛通过率)，%	≥85.0	
粗脂肪，%	≥17.0	
粗灰分，%	≤5.5	
粗纤维，%	≤6.0	
氢氧化钾蛋白质溶解度，%	≥73.0	
尿素酶活性，(U/g)	≤0.20	
酸价，KOH/(mg/g)	≤5.0	
水分，%	≤12.0	
注：水分、氢氧化钾蛋白质溶解度和尿素酶活性以原样为基础计算，酸价以粗脂肪为基础计算，其他指标以88%干物质为基础计算。		

4.4 卫生指标

应符合 GB 13078 的要求。

5 取样

按 GB/T 14699.1 的规定执行。

6 试验方法

6.1 外观与性状

取适量样品置于清洁、干燥的白瓷盘或培养皿中，在正常光照、通风良好、无异味的环境下，观察其色泽和形态，嗅其气味。

显微镜镜检按 GB/T 14698 的规定执行。

6.2 粗蛋白质

按 GB/T 6432 或 GB/T 18868 的规定执行，其中 GB/T 6432 为仲裁法。

6.3 粒度

按 GB/T 5917.1 的规定执行。

6.4 粗脂肪

按 GB/T 6433—2006 中 B 类样品测定方法或 GB/T 18868 的规定执行，其中 GB/T 6433—2006 中 B 类样品测定方法为仲裁法。

6.5 粗灰分

按 GB/T 6438 的规定执行。

6.6 粗纤维

按 GB/T 6434 或 GB/T 18868 的规定执行，其中 GB/T 6434 为仲裁法。

6.7 氢氧化钾蛋白质溶解度

按 GB/T 19541 的规定执行。

6.8 尿素酶活性

按 GB/T 8622 的规定执行。

6.9 酸价

按 GB 5009.229—2016 中第一法的规定执行。

6.10 水分

按 GB/T 14489.1 或 GB/T 18868 的规定执行，其中 GB/T 14489.1 为仲裁法。

6.11 卫生指标

按 GB 13078 的规定执行。

7 检验规则

7.1 组批

以相同材料、相同生产工艺、连续生产或同一班次生产的同一规格的产品为一批,每批产品不得超过 1 200 t。

7.2 出厂检验

出厂检验项目为外观与性状、粗蛋白质、粗脂肪、尿素酶活性和水分。

7.3 型式检验

型式检验项目为本标准第 4 章规定的所有项目。在正常生产情况下,每半年至少进行 1 次型式检验,在有下列情况之一时,亦应进行型式检验:

    a) 产品定型投产时;

    b) 生产工艺、仪器设备或主要原料来源有较大改变,可能影响产品质量时;

    c) 停产 3 个月以上,重新恢复生产时;

    d) 出厂检验结果与上次型式检验结果有较大差异时;

    e) 饲料行政管理部门提出检验要求时。

7.4 判定规则

7.4.1 所检验项目全部合格,判定为该批次产品合格。

7.4.2 质量等级判定如下:

    a) 综合判定:抽检样品的各项理化指标均同时符合某一等级时,则判定所代表的该批次产品为该等级;当有任意一项指标低于该等级指标时,则按单项指标最低值所在等级定级。任意一项低于最低级别指标时,则判定所代表的该批次产品为不符合本文件规定的产品。

    b) 分项判定:抽检样品某一项(或几项)符合某一等级时,则判定所代表的该批次产品符合该项(或几项)指标的质量等级。

7.4.3 检验结果中有任何指标不符合本文件规定时,可自同批产品中重新加倍取样进行复检。复检结果有一项指标不符合本文件规定,则判定该批产品不合格。微生物指标不得复检。

7.4.4 各项目指标的极限数值判定按 GB/T 8170—2010 中修约值比较法的规定执行。

7.4.5 检验结果判定的允许误差按 GB/T 18823 的规定执行,卫生指标除外。

8 标签、包装、运输、储存和保质期

8.1 标签

按 GB 10648 的规定执行。

8.2 包装

包装材料应无毒、无害、防潮、防漏。

8.3 运输

运输中防止包装破损、日晒、雨淋,不应与有毒有害物质共运。

8.4 储存

在通风干燥处储存,防止日晒、雨淋、鼠害,不应与有毒有害物品或其他有污染的物品混合储存。

8.5 保质期

未开启包装的产品,在规定的运输和储存条件下,产品保质期应与产品标签中标明的保质期一致。

参 考 文 献

［1］ 饲料添加剂品种目录
［2］ 饲料添加剂安全使用规范

————————————————

参 考 文 献

ICS 65.120
CCS B 46

中华人民共和国农业行业标准

NY/T 4294—2023

挤压膨化固态宠物(犬、猫)饲料生产质量控制技术规范

Technical specification for production quality control of
extrusion solid pet(dog and cat)feed

2023-02-17 发布

2023-06-01 实施

中华人民共和国农业农村部 发布

前　言

本文件按照 GB/T 1.1—2020《标准化工作导则　第 1 部分：标准化文件的结构和起草规则》的规定起草。

请注意本文件的某些内容可能涉及专利。本文件的发布机构不承担识别专利的责任。

本文件由农业农村部畜牧兽医局提出。

本文件由全国饲料工业标准化技术委员会（SAC/TC 76）归口。

本文件起草单位：中国农业科学院饲料研究所、华兴宠物食品有限公司、中国农业科学院农业质量标准与检测技术研究所、上海福贝宠物用品股份有限公司、江苏吉家宠物用品有限公司、天津博菲德科技有限公司、江苏丰尚智能科技有限公司、佛山市雷米高动物营养保健科技有限公司、蛙牌宠物（湖北）股份有限公司、烟台中宠食品股份有限公司、河北荣喜宠物食品有限公司、上海依蕴宠物用品有限公司、北京比格泰宠物食品有限责任公司。

本文件主要起草人：王金全、冀少波、樊霞、汪迎春、李广元、蔡辉益、邓雪娟、秦永林、窦伟标、邹连生、易哲、赵雷、黄立强、迟春艳、李鹏、王芳芳、赵娜、周曼曼、陶慧、赵鹏。

挤压膨化固态宠物(犬、猫)饲料生产质量控制技术规范

1 范围

本文件规定了挤压膨化固态宠物(犬、猫)配合饲料生产质量通用技术的要求和证实方法。

本文件适用于挤压膨化固态宠物(犬、猫)配合饲料的生产质量控制。

2 规范性引用文件

下列文件中的内容通过文中的规范性引用而构成本文件必不可少的条款。其中,注日期的引用文件,仅该日期对应的版本适用于本文件;不注日期的引用文件,其最新版本(包括所有的修改单)适用于本文件。

GB/T 5917.1 饲料粉碎粒度测定 两层筛筛分法

GB/T 5918 饲料产品混合均匀度的测定

GB/T 6435 饲料中水分的测定

GB/T 10649 微量元素预混合饲料混合均匀度的测定

GB/T 18695 饲料加工设备 术语

GB/T 20803 饲料配料系统通用技术规范

GB/T 24351 立式逆流颗粒冷却器通用技术规范

GB/T 25698 饲料加工工艺 术语

GB/T 25699 带式横流颗粒饲料干燥机

JB/T 11692 桨叶式饲料调质器 试验方法

JB/T 13126 宠物饲料膨化机

JB/T 13133 饲料机械 圆筒清理筛

JB/T 13614 饲料机械 永磁筒式磁选机

3 术语和定义

GB/T 18695、GB/T 25698、JB/T 13133、JB/T 13614 界定的术语和定义适用于本文件。

4 要求

4.1 质量管理体系

应建立、实施及保持符合企业实际的文件化质量管理体系,并满足农业农村部《饲料质量安全管理规范》的相关要求。

4.2 加工工艺

挤压膨化固态宠物(犬、猫)配合饲料的加工工艺,应包括但不限于清理、粉碎、配料、混合、调质、挤压膨化、干燥、喷涂、冷却和打包等。

4.3 工艺过程控制

4.3.1 原料清理

大杂去除率≥90%,磁性杂质去除率≥99%。

4.3.2 粉碎粒度

应满足挤压膨化固态宠物(犬、猫)配合饲料产品的设计需求。

4.3.3 配料秤精度

静态精度≤1‰,动态精度≤3‰。

4.3.4 混合均匀度

主混合机的混合均匀度变异系数≤7%,预混合机的混合均匀度变异系数≤5%。

4.3.5 调质参数

调质物料温度80 ℃~120 ℃,调质物料水分≤40%,调质时间2 min~6 min。也可以根据配方选择不同的调质参数。

4.3.6 挤压膨化参数

蒸汽压力0.3 MPa~0.8 MPa,挤压膨化挤出段膨化温度120 ℃~140 ℃。也可依据设备和配方的不同调整挤压膨化参数。

4.3.7 干燥参数

干燥机出口产品水分含量3%~9%,干燥不均匀度≤2%。也可依据设备和配方的不同调整干燥参数。

4.3.8 喷涂

喷涂顺序为喷油、喷浆、喷粉;喷油比例0%~35%、喷浆比例0%~15%、喷粉比例0%~6%;喷涂均匀度>90%;当使用真空泵系统喷涂时,真空度200 mbar~600 mbar。

4.3.9 冷却

冷却器出口料温与室温的温差≤5 ℃。

4.4 加工过程清洁卫生

应根据产品生产计划和设备使用频次,合理制定加工设备的清洁卫生制度并有效实施。

5 证实方法

5.1 质量管理体系

现场核查质量管理体系文件及记录是否符合4.1的规定,管理体系是否实施及保持,且运行是否有效。

5.2 加工工艺

现场查验加工工艺是否符合4.2的规定。

5.3 原料清理

大杂去除率按照JB/T 13133的规定执行,磁性杂质去除率按照JB/T 13614的规定执行。

5.4 粉碎粒度

按照GB/T 5917.1的规定执行。

5.5 配料秤精度

按照GB/T 20803的规定执行。

5.6 混合均匀度

主混合机混合均匀度按照GB/T 5918的规定执行,预混合机的混合均匀度按照GB/T 10649的规定执行。

5.7 调质参数

调质物料温度、调质物料水分、调质时间按照JB/T 11692的规定执行。

5.8 挤压膨化参数

蒸汽压力、挤压膨化挤出段膨化温度按照JB/T 13126的规定执行。

5.9 干燥参数

干燥机出口产品水分含量按照GB/T 6435的规定执行,干燥不均匀度按照GB/T 25699的规定执行。

5.10 喷涂

查验喷涂记录,是否符合喷涂顺序和比例;喷涂均匀度按照GB/T 5918的规定执行,可选择甲基紫或喷涂物中适宜检测成分作为示踪剂;查验经校验合格且在有效期的真空度表显示值是否符合 4.3.8 的规定。

5.11 冷却

冷却器出口料温与室温按照 GB/T 24351 的规定执行。

5.12 加工过程清洁卫生

现场查验加工过程清洁卫生制度和记录文件是否符合 4.4 的规定。

ICS 65.120
CCS B 46

中华人民共和国农业行业标准

NY/T 4310—2023

饲料中吡啶甲酸铬的测定
高效液相色谱法

Determination of chromium picolinate in feeds—
High performance liquid chromatography

2023-02-17 发布

2023-06-01 实施

中华人民共和国农业农村部 发布

前　言

本文件按照 GB/T 1.1—2020《标准化工作导则　第 1 部分：标准化文件的结构和起草规则》的规定起草。

请注意本文件的某些内容可能涉及专利。本文件的发布机构不承担识别专利的责任。

本文件由农业农村部畜牧兽医局提出。

本文件由全国饲料工业标准化技术委员会（SAC/TC 76）归口。

本文件起草单位：浙江省兽药饲料监察所。

本文件主要起草人：任玉琴、吴望君、罗成江、侯轩、王彬、裴丞军、陈晓林、黄娟。

饲料中吡啶甲酸铬的测定 高效液相色谱法

1 范围

本文件描述了饲料中吡啶甲酸铬的高效液相色谱测定方法。

本文件适用于配合饲料、浓缩饲料、精料补充料和添加剂预混合饲料中吡啶甲酸铬的测定。

本文件配合饲料、浓缩饲料、精料补充料的检出限为 0.05 mg/kg、定量限为 0.1 mg/kg，添加剂预混合饲料的检出限为 0.1 mg/kg、定量限为 0.5 mg/kg。

2 规范性引用文件

下列文件中的内容通过文中的规范性引用而构成本文件必不可少的条款。其中，注日期的引用文件，仅该日期对应的版本适用于本文件；不注日期的引用文件，其最新版本（包括所有的修改单）适用于本文件。

GB/T 6682 分析实验室用水规格和试验方法

GB/T 20195 动物饲料 试样的制备

3 术语和定义

本文件没有需要界定的术语和定义。

4 原理

试样中的吡啶甲酸铬用乙腈提取，经浓缩净化后，用高效液相色谱仪测定，外标法定量。

5 试剂或材料

除非另有规定，仅使用分析纯试剂。

5.1 水：GB/T 6682，一级。

5.2 乙腈：色谱纯。

5.3 甲醇。

5.4 10%乙腈溶液：量取 10 mL 乙腈，加水至 100 mL，混匀。

5.5 乙腈溶液饱和的正己烷：量取正己烷 200 mL，加 10%乙腈溶液（5.4）50 mL，混匀，静置，取上层溶液。

5.6 磷酸盐缓冲液（pH 7.0）：称取三水合磷酸氢二钾 5.7 g、无水磷酸二氢钾 3.4 g，加水溶解并定容至 1 000 mL，混匀。

5.7 标准储备溶液（250 μg/mL）：称取吡啶甲酸铬标准品（CAS 号：14639-25-9，纯度≥98.0%）25 mg（精确至 0.01 mg），置于 100 mL 容量瓶中，加乙腈（5.2）超声溶解，用乙腈定容，混匀。2 ℃～8 ℃保存，有效期 6 个月。

5.8 标准中间溶液（25 μg/mL）：准确移取标准储备溶液（5.7）10 mL 于 100 mL 容量瓶中，用水定容，摇匀。临用现配。

5.9 标准系列溶液：准确移取标准中间溶液（5.8）适量，用水定容，配制成浓度分别为 0.05 μg/mL、0.1 μg/mL、0.5 μg/mL、1.0 μg/mL、2.0 μg/mL、5.0 μg/mL 标准系列溶液。临用现配。

5.10 固相萃取柱：混合型阴离子交换柱，500 mg/6 mL。

5.11 微孔滤膜：0.45 μm，有机系。

6 仪器设备

6.1 高效液相色谱仪:配紫外检测器或二极管阵列检测器。

6.2 分析天平:精度 0.01 mg、0.1 mg 和 1 mg。

6.3 离心机:转速不低于 8 000 r/min。

6.4 氮吹仪。

6.5 超声波清洗器。

6.6 涡旋混合器。

7 样品

按 GB/T 20195 制备样品,粉碎使其全部通过 0.45 mm 孔径的分析筛,充分混匀,装入磨口瓶中,备用。

8 试验步骤

8.1 提取

平行做 2 份试验。称取配合饲料约 5 g、浓缩饲料和精料补充料 3 g～5 g、添加剂预混合饲料约 1 g,精确至 0.1 mg,置于 50 mL 离心管中,加入乙腈(5.2)25 mL,涡旋或超声(超声温度不超过 50 ℃)20 min,8 000 r/min 离心 10 min,取上清液,置于容量瓶中。残渣用乙腈(5.2)25 mL 重复提取 1 次,合并2 次提取液,用乙腈(5.2)定容至 50 mL,混匀。

8.2 浓缩、净化

8.2.1 配合饲料、浓缩饲料、精料补充料

准确移取提取液(8.1)5 mL～50 mL(V_1,相当于吡啶甲酸铬 0.5 μg～50 μg),于 50 ℃下用氮气吹至近干,加 5.00 mL 10% 乙腈溶液(5.4),超声或涡旋使溶解,加乙腈溶液饱和的正己烷(5.5)3 mL 除脂,涡旋 10 s,8 000 r/min 离心 3 min,取下层清液 1.00 mL(V_2),加 3 mL 水,混匀,为试样溶液 A。取固相萃取柱(5.10)依次用 5 mL 甲醇(5.3)和 5 mL 水预淋洗,取试样溶液 A 全部过柱,用 8 mL 乙腈(5.2)洗脱,收集洗脱液,于 50 ℃下用氮气吹至近干,加 2.00 mL(V_3)10% 乙腈溶液(5.4)超声或涡旋使溶解,用 0.45 μm 微孔滤膜(5.11)过滤,滤液为试样溶液。

8.2.2 添加剂预混合饲料

准确移取提取液(8.1)5 mL～50 mL(V_1,相当于含吡啶甲酸铬 0.25 μg～25 μg),置于离心管中,于 50 ℃下用氮气吹至近干,准确加入 5 mL 10% 乙腈溶液(5.4),超声或涡旋使溶解,8 000 r/min 离心 5 min,取上清液用 0.45 μm 微孔滤膜(5.11)过滤,滤液为试样溶液。

8.3 液相色谱参考条件

色谱柱:C₁₈柱,长 250 mm,内径 4.6 mm,粒径 5 μm,或性能相当者;

柱温:30 ℃;

检测波长:264 nm;

流速:0.8 mL/min;

进样量:50 μL;

流动相:A 为乙腈(5.2);B 为磷酸盐缓冲液(5.6),梯度洗脱程序见表1。

表 1 梯度洗脱程序

时间,min	流动相 A,%	流动相 B,%
0	7	93
15	7	93
16	30	70

表 1（续）

时间，min	流动相 A，%	流动相 B，%
21	30	70
22	7	93
30	7	93

8.4 测定

8.4.1 标准系列溶液和试样溶液测定

在仪器的最佳条件下，分别取标准系列溶液（5.9）和试样溶液（8.2.1 或 8.2.2）上机测定。吡啶甲酸铬标准溶液的液相色谱图见附录 A。

8.4.2 定性

以保留时间定性，试样溶液中吡啶甲酸铬色谱峰的保留时间应与标准系列溶液（浓度相当）中吡啶甲酸铬色谱峰的保留时间一致，其相对偏差应在±2.5%。

8.4.3 定量

以吡啶甲酸铬的浓度为横坐标、色谱峰面积（响应值）为纵坐标，绘制标准曲线，其相关系数应不低于 0.99。试样溶液中吡啶甲酸铬的浓度应在标准曲线的线性范围内。如超出范围，应将试样溶液用 10%乙腈溶液（5.4）稀释后，重新测定。单点校准定量时，试样溶液中吡啶甲酸铬的峰面积与标准溶液中吡啶甲酸铬的峰面积相差不超过 30%。

9 试验数据处理

配合饲料、浓缩饲料、精料补充料试样中吡啶甲酸铬的含量以质量分数 w 计，数值以毫克每千克（mg/kg）表示。多点校准按公式（1）计算，单点校准按公式（2）计算。

$$w = \frac{\rho \times 50 \times 5 \times V_3 \times 1000}{m \times V_1 \times V_2 \times 1000} \quad\cdots\cdots\cdots\cdots\cdots\cdots\cdots\cdots\cdots (1)$$

式中：

ρ ——从标准曲线查得的试样溶液中吡啶甲酸铬质量浓度的数值，单位为微克每毫升（μg/mL）；

50 ——提取液总体积的数值，单位为毫升（mL）；

5 ——第一次氮吹后复溶体积的数值，单位为毫升（mL）；

V_1 ——移取提取液体积的数值，单位为毫升（mL）；

V_2 ——除脂后移取下层清液体积的数值，单位为毫升（mL）；

V_3 ——第二次氮吹后复溶体积的数值，单位为毫升（mL）；

m ——试样质量的数值，单位为克（g）。

$$w = \frac{A \times C_S \times 50 \times 5 \times V_3 \times 1000}{A_S \times m \times V_1 \times V_2 \times 1000} \quad\cdots\cdots\cdots\cdots\cdots\cdots\cdots\cdots\cdots (2)$$

A ——试样溶液中吡啶甲酸铬色谱峰面积；

A_S ——标准溶液中吡啶甲酸铬色谱峰面积；

C_S ——标准溶液中吡啶甲酸铬质量浓度的数值，单位为微克每毫升（μg/mL）；

50 ——提取液总体积的数值，单位为毫升（mL）；

5 ——第一次氮吹后复溶体积的数值，单位为毫升（mL）；

V_1 ——移取提取液体积的数值，单位为毫升（mL）；

V_2 ——除脂后移取下层清液体积的数值，单位为毫升（mL）；

V_3 ——第二次氮吹后复溶体积的数值，单位为毫升（mL）；

m ——试样质量的数值，单位为克（g）。

添加剂预混合饲料试样中吡啶甲酸铬的含量以质量分数 w 计，数值以毫克每千克（mg/kg）表示。多点校准按公式（3）计算，单点校准按公式（4）计算。

$$w = \frac{\rho \times 50 \times 5 \times 1000}{m \times V_1 \times 1000} \quad \cdots\cdots\cdots\cdots\cdots\cdots\cdots\cdots\cdots\cdots\cdots \quad (3)$$

式中：

ρ ——从标准曲线查得的试样溶液中吡啶甲酸铬的质量浓度，单位为微克每毫升（μg/mL）；

50 ——提取液总体积的数值，单位为毫升（mL）；

5 ——氮吹后复溶体积的数值，单位为毫升（mL）；

V_1 ——移取提取液体积的数值，单位为毫升（mL）；

m ——试样质量的数值，单位为克（g）。

$$w = \frac{A \times C_s \times 50 \times 5 \times 1000}{A_s \times m \times V_1 \times 1000} \quad \cdots\cdots\cdots\cdots\cdots\cdots\cdots\cdots\cdots\cdots\cdots \quad (4)$$

A ——试样溶液中吡啶甲酸铬色谱峰面积；

A_s ——标准溶液中吡啶甲酸铬色谱峰面积；

C_s ——标准溶液中吡啶甲酸铬质量浓度的数值，单位为微克每毫升（μg/mL）；

50 ——提取液总体积的数值，单位为毫升（mL）；

5 ——氮吹后复溶体积的数值，单位为毫升（mL）；

V_1 ——移取提取液体积的数值，单位为毫升（mL）；

m ——试样质量的数值，单位为克（g）。

测定结果以平行测定的算术平均值表示，结果保留 3 位有效数字。

10 精密度

当吡啶甲酸铬含量≤0.5 mg/kg 时，在重复性条件下，2 次独立测试结果与其算术平均值的绝对差值不大于该算术平均值的 15%。

当吡啶甲酸铬含量＞0.5 mg/kg 时，在重复性条件下，2 次独立测试结果与其算术平均值的绝对差值不大于该算术平均值的 10%。

附　录　A

（资料性）

吡啶甲酸铬标准溶液液相色谱图

吡啶甲酸铬标准溶液液相色谱图见图 A.1。

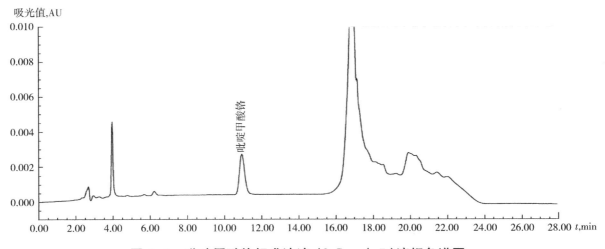

图 A.1　吡啶甲酸铬标准溶液（0.5 μg/mL）液相色谱图

ICS 65.120
CCS B 46

中华人民共和国农业行业标准

NY/T 4347—2023

饲料添加剂　丁酸梭菌

Feed additives—*Clostridium butyicum*

2023-04-11 发布

2023-08-01 实施

中华人民共和国农业农村部 发布

前　言

本文件按照 GB/T 1.1—2020《标准化工作导则　第 1 部分：标准化文件的结构和起草规则》的规定起草。

请注意本文件的某些内容可能涉及专利。本文件的发布机构不承担识别专利的责任。

本文件由农业农村部畜牧兽医局提出。

本文件由全国饲料工业标准化技术委员会(SAC/TC 76)归口。

本文件起草单位：中国农业科学院北京畜牧兽医研究所、浙江惠嘉生物科技股份有限公司、山东宝来利来生物工程股份有限公司、河南金百合生物科技股份有限公司。

本文件主要起草人：饶正华、曾新福、谷巍、李克克、张军民、刘金松、梁洺源、陆唯、焦京琳、高思祺、刘娜、徐海燕、谢秀兰。

饲料添加剂 丁酸梭菌

1 范围

本文件规定了饲料添加剂丁酸梭菌的术语和定义、技术要求、取样、试验方法、检验规则、标签、包装、运输、储存和保质期,描述了相应的取样和试验方法。

本文件适用于以丁酸梭菌为菌种,经液体发酵、浓缩、载体吸附、干燥等工艺制得的饲料添加剂丁酸梭菌固态产品。

2 规范性引用文件

下列文件中的内容通过文中的规范性引用而构成本文件必不可少的条款。其中,注日期的引用文件,仅该日期对应的版本适用于本文件;不注日期的引用文件,其最新版本(包括所有的修改单)适用于本文件。

GB/T 6435 饲料中水分的测定

GB/T 6682 分析实验室用水规格和试验方法

GB/T 8170 数值修约规则与极限数值的表示和判定

GB 10648 饲料标签

GB/T 13079 饲料中总砷的测定

GB/T 13080 饲料中铅的测定 原子吸收光谱法

GB/T 13081 饲料中汞的测定

GB/T 13082 饲料中镉的测定

GB/T 13091 饲料中沙门氏菌的测定

GB/T 13092 饲料中霉菌总数测定方法

GB/T 18869 饲料中大肠菌群的测定

GB/T 30956 饲料中脱氧雪腐镰刀菌烯醇的测定 免疫亲和柱净化-高效液相色谱法

NY/T 2071 饲料中黄曲霉毒素、玉米赤霉烯酮和 T-2 毒素的测定 液相色谱-串联质谱法

3 术语和定义

下列术语和定义适用于本文件。

3.1

丁酸梭菌 *Clostridium butyricum*

酪酸菌

丁酸梭状芽孢杆菌

属于芽孢杆菌科梭菌属,大小为(0.6～1.2) μm×(3.0～7.0) μm 直或微弯的杆菌,单个或成对、短链排列;有芽孢,芽孢卵圆形或短杆状、偏中生或次端生;专性厌氧;革兰氏阳性,培养后期可变为革兰氏阴性。

4 技术要求

4.1 载体

载体来自《饲料原料目录》或《饲料添加剂品种目录》。

4.2 外观与性状

产品颜色为白色至灰褐色,流动性好,颗粒大小均匀,无结块,无异物,无霉变,有丁酸梭菌发酵的特殊气味,无异味。

4.3 菌种鉴别

应符合附录 A 中所述的丁酸梭菌的形态和生理生化特性。必要时,进行分子生物学鉴定。

4.4 质量指标

应符合表 1 的要求。

表 1 质量指标

项 目	指 标
丁酸梭菌活菌数,CFU/g	$\geq 1.0 \times 10^8$
水分,%	≤ 10.0

4.5 卫生指标

应符合表 2 的要求。

表 2 卫生指标

项目	指标
总砷,mg/kg	≤ 2
铅,mg/kg	≤ 10
汞,mg/kg	≤ 0.1
镉,mg/kg	≤ 2
黄曲霉毒素 B_1^a,μg/kg	≤ 30
玉米赤霉烯酮[a],mg/kg	≤ 1
脱氧雪腐镰刀菌烯醇[a],mg/kg	≤ 5
霉菌总数,CFU/g	$\leq 4.0 \times 10^4$
大肠菌群,MPN/100 g	$\leq 1.0 \times 10^4$
沙门氏菌,25 g	不得检出
[a] 此类指标仅适用于植物性载体生产的产品。	

5 取样

5.1 取样原则

样品的采集应遵循随机性、代表性的原则。取样过程应遵循无菌操作程序,防止一切可能的外来污染。

5.2 取样方法

5.2.1 应在同一批次产品中采集样品,每件样品的取样量应满足微生物指标检验的要求,一般不少于500 g。

5.2.2 独立包装不大于 500 g 的产品,取完整包装。

5.2.3 独立包装大于 500 g 的产品,应用无菌取样器从同一包装的不同部位分别采取适量样品,与从其他包装取的样品共同放入同一个无菌取样容器内作为一件样品。

5.3 样品的保存和运输

5.3.1 应在接近原有保存温度条件下运输及保存样品,或采取必要措施尽快将样品送达实验室检验,以防止样品中微生物数量的变化。

5.3.2 运输过程中应保持样品完整。

6 试验方法

6.1 外观与性状

取适量试样于透明玻璃杯中,在自然光线下观察颜色,检查状态,嗅其气味。

6.2 菌种鉴别

观察亚硫酸铁琼脂上的菌落形态,挑取特征菌落进行革兰氏染色后在显微镜下观察菌体形态,并按附录 A 规定的生理生化特性进行试验鉴定。分子生物学鉴定见附录 B。

6.3 丁酸梭菌活菌数

按照附录 C 的规定执行。

6.4 水分

按照 GB/T 6435 的规定执行。

6.5 总砷

按照 GB/T 13079 的规定执行。

6.6 铅

按照 GB/T 13080 的规定执行。

6.7 汞

按照 GB/T 13081 的规定执行。

6.8 镉

按照 GB/T 13082 的规定执行。

6.9 黄曲霉毒素 B_1、玉米赤霉烯酮

按照 NY/T 2071 的规定执行。

6.10 脱氧雪腐镰刀菌烯醇

按照 GB/T 30956 的规定执行。

6.11 霉菌总数

按照 GB/T 13092 的规定执行。

6.12 大肠菌群

按照 GB/T 18869 的规定执行。

6.13 沙门氏菌

按照 GB/T 13091 的规定执行。

7 检验规则

7.1 组批

以相同菌株、相同的发酵工艺、相同生产条件、连续生产或同一班次生产的产品为一批,但每批产品不得超过 50 t。

7.2 出厂检验

出厂检验项目为外观与性状、丁酸梭菌活菌数、水分。

7.3 型式检验

型式检验项目为本文件第 4 章规定的所有项目,在正常生产情况下,每半年至少进行 1 次型式检验。在有下列情况之一时,亦应进行型式检验:

 a) 产品定型投产时;
 b) 生产工艺、配方或主要原料来源有较大改变,可能影响产品质量时;
 c) 停产 3 个月以上,重新恢复生产时;
 d) 出厂检验结果与上次型式检验结果有较大差异时;
 e) 管理部门提出检验要求时。

7.4 判定规则

7.4.1 所验项目全部合格,判定为该批产品合格。

7.4.2 检验结果中有任何指标不符合本文件规定时,可自同批产品中重新加倍取样进行复检。复检结果即使有一项指标不符合本文件规定,则判定该批产品不合格。卫生指标中的微生物项目不得复检。

7.4.3 各项目指标的极限数值判定按照 GB/T 8170 修约值比较法执行。

8 标签、包装、运输、储存和保质期

8.1 标签

按照 GB 10648 的规定执行。

8.2 包装

包装材料应无毒、无害、防潮。

8.3 运输

运输中防止包装破损、日晒、高温、雨淋，不得与有毒有害物质共运。

8.4 储存

阴凉储存，仓库应通风、干燥、能防暴晒、防雨淋，有防虫、防鼠设施，不得与有毒有害的物质混储。

8.5 保质期

未开启包装的产品，在规定的运输、储存条件下，产品保质期应与标签中标明的保质期一致。

附 录 A

（规范性）

形态与生理生化特性

A.1 形态

丁酸梭菌菌体形态为：大小为(0.6～1.2) μm×(3.0～7.0) μm直或微弯的杆菌，单个或成对、短链排列；有芽孢，芽孢卵圆形或短杆状、偏中生或次端生；专性厌氧；革兰氏阳性，培养后期可变为革兰氏阴性。

在本文件中规定的试验条件下，丁酸梭菌的特征菌落形态为：菌落圆形，中心为黑色实心。

A.2 生理生化特性

丁酸梭菌的生理生化特性见表 A.1。

表 A.1　丁酸梭菌生理生化特性

特　征	结　果	特　性	结　果
淀粉水解	＋	山梨醇产酸	－
明胶液化	－	鼠李糖产酸	－
葡萄糖产酸	＋	蜜二糖产酸	＋
乳糖产酸	＋	核糖产酸	＋
木糖产酸	＋	棉籽糖产酸	＋
蔗糖产酸	＋	水杨苷产酸	＋
注："＋"表示试验结果为阳性；"－"表示试验结果为阴性。			

附 录 B

（资料性）

分子生物学鉴定

用丁酸梭菌纯培养物提取 DNA，作为模板。以 16S rRNA 基因的通用引物（见表 B.1），进行 PCR 扩增、纯化和测序，用基因数据库进行序列比对，与模式菌株（ATCC 19398）的序列相似性≥99%时，判定为丁酸梭菌。

表 B.1 引物序列

靶基因名称	扩增引物序列	测序引物序列
16S rRNA	27F：AGAGTTTGATCCTGGCTCAG	同扩增引物
	1492R：TACGACTTAACCCCAATCGC	

附　录　C
（规范性）
丁酸梭菌活菌计数

C.1　试剂或材料

除非另有说明，在分析中仅适用确认为分析纯的试剂。

C.1.1　水

应符合 GB/T 6682 中三级水的要求。

C.1.2　亚硫酸铁琼脂（Ferric sulfite Agar）

称取胰蛋白胨 15.0 g、大豆蛋白胨 5.0 g、酵母粉 5.0 g、偏重亚硫酸钠 1.0 g、柠檬酸铁铵 1.0 g、琼脂 20.0 g，加入 1 000 mL 蒸馏水加热煮沸至完全溶解后，用 1 mol/L 盐酸溶液或 1 mol/L 氢氧化钠溶液调节 pH 至 7.6±0.2，121 ℃ 高压灭菌 15 min，冷却至 50 ℃ 左右，倾注平皿备用。商品培养基按使用说明配制。

C.1.3　生理盐水吐温稀释液

称取 8.5 g 氯化钠，移取 10 mL 吐温 80，加入 1 000 mL 蒸馏水混匀，121℃ 高压灭菌 15 min。

C.2　仪器设备和器具

C.2.1　天平：感量为 0.01 g。

C.2.2　拍击式均质器或振荡器。

C.2.3　厌氧罐：2.5 L 或 5 L（配厌氧产气袋）或相当性能的厌氧装置。

C.2.4　恒温培养箱：使用温度为（36±1）℃。

C.2.5　高压灭菌锅。

C.2.6　无菌吸管：容量为 1 mL、10 mL 或相当规格的移液器以及配套的无菌吸头。

C.2.7　广口瓶或三角瓶：容量为 500 mL。

C.2.8　无菌平皿：直径为 90 mm。

C.2.9　试管：15 mm×180 mm、18 mm×180 mm。

C.3　试验步骤

无菌条件下称取试样 25 g，加入装有 225 mL 灭菌生理盐水吐温稀释液的均质袋中，然后用均质器拍打 2 min～3 min，制成 1∶10 稀释液。

用无菌吸管或微量移液器移取上述 1∶10 稀释液 1 mL，注入含有 9 mL 灭菌生理盐水吐温稀释液的试管中，充分混匀后，制成 1∶100 稀释液。按上述操作方法，制备 10 倍递增系列稀释液，每递增稀释一次换用 1 次 1 mL 无菌吸管或吸头。

选择 3 个适宜稀释度，用吸管或微量移液器移取 0.1 mL 稀释液加至干燥后的亚硫酸铁琼脂平板表面，用灭菌的涂布棒将稀释液均匀涂于表面。每个稀释度涂布 2 个平板，同时吸取 0.1 mL 灭菌生理盐水吐温稀释液作空白对照。待稀释液吸收后，再倾注 3 mL～5 mL 亚硫酸铁琼脂，均匀覆盖在平板表面，凝固后倒置放入厌氧罐里，（36±1）℃ 培养 16 h～24 h。

丁酸梭菌的特征菌落形态为：菌落圆形，中心为黑色实心。选择菌落数在 20 个～200 个的平板。根据特征菌落形态，从中选出 5 个丁酸梭菌疑似菌落按生理生化特征（见 A.2）或分子生物学鉴定（B.1）进行鉴定。

C.4 试验数据处理

根据菌落计数结果和证实为丁酸梭菌的菌落数,计算出平板内的菌数,然后乘其稀释倍数即得每克样品中丁酸梭菌活菌数 A(CFU/g),按公式(C.1)计算。

$$A = \frac{B \times C \times f}{5} \quad\text{...} \quad (C.1)$$

式中:

A ——每克样品中丁酸梭菌活菌数的数值,单位为菌落形成单位每克(CFU/g);

B ——丁酸梭菌疑似菌落数的数值,单位为菌落形成单位(CFU);

C ——5个鉴定的菌落中确认为丁酸梭菌菌落数的数值,单位为菌落形成单位(CFU);

f ——稀释倍数的数值,单位为每克(g^{-1});

5 ——选出的丁酸梭菌疑似菌落的数值,单位为菌落形成单位(CFU)。

参 考 文 献

[1]　饲料原料目录[Z].中华人民共和国农业农村部.2021

[2]　饲料添加剂品种目录[Z].中华人民共和国农业农村部.2021

————————————

ICS 65.120
CCS B 46

中华人民共和国农业行业标准

NY/T 4348—2023

混合型饲料添加剂
抗氧化剂通用要求

Feed additive blender—General principles for antioxidants

2023-04-11 发布

2023-08-01 实施

中华人民共和国农业农村部 发布

前　言

本文件按照 GB/T 1.1—2020《标准化工作导则　第 1 部分:标准化文件的结构和起草规则》的规定起草。

请注意本文件的某些内容可能涉及专利。本文件的发布单位不承担识别专利的责任。

本文件由农业农村部畜牧兽医局提出。

本文件由全国饲料工业标准化技术委员会(SAC/TC 76)归口。

本文件起草单位:厦门牡丹饲料科技发展有限公司、厦门大学、中国科学院亚热带农业生态研究所、湖南农业大学。

本文件主要起草人:邬小兵、蔺小丽、蔺兵、印遇龙、杨哲。

混合型饲料添加剂 抗氧化剂通用要求

1 范围

本文件规定了混合型饲料添加剂抗氧化剂的术语和定义、技术要求、取样、试验方法、检验规则、标签、包装、运输、储存和保质期,描述了混合型饲料添加剂抗氧化剂的取样和试验方法。

本文件适用于混合型饲料添加剂抗氧化剂生产者声明产品符合性,或作为生产者与采购方签署贸易合同的依据,也可作为市场监管或认证机构认证的依据。

2 规范性引用文件

下列文件中的内容通过文中的规范性引用而构成本文件必不可少的条款。其中,注日期的引用文件,仅该日期对应的版本适用于本文件;不注日期的引用文件,其最新版本(包括所有的修改单)适用于本文件。

GB/T 5917.1 饲料粉碎粒度测定 两层筛筛分法

GB/T 8170 数据修约规则与极限数值的表示和判定

GB 10648 饲料标签(含第 1 号修改单)

GB/T 13079 饲料中总砷的测定

GB/T 13080 饲料中铅的测定 原子吸收光谱法

GB/T 13081 饲料中汞的测定

GB/T 13082 饲料中镉的测定

GB/T 13083 饲料中氟的测定 离子选择性电极法

GB/T 14699.1 饲料 采样

3 术语和定义

下列术语和定义适用于本文件。

3.1

饲料添加剂抗氧化剂(以下简称"抗氧化剂") feed additive antioxidant

为防止或延缓饲料成分被氧化变质而加入的饲料添加剂。

3.2

混合型饲料添加剂抗氧化剂 antioxidant as feed additive blender

以一种或一种以上抗氧化剂与辅料按一定比例混合加工而成的均匀混合物。

注:产品包括 2 种剂型,固态剂型和液态剂型。

3.3

辅料 adjuvant material

在混合型饲料添加剂抗氧化剂生产加工过程中所添加的用于溶解、稀释、分散、吸附抗氧化剂,或用以增强抗氧化剂抗氧化功效的物质。

4 技术要求

4.1 原料要求

4.1.1 饲料添加剂抗氧化剂品种

按附录 A 的规定执行。

4.1.2 辅料品种

按附录 B 的规定执行。

4.1.3 质量要求

应符合国家标准或相关标准的规定。

4.1.4 卫生要求

应符合国家标准或相关标准的规定。

4.2 产品要求

4.2.1 外观与性状

4.2.1.1 固态剂型

粉末或细颗粒状,形态、色泽均一,无结块。

4.2.1.2 液态剂型

色泽均匀,无沉淀。

4.2.2 理化指标

产品标准中应规定粒度(适用于固态剂型)、水分(适用于固态剂型)、抗氧化剂有效成分含量。

4.2.3 卫生指标

应符合表 1 的规定。

表 1 卫生指标

单位为毫克每千克

项目[a]	指标
总砷(以 As 计)	≤10
铅(以 Pb 计)	≤15
汞(以 Hg 计)	≤0.1
镉(以 Cd 计)	≤0.5
氟(以 F 计)	≤135
[a] 固态剂型产品所列允许量以干物质含量为 88% 计算;液态剂型产品以每千克或每升产品中的含量计。		

5 取样

按 GB/T 14699.1 的规定执行。应根据产品特性,采用清洁、干燥、耐腐蚀、避光和密封性能好的铝箔袋(热合排气包装)或磨口棕色玻璃瓶保存样品。

6 试验方法

6.1 感官检验

将样品放置于适宜的器皿中,在光线充足但非直射日光,且通风良好的环境中,目测观察。

6.2 粒度

按 GB/T 5917.1 的规定执行。

6.3 水分

应根据产品特性选择适宜的标准或试验方法执行,并在产品标准中规定。

6.4 抗氧化剂有效成分含量

应根据产品特性选择适宜的标准或试验方法执行,并在产品标准中规定。

6.5 总砷

按 GB/T 13079 的规定执行。

6.6 铅

按 GB/T 13080 的规定执行。

6.7 汞

按 GB/T 13081 的规定执行。

6.8 镉

按 GB/T 13082 的规定执行。

6.9 氟

按 GB/T 13083 的规定执行。

7 检验规则

7.1 组批

以相同原料、相同生产工艺、连续生产或同一班次生产的同一规格的产品为一批,但每批产品不得超过 40 t。

7.2 出厂检验

检验项目为外观与性状、水分(适用于固态剂型)、抗氧化剂有效成分含量。

7.3 型式检验

型式检验项目为 4.2 规定的所有项目,在正常生产情况下,每半年进行一次型式检验。有下列情况之一时,亦应进行型式检验:

a) 产品定型投产时;
b) 生产工艺、配方或主要原料来源有较大改变,可能影响产品质量时;
c) 停产 3 个月以上,重新恢复生产时;
d) 出厂检验结果与上次型式检验结果有较大差异时;
e) 饲料行政主管部门提出型式检验要求时。

7.4 判定规则

7.4.1 所检项目全部合格,判定为该批次产品合格。

7.4.2 检验结果中有任何指标不符合本文件规定时,可自同批产品中重新加倍取样进行复检。复检结果即使有一项指标不符合本文件规定,则判定该批产品不合格。

7.4.3 项目指标的极限数值判定按 GB/T 8170 中修约值比较法执行。

8 标签、包装、运输、储存和保质期

8.1 标签

8.1.1 按 GB 10648 的规定执行,还应符合 8.1.2 和 8.1.3 的要求。

8.1.2 产品通用名称应标示为"混合型饲料添加剂 抗氧化剂",也可直接标示所用抗氧化剂的具体名称。

示例:混合型饲料添加剂 特丁基对苯二酚+二丁基羟基甲苯,混合型饲料添加剂 乙氧基喹啉。

8.1.3 标签上的原料组成应按抗氧化剂、辅料分类标示主要原料名称,名称与《饲料添加剂品种目录》及《饲料原料目录》一致。

8.2 包装

包装材料应无毒、无害、防潮、防渗透、避光,产品包装应密封、牢固。

8.3 运输

运输工具应清洁、干燥、无异味,运输中应防止包装破损、日晒、雨淋,不应与有毒有害物质混运。

8.4 储存

储存在干燥、通风的库房内,防止日晒、雨淋,不应与有毒有害物质混储。

8.5 保质期

未开启包装的产品,在规定的运输、储存条件下,产品保质期应与产品标准及产品标签中标明的保质期一致。

附　录　A
（规范性）
允许使用的抗氧化剂品种

允许使用的抗氧化剂品种见表 A.1。

表 A.1　允许使用的抗氧化剂品种

序号	名称
1	乙氧基喹啉
2	丁基羟基茴香醚（BHA）
3	二丁基羟基甲苯（BHT）
4	特丁基对苯二酚（TBHQ）
5	没食子酸丙酯
6	茶多酚
7	维生素 E
8	L-抗坏血酸-6-棕榈酸酯
9	迷迭香提取物
10	硫代二丙酸二月桂酯
11	甘草抗氧化物
12	D-异抗坏血酸
13	D-异抗坏血酸钠
14	植酸（肌醇六磷酸）
15	L-抗坏血酸钠
—	《饲料添加剂品种目录》后续增补的抗氧化剂品种

附 录 B

（规范性）

允许使用的辅料品种

B.1 允许使用的固态辅料品种

见表B.1。

表B.1 允许使用的固态辅料品种

序号	名称
1	二氧化硅
2	沸石粉
3	滑石粉
4	蒙脱石
5	膨润土
6	凹凸棒石
7	麦饭石
8	蛭石
9	轻质碳酸钙
10	石粉
11	贝壳粉
12	氯化钠
13	硫酸钠
14	亚硫酸钠
15	焦亚硫酸钠
16	磷酸氢二钠
17	六偏磷酸钠
18	乙二胺四乙酸二钠
19	柠檬酸钠
20	柠檬酸钙
21	柠檬酸
22	磷酸
23	富马酸
24	大麦壳粉
25	稻壳粉（砻糠粉）
26	大豆油
27	菜籽油
28	花生油
29	玉米油
30	葵花籽油
31	棉籽油
32	棕榈油

B.2 允许使用的液态辅料品种

见表 B.2。

表 B.2 允许使用的液态辅料品种

序号	名称
1	丙二醇
2	丙三醇
3	食用乙醇（食用酒精）
4	大豆油
5	菜籽油
6	花生油
7	玉米油
8	葵花籽油
9	棉籽油
10	棕榈油
11	山梨醇酐单硬脂酸酯
12	聚氧乙烯 20 山梨醇酐单油酸酯
13	可食用脂肪酸单/双甘油酯
14	蔗糖脂肪酸酯
15	山梨醇酐脂肪酸酯
16	聚乙二醇甘油蓖麻酸酯
17	单硬脂酸甘油酯
18	卵磷脂

参 考 文 献

［1］ 中华人民共和国农业农村部公告《饲料添加剂品种目录》及农业农村部相关公告
［2］ 中华人民共和国农业农村部公告《饲料原料目录》及农业农村部相关公告

————————————

ICS 65.120
CCS B 46

中华人民共和国农业行业标准

NY/T 4359—2023

饲料中16种多环芳烃的测定
气相色谱-质谱法

Determination of sixteen polycyclic aromatic hydrocarbons in feeds—
Gas chromatography mass spectrometry(GC-MS)

2023-04-11 发布

2023-08-01 实施

中华人民共和国农业农村部 发布

前　言

本文件按照 GB/T 1.1—2020《标准化工作导则　第 1 部分：标准化文件的结构和起草规则》的规定起草。

请注意本文件的某些内容可能涉及专利。本文件的发布机构不承担识别专利的责任。

本文件由农业农村部畜牧兽医局提出。

本文件由全国饲料工业标准化技术委员会(SAC/TC 76)归口。

本文件起草单位：通威股份有限公司、四川威尔检测技术股份有限公司。

本文件主要起草人：杜雪莉、张凤枰、张艳红、李德祥、杨发树。

饲料中 16 种多环芳烃的测定 气相色谱-质谱法

1 范围

本文件描述了饲料中 16 种多环芳烃的气相色谱-质谱测定方法。

本文件适用于配合饲料、浓缩饲料、精料补充料、添加剂预混合饲料和饲料原料中萘、苊烯、苊、芴、菲、蒽、荧蒽、芘、苯并(a)蒽、䓛、苯并(b)荧蒽、苯并(k)荧蒽、苯并(a)芘、茚并(1,2,3-c,d)芘、二苯并(a,h)蒽、苯并(g,h,i)苝等 16 种多环芳烃的测定。

本文件的检出限和定量限应符合附录 A 的规定。

2 规范性引用文件

下列文件中的内容通过文中的规范性引用而构成本文件必不可少的条款。其中,注日期的引用文件,仅该日期对应的版本适用于本文件;不注日期的引用文件,其最新版本(包括所有的修改单)适用于本文件。

GB/T 6682 分析实验室用水规格和试验方法

GB/T 20195 动物饲料 试样的制备

3 术语和定义

本文件没有需要界定的术语和定义。

4 原理

试样中的多环芳烃经正己烷超声提取,用凝胶渗透色谱仪净化,气相色谱-质谱仪测定,内标法定量。

5 试剂或材料

警告——多环芳烃是已知的致癌、致畸、致突变的物质。操作应在通风柜中进行并戴防护手套,减少暴露,注意安全防护。

除另有规定外,所用试剂均为分析纯。

5.1 水:GB/T 6682,一级。

5.2 乙酸乙酯:色谱纯。

5.3 环己烷:色谱纯。

5.4 正己烷:色谱纯。

5.5 正己烷。

5.6 乙腈+丙酮(5+5):量取 500 mL 乙腈、500 mL 丙酮,混匀。

5.7 乙酸乙酯+环己烷(1+1):量取 500 mL 乙酸乙酯(5.2)、500 mL 环己烷(5.3),混匀。

5.8 凝胶渗透色谱校准标准溶液:含有玉米油(25 mg/mL)、邻苯二甲酸二(2-乙基己基)酯(1 mg/mL)和甲氧滴滴涕(200 mg/L)、芘(20 mg/L)和硫(80 mg/L)的混合溶液。可直接购买市售有证标准溶液。

5.9 多环芳烃混合标准溶液(200 μg/mL):16 种多环芳烃[萘、苊烯、苊、芴、菲、蒽、荧蒽、芘、苯并(a)蒽、䓛、苯并(b)荧蒽、苯并(k)荧蒽、苯并(a)芘、茚并(1,2,3-c,d)芘、二苯并(a,h)蒽、苯并(g,h,i)苝]有证混合标准溶液,浓度均为 200 μg/mL,−18 ℃以下保存。

5.10 多环芳烃混合标准中间溶液(2 μg/mL):准确移取 1 mL 多环芳烃混合标准溶液(5.9)于 100 mL 棕色容量瓶中,用正己烷(5.4)稀释、定容,混匀。−18 ℃以下保存,有效期 1 个月。

5.11 内标标准溶液(1 000 μg/mL):苊-D_{10}、䓛-D_{12} 和苯并(a)芘-D_{12}有证标准溶液,浓度均为 1 000 μg/mL,−18 ℃以下保存。

5.12 内标混合中间溶液(100 μg/mL):准确移取 1 mL 内标标准溶液(5.11)于 10 mL 棕色容量瓶中,用正己烷(5.4)稀释、定容,混匀。−18 ℃以下保存,有效期 1 个月。

5.13 内标混合工作溶液(2 μg/mL):准确移取 1 mL 的内标混合中间溶液(5.12)于 50 mL 棕色容量瓶中,用正己烷(5.4)稀释、定容,混匀。临用现配。

5.14 多环芳烃混合标准系列溶液:准确移取 10 μL、25 μL、50 μL、250 μL、500 μL、1 000 μL 多环芳烃混合标准中间溶液(5.10)于 10 mL 棕色容量瓶中,分别加入 250 μL 内标混合工作溶液(5.13),用正己烷(5.4)稀释、定容,混匀。配制成浓度分别为 2 ng/mL、5 ng/mL、10 ng/mL、50 ng/mL、100 ng/mL、200 ng/mL 多环芳烃混合标准系列溶液。苊-D_{10}、菌-D_{12}、苯并(a)芘-D_{12}的浓度均为 50 ng/mL。临用现配。

5.15 微孔滤膜:0.22 μm,有机系。

6 仪器设备

6.1 气相色谱-质谱仪:配有电子轰击(EI)源。

6.2 电子天平:精度 0.01 g。

6.3 涡旋混合器。

6.4 超声波清洗器。

6.5 离心机:转速不低于 8 000 r/min。

6.6 旋转蒸发仪。

6.7 凝胶渗透色谱仪:具 254 nm 固定波长紫外检测器,填充凝胶填料的净化柱。

7 样品

按 GB/T 20195 的规定制备样品,至少 200 g,粉碎使其全部通过 0.425 mm 孔径的分析筛,充分混匀,装入磨口玻璃瓶中,备用。

8 试验步骤

8.1 提取

平行做 2 份试验。称取试样(油脂类饲料原料除外)5 g(精确至 0.01 g),置于 50 mL 离心管中,准确加入 50 μL 内标混合工作溶液(5.13)、20 mL 正己烷(5.5),涡旋混合 1 min,超声提取 20 min,其间振摇 2 次~3 次,于 8 000 r/min 离心 5 min,将上清液转移至 100 mL 梨形瓶中,残渣用 20 mL 正己烷(5.5)重复提取 2 次,合并上清液,于 40 ℃水浴中旋转蒸发浓缩至约 1 mL,30 ℃水浴氮气吹至近干,准确加入 10 mL 乙酸乙酯+环己烷(1+1)(5.7),涡旋混合 1 min,作为试样提取溶液,备用。

平行做 2 份试验。称取 5 g 油脂类饲料原料试样(精确至 0.01 g),置于 50 mL 离心管中,准确加入 50 μL 内标混合工作溶液(5.13)、20 mL 乙腈+丙酮(5+5)(5.6),涡旋混合 1 min,超声提取 20 min,于离心机中以 8 000 r/min 离心 5 min,将上清液转移至 100 mL 梨形瓶中,残渣用 20 mL 乙腈+丙酮(5+5)(5.6)重复提取 2 次,合并上清液,于 40 ℃水浴中旋转蒸发浓缩至约 1 mL,30 ℃水浴氮吹至近干,准确加入 10 mL 乙酸乙酯+环己烷(1+1)(5.7),涡旋混合 1 min,作为试样提取溶液,备用。

8.2 净化

8.2.1 凝胶渗透色谱柱的校准

按照仪器说明书使用凝胶渗透色谱校准标准溶液(5.8)对凝胶渗透色谱柱进行校准,得到的色谱峰应满足以下条件:所有峰形均匀对称;玉米油和邻苯二甲酸二(2-乙基己基)酯的色谱峰之间分辨率大于 85%;邻苯二甲酸二(2-乙基己基)酯和甲氧滴滴涕的色谱峰之间分辨率大于 85%;甲氧滴滴涕和菲的色谱峰之间分辨率大于 85%;菲和硫的色谱峰不能重叠,基线分离大于 90%。

8.2.2 确定收集时间

多环芳烃的初步收集时间限定在玉米油出峰后至硫出峰前,苝洗脱出以后,立即停止收集。然后,用多环芳烃混合标准中间溶液(5.10)直接进样获得标准谱图,根据标准谱图确定起始和停止收集时间,测定其回收率。确定的收集时间应保证目标物回收率≥90%。

8.2.3 上机净化

试样提取溶液(8.1)由 5 mL 定量环注入凝胶渗透色谱(GPC)柱,泵流速 5.0 mL/min,用乙酸乙酯+环己烷(1+1)(5.7)洗脱,根据 8.2.2 中确定的收集时间,收集流分,将收集液于 40 ℃水浴中旋转蒸发浓缩至约 1 mL,30 ℃水浴氮吹至近干,准确加入 1 mL 乙酸乙酯+环己烷(1+1)(5.7),涡旋混合 1 min,过微孔滤膜(5.15),备用。

同时做空白试验,除不加试样外,空白试验采用与试样完全相同的分析步骤。

8.3 测定

8.3.1 气相色谱参考条件

a) 色谱柱:(5%-苯基)-甲基聚硅氧烷毛细管柱,长 30 m,内径 0.25 mm,膜厚 0.25 μm,或性能相当者;

b) 柱温:初始温度 90 ℃,以 20 ℃/min 的速率升温至 180 ℃,以 5 ℃/min 的速率升温至 270 ℃,再以 3 ℃/min 的速率升温至 310 ℃,保持 2 min;

c) 进样口温度:260 ℃;

d) 进样方式:不分流进样;

e) 进样量:1.0 μL;

f) 载气:氦气,纯度≥99.999%;

g) 流速:1.0 mL/min。

8.3.2 质谱参考条件

a) 电离方式:EI;

b) 离子源温度:230 ℃;

c) 四级杆温度:150 ℃;

d) 传输线温度:310 ℃;

e) 电子轰击源:70 eV;

f) 测定方式:选择离子扫描模式(SIM);

g) 溶剂延迟:3 min。

在上述色谱-质谱条件下,16 种多环芳烃和 3 种内标的参考保留时间和特征离子见表 1。

表 1 参考保留时间及特征离子

序号	化合物中文名称	化合物英文名称	CAS 号	保留时间 min	定量离子	定性离子		丰度比
1	萘	naphthalene	91-20-3	3.65	128	64	102	100:7:8
2	苊烯	acenaphthylene	208-96-8	5.61	152	63	76	100:5:12
3	苊-D$_{10}$(内标 1)	acenaphthene-d$_{10}$	15067-26-2	5.82	164	162	160	100:96:43
4	苊	acenaphthene	83-32-9	5.88	153	154	76	100:94:20
5	芴	fluorene	86-73-7	6.79	166	82	139	100:8:15
6	菲	phenanthrene	85-01-8	8.99	178	89	152	100:9:11
7	蒽	anthracene	120-12-7	9.12	178	89	152	100:10:7
8	荧蒽	fluoranthene	206-44-0	12.86	202	101	200	100:10:19
9	芘	pyrene	129-00-0	13.66	202	101	200	100:16:22
10	苯并(a)蒽	bnezo(a)anthracene	56-55-3	18.70	228	114	226	100:12:20
11	䓛-D$_{12}$(内标 2)	chrysene-d$_{12}$	1719-03-5	18.79	240	236	120	100:25:9
12	䓛	chrysene	218-01-9	18.87	228	114	226	100:10:34
13	苯并(b)荧蒽	benzo(b)flouranthene	205-99-2	23.29	252	126	250	100:15:17
14	苯并(k)荧蒽	benzo(k)flouranthene	207-08-9	23.39	252	126	250	100:16:21

表 1（续）

序号	化合物中文名称	化合物英文名称	CAS 号	保留时间 min	定量离子	定性离子	丰度比
15	苯并（a）芘-D₁₂（内标3）	benzo(a)pyrene-d₁₂	63466-71-7	24.49	264	265 207	100：25：24
16	苯并（a）芘	benzo(a)pyrene	50-32-8	24.60	252	126 250	100：10：20
17	茚并（1,2,3-c,d）芘	indeno(1,2,3-c,d) pyrene	193-39-5	29.46	276	138 277	100：19：25
18	二苯并（a,h）蒽	dibenz(a,h)anthracene	53-70-3	29.66	278	138 276	100：15：26
19	苯并（g,h,i）苝	benzo(g,h,i)perylene	191-24-2	30.51	276	138 277	100：12：25

8.3.3 混合标准系列溶液和试样溶液的测定

在仪器的最佳条件下，分别取试剂空白、混合标准系列溶液（5.14）和试样溶液（8.2.3）上机测定。在上述色谱-质谱条件下，16 种多环芳烃、3 种内标标准溶液总离子流图见附录 B。

8.3.4 定性

在相同试验条件下，试样总离子流图中多环芳烃的保留时间与混合标准系列溶液（5.14）相应组分的保留时间的相对偏差在±2.5%之内，且试样中待测物定性离子的相对离子丰度与浓度接近的标准溶液中对应的定性离子的相对离子丰度进行比较，若偏差不超过表 2 规定的范围，则可判定为样品中存在对应的待测物。

表 2　定性测定时相对离子丰度的最大允许偏差

单位为百分号

相对离子丰度	＞50	＞20～50	＞10～20	≤10
最大允许偏差	±10	±15	±20	±50

8.3.5 定量测定

以标准溶液中被测组分的浓度和内标浓度的比值为横坐标，以标准溶液中被测组分的峰面积和内标峰面积的比值为纵坐标绘制标准工作曲线，标准曲线的相关系数 r 不低于 0.99。用内标法定量，其中萘、苊烯、苊、芴以苊-D₁₀定量，菲、蒽、荧蒽、芘、苯并（a）蒽、䓛以䓛-D₁₂定量，苯并（b）荧蒽、苯并（k）荧蒽、苯并（a）芘、茚并（1,2,3-c,d）芘、二苯并（a,h）蒽、苯并（g,h,i）苝以苯并（a）芘-D₁₂定量，根据校准曲线得到试样待测液中多环芳烃的质量浓度。试样溶液中待测物的浓度应在标准曲线的线性范围内。如超出范围，应重新试验。

9　试验数据处

试样中多环芳烃的含量以质量分数 w_i 表示，数值以微克每千克（μg/kg）表示，按公式（1）计算。

$$w_i = \frac{(\rho_i - \rho_{0i}) \times V \times V_2 \times 1000}{m \times V_1 \times 1000} \quad\cdots\cdots\cdots\cdots\cdots\cdots\cdots\cdots\cdots (1)$$

式中：

ρ_i ——依据标准曲线计算得到的试样待测液中多环芳烃 i 浓度的数值，单位为纳克每毫升（ng/mL）；

ρ_{0i} ——依据标准曲线计算得到的空白试验待测液中多环芳烃 i 浓度的数值，单位为纳克每毫升（ng/mL）；

V ——待净化试样溶液总体积的数值，单位为毫升（mL）；

V_1 ——净化时所用试样溶液体积的数值，单位为毫升（mL）；

V_2 ——净化、氮气吹干后复溶溶液体积的数值，单位为毫升（mL）；

m ——试样质量的数值，单位为克（g）；

测定结果用平行测定的算术平均值表示，结果保留 3 位有效数字。

10 精密度

在重复性条件下,2次独立测定结果与其算术平均值的绝对差值不大于该平均值的 20%。

附 录 A

（规范性）

方法检出限和定量限

本文件的方法检出限和定量限见表 A.1。

表 A.1 方法检出限和定量限

序号	化合物	检出限，μg/kg	定量限，μg/kg
1	萘	1.0	3.0
2	苊烯	0.6	1.8
3	苊	0.6	1.8
4	芴	0.8	2.4
5	菲	1.2	3.6
6	蒽	0.6	1.8
7	荧蒽	0.6	1.8
8	芘	1.2	3.6
9	苯并(a)蒽	0.6	1.8
10	䓛	0.6	1.8
11	苯并(b)荧蒽	0.6	1.8
12	苯并(k)荧蒽	0.6	1.8
13	苯并(a)芘	0.6	1.8
14	茚并(1,2,3-c,d)芘	0.8	2.4
15	二苯并(a,h)蒽	0.8	2.4
16	苯并(g,h,i)苝	0.8	2.4

附 录 B

（资料性）

目标化合物的总离子流图

16 种多环芳烃和内标标准溶液的总离子流图见图 B.1。

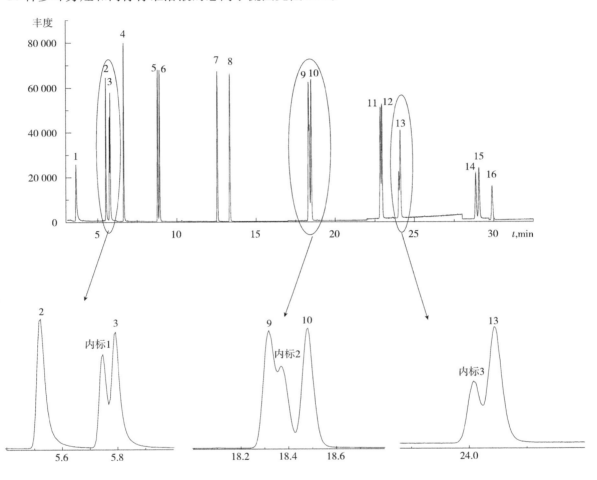

标引序号说明：

1——萘；

2——苊烯；

3——苊；

4——芴；

5——菲；

6——蒽；

7——荧蒽；

8——芘；

9——苯并(a)蒽；

10——䓛；

11——苯并(b)荧蒽；

12——苯并(k)荧蒽；

13——苯并(a)芘；

14——茚并(1,2,3-c,d)芘；

15——二苯并(a,h)蒽；

16——苯并(g,h,i)苝。

内标 1——苊-D$_{10}$；内标 2——䓛-D$_{12}$；内标 3——苯并(a)芘-D$_{12}$。

图 B.1 16 种多环芳烃和内标标准溶液(50 ng/mL)的气相色谱-质谱总离子流图

ICS 65.120
CCS B 46

中华人民共和国农业行业标准

NY/T 4360—2023

饲料中链霉素、双氢链霉素和卡那霉素的测定　液相色谱-串联质谱法

Determination of streptomycin, dihydrostreptomycin and kanamycin in feeds—
Liquid chromatography–tandem mass spectrometry

2023-04-11 发布

2023-08-01 实施

中华人民共和国农业农村部　发布

NY/T 4360—2023

前　言

本文件按照 GB/T 1.1—2020《标准化工作导则　第 1 部分:标准化文件的结构和起草规则》的规定起草。

请注意本文件的某些内容可能涉及专利。本文件的发布机构不承担识别专利的责任。

本文件由农业农村部畜牧兽医局提出。

本文件由全国饲料工业标准化技术委员会(SAC/TC 76)归口。

本文件起草单位:江苏省农业科学院。

本文件主要起草人:魏瑞成、栾枫婷、王冉、龚兰、何涛、朱磊、唐敏敏。

饲料中链霉素、双氢链霉素和卡那霉素的测定
液相色谱-串联质谱法

1 范围

本文件描述了饲料中链霉素、双氢链霉素和卡那霉素的液相色谱-串联质谱测定方法。

本文件适用于配合饲料、浓缩饲料、精料补充料和添加剂预混合饲料中链霉素、双氢链霉素和卡那霉素的测定。

本文件的检出限为 0.05 mg/kg，定量限为 0.1 mg/kg。

2 规范性引用文件

下列文件中的内容通过文中的规范性引用而构成本文件必不可少的条款。其中，注日期的引用文件，仅该日期对应的版本适用于本文件；不注日期的引用文件，其最新版本（包括所有的修改单）适用于本文件。

GB/T 6682　分析实验室用水规格和试验方法

GB/T 20195　动物饲料　试样的制备

3 术语和定义

本文件没有需要界定的术语和定义。

4 原理

试样中的链霉素、双氢链霉素和卡那霉素用混合提取溶液提取，经亲水-亲脂平衡型固相萃取柱净化，用液相色谱-串联质谱仪检测，基质匹配标准溶液校准，外标法定量。

5 试剂或材料

除非另有规定，仅使用分析纯试剂。与链霉素、双氢链霉素和卡那霉素溶液接触的容器应使用聚丙烯材质。

5.1　水：GB/T 6682，一级。

5.2　甲醇：色谱纯。

5.3　乙腈：色谱纯。

5.4　甲酸：色谱纯。

5.5　乙酸铵：色谱纯。

5.6　异丙醇：色谱纯。

5.7　磷酸二氢钾溶液（0.2 mol/L）：称取 2.72 g 磷酸二氢钾，加水溶解并稀释至 100 mL，混匀。

5.8　乙二胺四乙酸二钠溶液（0.2 mol/L）：称取 6.72 g 乙二胺四乙酸二钠，加水溶解并稀释至 100 mL，混匀。

5.9　20％三氯乙酸溶液：称取 200 g 三氯乙酸，加水溶解并稀释至 1 000 mL，混匀。

5.10　混合提取溶液：量取 50 mL 磷酸二氢钾溶液（5.7）、10 mL 乙二胺四乙酸二钠溶液（5.8）和 500 mL 三氯乙酸溶液（5.9），加水至 900 mL，混匀，用氨水调节 pH 至 7.50±0.20，用水稀释、定容至 1 000 mL，混匀。

5.11　10％甲醇溶液：取 10 mL 甲醇（5.2），加水稀释至 100 mL，混匀。

5.12　乙酸铵溶液（0.1 mol/L）：称取 0.77 g 乙酸铵（5.5），加水溶解并稀释至 100 mL，混匀。

5.13 乙酸铵溶液(0.002 mol/L):移取 2 mL 乙酸铵溶液(5.12),加水稀释至 100 mL,混匀。

5.14 洗脱溶液:取 10 mL 甲酸(5.4)、5 mL 异丙醇(5.6)和 85 mL 乙酸铵溶液(5.13)混合,用甲酸调节 pH 至 0.80±0.10,混匀。

5.15 乙酸铵-甲酸溶液:移取 10 mL 乙酸铵溶液(5.12)、5 mL 甲酸(5.4),用水稀释并定容至 500 mL,混匀。

5.16 乙酸铵-甲酸乙腈溶液:移取 10 mL 乙酸铵溶液(5.12)、5 mL 甲酸(5.4),用乙腈(5.3)稀释并定容至 500 mL,混匀。

5.17 标准储备溶液(1 mg/mL):准确称取硫酸链霉素(CAS 号:3810-74-0,纯度不低于 99%)、硫酸双氢链霉素(CAS 号:5490-27-7,纯度不低于 97%)和单硫酸卡那霉素(CAS 号:25389-94-0,卡那霉素 A 纯度不低于 96%)标准品或对照品各 10 mg(以有效成分计,精确至 0.01 mg),分别于 10 mL 聚丙烯容量瓶中,用水溶解,定容,混匀。储存于聚丙烯瓶中,2 ℃~8 ℃保存,有效期 1 个月。

5.18 混合标准中间溶液(10 μg/mL):准确移取硫酸链霉素、硫酸双氢链霉素和单硫酸卡那霉素标准储备溶液(5.17)1 mL 于 100 mL 聚丙烯容量瓶中,用洗脱溶液(5.14)稀释至刻度,混匀。储存于聚丙烯瓶中,2 ℃~8 ℃保存,有效期 1 周。

5.19 混合标准系列工作溶液:准确移取适量体积的混合标准中间溶液(5.18)于 10 mL 聚丙烯容量瓶中,用洗脱溶液(5.14)稀释配制成浓度分别为 100 ng/mL、200 ng/mL、500 ng/mL、1 000 ng/mL、2 500 ng/mL、5 000 ng/mL 混合标准系列工作溶液。临用现配。

5.20 固相萃取小柱:亲水-亲脂(HLB)平衡型固相萃取柱,500 mg/6 mL。

5.21 尼龙微孔滤膜:0.22 μm。

6 仪器设备

6.1 液相色谱-串联质谱仪:配有电喷雾离子源。

6.2 分析天平:精度 0.1 mg 和 0.01 mg。

6.3 涡旋混合器。

6.4 超声波清洗器。

6.5 离心机:转速不低于 10 000 r/min。

6.6 固相萃取装置。

6.7 氮吹仪。

6.8 酸度计:精度 0.01。

7 样品

按 GB/T 20195 的规定制备样品,至少 200 g,粉碎使其全部通过 0.425 mm 孔径的分析筛,充分混匀,装入密闭容器中,备用。选取与待测样品类型相同,均匀一致,且在待测物保留时间处仪器响应值小于方法定量限 30% 的饲料样品,作为基质空白样品。

8 试验步骤

8.1 提取

平行做 2 份试验。称取 2 g(精确至 0.1 mg)试样于 50 mL 聚丙烯离心管中,准确加入 30 mL 混合提取溶液(5.10),涡旋混合 1 min,超声提取 15 min,其间充分摇动 2 次,于 10 000 r/min 离心 10 min,准确移取 15 mL 上清液,用 20% 三氯乙酸溶液(5.9)调节 pH 至 6.50±0.10,备用。

8.2 净化

依次用 5 mL 甲醇(5.2)和 5 mL 水活化固相萃取小柱(5.20),将备用液(8.1)全部过柱,用 5 mL 水、5 mL 10% 甲醇溶液(5.11)分别淋洗,真空负压抽干,准确移取 5 mL 洗脱溶液(5.14)进行洗脱,收集洗脱液,再次真空负压抽干,涡旋混合 1 min,过微孔滤膜(5.21),待测。

8.3 基质匹配标准系列溶液的制备

取基质空白试样,按 8.1 和 8.2 处理得到空白基质溶液。准确移取混合标准系列工作溶液(5.19)各 100 μL 分别置于 1.5 mL 聚丙烯进样瓶,用氮气吹干,准确加入 1 mL 空白基质溶液,涡旋混合 30 s,配制成浓度为 10 ng/mL、20 ng/mL、50 ng/mL、100 ng/mL、250 ng/mL、500 ng/mL 的基质匹配标准系列溶液,待测。

8.4 测定

8.4.1 液相色谱参考条件

色谱柱:酰胺柱,柱长 100 mm,内径 2.1 mm,粒度 1.7 μm;或者性能相当者。

柱温:35 ℃。

流速:0.3 mL/min。

进样量:4 μL。

流动相:A 相为乙酸铵-甲酸溶液(5.15);B 相为乙酸铵-甲酸乙腈溶液(5.16)。

梯度洗脱:洗脱程序见表 1。

表 1　梯度洗脱程序

时间,min	A,%	B,%
0.0	20	80
2.5	20	80
3.5	65	35
5.5	90	10
6.7	90	10
7.5	20	80
12.0	20	80

8.4.2 质谱参考条件

电离方式:电喷雾电离,正离子模式(ESI$^+$)。

检测方式:多反应监测(MRM)。

喷雾电压:5.5 kV。

雾化温度:550 ℃。

多反应监测(MRM)离子对、去簇电压及碰撞能量见表 2。

表 2　多反应监测离子对、去簇电压及碰撞能量的参考值

被测物名称	监测离子对,m/z	去簇电压,V	碰撞能量,eV
链霉素	582.4＞221.4	270	49
	582.4＞263.2[a]	270	44
双氢链霉素	584.4＞246.2	244	57
	584.4＞263.1[a]	244	40
卡那霉素 A	485.2＞324.3	50	24
	485.2＞163.2[a]	50	33
[a]　为定量离子。			

8.4.3 基质匹配标准系列溶液和试样溶液测定

在仪器的最佳条件下,分别取基质匹配标准系列溶液(8.3)和试样溶液(8.2)上机测定。基质匹配标准溶液的定量离子色谱图见附录 A。

8.4.4 定性

在相同试验条件下,试样溶液与基质匹配标准系列溶液中待测物的保留时间相对偏差应在±2.5%之内。根据表 2 选择的定性离子对,比较试样谱图中待测物定性离子的相对离子丰度与浓度接近的基质匹

配标准系列溶液中对应的定性离子的相对离子丰度,若偏差不超过表3规定的范围,则可判定为样品中存在对应的待测物。

表3 定性测定时相对离子丰度的最大允许偏差

单位为百分号

相对离子丰度	>50	>20~50	>10~20	≤10
最大允许偏差	±20	±25	±30	±50

8.4.5 定量

以浓度为横坐标、色谱峰面积(响应值)为纵坐标,绘制标准曲线。标准曲线的相关系数应不低于0.99。试样溶液与基质匹配标准溶液中待测物的响应值均应在仪器检测的线性范围内。如超出线性范围,应将试样和基质空白样品净化(8.2)得到的溶液用洗脱溶液作同比例稀释后,从"8.3"开始按步骤重新测定。单点校准定量时,试样溶液中待测物的峰面积与基质匹配标准溶液的峰面积相差不超过30%。

9 试验数据处理

试样中链霉素、双氢链霉素、卡那霉素 A 的含量以质量分数 w_i 计,单位为毫克每千克(mg/kg)。标准曲线校准按公式(1)计算;单点校准按公式(2)计算。

$$w_i = \frac{\rho_i \times V_1 \times V \times n}{V_2 \times m \times 1000} \quad\text{……………………………………………}(1)$$

式中:

ρ_i ——由基质匹配标准曲线得到的试样溶液中待测物质量浓度的数值,单位为纳克每毫升(ng/mL);

V ——混合提取溶液体积的数值,单位为毫升(mL);

V_1 ——最终洗脱体积的数值,单位为毫升(mL);

n ——试样净化液稀释后的倍数;

V_2 ——固相萃取净化时备用液体积的数值,单位为毫升(mL);

m ——试样质量的数值,单位为克(g)。

$$w_i = \frac{A_i \times \rho_{si} \times V_1 \times V \times n}{A_{si} \times V_2 \times m \times 1000} \quad\text{……………………………………}(2)$$

式中:

A_i ——试样溶液中待测物的色谱峰面积;

ρ_{si} ——基质匹配标准溶液中待测物质量浓度的数值,单位为纳克每毫升(ng/mL);

V ——混合提取溶液体积的数值,单位为毫升(mL);

V_1 ——最终洗脱体积的数值,单位为毫升(mL);

n ——试样净化液稀释后的倍数;

V_2 ——固相萃取净化时备用液体积的数值,单位为毫升(mL);

A_{si} ——基质匹配标准溶液中待测物的色谱峰面积;

m ——试样质量的数值,单位为克(g)。

测定结果以平行测定的算术平均值表示,保留3位有效数字。

10 精密度

在重复性条件下,2次独立测定结果与其算术平均值的绝对差值不大于该算术平均值的20%。

附　录　A

（资料性）

链霉素、双氢链霉素和卡那霉素 A 基质匹配标准溶液定量离子色谱图

基质匹配标准溶液定量离子色谱图见图 A.1。

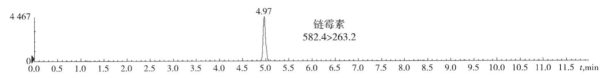

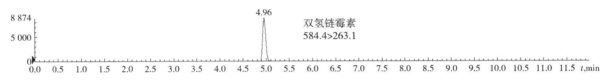

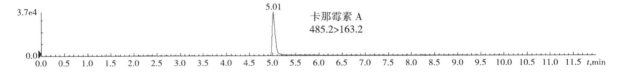

图 A.1　链霉素、双氢链霉素和卡那霉素 A 基质匹配标准溶液（20 ng/mL）定量离子色谱图

ICS 65.120
CCS B 46

中华人民共和国农业行业标准

NY/T 4361—2023

饲料添加剂　α-半乳糖苷酶活力的
测定　分光光度法

Feed additives—Determination of α-galactosidase activity—
Spectrophotometric method

2023-04-11 发布

2023-08-01 实施

中华人民共和国农业农村部 发布

前　言

本文件按照 GB/T 1.1—2020《标准化工作导则　第 1 部分:标准化文件的结构和起草规则》的规定起草。

请注意本文件的某些内容可能涉及专利。本文件的发布机构不承担识别专利的责任。

本文件由农业农村部畜牧兽医局提出。

本文件由全国饲料工业标准化技术委员会(SAC/TC 76)归口。

本文件起草单位:武汉新华扬生物股份有限公司、全国畜牧总站。

本文件主要起草人:詹志春、粟胜兰、徐丽、周樱、苏丹、陈雪姣、邓晓旭、程瑛。

饲料添加剂 α-半乳糖苷酶活力的测定 分光光度法

1 范围

本文件描述了饲料添加剂 α-半乳糖苷酶活力的分光光度测定方法。

本文件适用于饲料添加剂 α-半乳糖苷酶及其混合型饲料添加剂酶制剂中 α-半乳糖苷酶活力的测定。

本文件的定量限为 10 U/g(或 U/mL)。

2 规范性引用文件

下列文件中的内容通过文中的规范性引用而构成本文件必不可少的条款。其中,注日期的引用文件,仅该日期对应的版本适用于本文件;不注日期的引用文件,其最新版本(包括所有的修改单)适用于本文件。

GB/T 6682 分析实验室用水规格和试验方法

GB/T 20195 动物饲料 试样的制备

3 术语和定义

下列术语和定义适用于本文件。

3.1

α-半乳糖苷酶活力单位 α-galactosidase activity unit

在 37 ℃、pH 5.5 的条件下,每分钟从浓度为 5 mmol/L 的对硝基苯基-α-D-吡喃半乳糖苷溶液中释放 1 μmol 对硝基苯酚所需要的酶量。

注:酶活力单位为 U。

4 原理

在一定温度和 pH 条件下,α-半乳糖苷酶分解对硝基苯基-α-D-吡喃半乳糖苷为 α-D-吡喃半乳糖和对硝基苯酚。对硝基苯酚在碳酸钠溶液中呈黄色,反应液的吸光值与酶解产生的对硝基苯酚的量成正比,采用分光光度法测定反应液吸光值,计算 α-半乳糖苷酶活力。

5 试剂或材料

除非另有说明,仅使用分析纯试剂。

5.1 水:GB/T 6682,三级。

5.2 碳酸钠溶液(0.2 mol/L):称取 21.20 g 无水碳酸钠,加水溶解,定容至 1 000 mL。

5.3 乙酸溶液(0.1 mol/L):吸取冰乙酸 0.60 mL,加水定容至 100 mL,摇匀。

5.4 乙酸钠溶液(0.1 mol/L):称取无水乙酸钠 0.82 g,加水溶解,定容至 100 mL。

5.5 乙酸-乙酸钠缓冲液(0.1 mol/L):称取无水乙酸钠 8.2 g,加水约 900 mL 溶解,用乙酸溶液(5.3)或乙酸钠溶液(5.4)调节 pH 至 5.50±0.01,定容至 1 000 mL。

5.6 对硝基苯基-α-D-吡喃半乳糖苷溶液(10 mmol/L):称取对硝基苯基-α-D-吡喃半乳糖苷(化学式 $C_{12}H_{15}NO_8$,相对分子质量 301.25,纯度 99%,Sigma N0877 或上海扶生 M32139[1))0.301 g,用 80 mL 乙酸-乙酸钠缓冲液(5.5)溶解,定容至 100 mL。—18 ℃ 避光保存,有效期 2 个月。

5.7 对硝基苯酚标准储备溶液(20 μmol/mL):准确称取对硝基苯酚 0.139 g,加入 40 mL 碳酸钠溶液

---

1) Sigma N0877 和上海扶生 M32139 是商品名,给出这一信息是为了给本文件的使用者一个相对标准,并不表示对该产品的认可。如果其他产品能有相同的效果,则可使用这些等效的产品。

(5.2),溶解,定容至 50 mL,临用现配。

5.8 对硝基苯酚标准溶液(1 μmol/mL):吸取对硝基苯酚标准储备溶液(5.7)5 mL,用碳酸钠溶液(5.2)稀释定容至 100 mL,临用现配。

6 仪器设备

6.1 紫外可见分光光度计:波长准确度为±1 nm,可在 400 nm 处比色。

6.2 分析天平:精度为 0.000 1 g。

6.3 pH 计:精确至 0.01。

6.4 涡旋混合器。

6.5 恒温振荡器:精度为 1.0 ℃。

6.6 恒温水浴锅:精度为 0.1 ℃。

6.7 秒表。

6.8 恒温磁力搅拌器。

6.9 离心机:转速在 4 000 r/min 以上。

7 样品

按照 GB/T 20195 的规定制备样品,至少 200 g(或 200 mL),固态样品应全部通过 0.42 mm 孔径的分析筛。充分混匀,装入磨口瓶中,密闭保存,备用。

8 试验步骤

8.1 标准曲线绘制

取 10 mL 试管按表 1 加入相关溶液(每个浓度 2 个平行),混合,静止显色 5 min,以 0 号试管试液作为标准空白溶液,在 400 nm 波长下测定其他试管的吸光度。以对硝基苯酚的量为 Y 轴、吸光度为 X 轴,绘制标准曲线,R^2 达到 0.99 以上。

表 1 标准曲线的制作

试管号	0	1	2	3	4	5	6	7
对硝基苯酚标准溶液,μL	0	30	60	90	120	150	180	210
乙酸-乙酸钠缓冲液,μL	1 000	970	940	910	880	850	820	790
碳酸钠溶液,mL	4	4	4	4	4	4	4	4
对硝基苯酚的量,μmol	0	0.03	0.06	0.09	0.12	0.15	0.18	0.21

8.2 试样溶液的制备

8.2.1 固态试样溶液的制备

平行做 2 份试验。称取 0.2 g～1 g 试样,精确至 0.000 1 g,置于锥形瓶中,准确加入 100 mL 乙酸-乙酸钠缓冲液(5.5)。置于(25±3)℃恒温振荡器或恒温磁力搅拌器中提取,不低于 140 r/min 振荡或搅拌 30 min,静置 10 min,离心或过滤,取上清液或滤液,用乙酸-乙酸钠缓冲液(5.5)进行稀释,稀释后待测酶液中 α-半乳糖苷酶活力控制在 0.012 U/mL～0.03 U/mL。

8.2.2 液态试样溶液的制备

平行做 2 份试验。移取 0.2 mL～1 mL 试样,用乙酸-乙酸钠缓冲液(5.5)进行稀释、定容,稀释后的待测酶液中 α-半乳糖苷酶活力控制在 0.012 U/mL～0.03 U/mL。如果稀释后酶液的 pH 偏离 5.50,应用乙酸溶液(5.3)或乙酸钠溶液(5.4)调整校正 pH 至 5.50,再用乙酸-乙酸钠缓冲液(5.5)适当稀释并定容。

8.3 测定

吸取试样溶液 0.50 mL,置于 10 mL 试管中,37 ℃平衡 5 min。加碳酸钠溶液(5.2)4.0 mL,涡旋

3 s,37 ℃保温 10 min,加入经 37 ℃平衡的对硝基苯基-α-D-吡喃半乳糖苷(5.6)0.50 mL,混匀。显色 5 min。以标准空白溶液(8.1)为空白对照,在 400 nm 波长处测定吸光度,计为 A_0。

吸取试样溶液 0.50 mL,置于 10 mL 试管中,37 ℃平衡 5 min。加入经 37 ℃平衡的对硝基苯基-α-D-吡喃半乳糖苷溶液(5.6)0.50 mL,涡旋 3 s,37 ℃保温 10 min,加碳酸钠溶液(5.2)4.0 mL,以终止酶解反应,显色 5 min。以标准空白溶液(8.1)为空白对照,在 400 nm 波长处测定吸光度,计为 A,$A-A_0$ 为试样实测吸光值。通过标准曲线计算 α-半乳糖苷酶的活力。

9 试验数据处理

试样中 α-半乳糖苷酶活力以 X 表示,数值以酶活力单位每克(U/g)或酶活力单位每毫升(U/mL)表示。按公式(1)计算。

$$X=\frac{n}{m\times10\times0.5}\times f \quad\cdots\cdots\cdots\cdots\cdots\cdots\cdots\cdots\cdots\cdots\cdots\cdots\cdots\cdots\cdots\quad (1)$$

式中:

X ——试样中 α-半乳糖苷酶活力的数值,单位为酶活力单位每克(U/g)或酶活力单位每毫升(U/mL);

n ——根据试样实测吸光值由标准曲线计算出的对硝基苯酚量的数值,单位为微摩尔(μmol);

f ——试样的稀释倍数;

m ——试样质量或体积的数值,单位为克(g)或毫升(mL);

10 ——反应时间的数值,单位为分钟(min);

0.5——反应加入的酶液体积的数值,单位为毫升(mL)。

测定结果以平行测定的算术平均值表示,计算结果保留至整数。

10 精密度

在重复性条件下,2 次独立测定结果绝对差值不超过其算术平均值的 10%。

———————————

ICS 65.120
CCS B 46

中华人民共和国农业行业标准

NY/T 4362—2023

饲料添加剂 角蛋白酶活力的测定
分光光度法

Feed additives—Determination of keratinase activity—
Spectrophotometric method

2023-04-11 发布

2023-08-01 实施

中华人民共和国农业农村部 发布

前　言

本文件按照 GB/T 1.1—2020《标准化工作导则　第 1 部分:标准化文件的结构和起草规则》的规定起草。

请注意本文件的某些内容可能涉及专利。本文件的发布机构不承担识别专利的责任。

本文件由农业农村部畜牧兽医局提出。

本文件由全国饲料工业标准化技术委员会(SAC/TC 76)归口。

本文件起草单位:中国农业科学院饲料研究所、山东隆科特酶制剂有限公司、福建傲农生物科技集团股份有限公司、广州立达尔生物科技股份有限公司。

本文件主要起草人:丁宏标、钱娟娟、侯玉煌、周盛昌、陶正国、李习龙、刘胜利。

饲料添加剂 角蛋白酶活力的测定
分光光度法

1 范围

本文件描述了饲料添加剂角蛋白酶活力的分光光度测定方法。

本文件适用于饲料添加剂角蛋白酶产品中酶活力的测定。

本文件的方法定量限为 100 U/g(U/mL)。

2 规范性引用文件

下列文件中的内容通过文中的规范性引用而构成本文件必不可少的条款。其中,注日期的引用文件,仅该日期对应的版本适用于本文件;不注日期的引用文件,其最新版本(包括所有的修改单)适用于本文件。

GB 5009.5—2006 食品安全国家标准 食品中蛋白质的测定

GB/T 6682 分析实验室用水规格和试验方法

GB/T 20195 动物饲料 试样的制备

3 术语和定义

下列术语和定义适用于本文件。

3.1

角蛋白酶 keratinase

产自地衣芽孢杆菌,可以降解羽毛等动植物角蛋白生成氨基酸或肽类的蛋白酶。

3.2

角蛋白酶活力单位 keratinase activity unit

在 40 ℃、pH 8.0 的条件下,水解酪蛋白,每分钟产生 1 μg 的酪氨酸的酶量为一个酶活力单位。

注:单位为 U。

4 原理

在一定的温度和 pH 条件下,角蛋白酶水解酪蛋白底物产生含有酚基和吲哚基的氨基酸,用三氯乙酸沉淀后,在碱性条件下,将福林试剂还原,生成磷钨钼酸,在 680 nm 有最大吸收,其颜色的深浅与酚基氨基酸含量成正比。采用分光光度法测定反应液吸光值,计算角蛋白酶活力。

5 试剂或材料

除非另有说明,仅使用分析纯试剂。

5.1 水:GB/T 6682,三级。

5.2 碳酸钠溶液(0.4 mol/L):称取无水碳酸钠(Na_2CO_3)42.4 g,用水溶解并定容至 1 000 mL,混匀。

5.3 三氯乙酸溶液(0.4 mol/L):称取三氯乙酸 65.4 g,用水溶解并定容至 1 000 mL,混匀。

5.4 盐酸溶液(1 mol/L):取浓盐酸 85 mL,加水稀释并定容至 1 000 mL,混匀。

5.5 盐酸溶液(0.1 mol/L):取 10 mL 1 mol/L 盐酸溶液(5.4),定容至 100 mL,混匀。

5.6 氢氧化钠溶液(0.5 mol/L):取氢氧化钠 20.0 g,用水溶解,冷却至室温后定容至 1 000 mL,混匀。

5.7 福林(Folin)试剂:于 2 000 mL 磨口回流装置中加入钨酸钠($Na_2WO_4 \cdot 2H_2O$)100.0 g,钼酸钠($Na_2MoO_4 \cdot 2H_2O$)25.0 g,水 700 mL,85%磷酸 50 mL,浓盐酸 100 mL。小火沸腾回流 10 h,取下回流

冷却器,在通风橱中加入硫酸锂 50 g、水 50 mL 和数滴浓溴水(99%),再微沸 15 min,以除去多余的溴(冷却后仍有绿色需再加溴水,再煮沸除去过量的溴),冷却后加水定容至 1 000 mL。混匀、过滤。试剂应呈金黄色,储存于棕色瓶内。或购买市售的福林试剂。

5.8 福林工作溶液:以 1 份福林试剂与 2 份水混匀。

5.9 硼酸钠溶液:称取 3.80 g 硼酸钠(硼砂),加水溶解并定容至 1 000 mL,混匀。

5.10 硼酸溶液:称取 12.37 g 硼酸,加水溶解并定容至 1 000 mL,混匀。

5.11 硼酸缓冲溶液(pH 8.0):取 50 mL 硼酸钠溶液(5.9),用硼酸溶液(5.10)将 pH 调至 8.0±0.05,备用。

5.12 1.0% 酪蛋白溶液(pH 8.0):准确称取酪蛋白(CAS 号:60-18-4,上海国药 69006227 或阿拉丁 C110500[1]) 1 g,精确至 0.001 g,先用少量 0.5 mL 氢氧化钠溶液(5.6)湿润后,再加入 pH 8.0 硼酸缓冲溶液(5.11)约 80 mL,在沸水浴中或磁力搅拌器上边加热边搅拌直至完全溶解。冷却后,用 0.1 mol/L 盐酸溶液(5.5)或 0.5 mol/L 氢氧化钠溶液(5.6),将 pH 调至 8.0±0.05,并转入 100 mL 容量瓶中,用 pH 8.0 硼酸缓冲溶液(5.11)定容至刻度。2 ℃~8 ℃储存,有效期为 3 d。

5.13 L-酪氨酸标准储备溶液(1 mg/mL):准确称取预先于 105 ℃ 干燥 4 h 烘至恒重的 L-酪氨酸标准物质(CAS 号:60-18-4,纯度≥99%)0.1 g,精确至 0.000 1 g,用 20 mL 1 mol/L 盐酸溶液(5.4)溶解后,再用水定容至 100 mL,混匀。2 ℃~8 ℃储存,有效期为 3 d。

5.14 L-酪氨酸标准工作溶液(100 μg/mL):准确吸取 10 mL 1 mg/mL L-酪氨酸标准储备溶液(5.13),用 0.1 mol/L 盐酸溶液(5.5)定容至 100mL,混匀。临用现配。

5.15 L-酪氨酸标准系列溶液:分别准确吸取 0 mL、1 mL、2 mL、3 mL、4 mL、5 mL、6 mL 的 L-酪氨酸标准工作溶液(5.14)于试管中,依次准确加入 10 mL、9 mL、8 mL、7 mL、6 mL、5 mL、4 mL 的水,配制成浓度分别为 0 μg/mL、10 μg/mL、20 μg/mL、30 μg/mL、40 μg/mL、50 μg/mL、60 μg/mL 的 L-酪氨酸标准系列溶液。临用现配。

6 仪器设备

6.1 分光光度计:波长范围为 350 nm~800 nm,精度为±2 nm。

6.2 pH 计:精度为±0.01。

6.3 天平:精度为 0.000 1 g 和 0.01 g。

6.4 水浴锅:精度为±0.2 ℃。

7 样品

按照 GB/T 20195 的规定制备样品,至少 200 g(或 200 mL),固态样品粉碎使其全部通过 0.42 mm 孔径的分析筛。充分混匀,装入磨口瓶中,密闭保存,备用。

8 试验步骤

8.1 角蛋白酶鉴别

角蛋白酶鉴别试验应符合附录 A 的规定。

8.2 试样溶液的制备

8.2.1 固态试样的制备

平行做 2 份试验。准确称取试样 1 g,精确至 0.000 1 g。准确加入硼酸缓冲溶液(5.11)100 mL,(25±5)℃磁力搅拌提取 30 min,摇匀,静置 5 min 后,取适量上清液,用硼酸缓冲液(5.11)稀释,使稀释后的待测酶液中角蛋白酶活力控制在 10 U/mL~15 U/mL。

---

1) 上海国药 69006227 或阿拉丁 C110500 是商品名,给出这一信息是为了给本文件的使用者一个相对标准,并不表示对该产品的认可。如果其他产品能有相同的效果,则可使用这些等效的产品。

8.2.2 液态试样的制备

平行做 2 份试验。准确吸取试样 1 mL,用硼酸缓冲溶液(5.11)定容至 100 mL,摇匀。吸取适量溶液用硼酸缓冲溶液(5.11)稀释,稀释后的待测酶液中角蛋白酶活力控制在 10 U/mL~15 U/mL。

8.3 L-酪氨酸标准曲线的绘制

分别准确吸取 L-酪氨酸标准系列溶液(5.15)各 1 mL,于具塞试管中(每个浓度做 2 个平行),分别加入 5.0 mL 碳酸钠溶液(5.2)和 1.0 mL 福林工作溶液(5.8),摇匀。置于(40±0.2)℃水浴中显色 20 min,取出,置于冷水中,迅速冷却至室温,用 10 mm 比色皿,以不含酪氨酸的 0 管为空白,在分光光度计波长 680 nm 处分别测定其吸光度。以吸光度为横坐标、L-酪氨酸浓度为纵坐标绘制标准工作曲线,标准曲线的相关系数 R^2 不低于 0.99。

利用标准曲线,计算出当吸光度为 1 时的 L-酪氨酸的量(μg),即为吸光常数 K 值。K 值应在 95~105 范围内;反之,需重新配制试剂,进行试验。

注:L-酪氨酸标准稀释溶液应在配制后立即进行测定。

8.4 试样溶液测定

8.4.1 试样空白溶液的测定

吸取 1.00 mL 稀释好的酶液(8.2)置于 10 mL 试管中,(40±0.2)℃水浴 2 min。加入 2.00 mL 三氯乙酸溶液(5.3),混匀,(40±0.2)℃保温 10 min。加入 1.00 mL 预热的酪蛋白溶液(5.12),混匀。

8.4.2 试样溶液的测定

吸取 1.00 mL 稀释好的酶液(8.2)置于 10 mL 试管中,(40±0.2)℃水浴 2 min。加入 1.00 mL 预热的酪蛋白溶液(5.12),混匀,(40±0.2)℃保温 10 min。加入 2.00 mL 三氯乙酸溶液(5.3),混匀。

8.4.3 显色反应

将混匀后的试样空白溶液(8.4.1)与试样溶液(8.4.2)分别置于室温下静置 10 min,用滤纸过滤。分别取 1.00 mL 滤液,加入 5.00 mL 碳酸钠溶液(5.2)、1.00 mL 福林工作溶液(5.8),(40±0.2)℃保温 20 min 显色。冷却至室温后,于 680 nm 波长下,用 10 mm 比色皿分别测定空白吸光度(A_0)与试样吸光度(A)。

9 试验数据处理

试样中角蛋白酶活力以 X 计,数值以酶活单位每克(U/g)或酶活单位每毫升(U/mL)表示,按公式(1)计算。

$$X = \frac{(\rho - \rho_0) \times 4 \times n}{m \times 10} \quad\cdots\cdots\cdots\cdots\cdots\cdots\cdots\cdots\cdots\cdots\cdots\cdots\cdots\cdots\cdots\cdots\cdots\cdots \quad (1)$$

式中:

ρ ——根据试样吸光度 A 由标准曲线计算出的试样溶液中 L-酪氨酸浓度的数值,单位为微克每毫升(μg/mL);

ρ_0 ——根据空白吸光度 A_0 由标准曲线计算出的空白溶液中 L-酪氨酸浓度的数值,单位为微克每毫升(μg/mL);

n ——试样的稀释倍数;

4 ——酶反应体系总体积的数值,单位为毫升(mL);

m ——称取或吸取试样量的数值,单位为克或毫升(g 或 mL);

10 ——反应时间的数值,单位为分钟(min)。

测定结果以平行测定的算术平均值表示,计算结果保留至整数。

10 精密度

在重复性条件下,获得的 2 次独立测定结果的绝对差值不大于其算术平均值的 10%。

附 录 A
（规范性）
角蛋白酶鉴别试验

A.1 原理

角蛋白酶作用于不溶于水的羽毛粉生产可溶于水的氨基酸或肽类物质,经与同规格的中性蛋白酶、碱性蛋白酶进行羽毛粉降解后的比对,通过凯氏定氮法对溶液中的氮含量进行比较,可定性判定是否为角蛋白酶。

A.2 试剂或材料

除非另有说明,仅使用分析纯试剂。

A.2.1 水:GB/T 6682,三级。

A.2.2 硼酸钠溶液:称取 3.80 g 硼酸钠(硼砂),加水溶解并定容至 1 000 mL,混匀。

A.2.3 硼酸溶液:称取 12.37 g 硼酸,加水溶解并定容至 1 000 mL,混匀。

A.2.4 硼酸缓冲溶液(pH 8.0):取 50 mL 硼酸钠溶液(A.2.2),用硼酸溶液(A.2.3)将 pH 调至 8.0±0.05,备用。

A.2.5 羽毛粉:收集家禽羽毛,蒸馏水清洗干净,用 70% 的乙醇浸泡 1 h 后,105 ℃干燥 4 h 烘至恒重,用粉碎机粉碎 1 min,待用。

A.2.6 角蛋白酶稀释液:称取角蛋白酶 0.1 g～1 g,精确至 0.000 1 g,加入硼酸缓冲溶液(A.2.4)稀释至 10 000 U/mL。如角蛋白酶为液体试样,吸取 0.1 mL～1.0 mL 稀释至 10 000 U/mL,待用。

A.2.7 碱性蛋白酶稀释液:称取碱性蛋白酶 0.1 g～1 g,精确至 0.000 1 g,加入硼酸缓冲溶液(A.2.4)稀释至 10 000 U/mL。如碱性蛋白酶为液体试样,吸取 0.1 mL～1.0 mL 稀释至 10 000 U/mL,待用。

A.2.8 中性蛋白酶稀释液:称取中性蛋白酶 0.1 g～1 g,精确至 0.000 1 g,加入硼酸缓冲溶液(A.2.4)稀释至 10 000 U/mL。如中性蛋白酶为液体试样,吸取 0.1 mL～1.0 mL 稀释至 10 000 U/mL,待用。

A.3 仪器设备

A.3.1 恒温水浴:精度为±0.2 ℃。

A.3.2 恒温干燥箱:精度为±1 ℃。

A.3.3 万能粉碎机:25 000 r/min。

A.3.4 具塞比色管:25 mL。

A.4 试验步骤

A.4.1 羽毛粉降解

分别准确称取 0.10 g 羽毛粉于 3 个 25 mL 的具塞比色管中,分别向 3 个比色管中加入 10 000 U/mL 的角蛋白酶稀释液(A.2.6)20 mL、碱性蛋白酶稀释液(A.2.7)20 mL、中性蛋白酶稀释液(A.2.8) 20 mL,摇匀后置于 40 ℃水浴中反应 24 h。

24h 后取出 3 个具塞比色管,用定性滤纸过滤,分别取滤液 2.0 mL 分别进行蛋白质含量测定。测定结果分别为 C_1、C_2、C_3。

注:当角蛋白酶样品活力<50 000 U/g 时,可以适当增大稀释倍数,角蛋白酶、碱性蛋白酶、中性蛋白酶可稀释至 1 000 U/mL～10 000 U/mL 进行鉴别对比。

A.4.2 蛋白质含量测定

按 GB 5009.5—2016 第一法的规定执行。

A.5 结果分析

当蛋白质含量 $C_1 > C_2$ 且 $C_1 > C_3$ 时,则判定为角蛋白酶;否则,为非角蛋白酶。

———————————

ICS 65.120
CCS B 46

中华人民共和国农业行业标准

NY/T 4423—2023

饲料原料　酸价的测定

Feed materials—Determination of acid value

2023-12-22 发布

2024-05-01 实施

中华人民共和国农业农村部 发布

前　言

本文件按照 GB/T 1.1—2020《标准化工作导则　第 1 部分：标准化文件的结构和起草规则》的规定起草。

请注意本文件的某些内容可能涉及专利。本文件的发布机构不承担识别专利的责任。

本文件由农业农村部畜牧兽医局提出。

本文件由全国饲料工业标准化技术委员会(SAC/TC 76)归口。

本文件起草单位：浙江省动物疫病预防控制中心(浙江省兽药饲料监察所)。

本文件主要起草人：王彬、侯轩、陈洁、任玉琴、周丰超、陈晓林、蔡文金、冯肖肖、虞一聪、葛孟昀。

饲料原料　酸价的测定

1　范围

本文件描述了饲料原料中酸价的3种测定方法——冷溶剂电位滴定法(第一法)、冷溶剂指示剂滴定法(第二法)和热乙醇指示剂滴定法(第三法)。

本文件适用于饲料原料酸价的测定。

第一法适用于在常温下能够被冷溶剂完全溶解成澄清溶液的油脂或试样中提取的油脂,包括油料籽实及其加工产品、谷物及其加工产品、奶油及其加工制品、陆生动物产品及其副产品、水生生物及其副产品、其他植物和藻类及其加工产品。

第二法适用于在常温下能够被冷溶剂完全溶解成澄清溶液的油脂或试样中提取的油脂,包括油料籽实及其加工产品、谷物及其加工产品、奶油及其加工制品、陆生动物产品及其副产品、水生生物及其副产品、其他植物和藻类及其加工产品。不适用于辣椒油、米糠油等颜色较深的油脂以及米糠、统糠、稳定化米糠等提取后油脂试样颜色较深的饲料原料。

第三法适用于在常温下不能被冷溶剂完全溶解成澄清溶液的油脂或试样中提取的油脂,包括氢化脂肪、棕榈脂肪粉。

冷溶剂滴定以电位滴定法作为仲裁法。

本文件检出限为0.04 mg/g,定量限为0.08 mg/g。

2　规范性引用文件

下列文件中的内容通过文中的规范性引用而构成本文件必不可少的条款。其中,注日期的引用文件,仅该日期对应的版本适用于本文件;不注日期的引用文件,其最新版本(包括所有的修改单)适用于本文件。

GB/T 601　化学试剂　标准滴定溶液的制备

GB/T 6682　分析实验室用水规格和试验方法

3　术语和定义

下列术语和定义适用于本文件。

3.1

酸价　acid value

中和1 g油脂中游离脂肪酸所需氢氧化钾的毫克数。

4　冷溶剂电位滴定法(第一法)

4.1　原理

样品中的油脂用石油醚提取,乙醚-异丙醇混合溶液溶解,用氢氧化钠或氢氧化钾-乙醇标准滴定溶液中和试样溶液中游离脂肪酸,所引起的"pH突跃"作为滴定终点判定依据,以消耗的标准滴定溶液体积计算油脂试样的酸价。

4.2　试剂或材料

除非另有规定,仅使用分析纯试剂。

4.2.1　水:GB/T 6682,三级。

4.2.2　石油醚:沸程为30 ℃～60 ℃。

4.2.3　乙醇。

4.2.4 无水硫酸钠:110 ℃干燥 3 h,取出、冷却,装入密闭容器中保存。

4.2.5 乙醚-异丙醇混合溶液:将乙醚与异丙醇进行等体积混匀。临用现配。

4.2.6 氢氧化钠标准滴定溶液或氢氧化钾-乙醇标准滴定溶液:c(NaOH 或 KOH)=0.1 mol/L 或 0.5 mol/L,按 GB/T 601 的规定配制和标定,或购置有证标准滴定溶液。

4.3 仪器设备

4.3.1 分析天平:精度为 0.1 mg、0.01 g。

4.3.2 往返式振荡器:振荡频率不低于 100 次/min。

4.3.3 离心机:转速不低于 8 000 r/min。

4.3.4 电热恒温干燥箱:精度±2 ℃。

4.3.5 旋转蒸发仪。

4.3.6 自动电位滴定仪:滴定精度 0.01 mL/滴,电信号测量分辨率达 0.1 mV;具备动态滴定或等量滴定控制功能;配备 10 mL 或 20 mL 的滴定液加液管;滴定管的出口处配备防扩散头。

4.3.7 非水相专用复合 pH 电极或性能相当的电极。

4.3.8 搅拌器。

4.3.9 粉碎机。

4.4 样品

4.4.1 动植物油脂

4.4.1.1 油脂样品常温下呈液态,且为澄清液体时,充分混匀后直接取样。

4.4.1.2 油脂样品常温下呈固态,或为浑浊液体时,应将油脂样品置于电热恒温干燥箱中加热熔化(干燥箱温度不高于油脂熔点 10 ℃),如样品变为澄清液体,则充分混匀后直接取样;如为浑浊液体,则加入适量无水硫酸钠(4.2.4),反复振摇,离心取上清液。

4.4.2 油料籽实及其加工产品、谷物及其加工产品、陆生动物产品及其副产品、水生生物及其副产品、其他植物和藻类及其加工产品(不包括动植物油脂)

对油菜籽、芝麻、葵花籽仁等脂肪含量较高的小粒油料,取具有代表性的去杂样品适量,用粉碎机粉碎;对花生仁和核桃仁等脂肪含量较高的大粒油料,取具有代表性的去杂样品适量,将其剪碎或切片后,采用粉碎机粉碎。籽实类样品粉碎后应立即进行油脂提取。

4.4.3 奶油及其加工制品

4.4.3.1 奶油[黄油]:取代表性样品,置于 50 ℃~60 ℃电热恒温干燥箱中加热熔化,混匀后进行油脂提取。

4.4.3.2 稀奶油:取代表性样品,混匀后进行油脂提取。

4.5 试验步骤

4.5.1 油脂提取

动植物油脂试样直接进行称量,其他类产品按以下方式提取:

a) 油料籽实及其加工产品、谷物及其加工产品、陆生动物产品及其副产品、水生生物及其副产品、其他植物和藻类及其加工产品:取有代表性的试样适量(根据含油量称取),置广口瓶中,加入 4 倍体积石油醚(4.2.2),用玻璃棒搅拌混匀后密塞,于往返式振荡器上振摇 2 h。取出溶液及样品,置 50 mL 离心管中,于 8 000 r/min 离心 5 min,取上清液置水浴温度不高于 40 ℃的旋转蒸发仪内,负压条件下,将其中的溶剂旋转蒸干,取残留的液体油脂作为试样。

b) 奶油及其加工制品:取代表性试样适量(根据含油量称取),置广口瓶中。加入 4 倍体积石油醚(4.2.2),用玻璃棒搅拌混匀后密塞,置往返式振荡器上振摇 2 h,取出,置 50 mL 离心管中,于 8 000 r/min 离心分离 5 min,取上清液置水浴温度不高于 40 ℃的旋转蒸发仪内,负压条件下,将其中的溶剂彻底旋转蒸干,取残留的液体油脂作为试样。若残留的油脂浑浊,将提取液转移至离心管中,8 000 r/min 离心分离 5 min,取上清液作为试样。若残留的油脂中含有的水分无法通过离心除去,可按每 10 g 油脂加 1 g～2 g 无水硫酸钠(4.2.4),振荡混合吸附脱水,再次 8 000 r/min 离心 5 min 分离,取上清液作为试样。

4.5.2 试样称量

平行做 2 份试验。宜按照表 1 的称样量,精确称取 4.5.1 中制备的试样,置滴定杯中,若检测后发现该试样的酸价范围与表 1 对应的称样量不符,则宜再次按照表 1 调整称样量后重新测定。

表 1 称样量

酸价范围 mg/g	称样量 g	标准滴定溶液浓度 mol/L
<1	20	0.1
≥1～<4	10	0.1
≥4～<15	2.5	0.1
≥15～<50	1.0	0.1
≥50	0.5	0.5

4.5.3 测定

准确加入 60 mL～100 mL 乙醚-异丙醇混合溶液(4.2.5)于滴定杯中,再加入 1 颗干净的聚四氟乙烯磁力搅拌子或放入自动搅拌转子,以适当的转速搅拌至少 20 s,使油脂试样完全溶解并形成澄清溶液,维持搅拌状态。然后将已连接在电位滴定仪上的电极和滴定管滴头完全浸没在样品溶液中,注意不可与滴定杯壁和旋转的搅拌子触碰。启动电位滴定仪,用标准滴定溶液(4.2.6)滴定,测定时自动电位滴定仪的参数如下:

a) 滴定模式:启用动态滴定模式或等量滴定模式;

b) 启动实时自动监控功能,由微机实时绘制相应的 pH-滴定体积实时变化曲线及对应的一阶微分曲线;

c) 加液体积:动态滴定模式的最小加液体积为 0.005 mL～0.010 mL,最大加液体积为 0.1 mL～0.2 mL(空白试验为 0.010 mL～0.030 mL);等体积滴定模式的加液体积 0.005 mL～0.010 mL;

d) 预滴定体积:0.2 mL(空白试验 0.05 mL);

e) 滴定速度:0.5 mL～6 mL;

f) 信号漂移:30 mV～50 mV;

g) 停止等当点个数:5～9;

h) 电位评估值(阈值):30～100;

i) 等当点确认方式:全部;

j) 终点判定方法:以"pH 突跃"导致的等当点所对应的体积为滴定终点(见附录 A 中图 A.1)。若在一个"pH 突跃"上产生多个等当点,以一阶微分曲线峰值最大的等当点对应的体积作为滴定终点(见图 A.2);若在整个滴定过程中出现多个"pH 突跃"导致的等当点,以"突跃"起点的 pH 最符合或接近于 pH 7.5～9.5 范围的等当点对应的体积为滴定终点(见图 A.3)。

每个样品滴定结束后,电极和滴定管滴头应用溶剂冲洗干净,再用适量的蒸馏水冲洗后方可进行下一个样品的测定;搅拌子先后用溶剂和蒸馏水冲洗干净并用纸巾拭干后方重复使用。

4.5.4 空白试验

取另一干净的滴定杯,准确加入与 4.5.3 中试样测定时相同体积的乙醚-异丙醇混合溶液(4.2.5),按 4.5.3 中相关的自动电位滴定仪参数进行测定,获得空白滴定体积 V_0。滴定结束后,电极和滴定管头先后用乙醇(4.2.3)和水冲洗干净,拭干后将电极放入电极保存液中保存。

4.6 试验数据处理

酸价以质量分数计,按公式(1)计算。

$$\omega = \frac{(V - V_0) \times c \times 56.1}{m} \qquad \cdots\cdots\cdots\cdots (1)$$

式中：

ω —— 酸价的数值，单位为毫克每克（mg/g）；

V —— 试样消耗的标准滴定溶液体积的数值，单位为毫升（mL）；

V_0 —— 空白试验消耗的标准滴定溶液体积的数值，单位为毫升（mL）；

c —— 标准滴定溶液浓度的数值，单位为摩尔每升（mol/L）；

56.1 —— 氢氧化钾的摩尔质量的数值，单位为克每摩尔（g/mol）；

m —— 油脂试样质量的数值，单位为克（g）。

测定结果以平行测定的算术平均值表示，结果保留 3 位有效数字。

4.7 精密度

在重复性条件下，2 次独立测定结果与其算术平均值的绝对差值不应超过算术平均值的 15%。

5 冷溶剂指示剂滴定法（第二法）

5.1 原理

样品中的油脂用石油醚提取，乙醚-异丙醇混合溶液溶解，用氢氧化钠或氢氧化钾-乙醇标准滴定溶液中和试样溶液中游离脂肪酸，用指示剂指示滴定终点。以消耗的标准滴定溶液体积计算油脂试样的酸价。

5.2 试剂或材料

除非另有规定，仅使用分析纯试剂。

5.2.1 水：GB/T 6682，三级。

5.2.2 石油醚：沸程为 30 ℃～60 ℃。

5.2.3 无水硫酸钠：110 ℃干燥 3 h，取出、冷却，装入密闭容器中保存。

5.2.4 乙醚-异丙醇混合溶液：将乙醚与异丙醇进行等体积混匀。临用现配。

5.2.5 氢氧化钠标准滴定溶液或氢氧化钾-乙醇标准滴定溶液：c（NaOH 或 KOH）＝0.1 mol/L 或 0.5 mol/L，按 GB/T 601 的规定配制和标定，或购置有证标准滴定溶液。

5.2.6 酚酞指示剂：称取 1 g 酚酞，加 100 mL 乙醇，搅拌使溶解，混匀。有效期 3 个月。

5.2.7 百里香酚酞指示剂：称取 2 g 百里香酚酞，加 100 mL 乙醇，搅拌使溶解，混匀。有效期 3 个月。

5.3 仪器设备

5.3.1 分析天平：精度为 0.1 mg、0.01 g。

5.3.2 往返式振荡器：振荡频率不低于 100 次/min。

5.3.3 离心机：转速不低于 8 000 r/min。

5.3.4 电热恒温干燥箱：精度±2 ℃。

5.3.5 旋转蒸发仪。

5.3.6 10 mL 碱式滴定管。

5.3.7 粉碎机。

5.4 样品

同 4.4。

5.5 试验步骤

5.5.1 油脂提取

同 4.5.1。

5.5.2 称量

平行做 2 份试验。宜按照表 1 称取 5.5.1 中制备的试样，置于 250 mL 锥形瓶中。若检测后发现该试样的酸价范围与表 1 对应的称样量不符，则宜再次按照表 1 调整称样量后重新测定。

5.5.3 测定

在锥形瓶中加入乙醚-异丙醇混合溶液（5.2.4）60 mL～100 mL，充分振摇使试样溶解。加入酚酞指示剂(5.2.6)3 滴~4 滴,用标准滴定溶液(5.2.5)滴定,当试样溶液初现微红色,且 15 s 内无明显褪色时,为滴定终点。同时进行空白试验。

对于略深色的油脂试样(如菜籽油、鱼油),需使用氢氧化钾-乙醇标准滴定溶液(5.2.5)和百里香酚酞指示剂(5.2.7),滴定时,当溶液颜色变为蓝色时为滴定终点。同时进行空白试验。

5.6 试验数据处理

同 4.6。

5.7 精密度

同 4.7。

6 热乙醇指示剂滴定法(第三法)

6.1 原理

试样用 70 ℃以上乙醇溶解,趁热用氢氧化钠或氢氧化钾-乙醇标准溶液滴定,中和试样溶液中游离脂肪酸,用指示剂指示滴定终点,以消耗的标准滴定溶液体积计算油脂试样的酸价。

6.2 试剂或材料

除非另有规定,仅使用分析纯试剂。

6.2.1 水:GB/T 6682,三级。

6.2.2 石油醚:沸程为 30 ℃~60 ℃。

6.2.3 乙醇。

6.2.4 无水硫酸钠:110 ℃干燥 3 h,取出、冷却,装入密闭容器中保存。

6.2.5 乙醚-异丙醇混合溶液:将乙醚与异丙醇进行等体积混匀。临用现配。

6.2.6 氢氧化钠标准滴定溶液或氢氧化钾-乙醇标准滴定溶液:c(NaOH 或 KOH)=0.1 mol/L 或 0.5 mol/L,按 GB/T 601 的规定配制和标定,或购置有证标准滴定溶液。

6.2.7 酚酞指示剂:称取 1 g 酚酞,加 100 mL 乙醇,搅拌使溶解,混匀。有效期 3 个月。

6.2.8 百里香酚酞指示剂:称取 2 g 百里香酚酞,加 100 mL 乙醇,搅拌使溶解,混匀。有效期 3 个月。

6.3 仪器设备

6.3.1 分析天平:精度为 0.1 mg、0.01 g。

6.3.2 往返式振荡器:振荡频率不低于 100 次/min。

6.3.3 离心机:转速不低于 8 000 r/min。

6.3.4 电热恒温干燥箱:精度±2 ℃。

6.3.5 旋转蒸发仪。

6.3.6 恒温水浴锅:精度±2 ℃。

6.3.7 10 mL 碱式滴定管。

6.3.8 粉碎机。

6.4 样品

同 4.4。

6.5 试验步骤

6.5.1 油脂提取

同 4.5.1。

6.5.2 称量

平行做 2 份试验。精密称取 6.5.1 中制备的试样适量,置于 250 mL 锥形瓶中。试样的称取量根据估计的酸价,宜按表 1 调整称量。若检测后,试样酸价与表 1 不符,则宜再次按照表 1 调整称样量后重新测定。

6.5.3 测定

在锥形瓶中加入 60 mL～100 mL 乙醇(6.2.3),置于 90 ℃～100 ℃水浴中加热直到溶液微沸,混匀。取出,加入 0.5 mL～1 mL 酚酞指示剂(6.2.7),立即用标准滴定溶液(6.2.6)滴定,滴定过程中使试样溶液温度维持在 70 ℃以上,当溶液初现微红色且 15 s 内无明显褪色时为滴定终点。同时进行空白试验。

对于略深色的油脂试样,需使用氢氧化钾-乙醇标准滴定溶液(6.2.6)和百里香酚酞指示剂(6.2.8)。滴定时,当溶液颜色变为蓝色时为滴定终点。同时进行空白试验。

6.6 试验数据处理

同 4.6。

6.7 精密度

同 4.7。

附　录　A

（资料性）

自动电位滴定曲线

A.1　典型的 pH-滴定体积实时变化曲线

见图 A.1。

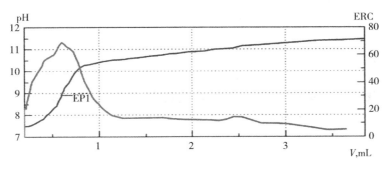

标引序号说明：

EP1——pH 8.918,0.599 2mL。

图 A.1　典型的 pH-滴定体积实时变化曲线

A.2　"pH 突跃"中多个一阶微分峰的 pH-滴定体积实时变化曲线

见图 A.2。

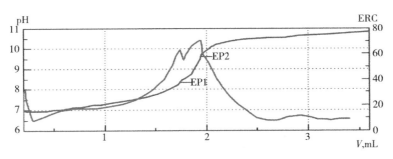

标引序号说明：

EP1——pH 8.333,1.734 4 mL；

EP2——pH 9.621,1.943 2 mL。

图 A.2　"pH 突跃"中多个一阶微分峰的 pH-滴定体积实时
变化曲线（滴定终点为 1.943 2 mL）

A.3　多次"pH 突跃"的 pH-滴定体积实时变化曲线

见图 A.3。

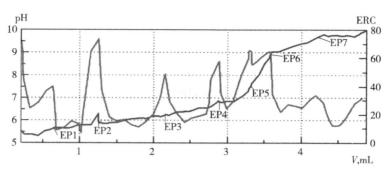

标引序号说明：

EP1——pH 5.648, 0.642 1 mL;

EP2——pH 5.982, 1.256 2 mL;

EP3——pH 6.266, 2.156 7 mL;

EP4——pH 6.800, 2.885 2 mL;

EP5——pH 7.509, 3.308 3 mL;

EP6——pH 8.901, 3.578 9 mL;

EP7——pH 9.677, 4.230 8 mL。

图 A.3　多次"pH 突跃"的 pH-滴定体积实时变化曲线（滴定终点为 3.578 9 mL）

ICS 65.120
CCS B 46

中华人民共和国农业行业标准

NY/T 4424—2023

饲料原料　过氧化值的测定

Feed materials—Determination of peroxide value

2023-12-22 发布　　　　　　　　　　　　　　2024-05-01 实施

中华人民共和国农业农村部　发布

前　言

本文件按照 GB/T 1.1—2020《标准化工作导则　第 1 部分:标准化文件的结构和起草规则》的规定起草。

请注意本文件的某些内容可能涉及专利。本文件的发布机构不承担识别专利的责任。

本文件由农业农村部畜牧兽医局提出。

本文件由全国饲料工业标准化技术委员会(SAC/TC 76)归口。

本文件起草单位:浙江省动物疫病预防控制中心(浙江省兽药饲料监察所)。

本文件主要起草人:黄娟、陈勇、陈凯、任玉琴、袁璐、吴望君、周芷锦、饶凤琴、阮鑫、孙冰冰、黄晓兵。

饲料原料 过氧化值的测定

1 范围

本文件描述了饲料原料过氧化值的指示剂滴定和电位滴定测定方法。

本文件适用于饲料原料过氧化值的测定。

电位滴定法和指示剂滴定法适用于油料籽实及其加工产品、谷物及其加工产品、奶油及其加工制品、陆生动物产品及其副产品、水生生物及其副产品、其他植物和藻类及其加工产品。指示剂滴定法不适用于辣椒籽油、乌贼油、大豆磷脂油、大豆磷脂油粉等油脂或油脂产品。

本文件电位滴定法检出限为 0.1 mmol/kg(0.002 5 g/100 g),定量限为 0.4 mmol/kg(0.01 g/100g);指示剂滴定法检出限为 0.3 mmol/kg(0.007 6 g/100 g),定量限为 1.2 mmol/kg(0.030 4 g/100 g)。

2 规范性引用文件

下列文件中的内容通过文中的规范性引用而构成本文件必不可少的条款。其中,注日期的引用文件,仅该日期对应的版本适用于本文件;不注日期的引用文件,其最新版本(包括所有的修改单)适用于本文件。

GB/T 601 化学试剂 标准滴定溶液的制备

GB/T 6682 分析实验室用水规格和试验方法

3 术语和定义

下列术语和定义适用于本文件。

3.1

过氧化值 peroxide value

油脂中过氧化物的量值。

注:以 1 kg 油脂中活性氧的毫摩尔数或以过氧化物相当的碘的质量分数表示过氧化物的量。

4 电位滴定法(仲裁法)

4.1 原理

油脂氧化过程中产生的过氧化物,与碘化物反应时生成碘,用硫代硫酸钠标准滴定溶液滴定析出的碘,电位滴定仪指示滴定终点。

4.2 试剂或材料

除非另有规定,仅使用分析纯试剂。

4.2.1 水:GB/T 6682,三级。

4.2.2 异辛烷。

4.2.3 冰乙酸。

4.2.4 无水硫酸钠:110 ℃烘 3 h,取出、冷却,装入密闭容器中备用。

4.2.5 石油醚:沸程为 30 ℃～60 ℃,不含过氧化物。

注:过氧化物检查方法:量取 100 mL 石油醚于旋转蒸发仪的蒸馏瓶中,于 40 ℃的水浴中蒸干。用 30 mL 异辛烷-冰乙酸混合溶液(4.2.6)分 3 次洗涤蒸馏瓶,合并洗涤液于 250 mL 碘量瓶中。加入 1.00 mL 碘化钾饱和溶液(4.2.7),塞紧瓶盖,并轻轻振摇 0.5 min,在暗处放置 3 min 后,加 1mL 淀粉指示液(5.2.9),混匀,观察颜色变化,如有蓝色出现,表明该石油醚含有过氧化物,需蒸馏处理后使用;如未出现蓝色,表明该石油醚不含过氧化物。

4.2.6 异辛烷-冰乙酸混合溶液:异辛烷+冰乙酸=40+60,临用现配。

4.2.7 碘化钾饱和溶液:称取 20 g 碘化钾,加入 10 mL 新煮沸冷却的水溶解,混匀,于棕色瓶中,避光保存。使用前检查:在 30 mL 异辛烷-冰乙酸混合液(4.2.6)中添加 1.00 mL 碘化钾饱和溶液和 2 滴淀粉指示液(5.2.9),若出现蓝色,并需用 1 滴以上的 0.01 mol/L 硫代硫酸钠标准滴定溶液(4.2.9)才能消除,则表明此碘化钾饱和溶液不能使用,应重新配制。

4.2.8 硫代硫酸钠标准滴定溶液 I,$c(Na_2S_2O_3)=0.1$ mol/L:按 GB/T 601 的规定配制和标定,或购置有证标准滴定溶液。

4.2.9 硫代硫酸钠标准滴定溶液 II,$c(Na_2S_2O_3)=0.01$ mol/L:取硫代硫酸钠标准滴定溶液 I(4.2.8),用新煮沸冷却的水稀释而成。临用现配。

4.3 仪器设备

4.3.1 分析天平:精度为 0.000 1 g。

4.3.2 电热恒温干燥箱:精度±2 ℃。

4.3.3 粉碎机:粉碎细度 1 mm 以下。

4.3.4 旋转蒸发仪。

4.3.5 离心机:转速不低于 8 000 r/min。

4.3.6 电位滴定仪:精度为±2 mV;配备复合铂环电极或其他性能相当的氧化还原电极。

4.3.7 搅拌器。

注:本方法所用器皿不能含有还原性或氧化性物质。磨砂玻璃表面不能涂油。

4.4 样品

4.4.1 油料籽实及其加工产品、谷物及其加工产品、陆生动物产品及其副产品、水生生物及其副产品、其他植物和藻类及其加工产品(不包括动植物油脂)

对油菜籽、芝麻、葵花籽仁等脂肪含量较高的小粒油料,取具有代表性的去杂样品适量,用粉碎机粉碎;对花生仁和核桃仁等脂肪含量较高的大粒油料,取具有代表性的去杂样品适量,将其剪碎或切片后,采用粉碎机粉碎。籽实类样品粉碎后立即提取。

注:粉碎机粉碎过程中不能明显发热。

4.4.2 动植物油脂(不包括奶油及其加工制品)

4.4.2.1 油脂样品常温下呈液态,且为澄清液体,则充分混匀后直接取样。

4.4.2.2 油脂样品常温下呈固态,或为浑浊液体,应将油脂样品置于电热恒温干燥箱中加热熔化(恒温干燥箱温度不高于油脂熔点 10 ℃),如样品变为澄清液体,则充分混匀后直接取样;如样品仍为浑浊液体,则需加入适量无水硫酸钠,反复振摇,离心取上清液。

4.4.3 奶油及其加工制品

4.4.3.1 奶油[黄油]:取代表性样品,置于 40 ℃电热恒温干燥箱中加热熔化,混匀后进行油脂提取。

4.4.3.2 稀奶油:取代表性样品,混匀后进行油脂提取。

4.5 试验步骤

4.5.1 油脂提取

动植物油脂试样直接进行试样称量,其他类产品按以下方式提取:

a) 油料籽实及其加工产品、谷物及其加工产品、陆生动物产品及其副产品、水生生物及其副产品、其他植物和藻类及其加工产品:取有代表性的试样适量置于磨口瓶中(根据油脂含量称取),加入 3 倍~5 倍样品体积的石油醚(4.2.5),摇匀,加入 20 g 无水硫酸钠(4.2.4),充分混合后密闭,静置浸提 12 h 以上,取石油醚层液体 8 000 r/min 离心 5 min,于旋转蒸发仪中 40 ℃以下蒸干,残留物即为待测试样。

b) 奶油[黄油]:取有代表性的试样约 100 g,加入 400 mL 石油醚(4.2.5),搅拌溶解,加入 20 g 无水硫酸钠(4.2.4),充分搅拌,静置,收集上清液于圆底烧瓶中,于旋转蒸发仪中 40 ℃以下蒸干。若残留液体油脂仍显浑浊,则加 10 g 无水硫酸钠,搅拌,静置后取上层油脂,待测。

c) 稀奶油:取有代表性的试样约 100 g 于磨口瓶中,加入 400 mL 石油醚(4.2.5),用玻璃棒充分搅拌溶解试样,加 20 g 无水硫酸钠(4.2.4),继续用玻棒搅拌试样 10 min 以上,盖上瓶塞后静置 12 h 以上,收集上清液于圆底烧瓶中,试样中再次加入 200 mL 石油醚(4.2.5),玻璃棒搅拌 10 min 以上,静置至上清液澄清,收集上清液,合并 2 次上清液,于旋转蒸发仪中 40℃ 以下蒸干。若残留液体油脂仍然浑浊,则加 10 g 无水硫酸钠,搅拌,静置后取上层油脂,待测。

4.5.2 试样称量

平行做 2 份试验。宜按照表 1 称取 4.5.1 中制备的试样(精确至 0.000 1 g),置于滴定杯中。若检测后发现该试样的过氧化值范围与表 1 对应的称样量不符,则宜再次按照表 1,调整称样量后重新测定。

表 1 建议称样量

过氧化值范围 mmol/kg(g/100 g)	称样量 g	标准滴定溶液浓度 mol/L
<5(0~0.13)	5.0	
≥5~<25(0.13~0.63)	5.0~2.0	0.01
≥25~45(0.63~1.14)	1.0	

4.5.3 测定

在滴定杯(4.5.2)中加入 50 mL 异辛烷-冰乙酸混合溶液(4.2.6),轻轻振摇或超声使试样完全溶解。

若试样溶解性差(如大豆磷脂等),应重新称样,先向滴定杯中加入 20 mL 异辛烷(4.2.2),轻轻振摇或超声使试样完全溶解后再加 30 mL 冰乙酸(4.2.3),混合均匀。

向滴定杯中准确加入 0.5 mL 碘化钾饱和溶液(4.2.7),开动搅拌器,在合适的搅拌速度下反应(60±1) s,立即向滴定杯中加入 50 mL 水,插入电极和滴定头,待电位平衡后即可用硫代硫酸钠标准滴定溶液(4.2.9)进行电位滴定,记录滴定终点消耗的标准滴定溶液体积 V。每完成一个样品的滴定后,须将搅拌器或搅拌磁子、滴定头和电极浸入异辛烷中清洗表面的油脂。

同时,不加试样,采用等量滴定模式按上述步骤进行空白试验,硫代硫酸钠标准滴定溶液加液量一般控制在 0.005 mL/滴。到达滴定终点后,记录消耗的硫代硫酸钠标准滴定溶液体积 V_0。空白试验所消耗 0.01 mol/L 硫代硫酸钠标准滴定溶液体积不应超过 0.1 mL。

注1:避免在阳光直射下进行试样测定。
注2:根据仪器说明书选择合适的搅拌速度,确保试样混合均匀且不产生气泡。

4.6 试验数据处理

过氧化值以 1 kg 样品中活性氧的毫摩尔数表示,按公式(1)计算。

$$\omega = \frac{(V - V_0) \times c}{2 \times m} \times 1000 \quad\cdots\cdots\cdots\cdots\cdots\cdots\cdots\cdots\cdots\cdots\cdots (1)$$

式中:
ω ——过氧化值的数值,单位为毫摩尔每千克(mmol/kg);
V ——试样油脂消耗的硫代硫酸钠标准滴定溶液体积的数值,单位为毫升(mL);
V_0 ——空白试验消耗的硫代硫酸钠标准滴定溶液体积的数值,单位为毫升(mL);
c ——硫代硫酸钠标准滴定溶液浓度的数值,单位为摩尔每升(mol/L);
2 ——硫代硫酸钠与碘反应的摩尔换算系数;
m ——油脂试样质量的数值,单位为克(g)。

过氧化值以过氧化物相当于碘的质量分数表示时,按公式(2)计算。

$$\omega' = \frac{(V - V_0) \times c \times 0.1269}{m} \times 100 \quad\cdots\cdots\cdots\cdots\cdots\cdots\cdots\cdots\cdots (2)$$

式中:
ω' ——过氧化值的数值,单位为克每百克(g/100 g);
0.126 9 ——与 1.00 mL 硫代硫酸钠标准滴定溶液[$c(Na_2S_2O_3)=1.000$ mol/L]相当的碘的质量。
测定结果以平行测定的算术平均值表示,结果保留至小数点后 2 位。

4.7 精密度

在重复性条件下,2 次独立测定结果与其算术平均值的绝对差值不大于该算术平均值的 10%。

5 指示剂滴定法

5.1 原理

油脂氧化过程中产生的过氧化物,与碘化物反应时生成碘,通过硫代硫酸钠标准滴定溶液滴定析出的碘,指示剂指示终点。

5.2 试剂或材料

警示——使用三氯甲烷时配戴口罩,在通风橱内进行。

除非另有规定,仅使用分析纯试剂。

5.2.1 水:GB/T 6682,三级。

5.2.2 冰乙酸。

5.2.3 三氯甲烷。

5.2.4 三氯甲烷-冰乙酸混合溶液:三氯甲烷＋冰乙酸＝40＋60,临用现配。

5.2.5 碘化钾饱和溶液:称取 20 g 碘化钾,加入 10 mL 新煮沸冷却的水溶解,混匀,储存于棕色瓶中,避光保存。使用前检查:在 30 mL 三氯甲烷-冰乙酸混合液(5.2.4)中添加 1.00 mL 碘化钾饱和溶液和 2 滴淀粉指示液(5.2.9),若出现蓝色,并需用 1 滴以上的 0.01 mol/L 硫代硫酸钠标准滴定溶液才能消除,则表明此碘化钾饱和溶液不能使用,应重新配制。

5.2.6 硫代硫酸钠标准滴定溶液 I,$c(Na_2S_2O_3) = 0.1$ mol/L:按 GB/T 601 的规定配制和标定,或购置有证标准滴定溶液。

5.2.7 硫代硫酸钠标准滴定溶液 II,$c(Na_2S_2O_3) = 0.01$ mol/L:取硫代硫酸钠标准滴定溶液 I (5.2.6),用新煮沸冷却的水稀释而成。临用现配。

5.2.8 硫代硫酸钠标准滴定溶液 III,$c(Na_2S_2O_3) = 0.002$ mol/L:取硫代硫酸钠标准滴定溶液 I (5.2.6),用新煮沸冷却的水稀释而成。临用现配。

5.2.9 淀粉指示液:称取 0.5 g 可溶性淀粉,加 5 mL 水调成糊状,边搅拌边缓缓倾入 50 mL 沸水中,继续煮沸 2 min,放冷备用。临用现配。

5.3 仪器设备

5.3.1 分析天平:精度为 0.000 1 g。

5.3.2 滴定管:10 mL。

注:本方法所用器皿不能含有还原性或氧化性物质。磨砂玻璃表面不能涂油。

5.4 样品

同 4.4。

5.5 试验步骤

5.5.1 油脂提取

同 4.5.1。

5.5.2 试样称量

平行做 2 份试验。宜按照表 2 称取 5.5.1 中制备的试样(精确至 0.000 1 g),置于 250 mL 碘量瓶中。若检测后发现该试样的过氧化值范围与表 2 对应的称样量不符,则宜再次按照表 2,调整称样量后重新测定。

表 2　建议称样量

过氧化值范围 mmol/kg(g/100 g)	称样量 g	标准滴定溶液浓度 mol/L
＜5(0～0.13)	2.0	0.002
≥5～＜25(0.13～0.63)	5.0～2.0	0.01
≥25～45(0.63～1.14)	1.0	0.01

5.5.3 测定

在碘量瓶（5.5.2）中加入 30 mL 三氯甲烷-冰乙酸混合溶液（5.2.4），轻轻振摇或超声使试样完全溶解。

若试样溶解性差，应重新称样，先向碘量瓶中加入 10 mL 三氯甲烷（5.2.3），轻轻振摇或超声使试样完全溶解，再加入 20 mL 冰乙酸（5.2.2），混合均匀。

准确加入 1 mL 碘化钾饱和溶液（5.2.5），塞紧瓶盖，并轻轻振摇 0.5 min，在暗处放置 3 min±2 s，取出，加 100 mL 水，摇匀后立即用硫代硫酸钠标准滴定溶液（5.2.7、5.2.8）滴定，滴定至淡黄色时，加 1 mL 淀粉指示液（5.2.9），继续滴定并强烈振摇至溶液蓝色消失为终点。

同时，不加试样，按上述步骤进行空白试验。空白试验所消耗 0.01 mol/L 硫代硫酸钠标准滴定溶液体积不得超过 0.1 mL，或所消耗 0.002 mol/L 硫代硫酸钠标准滴定溶液体积不得超过 0.5 mL。

5.6 试验数据处理

同 4.6。

5.7 精密度

同 4.7。

———————————

ICS 65.120
CCS B 46

中华人民共和国农业行业标准

NY/T 4425—2023

饲料中米诺地尔的测定

Determination of minodixil in feeds

2023-12-22 发布

2024-05-01 实施

中华人民共和国农业农村部 发布

前　言

本文件按照 GB/T 1.1—2020《标准化工作导则　第 1 部分：标准化文件的结构和起草规则》的规定起草。

请注意本文件的某些内容可能涉及专利。本文件的发布机构不承担识别专利的责任。

本文件由农业农村部畜牧兽医局提出。

本文件由全国饲料工业标准化技术委员会(SAC/TC 76)归口。

本文件起草单位：上海市兽药饲料检测所、上海市农业科学院。

本文件主要起草人：黄士新、张婧、王博、严凤、吴剑平、曹莹、白冰、商军、杨海锋、黄家莺、华贤辉、徐汀、潘娟、司文帅、陶玉洁、贡松松。

饲料中米诺地尔的测定

1 范围

本文件描述了饲料中米诺地尔的液相色谱-串联质谱和高效液相色谱测定方法。

本文件液相色谱-串联质谱法适用于配合饲料、浓缩饲料、精料补充料、添加剂预混合饲料和混合型饲料添加剂中米诺地尔的测定;高效液相色谱法适用于浓缩饲料、精料补充料、添加剂预混合饲料和混合型饲料添加剂中米诺地尔的测定。

本文件液相色谱-串联质谱法检出限为 $5.0 \mu g/kg$、定量限为 $10.0 \mu g/kg$,高效液相色谱法的检出限为 $1.0 mg/kg$、定量限为 $2.0 mg/kg$。

2 规范性引用文件

下列文件中的内容通过文中的规范性引用而构成本文件必不可少的条款。其中,注日期的引用文件,仅该日期对应的版本适用于本文件;不注日期的引用文件,其最新版本(包括所有的修改单)适用于本文件。

GB/T 6682　分析实验室用水规格和试验方法

GB/T 20195　动物饲料　试样的制备

3 术语和定义

本文件没有需要界定的术语和定义。

4 液相色谱-串联质谱法(仲裁法)

4.1 原理

试样中的米诺地尔用甲醇振荡提取,经混合型强阳离子固相萃取小柱净化,液相色谱-串联质谱仪测定,外标法定量。

4.2 试剂或材料

除非另有规定,仅使用分析纯试剂。

4.2.1　水:GB/T 6682,一级。

4.2.2　甲醇。

4.2.3　甲醇:色谱纯。

4.2.4　乙腈:色谱纯。

4.2.5　甲酸:色谱纯。

4.2.6　5%氨水甲醇溶液:取 5 mL 氨水,加甲醇(4.2.2)稀释至 100 mL,混匀。

4.2.7　0.1%甲酸溶液:取 1 mL 甲酸(4.2.5),加水稀释至 1 000 mL,混匀。

4.2.8　0.1%甲酸乙腈溶液:取 1 mL 甲酸(4.2.5),加乙腈(4.2.4)稀释至 1 000 mL,混匀。

4.2.9　标准储备溶液(1 mg/mL):称取米诺地尔标准品(CAS 号:38304-91-5,纯度不低于98%)10 mg(精确至 0.000 01 g)于 10 mL 棕色容量瓶中,用甲醇(4.2.3)溶解定容。−18 ℃以下避光保存,有效期为6 个月。

4.2.10　标准中间溶液 Ⅰ(100 μg/mL):准确移取标准储备溶液(4.2.9)2 mL 于 20 mL 棕色容量瓶中,用 0.1%甲酸溶液(4.2.7)定容。2 ℃~8 ℃避光保存,有效期为 3 个月。

4.2.11　标准中间溶液 Ⅱ(1 μg/mL):准确移取标准中间溶液 Ⅰ(4.2.10)1 mL 于 100 mL 棕色容量瓶中,用 0.1%甲酸溶液(4.2.7)定容。2 ℃~8 ℃避光保存,有效期为 3 个月。

4.2.12 标准系列溶液:分别准确移取适量标准中间溶液Ⅱ(4.2.11)于棕色容量瓶中,用0.1%甲酸溶液(4.2.7)稀释、定容,配制成浓度为0.1 ng/mL、1 ng/mL、10 ng/mL、50 ng/mL、100 ng/mL、200 ng/mL标准系列溶液。临用现配。

4.2.13 混合型强阳离子固相萃取小柱:60 mg/3 mL。

4.2.14 微孔滤膜:0.22 μm,水系。

4.3 仪器设备

4.3.1 液相色谱-串联质谱仪:配电喷雾离子源。

4.3.2 天平:精度为0.01 g和0.000 01 g。

4.3.3 振荡器:转速500 r/min～3 000 r/min。

4.3.4 离心机:转速不低于9 000 r/min。

4.3.5 涡旋混合器。

4.3.6 固相萃取装置。

4.3.7 氮吹仪。

4.4 样品

按GB/T 20195的规定制备试样,不少于200 g,粉碎使其全部通过0.425 mm孔径的分析筛,充分混匀,装入磨口瓶,备用。

4.5 试验步骤

4.5.1 提取

平行做2份试验。称取试样2 g(精确至0.01 g),于50 mL离心管中,准确加入20 mL甲醇(4.2.2),1 500 r/min振荡提取20 min,9 000 r/min离心5 min,准确移取上清液0.5 mL于10 mL离心管中,加入2 mL 0.1%甲酸溶液(4.2.7),涡旋混匀,备用。

4.5.2 净化

固相萃取小柱(4.2.13)依次用3 mL甲醇(4.2.2)和3 mL水预淋洗,取备用液(4.5.1)全部过柱,依次用3 mL水和3 mL甲醇(4.2.2)淋洗,用3 mL 5%氨水甲醇溶液(4.2.6)洗脱,收集洗脱液,于50 ℃下用氮气吹干,准确加入1 mL 0.1%甲酸溶液(4.2.7),溶解,涡旋混匀,用微孔滤膜(4.2.14)过滤,待测。

4.5.3 测定

4.5.3.1 液相色谱参考条件

液相色谱参考条件如下:

a) 色谱柱:C_{18}柱,柱长100 mm,内径2.1 mm,粒径1.7 μm,或性能相当者;

b) 流动相:A相为0.1%甲酸溶液(4.2.7),B相为0.1%甲酸乙腈溶液(4.2.8),梯度洗脱程序见表1;

c) 柱温:35 ℃;

d) 流速:0.3 mL/min;

e) 进样量:10 μL。

表1 梯度洗脱程序

时间,min	A相,%	B相,%
0.00	80	20
2.00	80	20
2.10	5	95
3.00	5	95
3.10	80	20
6.00	80	20

4.5.3.2 质谱参考条件

质谱参考条件如下：

a) 电离方式：电喷雾电离，正离子模式（ESI⁺）；

b) 检测方式：多反应监测（MRM）；

c) 脱溶剂气：800 L/h；

d) 反吹气：50 L/h；

e) 雾化器温度：500 ℃；

f) 电离电压：3.5 kV；

g) 离子源温度：150 ℃。

h) 多反应监测（MRM）离子对、锥孔电压及碰撞能量见表 2。

表 2 米诺地尔多反应监测（MRM）离子对、锥孔电压及碰撞能量参考值

被测物名称	监测离子对 m/z	锥孔电压 V	碰撞能量 eV
米诺地尔	210.0＞163.9	30	25
	210.0＞192.9ᵃ	30	15
ᵃ 为定量离子。			

4.5.3.3 标准系列溶液和试样溶液测定

在仪器的最佳条件下，分别取标准系列溶液（4.2.12）和试样溶液（4.5.2）上机测定。米诺地尔特征离子质量色谱图见附录 A。

4.5.3.4 定性测定

在相同试验条件下，试样溶液中米诺地尔的保留时间应与标准系列溶液（浓度相当）中米诺地尔的保留时间一致，其相对偏差在±2.5%之内。根据表 2 选择的监测离子对，比较试样谱图中米诺地尔监测离子对的相对离子丰度与浓度接近的标准系列溶液中监测离子对的相对离子丰度，若偏差不超过表 3 规定的范围，则可判定为样品中存在米诺地尔。

表 3 定性测定时相对离子丰度的最大允许偏差

单位为百分号

相对离子丰度	＞50	＞20～50	＞10～20	≤10
最大允许偏差	±20	±25	±30	±50

4.5.3.5 定量测定

以米诺地尔的浓度为横坐标、定量离子对峰面积为纵坐标，绘制标准曲线，其相关系数应不低于0.99。用单点或多点进行定量，试样溶液中待测物的浓度应在标准曲线的线性范围内。如超出范围，应将试样溶液用 0.1%甲酸溶液（4.2.7）稀释后，重新测定。单点校准定量时，试样溶液中待测物的浓度与标准溶液浓度相差不超过 30%。

4.6 试验数据处理

试样中米诺地尔含量以质量分数计。多点校准按公式（1）计算，单点校准按公式（2）计算。

$$w_1 = \frac{\rho_1 \times V_1 \times V_3 \times 1000}{V_2 \times m \times 1000} \times n \quad\quad\quad\quad (1)$$

式中：

w_1 ——试样中米诺地尔含量的数值，单位为微克每千克（μg/kg）；

ρ_1 ——由标准曲线得到的试样溶液中米诺地尔的浓度的数值，单位为纳克每毫升（ng/mL）；

V_1 ——试样提取液体积的数值，单位为毫升（mL）；

V_3 ——净化后最终定容体积的数值，单位为毫升（mL）；

1 000 ——换算系数；

V_2 ——用于净化的上清液体积的数值，单位为毫升(mL)；

m ——试样质量的数值，单位为克(g)；

n ——稀释倍数。

$$w_1 = \frac{A \times V_1 \times V_3 \times \rho'_s \times 1000}{A_s \times V_2 \times m \times 1000} \times n \quad \cdots\cdots\cdots\cdots\cdots\cdots\cdots (2)$$

式中：

A ——试样溶液的色谱峰面积；

ρ'_s ——标准溶液中米诺地尔浓度的数值，单位为纳克每毫升(ng/mL)；

A_s ——标准溶液色谱峰面积。

测定结果以平行测定的算术平均值表示，保留3位有效数字。

4.7 精密度

在重复性条件下，2次独立测定结果与其算术平均值的绝对差值不大于其算术平均值的15%。

5 高效液相色谱法

5.1 原理

试样中的米诺地尔用甲醇振荡提取，经混合型强阳离子固相萃取小柱净化，高效液相色谱仪测定，外标法定量。

5.2 试剂或材料

除非另有规定，仅使用分析纯试剂。

5.2.1 水：GB/T 6682，一级。

5.2.2 甲醇。

5.2.3 甲醇：色谱纯。

5.2.4 乙腈：色谱纯。

5.2.5 甲酸：色谱纯。

5.2.6 5%氨水甲醇溶液：取5 mL氨水，加甲醇(5.2.2)稀释至100 mL，混匀。

5.2.7 0.1%甲酸溶液：取1 mL甲酸(5.2.5)，加水稀释至1 000 mL，混匀。

5.2.8 0.1%磷酸溶液：取1 mL磷酸，用水稀释至1 000 mL，混匀，过滤。

5.2.9 乙腈-0.1%磷酸溶液：取15 mL乙腈(5.2.4)与85 mL 0.1%磷酸溶液(5.2.8)混匀。

5.2.10 标准储备溶液(1 mg/mL)：称取米诺地尔标准品(CAS号：38304-91-5，纯度不低于98%)10 mg(精确至0.000 01 g)于10 mL棕色容量瓶中，用甲醇(5.2.3)溶解定容。−18 ℃以下避光保存，有效期为6个月。

5.2.11 标准中间溶液(100 μg/mL)：准确移取标准储备溶液(5.2.10)1 mL于10 mL棕色容量瓶中，用乙腈-0.1%磷酸溶液(5.2.9)定容。2 ℃～8 ℃避光保存，有效期为3个月。

5.2.12 标准系列溶液：分别准确移取适量标准中间溶液(5.2.11)于棕色容量瓶中，用乙腈-0.1%磷酸溶液(5.2.9)稀释、定容，配制成浓度为0.1 μg/mL、0.5 μg/mL、1 μg/mL、2 μg/mL、5 μg/mL、10 μg/mL、50 μg/mL标准系列溶液。临用现配。

5.2.13 混合型强阳离子固相萃取小柱：200 mg/6 mL。

5.2.14 微孔滤膜：0.22 μm，有机系。

5.3 仪器设备

5.3.1 高效液相色谱仪：配紫外检测器或二极管阵列检测器。

5.3.2 天平：精度为0.01 g和0.000 01 g。

5.3.3 振荡器：转速500 r/min～3 000 r/min。

5.3.4 离心机：转速不低于9 000 r/min。

5.3.5 涡旋混合器。

5.3.6 固相萃取装置。

5.3.7 氮吹仪。

5.4 样品

按 GB/T 20195 的规定制备试样,不少于 200 g,粉碎使其全部通过 0.425 mm 孔径的分析筛,充分混匀,装入磨口瓶,备用。

5.5 试验步骤

5.5.1 提取

平行做 2 份试验。称取试样 2 g(精确至 0.01 g),于 50 mL 离心管中,准确加入 20 mL 甲醇(5.2.2),1 500 r/min 振荡提取 20 min,9 000 r/min 离心 5 min,准确移取上清液 1 mL 于 10 mL 离心管中,加入 4 mL 0.1%甲酸溶液(5.2.7),涡旋混匀,备用。

5.5.2 净化

固相萃取小柱(5.2.13)依次用 3 mL 甲醇(5.2.2)和 3 mL 水预淋洗,取备用液(5.5.1)全部过柱,依次用 3 mL 水和 3 mL 甲醇(5.2.2)淋洗,用 3 mL 5%氨水甲醇溶液(5.2.6)洗脱,收集洗脱液,于 50 ℃下用氮气吹干,准确加入 1 mL 乙腈-0.1%磷酸溶液(5.2.9),溶解,涡旋混匀,用微孔滤膜(5.2.14)过滤,待测。

5.5.3 测定

5.5.3.1 高效液相色谱参考条件

高效液相色谱参考条件如下:
a) 色谱柱:C_{18}柱,柱长 150 mm,内径 4.6 mm,粒径 5 μm,或性能相当者;
b) 流动相:0.1%磷酸溶液(5.2.8)+乙腈(5.2.4)=85+15;
c) 柱温:35 ℃;
d) 流速:1 mL/min;
e) 检测波长:280 nm;
f) 进样量:50 μL。

5.5.3.2 标准系列溶液和试样溶液测定

在仪器的最佳条件下,分别取标准系列溶液(5.2.12)和试样溶液(5.5.2)上机测定。米诺地尔标准溶液高效液相色谱图见附录 B。

5.5.3.3 定性测定

在相同试验条件下,试样溶液中米诺地尔的保留时间应与标准系列溶液(浓度相当)中米诺地尔的保留时间一致,其相对偏差在±2.5%之内。

5.5.3.4 定量测定

以米诺地尔的浓度为横坐标、色谱峰面积为纵坐标,绘制标准曲线,其相关系数应不低于 0.99。用单点或多点进行定量,试样溶液中待测物的浓度应在标准曲线的线性范围内。如超出范围,应将试样溶液用乙腈-0.1%磷酸溶液(5.2.9)稀释后,重新测定。单点校准定量时,试样溶液中待测物的浓度与标准溶液浓度相差不超过 30%。

5.6 试验数据处理

试样中米诺地尔含量以质量分数计。多点校准按公式(3)计算,单点校准按公式(4)计算。

$$w_2 = \frac{\rho_2 \times V_1 \times V_3 \times 1000}{V_2 \times m \times 1000} \times n \quad \cdots\cdots\cdots\cdots\cdots\cdots\cdots\cdots\cdots\cdots\cdots\cdots (3)$$

式中:

w_2——试样中米诺地尔含量的数值,单位为毫克每千克(mg/kg);

ρ_2——由标准曲线得到的试样溶液中米诺地尔浓度的数值,单位为微克每毫升(μg/mL)。

$$w_2 = \frac{A \times V_1 \times V_3 \times \rho_s \times 1000}{A_s \times V_2 \times m \times 1000} \times n \quad\cdots\cdots\cdots\cdots\cdots\cdots\cdots\cdots\cdots\cdots\cdots\cdots\cdots\cdots (4)$$

式中：

ρ_s——标准溶液中米诺地尔浓度的数值，单位为微克每毫升（$\mu g/mL$）。

测定结果用平行测定的算术平均值表示，保留 3 位有效数字。

5.7 精密度

在重复性条件下，2 次独立测定结果与其算术平均值的绝对差值不大于其算术平均值的 15%。

附　录　A
（资料性）
米诺地尔标准溶液特征离子质量色谱图

米诺地尔标准溶液特征离子质量色谱图见图 A.1。

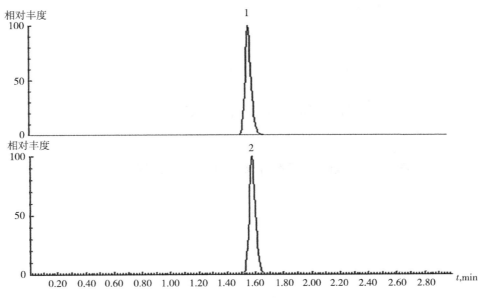

标引序号说明：
1——米诺地尔定量监测离子(210.0＞192.9)；
2——米诺地尔监测离子(210.0＞163.9)。

图 A.1　米诺地尔标准溶液(50 ng/mL)特征离子质量色谱图

附 录 B
（资料性）
米诺地尔标准溶液高效液相色谱图

米诺地尔标准溶液高效液相色谱图见图 B.1。

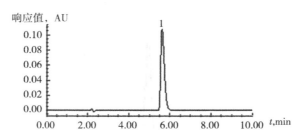

标引序号说明：

1——米诺地尔。

图 B.1 米诺地尔标准溶液(5 μg/mL)高效液相色谱图

ICS 65.120
CCS B 46

中华人民共和国农业行业标准

NY/T 4426—2023
代替农业部 783 号公告—5—2006

饲料中二硝托胺的测定

Determination of dinitolmide in feeds

2023-12-22 发布
2024-05-01 实施

中华人民共和国农业农村部 发布

前　言

本文件按照 GB/T 1.1—2020《标准化工作导则　第 1 部分：标准化文件的结构和起草规则》的规定起草。

本文件代替农业部 783 号公告—5—2006《饲料中二硝托胺的测定　高效液相色谱法》，与农业部 783 号公告—5—2006 相比，除结构调整和编辑性改动外，主要技术变化如下：

   a)　更改了适用范围（见第 1 章，2006 年版的第 1 章）；

   b)　增加了高效液相色谱法检出限（见第 1 章）；

   c)　增加了液相色谱-串联质谱法（见第 4 章）；

   d)　更改了称样量和提取方法（见 4.5.1 和 5.5.1，2006 年版的 7.1）；

   e)　更改了净化方法（见 4.5.2 和 5.5.2，2006 年版的 7.2）；

   f)　更改了色谱参考条件（见 4.5.3.1、5.5.3.1 和 5.5.3.2，2006 年版的 7.3.1）。

请注意本文件的某些内容可能涉及专利。本文件的发布机构不承担识别专利的责任。

本文件由农业农村部畜牧兽医局提出。

本文件由全国饲料工业标准化技术委员会（SAC/TC 76）归口。

本文件起草单位：宁波市农产品质量检测中心。

本文件主要起草人：王全胜、张亮、吴银良、凌淑萍、付岩、朱勇、应永飞、徐峰。

本文件及其所代替文件的历次版本发布情况为：

——2006 年首次发布为农业部 783 号公告—5—2006；

——本次为第一次修订。

饲料中二硝托胺的测定

1 范围

本文件描述了饲料中二硝托胺的液相色谱-串联质谱和高效液相色谱测定方法。

本文件适用于配合饲料、浓缩饲料、精料补充料和添加剂预混合饲料中二硝托胺的测定。

本文件中液相色谱-串联质谱法的检出限为 0.01 mg/kg、定量限为 0.05 mg/kg,高效液相色谱法的检出限为 0.3 mg/kg、定量限为 1.0 mg/kg。

2 规范性引用文件

下列文件中内容通过文中的规范性引用而构成本文件必不可少的条款。其中,注日期的引用文件,仅该日期对应的版本适用于本文件;不注日期的引用文件,其最新版本(包括所有的修改单)适用于本文件。

GB/T 6682 分析实验室用水规格和试验方法

GB/T 20195 动物饲料 试样的制备

3 术语和定义

本文件没有需要界定的术语和定义。

4 液相色谱-串联质谱法

4.1 原理

试样经氨化甲醇提取,中性氧化铝固相萃取净化,液相色谱-串联质谱仪检测,外标法定量。

4.2 试剂或材料

除非另有规定,仅使用分析纯试剂。

4.2.1 水:GB/T 6682,一级。

4.2.2 乙腈:色谱纯。

4.2.3 甲醇:色谱纯。

4.2.4 甲酸:色谱纯。

4.2.5 0.5%氨水甲醇溶液:取氨水 5 mL,用甲醇定容至 1 000 mL,混匀。

4.2.6 0.1%甲酸溶液:取甲酸(4.2.4)1 mL,用水稀释至 1 000 mL,混匀。

4.2.7 甲酸-乙腈溶液:取 0.1%甲酸溶液(4.2.6)800 mL,用乙腈(4.2.2)稀释至 1 000 mL,混匀。

4.2.8 标准储备溶液(1 mg/mL):称取二硝托胺标准品(CAS 号:148-01-6,纯度不低于 98%)10 mg(精确至 0.01 mg),置于 10 mL 容量瓶中,用乙腈(4.2.2)溶解并定容,混匀。于−18 ℃以下保存,有效期 3 个月。

4.2.9 标准中间溶液(25 μg/mL):准确移取标准储备溶液(4.2.8)0.25 mL,置于 10 mL 容量瓶中,用乙腈(4.2.2)稀释、定容、混匀。于−18 ℃以下保存,有效期 1 个月。

4.2.10 标准系列溶液:准确移取标准中间溶液(4.2.9),分别用 0.1%甲酸溶液(4.2.6)和乙腈(4.2.2)稀释、定容至 1 mL,混匀,配制成浓度分别为 2 ng/mL、5 ng/mL、20 ng/mL、50 ng/mL、200 ng/mL 和 500 ng/mL 的标准系列溶液。临用现配。

4.2.11 固相萃取柱:中性氧化铝柱,1 g/6 mL,或性能相当者。

4.2.12 微孔滤膜:0.22 μm,有机系。

4.3 仪器设备

4.3.1 液相色谱-串联质谱仪:配电喷雾离子源。

4.3.2 离心机:转速不低于 10 000 r/min。

4.3.3 分析天平:感量 0.01 mg 和 0.01 g。

4.3.4 振荡器。

4.3.5 涡旋混合器。

4.3.6 固相萃取装置。

4.3.7 可控温氮吹仪。

4.4 样品

按 GB/T 20195 的规定制备样品,至少 200 g,粉碎使其全部通过 0.425 mm 孔径的分析筛,充分混匀,装入磨口瓶中,保存,备用。

4.5 试验步骤

4.5.1 提取

平行做 2 份试验。称取试样 5 g(浓缩饲料和添加剂预混合饲料为 2 g),精确至 0.01 g,置于 50 mL 塑料离心管中,准确加入 20 mL(浓缩饲料和添加剂预混合饲料为 10 mL)氨水甲醇溶液(4.2.5),涡旋 30 s,振荡提取 40 min,于 9 500 r/min 离心 3 min,移取上清液。残渣重复提取 1 次,振荡 20 min,离心后合并上清液。待净化。

4.5.2 净化

用 5 mL 甲醇(4.2.3)活化固相萃取小柱(4.2.11)。准确移取 5 mL(浓缩饲料和添加剂预混合饲料为 2.5 mL)待净化溶液(4.5.1)过柱,用 4 mL(浓缩饲料和添加剂预混合饲料为 2 mL)甲醇(4.2.3)洗脱,收集洗脱液,用甲醇(4.2.3)定容至 10 mL(浓缩饲料和添加剂预混合饲料为 5 mL),混匀。准确移取 1 mL 于 45 ℃下用氮气吹干,准确加入 1 mL 甲酸-乙腈溶液(4.2.7)溶解残渣,涡旋混匀,微孔滤膜(4.2.12)过滤,备用。

4.5.3 测定

4.5.3.1 液相色谱参考条件

液相色谱参考条件如下:

    a) 色谱柱:C_{18}柱,柱长 100 mm,内径 2.1 mm,粒度 1.7 μm,或性能相当者;

    b) 柱温:35 ℃;

    c) 进样量:10 μL;

    d) 流动相:A 相为 0.1% 甲酸溶液(4.2.6);B 相为乙腈(4.2.2),梯度洗脱程序见表1;

    e) 流速:0.2 mL/min。

表 1 梯度洗脱程序

时间,min	A 相,%	B 相,%
0	80	20
0.5	80	20
3.0	20	80
3.5	20	80
3.6	80	20
5.0	80	20

4.5.3.2 质谱参考条件

质谱参考条件如下:

    a) 电离方式:电喷雾电离,负离子模式(ESI⁻);

    b) 检测方式:多反应监测(MRM);

c) 毛细管电压:2.5 kV;

d) 离子源温度:150 ℃;

e) 脱溶剂温度:500 ℃;

f) 脱溶剂气:氮气1 000 L/h;

g) 多反应监测(MRM)离子对、锥孔电压及碰撞能量见表2。

表2 待测物多反应监测(MRM)离子对、锥孔电压及碰撞能量的参考值

待测物名称	监测离子对,m/z	锥孔电压,V	碰撞能量,eV
二硝托胺	224.1>76.9	22	22
	224.1>181.1[a]	22	10

[a] 为定量离子对。

4.5.3.3 标准系列溶液和试样溶液测定

在仪器的最佳条件下,分别取二硝托胺标准系列溶液(4.2.10)和试样溶液(4.5.2)上机测定。标准溶液液相色谱-串联质谱定量离子对色谱图见附录A中图A.1。

4.5.3.4 定性

在相同试验条件下,试样溶液与标准系列溶液(浓度相当)中二硝托胺的保留时间相对偏差在±2.5%之内。根据表2选择的定性离子对,比较试样谱图中二硝托胺定性离子对的相对离子丰度与浓度接近的标准系列溶液中对应的定性离子对的相对离子丰度,若偏差不超过表3规定的范围,则可判定为样品中存在二硝托胺。

表3 定性测定时相对离子丰度的最大允许偏差

单位为百分号

相对离子丰度	>50	>20~50	>10~20	≤10
最大允许偏差	±20	±25	±30	±50

4.5.3.5 定量

以二硝托胺标准溶液的浓度为横坐标、定量离子对的色谱峰面积为纵坐标,绘制标准曲线,标准曲线的相关系数应不低于0.99。试样溶液与标准溶液中二硝托胺的响应值均应在仪器检测的线性范围内,如超出线性范围,应将试样溶液作相应稀释后重新测定。单点校准定量时,试样溶液中二硝托胺的浓度与标准溶液浓度相差不超过30%。

4.6 试验数据处理

试样中二硝托胺的含量以质量分数计。多点校准按公式(1)计算,单点校准按公式(2)计算。

$$w = \frac{\rho_1 \times V \times V_1 \times V_2 \times 1000}{V_3 \times V_4 \times m} \quad\cdots\cdots (1)$$

式中:

w ——试样中二硝托胺含量的数值,单位为毫克每千克(mg/kg);

ρ_1 ——由标准曲线得到的试样溶液中二硝托胺质量浓度的数值,单位为纳克每毫升(ng/mL);

V ——试样提取溶液体积的数值,单位为毫升(mL);

V_1 ——净化后溶液定容体积的数值,单位为毫升(mL);

V_2 ——氮吹后最终定容体积的数值,单位为毫升(mL);

1000 ——换算系数;

V_3 ——用于净化的提取溶液体积的数值,单位为毫升(mL);

V_4 ——用于氮吹的净化溶液体积的数值,单位为毫升(mL);

m ——试样质量的数值,单位为克(g)。

$$w = \frac{A \times \rho_2 \times V \times V_1 \times V_2 \times 1000}{A_s \times V_3 \times V_4 \times m} \quad\cdots\cdots (2)$$

式中：

A ——试样溶液中二硝托胺的色谱峰面积；

ρ_2 ——标准溶液中二硝托胺的浓度，单位为纳克每毫升（ng/mL）；

A_s ——标准溶液中二硝托胺的峰面积。

测定结果以平行测定的算术平均值表示，保留 3 位有效数字。

4.7 精密度

在重复性条件下，2 次独立测定结果与其算术平均值的绝对差值不大于该算术平均值的 20%。

5 高效液相色谱法

5.1 原理

试样经氨化甲醇提取，中性氧化铝固相萃取净化，用液相色谱仪检测，外标法定量。

5.2 试剂或材料

除非另有规定，仅使用分析纯试剂。

5.2.1 水：GB/T 6682，一级。

5.2.2 乙腈：色谱纯。

5.2.3 甲醇：色谱纯。

5.2.4 甲酸：色谱纯。

5.2.5 0.5%氨水甲醇溶液：取氨水 5 mL，用甲醇定容至 1 000 mL，混匀。

5.2.6 0.1%甲酸溶液：取甲酸（5.2.4）1 mL，用水稀释至 1 000 mL，混匀。

5.2.7 甲酸-乙腈溶液：取 0.1%甲酸溶液（5.2.6）800 mL，用乙腈（5.2.2）稀释至 1 000 mL，混匀。

5.2.8 标准储备溶液（1 mg/mL）：称取二硝托胺标准品（CAS 号：148-01-6，纯度不低于 98%）10 mg（精确至 0.01 mg），置于 10 mL 容量瓶中，用乙腈（5.2.2）溶解并定容，混匀。于 −18 ℃ 以下保存，有效期 3 个月。

5.2.9 标准中间溶液（25 μg/mL）：准确移取标准储备溶液（5.2.8）0.25 mL，置于 10 mL 容量瓶中，用乙腈（5.2.2）稀释并定容，混匀。于 −18 ℃ 以下保存，有效期 1 个月。

5.2.10 标准系列溶液：准确移取标准中间溶液（5.2.9）适量，用 0.1%甲酸溶液（5.2.6）和乙腈（5.2.2）稀释配制成浓度分别为 0.015 μg/mL、0.050 μg/mL、0.10 μg/mL、0.50 μg/mL、2.0 μg/mL 和 5.0 μg/mL 标准系列溶液。临用现配。

5.2.11 固相萃取柱：中性氧化铝柱，1 g/6 mL，或性能相当者。

5.2.12 微孔滤膜：0.22 μm，有机系。

5.3 仪器设备

5.3.1 液相色谱仪：配有紫外检测器/二极管阵列检测器。

5.3.2 离心机：转速不低于 10 000 r/min。

5.3.3 分析天平：感量 0.01 mg 和 0.01 g。

5.3.4 振荡器。

5.3.5 涡旋混合器。

5.3.6 固相萃取装置。

5.3.7 可控温氮吹仪。

5.4 样品

按 GB/T 20195 的规定制备样品，至少 200 g，粉碎使其全部通过 0.425 mm 孔径的分析筛，充分混匀，装入磨口瓶中，保存，备用。

5.5 试验步骤

5.5.1 提取

平行做 2 份试验。称取试样 5 g(浓缩饲料和添加剂预混合饲料为 2 g),精确至 0.01 g,置于 50 mL 塑料离心管中,准确加入 20 mL(浓缩饲料和添加剂预混合饲料为 10 mL)氨水甲醇溶液(5.2.5),涡旋 30 s,振荡提取 40 min,于 9 500 r/min 离心 3 min,移取上清液。残渣重复提取 1 次,振荡 20 min,离心后合并上清液。待净化。

5.5.2 净化

用 5 mL 甲醇(5.2.3)活化固相萃取柱(5.2.11)。准确移取 5 mL(浓缩饲料和添加剂预混合饲料为 2.5 mL)待净化溶液(5.5.1)过柱,用 4 mL(浓缩饲料和添加剂预混合饲料为 2 mL)甲醇(5.2.3)洗脱,收集洗脱液,用甲醇(5.2.3)定容至 10 mL(浓缩饲料和添加剂预混合饲料为 5 mL),混匀。高效液相色谱仪分析时,取 1 mL 溶液,微孔滤膜(5.2.12)过滤,备用。超高效液相色谱仪分析时,准确移取 1 mL 溶液于 45 ℃下用氮气吹干,再准确加入 1 mL 甲酸-乙腈溶液(5.2.7)溶解残渣,涡旋混匀,微孔滤膜(5.2.12)过滤,备用。

5.5.3 液相色谱参考条件

5.5.3.1 高效液相色谱参考条件

高效液相色谱参考条件如下:

a) 色谱柱:C_{18}柱,柱长 250 mm,内径 4.6 mm,粒度 5 μm,或性能相当者;

b) 柱温:35 ℃;

c) 检测波长:245 nm;

d) 进样量:20 μL;

e) 流动相:0.1%甲酸溶液(5.2.6)+乙腈(5.2.2)=80+20(V+V);

f) 流速:1.0 mL/min。

5.5.3.2 超高效液相色谱参考条件

超高效液相色谱参考条件如下:

a) 色谱柱:C_{18}柱,柱长 100 mm,内径 2.1 mm,粒度 1.7 μm,或性能相当者;

b) 柱温:35 ℃;

c) 检测波长:245 nm;

d) 进样量:10 μL;

e) 流动相 A 相为 0.1%甲酸溶液(5.2.6);B 相为乙腈(5.2.2),梯度洗脱程序见表 4;

f) 流速:0.2 mL/min。

表 4 超高效液相色谱法梯度洗脱程序

时间,min	A 相,%	B 相,%
0	80	20
0.5	80	20
4.0	65	35
5.5	30	70
6.0	30	70
6.1	80	20
8.0	80	20

5.5.4 测定

5.5.4.1 标准系列溶液和试样溶液测定

在仪器的最佳条件下,分别取标准系列溶液(5.2.10)和试样溶液(5.5.2)上机测定。标准溶液高效液相色谱分析色谱图见图 A.2,超高效液相色谱分析色谱图见图 A.3。

5.5.4.2 定性

以保留时间定性,试样溶液中二硝托胺保留时间应与标准系列溶液(浓度相当)中二硝托胺的保留时间一致,其相对偏差在±2.5％之内。

5.5.4.3 定量

以二硝托胺的浓度为横坐标、色谱峰面积(响应值)为纵坐标,绘制标准曲线,其相关系数应不低于0.99。试样溶液中二硝托胺的浓度应在标准曲线的线性范围内。如超出线性范围,应将试样溶液用甲酸-乙腈溶液(5.2.7)稀释后,重新测定。单点校准定量时,试样溶液中二硝托胺的浓度与标准溶液浓度相差不超过30％。

5.6 试验数据处理

试样中二硝托胺的含量以质量分数计。多点校准按公式(3)计算,单点校准按公式(4)计算。

$$w = \frac{\rho_3 \times V \times V_1 \times V_2}{V_3 \times V_4 \times m} \quad \cdots\cdots\cdots\cdots\cdots\cdots\cdots\cdots\cdots\cdots\cdots\cdots\cdots (3)$$

式中:

ρ_3——由标准曲线得到的试样溶液中二硝托胺质量浓度的数值,单位为微克每毫升(μg/mL)。

$$w = \frac{A \times \rho_4 \times V \times V_1 \times V_2}{A_s \times V_3 \times V_4 \times m} \quad \cdots\cdots\cdots\cdots\cdots\cdots\cdots\cdots\cdots\cdots\cdots (4)$$

式中:

ρ_4——标准溶液中二硝托胺质量浓度的数值,单位为微克每毫升(μg/mL)。

测定结果以平行测定的算术平均值表示,保留3位有效数字。

5.7 精密度

在重复性条件下,2次独立测定结果与其算术平均值的绝对差值不大于该算术平均值的10％。

附　录　A
（资料性）
二硝托胺标准溶液液相色谱-串联质谱定量离子对色谱图和液相色谱图

二硝托胺标准溶液液相色谱-串联质谱定量离子对色谱图见图 A.1。

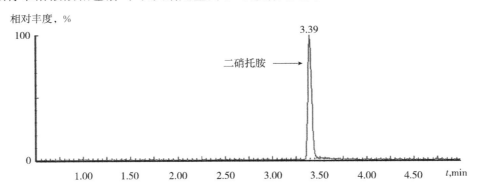

图 A.1　二硝托胺标准溶液(2 ng/mL)液相色谱-串联质谱定量离子对色谱图

二硝托胺标准溶液高效液相色谱分析色谱图见图 A.2。

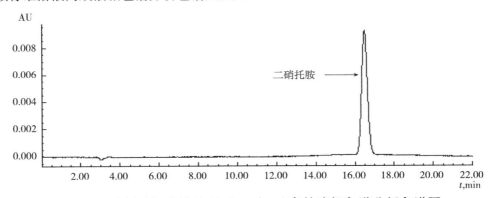

图 A.2　二硝托胺标准溶液(2.0 μg/mL)高效液相色谱分析色谱图

二硝托胺标准溶液超高效液相色谱分析色谱图见图 A.3。

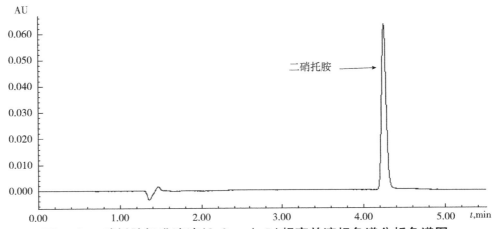

图 A.3 二硝托胺标准溶液(2.0 μg/mL)超高效液相色谱分析色谱图

ICS 65.120
CCS B 46

中华人民共和国农业行业标准

NY/T 4427—2023

饲料近红外光谱测定应用指南

Guidelines for the application of near infrared spectrometry for feed
(ISO 12099:2017, Animal feeding stuffs, cereals and milled cereal products–
Guidelines for the application of near infrared spectrometry, MOD)

2023-12-22 发布

2024-05-01 实施

中华人民共和国农业农村部 发布

前　言

本文件按照 GB/T 1.1—2020《标准化工作导则　第 1 部分：标准化文件的结构和起草规则》的规定起草。

本文件修改采用 ISO 12099：2017《动物饲料、谷物及谷物精制料 近红外光谱分析应用指南》。

本文件与 ISO 12099：2017 相比做了结构调整，两个文件之间的结构变化对照一览表见附录 A。

本文件与 ISO 12099：2017 的技术差异及其原因见附录 B，在所涉及的条款的外侧页边空白位置用垂直单线（｜）进行了标示。

本文件做了下列编辑性改动：

——文件名称改为《饲料近红外光谱测定应用指南》。

请注意本文件的某些内容可能涉及专利。本文件的发布机构不承担识别专利的责任。

本文件由农业农村部畜牧兽医局提出。

本文件由全国饲料工业标准化技术委员会归口。

本文件起草单位：中国农业大学、中国农业科学院农业质量标准与检测技术研究所〔国家饲料质量检验检测中心（北京）〕。

本文件主要起草人：杨增玲、韩鲁佳、樊霞、刘贤、黄光群、王石。

饲料近红外光谱测定应用指南

1 范围

本文件提供了饲料成分如水分、粗脂肪、粗蛋白质、淀粉、粗纤维含量以及消化率等技术参数的近红外光谱测定应用指南。

本文件适用于饲料的近红外光谱测定。

2 规范性引用文件

下列文件中的内容通过文中的规范性引用而构成本文件必不可少的条款。其中，注日期的引用文件，仅该日期对应的版本适用于本文件；不注日期的引用文件，其最新版本（包括所有的修改单）适用于本文件。

GB/T 10647 饲料工业术语

GB/T 14699.1 饲料 采样(GB/T 14699.1—2005,ISO 6497:2002,IDT)

GB/T 29858 分子光谱多元校正定量分析通则

3 术语和定义

GB/T 10647、GB/T 29858 和本文件附录 C 界定的以及下列术语与定义适用于本文件。

3.1

近红外光谱 near infrared spectroscopy(NIRS)

近红外光谱，是在 770 nm～2 500 nm(12 900/cm～4 000/cm)近红外谱区范围内测量的样品对光的吸收强度。NIRS 仪器测量样品在近红外谱区、或部分近红外谱区、或包含近红外谱区在内的更宽谱区(如 400 nm～2 500 nm)的吸光度值，然后采用多元校正分析技术将吸光度值与样品成分含量或属性进行关联。

3.2

成分含量 constituent content

用仲裁方法或公认方法检测的饲料成分的含量。

示例：水分、粗脂肪、粗蛋白质、淀粉、粗纤维、中性洗涤纤维及酸性洗涤纤维。

3.3

技术参数 technological parameter

用仲裁方法或公认方法检测的饲料属性或功能参数。

示例：消化率。

4 原理

采集近红外光谱(NIRS)，并利用已开发的定标模型，给出所分析饲料样品的成分含量/技术参数值。

5 仪器设备

5.1 近红外光谱分析仪

仪器具有漫反射或透射检测模式，其谱区范围为近红外全谱区 770 nm～2 500 nm(12 900/cm～4 000/cm)或全谱区内的部分谱区或是选择的波长或波数。光学原理可为色散型(如光栅单色仪)、干涉型或非热型(如发光二极管、激光二极管以及激光)等。仪器宜具备自我诊断系统，用于检测仪器的噪声、重现性、波长/波数准确度和波长/波数精密度(对扫描型光谱仪)。

近红外仪器，宜具有采集足够样品量(包括样品体积和样品表面积)光谱信息的相应附件，以消除待检样品化学组成和物理性质不均一的影响。采用透射扫描方式的近红外仪器,光程(样品厚度)宜依据仪器制造商关于信号强度的推荐值进行优化,以获得最佳的线性和最大的信噪比。

5.2 样品研磨、粉碎设备

选择适当的研磨或粉碎设备(仅在需要对样品进行研磨或粉碎时使用)。

注:研磨或粉碎条件的改变会影响近红外光谱的测量,例如,发热会导致像水分这类挥发性成分发生变化。

6 采样

采样不是本指南提供的内容。

注:推荐的样品采集方法按照GB/T 14699.1的规定执行。

采集对所分析成分具有代表性的样品,且保证样品在运输和储存过程中不会损坏或发生变化。

7 样品

7.1 总则

本文件中的样品包括:用于近红外仪器定标的定标样品、用于定标模型验证的验证样品、用于仪器稳定性检查的仪器质控样品及用于定标模型性能监控的监控样品。

7.2 定标样品和验证样品

定标样品和验证样品需具有代表性,涵盖各种影响因素,如需考虑:

a) 样品的主要成分与次要成分及其含量范围;

b) 对饲草和饲料原料样品,需考虑季节、地域和品种等因素的影响;

c) 加工技术和工艺的不同;

d) 储存条件的不同;

e) 样品和仪器的温度变化;

f) 仪器变化(如仪器间差异)。

定标样品和验证样品可从同一样品池中,按所分析成分含量排序后轮流或取第 n 个样品的方法选择。

7.3 仪器质控样品

仪器质控样品要能够长时间稳定的保存,并尽可能与所分析样品类似。质控样品的成分含量/技术参数值也要保持稳定,并等同于或至少从生物化学性质的角度尽可能接近所分析样品。

7.4 定标模型性能监控样品

定标模型性能监控样品宜从待测试样中随机选取。需采用一定的采样策略确保样品在定标范围内分布均匀,例如,将样品按含量高低进行分段后在每段中随机选择样品,或选择能够涵盖常规范围的样品。

8 定标模型的建立与验证

8.1 总则

在进行待测试样测定前,采用定标方法将样品的近红外光谱数据与样品的成分含量/技术参数的参考值进行关联,建立定标模型。定标方法有很多,在此不推荐具体的定标方法。

关于定标方法的选择可参考文献[1]、GB/T 29858 或所使用仪器的使用手册。

8.2 参考值

样品水分、粗脂肪、粗蛋白质、淀粉、粗纤维、中性洗涤纤维及酸性洗涤纤维等成分含量以及消化率等技术参数的参考值,宜使用仲裁方法或公认方法进行赋值,参考值的精度需在仲裁方法或公认方法要求的精度范围内,并要记录参考值的具体精度值。

8.3 异常值

定标和验证过程中可能会出现统计值异常,称为异常值。异常值包括:光谱数据异常值(即:x-异常值)或参考值存在误差或样品的参考值与近红外光谱数据相关性异常(即:y-异常值)。异常值示例见附录

D 中的图 D.1 至图 D.5。

如果符合下列情况,验证过程中出现的统计值异常不能作为异常值:

a) 样品成分含量/技术参数在定标样品含量范围内;

b) 样品光谱在定标样品光谱的变异范围内,如可通过马氏距离来判断是否在变异范围内;

c) 样品光谱残差在定标样品确定的范围内;

d) 样品预测残差在定标样品确定的范围内。

如果出现了异常值样品,首先看是否是 x-异常值,如果超出了定标确定的 x-异常值的限值,那该样品需要被剔除。如果不是 x-异常值,则需要检查是否是 y-异常值,如通过重复分析检查 y-异常值:如果参考值和近红外测定值确证无误,则该样品需保留并参与定标模型验证结果统计分析;如果重复测量值证明原始参考值或近红外测定值有误,那么该样品使用新测定值进行赋值。

8.4 定标模型的验证

8.4.1 总则

在分析待测试样之前定标模型需使用具有代表性的独立检验集进行验证。为进行偏差、斜率和预测标准误差的统计学评价,至少需要 20 个样品。验证样品需充分考虑样品种类、成分含量/技术参数的范围、温度和其他已知有影响或可能有影响的因素,只有验证样品包含这些影响因素时才能证明定标的有效性。

注 1:定标模型只能在已被验证的范围内使用。

独立验证样品的参考值和近红外测定值的散点图及独立验证样品和残差的散点图可对定标模型的效果进行直观显示。使用偏差(bias)矫正后的残差散点图和计算出的 s_{SEP}(见 9.5)可检验 y-异常值,例如,残差大于 $\pm 3\,s_{SEP}$ 的即可判断为异常值。

如果验证过程显示定标模型不能获得可接受的统计值,那么该定标模型就无法使用。

注 2:什么是可接受的统计值由用户根据参考值的精度、所测指标的含量范围和分析目的等决定。

采用线性回归($y_{ref}=a+b\times y_{NIRS}$)拟合近红外测定值($y_{NIRS}$)和参考值($y_{ref}$)形成描述验证结果的统计指标。

8.4.2 偏差校正

需检查近红外测定值和参考值之间的偏差。近红外测定值和参考值的平均值的差值与 0 有显著性差异表明定标存在偏差,可通过调整定标模型的常数项(截距)来消除偏差(见 9.3)的影响。

8.4.3 斜率调整

斜率 b 与 1 存在显著性差异说明定标模型回归曲线出现了倾斜。

通常不推荐对斜率/截距进行调整,除非定标模型应用于新样品类型或新仪器。如果对定标模型的验证没有发现异常值,尤其是没有发现高杠杆值的异常样品,推荐通过扩充现有定标样品使之包含更多有代表性的样品。但是,一旦斜率被调整,定标模型就需使用新的一组独立检验集进行验证。

8.4.4 定标样品的扩充

定标模型的准确度未达到预期效果时,宜扩充定标样品,或建立新的定标模型。定标样品扩充后建立的新定标模型采用新的一组验证样品进行重新验证,直至验证结果满足预期为止。

8.5 检测条件和仪器状况的变化

除非进行重新定标,否则如果检测条件改变,那么基于条件未改变前验证过的定标模型将不再有效。例如,尽管成分含量的范围相同,为某个样品集开发的定标模型对该样品集之外的样品仍可能是无效的。再如,因为遗传因素、生长条件和加工工艺参数等的不同,针对某个地区的青贮饲草建立的定标模型不能对其他地区的样品给出相同准确度的测定。

未在定标样品中包含的样品制备技术或测量条件的改变同样会影响分析结果,如样品粒度、温度等。

在某一仪器上开发的定标模型并非总是可以直接转移到另一台相同原理、相同型号的仪器上。定标模型转移之前,必须对定标模型的斜率/截距进行相应调整。在多数情况下,定标模型转移之前必须进行两台仪器之间的标准化(参考文献[1])。经过标准化后不同类型仪器之间可以进行定标模型转移,但要求样品检测采用相同方式(反射、透射),且波长范围拥有重叠波段。

检测条件和仪器状况改变时,需对定标模型进行重新验证。

仪器任何主要部件(光学系统、检测器)更换或维修时,也需对定标模型进行重新验证。

9 定标模型性能统计学评价

9.1 总则

定标模型的性能需使用验证样品来检验。验证样品要独立于定标样品。

验证样品需严格采用参考方法进行参考值赋值,控制验证样品参考值的精度非常重要,甚至比控制定标样品参考值的精度还重要。

为计算有说服力的统计数据,验证样品数量至少 20 个。

对定标模型性能的评价所用的 NIRS 检测方案需与待测试样测定时所用的方案相同(一次分析或两次分析)。

9.2 结果散点图

可视化绘图是定标性能统计学评价的重要方法之一。如参考值-近红外测定值或残差-近红外测定值的散点图。

残差按公式(1)计算。

$$e_i = y_i - \hat{y}_i \quad \cdots\cdots\cdots\cdots\cdots\cdots\cdots\cdots\cdots\cdots\cdots\cdots\cdots\cdots\cdots (1)$$

式中:

e_i ——第 i 个残差;

y_i ——第 i 个参考值;

$\hat{y}_i$ ——第 i 个近红外测定值。

与参考值相比,近红外测定值偏大时偏差为负,近红外测定值偏小时偏差为正。

数据散点图可以清晰地表现相关关系、偏差、斜率和异常值的情况(见图1)。

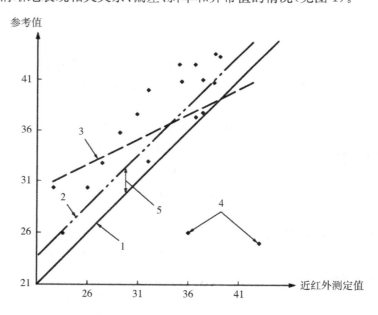

说明:

1——45°线(偏差为0、斜率为1的理想线);

2——带偏差的45°线(45°线减去偏差得到的线);

3——线性回归拟合线;

4——异常值;

5——偏差。

注:异常值(图中4)对斜率有很大的影响,如果该结果是用于斜率调整的,则异常值需要剔除。

图 1 定标样品的散点图($y_{ref} = a + b\,y_{NIRS}$)

9.3 偏差

大多数时候需要考察近红外模型的偏差或系统误差。偏差产生的原因主要包括:未被包含在定标模型中的新样品类型、仪器的漂移、参考值的漂移、过程的变化、样品制备的变化等。

偏差是残差的平均值，n 个独立样品的偏差按公式（2）计算。

$$\bar{e} = \frac{1}{n} \sum_{i=1}^{n} e_i \quad \cdots\cdots\cdots\cdots\cdots\cdots (2)$$

式中：

$\bar{e}$ ——偏差；

n ——独立样品数。

式（1）中 e_i 定义代入公式（2），由此可以得到公式（3）。

$$\bar{e} = \frac{1}{n} \left[\sum_{i=1}^{n} y_i - \sum_{i=1}^{n} \hat{y}_i \right] = \bar{y} - \bar{\hat{y}} \quad \cdots\cdots\cdots\cdots (3)$$

式中：

$\bar{y}$ ——参考值的平均值；

$\bar{\hat{y}}$ ——近红外测定值的平均值。

偏差的显著性用 t-test 进行检验。其接受或拒绝的阈值由偏差置信区间（BCL）T_b 确定，T_b 的计算见公式（4）。

$$T_b = \pm \frac{t_{(1-\frac{\alpha}{2})} \, s_{\mathrm{SEP}}}{\sqrt{n}} \quad \cdots\cdots\cdots\cdots\cdots\cdots (4)$$

式中：

T_b ——偏差置信区间；

α ——发生 I 类错误的概率，即检验的显著性水平；

t ——双尾检验学生氏 t 值，其值大小取决于与 SEP 有关的自由度和 I 类错误的概率 α，可使用 Excel 中的 TINV 函数计算得到；

s_{SEP} ——预测标准误差（见 9.5）。

示例： 当 $n = 20$，且 $s_{\mathrm{SEP}} = 1$，BCL 按公式（5）计算。

$$T_b = \pm \frac{2.09 \times 1}{\sqrt{20}} = \pm 0.48 \quad \cdots\cdots\cdots\cdots\cdots (5)$$

这意味着，当偏差高于预测标准误差的 48% 时，该 20 个样品检测的偏差与 0 有显著性差异。

9.4 预测误差均方根

预测误差均方根（s_{RMSEP}）按公式（6）计算。

$$s_{\mathrm{RMSEP}} = \sqrt{\frac{\sum_{i=1}^{n} e_i^2}{n}} \quad \cdots\cdots\cdots\cdots\cdots\cdots (6)$$

式中：

s_{RMSEP} ——预测误差均方根。

该值可以与 s_{SEC} 和 s_{SECV} 进行比较（见附录 C）。

s_{RMSEP} 包含随机误差（即预测标准误差 s_{SEP}）和系统误差（即偏差），同时也包含参考方法的误差（s_{SEC} 和 s_{SECV} 也包含参考方法的误差）。s_{RMSEP} 按公式（7）计算。

$$s_{\mathrm{RMSEP}} = \sqrt{\frac{(n-1)}{n} s_{\mathrm{SEP}}^2 + \bar{e}^2} \quad \cdots\cdots\cdots\cdots (7)$$

对 s_{RMSEP} 不进行统计检验，而是分别对系统误差（即：偏差 $\bar{e}$）和随机误差（即 s_{SEP}）进行相应的统计检验。

9.5 预测标准误差

预测标准误差（s_{SEP}），即残差的标准差，反映了经近红外测定值与参考值的偏差校正后的近红外测定结果的准确度，按公式（8）计算。

$$s_{\mathrm{SEP}} = \sqrt{\frac{\sum_{i=1}^{n} (e_i - \bar{e})^2}{n-1}} \quad \cdots\cdots\cdots\cdots\cdots (8)$$

s_{SEP} 与 s_{SEC} 或 s_{SECV} 的比较(见附录 C),可用于检查定标模型的有效性。

误差置信区间(UECL),T_{UE},用 F 检验计算(参考文献[2]),见公式(9)。

$$T_{UE} = s_{SEC} \sqrt{F_{(a,v,M)}} \quad \cdots\cdots\cdots\cdots\cdots\cdots\cdots\cdots\cdots\cdots\cdots\cdots\cdots \quad (9)$$

式中：

T_{UE} ——误差置信区间；

s_{SEC} ——定标标准误差(见附录 C)；

$F_{(a,v,M)}$——F 累积分布的概率值,大小取决于Ⅰ类错误概率 α、自由度 v 和 M,$F_{(a,v,M)}$ 可使用 Excel 中的 FINV 函数计算；

v ——验证样品 s_{SEP} 相对应的自由度,即 $n-1$,其中 n 是验证集独立样品数；

M ——定标标准误差 s_{SEC} 相对应的自由度,即 $n_c - p - 1$。其中,n_c 是定标样品数；p 是模型的因子数或 PLS 主成分数,或人工神经网络模型中的神经元连接的权重(见附录 C)。

注：由于 s_{SEC} 过于理想化,故 s_{SECV} 是比 s_{SEC} 更好的统计量,经常用于替代 s_{SEC}。

示例：$n = 20$,$\alpha = 0.05$,$M = 100$,$s_{SEC} = 1$,按式(9)计算 $T_{UE} = 1.30$。

对这 20 个验证样品,s_{SEP} 比 s_{SEC} 大 30%之内是可接受的。

F 检验需要两个独立的样品集,所以不能用于比较基于同一样品集的两种定标方法的检验。

9.6 斜率

在近红外测定结果报告中,回归方程 $y = a + b\hat{y}$ 中的斜率 b 经常被给出。

当计算的斜率用于校正近红外测定结果时,斜率的计算必须以参考值作为因变量,以近红外测定值作为自变量。

回归方程 $y = a + b\hat{y}$ 中的斜率 b 和截距 a 根据最小二乘拟合法计算,分别按公式(10)和公式(11)计算。

$$b = \frac{s_{\hat{y}y}}{s_{\hat{y}}^2} \quad \cdots\cdots\cdots\cdots\cdots\cdots\cdots\cdots\cdots\cdots\cdots\cdots\cdots \quad (10)$$

式中：

b ——斜率；

$s_{\hat{y}y}$ ——参考值和近红外测定值的协方差；

$s_{\hat{y}}^2$ —— n 个近红外测定值的方差。

$$a = \bar{y} - b\bar{\hat{y}} \quad \cdots\cdots\cdots\cdots\cdots\cdots\cdots\cdots\cdots\cdots\cdots\cdots\cdots \quad (11)$$

式中：

a——截距。

同偏差的显著性检验,可用 t 检验对 $b = 1$ 进行假设检验,如公式(12)所示。

$$t_{obs} = |b - 1| \sqrt{\frac{s_{\hat{y}}^2(n-1)}{s_{res}^2}} \quad \cdots\cdots\cdots\cdots\cdots\cdots\cdots\cdots\cdots \quad (12)$$

式中：

t_{obs}——计算的 t 值；

s_{res}——残差标准偏差。

残差标准偏差 s_{res},按公式(13)计算。

$$s_{res} = \sqrt{\frac{\sum_{i=1}^{n}[y_i - (a + b\hat{y}_i)]^2}{n-2}} \quad \cdots\cdots\cdots\cdots\cdots\cdots \quad (13)$$

注：如果近红外测定值为斜率和截距法校正值,s_{res} 与 s_{SEP} 相似。不要把偏差和截距混淆(也可参见图1)。

只有斜率 $b = 1$ 时,偏差才等于截距。

当满足公式(14)时,斜率 b 与 1 有显著性差异。

$$t_{obs} \geq t_{(1-\frac{a}{2})} \quad \cdots\cdots\cdots\cdots\cdots\cdots\cdots\cdots\cdots\cdots\cdots\cdots \quad (14)$$

式中：

$t_{(1-\frac{a}{2})}$——双尾检验学生氏 t 值，其值大小取决于自由度和Ⅰ类错误的概率；可使用 Excel 中的 TINV 函数计算得到。

含量范围太窄或分布不均匀都会导致斜率校正无用。仅当验证样品覆盖了定标样品大部分含量范围时，方可对斜率进行调整。

示例：样品数量 $n=20$，残差标准偏差［见公式(13)］为1，近红外测定值的标准偏差 $S_{\hat{y}}=2$，并且计算的斜率 $b=1.2$，则得到的 t_{obs} 值为1.7，由于对应20个样品的 $t_{(1-\frac{a}{2})}$ 为 $2.09(\alpha=0.05)$，故斜率 b 与1之间的差异不显著。若斜率为1.3，则 t_{obs} 值为2.6，那么斜率 b 与1之间就存在显著性差异。

10 试样测定步骤

10.1 待测试样的制备

所有待测试样要在特定条件下保存，以确保样品从采样到分析的整个过程中成分含量保持不变。

采用标准化的制备流程确保待测试样的制备与验证样品的制备保持一致。

待测试样要选取对所分析成分具有代表性的样品。

具体分析流程见具体成分或技术参数的近红外分析标准。

制定具体成分或技术参数近红外分析标准的指南见附录 E。

10.2 试样测定

参照近红外光谱仪器制造商或供应商的仪器使用说明进行。

试样温度要在验证样品温度范围之内。

10.3 测定结果的评估

试样测定结果需在所使用的定标模型范围内方为有效。

若试样存在光谱异常，则近红外光谱测定结果不可采纳。

若对同一样品有多次测量，且满足重复性要求的(见13.1)，计算其算术平均值。

对结果的表述参照具体成分或技术参数近红外分析标准。

11 仪器稳定性检查

11.1 用仪器质控样品检查仪器稳定性

为确保仪器硬件的稳定性及预防仪器故障，在待测试样测定时要对仪器质控样品进行检测，且每天至少进行一次仪器质控样品的检测。质控样品的制备需与待测试样的制备保持一致，并且以能够使其存储效期最大化的方式进行存储。仪器质控样品需要能够保持长时间的稳定，其稳定性要根据实际情况进行检测。仪器质控样品需与待测试样同时进行近红外分析，以保障不间断的质量控制。

对质控结果的波动进行记录并绘制质控图，同时，对有显著性变化趋势的质控图进行研究。

11.2 仪器诊断

对扫描型光谱仪，需至少每周检查一次其波长/波数(见5.1)的准确度和精密度，如果仪器商推荐，检查频度还需要更高。并且，检查结果要与相应技术规格及要求进行对比(见5.1)。

需至少每周或按照厂商推荐的时间间隔对仪器的噪音进行检查。

11.3 联网仪器

如果几台仪器联网使用，需根据厂商的推荐对仪器之间的标准化(见附录C.1.6)给予特别关注。

12 定标模型性能监控

12.1 总则

分析样品前需对定标模型的适用性进行检查。可采用在定标和验证过程中所使用的异常值剔除方法，如马氏距离和光谱残差等。这在大多数仪器中可被自动执行。

如果样品没有通过适用性检验，则不能用现有的定标模型进行检测，需对定标模型进行修正或升级。

异常样品的检测可用于选择哪些样品需要用参考方法赋值,然后用于升级定标模型。

如果定标模型能够适用于被分析样品,则该样品光谱可采用该定标模型进行测定。

定标模型性能需持续选用有参考方法赋值的监控样品进行验证,以确保定标处于稳定的最优状态并满足分析准确性要求。对近红外定标模型性能的验证频度,需足以确保该方法运行的稳定性受控于参考方法的系统偏差和随机误差。该频度尤其依赖于每天分析的样品数量和样品集的波动。

定标模型性能监控样品数量满足统计分析要求,需要至少 20 个样品(以满足变量的正态分布)。验证样品的分析结果可用于定标模型运行性能的首次监控,接下来每周 5 个～10 个样品即可满足对定标模型性能的监控。如果使用较少的监控样品,一旦有结果超出了控制限,则很难做出正确判断。

12.2 参考值和近红外测定值差异的控制图

结果宜采用控制图进行评估,控制图以分析样品数作为横坐标,参考值和近红外测定值间的差值作为纵坐标;$\pm 2s_{SEP}$(95%的置信概率)和 $\pm 3s_{SEP}$(99.8%的置信概率)可用作警戒限和行动限,其中 s_{SEP} 采用独立于定标样品的验证样品获得。

当定标和参考值的测定均按照规定标准执行时,20 个数据点中只有 1 个在警戒限之外,1 000 个数据点中只有 2 个在行动限之外。

根据控制图检查系统偏差、偏差的正负和极端异常值。可使用休哈特(Shewart)控制图的一般规则对结果进行评估。注意过多规则同时使用时可能会导致虚假报警。

可组合采用以下规则进行检查:

a) 1 个点超过了行动限;

b) 连续 3 个点中有 2 个在警戒限之外;

c) 连续 9 个点在 0 线的同一侧。

展现其他特征(如参考值和近红外测定值间差值的平均值)的控制图和其评判规则也可以使用,以强化对结果的评估。

对结果评估时,要注意 s_{SEP} 和所测得的近红外测定值与参考值的差异也包含参考值的不精密度。如果参考值的不精密度小于 s_{SEP} 的 1/3,则该影响可忽略不计[3]。

为减少虚假报警的风险,宜以不同的顺序分别进行监控样品的近红外光谱分析和参考值分析,以避免日间系统偏差的影响。

如果样品经常超出警戒限,并且控制图显示都是随机误差(无趋势性或系统偏差),可能是由于在确定行动限和警戒限时使用了太过理想的 s_{SEP}。此时,通过频繁调整定标以勉强将结果限于控制限范围内的做法不可取,需对 s_{SEP} 进行重新评估。

稳定运行一段时间后的定标模型可能会开始出现失控的情况,此时需对定标模型进行升级。升级之前,首先要评估该失控发生的原因是否是参考值含量范围的变化、测定条件的变化(如更换新的操作者)、仪器出现漂移或发生故障等。有些情况下,只通过调整定标模型的常数项(即截距)就能满足分析要求(示例见图 D.6)。其他情况下,可能需要重新运行定标程序。重新定标时,定标样品要包含对定标模型性能进行监控的监控样品,也可专门选择样品来进行重新定标(示例见图 D.7)。

在参考值的分析方法满足精密度要求,且近红外分析的检测条件与仪器性能保持稳定的条件下,偏差出现了显著性差异或 s_{SEP} 值升高的情况,则可能是由于样品的化学、生物学或物理性质与定标样品相比发生了变化。

其他控制图(如 z 分数图)也可使用。

13 精密度和准确度

13.1 重复性

重复性是对完全相同的试样,采用相同的检测方法,在同一实验室,相同的操作人员,用相同的操作仪器,在短时间内获得的 2 次独立测量结果的差异,该差异不大于 5%。重复性的大小依赖于样品、分析成分、样品和分析成分的变化范围、样品制备方法、仪器类型及相应的定标策略。所有情况下都要进行重复性的检测。

13.2 再现性

再现性是对完全相同的试样，不同的实验室、不同的操作者、在不同的时间获得的 2 次独立测定结果的差异，该差异不大于 5%。再现性的大小依赖于样品、分析成分、样品和分析成分的变化范围、样品制备方法、仪器类型及相应的定标策略。所有情况下都要进行再现性的检测。

13.3 精确度

精确度包含了偏离样品参考值的系统偏差的不确定度（准确度）和随机误差的不确定度（精密度），尤其依赖于样品、分析成分、样品和分析成分的变化范围、样品制备方法、仪器类型及相应的定标策略。所有情况下都要进行精确度的检测。s_{SEP} 和 s_{RMSEP} 值也包括了参考值的不确定度。

13.4 不确定度

不确定度（U_e）是用来描述合理地分布于结果附近的测量值的离散度的参数。对于近红外测定的结果，不确定度通常用公式（15）表示：

$$U_e = \pm 2s_{RMSEP} \qquad\qquad\qquad (15)$$

式中：

U_e——不确定度。

如果乘数为 2，可理解为真值有 95% 的可能性落在 $\pm U_e$ 之间。

s_{RMSEP} 按公式（7）计算得到。

14 检测报告

检测报告需包括以下信息：

a) 完整识别样品所需的全部信息；

b) 参考值赋值采用的方法；

c) 所有本文件未明确或被视为可选的所有操作条件；

d) 任何可能影响结果的环境因素；

e) 获得的试样的测定结果；

f) 目前的 s_{SEP} 和偏差（仅有显著性统计差异时提供），用最少 20 个监控样品进行定标模型性能测试得到（见第 12 章）。

附　录　A

（资料性）

本文件与 ISO 12099:2017 相比的结构变化情况

表 A.1 给出了本文件与 ISO 12099:2017 结构编号对照一览表。

表 A.1　本文件与 ISO 12099:2017 结构编号对照情况

本文件结构编号	ISO 12099:2017 结构编号
1	1
2	2
3	3
3.1	3.1、C.1.3
3.2	3.3
3.3	3.4
4	4
5	5
5.1	5.1
5.2	5.2
6	8
7	—
7.1	—
7.2	6.1
7.3	10.1
7.4	11.1
8	6
8.1	6.1
8.2	6.2
8.3	6.3
8.4	6.4
8.5	6.5
9	7
9.1	7.1
9.2	7.2
9.3	7.3
9.4	7.4
9.5	7.5
9.6	7.6
10	9
10.1	9.1
10.2	9.2
10.3	9.3
11	10
11.1	10.1
11.2	10.2
11.3	10.3
12	11
12.1	11.1
12.2	11.2
13	12

表 A.1（续）

本文件结构编号	ISO 12099:2017 结构编号
13.1	12.1
13.2	12.2
13.3	12.3
13.4	12.4
14	13
附录 A	—
附录 B	—
附录 C	附录 C
附录 D	附录 B
附录 E	附录 A
—	3.2

附　录　B

（资料性）

本文件与 ISO 12099:2017 的技术差异及其原因

表 B.1 给出了本文件与 ISO 12099:2017 技术差异及其原因的一览表。

表 B.1　本文件与 ISO 12099:2017 技术差异及其原因

本文件结构编号	技术差异	原因
1	删除适用对象中的谷物及谷物精制料 对使用范围进行了明确"本文件适用于饲料的近红外光谱测定"	本文件为饲料行业标准,对适用对象进行了限定 根据我国标准撰写规范,增加了使用范围
2	增加了规范性引用文件	以适应我国的技术条件并方便使用
3	删除:ISO 和 IEC 的术语数据库资源,替换为:GB/T 10647、GB/T 29858 和本文件附录 C 界定的以及下列术语与定义适用于本文件 删除:ISO 标准中对近红外光谱仪和动物饲料两个术语定义	删除 ISO 和 IEC 的术语数据库资源,以适应我国的技术条件并方便使用 附录 C 中对近红外光谱分析进行了定义;动物饲料术语见 GB/T 10647
3.1	将 C.1.3 近红外光谱技术（NIRS）中"近红外光谱,是指在 700 nm～2 500 nm（14 300/cm～4 000/cm）的近红外光范围内,测量样品对光的吸收强度。"改为"近红外光谱,是指在 770 nm～2 500 nm（12 900/cm～4 000/cm）的近红外光范围内,测量样品对光的吸收强度"	光谱范围与标准正文 5.1 保持一致,统一为 770 nm～2 500 nm
3.2	删除:ISO 标准中术语"成分含量"的注 1 和 2	仲裁法或公认方法对这两个注的内容有明确要求,不需要进一步说明
3.3	删除:ISO 标准中术语"技术参数"的注	本文件为指南类标准,成分含量/技术参数仅为举例,不再用注过多说明
5.2	增加 5.2 标题	为了与 5.1 行文对应
7	增加:第 7 章样品	本文件所用的样品比较复杂,包括对近红外仪器进行定标的定标样品、对定标模型进行验证的验证样品、对仪器进行稳定性检查的仪器质控样品和对定标模型性能进行监控的监控样品。ISO 标准是在用到相关样品时进行解释,不利于读者理解,且与国内标准的常用表述不一致,因此,将样品先进行了统一的交代,提高文件的可读性
8.1	将样品代表性需考虑因素内容移到 7.2 中 删除了关于验证样品数量规定的注	将样品进行统一交代,便于读者理解 验证集样品数量在 8.4.1 中有明确规定,此处不再用注赘述
8.2	删除了饲料成分检测参考方法文献	明确了仲裁方法或公认方法,不需要再列出相应文献
8.5	举例增加了样品粒度	技术实际应用中发现样品粒度的影响非常大,因此在影响因素举例中把样品粒度也列出,可引起读者的注意,便于更好地利用该技术,同时也与条款中"样品制备技术或测量条件"对应
9.1	删除了独立验证样品的举例	举例与饲料无关
9.3	公式(4)中在参数 t 的解释后增加了利用 Excel 计算 t 值的函数 删除了表 1	增加利用 Excel 计算 t 值的函数,便于读者使用 表 1 仅给出了 $\alpha = 0.05$ 时,部分自由度对应的 t 值,仅是个示例,使用时意义不大

表 B.1（续）

本文件结构编号	技术差异	原因
9.5	公式(9)中增加了参数 $F_{(a,v,M)}$ 的解释：$F_{(a,v,M)}$ 大小取决于 Ⅰ 类错误概率 α 和自由度 v 和 M，$F_{(a,v,M)}$ 可使用 Excel 中的 FINV 函数计算 删除了表 2 删除了注 2	界定符号的意义，使计算公式更便于使用 表 2 仅给出了 $\alpha = 0.05$ 时，部分自由度对应的 $F_{(a,v,M)}$ 值，使用时意义不大 注 2 是计算 F 值的 Excel 函数，已经在公式(9)中 $F_{(a,v,M)}$ 的解释中给出了
9.6	对公式(14)中 $t_{(1-\frac{\alpha}{2})}$ 的解释做了调整 对示例中的下述表述做了调整，具体调整如下： 由于对应 20 个样品的 $t_{(1-\frac{\alpha}{2})}$ 为 2.09（$\alpha = 0.05$）	与公式(4)的表述保持一致 增加了 $\alpha = 0.05$，更易于读者理解和使用
11.1	将仪器质控样品的描述："仪器质控样品宜能够保持长时间的稳定，并尽可能与所分析样品类似。质控样品的分析成分也同样宜保持稳定，并等同于或至少从生物化学性质的角度尽可能接近所分析样品。"移到第 7 章样品 7.3 中	为便于读者理解和使用
12.1	将定标模型性能监控样品的描述"定标模型性能监控样品宜从待测试样中随机选取。需采用一定的采样策略确保样品在定标范围内分布均匀，例如按含量高低进行分段然后在每段中随机选择样品，或选择能够涵盖常规范围的样品。"移到第 7 章样品 7.4 中	为便于读者理解和使用
附录 C	C.1.1 参考方法将"获得 ISO 或其他国际认可和经过验证的检测方法"改为"仲裁方法或经过验证的公认方法"	适应中国标准情况
附录 E	删除谷物及谷物精制料的描述	本文件为饲料行业标准，对适用对象进行了限定
附录 E	"给出含量、准确度与精密度的具体要求"改为"给出含量、准确度（可采用偏差值）与精密度（可采用 s_{SEP} 值）的具体要求"	增加括号内的补充内容，一是为了让读者明白示例表 E.1 中精密度为何给出 s_{SEP}；二是给读者举例说明如何获得准确度与精密度，更有利于读者使用该标准

附 录 C
（资料性）
补充性条款及定义

C.1 总则

C.1.1 参考方法
仲裁方法或经过验证的公认方法，该方法给出待测参数的"真值"及实验室分析误差。

C.1.2 间接方法
通过检测与待测指标具备函数关系的某些特性来测定待测指标的方法，该方法的测定值与用参考方法测定的"真值"相关。

C.1.3 近红外反射（NIR）
利用样品前侧传感器对所吸收到的样品表面漫反射回来的近红外光进行检测。

C.1.4 近红外透射（NIT）
利用样品背侧传感器对所吸收到的透射过样品的近红外光进行检测。

C.1.5 NIR 网络
共同使用同一定标模型的一定数量的近红外仪器称为 NIRS 网络。NIRS 网络内仪器通常需要标准化，从而使样品测定值的差异最小。

C.1.6 仪器的标准化
对一组近红外仪器进行校正的过程。通过校正，这组设备用同一定标模型对同一样品进行测定时，获取相近的测定值。有许多技术可实现仪器的标准化，若从广义的范畴进行定义，这些技术可以分为两种：前预测法：即通过调整样品光谱使"主"仪器与该组内的每台仪器之间的差异最小；后预测法：即使用线性回归分析校正每台仪器的测定值，使之尽可能接近"主"仪器的测定值。

C.1.7 z-分数
利用近红外测定值与参考值的差值除以标准偏差（如 RMSEP）得到的一项性能指标。

C.2 定标方法

C.2.1 主成分分析（PCA）
主成分分析是一种数据压缩方式。只对 X（光谱）数据进行计算，每个主成分都表达了光谱数据投影的最大方差，并且这些主成分互不相关。第一主成分表达了最多原始数据的变化。然后将第一主成分从 X 数据中扣除，再寻找表达最多剩余数据变化的特征作为第二主成分，以此类推，可以得到和光谱数据点或数据集中样品个数相同的主成分数，但光谱中主要影响只集中在前几个主成分，因此，数据量就明显降低了。

在每一步计算中，主成分分析（PCA）产生主成分得分和主成分载荷两个新的变量集：主成分得分代表了每个样品在每个主成分上的响应；主成分载荷代表了原始光谱中每个数据点对主成分的相对重要性。

主成分分析有很多用途，如光谱解析，但是最广泛的用途是用于光谱异常值的判别。

C.2.2 主成分回归（PCR）
主成分回归是在多元线性回归中，以每个主成分作为回归量、样品的成分含量作为 y 值的一种回归分析技术。因为主成分是相互正交的，因此，主成分得分可形成性能优于原始光谱数据的互不相关的数据集。尽管能够以每个主成分与目标成分含量相关性的高低为依据选择回归的主成分组合，但大多数商业软件还是强制采用为模型选择的最大主成分数进行回归。

分析近红外数据时,通常将主成分空间的回归系数转换回在波长空间用所有数据点建立的定标模型。

C.2.3 偏最小二乘回归(PLS)

偏最小二乘回归是一种分析技术,像 PCA 一样,也是一种数据压缩形式。其提取因子的规则是每个因子依次实现 Y 值和 X 数据所有线性组合之间最大的协方差。PLS 计算主成分,除了考虑所计算的主成分方差尽可能最大外,还要使主成分与浓度相关性最大。因此与主成分相比,PLS 因子与 Y 值更相关。PLS 生成 3 个新变量:载荷权重(相互之间不是正交关系)、载荷和得分(相互正交的)。

PLS 模型通过回归 Y 值和 PLS 得分获得。与主成分回归一样,当分析近红外数据时,通常将 PLS 空间的回归系数转换回在波长空间用所有数据点建立的定标模型。

C.2.4 多元线性回归(MLR)

多元线性回归是联合几个 X 变量预测一个 Y 变量的回归技术。对近红外光谱技术,X 变量既可以是选择波长处的吸光度值,又可以是与主成分得分和偏最小二乘得分等类似的派生变量。

C.2.5 人工神经网络(ANN)

人工神经网络是基于生物神经系统结构的非线性模型技术。通过几个具有 X 值(光谱数据或如主成分得分等派生变量)和 Y 参考值的数据集对网络进行最初的"训练"。在训练过程中,可能需要修改网络结构以及对输入变量和输出变量重新分配神经元加权系数,从而获得最好的测定值。

训练神经网络需要大量数据。对 ANN 的一些优化方案,需要设定一个停止点以终止模型的优化(例如权重)。

C.2.6 多变量模型

多变量模型是用一组 X 变量预测一个或多个 Y 变量的模型。

C.2.7 异常值

从统计的角度讲,异常值是数据集中在预期分布之外的那些点。对 NIRS 数据来说,异常值通常分为 x-异常值(光谱数据异常值)或 y-异常值(参考数据异常值)。

C.2.8 x-异常值

近红外光谱数据异常值,为 x-异常值,是与近红外光谱相关的异常值。x-异常值可能由以下原因引起:仪器故障、完全不同于其他样品的样品类型或测定的样品类型不包含在原始定标样品中。

C.2.9 y-异常值

参考值存在误差或参考值与近红外光谱回归关系异常,为 y-异常值,与参考数据中的错误相关,例如,参考数据誊写错误或由于实验室获得的参考值有误。

C.2.10 杠杆值

杠杆值是样品点与模型所定义群体空间中心点距离的测量值。具有高杠杆值的样品对模型有非常大的影响。通过计算一个投影点和模型中心的距离得到杠杆值。

C.2.11 马氏距离

马氏距离是主成分空间上数据点和主成分中心点的距离(参见 C.2.12 的 h 值),是一个线性测量值。在主成分空间上,一组样品通常形成一个曲线形状的分布。代表数据集概率分布的椭圆体可通过构建样本的协方差矩阵进行估计。简单来说,测试点与中心点的距离除以测试点方向椭圆体宽度可计算马氏距离。

C.2.12 h 值

在一些软件中,马氏距离被称为"全局 h 值",并可通过计算样品点与数据集中心点 h 值的标准偏差来检测异常值。另一个 h 值是"邻近 h 值",是在主成分空间上一个数据点和离它最近 n 个数据点的距离,表明了该样品是孤立的、还是隶属于某一集中分布的。

C.2.13 残差

残差是参考值和回归模型测定值之间的差异,用于回归统计计算。

C.2.14 光谱残差

化学计量学(如 PCA、PLS 等)处理光谱后的残差,是模型未描述的光谱变异。

C.2.15　检验集

当进行一个回归模型检验时,除定标过程中用到的样本集之外的任意样品集。

C.2.16　独立检验集

与定标和验证回归模型的样品集相比,来自不同地理区域、新厂房或不同收集时间(如不同的收获期)样品组成的检验集。独立检验集样品是对定标模型的"真正"检验。

C.2.17　验证集

用于验证或"证明"定标的样品集,通常是和定标样品有相同属性的样品,可从同一样品池中,按照轮流或取第 n 个样品(按所分析成分含量排序)的方法选择定标集和验证集。

C.2.18　监控集

对定标模型性能进行监控的样品集。

C.2.19　交互验证

计算预测统计值的方法,重复从定标样品中移出不同的子集,用剩余的定标样品建立定标模型,并用移出的样品作为验证样品计算残差;当这个过程运行多次后,用所有的残差计算预测统计值。全交互验证每次移出一个样品,共运行 n 次(n 是定标样品数)。如选择移出更大的子集,则需保证在计算预测统计值之前运行的交互验证次数在 8 次以上。最后使用所有的定标样品计算出一个定标模型。

需谨慎使用交互验证。首先,交互验证统计值与独立验证统计值相比,更趋于给出偏乐观的结果。其次,如果在定标样品中有重复样品(如相同的样品在几台仪器上扫描或扫描不同的次数),要确保每次把该样品的所有数据一起移出作为验证样品,否则将会给出过于理想的统计结果。

C.2.20　过拟合

在一个多元线性回归中使用了太多的回归变量。当对定标样品之外的样品进行测定时,过拟合模型的测定结果会比期望值差得多,像 s_{RMSEP} 或 s_{SEP} 统计值。

C.2.21　PLS 因子

参见 C.2.3 PLS。

C.2.22　得分/得分图

得分图是一个主成分或偏最小二乘因子的得分与另一主成分或偏最小二乘因子得分的散点图。标注了样品编号或成分含量值的得分图更加实用,有助于识别原始数据的规律。

C.3　统计表述

也可参见本文件第 9 章。

C.3.1　偏差($\overline{e}$)

参考值平均值 $\overline{y}$ 和近红外测定值平均值 $\overline{\hat{y}}$ 的差异。

C.3.2　偏差置信区间(BCL, T_b)

如果偏差位于偏差置信区间之外,表明偏差与 0 存在给定置信水平上的显著差异(参见 9.3)。

C.3.3　定标标准误差(SEC, s_{SEC})

对给定的定标模型,定标标准误差(SEC)是定标样品测定值和参考值的平均差异。在此及后续统计中,该平均差异是指残差值平方和除以自由度的平方根,68% 的误差小于该值。

C.3.4　交互验证标准误差(SECV, s_{SECV})

对给定的定标模型,交互验证标准误差(SECV)是指,交互验证(参见 C.2.19)过程中,选择定标样品的子集作为预测样品,其模型测定值和参考值经过偏差校正后的平均差异。

C.3.5　预测标准误差(SEP, s_{SEP})

以不参与定标过程的样品为预测样品,其定标模型测定值和参考值经过偏差校正后的平均差异即为预测标准误差(SEP)。SEP 对应 68% 的置信区间(SEP 乘以 1.96 对应 95% 的置信区间)。

C.3.6 预测误差均方根(RMSEP,s_{RMSEP})

以不参与定标过程的样品为预测样品,其定标模型测定值和参考值间的平均差异即为预测误差均方根(RMSEP)。

注:RMSEP 包含了预测过程中所有偏差。

C.3.7 交互验证误差均方根(RMSECV,s_{RMSECV})

交互验证(参见 C.2.19)过程中,选择定标样品的子集作为预测样品,其定标模型测定值和参考值间的平均差异即为交互验证误差均方根(RMSECV)。

注:RMSECV 包含了预测过程中所有偏差。

C.3.8 随机误差置信区间(UECL,T_{UE})

随机误差置信区间是指,在给定置信水平上,s_{SEP} 与 s_{SEC} 存在显著性差异的阈值。

C.3.9 相关系数的平方(RSQ,R^2)

定标模型测定值和参考值多重相关系数的平方。当用百分比表示时,代表回归模型可以解释的变量的比例。

C.3.10 斜率(b)

对任一回归线,斜率代表 X 每增加 1 个单位对应的 Y 的增量。

C.3.11 截距

对任一回归线,截距代表 X 等于 0 时 Y 的值。

C.3.12 残差标准偏差(s_{res})

残差标准偏差是指,参考值和经斜率和截距校正后测定值之间的离散程度。

C.3.13 协方差($s_{\hat{yy}}$)

协方差是测量两个随机变量一起变化的相关程度。对于样本总体,如果 y 随 x 增大而增大,那么这两个变量的协方差是正值。如果 y 随 x 增大而减小,那么这两个变量的协方差是负值。当两个变量不相关时,其协方差为 0。

C.3.14 不确定度(U_e)

不确定度是用来描述合理地分布于结果附近的测量值的离散度的参数。

附 录 D
（资料性）
异常值和控制图示例

图 D.1 显示的是饲草中粗蛋白质含量的测定，这是一个没有异常值的例子。使用已建立的定标模型分析 95 个独立检验集样品的结果：$s_{SEP}=4.02$、$s_{RMSEP}=6.05$、斜率 $b=1.04$。

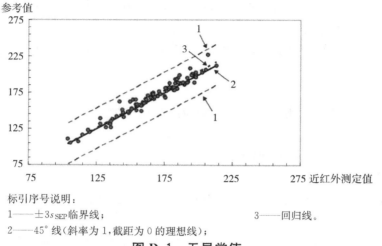

标引序号说明：

1——±3s_{SEP}临界线；　　　　　　　　　　　　　　3——回归线。

2——45°线（斜率为 1，截距为 0 的理想线）；

图 D.1　无异常值

图 D.2 显示的是存在 x-异常值的吸收光谱。光谱 1（图 D.2 中最上方的光谱）是异常光谱。

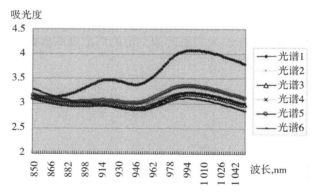

图 D.2　存在 x-异常值的吸收光谱

图 D.3 显示的是存在 x-异常值的主成分得分图（图 D.3 中 1 为 x-异常值）。

图 D.4 显示的是存在 y-异常值的散点图（图 D.4 中 1 为 y-异常值）。参考值与近红外测定值的散点图显示出一个与其他样品严重偏离的样品（图 D.4 中 1 所示）。若其偏离的原因与 NIRS 数据（x-异常值）无关，则该样品是一个由于错误的参考值或参考值与光谱值之间存在不同相关关系所导致的 y-异常值。

图 D.5 显示的是存在 y-异常值（图 D.5 中 4 所示）的饲草中酸性洗涤纤维 ADF 含量的测定。

图 D.6 显示的是谷物饲料原料中粗脂肪含量的测定。在行动上限（UAL）和行动下限（LAL）之外没有异常值点。但有连续的 9 个点（如图中第 14～第 22 个点）在零线同一侧，意味着偏差问题的存在。另有连续 3 点中的 2 点（第 27 和第 28 个点）超出了警戒下限（LWL），但没有出现超出警戒上限（UWL）的点，这也表明偏差问题的存在。未观察到随机变化增加的情况，分布依然小于 3s_{SEP}。

因此，该定标模型需要进行偏差校正。

图 D.7 为某模型测定某项参数（含量范围为 44%～57%）的控制图，在第 35 点处进行了重新定标。

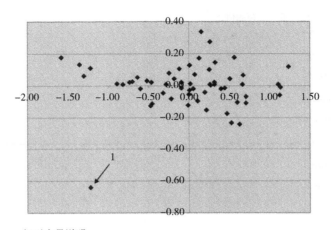

标引序号说明：
1——异常值。

图 D.3　存在 x-异常值的主成分得分图

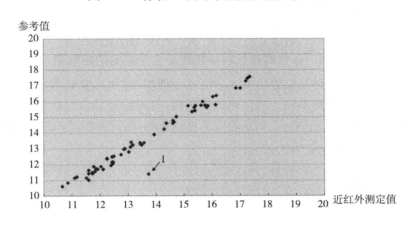

标引序号说明：
1——异常值。

图 D.4　存在 y-异常值的散点图

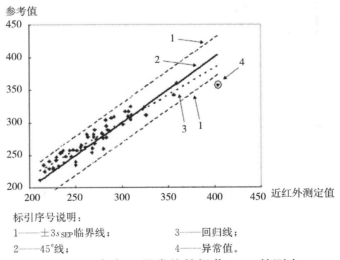

标引序号说明：
1——±3s SEP 临界线；　　　　　　　3——回归线；
2——45°线；　　　　　　　　　　　4——异常值。

图 D.5　存在 y-异常值的饲草 ADF 的测定

观察前 34 个检测点，其中有 1 点（第 33 个点）超出了行动上限（UAL），这意味着严重问题的出现。连续 3 点中的 2 点（第 22 和第 23 个点）超出了警戒上限（UWL），2 个不连续点（第 8 和 18 个点）同样超出了警戒下限（LWL）。样品点均衡分布于零线附近（遵守 9 点规则），但 34 个点中有 5 个在 95％ 置信区间［UWL，LWL］之外，并且有 1 个点超出了 99.9％ 的置信区间［UAL，LAL］。这远远超出了期望。

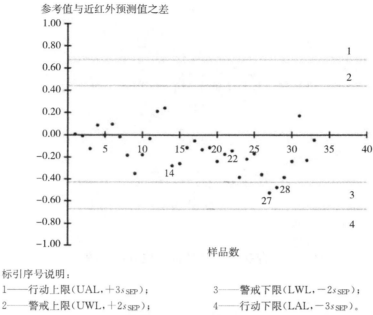

标引序号说明：

1——行动上限(UAL,+3s_{SEP})；　　　　　　3——警戒下限(LWL,−2s_{SEP})；
2——警戒上限(UWL,+2s_{SEP})；　　　　　　4——行动下限(LAL,−3s_{SEP})。

图 D.6　谷物饲料原料中粗脂肪含量测定的控制图

出现这种结果的原因之一是计算临界值的 s_{SEP} 值过于理想,这意味着临界值需要适当放宽。另一种原因可能是实测样品与定标样品有不同。为检测这种可能,对定标样品进行扩展,使之包含监控样品,并生成新的定标模型。通过第 35 个~第 62 个点的结果可以看到,新定标模型的性能得到了明显改善。

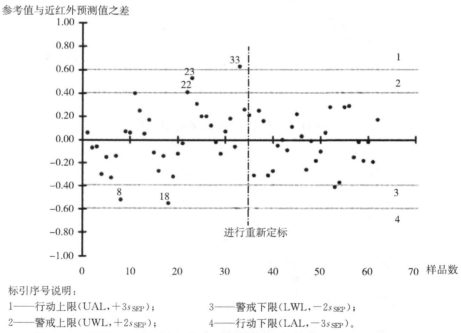

标引序号说明：

1——行动上限(UAL,+3s_{SEP})；　　　　　　3——警戒下限(LWL,−2s_{SEP})；
2——警戒上限(UWL,+2s_{SEP})；　　　　　　4——行动下限(LAL,−3s_{SEP})。

图 D.7　某模型测定某项参数的控制图(含量范围为 44%~57%)

附 录 E

（资料性）

制定具体成分或技术参数近红外分析标准的指南

具体成分或技术参数的近红外分析标准,可依据利用近红外光谱法测定饲料中具体成分或技术参数的专用定标模型进行制定。

具体成分或技术参数的近红外分析标准需:

——在验证过程遵循本文件所规范的内容;

——给出含量、准确度(可采用偏差值)与精密度(可采用 s_{SEP} 值)的具体要求;

——说明开发定标模型时要考虑的影响因素;

——明确分析流程、计算方法和结果的表述。

具体标准不针对某一特定的仪器设备和定标方法制定。

具体成分或技术参数的近红外分析标准要遵循标准化文件的结构和起草规则,并给出以下相关信息:

——在标准名称或范围中给出:样品类型、通过近红外光谱测定法检测的成分/技术参数和定标模型;

——在"规范性引用文件"中列出成分/技术参数的参考方法;

——光谱学的原理(如:近红外反射、近红外透射)和定标方法(如偏最小二乘方法、人工神经网络);

——试样测定步骤,包括试样的制备、测定和质量控制;

——依据准确度、精密度及范围确定需满足的要求;表 E.1 是一个验证集统计值的示例。

表 E.1 验证集统计值的示例

成分	模型	样品数 n	精密度 s_{SEP}	最小含量(质量比) %	最大含量(质量比) %	R^2
粗脂肪	ANN	183	0.50	2.8	12.9	0.94
水分	ANN	183	0.47	9.2	12.3	0.83
粗蛋白质	ANN	179	0.72	11.0	29.1	0.96
粗纤维	ANN	123	1.11	0.5	18.0	0.90
淀粉	PLS	113	1.80	7.8	50.2	0.92

参考文献

[1] NAES T,ISAKSSON T,FEARN T,et al. A user-friendly guide to multivariate calibration and classification. NIR Publications,Chichester,2002.

[2] SØRENSEN,L K. Use of routine analytical methods for controlling compliance of milk and milk products with compositional requirements[J]. IDF Bull. ,2004(390):42-49.

[3] SHENK,J S,WESTERHAUS,M O,ABRAMS,S M. Protocol for NIRS calibration: Monitoring analysis results and recalibration. [M]//Near infrared reflectance spectroscopy (NIRS): Analysis of forage quality. USDA ARS Handbook 643,(Marten,G. C. ,Shenk,J. S. ,Barton,F. E. ,eds.). US Government Printing Office,Washington,DC,1989:104-110.

第四部分
屠宰类标准

ICS 67.020
CCS X 99

中华人民共和国农业行业标准

NY/T 3357—2023
代替 NY/T 3357—2018

畜禽屠宰加工设备　猪悬挂输送设备

Livestock and poultry slaughtering and processing equipment—
Pig overhead chain conveying equipment

2023-02-17 发布

2023-06-01 实施

中华人民共和国农业农村部 发布

前　言

本文件按照 GB/T 1.1—2020《标准化工作导则　第 1 部分：标准化文件的结构和起草规则》的规定起草。

请注意本文件的某些内容可能涉及专利。本文件的发布机构不承担识别专利的责任。

本文件代替 NY/T 3357—2018《畜禽屠宰加工设备　猪输送机》。与 NY/T 3357—2018 相比，除结构调整和编辑性改动外，主要技术变化如下：

a) 更改了型式（见第 4 章，2018 年版的第 3 章）；

b) 更改了基本参数（见表 2，2018 年版的表 1）；

c) 更改了材料要求、性能要求（见第 5 章，2018 年版的第 4 章）；

d) 增加了加工要求、主要零部件要求、装配要求、安装要求、温升要求、噪声要求（见第 5 章，2018 年版的第 4 章）；

e) 细化了外观和卫生要求、安全防护要求、电气安全要求（见第 5 章，2018 年版的第 4 章）；

f) 删除了传动、焊接、动作（见第 5 章，2018 年版的第 4 章）；

g) 更改了试验方法（见第 6 章，2018 年版的第 5 章）；

h) 更改了检验规则（见第 7 章，2018 年版的第 6 章）；

i) 更改了标志、包装、运输和储存（见第 8 章，2018 年版的第 7 章）。

本文件由农业农村部畜牧兽医局提出。

本文件由全国屠宰加工标准化技术委员会（SAC/TC 516）归口。

本文件起草单位：青岛建华食品机械制造有限公司、中国动物疫病预防控制中心（农业农村部屠宰技术中心）、国家市场监督管理总局国家标准技术审评中心、青岛圣煌重工科技有限公司、赤峰市农牧技术推广中心。

本文件主要起草人：马转红、刘奂辰、杨华建、高胜普、郭嘉昊、曲萍、张磊、张广和。

本文件及其所代替文件的历次版本发布情况为：

——2008 年首次发布为 SB/T 10487—2008；

——2018 年标准编号调整为 NY/T 3357—2018；

——本次为第一次修订。

畜禽屠宰加工设备　猪悬挂输送设备

1　范围

本文件规定了猪悬挂输送设备的型式和基本参数、技术要求、试验方法、检验规则及标志、包装、运输和储存要求。

本文件适用于猪屠宰加工过程屠体、胴体等悬挂输送设备的制造、安装和应用。

2　规范性引用文件

下列文件中的内容通过文中的规范性引用而构成本文件必不可少的条款。其中,注日期的引用文件,仅该日期对应的版本适用于本文件;不注日期的引用文件,其最新版本(包括所有的修改单)适用于本文件。

GB/T 191　包装储运图示标志

GB/T 3768　声学　声压法测定噪声源声功率级和声能量级　采用反射面上方包络测量面的简易法

GB/T 5226.1　机械电气安全　机械电气设备　第1部分:通用技术条件

GB/T 7932　气动　对系统及其元件的一般规则和安全要求

GB/T 8196　机械安全　防护装置　固定式和活动式防护装置的设计与制造一般要求

GB/T 8350　输送链、附件和链轮

GB 11341　悬挂输送机安全规程

GB/T 13306　标牌

GB/T 13384　机电产品包装通用技术条件

GB/T 13912　金属覆盖层　钢铁制件热浸镀锌层　技术要求及试验方法

GB 22747　食品加工机械　基本概念　卫生要求

GB/T 27519　畜禽屠宰加工设备通用要求

GB 50270　输送设备安装工程施工及验收规范

GB 50317　猪屠宰与分割车间设计规范

JB/T 9016　悬挂输送机　链和链轮

SB/T 223　食品机械通用技术条件　机械加工技术要求

SB/T 224　食品机械通用技术条件　装配技术要求

SB/T 225　食品机械通用技术条件　铸件技术要求

SB/T 226　食品机械通用技术条件　焊接、铆接件技术要求

SB/T 227　食品机械通用技术条件　电气装置技术要求

SB/T 229　食品机械通用技术条件　产品包装技术要求

3　术语和定义

下列术语和定义适用于本文件。

3.1

猪悬挂输送设备　**pig overhead chain conveying equipment**

由牵引件直接牵引或牵引件推杆推送,使空间轨道上的承载悬挂吊具连续运行,完成猪屠体、胴体等空中输送的设备。

3.2

链条轨道　**chain track**

承载滑架轮与链条,保证其沿输送机线路运行的刚性承载件。

3.3

悬吊装置 suspension unit

将悬挂输送机驱动装置、张紧装置、回转装置及轨道等部件连接和固定到工艺钢梁的组合件。

4 型式和基本参数

4.1 型式

4.1.1 猪悬挂输送设备主要由驱动装置、张紧装置、回转装置、轨道和链条等组成。

4.1.2 按链条输送路径分为水平式悬挂输送机和垂直式悬挂输送机。

4.1.3 按物件的输送型式分为牵引式悬挂输送机和推送式悬挂输送机。推送式悬挂输送机的承载轨道分为双轨、圆形轨和矩形轨。

> 注：牵引式悬挂输送机的牵引链条与承载吊钩直接连接，链条与承载为同一轨道；推送式悬挂输送机是由链条轨道上运行的牵引件推杆推送承载轨道上的滑轮挂钩等实现物件的空中输送。

4.1.4 猪屠宰加工悬挂输送设备常用型式见表1。

表 1 猪悬挂输送设备常用型式

项目	放血悬挂输送设备	烫毛悬挂输送设备	胴体加工悬挂输送设备	二分胴体悬挂输送设备
链条输送路径	水平式	水平式	水平式/垂直式	水平式/垂直式
物件的输送型式	牵引式/推送式	牵引式	推送式	推送式
承载轨道型式	圆形轨	—	双轨/圆形轨/矩形轨	双轨/圆形轨/矩形轨

4.2 基本参数

猪悬挂输送设备的基本参数见表2。

表 2 猪悬挂输送设备的基本参数

项目	放血悬挂输送设备	烫毛悬挂输送设备	胴体加工悬挂输送设备	二分胴体悬挂输送设备
挂载间距[a] m	≥0.6	≥0.6	≥0.8	≥0.3
轨道最大载荷 kg/m	400	400	400	400
[a] 挂载间距即轨道上承载屠体或胴体的相邻挂钩之间的距离。				

5 技术要求

5.1 材料要求

5.1.1 材料应符合 GB 22747 和 GB/T 27519 的相关规定。原材料、外购配套零部件应有生产厂的质量合格证明和产品相关标准，验收合格后方可投入使用。

5.1.2 链条宜采用不锈钢材料，采用碳钢材料时应进行镀锌等防腐处理。

5.1.3 回转轮的轮齿宜采用不锈钢、工程塑料材料或其他防腐性材料。

5.1.4 滑架轮宜采用不锈钢、工程塑料材料，采用碳钢材料时应进行镀锌等防腐处理。

5.1.5 轨道宜采用不锈钢材料，采用碳钢材料时应进行镀锌等防腐处理。悬吊装置、链条轨道可采用经防腐处理的碳钢材料。

5.2 加工要求

5.2.1 机械加工件应符合 SB/T 223 的规定。

5.2.2 铸件应符合 SB/T 225 的规定。

5.2.3 焊接件应符合 SB/T 226 的规定。

5.2.4 镀锌件应符合 GB/T 13912 的规定。

5.3 主要零部件要求

5.3.1 驱动装置应满足负载要求,载荷系数宜选用1.2～1.5。

5.3.2 链条和链轮的技术要求应符合GB/T 8350和JB/T 9016的规定。

5.3.3 链条的安全系数应不小于10,吊钩的安全系数应不小于5。

5.3.4 链条各铰接部位应转动灵活,无卡阻现象,轴端铆接应牢固可靠。

5.3.5 链条轨道宜采用开放式结构和可拆卸连接方式。

5.3.6 链条轨道表面不应有焊渣、锌瘤和碎屑等异物。

5.4 外观和卫生要求

5.4.1 外观和卫生设计应符合GB 22747和GB/T 27519的规定。

5.4.2 设备表面不应有明显的凸起、凹陷、粗糙不平和损伤等缺陷。

5.4.3 张紧装置、回转装置及轨道等防腐处理时不应采用涂漆,以免因磨损掉落污染肉品。

5.4.4 不应有润滑油、减速机油滴漏现象。

5.4.5 轨道表面使用的润滑油(脂)应为食品级。

5.5 装配要求

5.5.1 设备装配应符合SB/T 224的规定。

5.5.2 驱动装置的链条进入或脱离啮合时,应无干涉和撞击现象。

5.5.3 回转装置的回转轮应转动灵活,无卡滞现象。

5.5.4 张紧装置活动轨段应能灵活移动,无卡阻和歪斜现象。

5.5.5 水平式悬挂输送机链轮的横向中心面与轨道底面距离的极限偏差为-1.5 mm,链轮轴线与轨道纵向中心线的偏差应不大于1 mm。

5.5.6 垂直式悬挂输送机链轮的纵向中心面与轨道纵向中心面的距离偏差应不大于1 mm。

5.5.7 易脱落的零部件应有防松装置,零件及螺栓、螺母等紧固件应固定牢固,不应因振动发生松动和脱落。

5.6 安全防护要求

5.6.1 输送设备的机械安全应符合GB/T 8196和GB 11341的规定。

5.6.2 设备应设有启动保护装置和自动报警装置;应在适宜的位置配有防水型急停开关,并便于操作。

5.6.3 驱动装置应有负载启动能力,电机应设有过载、过热保护装置。

5.6.4 采用多动力驱动时,各驱动装置之间应有电气联锁装置。

5.6.5 张紧装置采用气动张紧时,应设有限位行程开关和压缩空气泄漏防护措施。

5.6.6 设备应有断链条保护装置,并应具有与驱动装置电机联锁的功能。

5.6.7 轨道面距离地面小于2.5 m时,应在人员容易接近的回转装置部位设有安全防护装置。

5.6.8 高空输送物品、吊件时,在跨越工作位置、人员通行位置和线路转弯易掉落处应设置安全防护装置。

5.6.9 电机、驱动装置、控制箱和其他在清洗范围内的设备部件应能够耐受直接的高压水喷射或配置防护措施。

5.6.10 安全警示标志应设置在设备明显部位。

5.7 电气安全要求

5.7.1 电气安全应符合GB/T 5226.1和SB/T 227的规定。

5.7.2 电器线路接头应联接牢固并加以编号,导线不应裸露。

5.7.3 设备绝缘材料和绝缘结构的抗电压性能应安全可靠,绝缘电阻应不小于1 MΩ,接地电阻应不大于0.1 Ω。

5.7.4 所有电气设备的金属外壳均应可靠接地,并有明显接地标识。

5.7.5 设备配置的电气控制箱、电机的防护等级应不低于 IP55。外露的接近开关、光电开关、急停开关等电气部件防护等级应不低于 IP56。

5.8 安装要求

5.8.1 设备安装要求应符合 GB 50270 的规定。

5.8.2 钢梁型号、高度及位置应符合工艺要求。

5.8.3 驱动装置应设置在链条的全线张力最小且不应出现负张力的位置。

5.8.4 张紧装置应设置在驱动装置的绕出端,且保证运行时全线链条均处于张紧状态的位置。

5.8.5 设备安装应牢固,悬吊装置不应有晃动,紧固零件应无松动脱落现象。

5.8.6 轨道高度应符合设计规范和工艺要求,且应符合 GB 50317 的规定。

5.8.7 链条装配后应保证节距、负载(空载)滑架间距均匀一致,与同类型输送机的轮齿相互匹配,啮合顺畅,无卡滞现象。

5.8.8 喂入装置、道岔的型式和安装位置应符合工艺要求。

注:喂入装置是指使畜屠体或胴体按照设定间距逐个进入悬挂输送机的装置。

5.8.9 轨道的安全系数应不小于 2,悬吊装置的安全系数应不小于 5,轨道的许用挠度应不大于跨度的 1/400,并符合 GB 11341 的规定。

5.8.10 直线段轨道的直线度在 6 m 长度上应不大于 3 mm,在全长范围内应不大于 7 mm。

5.8.11 轨道焊接和铆接过渡处应平整、光滑,挂钩运行时无卡滞现象。接口处踏面的高度差和横向错位应不大于 0.5 mm,接口间隙应不大于 1 mm。

5.8.12 道岔接轨踏面偏差应不大于 1 mm,接口间隙应不大于 2 mm,并符合 GB 50270 的规定。

5.8.13 水平弯曲轨道的弯曲半径小于等于 400 mm 时允许偏差应为 ±2 mm,弯曲半径大于 400 mm 时允许偏差应为 ±3 mm。

5.8.14 推送式悬挂输送机轨道上坡和下坡段应设有承载轨道护板,矩形轨应设有防止滑轮挂钩倾斜的辅助推杆。

5.8.15 双轨两边轨道相对轨道中心线的对称度偏差应不大于 1 mm,轨道踏面高度差应不大于 1 mm。

5.8.16 矩形轨道截面尺寸的极限偏差应为 1 mm,相邻边应垂直,其角度的极限偏差应为 1.5°,纵向中心线相对于水平面的垂直度应不大于 1 mm。

5.8.17 升降轨道的升角不宜大于 38°。

5.8.18 悬挂输送设备的有效输送长度应满足工艺要求。

5.8.19 位于燎毛设备中的输送轨道应设有冷却装置。

5.8.20 在设备的适宜位置宜设置链条在线自动润滑装置。

5.8.21 气动系统应符合 GB/T 7932 的规定,且气路连接应密闭,无漏气现象,气压正常。

5.9 性能要求

5.9.1 空载运行要求

5.9.1.1 设备安装完成后,应进行空载运行。各运动机构应工作正常,无卡滞现象;操作开关、报警装置和过载保护装置应安全灵敏;气动控制系统应正常。

5.9.1.2 各工作区悬挂输送设备的生产能力应匹配、相互协调、衔接顺畅;联合运行平稳、安全可靠。

5.9.2 负载运行要求

5.9.2.1 设备联机空载运行后应进行负载运行试验。

5.9.2.2 设备性能应符合表 2 的要求。

5.9.2.3 设备输送速度应满足工艺设计及各工序的操作需要,速度宜可调。

5.10 噪声要求

工作噪声应不大于 80 dB(A)。

6 试验方法

6.1 材料检查

按 GB 22747 和 GB/T 27519 的规定检查设备材质报告及质量合格证明书。

6.2 加工检查

6.2.1 按 SB/T 223 的规定检查零部件机械加工质量。

6.2.2 按 SB/T 225 的规定检查铸件质量。

6.2.3 按 SB/T 226 的规定检查设备焊接部位质量。

6.2.4 按 GB/T 13912 的规定检查镀锌件质量。

6.3 主要零部件检查

6.3.1 在满负荷状态下测量并核算载荷系数。

6.3.2 按照 GB/T 8350 和 JB/T 9016 的规定检查链条和链轮的质量。

6.3.3 用拉力试验机检测链条和吊钩强度。

6.3.4 转动链条各铰接部位检查链条的转动情况。

6.3.5 目测检查链条轨道结构、表面及链条轴端铆接情况。

6.4 外观和卫生检查

目测和手感检查设备的外观质量和卫生情况。

6.5 装配检查

6.5.1 按 SB/T 224 的规定检查设备装配情况。

6.5.2 目测检查驱动链轮的啮合情况和张紧装置的装配情况。

6.5.3 用量具检查回转装置的装配情况。

6.6 安全防护检查

目测检查设备的安全防护。

6.7 电气安全检测

6.7.1 耐电压

按 GB/T 5226.1 的规定检测。

6.7.2 绝缘电阻

按 GB/T 5226.1 的规定检测。

6.7.3 接地电阻

按 SB/T 227 的规定检测。

6.7.4 电气设备

目测检查设备接地情况、电气控制箱和电机的合格证书。

6.8 安装检查

6.8.1 目测检查推杆(吊钩)间距、喂入装置和道岔的位置、轨道焊接过渡处、燎毛设备内输送设备冷却装置和链条润滑情况。人工推动负载挂钩检查轨道接口情况。

6.8.2 用量具测量钢梁型号、设备安装高度及位置、轨道直线度和偏差,以及轨道接口错位量、铆接过渡处间隙和升降轨道的升角。

6.8.3 在轨道上悬挂最大允许载荷的重物,检查轨道和悬吊装置的固定情况。

6.8.4 按 GB/T 7932 的规定检查气动系统。

6.9 性能试验

6.9.1 空载试验

6.9.1.1 安装完毕后应进行单机空载试验。

6.9.1.2 先点动控制,确定正确转动方向;低速运转,人工调节链条的松紧度,使其张紧适度,受力均匀后,方可空载运行。

6.9.1.3 额定转速下连续运转应不少于 1 h,检查各传动部位、控制开关、报警装置、电气控制系统和气动控制系统。

6.9.2 负载试验

6.9.2.1 负载试验按照 GB/T 27519 的规定进行。

6.9.2.2 在额定转速及满负荷条件下用转速表测量驱动装置链轮的转速,检查各个动作的协调、匹配情况。

6.9.2.3 在额定转速及满负荷条件下用目测和秒表计量设备的输送速度(每间隔 30 min 测量 1 次,共测量 3 次,计算输送设备运行误差平均值)。

6.9.2.4 在满负荷条件下通过试验检查设备的承载情况。

6.10 噪声检测

设备运转时,按 GB/T 3768 的规定进行测试。

7 检验规则

7.1 检验类型

检验类型包括出厂检验、安装和调试检验与型式检验。

7.2 出厂检验

7.2.1 检验项目:每台设备应按表 3 的要求进行出厂检验。

7.2.2 判定规则:出厂检验如有不合格项,允许修整后复检。复检仍不合格,则判定该产品不合格。

7.3 安装和调试检验

7.3.1 检验项目:设备应按表 3 的要求进行安装和调试检验。

7.3.2 判定规则:安装和调试检验如有不合格项,应对不合格项实施修复并进行复检。如复检仍不合格,则判定安装和调试检验不合格。其中,安全性能不允许复检。

7.4 型式检验

7.4.1 有下列情况之一者,应按表 3 的要求进行型式试验:

    a) 新产品或老产品转厂生产的试制定型鉴定;
    b) 正式生产后,如结构、材料、工艺有较大改变,可能影响产品性能时;
    c) 正常生产的条件下,设备积累到一定产量(数量)时,应周期性进行检验;
    d) 使用方有重大问题反馈时;
    e) 出厂检验结果与上次型式检验有较大差异时;
    f) 国家有关主管部门提出型式检验的要求时。

7.4.2 抽样及判定规则:从出厂检验合格的产品中随机抽取,每次抽样数量不少于 2 台(套)。全部项目合格则判定型式检验合格;如有不合格项,应加倍抽样,对不合格项目进行复检,如复检不合格,则判定型式检验不合格,其中安全性能不允许复检。

表 3 检验项目

序号	检验项目名称	检验类别			检验方法	对应要求
		出厂检验	安装和调试检验	型式检验		
1	材料	√	—	√	6.1	5.1
2	加工件	√	—	√	6.2	5.2
3	主要零部件	√	—	√	6.3	5.3
4	外观和卫生	√	√	√	6.4	5.4

表 3（续）

序号	检验项目名称		检验类别			检验方法	对应要求
			出厂检验	安装和调试检验	型式检验		
5	装配		√	√	√	6.5	5.5
6	安全防护		√	√	√	6.6	5.6
7	电气安全		√	√	√	6.7	5.7
8	安装		—	√	√	6.8	5.8
9	性能	空载	—	√	√	6.9.1	5.9.1
10		负载	—	√	√	6.9.2	5.9.2
11	噪声		—	√	√	6.10	5.10
注："√"表示检验项目；"—"表示非检验项目。							

8 标志、包装、运输和储存

8.1 标志

8.1.1 标志应符合 GB/T 191 的规定。

8.1.2 标牌应符合 GB/T 13306 的规定，应固定在设备平整明显位置。内容应包括产品名称、型号、主要参数、制造商名称、地址、商标、出厂编号、出厂日期等。

8.2 包装

8.2.1 包装应符合 SB/T 229 的规定，并符合运输和装载要求。

8.2.2 产品应分类包装。其中，驱动装置、链条、轨道接头、道岔及其他小型零部件应装入包装箱内，张紧装置、回转装置、轨道等可以裸装。裸装件应包扎牢固，采取相应保护措施，应符合 GB/T 13384 的规定。

8.2.3 包装箱内应有产品使用说明书、产品合格证和装箱单（包括配件及随机工具清单）。

8.2.4 紧固件、零部件、工具和配件外包装上应标明名称、规格型号及数量。

8.2.5 外包装上应标注有"小心轻放""向上""防潮""吊索位置"等标志，且符合 GB/T 191 的规定。

8.3 运输和储存

8.3.1 产品在运输过程中应采取适当措施保证整机、零部件、随机文件和工具不受损坏。

8.3.2 产品应储存在干燥、通风的仓库内，并注意防潮，不应与有毒、有害、有腐蚀性物质混放。在室外临时存放时，应采取防护措施。

8.3.3 正常储运条件下，自出厂之日起 12 个月内，不应因包装不良引起锈蚀等缺陷。

ICS 67.020
CCS X 99

中华人民共和国农业行业标准

NY/T 3376—2023

代替 NY/T 3376—2018

畜禽屠宰加工设备　牛悬挂输送设备

Livestock and poultry slaughtering and processing equipment—
Cattle overhead chain conveying equipment

2023-02-17 发布

2023-06-01 实施

中华人民共和国农业农村部 发布

前　言

本文件按照 GB/T 1.1—2020《标准化工作导则　第 1 部分:标准化文件的结构和起草规则》的规定起草。

请注意本文件的某些内容可能涉及专利。本文件的发布机构不承担识别专利的责任。

本文件代替 NY/T 3376—2018《牛步进式输送机》。与 NY/T 3376—2018 相比,除结构调整和编辑性改动外,主要技术变化如下:

　　a)　增加了型式(见第 4 章,2018 年版的第 4 章);

　　b)　更改了基本参数(见表 1,2018 年版的表 1);

　　c)　增加了材料要求、主要零部件要求、安装要求、性能要求、温升要求、噪声要求(见第 5 章,2018 年版的第 5 章);

　　d)　更改了加工要求、装配要求(见第 5 章,2018 年版的第 5 章);

　　e)　更改了外观和卫生要求、安全防护要求、电气安全要求(见第 5 章,2018 年版的第 5 章);

　　f)　删除了传动、焊接、动作(见第 5 章,2018 年版的第 5 章);

　　g)　更改了试验方法(见第 6 章,2018 年版的第 6 章);

　　h)　更改了检验规则(见第 7 章,2018 年版的第 7 章);

　　i)　更改了标志、包装、运输和储存(见第 8 章,2018 年版的第 8 章)。

本文件由农业农村部畜牧兽医局提出。

本文件由全国屠宰加工标准化技术委员会(SAC/TC 516)归口。

本文件起草单位:青岛建华食品机械制造有限公司、中国动物疫病预防控制中心(农业农村部屠宰技术中心)、青岛圣煌重工科技有限公司、许昌市动物疫病预防控制中心。

本文件主要起草人:马转红、曲萍、杨华建、高胜普、蒋善祥、张磊、王大民。

本文件及其所代替文件的历次版本发布情况为:

　　——2011 年首次发布为 SB/T 3376—2011;

　　——2018 年标准编号调整为 NY/T 3376—2018;

　　——本次为第一次修订。

畜禽屠宰加工设备　牛悬挂输送设备

1　范围

本文件规定了牛悬挂输送设备的型式和基本参数、技术要求、试验方法、检验规则及标志、包装、运输和储存要求。

本文件适用于牛屠宰过程屠体、胴体等悬挂输送设备的制造、安装和应用。

2　规范性引用文件

下列文件中的内容通过文中的规范性引用而构成本文件必不可少的条款。其中,注日期的引用文件,仅该日期对应的版本适用于本文件;不注日期的引用文件,其最新版本(包括所有的修改单)适用于本文件。

GB/T 191　包装储运图示标志

GB/T 3768　声学　声压法测定噪声源声功率级和声能量级　采用反射面上方包络测量面的简易法

GB/T 5226.1　机械电气安全　机械电气设备　第 1 部分:通用技术条件

GB/T 7932　气动　对系统及其元件的一般规则和安全要求

GB/T 8196　机械安全　防护装置　固定式和活动式防护装置的设计与制造一般要求

GB/T 8350　输送链、附件和链轮

GB 11341　悬挂输送机安全规程

GB/T 13306　标牌

GB/T 13384　机电产品包装通用技术条件

GB/T 13912　金属覆盖层　钢铁制件热浸镀锌层　技术要求及试验方法

GB 22747　食品加工机械　基本概念　卫生要求

GB/T 27519　畜禽屠宰加工设备通用要求

GB/T 40469　畜禽屠宰加工设备　牛屠宰成套设备技术条件

GB 50270　输送设备安装工程施工及验收规范

GB 51225　牛羊屠宰与分割车间设计规范

JB/T 9016　悬挂输送机　链和链轮

SB/T 223　食品机械通用技术条件　机械加工技术要求

SB/T 224　食品机械通用技术条件　装配技术要求

SB/T 225　食品机械通用技术条件　铸件技术要求

SB/T 226　食品机械通用技术条件　焊接、铆接件技术要求

SB/T 227　食品机械通用技术条件　电气装置技术要求

SB/T 229　食品机械通用技术条件　产品包装技术要求

3　术语和定义

下列术语和定义适用于本文件。

3.1

牛悬挂输送设备　cattle overhead chain conveying equipment

由牵引件直接牵引或牵引件推杆推送,使空间轨道上的承载悬挂吊具连续或间歇运行,完成牛屠体、胴体等空中输送的设备。

3.2

步进式悬挂输送　step-by-step overhead chain conveying

以间歇的运行方式悬挂输送屠体、胴体等。

注：主要用于剥皮及剥皮后的牛屠体和胴体加工的输送。

3.3

链条轨道 chain track

承载滑架轮与链条，保证其沿输送机线路运行的刚性承载件。

4 型式和基本参数

4.1 型式

4.1.1 牛悬挂输送设备主要由驱动装置、张紧装置、回转装置、轨道和链条等组成。

4.1.2 按链条输送路径分为水平式悬挂输送机和垂直式悬挂输送机。

4.1.3 按输送方式分为连续式悬挂输送机和步进式悬挂输送机。

4.1.4 按物件的输送型式分为牵引式悬挂输送机和推送式悬挂输送机。推送式悬挂输送机的承载轨道分为双轨、圆形轨和矩形轨。

注：牵引式悬挂输送机的牵引链条与承载吊钩直接连接，链条与承载为同一轨道；推送式悬挂输送机是由链条轨道上运行的牵引件推送承载轨道上的滑轮挂钩等实现物件的空中输送。

4.1.5 牛屠宰加工悬挂输送设备常用型式见表1。

表 1 牛悬挂输送设备常用型式

项目	放血悬挂输送设备	剥皮悬挂输送设备	胴体加工悬挂输送设备	二分胴体悬挂输送设备
链条输送路径	水平式	水平式/垂直式	水平式/垂直式	水平式/垂直式
输送方式	连续/步进	连续/步进	连续/步进	连续
物件的输送型式	推送式/牵引式	推送式	推送式	推送式
承载轨道型式	圆形轨	双轨/圆形轨/矩形轨	双轨/圆形轨/矩形轨	双轨/圆形轨/矩形轨

4.2 基本参数

牛悬挂输送设备的基本参数见表2。

表 2 牛悬挂输送设备的基本参数

项目	放血悬挂输送设备	剥皮悬挂输送设备	胴体加工悬挂输送设备	二分胴体悬挂输送设备
挂载间距[a] m	1.6～2	2～2.5	2～2.5	≥0.8
双腿悬挂间距[b] m	—	0.5～0.8	0.8～1	—
轨道最大载荷 kg/m	1 000	1 000	1 000	550
[a] 挂载间距指轨道上承载屠体或胴体的相邻挂钩之间的距离。				
[b] 双腿悬挂间距是劈半前牛屠体或胴体双腿悬挂时悬挂两腿挂钩之间的距离。				

5 技术要求

5.1 材料要求

5.1.1 材料应符合 GB/T 40469 的相关规定。原材料、外购配套零部件应有生产厂的质量合格证明和产品相关标准，验收合格后方可投入使用。

5.1.2 链条宜采用不锈钢材料，采用碳钢材料时应进行镀锌等防腐处理。

5.1.3 回转轮的轮齿宜采用不锈钢、工程塑料材料或其他防腐性材料。

5.1.4 滑架轮宜采用不锈钢，采用碳钢材料时应进行镀锌等防腐处理。

5.1.5 轨道宜采用不锈钢材料,采用碳钢材料时应进行镀锌等防腐处理。悬吊装置、链条轨道可采用经防腐处理的碳钢材料。

5.2 加工要求

5.2.1 机械加工件应符合 SB/T 223 的规定。

5.2.2 铸件应符合 SB/T 225 的规定。

5.2.3 焊接件应符合 SB/T 226 的规定。

5.2.4 镀锌件应符合 GB/T 13912 的规定。

5.3 主要零部件要求

5.3.1 驱动装置应满足负载要求,载荷系数宜选用 1.2~1.5。

5.3.2 链条和链轮的技术要求应符合 GB/T 8350 和 JB/T 9016 的规定。

5.3.3 链条的安全系数应不小于 10,吊钩的安全系数应不小于 5。

5.3.4 链条各铰接部位应转动灵活,无卡阻现象,轴端铆接应牢固可靠。

5.3.5 链条轨道宜采用开放式结构和可拆卸连接方式。

5.3.6 链条轨道表面不应有焊渣、锌瘤和碎屑等异物。

5.4 外观和卫生要求

5.4.1 外观和卫生设计应符合 GB 22747 和 GB/T 27519 的规定。

5.4.2 设备表面不应有明显的凸起、凹陷、粗糙不平和损伤等缺陷。

5.4.3 张紧装置、回转装置及轨道等防腐处理时不应采用涂漆,以免因磨损掉落污染肉品。

5.4.4 不应有润滑油、减速机油滴漏现象。

5.4.5 轨道表面使用的润滑油(脂)应为食品级。

5.5 装配要求

5.5.1 设备装配技术要求应符合 SB/T 224 的规定。

5.5.2 驱动装置的链条进入或脱离啮合时,应无干涉和撞击现象。

5.5.3 回转装置的回转轮应转动灵活,无卡滞现象。

5.5.4 张紧装置活动轨段应能灵活移动,无卡阻和歪斜现象。

5.5.5 水平式悬挂输送机链轮的横向中心面与轨道底面距离的极限偏差为 -1.5 mm,链轮轴线与轨道纵向中心线的偏差应不大于 1 mm。

5.5.6 垂直式悬挂输送机链轮的纵向中心面与轨道纵向中心面的距离偏差应不大于 1 mm。

5.5.7 易脱落的零部件应有防松装置,零件及螺栓、螺母等紧固件应固定牢固,不应因振动发生松动和脱落。

5.6 安全防护要求

5.6.1 输送设备的机械安全应符合 GB/T 8196 和 GB 11341 的规定。

5.6.2 设备应设有启动保护装置和自动报警装置,并在适宜的位置配有防水型急停开关,便于操作。

5.6.3 驱动装置应有负载启动能力,电机应设有过载、过热保护装置。

5.6.4 张紧装置采用气动张紧时应设有限位行程开关和压缩空气泄漏防护措施。

5.6.5 设备应有断链条保护装置,并应具有与驱动装置电机联锁的功能。

5.6.6 轨道面距离地面小于 2.5 m 时,应在人员容易接近的回转装置部位设有安全防护装置。

5.6.7 高空输送物品、吊件时,在跨越工作位置、人员通行位置和线路转弯易掉落处应设置安全防护装置。

5.6.8 电机、驱动装置、控制箱和其他在清洗范围内的设备部件应能够耐受直接的高压水喷射或配置防护措施。

5.6.9 安全警示标志应设置在设备显著部位。

5.7 电气安全要求

5.7.1 电气安全应符合 GB/T 5226.1 和 SB/T 227 的规定。

5.7.2 电器线路接头应联接牢固并加以编号,导线不应裸露。

5.7.3 设备绝缘材料和绝缘结构的抗电压性能应安全可靠,绝缘电阻应不小于 1 MΩ,接地电阻应不大于 0.1 Ω。

5.7.4 所有电气设备的金属外壳均应可靠接地,并有明显接地标识。

5.7.5 设备配置的电气控制箱、电动机的防护等级应不低于 IP55。外露的接近开关、光电开关、急停开关等电气部件防护等级应不低于 IP56。

5.8 安装要求

5.8.1 设备的安装要求应符合 GB 50270 的规定。

5.8.2 钢梁型号、高度及位置应符合工艺要求。

5.8.3 驱动装置应设置在链条的全线张力最小且不应出现负张力的位置。

5.8.4 张紧装置应设置在驱动装置的绕出端,且保证运行时全线链条均处于张紧状态的位置。

5.8.5 设备安装应牢固,悬吊装置不应有晃动,紧固零件应无松动脱落现象。

5.8.6 轨道高度应符合设计规范和工艺要求,且应符合 GB 51225 的规定。

5.8.7 链条装配后应保证节距、负载(空载)滑架间距均匀一致,与同类型输送机的轮齿相互匹配,啮合顺畅,无卡滞现象。

5.8.8 喂入装置、道岔的型式和安装位置应符合工艺技术要求。

注:喂入装置指使畜屠体或胴体按照设定间距逐个进入悬挂输送机的装置。

5.8.9 轨道的安全系数应不小于 2,悬吊装置的安全系数应不小于 5,轨道的许用挠度应不大于跨度的 1/400,并符合 GB 11341 的规定。

5.8.10 直线段轨道的直线度在 6 m 长度上应不大于 3 mm,在全长范围内应不大于 7 mm。

5.8.11 轨道焊接和铆接过渡处应平整、光滑,挂钩运行时无卡滞现象。接口处踏面的高度差和横向错位应不大于 0.5 mm,接口间隙应不大于 1 mm。

5.8.12 道岔接轨踏面偏差应不大于 1 mm,接口间隙应不大于 2 mm,并符合 GB 50270 的规定。

5.8.13 水平弯曲轨道的弯曲半径小于等于 400 mm 时允许偏差应为 ±2.0 mm,弯曲半径大于 400 mm 时允许偏差应为 ±3.0 mm。

5.8.14 推送式悬挂输送机轨道上坡和下坡段应设有承载轨道护板。矩形轨应设有防止滑轮挂钩倾斜的辅助推杆。

5.8.15 双轨两边轨道相对轨道中心线的对称度偏差应不大于 1 mm,轨道踏面高度差应不大于 1 mm。

5.8.16 矩形轨道截面尺寸的极限偏差应为 1 mm,相邻边应垂直,其角度的极限偏差应为 1.5°,纵向中心线相对于水平面的垂直度应不大于 1 mm。

5.8.17 升降轨道的升角不宜大于 38°。

5.8.18 悬挂输送设备的有效输送长度应满足工艺要求,步进式悬挂输送机各工位应与对应配套设备工位对齐。

5.8.19 步进式悬挂输送机正常工作状态下制动时,应保证牛的两后腿挂钩均进入输送机。

5.8.20 在设备的适宜位置宜设置链条在线自动润滑装置。

5.8.21 气动系统的气路连接应密闭,无漏气现象,气压应正常,且符合 GB/T 7932 的规定。

5.9 性能要求

5.9.1 空载运行要求

5.9.1.1 设备安装完成后,应进行空载运行,各运动机构应工作正常,无卡滞现象;操作开关、报警装置和过载保护装置应安全灵敏;气动控制系统应正常。

5.9.1.2 各工作区悬挂输送设备的生产能力应匹配、相互协调、衔接顺畅;联合运行平稳、安全可靠。

5.9.2 负载运行要求

5.9.2.1 设备联机空载运行后应进行负载运行试验。

5.9.2.2 设备性能应符合表2的要求。

5.9.2.3 设备输送速度应满足工艺设计及各工序的操作需要,速度宜可调。

5.10 噪声要求

工作噪声应不大于 80 dB(A)。

6 试验方法

6.1 材料检查

按 GB 22747 和 GB/T 27519 的规定检查设备材质报告及质量合格证明书。

6.2 加工检查

6.2.1 按 SB/T 223 的规定检查零部件机械加工质量。

6.2.2 按 SB/T 225 的规定检查铸件质量。

6.2.3 按 SB/T 226 的规定检查设备焊接部位质量。

6.2.4 按 GB/T 13912 的规定检查镀锌件质量。

6.3 主要零部件检查

6.3.1 在满负荷状态下测量并核算载荷系数。

6.3.2 按照 GB/T 8350 的规定检查链条和链轮的质量。

6.3.3 用拉力试验机检测链条和吊钩强度。

6.3.4 转动链条各铰接部位检查链条的转动情况。

6.3.5 目测检查链条轨道结构、表面及链条轴端铆接情况。

6.4 外观和卫生检查

目测和手感检查设备的外观质量和卫生情况。

6.5 装配检查

6.5.1 按 SB/T 224 的规定检查设备装配情况。

6.5.2 目测检查驱动链轮的啮合情况和张紧装置的装配情况。

6.5.3 用量具检查回转装置的装配情况。

6.6 安全防护检查

目测检查设备的安全防护。

6.7 电气安全检测

6.7.1 耐电压

按 GB/T 5226.1 的规定检测。

6.7.2 绝缘电阻

按 GB/T 5226.1 的规定检测。

6.7.3 接地电阻

按 SB/T 227 的规定检测。

6.7.4 电气设备

目测检查设备接地情况、电气控制箱和电机的合格证书。

6.8 安装检查

6.8.1 目测检查推杆(吊钩)间距、喂入装置和道岔的位置、轨道焊接过渡处、工位与配套设备的相对位置、链条润滑情况。人工推动负载挂钩检查轨道接口情况。

6.8.2 用量具测量钢梁型号、设备安装高度及位置、轨道直线度和偏差,以及轨道接口错位量和铆接过渡处间隙、滑架间距和升降轨道的升角。

6.8.3 在轨道上悬挂最大允许载荷的重物,检查轨道和悬吊装置的固定情况。

6.8.4 按 GB/T 7932 的规定检查气动系统。

6.9 性能试验

6.9.1 空载试验

6.9.1.1 安装完毕后应进行单机空载试验。

6.9.1.2 先点动控制,确定正确转动方向;低速运转,人工调节链条的松紧度,使其张紧适度,受力均匀后,方可空载运行。

6.9.1.3 额定转速下连续运转应不少于 1 h,检查各传动部位、控制开关、报警装置、电气控制系统和气动控制系统。

6.9.2 负载试验

6.9.2.1 负载试验按照 GB/T 27519 的规定进行。

6.9.2.2 在额定转速及满负荷条件下用转速表测量驱动装置链轮的转速,检查各个动作的协调、匹配情况和制动时的位置。

6.9.2.3 在额定转速及满负荷条件下用目测和秒表计量设备的输送速度(每间隔 30 min 测量 1 次,共测量 3 次,计算输送设备运行误差平均值)。

6.9.2.4 在满负荷条件下通过试验检查设备的承载情况。

6.10 噪声检测

设备运转时,按 GB/T 3768 的规定进行测量。

7 检验规则

7.1 检验类型

检验类型包括出厂检验、安装和调试检验与型式检验。

7.2 出厂检验

7.2.1 检验项目:每台设备应按表 3 的要求进行出厂检验。

表 3 检验项目

序号	检验项目名称		检验类别		检验方法	对应要求
		出厂检验	安装和调试检验	型式检验		
1	材料	√	—	√	6.1	5.1
2	加工件	√	—	√	6.2	5.2
3	主要零部件	√	—	√	6.3	5.3
4	外观和卫生	√	√	√	6.4	5.4
5	装配	√	√	√	6.5	5.5
6	安全防护	√	√	√	6.6	5.6
7	电气安全	√	√	√	6.7	5.7
8	安装	—	√	√	6.8	5.8
9	性能 空载	—	√	√	6.9.1	5.9.1
10	性能 负载	—	√	√	6.9.2	5.9.2
11	噪声		√	√	6.10	5.10
注:"√"表示检验项目;"—"表示非检验项目。						

7.2.2 判定规则:出厂检验如有不合格项,允许修整后复检。复检仍不合格则判定该产品不合格。

7.3 安装和调试检验

7.3.1 检验项目:设备应按表3的要求进行安装和调试检验。

7.3.2 判定规则:安装和调试检验如有不合格项,应对不合格项实施修复并进行复检。如复检仍不合格,则判定安装和调试检验不合格。其中,安全性能不允许复检。

7.4 型式检验

7.4.1 有下列情况之一者,应按表3的要求进行型式试验:

a) 新产品或老产品转厂生产的试制定型鉴定;

b) 正式生产后,如结构、材料、工艺有较大改变,可能影响产品性能时;

c) 正常生产的条件下,设备积累到一定产量(数量)时,应周期性进行检验;

d) 使用方有重大问题反馈时;

e) 出厂检验结果与上次型式检验有较大差异时;

f) 国家有关主管部门提出型式检验的要求时。

7.4.2 抽样及判定规则:从出厂检验合格的产品中随机抽取,每次抽样数量不少于2台(套)。全部项目合格则判定型式检验合格;如有不合格项,应加倍抽样,对不合格项目进行复检,如复检不合格,则判定型式检验不合格,其中安全性能不允许复检。

8 标志、包装、运输和储存

8.1 标志

8.1.1 标志应符合GB/T 191的规定。

8.1.2 标牌应符合GB/T 13306的规定,应固定在设备平整明显位置。内容应包括产品名称、型号、主要参数、制造商名称、地址、商标、出厂编号、出厂日期等。

8.2 包装

8.2.1 包装应符合SB/T 229的规定,并符合运输和装载要求。

8.2.2 产品应分类包装,其中驱动装置、链条、轨道接头、道岔及其他小型零部件应装入封闭箱内,张紧装置、回转装置、轨道等可以裸装。裸装件应包扎牢固,采取相应保护措施,应符合GB/T 13384的规定。

8.2.3 包装箱内应有产品使用说明书、产品合格证和装箱单(包括配件及随机工具清单)。

8.2.4 紧固件、零部件、工具和配件外包装上应标明名称、规格型号及数量。

8.2.5 外包装上应标注有"小心轻放""向上""防潮""吊索位置"等标志,且符合GB/T 191的规定。

8.3 运输和储存

8.3.1 产品在运输过程中应采取适当措施保证整机、零部件、随机文件和工具不受损坏。

8.3.2 产品应储存在干燥、通风的仓库内,并注意防潮,不应与有毒、有害、有腐蚀性物质混放。在室外临时存放时,应采取防护措施。

8.3.3 正常储运条件下,自出厂之日起12个月内,不应因包装不良引起锈蚀等缺陷。

———————————

ICS 67.120.10
CCS X 22

中华人民共和国农业行业标准

NY/T 4270—2023

畜禽肉分割技术规程　鹅肉

Code of practice for livestock and poultry meat fabrication—Goose meat

2023-02-17 发布

2023-06-01 实施

中华人民共和国农业农村部 发布

前　言

本文件按照 GB/T 1.1—2020《标准化工作导则　第 1 部分：标准化文件的结构和起草规则》的规定起草。

请注意本文件的某些内容可能涉及专利。本文件的发布机构不承担识别专利的责任。

本文件由农业农村部畜牧兽医局提出。

本文件由全国屠宰加工标准化技术委员会（SAC/TC 516）归口。

本文件起草单位：中国动物疫病预防控制中心（农业农村部屠宰技术中心）、青岛农业大学、南京农业大学、临沂金锣文瑞食品有限公司、青岛九联集团股份有限公司、山东新和盛农牧集团有限公司、樱源有限公司、青岛六和万福食品有限公司、青岛万福质量检测有限公司、青岛海润农大检测有限公司、中国肉类协会、中国动物卫生与流行病学中心、山东得利斯食品股份有限公司、诸城外贸有限责任公司、南京黄教授食品科技有限公司、青岛特种食品研究院、新希望六和股份有限公司、食赢未来（青岛）食品科技有限公司、内蒙古塞飞亚农业科技发展股份有限公司。

本文件主要起草人：孙京新、高胜普、周光宏、王宝维、李春保、徐幸莲、曲萍、姚现琦、杨圣仁、金钧、张从祥、种震、史蕾、魏玉龙、刘蕾、王玉东、郑乾坤、乔昌明、张朝明、黄明、周娜、杨建明、李岩、逄滨、郭丽萍、苗春伟、黄河、常思远。

畜禽肉分割技术规程　鹅肉

1　范围

本文件确立了鹅肉分割程序,规定了整鹅分割、部位分割(含预分割、割腿、割翅、翅胸分离、大胸肉修整、副产品整理)等阶段的操作指示,描述了各阶段操作的追溯方法。

本文件适用于鹅肉的分割加工。

2　规范性引用文件

下列文件中的内容通过文中的规范性引用而构成本文件必不可少的条款。其中,注日期的引用文件,仅该日期对应的版本适用于本文件;不注日期的引用文件,其最新版本(包括所有的修改单)适用于本文件。

GB/T 191　包装储运图示标志
GB/T 6388　运输包装收发货标志
GB 20799　食品安全国家标准　肉和肉制品经营卫生规范
GB 51219　禽类屠宰与分割车间设计规范
NY/T 3383　畜禽产品包装与标识
NY/T 3742　畜禽屠宰操作规程　鹅

3　术语和定义

NY/T 3742 界定的以及下列术语和定义适用于本文件。为了便于使用,以下重复列出了 NY/T 3742—2020 中的某些术语和定义。

3.1

鹅胴体　goose carcass

宰杀沥血、脱毛后,去除内脏,去除或不去除头、掌、翅的鹅体。

[来源:NY/T 3742—2020,3.2]

3.2

三节翅　whole wing

沿翅根部从肩关节处切断而分割出的完整鹅翅。

注:三节翅包含翅根、翅中、翅尖。

3.3

二节翅　two joint wing

从肘关节处切断,肘关节至翅尖的部分。

注:二节翅包含翅中、翅尖。

3.4

全腿　whole leg

沿鹅腿腹处下刀,从髋关节切断而分割出的部分。

3.5

大腿　thigh

沿髋关节底边平行横向切断的全腿上侧部分。

3.6

小腿　drumstick

沿髋关节底边平行横向切断的全腿下侧部分。

4 原料要求

4.1 鹅屠宰过程应符合 NY/T 3742 的规定。

4.2 鹅胴体分割前应冲洗干净,无可见异物残留。

5 分割车间基本要求

5.1 分割车间设计应符合 GB 51219 的规定。

5.2 分割车间温度不应高于 12 ℃。

6 分割程序及要求

6.1 分割程序

6.1.1 将预冷后的鹅胴体悬挂于分割输送线上,悬挂位置宜为头颈部刀口下方 2 cm~3 cm 处。

6.1.2 鹅胴体可按流程进行整鹅分割(6.2);也可进行部位分割(6.3)。鹅肉分割流程如图 1 所示,鹅肉分割示意见附录 A。由各工序操作人员对上道工序转入的产品进行把关,达不到分割加工要求的不准许流入下道工序。

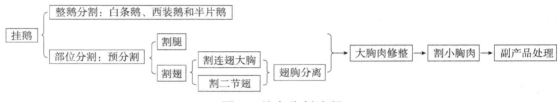

图 1　鹅肉分割流程

6.2 整鹅分割

6.2.1 鹅胴体去气管,去或不去鹅头、鹅掌、二节翅,得白条鹅。

6.2.2 将鹅胴体齐肩胛骨处去颈和鹅头,同时沿肘关节处去二节翅、沿跗关节处去鹅掌,得西装鹅。

6.2.3 将西装鹅沿脊骨处一分为二,得半片鹅。

6.3 部位分割

6.3.1 预分割

沿脊背正中从脖根部至尾部划一刀,沿锁骨上方左右两侧各划一刀,沿胸骨两侧各划一刀,在裆部沿腿两侧各划一刀,同时沿尾根部分割出鹅尾。

6.3.2 割腿

在腿与鹅体相连腹处下刀,切至髋关节,将关节韧带割断,再将刀紧贴髋关节向下划,同时将腿向下撕至鹅尾部,切断与鹅尾相连的皮,分割出全腿,修剪全腿上裸露的脂肪及余皮。沿髋关节底边平行横向切断,得全腿上侧部分为大腿、下侧部分为小腿。

6.3.3 割翅、翅胸分离

可割连翅大胸或先割二节翅,再翅胸分离。

　　a) 割连翅大胸:从翅根与锁骨的连接处下刀,沿锁骨向下划开,至露出锁骨间,稍用力向下拉紧翅胸,同时用刀划开肩关节至脊骨处皮和肉,分割出连翅大胸;然后再翅胸分离,分割出大胸肉、三节翅、二节翅、翅中、翅根、翅尖:

　　　　1) 沿翅根部将肩关节处切断,分割出三节翅和大胸肉;

　　　　2) 将三节翅从肘关节处切断,分割出翅根(肩关节至肘关节段)和二节翅;

　　　　3) 将二节翅从腕关节处切断,分割出翅中(肘关节至腕关节段)和翅尖。

　　b) 先割二节翅,再翅胸分离:

1) 从肘关节处切断,分割出二节翅;将二节翅从腕关节处切断,分割出翅中和翅尖;

2) 从翅根与大胸连接处下刀,向后拉刀分割为翅根和大胸肉。

6.3.4 大胸肉修整

6.3.4.1 修剪大胸肉上的淤血、软骨、硬骨、多余皮和脂肪,得带皮大胸肉。

6.3.4.2 一手捏住带皮大胸肉肌肉,另一手捏住其一端的皮,将皮撕下,修剪肌肉表面的脂肪,得去皮大胸肉。

6.3.5 割小胸肉

捏住小胸下端,从下往上分离,修剪表面脂肪,得小胸肉。

6.3.6 副产品整理

6.3.6.1 修割鹅头和鹅舌

从第一颈椎与寰椎骨交界处割下鹅头,从鹅口腔中去鹅舌。洗净口腔、鼻腔、耳道内的淤血,清理残余脱毛剂和头部残毛。

6.3.6.2 修割鹅脖

沿肩胛骨处切断颈部,去或不去脖皮、脂肪,得去皮鹅脖或带皮鹅脖。洗净鹅脖上粘附的淤血和杂质。

6.3.6.3 修割鹅板油

将鹅板油完整地从腹肌撕下,去血块、碎内脏及残余脱毛剂、残毛等异物。

7 包装、标识、标志、储存、运输

7.1 包装

7.1.1 按品种、级别等进行包装,包装应符合 NY/T 3383 的规定。

7.1.2 包装间温度应不高于 12 ℃,冷却鹅肉包装滞留时间不宜超过 30 min。

7.1.3 包装材料应由专人保管,专库或专区储存。包装材料的入库、发放、领用、废弃均应有记录。

7.1.4 包装后的产品入储存库前应进行异物检查。

7.2 标识、标志

7.2.1 产品标识应符合 NY/T 3383 的规定,标志应符合 GB/T 191、GB/T 6388 的规定。

7.2.2 不同品类产品的标识应明确,易于区分。

7.3 储存、运输

7.3.1 产品不应与有毒、有害、易挥发的物品或可能造成交叉污染、串味的产品混合储存、运输。

7.3.2 产品应按不同种类、级别、批次分垛存放,并加以标识;产品出库时,应遵循先进先出的原则。

7.3.3 产品储存、运输温度应符合 GB 20799 的规定。

8 追溯方法

在执行第 6 章所规定的各个阶段的程序指示过程中,记录并保持以下内容:

a) 执行各个阶段程序指示的人员姓名;

b) 操作时间段;

c) 执行的具体操作内容;

d) 不合格的产品处理情况。

附　录　A

（资料性）

鹅肉分割示意

鹅肉分割示意表见表 A.1,列出了鹅肉分割的产品名称、产品分割部位示意图和产品示意图。

表 A.1　鹅肉分割示意表

序号	产品名称	产品分割部位示意图	产品示意图
1	白条鹅		 不去鹅头、鹅掌、二节翅 去鹅头、鹅掌、二节翅
2	西装鹅		

表 A.1（续）

序号	产品名称	产品分割部位示意图	产品示意图
3	半片鹅		
4	三节翅		
5	二节翅		
6	翅根		

表 A.1（续）

序号	产品名称	产品分割部位示意图	产品示意图
7	翅中		
8	翅尖		
9	带皮大胸肉		
10	去皮大胸肉		

表 A.1（续）

序号	产品名称	产品分割部位示意图	产品示意图
11	小胸肉		
12	全腿		
13	大腿		
14	小腿		

表 A.1（续）

序号	产品名称	产品分割部位示意图	产品示意图
15	鹅掌		
16	鹅尾		
17	鹅架		
18	鹅头		

表 A.1（续）

序号	产品名称	产品分割部位示意图	产品示意图
19	鹅舌		
20	带皮鹅脖		
21	去皮鹅脖		
22	鹅板油		

ICS 67.120.10
CCS X 22

中华人民共和国农业行业标准

NY/T 4271—2023

畜禽屠宰操作规程　鹿

Code of practice for livestock and poultry slaughtering—Deer

2023-02-17 发布

2023-06-01 实施

中华人民共和国农业农村部 发布

前　言

本文件按照 GB/T 1.1—2020《标准化工作导则　第 1 部分:标准化文件的结构和起草规则》的规定起草。

请注意本文件的某些内容可能涉及专利。本文件的发布机构不承担识别专利的责任。

本文件由农业农村部畜牧兽医局提出。

本文件由全国屠宰加工标准化技术委员会(SAC/TC 516)归口。

本文件起草单位:吉林省畜牧兽医学会、吉林省畜禽定点屠宰管理办公室、吉林省畜牧兽医科学研究院。

本文件主要起草人:李真、邵洪泽、冯凯、田来明、陈曦、任锐、李晶娜、许彦光、王欣宇、赵玉龙、李晗、崔鹤馨、权心娇。

畜禽屠宰操作规程 鹿

1 范围

本文件确立了鹿屠宰程序,规定了保定、致昏、宰杀放血、冲洗喷淋、剥皮或烫毛、脱毛等步骤的操作指示,描述了各阶段操作的追溯方法。

本文件适用于鹿屠宰厂(场)的屠宰操作。

2 规范性引用文件

下列文件中的内容通过文中的规范性引用而构成本文件必不可少的条款。其中,注日期的引用文件,仅该日期对应的版本适用于本文件;不注日期的引用文件,其最新版本(包括所有的修改单)适用于本文件。

GB/T 4456 包装用聚乙烯吹塑薄膜

GB 4806.7 食品安全国家标准 食品接触用塑料材料及制品

GB 12694 食品安全国家标准 畜禽屠宰加工卫生规范

GB 20799 食品安全国家标准 肉和肉制品经营卫生规范

GB/T 28117 食品包装用多层共挤膜、袋

NY 467 畜禽屠宰卫生检疫规范

NY/T 3224 畜禽屠宰术语

NY/T 3383 畜禽产品包装与标识

3 术语和定义

GB 12694、NY/T 3224 界定的以及下列术语和定义适用于本文件。

3.1

鹿屠体 deer body

鹿宰杀放血后的躯体。

3.2

鹿胴体 deer carcass

鹿经宰杀放血后,去皮或者脱毛、去头、去蹄筋、去生殖器、去尾,摘除内脏的躯体。

3.3

鹿鞭 deer whip

公鹿的外生殖器,包括阴茎及睾丸。

3.4

蹄筋 deer tendon

从鹿蹄部至跗关节去除骨和皮的肌腱与韧带部分。

3.5

保定 restrict

采用绳捆、笼装或狭小通道等物理方法将鹿只进行固定的方式。

4 宰前要求

4.1 待宰鹿应健康良好,附有动物检疫合格证明。

4.2 待宰鹿应采用保定方式送至屠宰厂(场),停食静养 12 h~24 h,并充分给水,宰前 3 h 停止饮水。

4.3 公鹿与母鹿不应混群饲养,不同批次的母鹿应分圈静养,公鹿应采用单间停食静养。

4.4 应保持待宰圈安静,除宰前检验检疫人员外,无关人员不应随意进入待宰圈。

4.5 屠宰前 6 h 应向所在地动物卫生监督机构申报检疫。

4.6 送宰鹿通过赶鹿通道时,不应采用暴力驱赶。

5 屠宰操作程序及要求

5.1 屠宰工序

应按照如下屠宰工序操作:保定(5.2)→致昏(5.3)→宰杀放血(5.4)→冲洗喷淋(5.5)→剥皮(5.6)或烫毛、脱毛(5.7)→去头、蹄筋、尾及鹿鞭(5.8)→取内脏(5.9)→胴体修整(5.10)和副产品整理(5.11)。由各工序操作人员对上道工序转入的鹿只/屠体/副产品进行把关,达不到屠宰操作要求的,不准许流入下道工序。鹿的胴体及副产品在屠宰过程中不应落地或与不清洁的表面接触。宰杀刀每次使用后,应使用82 ℃的热水消毒。

5.2 保定

将鹿赶至保定装置,对鹿进行宰前保定。

5.3 致昏

5.3.1 采用击昏枪或电致昏的方法对鹿进行致昏,使鹿呈昏迷状态,不应反复致昏或致死。

5.3.2 采用电致昏时,应根据鹿的种类、体重以及季节调整电压、电流和致昏时间等参数。

5.4 宰杀放血

5.4.1 将鹿的后蹄挂在轨道链钩上,匀速提升至放血轨道。

5.4.2 从致昏到宰杀放血的间隔时间不应超过 1.5 min。

5.4.3 放血前,应清洗鹿颈部。放血时,从鹿喉部下刀,横向切断颈部动、静脉,不割破食管、气管;也可采用"三管齐断法"进行放血。沥血时间应不少于 5 min。

5.5 冲洗喷淋

鹿屠体可采用喷淋或清洗设备进行清洗,洗净残留在屠体表面上的粪污、血污等污染物。冲洗喷淋后,可采用剥皮(5.6)或者烫毛、脱毛(5.7)工艺进行后序操作。

5.6 剥皮

5.6.1 预剥皮

预剥皮时刀不应伤及屠体,按以下程序进行:

a) 挑裆、剥后腿皮。环切跗关节皮肤,使后蹄皮和后腿皮上下分离,沿后腿内侧横向划开皮肤并将后腿部皮剥离开,同时将裆部生殖器皮剥离。

b) 剥尾部皮。将鹿尾内侧皮沿中线划开,从左右两侧剥离鹿尾皮。

c) 划腹胸线。从裆部沿腹部中线将皮划开至剑状软骨处,初步剥离腹部皮肤,然后握住鹿胸部中间位置皮毛,用刀沿胸部正中线划至鹿脖下方。

d) 剥腹胸部。将腹部、胸部两侧皮剥离,剥至肩胛位置。

e) 剥前腿皮。沿鹿前腿趾关节中线处将皮挑开,从左右两侧将前腿外侧皮剥至肩胛骨位置。

f) 剥鹿脖。沿鹿脖喉部中线将皮向两侧剥离开。

g) 捶皮。手工或使用机械方式用力快速揣击肩部或臀部的皮与胴体之间部位,使皮与屠体分离。

5.6.2 扯皮

采用人工或机械方式扯皮。从后腿开始沿背部扯下,皮张应完整、无破裂、不带膘肉。鹿屠体应不带碎皮,肌膜完整。

5.7 烫毛、脱毛

5.7.1 烫毛

夏季烫池水温宜采用 60 ℃～65 ℃,冬季宜采用 65 ℃～70 ℃。浸烫时间以 2.5 min～5.0 min 为宜。

烫池应设有溢水口和补充净水的装置。不应使屠体沉底,烫生、烫老。

5.7.2 脱毛

屠体烫毛后,应立即送入脱毛设备脱毛,不应损伤屠体。

5.7.3 二次上挂

屠体从脱毛设备出来后,用挂钩钩住后蹄的跗关节,用提升机再次将屠体提升至屠宰轨道。

5.7.4 去残毛

将屠体的残毛去除,并冲洗干净。

5.8 去头、蹄筋、尾及鹿鞭

5.8.1 去头

固定鹿头,沿枕关节下刀,将鹿头割下。

5.8.2 取蹄筋

从蹄匣内部下刀,向跗关节进刀,剖开外筋膜,在肌腱和肌肉连接处切断,取出蹄筋。应保持蹄筋的完整性。

5.8.3 割鹿鞭

握住公鹿阴茎,将阴茎提起,用刀沿腹线切至趾骨根骨处,割取阴茎及睾丸。不应破坏鹿鞭的整体外观。

5.8.4 割鹿尾

在第一尾骨进刀,以弧形的方式将鹿尾割下。

5.9 取内脏

5.9.1 结扎食管

划开食管和颈部肌肉相连部位,将食管和气管分开,把胸腔前口的气管剥离后结扎。

5.9.2 切肛

刀刺入肛门外围,沿肛门四周与其周围组织割开并剥离,分开直肠头垂直放入骨盆内。

5.9.3 开腔

从胶部下刀,沿腹中线划开腹壁膜至剑状软骨处。下刀时,不应损伤脏器。

5.9.4 取白脏

用一只手扯出直肠,结扎。另一只手持刀伸入腹腔,从一侧到另一侧割离腹腔内结缔组织,同时用力从里向外按住胃部,取出肠、胃、脾。

5.9.5 取红脏

一只手抓住腹肌一边,另一只手持刀沿着体腔内壁从一侧割到另一侧分离横膈肌。拉出气管,取出心、肺、肝。摘除甲状腺,保持脏器完好。

5.10 胴体修整

去除胴体表面的淤血、残皮、浮毛等污物,摘除肾上腺和残留甲状腺。用水将胴体清洗干净。

5.11 副产品整理

5.11.1 鹿鞭整理

用睾丸基线将睾丸缠绕在阴茎上,摘除多余的残皮、残肉、油脂。

5.11.2 鹿尾整理

用肛门附近的皮肤与第一尾骨附近残留的皮肤进行打结,摘除多余的残皮、残肉及油脂。

5.11.3 蹄筋整理

摘除蹄筋内多余的残肉、残皮。

5.11.4 白脏整理

将检验检疫合格的胃、肠、脾送入白脏整理间,将肠胃内容物倒入风送管或指定容器,肠胃内容物应及时拉出屠宰车间。胃和肠采用手工或者机器进行清洗。将清洗后的胃、肠和脾整理包装入冷藏库或保鲜库。

5.11.5 红脏整理

将检验检疫合格的心、肝、肺送入红脏加工间,清洗整理后包装入冷藏库或保鲜库。

6 检验检疫

6.1 应按照 NY 467 等标准进行同步检验检疫。

6.2 经检验检疫不合格的肉品及副产品,应进行无害化处理。无害化处理操作见《病死及病害动物无害化处理技术规范》。

7 冷却

7.1 冷却时,按屠宰顺序将鹿胴体送入冷却间。胴体应排列整齐,胴体间距不少于 3 cm。

7.2 鹿胴体冷却间设定温度 0 ℃～4 ℃,相对湿度保持在 85%～90%,冷却时间不少于 12 h。冷却后的胴体中心温度应不高于 7 ℃。

7.3 内脏冷却后,产品中心温度应不高于 3 ℃。

8 包装和标签

8.1 包装材料应符合 GB/T 4456、GB 4806.7 和 GB/T 28117 的规定。

8.2 包装标识应符合 NY/T 3383 的规定。

9 储存、销售和运输

应按 GB 20799 的规定执行。

10 追溯方法

在执行第 5 章所规定的各个阶段的程序指示过程中,记录并保持以下内容:
a) 执行各个阶段程序指示的人员姓名;
b) 操作时间段;
c) 执行的具体操作内容;
d) 不合格的鹿只/屠体/副产品处理情况。

参 考 文 献

[1]　病死及病害动物无害化处理技术规范(农医发〔2017〕25 号)

———————————

ICS 67.120.01
CCS X 00

中华人民共和国农业行业标准

NY/T 4272—2023

畜禽屠宰良好操作规范 兔

Good manufacturing practice for livestock and poultry slaughtering—Rabbit

2023-02-17 发布

2023-06-01 实施

中华人民共和国农业农村部 发布

前　言

本文件按照 GB/T 1.1—2020《标准化工作导则　第 1 部分：标准化文件的结构和起草规则》的规定起草。

请注意本文件的某些内容可能涉及专利。本文件的发布机构不承担识别专利的责任。

本文件由农业农村部畜牧兽医局提出。

本文件由全国屠宰加工标准化技术委员会(SAC/TC 516)归口。

本文件起草单位：山东省肉类协会、青岛海关技术中心、中国动物疫病预防控制中心(农业农村部屠宰技术中心)、青岛康大食品有限公司、南德商品检测(青岛)有限公司、中华人民共和国黄岛海关、青岛西海岸新区农业农村局、山东海达食品有限公司。

本文件主要起草人：李琳、赵丽青、高胜普、李明勇、刘美玲、逄淑梅、王树峰、张雁洁、薛秀海、庄桂玉、孙即民、薛在军。

畜禽屠宰良好操作规范 兔

1 范围

本文件规定了兔屠宰加工厂的选址及厂区环境、厂房和车间、设施与设备、卫生管理、生产管理、标识、包装、储存和运输、产品追溯与召回管理、管理体系等方面的要求,描述了对应的证实方法。

本文件适用于兔屠宰加工企业。

2 规范性引用文件

下列文件中的内容通过文中的规范性引用而构成本文件必不可少的条款。其中,注日期的引用文件,仅该日期对应的版本适用于本文件;不注日期的引用文件,其最新版本(包括所有的修改单)适用于本文件。

GB/T 191 包装储运图示标志

GB 5749 生活饮用水卫生标准

GB 12694 食品安全国家标准 畜禽屠宰加工卫生规范

GB/T 19480 肉与肉制品术语

GB 20799 食品安全国家标准 肉和肉制品经营卫生规范

NY 467 畜禽屠宰卫生检疫规范

NY/T 3224 畜禽屠宰术语

NY/T 3383 畜禽产品包装与标识

NY/T 3470 畜禽屠宰操作规程 兔

NY/T 4318 兔屠宰与分割车间设计规范

3 术语和定义

GB 12694、GB/T 19480、NY/T 3224、NY/T 3470、NY/T 4318 界定的术语和定义适用于本文件。

4 选址及厂区环境

4.1 一般要求

应符合 GB 12694 的相关规定。

4.2 选址要求

新建厂与动物饲养场、动物隔离场所、动物诊疗场所、居民生活区、生活饮用水源地、学校、医院等的距离应根据实际自然条件经风险评估后确定。

4.3 厂区要求

4.3.1 厂区空地应采取铺设混凝土、地砖或铺设草坪等必要措施,防止扬尘和积水。

4.3.2 厂区内应设有废弃物、垃圾暂存或处理设施。废弃物应及时清除或处理,防止造成环境污染。废弃物存放和处理排放应符合国家有关要求。

4.3.3 不应兼营、生产、存放对产品有显著污染的物品。

5 厂房和车间

5.1 厂房和车间布局应符合 NY/T 4318 的相关规定。

5.2 厂区按设计要求划分为生产区和非生产区。生产区与非生产区应保持适当的距离。

5.3 应对厂区和车间的防虫、防鸟和防鼠设施进行定期检查和维护。

5.4 生产区包括活兔待宰棚(圈)、卸兔站台、隔离间、官方兽医室、活兔运输车辆和笼具消毒区、屠宰车间、预冷车间、分割车间、副产品整理间、废弃物暂存区、冷库等。

5.5 屠宰和加工车间应分别设置出入口,各加工区域应防止人流、物流、水流和气流交叉污染。

6 设施与设备

6.1 一般要求

应符合 NY/T 4318 的相关规定。

6.2 供水要求

6.2.1 应保证供水系统满足屠宰加工用水需要,保持供水畅通。生产用水应符合 GB 5749 的要求。

6.2.2 应做好给水水源、泵房和储水设备的安全防护,并对储水设备定期清洗消毒。

6.2.3 车间内冷、热水管应用不同颜色或其他方式进行标识。

6.2.4 加工用水管道应有防虹吸装置或防回流装置,供水管网的出水口末端不应没入液面以下。

6.2.5 清洗用热水温度不宜低于 40 ℃,刀器具消毒用热水温度不应低于 82 ℃。消毒热水设施应配备温度指示装置。

6.3 排放要求

6.3.1 厂区应有废水、废气收集及处理设施,处理效果应达到相关排放要求。

6.3.2 车间排水管道应有坡度,保持排水畅通。排水沟应采用明沟,排水流向应从清洁区向非清洁区排放。

6.3.3 车间的下水道口应设耐腐蚀材质的地漏、隔栅和防臭装置,防止鼠类、昆虫通过排水管道进入车间。

6.4 照明要求

6.4.1 照明设施应符合 NY/T 4318 的相关规定。

6.4.2 应采用防潮、防爆灯具。除正常照明外,应配置应急照明,并进行有效维护。照明光泽和亮度应满足不同工序的生产和操作需要。

6.5 设备要求

6.5.1 基本配置

应配置兔笼清洗设备、致昏设备、悬挂输送设备、胴体预冷设备、金属探测器等。应至少配置一组备用致昏设备。

6.5.2 可选配置

可选配置包括去头设备、扯皮设备、去爪设备、分割设备和称重分级设备等。

6.5.3 设备维护

应建立设备维护保养和维修制度,定期维护保养设备。维护时,应使用食品级润滑油。应定期检定或校准用于监测、控制、记录的设备,如电子秤、压力表、温度计等。

7 卫生管理

7.1 应制定针对屠宰加工场所、人员、设施、设备、工器具等的卫生管理制度,确立卫生管理的对象、要求和频率。应记录并存档监控结果,定期对执行情况和效果进行检查,发现问题时应及时纠正。

7.2 人员卫生管理应符合 GB 12694 的规定。

7.3 车间人员工作服帽应保持卫生良好,并做到分班次、分区域进行清洗和消毒。

7.4 更衣室、卫生间应保持清洁卫生。个人衣物、鞋靴与工作服分开存放,不应交叉使用。更衣柜宜配置密码锁具。

7.5 车间入口处、卫生间及车间适当地点的洗手、消毒和干手设施的数量应与生产能力相适应,并在适当位置悬挂清晰的洗手消毒流程图。应及时补充或更换洗手、鞋靴消毒液,并定期监测其有效性。

7.6 风淋设施应定期清洁和维护。

7.7 应确保与肉品直接接触的设备、工器具符合卫生要求,车间内不应使用竹木的器具和容器。

7.8 用于处理不可食用或不合格肉品的设备和工具应单独清洗、消毒、存放。

7.9 车间内不同加工区域和用途的工器具、容器应用标识或颜色进行区分,不应混用。

7.10 应采用臭氧发生器或其他有效的消毒方式对车间内环境进行消毒。

8 生产管理

8.1 宰前管理

8.1.1 运送活兔的车辆入厂时,应对车辆进行清洗消毒。车辆消毒池要求应符合 NY/T 4318 的相关规定。

8.1.2 待宰兔应健康良好,活兔入厂时应附有动物检疫证明。

8.1.3 活兔待宰棚(圈)和卸兔站台应保持通风,必要时配备通风、遮阳、防雨设施;寒冷地区应有防寒设施,避免活兔因严寒造成死亡。

8.1.4 活兔待宰棚(圈)应有足够的空间,并设有饮水设施,配备适当的饲喂器具和饲料。宰前应对活兔停饲静养,但应保证饮水。如待宰静养时间超过 12 h,宜适量喂食。

8.1.5 待宰棚(圈)应及时清扫、清洗和消毒,保持卫生良好。

8.1.6 活兔装卸时应抓颈托臀尾,轻拿轻放。

8.2 屠宰过程控制

8.2.1 宜采用电致昏方式进行致昏。

8.2.2 致昏前,加工人员应做好个人安全防护,穿戴绝缘靴、绝缘手套等防护器具。备好适宜浓度的导电介质,并检查致昏设备及参数是否正常。

8.2.3 应保持致昏区、沥血区暗光,使活兔相对安静。

8.2.4 致昏时,应根据待宰兔的体重大小,适当调整致昏设备时间参数,确保致昏效果。兔致昏后应失去知觉,呈昏迷状态。应定期采取睫毛反射法、光线刺激法等验证致昏效果。

8.2.5 应按要求设置悬挂输送线转速,确保沥血时间不少于 4 min。

8.2.6 在放血、去头等使用刀具的环节,应在每次操作后立即对刀具进行冲洗,并用 82 ℃ 以上的热水消毒。

8.2.7 开膛时,下刀部位应准确。掏膛、净膛时,应避免因掏破内脏造成胃肠内容物等污物污染胴体的状况。如出现污染,应及时将胴体摘离生产线处理。掏膛时,应将内脏摘除干净,避免遗漏。

8.2.8 摘除内脏后,应使用一定水压的水对兔胴体的体腔和体表进行充分冲洗,清除胴体上残余的毛、血和污物等。

8.2.9 对疑似病害兔胴体和病害兔类产品,应采用密闭容器存放。

8.3 检验检疫

8.3.1 应配备与生产相适应的检验检疫人员,并开展屠宰检验检疫工作。检验按照 NY 467 的规定执行,检疫见《兔屠宰检疫规程》。

8.3.2 应根据检验检疫操作需求,配备充足的刀器具、灯具和洗手、消毒设施。

8.4 冷却、分割、冻结过程控制

8.4.1 产品冷却前,应检查冷却间、设备是否清洁干净。在冷却过程中,温度应保持在 0 ℃～4 ℃。使用风冷时,冷却时间应不少于 45 min。冷却后的兔胴体中心温度应降至 7 ℃ 以下,副产品中心温度应降至 3 ℃ 以下。

8.4.2 分割车间温度应控制在 12 ℃ 以下,冻结间温度不应高于 −28 ℃,冷藏储存库温度控制在 −18 ℃

以下。产品的中心温度降至-15 ℃以下方可转入冷藏储存库储存。

8.4.3 冻结时,宜采用金属类托盘摆放产品,保证产品周边的空气流通。叠放托盘时,应防止托盘底部同下层的产品直接接触,污染产品。

8.4.4 应对不同批次的冻结产品进行唯一性标识。

8.5 无害化处理

8.5.1 病害兔胴体和病害兔类产品应进行无害化处理,处理要求应符合 GB 12694 的规定。

8.5.2 经检疫发现的患有传染性疾病、寄生虫病、中毒性疾病或有害物质残留的兔肉及其组织,应使用专门的封闭不漏水的容器并用专用车辆及时运送,并在官方兽医监督下进行无害化处理。对于患有可疑疫病的应按照有关检疫规程操作,确认后应进行无害化处理。其他经判定需无害化处理的肉兔及其组织,应在官方兽医的监督下进行无害化处理。

9 标识、包装、储存和运输

9.1 标识和包装

9.1.1 产品标签、标识应符合 GB/T 191、NY/T 3383 等相关标准的要求。

9.1.2 应对内、外包装材料分类、分库存放,由专人保管,并做好入库、发放、领用、废弃记录。

9.2 储存和运输

9.2.1 储存

9.2.1.1 入库前产品应经过金属探测。

9.2.1.2 储存的产品应按照不同种类、批次分垛存放,并加以标识。产品应与墙壁、库房顶部保持适当的距离,不应直接接触地面。

9.2.1.3 库内不应存放有碍卫生的物品,同一库内不应存放可能造成相互污染或者串味的产品。储存库应定期消毒、除霜。

9.2.2 运输

9.2.2.1 产品运输应符合 GB 20799 的相关要求。

9.2.2.2 产品运输应使用专用的运输工具,不应与有碍食品卫生的物品混运。

9.2.2.3 包装肉与裸装肉应避免同车运输。如无法避免,应采取物理性隔离防护措施。

9.2.2.4 运输工具应根据产品特点配备制冷、保温等设施。运输过程中应保持适宜的温度。

9.2.2.5 运输工具应及时清洗消毒,保持清洁卫生。

10 产品追溯与召回管理

10.1 应符合 GB 12694 的相关要求。

10.2 应建立完整的可追溯体系,确保产品存在不可接受的食品安全风险时能进行追溯。

10.3 应根据相关法律法规要求,建立产品召回制度。

11 管理体系

11.1 企业应当建立并实施以危害分析和预防控制措施为核心的食品安全控制体系。

11.2 鼓励企业建立并实施危害分析与关键控制点(HACCP)体系。

11.3 企业最高管理者应明确企业的质量安全方针和目标,配备相应的组织机构,提供足够的资源,确保食品安全控制体系的有效实施。

12 证实方法

12.1 建立并保持以下记录:

a) 人员管理:健康证登记管理记录、入职记录、培训记录;

b) 设备维护:设施、设备和厂房的维护保养和维修记录;

c) 卫生管理:物品领用记录、消毒物品配制记录、清洗消毒记录、卫生检查记录;

d) 原辅料控制:活兔入场验收记录、内外包装物料验收记录;

e) 质量管理:关键控制点记录、不合格品处置记录;

f) 检验检疫:宰前检验检疫记录、宰后检验检疫记录、病死兔和病害兔产品无害化处理记录、产品检验记录;

g) 储存运输:产品出入库记录、储存温度监控记录、运输记录。

12.2 记录内容应完整、真实、规范,确保从活兔入厂到产品出厂的所有环节都可进行有效追溯。

12.3 记录保存期限不应少于产品保质期满后 6 个月。没有明确保质期的,保存期限不应少于2 年。

参 考 文 献

[1]　兔屠宰检疫规程(农医发〔2018〕9号)

————————

参 考 文 献

ICS 67.120.10
CCS X 22

中华人民共和国农业行业标准

NY/T 4273—2023

肉类热收缩包装技术规范

Technical specification for shrink packaging of meat

2023-02-17 发布

2023-06-01 实施

中华人民共和国农业农村部 发布

前　言

本文件按照 GB/T 1.1—2020《标准化工作导则　第 1 部分：标准化文件的结构和起草规则》的规定起草。

请注意本文件的某些内容可能涉及专利。本文件的发布机构不承担识别专利的责任。

本文件由农业农村部畜牧兽医局提出。

本文件由全国屠宰加工标准化技术委员会（SAC/TC 516）归口。

本文件起草单位：中国肉类协会、升辉新材料股份有限公司、南通环球塑料工程有限公司、希悦尔（中国）有限公司、浙江佑天元包装机械制造有限公司、江苏大江智能装备有限公司、安姆科（中国）投资有限公司、苏州天加包装技术有限公司、天津百瑞高分子有限公司、可乐丽国际贸易（上海）有限公司、北京二商肉类食品集团有限公司、新希望六和股份有限公司、内蒙古华凌食品有限公司、中国农业科学院农产品加工研究所。

本文件主要起草人：杨伟、李小俊、俞吉良、雷烜、颜东、陈晓文、宋渊、高虎、李海鹏、陈德元、林佳、刘蕾、熊焰、张建岭、倪卫民、黄强力、刘振宇、侯成立、韩明山、李宏宇、王兆明。

肉类热收缩包装技术规范

1 范围

本文件规定了肉类热收缩包装的包装间、包装设备、包装材料和包装操作等要求,描述了对应的证实方法。

本文件适用于肉类的热收缩包装。

2 规范性引用文件

下列文件中的内容通过文中的规范性引用而构成本文件必不可少的条款。其中,注日期的引用文件,仅该日期对应的版本适用于本文件;不注日期的引用文件,其最新版本(包括所有的修改单)适用于本文件。

GB 2707　食品安全国家标准　鲜(冻)畜禽产品

GB/T 2918　塑料　试样状态调节和试验的标准环境

GB/T 3768　声学　声压法测定噪声源声功率级和声能量级　采用反射面上方包络测量面的简易法

GB 4806.1　食品安全国家标准　食品接触材料及制品通用安全要求

GB 4806.7　食品安全国家标准　食品接触用塑料材料及制品

GB/T 5226.1　机械电气安全　机械电气设备　第1部分:通用技术条件

GB/T 6672　塑料薄膜和薄片　厚度测定　机械测量法

GB/T 6673　塑料薄膜和薄片　长度和宽度的测定

GB/T 10004　包装用塑料复合膜、袋　干法复合、挤出复合

GB 12694　食品安全国家标准　畜禽屠宰加工卫生规范

GB/T 15171　软包装件密封性能试验方法

GB 16798　食品机械安全卫生

GB/T 19789　包装材料　塑料薄膜和薄片氧气透过性试验　库仑计检测法

GB/T 26253　塑料薄膜和薄片水蒸气透过率的测定　红外检测器法

GB 27948　空气消毒剂卫生要求

GB 28232　臭氧消毒器卫生要求

GB 50687　食品工业洁净用房建筑技术规范

3 术语和定义

GB 12694界定的以及下列术语和定义适用于本文件。

3.1

肉类热收缩包装　shrink packaging of meat

通过加热使经真空封口后肉类的包装件收缩的一种复合包装形式。

3.2

包装件　package unit

完成一次完整的工作循环所形成的最小独立包装单元。

4 包装间

4.1　设计和布局应符合GB 12694的规定。

4.2　包装间温度应控制在12℃以下,包装间内应设置暂存库、物料传递窗口等。内外包装间应安装温湿

度测定装置,并对温湿度进行监控;温湿度测定装置应定期校准。包装间宜配备臭氧消毒器,臭氧消毒器应符合 GB 28232 的要求,并定期进行消毒。包装间环境微生物应符合 GB 50687 中Ⅲ级洁净用房微生物的最低要求,并按照 GB 50687 规定的方法定期检测。

5 包装设备

5.1 设备组成与型式

肉类热收缩包装设备由真空包装设备和热收缩设备组成。

a) 真空包装设备分为腔室真空包装设备和连续热成型自动真空包装设备两种类型。腔室真空包装设备又称预制收缩袋包装设备。连续热成型自动真空包装设备采用整卷收缩膜包装。

b) 热收缩设备分为水浴式、蒸气式等。

5.2 设备基本要求

5.2.1 设备材料选择和设备结构的安全卫生应符合 GB 16798 的规定,机械电气安全应符合 GB/T 5226.1 的规定。

5.2.2 设备所用的原材料、外购配套零部件应有生产厂的质量合格证明书。外购临时加工的配套零部件应按相关产品标准验收合格后,方可投入使用。

5.2.3 设备运转应平稳,运动零部件动作应灵敏、协调、准确,无卡阻和异常声响。

5.3 真空包装设备主要性能要求

5.3.1 设备工作噪声不应大于 80 dB(A)。

5.3.2 在外界标准大气压下,设备真空室的真空度最低绝对压强不应大于 1 kPa。

5.3.3 设备真空室的真空度最低绝对压强达到 1 kPa 时的抽气时间不应大于 10 s,经 1 min 泄漏试验后,其压强增量不应大于 1.6 kPa。

5.4 热收缩设备主要性能要求

热收缩设备的热缩温度应可调,可调范围为 50 ℃～150 ℃。

5.5 包装质量要求

包装设备出厂时,应对包装件进行静压、跌落、真空及密封性等的合格率测试。

6 包装材料

6.1 分类

包装材料按形态可分为收缩袋和收缩膜。收缩袋(膜)按照热收缩温度可分为低温型(≤75 ℃)和非低温型(≥85 ℃)。收缩袋(膜)也可按不同性能进行划分:

a) 按阻隔性可分为高阻隔型袋(膜)、普通阻隔型袋(膜)和非阻隔型袋(膜);

b) 按抗穿刺性可分为高抗穿刺型袋(膜)、抗穿刺型袋(膜)和普通型袋(膜);

c) 按收缩性能可分为高收缩型袋(膜)、中收缩型袋(膜)和低收缩型袋(膜)。

6.2 外观

收缩袋(膜)外观应符合表 1 的规定。

表 1 收缩袋(膜)外观要求

项目	收缩膜	收缩袋
气泡	不应有影响产品性能的气泡	袋体不应有影响产品性能的气泡,热合处不应有影响封口强度的气泡
热封部位	—	切割应齐整,封边良好,无虚封
平整性	膜卷表面基本平整,不应有影响使用的暴筋	不应有影响使用的翘曲不平
膜卷松紧	搬动时不出现膜间滑动	—
其他	不应有破洞、异物、油污及严重的条纹、拉丝	

6.3 尺寸偏差

收缩袋(膜)尺寸偏差应符合表 2 的规定。

表 2　收缩袋(膜)尺寸偏差

单位为百分号

项目	收缩膜	收缩袋
厚度极限偏差	−12～12	−12～12
厚度平均偏差	−10～10	−10～10
宽度偏差	0～10	0～10
长度偏差	不应有负偏差	0～10
注1：厚度极限偏差中的厚度极限正偏差是指采样点中最大厚度减去目标厚度,所得差值与目标厚度的比值;厚度极限负偏差是指采样点中最小厚度减去目标厚度,所得差值与目标厚度的比值。 注2：厚度平均偏差指采样点的平均值与目标厚度的比值。		

6.4 性能

6.4.1 阻隔性能

收缩袋(膜)阻隔性能应符合表 3 的规定。

表 3　收缩袋(膜)阻隔性能

类别	技术指标	
	氧气透过率,$cm^3/(m^2 \cdot 24\ h \cdot 0.1\ MPa)$	水蒸气透过率,$g/(m^2 \cdot 24\ h \cdot 0.1\ MPa)$
高阻隔型	＜20	＜10
普通阻隔型	20～200	10～40
非阻隔型	＞200	＞40

6.4.2 穿刺强度

收缩袋(膜)穿刺强度应符合表 4 的规定。

表 4　收缩袋(膜)穿刺强度

类别	穿刺强度,N
高抗穿刺型	≥100
抗穿刺型	20～＜100
普通型	10～＜20

6.4.3 收缩性能

收缩袋(膜)收缩性能应符合表 5 的规定。

表 5　收缩袋(膜)收缩性能

类别	自由热收缩率,%	
	纵向	横向
高收缩型	≥40	≥50
中收缩型	35～＜40	45～＜50
低收缩型	25～＜35	35～＜45

6.4.4 密封性能

经密封试验后,应无渗漏、破裂。

6.5 食品接触安全性

应符合 GB 4806.1 和 GB 4806.7 的规定。

6.6 溶剂残留量

应符合 GB/T 10004 的规定,有印刷的膜、袋溶剂残留量总量不应大于 5 mg/m²,苯类不应检出。

6.7 储存

收缩袋（膜）应储存在清洁、阴凉、干燥、避光的库房内，库房温度不应高于 25 ℃，相对湿度不应高于 60%，不应与有腐蚀性的化学物品和其他有害物质存放在一起。储存超过 12 个月的，应在使用前对 6.2、6.3 和 6.4 规定的项目进行检测，合格后方可使用。

7 包装操作要求

7.1 一般要求

7.1.1 应建立符合国家相关要求的包装卫生要求、包装环境要求、包装设备要求等管理制度。

7.1.2 待包装肉类应符合 GB 2707 的规定。

7.2 包装卫生要求

7.2.1 包装间入口应设置洗手消毒和鞋靴消毒设施，消毒剂宜选用含氯消毒剂或过氧乙酸等，并定期监测浓度，确保消毒效果。

7.2.2 每日包装作业前应对设备和工器具的产品接触面进行清洁消毒。台面、设备类宜使用消毒毛巾擦拭或消毒剂（如酒精）喷洒。

7.2.3 包装间班前班后应进行空间消毒。使用消毒剂时，消毒剂应符合 GB 27948 的要求。

7.3 包装材料的选择

7.3.1 包装去骨肉时，宜选择穿刺性能为普通型收缩袋（膜）；包装带骨肉时，根据骨头的锋利程度宜选择穿刺性能为抗穿刺型收缩袋（膜）或高抗穿刺型收缩袋（膜）。

7.3.2 肉类在冷冻条件下储存，宜选择阻隔性能为非阻隔型收缩袋（膜）或普通阻隔型收缩袋（膜）；在冷藏条件下储存，宜选择高阻隔型收缩袋（膜）。

7.4 包装过程要求

7.4.1 工作前检查

7.4.1.1 设备运行前，真空包装设备上部或内部不应放置任何物品。真空腔室内金属网和生产传送带不应有尖角或毛刺。

7.4.1.2 应检查真空包装设备各部件状态，确保电箱线路无损坏、真空泵油位处于标准范围内、加热条（丝）和硅胶垫不变形、高温封口布无破损。

7.4.2 设备运行要求

7.4.2.1 腔室真空包装设备运行时，应先将急停开关复位，再开启真空泵预热。应根据产品规格的不同设置相应的工艺参数，摆放产品时应将袋口平整放置于硅胶垫上。

7.4.2.2 连续热成型自动真空包装设备运行时，应先将急停开关复位，确认设备无报警提示后再开启真空泵预热。真空泵预热时按穿膜要求安装膜卷。应根据包装产品需求设置相应的生产工艺参数，待实际参数达到设置参数时方可开机运行。

7.4.2.3 热收缩设备运行时，应确保进水阀与排水阀正常使用，并确保收缩温度与设置温度一致、传送装置运行顺畅。

7.4.3 包装后要求

7.4.3.1 应清洁真空包装设备卫生，真空腔室内不应有残留物。

7.4.3.2 每日作业完毕后，应将包装设备断电断水，将水箱内的水排放干净，并清理设备内残留物。

7.4.4 设备保养

应制定保养手册，规定保养具体要求。每日应检查真空包装设备的真空度。应定期检查包装设备的设定温度与实际温度是否一致，并应定期清洗水垢，紧固所有螺钉和检查止回阀是否正常工作。

7.5 包装件要求

7.5.1 包装件热封处无拉丝、产品表面平整。

7.5.2 需要时,应对包装件进行静压、跌落、真空及密封性等试验。

8 证实方法

8.1 包装设备参数检验

8.1.1 通过查看设备的真空压力表和计时秒表,确定设备真空室的最低绝对压强和抽气时间。

8.1.2 设备工作噪声按 GB/T 3768 规定的方法进行检测。

8.2 包装材料的检验

8.2.1 检验条件

试样状态调节和试验的标准环境按照 GB/T 2918 的规定执行。

8.2.2 外观

在自然光线下目测。

8.2.3 尺寸

膜、袋的厚度按 GB/T 6672 规定的方法进行检测,宽度和长度按 GB/T 6673 规定的方法进行检测。

8.2.4 性能

8.2.4.1 氧气透过率按 GB/T 19789 规定的方法进行检测。

8.2.4.2 水蒸气透过率按 GB/T 26253 规定的方法进行检测。

8.2.4.3 穿刺强度按 GB/T 10004 中规定的方法进行检测。检测中使用直径和球形顶端直径均为 2.5 mm 的穿刺针。

8.2.4.4 自由热收缩率按附录 A 规定的方法进行检测。

8.2.4.5 袋密封性能按 GB/T 15171 规定的方法进行检测。

8.2.5 溶剂残留量

按 GB/T 10004 规定的方法进行检测。

8.3 包装件的检验

按附录 B 规定的方法进行检测。

附 录 A
（规范性）
收缩袋（膜）热收缩率的测试方法

A.1 试验装置

A.1.1 恒温浴槽

用于盛装传热介质，容积应满足试验要求。

A.1.2 液体传热介质

选择水作为传热介质。

A.1.3 框架

使用嵌有两层金属网的框架，金属网外形尺寸应大于试样的边长 10 mm 以上。两层金属网间距为 1 mm～3 mm，应不影响试样的自由收缩。框架示意图见图 A.1。

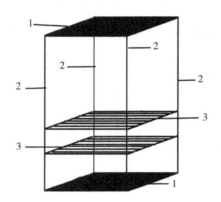

标引序号说明：
1——框架支撑板；
2——框架支撑柱；
3——金属网。

图 A.1 框架示意图

A.1.4 试样

用精度为 0.5 mm 的钢直尺、刀片或专用工具，截取 100 mm×100 mm 的收缩袋（膜）试样 3 块，标记试样的纵、横方向。

A.2 试验步骤

将试样放入两层金属网之间，根据其类别，迅速将框架浸入 75 ℃ 或者 85 ℃ 恒温浴槽的介质中并开始计时，试验过程应保持试样均匀受热自由收缩。4 s 后取出试样，浸入冷却用的常温浴槽介质中冷却 3 s，然后取出，待水平静置 10 min 后，分别测量试样的纵、横向尺寸。

A.3 计算

按公式（A.1）计算收缩率，取 3 块试样的算术平均值作为最终测试结果。纵向收缩率为加热前试样的纵向长度减去收缩后试样的纵向长度除以加热前试样的纵向长度所得的比值；横向收缩率为加热前试样的横向长度减去收缩后试样的横向长度除以加热前试样的横向长度所得的比值。

$$S = \frac{L_0 - L}{L_0} \times 100 \quad\cdots\cdots\cdots\cdots\cdots\cdots\cdots\cdots\cdots\cdots\cdots\cdots\cdots\cdots\cdots\cdots\cdots\cdots \quad (A.1)$$

式中：

S ——收缩率的数值，单位为百分号（%）；

L_0——加热前试样的纵向或横向长度的数值，单位为毫米（mm）；

L ——收缩后试样的纵向或横向长度的数值，单位为毫米（mm）。

附　录　B
（规范性）
包装件的检测方法

B.1　试验装置

B.1.1　静压试验所必须的装置

B.1.1.1　使用两块表面光滑、平整的加压板,用于放置试样和砝码。

B.1.1.2　使用质量分别为 20 kg、40 kg、60 kg、80 kg 的砝码,砝码质量偏差±10 g。

B.1.2　冲击台面

使用具有一定质量的刚性水平冲击台面,确保在试验时不移动、不变形。通常情况下,冲击台面应为:

a)　质量至少应为试验用最重袋的质量的 50 倍;

b)　平整台面上任意两点的水平高度差不应超过 2 mm;

c)　台面坚固,在台面上任何 100 mm 的面积上放置 10 kg 的静载荷,其变形量不应超过 0.1 mm;

d)　面积的大小要足以保证袋完全跌落在冲击台面内。为了防止在移动试验样品时将其损坏,可用一层塑料薄膜覆盖在冲击台面上。

B.1.3　气密性试验所必须的装置

使用负压密封测试仪。

B.1.4　试样

包装机连续正常工作后,在额定速度运转情况下,分两次抽取共计 50 件包装件试样,两次时间间隔不小于 1 min。

B.2　试验步骤

B.2.1　外观检验

目测试样的外观质量,热封处无拉丝,试样表面应平整、无皱褶,不合格品数量计为 a_1。

B.2.2　静压试验

将外观检验合格的试样放于两块加压板中,底部加压板上放置试纸。加压板的表面至少应为试样平放投影面积的两倍。用砝码逐渐加载到表 B.1 内规定的静压载荷,保持 1 min,检查包装件,观察试纸是否泄漏;如有泄漏现象,则为不合格品,计为 a_2。

表 B.1　静压试验、跌落试验方案

试样总质量,g	静压载荷,kg	跌落高度,mm
≤100	20	1 200
>100~400	40	1 000
>400~2 000	60	600
>2 000	80	500
注:跌落高度是释放时试样的最低点到冲击面最高点之间的距离。		

B.2.3　跌落试验

将外观检验和静压试验均合格的试样在不受外力的情况下进行自由跌落测试,试样放置于表 B.1 内规定的跌落高度,高度误差应在±2%以内。试样的冲击面应与冲击台面平行,夹角不应大于 2°。跌落后检查包装,如有破包,则为不合格品,计为 a_3。

B.2.4 真空及密封性试验

将以上测试合格的试样进行气密性测试。在真空室内放入适量的有色水,将试样浸入水中,试样的顶端与水面的距离不应低于 5 mm。盖上真空室密封盖,抽真空抽至 80 kPa,保持 30 s,目测试样是否有连续气泡产生(不包括单个孤立气泡)。打开密封盖,取出试样,擦净表面的水,开封检查试样内部是否有试验用水渗入。若有连续气泡或开封检查时有水渗入试样,则为不合格品,计为 a_4。

B.3 计算

按公式(B.1)计算包装件合格率。

$$P_1 = \frac{50 - (a_1 + a_2 + a_3 + a_4)}{50} \times 100 \quad \cdots\cdots\cdots\cdots\cdots\cdots\cdots\cdots\cdots\cdots\cdots \text{(B.1)}$$

式中:

P_1——包装件合格率的数值,单位为百分号(%);

a_1——外观质量不合格品数的数值,单位为件;

a_2——静压试验不合格品数的数值,单位为件;

a_3——跌落试验不合格品数的数值,单位为件;

a_4——真空及密封性试验不合格品数的数值,单位为件。

ICS 67.020
CCS X 99

中华人民共和国农业行业标准

NY/T 4274—2023

畜禽屠宰加工设备　羊悬挂输送设备

Livestock and poultry slaughtering and processing equipment—
Sheep and goat overhead chain conveying equipment

2023-02-17 发布

2023-06-01 实施

中华人民共和国农业农村部 发布

前　言

本文件按照 GB/T 1.1—2020《标准化工作导则　第 1 部分：标准化文件的结构和起草规则》的规定起草。

请注意本文件的某些内容可能涉及专利。本文件的发布机构不承担识别专利的责任。

本文件由农业农村部畜牧兽医局提出。

本文件由全国屠宰加工标准化技术委员会（SAC/TC 516）归口。

本文件起草单位：山东中孚信食品机械有限公司、中国动物疫病预防控制中心（农业农村部屠宰技术中心）、中国包装和食品机械有限公司、吉林艾斯克机电股份有限公司、河南省动物卫生监督所、青岛建华食品机械制造有限公司、山东汇兴智能装备有限公司。

本文件主要起草人：朱增元、曲萍、叶金鹏、刘影、高胜普、霍玉文、郭家鹏。

畜禽屠宰加工设备 羊悬挂输送设备

1 范围

本文件规定了羊悬挂输送设备的型式和基本参数、技术要求、试验方法、检验规则和标志、包装、运输与储存要求。

本文件适用于羊屠宰加工过程屠体、胴体等悬挂输送设备的制造、安装和应用。

2 规范性引用文件

下列文件中的内容通过文中的规范性引用而构成本文件必不可少的条款。其中，注日期的引用文件，仅该日期对应的版本适用于本文件；不注日期的引用文件，其最新版本（包括所有的修改单）适用于本文件。

GB/T 191 包装储运图示标志

GB/T 3768 声学 声压法测定噪声源声功率级和声能量级 采用反射面上方包络测量面的简易法

GB/T 5226.1 机械电气安全 机械电气设备 第1部分:通用技术条件

GB/T 7932 气动 对系统及其元件的一般规则和安全要求

GB/T 8196 机械安全 防护装置 固定式和活动式防护装置的设计与制造一般要求

GB/T 8350 输送链、附件和链轮

GB 11341 悬挂输送机安全规程

GB/T 13306 标牌

GB/T 13384 机电产品包装通用技术条件

GB/T 13912 金属覆盖层 钢铁制件热浸镀锌层 技术要求及试验方法

GB 22747 食品加工机械 基本概念 卫生要求

GB/T 27519 畜禽屠宰加工设备通用要求

GB/T 40471 畜禽屠宰加工设备 羊屠宰成套设备技术条件

GB 50168 电气装置安装工程 电缆线路施工及验收标准

JB/T 9016 悬挂输送机 链和链轮

SB/T 223 食品机械通用技术条件 机械加工技术要求

SB/T 224 食品机械通用技术条件 装配技术要求

SB/T 225 食品机械通用技术条件 铸件技术要求

SB/T 226 食品机械通用技术条件 焊接、铆接件技术要求

SB/T 227 食品机械通用技术条件 电气装置技术要求

SB/T 229 食品机械通用技术条件 产品包装技术要求

3 术语和定义

下列术语和定义适用本文件。

3.1

羊悬挂输送设备 sheep and goat overhead chain conveying equipment

由牵引件直接牵引或牵引件推杆推送,使空间轨道上的承载悬挂吊具连续运行,完成羊屠体、胴体等空中输送的设备。

3.2

链条轨道 chain track

承载滑架轮与链条,保证其沿输送机线路运行的刚性承载件。

4 型式和基本参数

4.1 型式

4.1.1 羊悬挂输送设备主要由驱动装置、张紧装置、回转装置、轨道和链条等组成。

4.1.2 按链条输送路径分为水平式悬挂输送机和垂直式悬挂输送机。

4.1.3 按物件的输送型式分为牵引式悬挂输送机和推送式悬挂输送机。推送式悬挂输送机的承载轨道分为双轨、圆形轨和矩形轨。

4.1.4 羊悬挂输送设备的型式见表1。

表 1 羊悬挂输送设备的型式

项目	放血悬挂输送机	水平剥皮悬挂输送机	胴体加工悬挂输送机	胴体悬挂输送机
链条输送路径	水平式	垂直式/水平式	垂直式/水平式	垂直式/水平式
物件输送型式	牵引式/推送式	牵引式	推送式	推送式
轨道型式	圆形轨	—	双轨/圆形轨/矩形轨	双轨/圆形轨/矩形轨

4.2 基本参数

羊悬挂输送设备的基本参数见表2。

表 2 羊悬挂输送设备的基本参数

项目	放血悬挂输送机	水平剥皮悬挂输送机	胴体加工悬挂输送机	胴体悬挂输送机
挂载间距[a] m	≥0.8	≥1.0	≥0.8	≥0.25
轨道最大载荷[b] kg/m	200	200	200	300
牵引式悬挂输送机挂钩最大载荷200 kg/m。				
[a] 挂载间距是指轨道上承载屠体或胴体的两相邻推杆(挂钩)之间的距离。				
[b] 推送式悬挂输送机轨道最大载荷是指轨道单位长度上允许悬挂羊屠体或胴体的最大重量。牵引式悬挂输送机挂钩最大载荷是指牵引链单个挂钩上允许悬挂羊屠体或胴体等的最大重量。				

5 技术要求

5.1 材料要求

5.1.1 输送设备的材料的选择应符合GB/T 40471的相关规定。原材料应有生产厂的质量合格证明和产品相关标准,验收合格后方可投入使用。

5.1.2 牵引链宜采用不锈钢材料,采用碳钢材料时应进行镀锌等防腐处理。

5.1.3 回转轮的轮齿宜采用不锈钢、工程塑料材料或其他防腐性材料。

5.1.4 滑架轮宜采用不锈钢、工程塑料材料,采用碳钢材料时应进行镀锌等防腐处理。

5.1.5 轨道宜采用不锈钢材料,采用碳钢材料时应进行镀锌等防腐处理。悬吊装置、链条轨道可采用经防腐处理的碳钢材料。

5.2 加工要求

5.2.1 机械加工件应符合SB/T 223的规定。

5.2.2 焊接件应符合SB/T 226的规定。

5.2.3 铸件应符合SB/T 225的规定。

5.2.4 镀锌件应符合GB/T 13912的规定。

5.3 主要零部件要求

5.3.1 外购配套零部件应有生产厂的质量合格证明和产品相关标准,验收合格后方可投入使用。

5.3.2 驱动装置应满足负载要求,载荷系数宜选用 1.2～1.5。

5.3.3 应依据牵引链长度等因素合理选择张紧装置的拉紧行程,并满足使用要求。

5.3.4 链条和链轮的技术要求应符合 GB/T 8350 和 JB/T 9016 的规定。

5.3.5 链条的安全系数不应小于 10,吊钩的安全系数不应小于 5。

5.3.6 链条轨道宜采用可拆卸的开放式结构。

5.3.7 轨道及链条轨道表面不应有焊渣、锌瘤和碎屑等异物。

5.4 外观和卫生要求

5.4.1 设备的外观和卫生安全应符合 GB/T 40471 和 GB 22747 的规定。

5.4.2 设备的表面应平整、光洁,不应有明显的凸起、凹陷、粗糙不平等现象,不应存在死区。

注:死区是指在清洗过程中,产品、清洗剂、消毒剂或污物可能陷入、存留其中或不能被完全清除的区域。

5.4.3 张紧装置、回转装置及轨道等防腐处理时不应采用涂漆,以免因磨损掉落污染肉品。

5.4.4 减速机、链条、滑架轮、回转装置等部位不应有润滑油滴漏现象。

5.4.5 轨道面润滑应使用食品级润滑油(脂)。

5.5 装配要求

5.5.1 设备装配技术要求应符合 SB/T 224 的规定。

5.5.2 驱动装置、回转装置装配后应转动灵活,无卡滞现象。

5.5.3 张紧装置应张紧灵活,无卡阻和歪斜现象。

5.5.4 水平式悬挂输送机链轮横向中心面与轨道底面距离的极限偏差为−1.5 mm,链轮轴线与轨道纵向中心线的偏差不应大于 1 mm。

5.5.5 垂直式悬挂输送机链轮纵向中心面与链条轨道纵向中心面的偏差不应大于 1 mm。

5.5.6 易脱落的零部件应有防松装置,零件与螺栓、螺母等紧固件应固定牢固,不应因振动发生松动和脱落。

5.6 安全防护要求

5.6.1 输送设备的机械安全应符合 GB/T 8196 和 GB 11341 的规定。

5.6.2 设备应设置启动保护装置和自动报警装置,应在适宜位置设有防水型急停开关,并便于操作。

5.6.3 驱动装置应有负载启动能力和过载保护措施。

5.6.4 采用多动力驱动时,各驱动装置之间应有电气联锁装置。当一个驱动装置停止动作时,全部驱动装置的电源应被切断。

5.6.5 悬挂件、连接件应有防松、防脱落措施。

5.6.6 轨道面距离地面小于 2.5 m 时,应在人员容易接近的回转装置部位设有安全防护装置。

5.6.7 高空输送物品、吊件时,轨道全长应设有防止物品掉落的防护措施。

5.6.8 电机、驱动装置、控制箱和其他在清洗范围内的设备部件应能够耐受直接的高压水喷射或配置防护措施。

5.6.9 电机应设有过载、过热保护装置,张紧装置应设有限位行程开关,链条应有断链保护措施。采用气动张紧时应有压缩空气泄漏防护措施。

5.6.10 安全警示标志应设置在设备明显部位。

5.7 电气安全要求

5.7.1 输送设备电气系统应符合 GB/T 5226.1 和 GB/T 27519 的规定。

5.7.2 各电器线路接头应联接牢固并加以编号,导线不应裸露。

5.7.3 设备绝缘材料和绝缘结构的抗电压性能应安全可靠,绝缘电阻不应小于 1 MΩ,接地电阻不应大于 0.1 Ω。

5.7.4 所有电气设备的金属外壳均应可靠接地,并有明显接地标识。

5.7.5 现场电控箱、电机防护等级不应低于 IP 55。外露的接近开关、光电开关、急停开关等电气部件及低温场所的电控箱、电机防护等级不应低于 IP 56。

5.8 安装要求

5.8.1 设备安装应符合 GB/T 40471 的规定。

5.8.2 悬吊装置及钢梁选型、安装应符合 GB 11341 的规定。应满足强度、刚度和稳定性要求。

5.8.3 驱动装置应设置在牵引链的全线张力最小且不应出现负张力的位置。

5.8.4 采用多动力驱动时,各驱动装置和张紧装置应依据牵引链受力状况合理分布。

5.8.5 张紧装置应设置在驱动装置的绕出端,且保证运行时全线牵引链均处于张紧状态的位置。

5.8.6 喂入装置、道岔的型式和安装位置应符合工艺要求。

注:喂入装置是指使畜屠体或胴体按照设定间距逐个进入悬挂输送机的装置。

5.8.7 轨道的安全系数不应小于 2,吊架和紧固件的安全系数不应小于 5;轨道的许用挠度不应大于跨度的 1/400,且应符合 GB 11341 的相关规定。

5.8.8 轨道高度、挂钩(推杆)间距和输送速度应符合工艺要求。滑架间距、挂钩(推杆)间距应均匀。屠体、胴体最低部至地面的距离不应小于 0.3 m。

5.8.9 水平剥皮悬挂输送机二线同步运行误差不应大于±50 mm。

5.8.10 直线段轨道的直线度在 6 m 长度上不应大于 3 mm,在全长范围内不应大于 7 mm。

5.8.11 水平弯曲轨道的弯曲半径小于或等于 400 mm 时允许偏差应为±2.0 mm;弯曲半径大于 400 mm 时允许偏差应为±3.0 mm。

5.8.12 链条轨道联接接头应平滑过渡,承载滑轮通过时应无阻滞现象。链条轨道接口处轨道踏面的高度差和错口不应大于 0.5 mm。相邻直线段轨道接口间隙不应大于 1 mm。

5.8.13 推送式悬挂输送机轨道上坡和下坡段应设有承载轨道护板。矩形轨应设有防滑轮倾斜的辅助推板。

5.8.14 双轨两边轨道相对轨道中心线的对称度偏差不应大于 1 mm,轨道踏面高度差不应大于 1 mm。矩形轨截面尺寸的极限偏差应为 1 mm,相邻边应垂直,其角度的极限偏差应为 1.5°,纵向中心线相对于水平面的垂直度不应大于 1 mm。

5.8.15 链条装配后应保证节距、负载(空载)滑架间距均匀一致,与同类型输送机的轮齿相互匹配,啮合顺畅,无卡滞现象。

5.8.16 升降轨道的升角不宜大于 38°。

5.8.17 在输送设备的指定位置宜设置链条在线润滑装置。

5.8.18 气动系统应符合 GB/T 7932 的规定。气路连接应密闭,无漏气现象,气压应正常。

5.9 性能要求

5.9.1 空载运行要求

5.9.1.1 设备安装完毕后,应进行空载运行。各运动机构应工作正常,无卡滞,操作开关、报警装置和过载保护装置应灵敏可靠,气动执行机构动作应准确。

5.9.1.2 各工作区悬挂输送设备的生产能力应匹配、相互协调、衔接顺畅;联合运行应平稳、安全、可靠。

5.9.2 负载运行要求

5.9.2.1 设备联机空载运行后应进行负载运行试验。

5.9.2.2 设备性能应符合表 2 的要求。

5.9.2.3 设备输送速度应满足工艺设计及各工序的操作需要,速度宜可调。

5.10 噪声要求

输送设备正常运转时,工作噪声不应超过 80 dB(A)。

6 试验方法

6.1 材料检查

按 GB 22747 和 GB/T 27519 的规定检查设备材质报告单及质量合格证明书。

6.2 加工件检查

6.2.1 按 SB/T 223 的规定检查零部件机械加工质量。

6.2.2 按 SB/T 226 的规定检查设备焊接部位质量。

6.2.3 按 SB/T 225 的规定检查铸件质量。

6.2.4 按 GB/T 13912 的规定检查镀锌件质量。

6.3 主要零部件检查

6.3.1 查验外购零部件质量合格证明。

6.3.2 在满负荷状态下测量并核算载荷系数。

6.3.3 目测和尺量张紧装置拉紧行程和链条张紧情况。

6.3.4 按 GB/T 8350 的规定检查链条和链轮的质量。

6.3.5 用拉力试验机检测链条和吊钩强度。

6.3.6 目测检查链条轨道结构、表面及链条轴端铆接情况。

6.4 外观和卫生检查

用手感和目测检查设备的外观和卫生情况。

6.5 装配检查

6.5.1 按 SB/T 224 的规定检查设备装配情况。

6.5.2 目测检查驱动链轮的啮合情况和张紧装置的装配情况。

6.5.3 用量具测量水平式悬挂输送机回转装置链轮的横向中心面与轨道底面距离的极限偏差和垂直式悬挂输送机回转轮的纵向中心面与链条轨道纵向中心面的偏差。

6.5.4 目测检查各主要连接部位的连接情况。

6.6 安全防护检查

按 GB/T 27519 的规定检查。

6.7 电气安全检测

6.7.1 耐电压

按 GB/T 5226.1 的规定检测。

6.7.2 绝缘电阻

按 GB/T 5226.1 的规定检测。

6.7.3 接地电阻

按 SB/T 227 的规定检测。

6.7.4 电气设备

按 GB 50168 和 SB/T 227 的规定检查电控箱、电机的合格证书及电气控制系统。

6.8 安装和调试检查

6.8.1 按 GB/T 40471 的规定进行设备的安装和调试检查。

6.8.2 用量具测量钢梁型号及位置、轨道高度,回转轮与链条轨道的误差,包括轨道接口处轨道踏面的高度差和错口、轨道连接过渡处间隙,链条节距、滑架间距、挂钩(推杆)间距;测量水平剥皮悬挂输送机二线同步运行误差,直线段轨道的直线度、水平弯曲轨道的偏差,升降轨道的升角等。

6.8.3 目测检查悬吊装置和紧固件的安装情况,动力装置、张紧装置和回转装置的安装情况等。

6.8.4 在轨道上悬挂最大载荷的重物,检查轨道负载情况。

6.8.5 人工推动挂载重物的滑轮检查轨道接口、道岔等安装情况。

6.8.6 按 GB/T 7932 的规定检查气动系统。

6.9 性能试验

6.9.1 空载试验

6.9.1.1 试运转前,应对设备进行全面检查,符合要求后方可进行试运转。

6.9.1.2 先点动控制按钮,确定正确转动方向;低速运转,人工调节链条的松紧度,使其张紧适度,受力均匀后,方可空载运行。

6.9.1.3 设备运行速度、电气控制系统、气动控制系统、各传动部件、操作开关和过载保护等性能按照 GB/T 27519 的规定进行检查和试验。

6.9.2 负载试验

6.9.2.1 负载试验按照 GB/T 27519 的规定进行。

6.9.2.2 在额定转速及满负荷条件下使用转速表测量驱动装置链轮的转速,观察各个动作的协调、匹配情况和制动时的位置。

6.9.2.3 在额定转速及满负荷条件下用目测和秒表计量水平剥皮悬挂输送机二线同步运行速度和胴体加工悬挂输送机的运行速度及其与同步检验输送机的同步误差(每间隔 30 min 测量一次,共测量 3 次,计算输送设备运行误差平均值)。

6.9.2.4 在满负荷条件下通过试验检查设备的承载情况。

6.10 工作噪声检测

在输送设备正常运转时,按 GB/T 3768 规定的方法进行测量。

7 检验规则

7.1 检验类型

检验类型包括出厂检验、安装和调试检验及型式检验。

7.2 出厂检验

7.2.1 检验项目:每台设备应按表 3 的要求进行出厂检验。

7.2.2 判定规则:出厂检验如有不合格项,允许修整后复检。复检仍不合格则判定该产品不合格。

7.3 安装和调试检验

7.3.1 安装和调试检验包括设备安装过程中和安装完毕调试检验,检验项目见表 3,应符合 GB/T 40471 和本文件的相关规定。

7.3.2 安装和调试检验判定:全部项目合格,则判定安装和调试检验合格;如有不合格项,允许对不合格项修复并进行复检,复检不合格则判定安装和调试检验不合格,其中安全性能不允许复检。

7.4 型式检验

7.4.1 有下列情况之一时,应对产品进行型式检验:

    a) 新产品或老产品转厂生产时;

    b) 正式生产后,结构、材料、工艺等有较大改变,可能影响产品性能时;

    c) 正常生产时,定期或周期性抽查检验时;

    d) 产品长期停产后恢复生产时;

    e) 出厂检验结果与上次型式检验有较大差异时;

    f) 国家有关主管部门提出进行型式检验要求时。

7.4.2 抽样及判定规则:从出厂检验合格的设备中随机抽样,每批次不少于 2 台。检验项目见表 3,全部项目合格则判定型式检验合格;如有不合格项,应加倍抽样,对不合格项进行复检,如复检不合格,则判定型式检验不合格,其中安全性能不允许复检。

表 3 检验项目

序号	检验项目名称		检验类别		检验方法	对应要求
		出厂检验	安装和调试检验	型式检验		
1	材料	√	—	√	6.1	5.1
2	加工件	√	—	√	6.2	5.2
3	主要零部件	√	—	√	6.3	5.3
4	外观和卫生	√	√	√	6.4	5.4
5	装配	√	√	√	6.5	5.5
6	安全防护	√	√	√	6.6	5.6
7	电气安全	√	√	√	6.7	5.7
8	安装	—	√	√	6.8	5.8
9	性能 空载	—	√	√	6.9.1	5.9.1
10	负载	—	√	√	6.9.2	5.9.2
11	噪声	—	√	√	6.10	5.10
注:"√"表示检验项目;"—"表示非检验项目。						

8 标志、包装、运输与储存

8.1 标志

8.1.1 标志应符合 GB/T 191 的规定。

8.1.2 标牌应符合 GB/T 13306 的规定,应固定在设备平整明显部位。内容应包括产品名称、型号、主要参数、制造商名称、地址、商标、出厂编号、出厂日期等。

8.2 包装

8.2.1 包装应符合 GB/T 13384 和 SB/T 229 的规定。包装型式应符合运输和装载要求。

8.2.2 产品应分类包装,其中驱动装置、链条、轨道接头、道岔及其他小型零部件应装入包装箱内;张紧装置、回转装置、轨道等可以裸装。裸装件应包扎牢固并采取相应保护措施。

8.2.3 包装箱内应有产品使用说明书、产品合格证和装箱单(包括配件及随机工具清单)。

8.2.4 紧固件、零部件、工具和配件的外包装上应标明名称、规格型号及数量。

8.2.5 包装应有防潮、防雨措施。

8.2.6 外包装上应标注有"小心轻放""向上""防潮""吊索位置"等标志,且符合 GB/T 191 的规定。

8.3 运输与储存

8.3.1 产品在运输过程中应采取适当措施保证整机、零部件、随机文件和工具等不受损坏。

8.3.2 产品应储存在干燥、通风的场所,并注意防潮;不应与有毒、有害、有腐蚀性物质混放。在室外临时存放时,应采取防护措施。

8.3.3 正常储运条件下,自出厂之日起 12 个月内,不应因包装不良引起锈蚀等。

ICS 65.040.10
CCS P 35

中华人民共和国农业行业标准

NY/T 4318—2023

兔屠宰与分割车间设计规范

Specifications for design of rabbits slaughtering and cutting rooms

2023-02-17 发布

2023-06-01 实施

中华人民共和国农业农村部 发布

前　言

本文件按照 GB/T 1.1—2020《标准化工作导则　第 1 部分:标准化文件的结构和起草规则》的规定起草。

请注意本文件的某些内容可能涉及专利。本文件的发布机构不承担识别专利的责任。

本文件由农业农村部畜牧兽医局提出。

本文件由全国屠宰加工标准化技术委员会(SAC/TC 516)归口。

本文件起草单位:中国动物疫病预防控制中心(农业农村部屠宰技术中心)、华商国际工程有限公司。

本文件主要起草人:孔凡春、高胜普、温晓辉、白文荟、耿纪魁、赵岩、杨海滨、张伯乐、张军荣、洪海强、周伟伟、陈三民、张新玲、叶新睦、曲萍、尤华、张朝明。

兔屠宰与分割车间设计规范

1 范围

本文件规定了兔屠宰与分割车间的选址及厂区环境、建筑、结构、屠宰与分割工艺、屠宰检验检疫、制冷工艺、给水排水、供暖通风与空气调节、电气等要求,描述了对应的证实方法。

本文件适用于新建、扩建和改建兔屠宰与分割车间的设计。

2 规范性引用文件

下列文件中的内容通过文中的规范性引用而构成本文件必不可少的条款。其中,注日期的引用文件,仅该日期对应的版本适用于本文件;不注日期的引用文件,其最新版本(包括所有的修改单)适用于本文件。

GBZ 1 工业企业设计卫生标准

GB/T 700 碳素结构钢

GB/T 1591 低合金高强度结构钢

GB 5749 生活饮用水卫生标准

GB/T 8923.1 涂覆涂料前钢材表面处理 表面清洁度的目视评定 第1部分:未涂覆过的钢材表面和全面清除原有涂层后的钢材表面的锈蚀等级和处理等级

GB 28009 冷库安全规程

GB/T 39499 大气有害物质无组织排放卫生防护距离推导技术导则

GB 50009 建筑结构荷载规范

GB 50010 混凝土结构设计规范

GB 50016 建筑设计防火规范

GB 50017 钢结构设计标准

GB/T 50046 工业建筑防腐蚀设计标准

GB 50052 供配电系统设计规范

GB 50072 冷库设计标准

GB 50084 自动喷水灭火系统设计规范

GB 50788 城镇给水排水技术规范

GB 50974 消防给水及消火栓系统技术规范

NY/T 3470 畜禽屠宰操作规程 兔

3 术语和定义

NY/T 3470 界定的以及下列术语和定义适用于本文件。

3.1

宰前建筑设施 pre-slaughtering facilities

为满足屠宰生产需要,设置于屠宰工序前的必要的建(构)筑物或建筑设施,包括活兔待宰棚(圈)、离圈和卸兔站台等。

3.2

屠宰车间 slaughtering room

自致昏挂兔到胴体预冷前的场所,包括致昏间、放血间、剥皮间、去内脏间、副产品加工间、废弃物收集间、工器具清洗消毒间及辅助设备用房等。

3.3

预冷间 carcass chilling room

对胴体进行预冷的场所。

3.4

分割车间 cutting and deboning room

自分割至产品包装的场所,包括分割间、包装间、冻结间、包装材料间、工器具清洗消毒间及辅助设备用房等。

3.5

副产品加工间 by-products processing room

对兔的内脏、头、爪和皮进行加工的场所。

3.6

产品暂存间 temporary storage room

为满足日常连续生产的需要,用于储存经冷却加工的半成品或成品的冷间。

3.7

冷藏间 cold storage room

用于储存经冻结加工产品的冷间。

3.8

屠宰分割综合加工车间 slaughtering and cutting rooms complex

由宰前建筑设施、屠宰车间、预冷间、分割车间、产品暂存间、冷藏间组成的车间综合体。

3.9

生产配套建筑设施 ancillary building facilities

为满足屠宰分割综合加工车间生产需要,为其配套服务的建(构)筑物或建筑设施,包括制冷机房、变配电间、锅炉房、水池、泵房、污水处理场等。

4 选址及厂区环境

4.1 厂址选择

4.1.1 屠宰与分割车间所在厂区(以下简称"厂区")应具备可靠的水源和电源,周边交通运输便利,并符合 GB/T 39499 的规定以及当地城乡规划等部门的要求。

4.1.2 厂址周围应有良好的环境卫生条件。厂址应避开受污染的水体及产生有害气体、烟雾、粉尘或其他污染源的工业企业或场所。

4.1.3 厂址应远离城市水源地和城市给水、取水口,其附近应有城市污水排放管网或允许排入的最终受纳水体。

4.2 总平面布置

4.2.1 厂区应划分为生产区和非生产区。生产区包括屠宰分割综合加工车间及生产配套建筑设施;非生产区包括为生产提供辅助服务的办公楼、候班楼、食堂等。

4.2.2 在严寒、寒冷和夏热冬冷地区,无害化处理间、污水处理场、宰前建筑设施、屠宰车间不应布置在厂区夏季主导风向的上风侧;分割车间、产品暂存间、冷藏间、非生产区不应布置在厂区夏季主导风向的下风侧。在夏热冬暖和温和地区,无害化处理间、污水处理场、宰前建筑设施、屠宰车间不应布置在厂区全年主导风向的上风侧;分割车间、产品暂存间、冷藏间、非生产区不应布置在厂区全年主导风向的下风侧。

4.2.3 生产区活兔入口、废弃物的出口与产品出口、人员出入口应分开设置。

4.2.4 厂区屠宰与分割车间及其生产辅助用房与设施的布局应满足生产工艺流程和食品卫生要求,避免产品受到污染。

4.3 环境卫生

4.3.1 厂区不应设置污水排放明沟。生产中产生的污染物排放应满足国家相关排放标准的要求。

4.3.2 卸兔站台附近应设置清洗消毒区。此区域内应设有冲洗消毒及排污设施,回车场和清洗消毒区应做混凝土地面,清洗消毒区地面排水坡度不应小于 2.5%。

4.3.3　厂区应有良好的雨水排放和防内涝系统,可设置雨水回用设施。

4.3.4　厂区的主要道路应平整、不起尘,有相应的车辆承载能力。活兔进厂的入口处应设置底部长不少于 4.0 m、深不少于 0.3 m、与门同宽且便于更换消毒液的车辆消毒池。

4.3.5　厂区内建(构)筑物周围、道路两侧的空地应绿化或硬化,车间周边的绿化应与车间保持适当距离。

5　建筑

5.1　一般要求

5.1.1　屠宰分割综合加工车间及生产配套建筑设施的平面布置应符合生产工艺流程、屠宰检验检疫要求,其建筑面积应与生产规模相适应。

5.1.2　屠宰车间与分割车间两区域人员出入口应分别独立设置。

5.1.3　车间地面应设置明沟或地漏排水。

5.2　宰前建筑设施

5.2.1　活兔待宰棚(圈)与卸兔站台应夏季通风良好,且应设有遮阳、防雨的屋面,严寒、寒冷地区应有防寒设施。

5.2.2　卸兔站台应高出路面 0.9 m～1.2 m,便于车辆卸兔。卸兔站台应设回车场。

5.2.3　卸兔站台地面排水坡度不应小于 1.5%,坡面应朝向站台前排水沟。

5.3　屠宰车间

5.3.1　屠宰车间建筑面积与屠宰规模相匹配,屠宰车间建筑面积不宜小于 300 m²。屠宰产能超过 1 000 只/h,每增加 100 只/h,屠宰车间建筑面积宜相应增加 30 m²～50 m²。

5.3.2　屠宰车间净高不宜低于 4.5 m。

5.3.3　屠宰车间内与沥血线路平行且不低于沥血轨道高度的墙体表面应光滑平整、不渗水和耐冲洗。

5.3.4　屠宰车间的血及废弃物的收集区宜靠外墙设置。

5.3.5　屠宰车间内运输小车的单向通道宽度不应小于 1.5 m,双向通道宽度不应小于 2.5 m。

5.4　预冷间

5.4.1　预冷间宜设计为风冷冷却。

5.4.2　预冷间设计温度宜为 0 ℃～4 ℃。

5.5　分割车间

5.5.1　分割车间建筑面积与分割规模相匹配。平均每小时 1 t 产能的分割车间最小建筑面积为 300 m²。

5.5.2　分割车间内的各生产间面积应相互匹配,并宜布置在同一层平面上。

5.5.3　分割间、包装间的室温不应高于 12 ℃。

5.5.4　分割车间地面排水坡度不应小于 1.0%。

5.5.5　分割间、包装间宜设吊顶,室内净高不宜低于 4.5 m。

5.5.6　冻结间设计温度宜为 −35 ℃～−28 ℃。

5.5.7　冻结间房间净宽不宜小于 4.5 m,墙面应设防撞设施。

5.5.8　冻结间内保温材料应双面设置隔汽层。保温层内侧表面材料应无毒、防霉、耐腐蚀和易清洁。冻结间地面面层混凝土标号不应低于 C30。

5.5.9　经过冻结后的产品若需更换包装,换装区域温度不应高于 12 ℃。

5.6　产品暂存间与冷藏间

5.6.1　产品暂存间、冷藏间应按屠宰流程与屠宰车间或分割车间紧邻布置。

5.6.2　产品暂存间的设计温度宜为 0 ℃～4 ℃,冷藏间的设计温度应小于 −18 ℃。

5.6.3　产品暂存间应符合 GB 50016 对"中间仓库"的相关规定。

5.6.4 冷藏间的设计应符合 GB 50072 的相关规定。

5.7 人员卫生与生活用房

5.7.1 屠宰车间和分割车间人员卫生与生活用房包括换鞋间、更衣室、卫生间、手靴消毒间（或消毒通道）、工具间、洗衣房等。

5.7.2 分割车间宜设置风淋设施。

5.7.3 预冷间与分割车间可共用一套人员卫生与生活用房。

5.7.4 盥洗水龙头、卫生间便器与淋浴器的数量应根据员工定员以及 GBZ 1 规定的卫生特征 3 级要求配备。

5.7.5 更衣室内按员工定员配置鞋柜、更衣柜、挂衣钩和靴架,鞋、靴与工作服应分开存放。更衣室内应设置工作靴的清洗消毒设施。

5.7.6 屠宰车间和分割车间的洗手设施应采用非手动式开关,并应配备干手设施;便器应采用非手动式冲洗开关。

5.7.7 屠宰车间和分割车间的卫生间应设前室,卫生间的门不应直接开向生产操作场所。

5.7.8 手靴消毒间或消毒通道内应设手消毒设施和靴消毒池。消毒池深不小于 150 mm,平面长、宽尺寸以员工不能跨越为宜。

5.8 防火与疏散

5.8.1 屠宰分割综合加工车间的耐火等级不应低于二级。

5.8.2 屠宰车间和分割车间的火灾危险性分类应为丙类。

5.8.3 产品暂存间宜靠外墙布置,应采用防火墙和不低于 1.50 h 的不燃性楼板与其他生产作业部位隔开,并宜设置直通室外的安全出口。

5.8.4 当氨制冷机房与车间贴临时,应采用不开门窗洞口的防火墙分隔,且氨制冷机房应至少有 1 个建筑长边不与其他建筑贴邻,并开设可满足自然通风的外门窗。

5.8.5 车间各部分应设置必要的疏散走道,避免出现复杂的逃生线路。

5.8.6 屠宰分割综合加工车间内的办公室、更衣室与生产部位之间设参观走廊时,应进行防火分隔,防火分隔界面宜设置在参观走廊靠办公室、更衣室一侧。

5.8.7 车间的疏散门宜采用带信号反馈的推闩门。

5.9 室内装修

5.9.1 车间地面应采用无毒、不渗水、防滑、易清洗、耐腐蚀的材料,其表面应平整无裂缝、无局部积水。

5.9.2 车间内墙面和顶棚或吊顶应采用光滑、无毒、耐冲洗、不易脱落的材料,其表面应平整光洁,避免出现难以清洗的卫生死角。

5.9.3 地面、顶棚、墙、柱等处的阴阳角宜采用弧形。

5.9.4 门窗应采用密闭性能好、不变形、不渗水、不易锈蚀的材料制作,内窗台宜采用向下倾斜 45° 的斜坡构造,或采用无窗台构造。有温度要求房间的门窗应有良好的保温性能。

5.9.5 成品或半成品通过的门应有足够宽度,避免与产品接触。通行吊轨的门洞净宽度有物料通过时不应小于 0.4 m,无物料通过时不应小于 0.2 m。通行手推车的双扇门应采用双向自由门,其门扇上部应安装由不易破碎材料制作的通视窗,下部设有防撞护板。

5.9.6 车间内墙、柱与顶棚或吊顶宜采用白色或浅色亚光表面。

5.9.7 车间内排水明沟沟壁与沟底转角应为弧形。

5.9.8 参观通廊开向车间的参观窗应为固定窗,且宜有防结露设施。

6 结构

6.1 一般要求

6.1.1 车间建筑物宜采用钢筋混凝土结构或钢结构。

6.1.2 车间结构应考虑所处环境温度变化作用产生的变形及内力影响,并应采取相应措施减少温度变化作用对结构引起的不利影响。

6.1.3 车间采用钢筋混凝土框架结构时,伸缩缝的最大间距不宜大于 55 m;采用门式刚架时,纵向温度区段不应大于 180 m,横向温度区段不应大于 100 m。当有充分依据和可靠措施时,伸缩缝最大间距可适当增加。

6.1.4 车间结构设计时应预先设计支撑及吊挂设备、轨道的埋件、吊杆等固定点;钢结构的柱、梁或网架球节点上的吊杆及固定件应在工厂制作钢结构时完成,现场安装时不应在钢结构的主要受力部位施焊其他未经设计的构件。

6.1.5 复杂地基应考虑车间基础沉降对上部结构及设备的不利影响。

6.1.6 地面防冻采用架空地面时,架空层净高不宜小于 1.0 m;采用地垄墙架空时,其地面结构宜采用预制混凝土板结构。冻结间结构基础最小埋置深度自架空层地坪向下不宜小于 1.0 m,且应满足所在地区冬季地基土冻胀和融陷影响对基础埋置深度的要求。

6.1.7 车间室内地面应要求地坪回填土分层压实密实,压实系数不小于 0.94,且回填土不应使用淤泥、耕土、冻土、膨胀性土以及有机质含量大于 5% 的土。

6.1.8 车间的混凝土结构的环境类别应按表 1 的要求划分。

表 1 屠宰与分割车间的混凝土结构的环境类别

环境类别	名称	条件
二 a	分割车间	室内潮湿环境
二 b	待宰棚(圈)、屠宰车间、冷却间、冻结间、冷藏间	干湿交替环境

6.2 荷载

6.2.1 车间楼面、地面均布活荷载的标准值应采用 5.0 kN/m^2;有大型加工设备的部分楼面、地面,其设备重量折算的等效均布活荷载标准值超过 5.0 kN/m^2 应按实际情况采用。楼面及屋面的悬挂荷载应按实际情况取用,可采取等效活荷载。生产车间的参观走廊、楼梯活荷载不应小于 3.5 kN/m^2。

6.2.2 楼面有振动设备时,应进行动力计算。一般设备的动力系数可采用 $1.05\sim1.10$;对特殊的专用设备和机器,可提高至 $1.20\sim1.30$。

6.2.3 输送、吊挂轨道结构计算的活荷载标准值宜为 2.5 kN/m(本数值包括滑轮和吊具重量)。

6.2.4 结构自重、施工或检修集中荷载、屋面雪荷载和积灰荷载应符合 GB 50009 的规定。

6.3 材料

6.3.1 采用人工制冷降温房间内水泥应符合 GB 50072 的规定。

6.3.2 采用人工制冷降温房间内的混凝土结构如需提高抗冻融破坏能力时,可掺入适宜的混凝土外加剂。

6.3.3 采用人工制冷降温房间内砖砌体应采用强度等级不低于 MU 10 的烧结普通砖,并应用水泥砂浆砌筑和抹面。砌筑用水泥砂浆强度等级应不低于 M 7.5。

6.3.4 钢筋混凝土结构的钢筋应符合 GB 50010 的规定。

6.3.5 钢结构承重的结构材料应根据结构的重要性、荷载特征、结构形式、应力状态、连接方法、钢材厚度和工作环境等因素综合考虑,选用合适的钢材牌号和材性。

6.3.6 承重结构的钢材宜采用 Q235 钢、Q345 钢,其质量应分别符合 GB/T 700 和 GB/T 1591 的规定。采用其他牌号的钢材时,应符合相应标准的规定。

6.3.7 焊接钢结构、非焊接但处于工作温度不高于 -20 ℃ 的钢结构均不应采用 Q235 沸腾钢。

6.3.8 钢结构承重结构采用的钢材应符合 GB 50017 的规定。

6.4 涂装及防护

6.4.1 钢结构防锈和防腐蚀采用的涂料、钢材表面的除锈等级以及防腐蚀对钢结构的构造要求等应符合 GB/T 50046 和 GB/T 8923.1 的规定。

6.4.2 钢结构采用的防锈、防腐蚀材料应为环保材料。

6.4.3 钢结构柱脚在地面以下的部分应采用强度等级较低的混凝土包裹(保护层厚度不应小于50 mm), 并应使包裹的混凝土高出地面不小于 150 mm。柱脚在地面以上时,柱脚底面应高出地面不小于 100 mm。

6.4.4 钢结构的防火应符合 GB 50016 等的规定。

7 屠宰与分割工艺

7.1 一般要求

7.1.1 屠宰与分割工艺流程应按照接收、致昏、挂兔、宰杀放血、扯皮、掏膛、冷却、分割加工的顺序设置。

7.1.2 工艺流程设置应在满足加工工位的前提下避免迂回交叉。

7.1.3 各生产区域应设置用于工器具清洗消毒的设备设施。

7.1.4 生产线应设置用于与胴体和内脏接触的钩、盘清洗消毒的设备设施。

7.1.5 各工位和操作场所根据需要设置刀具消毒器和洗手池,刀具消毒器和洗手池宜采用不锈钢材料制作。

7.2 致昏

7.2.1 致昏方式宜采用电致昏。致昏设备应有 2 套,其中 1 套作为备用。

7.2.2 致昏间应有致昏验证工位。

7.3 挂兔与宰杀

7.3.1 挂兔工位处,挂钩下端距地面的安装高度宜为 1.4 m。

7.3.2 直线挂兔间距不应小于 0.2 m。

7.3.3 宰杀应符合下列要求:
  a) 宰杀可以选择人工宰杀,宰杀工位处的链钩下端距地面的高度宜为 1.3 m~1.6 m;
  b) 兔的放血时间不应少于 4 min;
  c) 放血线距墙壁的距离不应少于 0.8 m;
  d) 使用集血槽收集血液时,集血槽长度应按放血时间确定。

7.4 扯皮

7.4.1 扯皮工艺流程宜按照去头、挑裆、去左后爪、挑腿皮、割尾、割腹肌膜、去前爪、扯皮的顺序设置。

7.4.2 去头、去爪及扯皮工位附近应设置盛放头、爪、皮的容器或输送设备。采用机械扯皮时,宜设置兔皮输送设备。

7.5 胴体加工与内脏摘除

7.5.1 除生产特殊产品或采用传统工艺加工外,胴体加工工序应包括开膛、掏膛、修整、转挂、喷淋冲洗。

7.5.2 摘除内脏后,应设置专门冲洗胴体体腔、体表的冲洗设备。

7.6 副产品处理

7.6.1 副产品处理场所与胴体加工场所应分开设置。

7.6.2 可食用副产品需要冷却的,冷却后中心温度应保持在 3 ℃以下。

7.6.3 应分区加工内脏、头等。

7.7 冷却

胴体宜采用风冷冷却,冷却后胴体中心温度不应高于 7 ℃。

7.8 分割与包装

7.8.1 采用人工分割时,分割的综合产能可按每人每小时分割 20 只兔计算。

7.8.2 分割间应留有人行通道,如使用运输器具,运输时应有回转场地。

7.8.3 包装间应设置内包装材料存放间。

7.9 无害化处理

病死兔及病害兔产品的无害化处理应符合以下规定:

a) 委托有资质的第三方机构进行无害化处理时,厂区内设置带温控设施的病死兔及病害兔产品暂存间;

b) 不能委托有资质的第三方机构进行无害化处理时,厂区内应设置无害化处理间。

8 屠宰检验检疫

8.1 屠宰与分割车间的工艺布置应符合屠宰检验检疫的要求。

8.2 在屠宰分割综合加工车间或厂区内设置官方兽医室。

8.3 在剥皮之后,预冷之前设置宰后同步检验工位,负责头部检验、内脏检验、胴体检验和胴体复验。检验工位的长度按照每位检验人员不少于 1.5 m 计算。

8.4 各检验操作位置上应设置刀具消毒器及洗手池。

8.5 宜设置与生产规模相适应的化验室,化验室应单独设置进出口。

9 制冷工艺

9.1 一般要求

9.1.1 屠宰与分割车间的氨制冷系统调节站应安装在室外或调节站间内。

9.1.2 制冷系统管道不应穿过有人员办公及休息的房间。

9.1.3 采用人工制冷降温房间内的冷却设备宜采用空气冷却器。空气冷却器采用热气融霜方式时,应采用程序控制的自动融霜方式。

9.1.4 制冷系统的制冷剂和载冷剂应满足兔屠宰与分割车间建设项目的环境影响评价结论的要求,并应满足 GB 50072 中制冷章节的规定。

9.1.5 制冷系统的设计应符合 GB 50072 中制冷章节的规定,并应符合 GB 28009 的相关要求。

9.2 产品的冷却

9.2.1 胴体冷却采用风冷冷却方式时,预冷间设计温度宜为 0 ℃~4 ℃。胴体冷却采用水冷冷却方式时,水温不宜高于 2 ℃。

9.2.2 副产品冷却间设计温度宜为 0 ℃。

9.3 产品的冻结

9.3.1 分割肉和副产品冻结间的设计温度不应高于−28 ℃。

9.3.2 分割肉和副产品冻结后产品的中心温度不应高于−15 ℃。

9.3.3 采用冻结间冻结时,包括进出货时间在内,分割肉冻结时间不宜超过 48 h,副产品冻结时间不宜超过 12 h。

10 给水排水

10.1 一般要求

10.1.1 给水系统应具有保障连续不间断供水的能力,并满足屠宰加工用水对水质、水量和水压的要求。

10.1.2 车间内用水设施及设备均应有防止交叉污染的措施。

10.1.3 车间内排水系统设计应有保证排水畅通,便于清洁维护,并应有防止固体废弃物进入、浊气逸出、防鼠害等措施。

10.1.4 车间给水排水、消防干管敷设在车间闷顶(技术夹层)时应采取管道支吊架、防冻保温、防结露等固定及防护措施。

10.2 给水及热水供应

10.2.1 生产及生活用水供水水质应符合 GB 5749 的规定。

10.2.2 给水应根据工艺及设备的水量、水压确定。采用自备水源供水时,给水系统设计应符合 GB 50788 的规定。

10.2.3 车间的最高日生产用水定额按每只兔每班 10 L~20 L 计算,生产用水定额包括车间内生产人员生活用水,但不包括制冷机房蒸发式冷凝器等制冷设备用水。小时变化系数为 1.5~2.0。用水时间可按每班 10 h 计算;如调整生产时间,应按实际生产时间计。

10.2.4 应根据生产工艺流程的需要,在用水位置分别设置冷热水管。

10.2.5 应配备清洗墙裙与地面用的皮带水嘴或高压冲洗消毒系统。各接口间距不宜大于 25 m。采用高压冲洗消毒系统时,应在车间适当位置设加压设备间,并宜配备冷热水管道。

10.2.6 车间生产及生活用热水应采用集中供给方式,消毒用热水(82 ℃)可采用集中供给或就近设置小型加热装置方式。热交换器进水根据水质情况宜采用防结垢处理装置。

10.2.7 车间洗手池和消毒设施的水嘴应采用自动或非手动式开关,并配备有冷热水。

10.2.8 车间内储水设备应采用无毒、无污染的材料,并应有防止污染设施和清洗消毒设施。

10.2.9 车间室内生产用给水管材应选用卫生、耐腐蚀和安装连接方便可靠的管材,如不锈钢管、塑料和金属复合管、塑料管等。

10.2.10 车间给水系统应配备计量装置。

10.3 排水

10.3.1 车间应采用有效的排水措施,车间地面不应积水。人员卫生与生活用房的排水系统应与车间生产废水排水系统分开设置。

10.3.2 屠宰车间和分割车间排水采用明沟排水时,除工艺要求外宜采用浅明沟型式;分割车间地面采用地漏排水时,宜采用专用除污地漏。专用除污地漏应具有拦截污物功能,水封高度不应小于 50 mm。每个地漏汇水面积不应大于 36 m²。

10.3.3 车间室内排水沟排水与室外排水管道连接处应设水封装置或室外设置水封井,水封高度不应小于 50 mm。

10.3.4 车间内各加工设备、水箱、水池等用水设备的泄水、溢流管不应与车间排水管道直接连接,并应采用间接排水方式。

10.3.5 车间室内生产用排水管材宜采用柔性接口机制的排水铸铁管及相应管件。

10.3.6 车间的生产废水应集中排至厂区污水处理站统一处理,处理后的污水应符合国家有关污水排放标准的要求。

10.4 消防给水及灭火设备

10.4.1 车间的消防给水及灭火设备的设置应符合 GB 50016 和 GB 50974 的规定。

10.4.2 车间内冷藏间、冻结间消火栓布置应符合 GB 50072 的规定。速冻装置间出入口处应设置室内消火栓。

10.4.3 车间内设置自动喷水灭火系统时,应 GB 50016 和 GB 50084 的相关规定,设计基本参数按民用建筑和工业厂房的系统设计参数中的中危险等级执行。

11 供暖通风与空气调节

11.1 一般要求

11.1.1 供暖与空气调节系统的冷源与热源应根据能源条件、能源价格和节能、环保等要求,经技术经济

分析确定,并应符合下列要求:

    a) 在满足工艺要求的条件下,宜采用市政或区域热网提供的热源;

    b) 无市政或区域热网提供的热源时,可自建锅炉房供暖;自建锅炉房的锅炉台数应根据热负荷的调度、锅炉检修和扩建的可能性等因素确定;条件许可且经济合理时,也可采用太阳能热水系统、热泵系统或制冷系统废热回收加辅助热源系统;

    c) 低温空调系统冷源宜根据气象条件、制冷工艺系统的特点及屠宰与分割工艺的要求进行综合分析确定。

11.1.2 分割间、包装间及其他低温空调场所的冷源采用乙二醇水溶液为载冷剂时,夏季供液温度宜为 $-3\ ℃\sim0\ ℃$,冬季供液温度不宜高于 $40\ ℃$。

11.1.3 分割间、包装间及其他低温或高湿空调场所内明装的空调末端设备宜选用不锈钢外壳的产品。

11.1.4 车间生产时常开的门的两侧温差超过 $15\ ℃$ 时,宜设置空气幕或透明软帘。

11.1.5 室内温度低于 $0\ ℃$ 的房间应采取地面防冻措施。

11.2 供暖

11.2.1 在严寒和寒冷地区,挂兔区、放血间、包装材料间冬季室内计算温度宜取 $14\ ℃\sim16\ ℃$,附属办公间宜取 $18\ ℃\sim20\ ℃$。

11.2.2 值班供暖的房间室内计算温度宜取 $5\ ℃$。

11.3 通风与空调

11.3.1 空气调节系统不应采用氨制冷剂直接蒸发式空气降温方式。

11.3.2 分割间、包装间的温度应满足产品加工工艺的要求,其冬、夏季室内空调计算温度不应高于 $12\ ℃$,夏季室内空调计算相对湿度不宜高于 70%,冬季室内空调计算相对湿度不宜低于 40%。空调房间操作区风速不宜大于 $0.3\ m/s$。

11.3.3 分割间和包装间工作人员最小新风量不应小于 $40\ m^3/h$。新风应根据车间内空气参数的需求进行处理,并宜采用粗效和中效两级过滤。

11.3.4 分割间、包装间的空调和通风系统宜保持本车间相对于相邻的房间及室外处于正压状态。

11.3.5 事故通风应符合下列要求:

    a) 采用卤代烃及其混合物、二氧化碳为制冷剂、二氧化碳为载冷剂的制冷机房,事故排风换气次数不应小于 12 次/h;氨制冷机房事故排风量应按每平方米建筑面积每小时不小于 $183\ m^3$ 进行计算,且最小排风量不应小于 $34\ 000\ m^3/h$,事故风机应选用防爆型风机;

    b) 室内制冷工艺调节站应设置事故排风系统,事故排风换气次数不应小于每小时 12 次。制冷系统采用氨制冷剂时,事故风机应选用防爆型风机。

11.3.6 掏膛间应设置机械送、排风系统,排风换气次数每小时不宜小于 30 次,送风量宜按排风量的 70% 计算。

11.3.7 空气调节和通风系统的送风道宜设置清扫口。采用纤维织物风道时,应满足防霉的要求。

11.3.8 屠宰间、分割间、包装间和副产品加工间宜采取防止风口产生或滴落冷凝水的措施。

11.3.9 车间内通风系统的送风口和排风口宜设置耐腐蚀材料制作的过滤网。

11.4 消防与排烟

11.4.1 室温不高于 $0\ ℃$ 的房间不应设置排烟设施。

11.4.2 其他场所或部位的防烟和排烟设施应按照 GB 50016 的规定执行。

11.5 蒸汽、压缩空气、空调和供暖管道

11.5.1 蒸汽管道、空调和供暖热水管道应计算热膨胀。自然补偿不能满足要求时,应设置补偿器。

11.5.2 蒸汽管、压缩空气管、空调和供暖管道无法避免穿过防火墙时,在管道穿过处应采取防火封堵措施,并在管道穿墙处一侧设置固定支架,使管道可向墙的两侧伸缩。

11.5.3 应计算蒸汽管道和供暖热水管道固定支架所承受的推力并采取相应措施,防止固定支架产生位

移或对建、构筑物产生破坏。

12 电气

12.1 一般要求

12.1.1 电气设备的选择应与屠宰分割综合加工车间内各不同建筑环境分类和食品卫生要求相适应。

12.1.2 电气线路穿越保温材料敷设时,应采取防止产生冷桥的措施。

12.1.3 车间应设应急广播。

12.1.4 快速冻结装置的作业区应设置气体泄漏探测指示报警设备,应在作业区室内明显部位安装声光警报装置,当空气中泄漏制冷剂的气体浓度达到设定值时,应能自动启动声光报警装置和事故风机,并将报警信息传送至相关制冷机房或有人值班的场所显示和报警。

12.1.5 车间的非消防用电负荷宜设置电气火灾监控系统。

12.2 配电

12.2.1 车间的供电负荷级别和供电方式应根据工艺要求、生产规模、产品质量和卫生、安全等因素确定,并应符合 GB 50052 的有关规定。

12.2.2 车间的配电装置宜集中布置在专用的电气室中。不设专用电气室时,配电装置宜布置在干燥场所。

12.2.3 手持电动工具和移动电器回路应设剩余电流动作保护电器。

12.2.4 车间多水潮湿场所应采用局部等电位联结或辅助等电位联结。

12.2.5 车间的闷顶(技术夹层)内宜设有检修用电源。

12.3 照明

12.3.1 车间照明方式宜采用分区一般照明与局部照明相结合的照明方式。照明功率密度应符合表 2 的规定;房间或场所的室形指数值小于或等于 1 时,其照明功率密度限值可增加,但增加值不应超过限值的 20%;房间或场所的照度标准值提高或降低一级时,其照明功率密度限值应按比例提高或折减。

表 2 照明标准值和功率密度限值

照明场所	照明种类及位置	照度标准值 lx	显色指数 Ra	照明功率密度限值 W/m²
屠宰车间	加工线操作部位照明	200	80	≤7
	检验操作部位照明	500	80	≤16
分割间、副产品加工间	操作台面照明	300	80	≤10
包装间	包装工作台面照明	200	80	≤7
冷却间、冻结间	一般照明	100	80	≤4
产品暂存间、冷藏间	一般照明	150	80	≤5

12.3.2 致昏区 0.75 m 水平面的平均照度在生产时不宜高于 50 lx,在清扫时不宜低于 200 lx。

12.3.3 车间宜设置备用照明。备用照明应满足所需场所或部位活动的最低照度值,但不应低于该场所一般照明照度值的 10%。

12.3.4 车间应设置疏散照明。

12.3.5 车间的闷顶(技术夹层)内宜设置巡视用照明。

13 证实方法

审核依据本规范完成的工程设计图纸,图纸中包含但不限于建筑、结构、屠宰与分割工艺、制冷工艺、给水排水、供暖通风与空气调节和电气等专业内容。

ICS 65.060.01
CCS B 90

中华人民共和国农业行业标准

NY/T 4319—2023

洗消中心建设规范

Construction specification for decontamination center

2023-02-17 发布

2023-06-01 实施

中华人民共和国农业农村部 发布

前　言

本文件按照 GB/T 1.1—2020《标准化工作导则　第 1 部分:标准化文件的结构和起草规则》的规定起草。

本文件由农业农村部计划财务司提出并归口。

本文件起草单位:农业农村部规划设计研究院、农业农村部工程建设服务中心、青岛美联清洗设备有限公司、中国畜牧业协会、北京中宇瑞德建筑设计有限公司。

本文件主要起草人:耿如林、陈乙元、盛宝永、富建鲁、朱丽梅、焦先宾、张立行、刘丹丹、李思博、胡林、张月红、孙婉莹。

洗消中心建设规范

1 范围

本文件规定了洗消中心建设的通用要求、规模与内容、选址与总平面设计、工艺与设备、建筑工程、节水节能与环境保护、主要技术经济指标。

本文件适用于养殖企业新建洗消中心项目,饲料加工、屠宰加工及无害化处理等企业新建、改建或扩建洗消中心项目参照执行。

2 规范性引用文件

下列文件中的内容通过文中的规范性引用而构成本文件必不可少的条款。其中,注日期的引用文件,仅该日期对应的版本适用于本文件;不注日期的引用文件,其最新版本(包括所有的修改单)适用于本文件。

GB 13271 锅炉大气污染物排放标准
GB 14554 恶臭污染物排放标准
GB 16297 大气污染物综合排放标准
GB 18918 城镇污水处理厂污染物排放标准
GB/T 26624 畜禽养殖污水贮存设施设计要求
GB 50016 建筑设计防火规范
GB 50028 城镇燃气设计规范
GB 50041 锅炉房设计标准
GB 50189 公共建筑节能设计标准
GB 50345 屋面工程技术规范
NY/T 1716 农业建设项目投资估算内容与方法

3 术语和定义

下列术语和定义适用于本文件。

3.1

洗消中心 decontamination center

对进出畜禽养殖场、饲料加工厂、屠宰加工厂及无害化处理厂的车辆及人员进行集中清洗、消毒的场所。

3.2

区域洗消中心 regional decontamination center

一级洗消中心 primary decontamination center

为区域范围内所有进出畜禽养殖场、饲料加工厂、屠宰加工厂及无害化处理厂的车辆及人员进行集中清洗、消毒的场所。

3.3

专用洗消中心 special decontamination center

二级洗消中心 second-level decontamination center

为进出指定畜禽养殖场、饲料加工厂、屠宰加工厂或无害化处理厂的车辆及人员进行集中清洗、消毒、烘干的场所。

3.4

场内洗消中心 infield decontamination center

三级洗消中心　third-level decontamination center

建设于畜禽养殖场、饲料加工厂、屠宰加工厂或无害化处理厂出入口或中转区域,为进出场(厂)区的车辆及人员进行清洗消毒的场所。各场(厂)根据实际需要配套建设烘干设施。

4　通用要求

4.1　洗消中心建设应统筹规划,并与当地城乡发展规划、畜牧业发展规划和防疫体系建设规划相协调,做到远近结合。

4.2　洗消中心建设应遵守国家有关工程建设的标准和规范,执行国家节约土地、节约用水、节约能源、保护环境和消防安全等要求,符合监管部门制定颁布的有关规定。

4.3　洗消中心建设水平应根据当地畜牧业发展现状及动物疫病防控水平,因地制宜,做到安全可靠、技术先进、经济合理、使用方便和管理规范。

5　建设规模与内容

5.1　建设规模

5.1.1　一级洗消中心、二级洗消中心建设规模应根据当地畜禽养殖规模、防疫群体数量、运输距离和道路条件等合理确定。

5.1.2　日洗消车辆数量小于 10 辆,宜建设单通道洗消中心(一洗一烘);日洗消车辆数量大于 10 辆,小于 20 辆,宜建设双通道洗消中心(二洗一烘);日洗消车辆数量大于 20 辆,宜建设多通道洗消中心(三洗二烘或四洗二烘)。也可根据畜牧业发展规划,分期扩建车辆消毒通道。

5.2　建设内容

洗消中心建设内容包括生产设施及配套设施,建设内容可参考表 1,具体工程应根据工艺设计、服务半径车辆数量及实际需要建设。

表 1　洗消中心建设内容

项目名称	生产设施	辅助设施
建设内容	洗车房、烘干房、物品消毒通道、设备间、物料间、衣物清洗干燥间、检测化验室、污水处理池、人员消毒通道、污区停车场、净区停车场等	档案资料室、监控室、值班室、变配电室、卫生间等

6　选址与总平面设计

6.1　选址

6.1.1　洗消中心选址应交通便利、通讯畅通、水源及电源可靠,具备满足工程建设需要的水文地质和工程地质条件。

6.1.2　一级洗消中心具有区域洗消功能,应根据区域内畜禽养殖规模及养殖场分布情况选址建设。一级洗消中心服务半径宜为 20.0 km～30.0 km。

6.1.3　二级洗消中心应根据服务半径内畜禽养殖场的分布独立选址建设,并根据项目区畜牧业发展规划预留扩建空间。二级洗消中心服务半径宜为 3.0 km～5.0 km。

6.1.4　三级洗消中心主要建于畜禽养殖场、饲料加工厂、屠宰加工厂或无害化处理厂生产区出入口处,具体建设地点根据功能区划分及现场交通情况确定。

6.2　总平面设计

6.2.1　洗消中心应设置独立的车辆单向入口和出口,二者之间道路不宜直接相通。

6.2.2　入口宜设置车辆自动识别系统,经预约登记后的车辆方可进入。

6.2.3　洗消房与入口之间设置脏车等待区,烘干房与洗消房之间设置车辆晾干区。脏车等待区和车辆晾干区地面均应硬化处理。多雨地区,车辆晾干区宜设置防雨棚。

6.2.4　内部道路应单向设计,在道路尽端设置回车场,不宜环形布置。洗消中心大门入口应通向主要交通道路。

6.2.5 洗消中心四周应设围墙或铁艺围栏,高度宜为 2.4 m～3.0 m,并在交通路线设置明显的位置标识。

7 工艺与设备

7.1 工艺流程

根据各级洗消中心服务范围、车辆类型、洗消重点等不同要求,各级洗消中心的工作流程参照附录 A 中的图 A.1～图 A.3 的规定执行,司机及随车人员在二级洗消中心应进行人员淋浴和更衣。

7.2 设备配置原则

7.2.1 洗消中心设备配置应遵循节约高效的原则,依据实际需要,选择技术先进、经济实用和性能可靠的洗消设备。在同等性能情况下,宜选用国产设备。

7.2.2 应配置与其功能定位和能力要求相适应的洗消设备,包括清洗消毒设备和烘干设备。其中,清洗设备包括电气控制系统、高压水动力系统、高压水流输送系统、框架及行走系统(自动洗消设备)、液体自动配比系统、热水清洗机、底盘清洗系统等;烘干设备包括电气控制系统、加热系统、送风系统等。

7.3 设备配置要求

7.3.1 一级洗消中心主要配置清洗消毒设备,根据洗消车辆的种类、数量,合理配置自动洗消设备及人工冲洗设备。

7.3.2 二级洗消中心重点配置自动清洗消毒和烘干消毒设备。

7.3.3 三级洗消中心设备由畜禽养殖场、饲料加工厂、屠宰加工厂或无害化处理厂根据生产需要自行配置。

一级洗消中心、二级洗消中心、三级洗消中心设备配置宜按表 B.1～表 B.3 的规定执行。

8 建筑工程

8.1 建筑与附属设施

8.1.1 各功能用房宜为单层,其中洗车房、烘干房檐高不应低于 5.0 m,车辆进出门口高度不应低于 4.5 m。

8.1.2 各功能用房耐火等级不应低于二级。

8.1.3 各功能用房屋面应采取保温隔热和防水措施,屋面防水等级和要求应按 GB 50345 的有关规定执行。

8.1.4 各功能用房墙体应满足保温、隔热、防潮等性能要求,内墙面应平整光滑、便于消毒。内装修应采用防火、节能、环保型装修材料,外装修宜采用不易老化、阻燃型装修材料。

8.1.5 各功能用房门窗应具有防水、保温、防火、防盗、防鼠、防鸟等性能。

8.1.6 洗消中心车辆及人员应从污区向净区单向流动,并设置必要的设施或措施,防止净区车辆及人员向污区逆向流动。

8.1.7 洗消房地面和墙面应做防水处理和防腐蚀处理。地面应防滑、耐腐蚀、耐摩擦,表面光洁不起灰尘;墙面应易清洗、易消毒。

8.1.8 洗消中心地坪应高于室外地坪,且不小于 0.3 m。

8.1.9 洗消房和烘干房,应结合车辆尺寸建设。

8.1.9.1 人工洗消房长度宜按照最大进场车辆前后各预留 2.0 m～3.0 m。

8.1.9.2 自动洗消房长度宜按照最大进场车辆前后各预留 4.0 m,宽度宜按照最大进场车辆两侧各预留 2.5 m;双(多)通道车辆洗消间应合并建设。

8.1.9.3 烘干房长度宜按照最大进场车辆前后各预留 2.0 m～3.0 m,宽度宜按照最大进场车辆两侧各预留 3.5 m。

洗消中心各功能用房建筑面积宜按表 2 的要求执行。

表 2 洗消中心建设规模(单通道)

项目类型	项目名称	单位	建设规模
生产设施	洗车房(手动)	m²	140～150
	洗车房(自动)	m²	160～170
	烘干房	m²	120～130
	物品消毒通道、物料间、衣物清洗干燥间、检测化验室	m²	70～80
	设备间	m²	40～50
	污水处理池及暂存池	m³	100～600
辅助设施	档案资料室、监控室、值班室、变配电室、卫生间等	m²	40～50

8.1.10 洗消中心宜设置车辆沥水平台。车辆沥水平台宜在前轮地面处设置倾斜台等设施,使车身与地面产生 3%～5%的角度,缩短沥水时间。

8.1.11 车辆洗消间应防止污水外溢。

8.1.12 人工清洗车辆洗消间应在车辆停靠位置两侧设置人员清洗操作平台。平台宽度宜为 1.0 m～1.2 m,平台高度宜为 2.4 m～2.7 m。平台起始位置分别设置楼梯,楼梯倾斜角度不应大于 45°;平台及楼梯应设置安全栏杆,栏杆扶手的高度不应小于 1.1 m。

8.1.13 随车人员淋浴消毒间宜与车辆洗消房合并建设或贴邻建设,并应设置随车人员休息室。车辆烘干房应设置随车人员休息室。

8.1.14 淋浴消毒间、人员休息室应采用耐火极限不低于 2.5 h 的防火隔墙与车辆洗消间、烘干间、设备间等分隔,并应至少设置 1 个独立的直通室外的安全出口。隔墙上相互连通的门应采用乙级防火门。

8.2 结构工程

8.2.1 烘干房宜采用砌体结构或混凝土框架结构,建筑结构的设计使用年限 50 年,建筑结构的安全等级为二级,抗震设防类别宜划为标准设防类。

8.2.2 洗消房和其他功能用房可采用轻钢结构、混凝土框架结构或砌体结构。

8.2.3 烘干房应考虑高温高湿对结构的不利影响。

8.2.4 洗消房应考虑清洗剂对结构的腐蚀性,应考虑干湿交替对结构带来的不利影响。

8.3 采暖通风工程

8.3.1 洗消中心建筑与附属设施的采暖通风与空气调节系统的设计应符合工艺及人员舒适度的要求,并符合节约能源的原则。

8.3.2 洗消中心工艺与采暖用热的热源形式应根据所在地的气候特征、能源资源条件及其利用成本,经技术经济比较确定。

8.3.3 洗消中心各种建筑设施的工艺及采暖室内温度应考虑工艺、人员舒适、防冻的要求。烘干房烘干时室内温度不低于 70 ℃,时长不低于 30 min。

8.3.4 严寒地区、寒冷地区洗消房应配置排湿风机。

8.3.5 烘干房采用燃气、燃油或电加热空气时,热风烘干应按 GB 50028 和 GB 50016 的有关规定执行。

8.3.6 烘干系统、采暖系统的烟气排放应按 GB 16297、GB 13271 及当地环保部门要求执行。

8.3.7 烘干系统、采暖系统的燃料、灰渣的储存及运输应按 GB 50041 的相关规定执行。

8.3.8 烘干设备宜布置在通风良好、防雨、防晒的场所,以燃气作为燃料的设备宜设置燃气浓度检测报警系统。

8.3.9 烘干热风道应采用不燃性材料,烘干设备及热风道的保温材料应采用难燃或不燃材料。

8.3.10 当烘干热风道采用金属材料时,应合理布置管道及膨胀节、柔性接头和管道支架,减小管道对支架的推力。

8.4 电气工程

8.4.1 洗消中心供电负荷等级不宜低于二级,专用设备应按要求设置稳压器和不间断电源。

8.4.2 洗消中心宜按信息化管理的需要配置网络系统、视频监控系统、计算机信息管理系统。

8.4.3 洗消中心若采用燃气热风炉供热,则应设置可燃气体报警系统。

8.4.4 洗消中心宜按照功能区域设置电能监测与计量系统,专用设备宜单独计量。

8.4.5 洗消中心电气设备应根据使用场所合理确定防护等级。

9 节能节水与环境保护

9.1 建筑节能设计宜按照 GB 50189 及其他有关节能规范标准确定。

9.2 设备应考虑节能、节水要求。

9.3 洗消中心场区应绿化,绿地率不宜大于 20%,并做好防鼠防虫害等措施。

9.4 洗消中心恶臭污染物排放应按 GB 14554 的相关规定执行。

9.5 洗消污水配套储存设施可采用塘体或混凝土结构,储存设施的其他设计要求宜按 GB/T 26624 相关规定执行。

9.6 洗消中心污水场内进行处理时,应根据所测定的原水污染物浓度及排放标准确定处理工艺及处理建构筑物规模。

9.7 洗消中心污水经过处理后农田灌溉或达标排放。

9.8 洗消中心污水处理过程产生的污泥等固体废弃物,宜按 GB 18918 中"污泥控制标准"相关要求及标准执行。

9.9 洗消中心在没有污水处理条件时,应建设污水储存设施,定期运输到集中污水处理厂,储存设施的容积宜按照输送周期确定。

10 主要技术经济指标

10.1 项目建设投资

10.1.1 投资构成:项目建设投资包括建筑工程费、物资设备购置费、工程建设其他费和预备费等,单通道洗消中心建设投资估算指标应符合表 3 的规定。

表 3 洗消中心建设投资估算表(单通道)

序号	项目名称	控制额度,万元			备注
		一级	二级	三级	
1	工程费用	120~150	270~350	70~120	
1.1	建筑工程费	40~50	100~120	20~30	2 000 元/m²~2 500 元/m²
1.2	物资设备购置费	50~60	120~150	20~50	详见表 4
1.3	场区工程费	30~40	50~80	30~40	供水、供电、道路、污水储存、绿化等
2	工程建设其他费用	15~20	20~30	10~15	按 NY/T 1716 相关取费标准计提
3	预备费	5~10	10~15	5~10	按 NY/T 1716 相关取费标准计提
4	建设投资合计	140~180	300~400	80~150	

10.1.2 单通道洗消设备购置定额指标应符合表 4 的规定。

表 4 设备购置定额表(单通道)

序号	仪器设备类别	购置费,万元		
		一级	二级	三级
1	高压水动力系统	12~18	25~35	6~12
2	电气控制系统	1~2	8~10	1~2
3	高压水流输送系统	1~2	5~6	1~2
4	框架及行走系统	0~1	15~20	0~1

表 4（续）

序号	仪器设备类别	购置费，万元		
		一级	二级	三级
5	风干系统		10~12	
6	加热系统	12~16	30~35	5~15
7	送风系统	11~16	22~25	5~13
8	控制系统	2~3	4~5	1~3
9	照明系统	1~2	1~2	1~2
10	总计	40~60	120~150	20~50

10.1.3 双通道洗消中心投资规模宜在单通道基础上增加 30 万元~40 万元；多通道洗消中心投资规模宜在单通道基础上增加 150 万元~200 万元。

10.2 用地指标

单、双通道洗消中心占地面积 10 亩~15 亩，多通道洗消中心结合通道数量可适当增加占地面积至 15 亩~25 亩，洗消中心最大占地面积不宜超过 30 亩。

10.3 建设工期

洗消中心项目建设工期按照建筑工程的工期，以及进口或国产物资设备的购置安装工期确定，通常为 6 个~10 个月。

10.4 劳动定员

10.4.1 洗消中心实行专人管理。管理人员应掌握动物疫病防疫及检疫基本理论和基本技能，有从事动物疫病防疫、检疫和控制的经验，具备相关职业中高级以上技术职称。

10.4.2 洗消中心工作人员应定期接受动物疫病防疫及检疫基本理论培训。

10.4.3 技术人员和管理人员总数一级洗消中心宜为 2 人~3 人，二级洗消中心宜为 3 人~5 人，三级洗消中心宜为 1 人~2 人。

附　录　A

（资料性）

洗消中心工艺流程

A.1　区域洗消中心工作流程图

区域洗消中心工作流程见图 A.1。

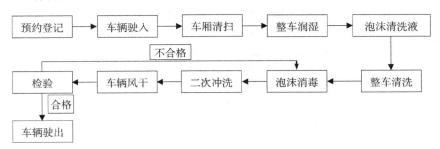

图 A.1　区域洗消中心工作流程图

A.2　专用洗消中心工作流程图

专用洗消中心工作流程见图 A.2。

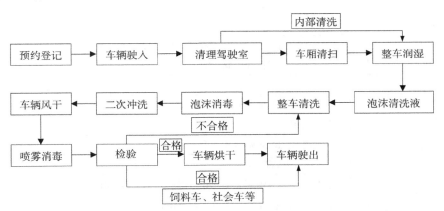

图 A.2　专用洗消中心工作流程图

A.3　场内洗消中心工作流程图

场内洗消中心工作流程见图 A.3。

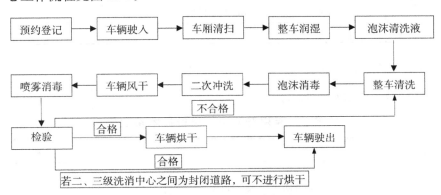

图 A.3　场内洗消中心工作流程图

附 录 B

（资料性）

洗消中心设备技术参数表

B.1 区域洗消中心设备技术参数表

区域洗消中心设备技术参数见表 B.1。

表 B.1 区域洗消中心设备技术参数表

序号	设备名称	单位	规格型号	数量	备注
1	控制柜	套	触摸屏；防护等级≥IP54	1	电气控制系统
2	燃气报警器	个	探测器加控制器	1	
3	电机	台	功率：5.5 kW～11 kW；电压：380 V；高效电机	2	
4	泵头	套	最大压力 25 MPa；工作压力 15 MPa～25 MPa；流量≥15 L/min	2	
5	锅炉	台	耐压 25 MPa；末端出水温度 45 ℃～75 ℃	2	高压水动力系统
6	过滤器	套	不锈钢二级过滤器；滤袋孔径≤80 μm；过水量不低于出水量 1.5 倍	1	
7	软化水装置	套	软化设备自动反冲洗功能；流量不低于出水量 1.5 倍；软化后硬度＜0.03 mmol/L	1	
8	补水箱	个	容量 0.5 t	1	
9	泵站框架	个	热浸锌或不锈钢框架；热浸锌锌层厚度≥80 μm	2	
10	液压及传感元件	套	包含流量开关、调压阀、单向阀等	1	
11	喷枪	个		2	
12	枪杆	根	短枪 10 cm～20 cm；长枪 80 cm～100 cm	2	
13	泡沫枪杆	根	发泡专用	2	
14	角度喷嘴	套	0 度喷嘴、40 度喷嘴各 1 个	2	高压水流输送系统
15	旋转喷嘴	个	旋转脉冲式高压喷嘴	2	
16	橡胶管	根	长度≥15 m；耐压≥25 MPa；爆破压力≥70 MPa	2	
17	高压水管路	米	内径≥10 mm；工作压力≥25 MPa	50	
18	配药系统	套	可满足两种及以上药剂配比	1	液体自动配比系统
19	自动底盘清洗系统	套	具备高压清洗、喷洒泡沫、喷雾功能；可在车辆底部移动，其中往复式的移动距离可控	1	底盘清洗系统
20	底盘清洗圆盘	台	压力 170 bar；流量 21 L/min；EG 高效喷嘴；前端万向轮；伸开长度达≥5 m；主材材质 304 不锈钢	1	
21	人员和驾驶室消毒机	台		1	其他

B.2 专用洗消中心设备技术参数表

专用洗消中心设备技术参数见表 B.2。

表 B.2 专用洗消中心设备技术参数表

序号	设备名称	单位	规格型号	数量	备注
一	自动清洗设备				
1	控制柜	套	触摸屏；防护等级≥IP54	1	电气控制系统
2	燃气报警器	个	探测器加控制器	1	

表 B.2（续）

序号	设备名称	单位	规格型号	数量	备注
3	低速电机	台	4 级高效电机；额定电压：380 V；额定功率≥15 kW；低速大转矩	≥2	高压水动力系统
4	高压柱塞泵	套	高压柱塞泵压力≥120 bar；流量≥100 L/min	2	
5	变频器	台	变频器功率≥15 kW	≥2	
6	传动装置	套	高压柱塞泵与电机传动装置	2	
7	泵站	个	碳钢防腐或不锈钢处理	2	
8	过滤器	套	不锈钢二级过滤器；滤袋孔径≤80 μm；过水量不低于出水量 1.5 倍	1	
9	软化水装置	台	软化设备自动反冲洗功能；流量不低于出水量 1.5 倍；软化后硬度＜0.03 mmol/L	1	
10	储水系统	个	容量≥1.5 t	1	
11	核心连接旋转接头	套	304 不锈钢材质；耐压≥200 bar；入口分液口数量≥3 个；出口分液口数量≥3 个	1	高压水流输送系统
12	高压管件及三通	套	304 不锈钢材质；耐压≥200 bar	1	
13	专用高压高柔软管	米	专用高柔拖链橡胶管；耐压≥150 bar；多层钢丝编制；爆破压力为工作压力 3 倍～4 倍	40	
14	高压清洗臂	套	304 不锈钢材质；可环绕式清洗	1	框架及行走系统
15	设备框架	套	整体热镀锌材质	1	
16	配药系统	套	可满足两种及以上药剂配比	1	液体自动配比系统
17	自动底盘清洗系统	套	具备高压清洗、喷洒泡沫、喷雾功能；可在车辆底部移动，其中往复式的移动距离可控制	1	底盘清洗系统
18	手动底盘清洗圆盘	台	压力 170 bar；流量 21 L/min；EG 高效喷嘴；前端万向轮；伸开长度达≥5 m；主材材质 304 不锈钢	1	
19	人员和驾驶室消毒机	台		1	其他
二	手动清洗设备				
1	控制柜	套	触摸屏；防护等级≥IP54	1	电气控制系统
2	燃气报警器	个	探测器加控制器	1	
3	电机	台	功率：5.5 kW～11 kW；电压：380 V；高效电机	2	高压水动力系统
4	泵头	套	最大压力 25 MPa；工作压力 15 MPa～25 MPa；流量≥15 L/min	2	
5	锅炉	台	耐压 25 MPa；末端出水温度 45 ℃～75 ℃	2	
6	过滤器	套	不锈钢二级过滤器；滤袋孔径≤80 μm；过水量不低于出水量 1.5 倍	1	
7	软化水装置	套	软化设备自动反冲洗功能；流量不低于出水量 1.5 倍；软化后硬度＜0.03 mmol/L	1	
8	补水箱	个	容量 0.5 t	1	
9	泵站框架	个	热浸锌或不锈钢框架；热浸锌锌层厚度≥80 μm	2	
10	液压及传感元件	套	包含流量开关、调压阀、单向阀等	1	
11	喷枪	个		2	
12	枪杆	根	短枪 10 cm～20 cm；长枪 80 cm～100 cm	2	
13	泡沫枪杆	根	发泡专用	2	
14	角度喷嘴	套	0 度喷嘴、40 度喷嘴各 1 个	2	高压水流输送系统
15	旋转喷嘴	个	旋转脉冲式高压喷嘴	2	
16	橡胶管	根	长度≥15 m；耐压≥25 MPa；爆破压力≥70 MPa	2	
17	高压水管路	米	内径≥10 mm；工作压力≥25 MPa	50	
18	配药系统	套		1	液体自动配比系统
19	自动底盘清洗系统	套	具备高压清洗、喷洒泡沫、喷雾功能；可在车辆底部移动，其中往复式的移动距离可控制	1	底盘清洗系统
20	底盘清洗圆盘	台	压力 170 bar；流量 21 L/min；EG 高效喷嘴；前端万向轮；伸开长度达≥5 m；主材材质 304 不锈钢	1	
21	人员和驾驶室消毒机	台		1	其他

表 B.2（续）

序号	设备名称	单位	规格型号	数量	备注
三	自动烘干设备				
1	控制柜	套	可显示多点温度,查看温度变化趋势图,自动调节输出功率,可设定烘干温度和烘干时长	1	电气控制系统
2	温度探测器	套	检测范围≥0 ℃～100 ℃	≥4	
3	可燃气体检测器	套	耐高温	1	
4	烟雾报警器	套	设备房防火检测	1	
5	烘干机	套	总功率≥400 kW,输出功率可调节,循环加热模式	1	加热系统
6	循环高温风机	套	总功率≥15 kW,总风量≥30 000 m³/h	1	送风系统
7	后置风机	套	总风量≥20 000 m³/h	1	
8	出风管	套	壁厚≥1.2 mm,表面防腐处理	1	
9	回风管	套	壁厚≥1.2 mm,表面防腐处理	1	

B.3 场内洗消中心设备技术参数表

场内洗消中心设备技术参数见表 B.3。

表 B.3 场内洗消中心技术参数表

序号	设备名称	单位	规格型号	数量	备注
1	控制柜	套	触摸屏;防护等级≥IP54	1	电气控制系统
2	燃气报警器	个	探测器加控制器	1	
3	过滤器	套	不锈钢二级过滤器;滤袋孔径≤80 μm;过水量不低于出水量1.5倍	1	高压水动力系统
4	软化水装置	套	软化设备自动反冲洗功能;流量不低于出水量1.5倍;软化后硬度<0.03 mmol/L	1	
5	喷枪	个		1	
6	枪杆	根	短枪 10 cm～20 cm;长枪 80 cm～100 cm	2	高压水流输送系统
7	泡沫枪杆	根	发泡专用	1	
8	角度喷嘴	套	0 度喷嘴、40 度喷嘴各1个	2	
9	旋转喷嘴	个	旋转脉冲式高压喷嘴	1	
10	橡胶管	根	长度≥15 m;耐压≥25 MPa;爆破压力≥70 MPa	1	
11	配药系统	套		1	液体自动配比系统
12	移动式高压热水机	台	高压柱塞泵压力≥200 bar,流量≥15 L/min,功率≥5.5 kW;电压:380V,出口温度:50 ℃～70 ℃	1	热水清洗机
13	自动底盘清洗系统	套	具备高压清洗、喷洒泡沫、喷雾功能;可在车辆底部移动,其中往复式的移动距离可控	1	底盘清洗系统
14	底盘清洗圆盘	台	压力 170 bar;流量 21 L/min;EG 高效喷嘴;前端万向轮;伸开长度达≥5 m;主材材质 304 不锈钢	1	

ICS 01.040
CCS A 22

中华人民共和国农业行业标准

NY/T 4444—2023

畜禽屠宰加工设备 术语

Livestock and poultry slaughtering and processing equipment—
Terminology

2023-12-22 发布

2024-05-01 实施

中华人民共和国农业农村部 发布

前　言

本文件按照 GB/T 1.1—2020《标准化工作导则　第 1 部分：标准化文件的结构和起草规则》的规定起草。

请注意本文件的某些内容可能涉及专利。本文件的发布机构不承担识别专利的责任。

本文件由农业农村部畜牧兽医局提出。

本文件由全国屠宰加工标准化技术委员会(SAC/TC 516)归口。

本文件起草单位：中国动物疫病预防控制中心(农业农村部屠宰技术中心)、中国包装和食品机械有限公司、中国肉类协会、吉林省艾斯克机电有限责任公司、山东汇兴智能装备有限公司、青岛建华食品机械制造有限公司、山东中孚信食品机械有限公司、中国农业大学、北京二商肉类食品集团有限公司。

本文件主要起草人：叶金鹏、高胜普、曲萍、刘蕾、张奎彪、周伟生、马转红、林佳、张新玲、戴瑞彤、闵成军、潘满、朱增元、魏绍文、孟翠翠、张劭俣、尤华。

畜禽屠宰加工设备　术语

1　范围

本文件界定了畜禽屠宰加工的输送设备、工作区设备、辅助设备及工器具、主要零部件和设备主要参数的术语和定义。

本文件适用于畜禽屠宰加工设备的设计、制造、流通、使用和管理。

2　规范性引用文件

本文件没有规范性引用文件。

3　输送设备

3.1

悬挂输送机　overhead chain conveyor

采用牵引件直接牵引或牵引件推杆推送,使单轨或双轨等空间轨道上的承载悬挂吊具连续运行,完成畜禽屠体、胴体等传送的输送设备。

[来源:GB/T 14521—2015,3.2.9,有修改]

3.1.1

水平悬挂输送机　horizontal overhead chain conveyor

在水平面内形成环路布置的悬挂输送机。

3.1.2

垂直悬挂输送机　vertical overhead chain conveyor

在垂直面内形成环路(部分路径可为水平)布置的悬挂输送机。

3.2

带式输送机　belt conveyor

以输送带作为承载件和牵引件或只作承载件的输送机。

[来源:GB/T 14521—2015,3.2.1]

3.2.1

单层带式输送机　single layer belt conveyor

设置1层带式输送的输送机。

3.2.2

双层带式输送机　double layer belt conveyor

设置上、下2层带式输送的输送机。

3.2.3

多层带式输送机　multi-layer belt conveyor

设置上、中、下3层或3层以上带式输送的输送机。

3.3

板式输送机　slat conveyor

在牵引链上安装平板或其他板型作为物料承载构件的输送机。

[来源:GB/T 14521—2015,3.2.2.3,有修改]

3.4

刮板输送机　scraper conveyor

借助牵引构件上的刮板输送物料的输送机。

[来源:GB/T 14521—2015,3.2.2.1,有修改]

3.5

辊子输送机 **roller conveyor**

用多个并排安装在机架上的辊子输送物料的输送机。

[来源:GB/T 14521—2015,3.2.5]

3.6

滚轮输送机 **wheel conveyor**

用安装在机架上的滚轮输送物料的输送机。

[来源:GB/T 14521—2015,3.2.5.9]

3.7

螺旋输送机 **screw conveyor**

借助旋转的螺旋叶片输送物料的输送机。

[来源:GB/T 14521—2015,3.2.3]

3.8

气力输送机 **pneumatic conveyor**

借助具有一定能量的气体在输送管内输送物料的输送机。

3.9

提升机 **hoister**

在大倾角或垂直状态下输送物料的输送机。

[来源:GB/T 14521—2015,3.2.10,有修改]

3.9.1

垂直提升机 **vertical hoister**

与水平面成90°提升物料的提升机。

[来源:GB/T 14521—2015,3.2.10.1,有修改]

3.9.2

倾斜提升机 **inclined hoister**

与水平面成一定角度(一般大于70°)提升物料的提升机。

[来源:GB/T 14521—2015,3.2.10.2,有修改]

3.10

手推线 **manual overhead conveyor**

采用人工推动方式完成屠体、胴体等传送的悬挂输送装置。

4 工作区设备

4.1 待宰区设备

4.1.1

卸畜设备 **livestock unloading equipment**

从运输车辆上将活畜(猪、牛、羊等)卸至待宰接收区的设备。

4.1.1.1

摆动式升降卸畜台 **tilted lifting unloading platform**

多以液压传动为动力,通过调整卸载通道倾斜角度,使活畜可从车辆自由走下的卸畜设备。

4.1.1.2

水平式升降卸畜台 **horizontal lifting unloading platform**

多以液压传动为动力,通过平台上下运动,使其与车辆水平对接的卸畜设备。

4.1.2

    赶畜设备 livestock driving equipment

    将待宰区的活畜(猪、牛、羊等)驱赶至屠宰区的设备。

4.1.2.1

    旋转式赶畜设备 rotary type livestock driving equipment

    通道为圆弧形,赶畜推板绕中心旋转赶畜的设备。

4.1.2.2

    直推式赶畜设备 direct push type livestock driving equipment

    通道为直通形,赶畜推板沿通道运动赶畜的设备。

4.1.3

    禽笼卸载吊车 poultry cage unloading lifter

    将禽笼从运输车辆上卸载至待宰平台的吊运设备。

4.1.4

    分笼机 cage de-stacker

    对多层叠放的禽笼逐一分层卸载的设备。

4.1.5

    禽笼清洗机 cage cleaning machine

    对空禽笼进行清洗的设备。

4.1.6

    禽笼消毒机 cage disinfection machine

    对清洗后的禽笼进行消毒的设备。

4.1.7

    码笼机 cage stacker

    将单层的禽笼依次码成多层的设备。

4.1.8

    禽笼框架平移机 cage frame parallel transfer conveyor

    改变集装式禽笼框架运行方向的输送设备。

4.1.9

    禽笼框架分垛机 cage frame destacker

    将叠摞集装式禽笼框架分开的设备。

4.1.10

    禽笼框架码垛机 cage frame stacker

    将多个集装式禽笼框架叠摞的设备。

4.1.11

    禽笼翻转机 cage turning machine

    通过翻转机构改变空禽笼方位的设备。

4.2 致昏区设备

4.2.1

    致昏设备 stunning equipment

    采用机械、电、气体等方式使活畜禽处于昏迷状态的设备。

4.2.1.1

    气动致昏装置 pneumatic stunner

    采用气动驱使撞击家畜头部适宜位置,使家畜处于昏迷状态的非穿透型致昏设备。

4.2.1.2

电致昏设备 electric stunning equipment

采用电击方式使畜禽处于昏迷状态的设备。

4.2.1.2.1

手持式电致昏器 hand-held electric-stunning device

采用手持操作,通过电击方式使家畜处于昏迷状态的装置。

4.2.1.2.2

二点式电致昏机 two electrodes stunning machine

猪骑跨于输送带上且被托住腹部输送,通过2个电极作用于其头部两侧的电致昏设备。

4.2.1.2.3

三点式电致昏机 three electrodes stunning machine

猪骑跨于输送带上且被托住腹部输送,通过3个电极分别作用于其头部两侧和心脏部位的电致昏设备。

4.2.1.2.4

家禽水浴电致昏机 poultry water bath electric stunner

将家禽头部与水槽中通电的水进行接触,使待宰家禽昏迷的电致昏设备。

4.2.1.3

二氧化碳致昏设备 carbon dioxide stunning equipment

采用一定浓度的二氧化碳气体使待宰畜禽昏迷的致昏设备。

4.2.2

牛头定位致昏翻板箱 cattle stunning trap

带牛头定位装置和气动翻板装置,辅助完成牛致昏的箱体设备。

4.2.3

羊 V 型输送机 sheep/goat V-type conveyor

由2台同步运行的带式输送机组成,用于活羊限位输送的"V"字形输送设备。

4.3 宰杀沥血区设备

4.3.1

宰杀放血设备 sticking and bleeding equipment

完成畜禽宰杀、放血的设备。

4.3.1.1

卧式宰杀输送机 horizontal sticking and bleeding conveyor

致昏后的家畜躯体呈躺卧状态进行刺杀放血的输送设备。

4.3.1.2

中空刀刺杀采血装置 hollow knife sticking and blood collection device

采用空心刀具穿刺畜颈部动脉并收集血液的设备。

4.3.1.3

牛旋转宰杀箱 cattle rotary slaughter box

带牛头、躯体限制装置,辅助完成牛击晕、宰杀的旋转箱体设备。

4.3.1.4

家禽宰杀机 poultry killer

采用机械定位,并用刀具切开家禽颈部血管的设备。

4.3.1.5

兔割头机 rabbit head cutting machine

将兔头与兔屠体切割分离的设备。

4.3.2

畜屠体转挂装置 livestock body rehanging hoist

将悬挂在轨道上的畜屠体转换到胴体加工线上的提升装置。

4.3.2.1

畜气动屠体转挂装置 livestock body pneumatic rehanging hoist

采用气动方式完成畜屠体转换的转挂装置。

4.3.2.2

畜机械屠体转挂装置 livestock body mechanical rehanging hoist

采用机械方式完成畜屠体转换的转挂装置。

4.4 烫毛脱毛区设备

4.4.1

烫毛设备 scalding equipment

对宰杀、沥血后的畜禽屠体进行烫毛的设备。

4.4.1.1

吊挂浸没式烫毛机 hanging type immersion scalding machine

采用热水浸泡方式对悬挂输送的畜禽屠体进行烫毛的设备。

4.4.1.2

蒸汽烫毛机 steam scalding machine

采用饱和蒸汽对悬挂输送的畜禽屠体进行烫毛的设备。

4.4.1.3

喷淋烫毛机 hot water spraying scalding machine

采用热水喷淋方式对悬挂输送的畜禽屠体进行烫毛的设备。

4.4.1.4

羊浸烫机 sheep/goat scalding machine

对羊屠体烫毛的设备。

4.4.1.5

家禽浸没式烫毛设备 poultry hot water scalding machine

采用热水浸泡方式对家禽进行烫毛的设备。

4.4.1.5.1

家禽气流搅拌浸烫机 poultry air jet hot water scalding machine

采用气流搅拌方式的家禽浸没式烫毛设备。

4.4.1.5.2

家禽机械搅拌浸烫机 poultry mechanical stirring hot water scalding machine

采用机械搅拌方式的家禽浸没式烫毛设备。

4.4.1.5.3

家禽复合搅拌浸烫机 poultry combined stirring hot water scalding machine

采用气流与机械搅拌或其他搅拌方式相结合的家禽浸没式烫毛设备。

4.4.1.5.4

家禽射流浸烫机 poultry jet stream hot water scalding machine

采用射流器喷射水流搅拌方式的家禽浸没式烫毛设备。

4.4.1.6

家禽烫头机 poultry head scalding machine

对家禽头部进行浸烫的设备。

4.4.2

脱毛设备 **dehairing/plucking equipment**

对烫毛后的畜禽屠体进行脱毛的设备。

4.4.2.1

猪脱毛设备 **pig dehairing machine**

对烫毛后猪屠体进行脱毛的设备。

4.4.2.1.1

猪二辊脱毛机 **pig two rollers dehairing machine**

由 2 个脱毛辊组成的猪脱毛设备。

4.4.2.1.2

猪三辊脱毛机 **pig three rollers dehairing machine**

由 3 个脱毛辊组成的猪脱毛设备。

4.4.2.1.3

猪螺旋辊脱毛机 **pig screw roller dehairing machine**

由螺旋脱毛辊组成的猪脱毛设备。

4.4.2.2

羊脱毛机 **sheep/goat dehairing machine**

对浸烫后羊屠体脱毛的设备。

4.4.2.3

猪屠体干燥机 **pig body drying machine**

猪屠宰脱毛后、燎毛前,去除猪屠体表面水的设备。

4.4.2.4

猪燎毛设备 **pig singeing equipment**

采用火焰喷射将猪屠体表面残毛烧焦的设备。

4.4.2.4.1

猪框架式燎毛机 **pig frame type singeing machine**

采用机架固定式火焰喷头对猪屠体进行燎毛的设备。

4.4.2.4.2

猪机器人燎毛机 **pig robotic singeing machine**

采用机器人操控火焰喷头对猪屠体进行燎毛的设备。

4.4.2.5

家禽脱毛设备 **poultry plucking equipment**

对烫毛后的家禽屠体进行脱毛的设备。

4.4.2.5.1

家禽立式脱毛机 **poultry vertical plucker**

左右两侧设置脱毛盘的家禽脱毛设备。

4.4.2.5.2

家禽卧式脱毛机 **poultry horizontal plucker**

上下设置脱毛辊的家禽脱毛设备。

4.4.2.5.3

家禽转毂式脱毛机 **poultry rotary plucker**

两侧设置转毂的家禽脱毛设备。

4.4.2.5.4

家禽筒式脱毛机　**poultry drum plucker**

圆筒内壁上和圆筒底部转盘上布置脱毛指的家禽脱毛设备。

4.4.2.5.5

家禽脱尾毛机　**poultry tail plucker**

去除家禽尾毛的脱毛设备。

4.4.2.5.6

家禽头颈脱毛机　**poultry head and neck plucker**

去除家禽头部和颈部毛的脱毛设备。

4.4.2.5.7

家禽肘部黄皮清理机　**poultry elbow joint yellow skin remover**

清除家禽肘部浮黄皮和残留毛的脱毛设备。

4.4.3　屠体清洗设备

4.4.3.1

猪屠体清洗机　**pig body cleaning machine**

在浸烫或剥皮前,对猪屠体表面进行清洗的设备。

4.4.3.2

猪屠体抛光清洗机　**pig body polishing machine**

将燎毛后猪屠体表面的污物去掉,使其表面光洁的设备。

4.4.3.3

家禽屠体清洗机　**poultry body cleaning machine**

将脱毛后家禽屠体表面污物清洗掉的设备。

4.4.4

浸蜡脱蜡设备　**wax dipping and stripping equipment**

采用涂覆脱毛剂的方法去除残留在家禽屠体上小毛的设备。

4.4.4.1

浸蜡槽　**wax dipping tank**

采用浸没方式为禽体表涂覆脱毛剂的设备。

4.4.4.2

冷蜡槽　**cold water tank**

采用浸没方式使禽体表脱毛剂冷却的设备。

4.4.4.3

脱蜡机　**wax stripping machine**

剥离禽体表面脱毛剂的设备。

4.4.4.4

熔蜡槽　**wax melting tank**

熔化脱毛剂的设备。

4.5　剥皮区设备

4.5.1

猪剥皮设备　**pig dehiding equipment**

剥离猪屠体皮张的设备。

4.5.1.1

猪预剥皮输送机　**pig pre-dehiding conveyor**

对预剥皮猪屠体进行输送的设备。

4.5.1.2

猪卧式剥皮机　pig horizontal dehiding machine

剥皮滚筒水平设置的猪剥皮设备。

4.5.1.3

猪立式剥皮机　pig vertical dehiding machine

剥皮滚筒倾斜设置的猪剥皮设备。

4.5.2

牛剥皮设备　cattle dehiding equipment

将预剥后的牛皮通过卷、拉等方式从屠体完全剥离的设备。

4.5.2.1

牛液压式单柱剥皮机　cattle hydraulic single-pillar dehiding machine

卷皮滚筒升降和旋转运动均采用液压驱动,升降导向柱为单柱的牛剥皮设备。

4.5.2.2

牛液压式双柱剥皮机　cattle hydraulic double-pillar dehiding machine

卷皮滚筒升降和旋转运动均采用液压驱动,升降导向柱为双柱的牛剥皮设备。

4.5.2.3

牛机械式剥皮机　cattle mechanical dehiding machine

采用机械传动方式扯、拉,将皮张从牛屠体完全剥离的牛剥皮设备。

4.5.2.4

牛机器人剥皮机　cattle robotic dehiding machine

由机器人操控,采用扯、拉方式将皮张从牛屠体完全剥离的牛剥皮设备。

4.5.3

羊剥皮设备　sheep/goat dehiding equipment

将预剥后的羊皮通过卷、拉等方式从屠体完全剥离的设备。

4.5.3.1

羊卷胸皮机　sheep/goat chest skin stripping machine

采用卷皮装置剥离羊胸部皮的羊预剥皮设备。

4.5.3.2

羊倾斜式气动剥皮机　sheep/goat inclined pneumatic dehiding machine

卷皮装置沿羊屠体输送方向倾斜向下运动,同时旋转卷皮装置剥离羊皮的剥皮设备。

4.5.3.3

羊摇臂式液压剥皮机　sheep/goat rocking arm type hydraulic dehiding machine

卷皮滚筒旋转并向下移动,同时机架向后摆动完成剥皮过程的羊剥皮设备。

4.5.3.4

羊摆臂式液压剥皮机　sheep/goat swing-arm hydraulic dehiding machine

液压驱动摆臂沿固定轴向下摆动,并通过摆臂末端卷皮装置剥离羊皮的剥皮设备。

4.5.3.5

羊旋转式多工位剥皮机　sheep/goat rotating multi-station dehiding machine

由多个独立的卷皮装置同步旋转剥离羊皮的剥皮设备。

4.5.3.6

羊二段式剥皮设备　sheep/goat two-stage dehiding equipment

由羊肩背剥皮机和羊屠体终端剥皮机组成,分两步完成羊屠体剥皮过程的剥皮设备。

4.5.3.6.1

羊肩背剥皮机　sheep/goat shoulder and back hide puller

采用夹具夹持羊皮向后扯拉的方式将羊肩部、背部皮剥离的剥皮设备。

4.5.3.6.2

羊屠体终端剥皮机　sheep/goat tail hide puller

采用夹具夹持羊皮向下扯拉的方式,将羊尾部皮剥离的剥皮设备。

4.5.4

兔剥皮机　rabbit hide puller

由皮带夹持兔皮,皮带轮转动将兔皮剥离的设备。

4.6　开膛取脏区设备

4.6.1

去头蹄爪角设备　head/ungulae/feet/horn removing equipment

采用切割或拉拔方式去除家畜头、蹄、角和家禽头、爪的设备。

4.6.1.1

手持式液压剪头钳　hand-held hydraulic head dropper

以液压为动力,人工操作切割(去除)畜头部的设备。

4.6.1.2

机器人剪头机　robotic head dropper

由机器人操控切割(去除)畜头部的设备。

4.6.1.3

家禽切头机　poultry head cutter

在悬挂输送线行进过程中用刀具切除家禽头部的设备。

4.6.1.4

家禽拉头机　poultry head puller

在悬挂输送线行进过程中用限位装置使禽体与头部、气管分离的设备。

4.6.1.5

家禽切拉头机　poultry head cutting and pulling machine

由切头装置和拉头装置组合而成的去除家禽头部的设备。

4.6.1.6

液压剪角蹄钳　hydraulic hock remover and dehorner

人工操作液压驱动钳刃切除畜角、蹄的设备。

4.6.1.7

机器人剪角蹄机　robotic hock cutter and dehorner

以液压为动力,由机器人操控去除畜角、蹄的设备。

4.6.1.8

切爪机　feet cutter

在悬挂输送线的挂钩上将家禽爪或兔爪切除的设备。

4.6.2　家畜开膛取脏设备

4.6.2.1

食管结扎器　oesophagus sealing device

采用结扎环夹封畜屠体食管的设备。

4.6.2.2

封肛结扎器　anus sealing device

采用结扎环或肛门密封袋将畜肛门封闭的设备。

4.6.2.3

畜开肛设备 livestock anus disconnection equipment

环切畜屠体肛门周边组织,使肛门与屠体脱离的设备。

4.6.2.3.1

手持式气动开肛器 hand-held pneumatic anus disconnection device

由手持操作的气动畜开肛设备。

4.6.2.3.2

机器人气动开肛机 robotic pneumatic anus disconnection machine

由机器人操控的畜气动开肛设备。

4.6.2.4

畜开胸设备 livestock brisket opening equipment

切割畜屠体胸骨以便于取出内脏的设备。

4.6.2.4.1

手持式圆盘开胸锯 hand-held circular brisket opening saw

由手持操作圆盘刀切割畜屠体胸骨的开胸设备。

4.6.2.4.2

手持式往复开胸锯 hand-held reciprocating brisket opening saw

由手持操作往复式锯条切割畜屠体胸骨的开胸设备。

4.6.2.4.3

框架式圆盘开胸锯 frame disc brisket opening saw

采用机架式三维运动机构操控圆盘刀切割畜屠体胸骨的开胸设备。

4.6.2.4.4

框架式往复开胸锯 frame reciprocating brisket opening saw

采用机架式三维运动机构操控往复式锯条切割畜屠体胸骨的开胸设备。

4.6.2.4.5

机器人圆盘开胸锯 robotic disc brisket opening saw

由机器人操控圆盘刀切割畜屠体胸骨的开胸设备。

4.6.2.5

畜开膛设备 livestock belly opening equipment

切开畜屠体腹膜便于取出内脏的设备。

4.6.2.5.1

框架式开膛机 frame belly opener

采用机架式三维运动机构操控刀具切开畜屠体腹膜的设备。

4.6.2.5.2

机器人开膛机 robotic belly opener

由机器人操控圆盘刀切开畜屠体腹膜的开膛设备。

4.6.2.6

同步检验输送设备 synchronous conveying and inspection equipment

将畜的头、蹄、内脏与胴体生产线同步运行,用于检验人员对照检验的输送设备。

4.6.2.6.1

悬挂式同步检验输送机 suspension conveyor for synchronous inspection

采用悬挂方式实现同步检验输送的设备。

4.6.2.6.2

落地式同步检验输送机 floor conveyor for synchronous inspection

采用地面安装方式实现同步检验的设备。

4.6.2.6.2.1

水平式同步检验输送机 horizontal conveyor for synchronous inspection

检验盘钩等在水平面内形成环路布置的落地式同步检验输送机。

4.6.2.6.2.2

垂直式同步检验输送机 vertical conveyor for synchronous inspection

检验盘钩等在垂直面内形成环路布置的落地式同步检验输送机。

4.6.3

家禽自动掏膛生产线 poultry automatic evisceration line

脱毛后的禽体悬挂在输送设备上,完成禽体切肛、开膛、掏膛及同步检验输送等工序,并将内脏与胴体分离的成套自动加工设备。

4.6.3.1

家禽屠体转挂机 poultry body rehanging hoist

将家禽屠体从宰杀悬挂输送线上自动(切爪或不切爪)转移到掏膛悬挂输送线上的设备。

4.6.3.2

家禽切肛机 poultry vent cutter

将禽体肛门部位(泄殖腔)与腹部组织用空心旋转刀切开,使肠道与胴体分离的设备。

4.6.3.3

家禽开膛机 poultry abdomen opener

禽体切肛后,在切口处用刀具向胸骨方向切开腹腔的设备。

4.6.3.4

家禽掏膛机 poultry eviscerator

用机械装置伸入到家禽腔体内掏取内脏的设备。

4.6.3.5

家禽腹油去除机 poultry abdomen fat remover

用机械装置将家禽腹部的脂肪与胴体剥离的设备。

4.6.3.6

去脖机 neck breaker

用机械装置将家禽颈部与胴体分离的设备。

4.6.3.7

去嗉囊机 cropper

掏膛后自动去除家禽胴体内部嗉囊、食管及气管的设备。

4.6.3.8

吸肺机 lung remover

清除禽肺的设备。

4.6.3.9

家禽胴体内外清洗机 poultry carcass inside and outside washer

对家禽胴体腔体内外进行冲洗的设备。

4.6.3.10

家禽胴体卸载机 poultry carcass unloading machine

将家禽胴体从悬挂输送线上卸下的设备。

4.7 胴体处理区设备

4.7.1

去板油设备　leaf lard remover

取下畜禽板油的设备。

4.7.1.1

手持式去板油机　hand-held leaf lard remover

手持操作的去板油设备。

4.7.1.2

机器人去板油机　robotic leaf lard remover

机器人操控的去板油设备。

4.7.2

胴体劈半设备　carcass splitting equipment

将畜胴体沿脊椎中线纵向剖分为二分体的设备。

4.7.2.1

手持式带式劈半锯　hand-held splitting band saw

由手持操作带锯将畜胴体分为二分体的胴体劈半设备。

4.7.2.2

自动劈半机　automatic carcass splitting machine

由机械自动将畜胴体分为二分体的胴体劈半设备。

4.7.2.2.1

框架圆盘式劈半机　frame disc type splitting machine

采用机架式三维运动机构操控圆盘锯将畜胴体分为二分体的设备。

4.7.2.2.2

框架斧式劈半机　frame axe type splitting machine

采用机架式三维运动机构操控机械砍刀将畜胴体分为二分体的设备。

4.7.2.2.3

机器人圆盘式劈半机　robotic disc type splitting machine

由机器人操控圆盘锯将畜胴体分为二分体的设备。

4.7.2.2.4

机器人斧式劈半机　robotic axe type splitting machine

由机器人操控机械砍刀将畜胴体分为二分体的设备。

4.7.3

胴体清洗机　carcass cleaning machine

清洗畜禽胴体表面,去除血水、骨渣和残毛等污染物的设备。

4.7.3.1

胴体喷淋清洗机　carcass spray cleaner

采用喷淋方式的胴体清洗机。

4.7.3.2

胴体蒸汽清洗机　carcass steam cleaner

采用喷射蒸汽及负压方式的胴体清洗机。

4.8 胴体预冷区设备

4.8.1

风冷线　air chilling line

以空气为冷却介质,对悬挂输送的畜禽胴体(或可食用副产品)进行冷却的成套设备。

4.8.2

水冷线　water chilling line

由悬挂输送机带动浸没在冷却水中的禽胴体(或畜头、蹄)进行冷却的成套设备。

4.8.3

螺旋预冷机　spiral type chilling machine

以螺旋输送方式推动浸没在冷却水中的禽胴体(或畜头、蹄)行进的冷却设备。

4.8.4

摆臂预冷机　rocking arm type chilling machine

在摆动臂作用下使浸没在冷却水中的禽胴体冷却的设备。

4.8.5

耙式预冷机　drag type chilling machine

由安装在链条上的耙子推动浸没在冷却水中的禽胴体行进的冷却设备。

4.8.6

胴体沥水机　carcass dripping machine

用于沥去禽胴体内腔水的设备。

4.9　分割区设备

4.9.1　家畜分割设备

4.9.1.1

吊挂式剔骨线　hanging type deboning line

用于牛四分体、羊胴体等悬挂剔骨的输送轨道及其辅助装置。

4.9.1.2

二分体卸载机　semi-carcass unloader

将畜二分体从输送线上卸下的设备。

4.9.1.3

牛四分体工作站　cattle quarter carcass work station

将牛二分体分为前腿部分(前四分体)和后腿部分(后四分体)的整套设备。

4.9.1.3.1

牛四分体下降机　cattle quarter carcass descending machine

将牛后腿部分从二分体轨道下降至四分体轨道的垂直悬挂输送机。

4.9.1.3.2

牛四分体提升机　cattle quarter carcass lifting machine

将牛前腿部分提升至四分体轨道的垂直悬挂输送机。

4.9.1.3.3

牛四分体锯　cattle quarter carcass saw

将牛胴体或牛二分体锯断脊柱分为前腿部分和后腿部分的设备。

4.9.1.3.3.1

牛往复式四分体锯　cattle reciprocating quarter carcass saw

通过电机带动锯条往复运动的牛四分体锯。

4.9.1.3.3.2

牛圆盘式四分体锯　cattle disc type quarter carcass saw

通过电机带动圆盘锯片旋转的牛四分体锯。

4.9.1.4

圆盘式分段锯 disc type semi-carcass segment saw

由圆盘锯片将猪二分体切割成为多段的设备。

4.9.1.5

带式分段锯 belt type semi-carcass segment saw

由带状锯条将猪二分体切割成为多段的设备。

4.9.1.6

台式带锯 desktop band saw

安装在工作台面上,采用带状锯条切割肉块的分割设备。

4.9.1.7

手持式圆盘分割锯 hand-held disc type segment saw

由手持操作,采用圆盘锯片对肉块进行切割的设备。

4.9.1.8

台式圆盘锯 desktop disc type saw

安装在工作台面上,采用圆盘锯片切割肉块的设备。

4.9.1.9

砍排机 meat cutting machine

采用砍切方式分切带骨肉块的设备。

4.9.1.10

肋排锯 ribs saw

采用带式锯条或圆盘锯片分切肋排的设备。

4.9.1.11

锯骨机 bone saw

采用带式锯条分切畜带骨产品的设备。

4.9.1.12

猪肉去皮机 pork skin peeling machine

去除猪肉表皮的设备。

4.9.1.13

机器人分割设备 robotic cutting equipment

机器人操控刀具,完成畜胴体分割的设备。

4.9.2 家禽分割设备

4.9.2.1

家禽自动分割生产线 poultry automatic cutting line

禽胴体在输送线上,通过胴体分级后将翅、胸、腿与胸架分离的成套自动加工设备。

4.9.2.1.1

家禽胴体转挂机 poultry carcass rehanging hoist

将分级后的禽胴体,按体型或重量范围分别转挂到相应分割输送线上的设备。

4.9.2.1.2

展翅机 wing stretcher

将禽胴体双翅舒展开的设备。

4.9.2.1.3

整翅分切机 whole wing separator

将家禽的整个翅膀从肩关节处切断的设备。

4.9.2.1.4

翅尖分切机 wing tip separator

将家禽的翅尖从腕关节处切断的设备。

4.9.2.1.5

翅中分切机 middle wing separator

将家禽的翅中从肘关节处切断的设备。

4.9.2.1.6

翅根分切机 wing root separator

将家禽的翅根从肩关节处切断的设备。

4.9.2.1.7

家禽半胸分切机 poultry half chest cutter

将切翅后的家禽半胸体与禽体切割分离的设备。

4.9.2.1.8

家禽胸盖分切机 poultry breast cap cutter

将家禽前胸与禽体切割分离的设备。

4.9.2.1.9

家禽半胴体分切机 poultry front half cutter

将包含整翅的家禽上半胸体与禽体切割分离的设备。

4.9.2.1.10

腿分切机 leg cutter

将家禽的全腿或小腿与禽体切割分离的设备。

4.9.2.1.11

家禽切脖机 poultry neck breaker

将家禽脖颈与禽体切割分离的设备。

4.9.2.1.12

家禽切尾机 poultry tail cutter

将家禽尾部与禽体切割分离的设备。

4.9.2.1.13

家禽剔胸机 poultry breast debone and cutting machine

将禽胴体上的胸肉与骨架分离的设备。

4.9.2.1.14

家禽半胴体预切机 poultry semi-carcass pre-cutting machine

将家禽上半胸体与禽体切开,不切断脊骨的设备。

4.9.2.2

盘式切翅机 disc type wing portioner

采用圆盘摆放方式,把整翅同时分切成翅尖、翅中和翅根的设备。

4.9.2.3

家禽台式分割锯 table cutting saw for poultry carcass

安装在工作台面上,对禽胴体或某一部位按需要的形状进行分切的设备。

4.9.3

骨肉分离机 grinding and sieving type meat separation machine

借助压力使畜禽的骨与肉分离并经过滤装置分别挤出的设备。

4.10 副产品处理区设备

4.10.1 家畜副产品处理设备

4.10.1.1

畜头浸烫设备 **livestock head scalding equipment**

采用浸没的方式对畜头进行烫毛的设备。

4.10.1.1.1

畜头悬挂式浸烫机 **livestock head hanging type scalding machine**

采用悬挂输送方式的畜头浸烫设备。

4.10.1.1.2

畜头插盘式浸烫机 **livestock head pan type scalding machine**

采用插盘输送方式的畜头浸烫设备。

4.10.1.1.3

畜头螺旋式浸烫机 **livestock head spiral type scalding machine**

采用螺旋输送方式的畜头浸烫设备。

4.10.1.2

猪头脱毛机 **pig head dehairing machine**

去除浸烫后猪头部毛发的设备。

4.10.1.3

猪头劈半机 **pig head splitting machine**

沿猪头中线劈开，便于取出完整猪脑的设备。

4.10.1.4

畜蹄浸烫设备 **livestock feet scalding equipment**

采用浸没的方式对畜蹄进行烫毛的设备。

4.10.1.4.1

畜蹄螺旋式浸烫机 **livestock feet spiral type scalding machine**

采用螺旋输送方式的畜蹄烫毛设备。

4.10.1.4.2

畜蹄笼式浸烫机 **livestock feet basket type scalding machine**

采用旋转圆筒内置螺旋片输送方式的畜蹄烫毛设备。

4.10.1.5

畜蹄脱毛设备 **livestock feet dehairing equipment**

去除浸烫后畜蹄毛发的设备。

4.10.1.5.1

畜蹄螺旋式脱毛机 **livestock feet spiral type dehairing machine**

脱毛板以螺旋形式分布的畜蹄脱毛设备。

4.10.1.5.2

畜蹄圆筒式脱毛机 **livestock feet cylinder type dehairing machine**

由圆筒状容器和立式旋转脱毛板组成的畜蹄脱毛设备。

4.10.1.6

猪尾脱毛机 **pig tail dehairing machine**

由圆筒状容器和立式转盘组成的猪尾脱毛设备。

4.10.1.7

猪皮去脂机 **pig skin defatting machine**

对剥离的整张猪皮去除油脂的设备。

4.10.1.8

畜蹄清洗设备 livestock feet cleaning equipment

清洗去毛畜蹄的设备。

4.10.1.8.1

卧式洗蹄机 horizontal feet cleaning machine

由与地面平行的一组清洗毛刷辊组成的畜蹄清洗设备。

4.10.1.8.2

立式洗蹄机 vertical feet cleaning machine

由立式圆筒和转盘组成的畜蹄清洗设备。

4.10.1.9

畜肚清洗设备 livestock tripe cleaning equipment

清洗畜肚的设备。

4.10.1.9.1

卧式洗肚机 horizontal tripe washer

由与地面平行的清洗圆筒组成的畜肚清洗设备。

4.10.1.9.2

立式洗肚机 vertical tripe washer

由立式圆筒和转盘组成的畜肚清洗设备。

4.10.1.10

小肠清洗机 small intestine cleaning machine

清洗畜小肠的设备。

4.10.1.11

大肠清洗器 large intestine cleaning device

清洗畜大肠的装置。

4.10.1.12

血液收集系统 blood collection system

由泵、储血罐、制冷装置、搅拌装置等组成,用于畜禽宰杀时收集血液的设备。

4.10.1.13

牛头清洗装置 cattle head washing device

用于清洗牛头的设备。

4.10.1.14

去蹄甲设备 hoof and nail removing equipment

去除畜蹄甲的设备。

4.10.1.14.1

手持式气动去蹄甲器 hand-held pneumatic hoof and nail remover

采用手持操作,以气力驱动去除畜蹄甲的设备。

4.10.1.14.2

螺旋式去蹄甲机 spiral type hoof and nail remover

由螺旋状辊轴组成,去除浸烫后的畜蹄甲的设备。

4.10.2 家禽副产品处理设备

4.10.2.1

家禽头部清理机 poultry head cleaner

清理去除割(拉)下的家禽头部残留毛和血污的设备。

4.10.2.2

烫爪机　feet scalder

脱爪皮之前对禽爪进行浸烫的设备。

4.10.2.3

脱爪皮机　feet skinner

去除禽爪表皮的设备。

4.10.2.4

脱胗脂机　gizzard defatter

去除禽胗表面脂肪的设备。

4.10.2.5

剥胗皮机　gizzard skin peeler

剥去禽胗内皮的设备。

4.10.2.6

胗清洗机　gizzard cleaner

清洗剥皮后禽胗的设备。

4.10.2.7

去脖皮机　neck skinner

去除家禽脖皮的设备。

4.10.2.8

卸爪机　feet unloader

将切下的禽爪(或兔爪)从悬挂输送线挂钩上卸下的设备。

5　辅助设备及工器具

5.1　工作区辅助设备

5.1.1

电刺激装置　electrical stimulation equipment

利用高压或低压电对牛、羊等屠体通电,改善畜肉品质的设备。

5.1.2

安抚板　fondling board

用于抚摸家禽的胸部,使家禽在吊挂过程中得到依靠和摩擦,有助于使其保持安静的板状装置。

5.1.3

脱毛剂回收系统　wax recycling system

对从禽体或畜头、蹄等部位剥离下来的脱毛剂进行熔化、过滤、净化处理的设备。

5.1.4

毛水分离机　hair/feather and water separator

将畜禽脱毛废水中的毛发与水分离的设备。

5.1.5

操作站台　working platform

安装在畜禽屠宰加工工位上,用于操作者站立的平台。

5.1.5.1

固定操作站台　fixed working platform

固定在畜禽屠宰加工工位上的操作站台。

5.1.5.2

气动升降操作站台　pneumatic lifting working platform

同一工位存在高位和低位作业时,通过气动控制便于操作者升降作业的操作站台。

5.1.6

喂入装置　feeding device

使畜屠体或胴体等按照设定间距逐个进入悬挂输送机的装置。

5.1.7

牛二次撑腿装置　secondary cattle leg bracing device

为了满足取内脏和劈半工位需要,将悬挂在悬挂输送机上的牛屠体后腿悬挂间距再次撑开的装置。

5.1.8

畜禽胴体分级设备 livestock and poultry carcass grading equipment

根据脂肪含量、肌肉厚度、胴体重量、体型、瘦肉含量等指标对畜禽胴体划分等级并分类的设备。

5.1.8.1

手持式胴体品质分级装置　hand-held carcass quality grading device

采用手持操作对畜肉按品质要求划分等级的设备。

5.1.8.2

自动式胴体品质分级装置　automatic carcass quality grading device

采用自动连续方式对畜肉按品质要求划分等级的设备。

5.1.8.3

家禽间歇称重机　poultry batch weighing machine

对家禽屠体或胴体分批次进行称重的设备。

5.1.8.4

家禽斗式称重分级机　poultry tray type weighing grader

以斗(盘)作为承载装置对禽胴体、分割产品按重量范围分成不同等级的设备。

5.1.8.5

在线称重分级系统　on-line weighing system

在悬挂输送线上实现对畜禽胴体、分割肉按重量范围分成不同等级的设备。

5.1.8.6

带式称重分级机　belt type weighing grader

采用输送带运送方式,实现对畜禽胴体、分割产品按重量范围分成不同等级的设备。

5.1.8.7

轨道秤　on-rail carcass scale

安装在轨道上对畜禽胴体称重的计量设备。

5.1.8.7.1

静态轨道秤　static on-rail scale

在静止状态下对畜胴体进行称重的轨道秤。

5.1.8.7.2

动态轨道秤　dynamic on-rail scale

在运行状态下对畜禽胴体进行称重的轨道秤。

5.1.9

计数器　counter

安装悬挂在输送线上,记录畜禽屠体或胴体数量的设备。

5.1.10

吸肺枪　lung suction remover

与负压系统连接,伸入到家禽体内取出肺的设备。

5.1.11

气动剪 pneumatic cutter

家禽开膛后,剪切脖、腿或翅膀等操作的手持气动工具。

5.1.12

掏膛槽 evisceration trough

人工掏取家禽内脏时收集内脏的槽形装置。

5.1.13

摘小毛槽 fine feather plucking trough

人工去除脱毛后禽体残留绒毛时暂存禽体的槽形装置。

5.1.14

沥血槽 bleeding tank

收集悬挂输送的畜禽屠体血液的槽形设备。

5.1.15

滑槽 chute

溜槽

无动力传送畜禽屠体、胴体、内脏等物料的槽形装置。

5.1.16

工作台 working platform

用于畜禽肉分割、副产品整理及包装等操作的工作案台。

5.1.17

激光灼刻机 laser marking machine

采用激光灼刻的方式将标记灼刻到畜胴体上的设备。

5.1.18

集装式禽笼框架 cartridge cage frame

填装一组禽笼的框形架体。

5.1.19

羊气动预剥器 sheep/goat pneumatic pre-dehider

由人工手持操作,采用气动冲压方式将羊皮与胴体分开的羊预剥皮设备。

5.2 能源辅助设备

5.2.1

压缩空气系统 compressed-air system

给屠宰加工设备提供压缩空气气源的系统,包括空压机、压缩空气干燥机、压缩空气过滤器和压缩空气管道阀门等。

5.2.2

真空系统 vacuum system

给屠宰加工设备提供真空气源的系统,包括真空泵、控制系统、储气罐、过滤总成和真空管道阀门等。

5.2.3

制冰机 ice maker

用于制取各种冰制品的设备。

5.3 清洗设备

5.3.1

围裙清洗器 apron washer

清洗围裙表面的装置。

5.3.2

洗靴机　boots washing machine

清洗工作鞋表面的装置。

5.3.3

高压清洗机　high pressure washer

清洗时可提供喷淋水压≥0.6 MPa 以上的清洗设备。

5.3.4

箱盘清洗机　crate and tray washer

清洗、消毒周转箱、盘的设备。

5.3.5

箱盘风干机　crate and tray air drier

风干清洗后的周转箱、盘的设备。

5.3.6

箱盘清洗风干一体机　crate and tray washing and air-drying machine

对周转箱、盘进行清洗、消毒并风干的一体化设备。

5.3.7

挂钩清洗装置　hook/shackle cleaning device

清洗悬挂畜禽屠体、胴体等挂钩的设备。

5.3.7.1

喷淋式挂钩清洗装置　spray cleaning device for hook/shackle

采用热水喷淋方式在线清洗畜禽挂钩的装置。

5.3.7.2

超声波挂钩清洗装置　ultrasonic cleaning device for hook/shackle

采用超声波振荡方式在线或离线清洗畜禽挂钩的装置。

注:挂钩清洗时需浸泡在热水中。

5.3.8

内脏托盘挂钩在线清洗消毒装置　online viscera trays or hooks sterilizing device

安装在同步检验输送线上对内脏托盘或挂钩清洗消毒的装置。

5.3.9

工位清洗消毒装置　station cleaning and disinfection device

安装在屠宰工位上对屠宰专用器具清洗消毒的装置。

5.3.10

洗手盆　hand wash basin

安装在工位上用于洗手的装置。

5.3.11

洗手槽　hand wash sink

用于洗手的槽状装置。

5.3.12

刀具消毒器　knife disinfector

用于刀具消毒的装置。

5.3.13

防溅屏　anti-splash screen

安装在设备或工位相关位置,防止液体或物体飞溅的装置。

5.4

速冻车　freezing cart

冻结间放置需冻结产品的车辆。

5.5　主要工器具

5.5.1

宰杀刀　slaughter knife

宰杀放血的专用刀具。

5.5.2

检验钩　inspection hook

检验检疫时钩住畜禽相应检查部位的工具。

5.5.3

检验刀　inspection knife

用于畜禽屠宰检验检疫的专用刀具。

5.5.4

剔骨刀　boning knife

用于畜禽肉剔骨的专用刀具。

5.5.5

分割刀　cutting knife

用于畜禽肉分割的专用刀具。

5.5.6

磨刀棒　whet knife bar

用于修磨刀具刀刃的棒形工具。

5.5.7

磨刀机　knife grinder

用于修磨刀具刀刃的设备。

5.5.8

涡轮修整器　turbine dresser

采用涡轮原理用于畜禽肉分割修整的专用刀具。

5.5.9

气动分割刀　pneumatic cutter

采用气力驱动分割畜禽肉的刀具。

6　主要零部件

6.1　输送设备零部件

6.1.1

驱动装置　driving unit

输送机的动力装置。

［来源:GB/T 14521—2015,5.1.1,有修改］

6.1.2

张紧装置　take-up unit

产生输送机牵引件预张力,以保证其正常运行的装置。

［来源:GB/T 14521—2015,5.1.2］

6.1.2.1

手动张紧装置　manual take-up unit

根据牵引力的变化，人工手动调整牵引件预张力的张紧装置。

6.1.2.2

自动张紧装置　automatic take-up unit

根据牵引力的变化，自行调整牵引件预张力的张紧装置。

［来源：GB/T 14521—2015,5.1.2.1］

6.1.2.3

气动张紧装置　pneumatic take-up unit

借助气力调整牵引件预张力的张紧装置。

6.1.2.4

液压张紧装置　hydraulic take-up unit

借助液压调整牵引件预张力的张紧装置。

［来源：GB/T 14521—2015,5.1.2.1.1］

6.1.3

回转装置　turn unit

实现牵引链线路水平转向的装置。

6.1.3.1

回转轮　turn wheel

回转装置上支撑牵引链和滑架的导向轮。

6.1.4

轨道　track/rail

支承牵引链或滚轮并导向的刚性构件。

6.1.4.1

单轨　single track

用于悬挂输送的单条轨道。

6.1.4.2

双轨　double track

用于悬挂输送的两条平行轨道。

6.1.4.3

T 型轨　T-track

单轨中截面为"T"形的轨道。

6.1.4.4

圆型轨　circular track

单轨中截面为圆形或半圆形的轨道。

6.1.4.5

矩型轨　rectangular track

单轨中截面为矩形的轨道。

6.1.4.6

升降轨道　up/down track

完成牵引链及支承滚轮升降的轨道。

6.1.5

吊杆　suspension rod

将悬挂输送设备、带式输送设备等吊挂在钢梁上的承载件。

6.1.6

悬吊装置 suspension unit

将悬挂输送机驱动装置、张紧装置、回转装置和轨道等部件联结和固定到工艺钢梁的组合件。

6.1.7

道岔 turnout

完成承载滑架转换输送线路的轨道连接装置。

6.1.7.1

手动道岔 manual turnout

人工手动完成轨道线路变换的道岔。

6.1.7.1.1

手动双向道岔 manual two-way turnout

完成2个方向轨道线路变换的手动道岔。

6.1.7.1.2

手动三向道岔 manual three-way turnout

完成3个方向轨道线路变换的手动道岔。

6.1.7.1.3

手动四向道岔 manual four-way turnout

完成4个方向轨道线路变换的手动道岔。

6.1.7.2

自动道岔 automatic turnout

通过信号触发,自动完成轨道线路变换的道岔。

6.1.7.2.1

气动道岔 pneumatic turnout

借助气力完成轨道线路变换的自动道岔。

6.1.7.2.2

电动道岔 electromagnetic turnout

借助电磁力完成轨道线路变换的自动道岔。

6.1.7.3

配重道岔 turnout with additional weight

带有配重的道岔。

6.1.8

接轨器 rail connecting unit

完成悬挂输送承载轨道缺口段的连接装置。

6.1.8.1

手动接轨器 manual rail connecting unit

人工手动完成连接的接轨器。

6.1.8.2

自动接轨器 automatic rail connecting unit

通过信号触发,自动完成连接的接轨器。

6.1.8.2.1

气动接轨器 pneumatic rail connecting unit

借助气力完成连接的自动接轨器。

6.1.8.2.2

电动接轨器 electromagnetic rail connecting unit

借助电磁力完成连接的自动接轨器。

6.1.9

牵引链　drag chain

输送机固定承载构件并牵引其运行的链条。

6.1.10

滑架　trolley

固接在牵引链上支撑牵引件的构件。

6.1.10.1

负载滑架　load trolley

挂载负荷物的滑架。

6.1.10.2

空载滑架　chain support trolley

不挂载负荷物的滑架。

6.1.10.3

滑架轮　trolley wheel

滑架上沿轨道滚动的支撑轮。

6.1.11

悬挂吊具　sling

承载悬挂输送物料的构件。

6.1.12

挂钩　hook;shackle

吊挂在滑架上承载物料的钩形构件。

6.1.13

放血吊链　bleeding shackle

吊挂在滑架上承载放血畜屠体的链式构件。

6.1.14

扁担钩　gambrel hook

吊挂猪(羊)屠体两踝关节的钩形构件。

6.1.15

单钩　single hook

吊挂畜单条腿踝关节的钩形构件。

6.1.16

双叉档　double-fork shackle

具有双端束缚功能,两端为叉子形状,承载羊屠体的钩形构件。

6.1.17

单叉档　single-fork shackle

单端为叉子形状,具有束缚功能,承载羊屠体的钩形构件。

6.1.18

吊盘　hanging plate

吊挂在滑架上承载加工品或包装物的盘子。

6.2　烫毛脱毛设备零部件

6.2.1　烫毛设备零部件

6.2.1.1

气流搅拌装置　air stirring device

采用气流对液体进行搅拌的装置。

6.2.1.2

机械搅拌装置　mechanical stirring device

采用机械泵对液体进行搅拌的装置。

6.2.1.3

射流器　jetor

在射流浸烫机烫道中设置的产生喷射水流的部件。

6.2.2　脱毛设备零部件

6.2.2.1

脱毛指　dehairing/plucking finger

用于脱去畜毛或家禽羽毛的指状橡胶件。

6.2.2.2

脱毛辊　dehairing/plucking roller

用于安装脱毛指(脱毛板)的圆柱形部件。

6.2.2.3

脱毛盘　plucking disc

用于安装家禽脱毛指的盘形部件。

6.2.2.4

脱毛板　dehairing board

固定在脱毛辊上,用于去除家畜毛发的金属片或橡胶板与金属片的组合件。

7　设备主要参数

7.1　输送设备主要参数

7.1.1

滑架间距　trolley spacing

支撑牵引件的相邻滑架的中心距。

7.1.2

挂载间距　load trolley spacing

牵引构件上承载滑架(挂钩、推杆)的中心距。

[来源:JB/T 7011—2008,3.11,有修改]

7.1.3

挂钩间距　shackle spacing

悬挂输送线上相邻挂钩的中心距。

7.1.4

轨道高度　rail height

轨道顶面到地面的距离。

7.1.5

挂钩高度　shackle height

挂钩底部到地面的距离。

7.2　致昏区设备主要参数

7.2.1

致昏逃逸率　stunning escape rate

畜禽致昏操作后,放血前未达到致昏效果的数量与总致昏量的百分比。

7.2.2

致昏时间 stunning time

电极(气体)等对畜禽实施致昏的时间。

7.2.3

致昏电压 stunning voltage

致昏畜禽时电极两端的电压。

7.2.4

致昏电流 stunning current

致昏畜禽时通过畜禽体的电流。

7.2.5

电致昏频率 electric stunning frequency

致昏畜禽时电源的频率。

7.2.6

二氧化碳浓度 carbon dioxide concentration

采用气体致昏畜禽的过程中,致昏装置内二氧化碳气体的浓度。

7.2.7

猪致昏三断率 leg-spinal-tail bone fracture rate

因致昏原因,猪屠体产生断腿、断脊骨、断尾骨中任一项或多项的头数与致昏总头数的百分比。

7.3 宰杀放血区设备主要参数

7.3.1

宰杀放血时间 sticking time

从致昏结束到放血刀具割断(刺入)畜禽屠体动脉的时间。

7.3.2

沥血时间 bleeding time

从放血刀具割断(刺入)畜禽屠体动脉到屠体进入烫毛或预剥皮设备的时间。

7.4 烫毛脱毛区(副产品区)设备主要参数

7.4.1

有效烫毛长度 effective scalding length

畜禽屠体或头蹄等与烫毛介质充分接触时的输送距离。

7.4.2

烫毛温度 scalding temperature

在畜禽屠体或头蹄等烫毛过程中,水或蒸汽等介质的温度。

7.4.3

烫毛时间 scalding time

畜禽屠体或头蹄等通过烫毛介质的时间。

7.4.4

烫伤率 scalding damage rate

烫老率

因烫毛过程造成体表损伤的畜禽屠体头(只)数或头蹄只数与对应总烫毛数的百分比。

7.4.5

烫透率 scalding qualified rate

烫毛后符合烫毛要求的畜禽屠体头(只)数或头蹄只数与对应总烫毛数的百分比。

7.4.6

脱毛指有效长度 dehairing/plucking finger length

脱毛指与畜禽屠体或头蹄等有效接触部分的长度。

7.4.7

脱毛板间隙 dehairing/plucking board spacing

两脱毛板相邻边缘之间的距离。

7.4.8

脱毛时间 dehairing/plucking time

畜禽屠体或头蹄等完全进入到离开脱毛设备的有效时间。

7.4.9

脱毛率 dehairing/plucking rate

脱毛合格数量占总脱毛数量的百分比。

7.4.10

屠体破损率 carcass damage rate

由于设备原因造成的畜禽体表划伤、破损的数量与屠宰量的百分比。

7.4.11

断翅率 wing broken rate

家禽在屠宰加工过程中翅膀折断数量与翅膀总数量的百分比。

7.4.12

断爪率 feet broken rate

家禽在屠宰加工过程中爪折断数量与爪总数量的百分比。

7.5 剥皮区设备主要参数

7.5.1

夹皮槽长度 stripping length for pig

猪剥皮机夹皮槽的有效长度。

7.5.2

剥皮刀间隙 peeling knife spacing

猪剥皮机剥皮滚筒与剥皮刀之间的缝隙。

7.5.3

皮张破损率 skin broken rate

剥皮工序由于设备原因致使皮张破损的皮张数与总剥皮张数的百分比。

7.5.4

皮张带脂量 skin fat volume

剥皮工序剥下皮张上带脂肪的重量。

7.6 开膛取脏区设备主要参数

7.6.1

同步检验输送误差 synchronous inspection delivery error

单位时间内,同步检验输送线与胴体加工线同一胴体和内脏对应工位的偏差量。

7.7 胴体加工区设备主要参数

7.7.1

往复锯工作行程 working stroke length of reciprocating saw

往复式锯锯条的运动长度。

7.7.2

劈半机工作长度　working length of splitting machine

劈半机在正常工作条件下,劈半最高点到最低点的距离。

7.7.3

劈正率　splitting qualified rate

劈半合格二分体的数量与总劈半数量的百分比。

7.7.4

劈半耗肉量　splitting meat loss

劈半设备造成的肉品损失的重量。

7.8　胴体(或副产品)冷却区设备主要参数

7.8.1

冷却温度　chilling temperature

冷却畜禽胴体(或副产品)的介质温度。

7.8.2

冷却时间　chilling time

畜禽胴体(或副产品)从进入到离开冷却介质的有效时间。

参 考 文 献

[1] GB/T 14521—2015 连续搬运机械术语
[2] JB/T 7011—2008 悬挂输送机 术语

索　引
汉语拼音索引

英文对应词索引

A

B

C

D

M

N

R

S

W

ICS 67.120.10
CCS B 41

中华人民共和国农业行业标准

NY/T 4445—2023

畜禽屠宰用印色用品要求

Requirements of stamp and ink for slaughter of livestock and poultry

2023-12-22 发布　　　　　　　　　　　　　　　2024-05-01 实施

中华人民共和国农业农村部 发布

前　言

本文件按照 GB/T 1.1—2020《标准化工作导则　第 1 部分：标准化文件的结构和起草规则》的规定起草。

请注意本文件的某些内容可能涉及专利。本文件的发布机构不承担识别专利的责任。

本文件由农业农村部畜牧兽医局提出。

本文件由全国屠宰加工标准化技术委员会(SAC/TC 516)归口。

本文件起草单位：中国动物疫病预防控制中心(农业农村部屠宰技术中心)、北京二商肉类食品集团有限公司、四川德康农牧食品集团股份有限公司、北京顺鑫农业股份有限公司鹏程食品分公司、中国肉类食品综合研究中心、陕西省动物卫生与屠宰管理站、河南省动物检疫总站、陕西省饲料工作总站、内蒙古自治区质量和标准化研究院、许昌市动物检疫站。

本文件主要起草人：冯忠泽、尤华、曲萍、高胜普、闵成军、张栓玲、刘潇潇、孟庆阳、朱伟英、王西全、解辉、胡兰英、张劭俣、张新玲、常光强、邹昊、李宏宇、宋洁。

畜禽屠宰用印色用品要求

1 范围

本文件规定了畜禽屠宰检验检疫用印油的原料、配制、使用、储存及印章要求。

本文件适用于对畜禽屠宰检验检疫结果等进行标识的印油、印章等印色用品。

2 规范性引用文件

下列文件中的内容通过文中的规范性引用而构成本文件必不可少的条款。其中，注日期的引用文件，仅该日期对应的版本适用于本文件；不注日期的引用文件，其最新版本（包括所有的修改单）适用于本文件。

GB 4806.5 食品安全国家标准 玻璃制品

GB 4806.7 食品安全国家标准 食品接触用塑料材料及制品

GB 4806.9 食品安全国家标准 食品接触用金属材料及制品

GB 4806.11 食品安全国家标准 食品接触用橡胶材料及制品

NY/T 3383 畜禽产品包装与标识

3 术语和定义

下列术语和定义适用于本文件。

3.1

印油原料 ink ingredients

用于配制印油的各种原材料，包括着色剂、溶剂等。

4 印油要求

4.1 原料要求

4.1.1 印油原料不应对人体健康造成危害。

4.1.2 配制印油的着色剂、溶剂等应符合食品添加剂质量规格标准或食品相关食品安全国家标准的规定。

4.1.3 畜禽屠宰企业采购印油原料时应核查其质量情况，包括但不限于查验生产资质、型式检验报告、产品出厂检验报告等。

4.1.4 盛放着色剂、溶剂的包装袋、容器应密封，储存在干燥、阴凉、避光处。易挥发溶剂应远离火源。

4.2 印油的配制

4.2.1 印油应在使用前适量配制。配制好的印油应附着牢固，不易迁移，不易脱色。

4.2.2 着色剂的选择及印油配制方法见附录 A。

4.3 印油的使用

4.3.1 检验检疫合格的胴体表面应使用蓝色印油，不合格的胴体表面应使用红色印油。

4.3.2 印油使用前应充分混匀，并对印油的使用效果进行检验。

4.3.3 加盖印章时应蘸取适量印油，盖章后字迹应清晰可辨、图案应完整、不掉色、无明显扩散。

4.3.4 加盖印章的产品部位应符合 NY/T 3383 等相关标准的要求。

4.3.5 刚加盖印章后的胴体相互间宜保持一定距离，防止剐蹭。

4.4 印油的储存

4.4.1 盛装印油的容器应标有醒目的标志,容器材料应符合 GB 4806.5、GB 4806.7 等食品安全国家标准的要求。

4.4.2 盛放印油的容器应密封,储存在干燥、阴凉、避光、远离火源处。

4.4.3 印油储存时间不宜超过 2 周。

5 印章要求

5.1 检验检疫印章应使用农业农村主管部门认可的肉品品质检验合格验讫、检疫验讫等印章。

5.2 印章的规格尺寸、样式及使用应符合农业农村主管部门的规定。

5.3 与印油及产品直接接触的印章材质应符合 GB 4806.7、GB 4806.9、GB 4806.11 等食品安全国家标准的要求。

5.4 使用印油的印章每班使用结束后应清洗、消毒,存放在通风、干燥处。

附　录　A

（资料性）

着色剂的选择及印油配制方法

A.1 着色剂的选择

着色剂的选择见表 A.1。

表 A.1　着色剂的选择

印油	着色剂选择	执行标准
蓝色	栀子蓝、亮蓝、藻蓝；赤藓红	GB 28311、GB 1886.217、GB 1886.309、GB 17512.1
红色	红曲红、胭脂红	GB 1886.181、GB 1886.220

A.2 配制方法

A.2.1 蓝色印油

宜按以下 2 种方法配制：

a) 称取栀子蓝（或亮蓝、藻蓝）2.5 g，赤藓红 5 g，混匀，使用纯净水 250 mL 充分溶解，再加入 95％（V/V）食用酒精 750 mL，混匀；

b) 称取栀子蓝 30 g，使用 95％（V/V）食用酒精 700 mL 充分溶解，再加入食用级甘油、纯净水各 150 mL，混匀。

A.2.2 红色印油

宜按以下 2 种方法配制：

a) 称取红曲红 30 g，95％（V/V）食用酒精 750 mL，先用少量食用酒精溶解成糊状，再将剩余的食用酒精全部加入，充分溶解，最后加入纯净水 250 mL，混匀；

b) 称取胭脂红 30 g，使用 95％（V/V）食用酒精 700 mL 充分溶解，再加入食用级甘油、纯净水各 150 mL，混匀。

ICS 67.120.10
CCS X 22

中华人民共和国农业行业标准

NY/T 4447—2023

肉类气调包装技术规范

Technical specification for modified atmosphere packaging of meat

2023-12-22 发布

2024-05-01 实施

中华人民共和国农业农村部 发布

前　言

本文件按照 GB/T 1.1—2020《标准化工作导则　第 1 部分：标准化文件的结构和起草规则》的规定起草。

请注意本文件的某些内容可能涉及专利。本文件的发布机构不承担识别专利的责任。

本文件由农业农村部畜牧兽医局提出。

本文件由全国屠宰加工标准化技术委员会(SAC/TC 516)归口。

本文件起草单位：中国肉类协会、希悦尔(中国)有限公司、环球新材料(南通)股份有限公司、升辉新材料股份有限公司、安姆科包装(上海)有限公司、江苏大江智能装备有限公司、浙江佑天元包装机械制造有限公司、山东康贝特食品包装机械有限公司、浙江名瑞智能包装科技有限公司、可乐丽国际贸易(上海)有限公司、湖北周黑鸭食品工业园有限公司、新希望六和股份有限公司、浙江新天力容器科技有限公司、安徽天加新材料科技有限公司、成都市罗迪波尔机械设备有限公司、空气化工产品(中国)投资有限公司、福建博鸿达食品有限公司、内蒙古科尔沁牛业股份有限公司、中粮家佳康食品有限公司、浙江青莲食品股份有限公司、中国农业科学院农产品加工研究所、合肥工业大学、呼伦贝尔绿祥清真肉食品有限责任公司、新乡市雨轩清真食品股份有限公司、北京二商肉类食品集团有限公司。

本文件主要起草人：陈伟、李小俊、李海鹏、俞吉良、杨伟、雷烜、陈晓文、林佳、熊焰、陈德元、周徐、宋渊、张志飞、刘蕾、李政、闫孝柱、倪卫民、顾颖、张德权、侯成立、仝林、王腾浩、黄立坤、王秀芝、周辉、王鹏宇、王峰、李宏宇。

肉类气调包装技术规范

1 范围

本文件规定了肉类气调包装的包装间、包装设备、包装材料、包装操作、包装件等要求,描述了对应的证实方法。

本文件适用于肉类的气调包装。

2 规范性引用文件

下列文件中的内容通过文中的规范性引用而构成本文件必不可少的条款。其中,注日期的引用文件,仅该日期对应的版本适用于本文件;不注日期的引用文件,其最新版本(包括所有的修改单)适用于本文件。

GB/T 1037 塑料薄膜与薄片水蒸气透过性能测定 杯式增重与减重法

GB/T 1040.3 塑料拉伸性能的测定 第3部分:薄膜和薄片的试验条件

GB 1886.228 食品安全国家标准 食品添加剂 二氧化碳

GB/T 2410 透明塑料透光率和雾度的测定

GB 2707 食品安全国家标准 鲜(冻)畜禽产品

GB 2760 食品安全国家标准 食品添加剂使用标准

GB/T 3768 声压法测定噪声源声功率级和声能量级 采用反射面上方包络测量面的简易法

GB 4806.1 食品安全国家标准 食品接触材料及制品通用安全要求

GB 4806.7 食品安全国家标准 食品接触用塑料材料及制品

GB 5009.156 食品安全国家标准 食品接触材料及制品迁移试验预处理方法通则

GB/T 5226.1 机械电气安全机械电气设备 第1部分:通用技术条件

GB/T 6672 塑料薄膜和薄片 厚度测定 机械测量法

GB/T 6673 塑料薄膜和薄片 长度和宽度的测定

GB/T 8808 软质复合塑料材料剥离试验方法

GB 8982 医用及航空呼吸用氧

GB 9683 复合食品包装袋卫生标准

GB/T 10004 包装用塑料复合膜、袋干法复合、挤出复合

GB 12694 食品安全国家标准 畜禽屠宰加工卫生规范

GB 14881 食品安全国家标准 食品生产通用卫生规范

GB 16798 食品机械安全卫生

GB 16912 深度冷冻法生产氧气及相关气体安全技术规程

GB/T 19789 包装材料 塑料薄膜和薄片氧气透过性试验 库仑计检测法

GB 19891 机械安全 机械设计的卫生要求

GB/T 21529 塑料薄膜和薄片水蒸气透过率的测定 电解传感器法

GB 27948 空气消毒剂通用要求

GB 29202 食品安全国家标准 食品添加剂 氮气

GB/T 31354 包装件和容器氧气透过性测试方法 库仑计检测法

GB 31604.1 食品安全国家标准 食品接触材料及制品迁移试验通则

GB 50687 食品工业洁净用房建筑技术规范

JB 7233 包装机械安全要求

3 术语和定义

下列术语和定义适用于本文件。

3.1

气调包装 modified atmosphere packaging

采用具有气体阻隔性能的包装材料,充入填充气体,调整包装容器内的气体比例的一种包装方式。

3.2

盖材 lidding material

不承载包装内容物,与底材密封后组成完整包装件的包装材料。

3.3

底材 bottom material

承载包装内容物的预制托盒或用于连续热成型的片材。

3.4

包装周期 packaging cycle time

包装设备完成进料、气体置换、封口、切膜等步骤,进行一次完整的工作循环所需要的时间。

4 包装间

4.1 包装间的设计和布局应符合 GB 12694、GB 14881 的规定。

4.2 包装间温度应控制在 12 ℃以下,包装间内应设置暂存库、物料传递通道等。包装间应安装温度测定装置,并对温度进行监控;温度测定装置应定期校准。

4.3 包装间环境微生物应符合 GB 50687 中Ⅲ级洁净用房微生物的最低要求,并按照 GB 50687 规定的方法定期检测。

4.4 填充气体的存放和管理应符合 GB 16912 的要求。

5 包装设备

5.1 分类

按包装底材可分为预制托盒式和片材连续热成型式。预制托盒式按上料方式可分为间歇式和连续式。

5.2 基本要求

5.2.1 气调包装设备材料选择和设备结构的安全卫生应符合 GB 16798、GB 19891 的规定。

5.2.2 设备安全防护应符合 JB 7233 的规定。

5.2.3 设备所用的原材料、外购件应有生产厂的质量合格证明书。外协件应按相关产品标准验收合格后,方可投入使用。

5.2.4 设备运转应平稳,运动零部件动作应灵活、协调、准确,无卡阻和异常声响。

5.2.5 采用高氧填充气体(氧气体积分数大于 21%)的真空置换式包装设备,真空系统应选用高氧真空泵或其他符合高氧工作的真空系统。

5.3 主要性能要求

5.3.1 真空置换式气调包装设备真空室的最低绝对压强不应大于 1 kPa。

5.3.2 设备连续稳定工作且填充气体不含氧气时,包装件内残氧率(残留氧气体积分数)不应大于 1%。

5.3.3 间歇式气调包装设备的包装周期不应大于 30 s,连续式气调包装设备的包装周期不应大于 10 s。

5.3.4 设备应对印刷薄膜色标反应灵敏、准确、可靠,其对正偏差为±2.0 mm。

5.3.5 设备工作噪声不应大于 80 dB(A)。

5.3.6 设备的用电安全应符合 GB/T 5226.1 的相关规定。

6 包装材料

6.1 基本要求

6.1.1 包装材料包括盖材和底材,其安全要求应符合 GB 4806.1、GB 4806.7 和 GB 9683 等的规定。生产过程使用溶剂时,包装材料的溶剂残留量总量不应大于 5.0 mg/m²,其中苯类溶剂不应检出。

6.1.2 包装材料的内、外包装应无水渍、无明显破损,管芯应完整、无塌陷。

6.1.3 包装材料应储存在清洁、阴凉、干燥、避光的库房内,库房温度不应高于 25 ℃,相对湿度不应高于 60%,不应与有腐蚀性的化学物品和其他有害物质一同存放。储存超过 12 个月的,应在使用前对 6.2 规定的项目进行检测,合格后方可使用。

6.2 主要性能要求

6.2.1 包装材料的外观和印刷质量应符合 GB/T 10004 的要求。

6.2.2 包装材料的厚度偏差应符合表 1 的规定。

表 1 包装材料的厚度偏差

厚度 μm	厚度偏差 %
≤50	±10
51~100	±8
101~199	±6
≥200	±5

6.2.3 包装材料的长度、宽度、高度偏差应符合表 2 的规定。

表 2 包装材料的长度、宽度、高度偏差

项目	盖材	底材(片材)	底材(预制托盒)
长度偏差 mm	正偏差	正偏差	±1
宽度偏差 mm	±2	0~+2	±1
高度偏差 mm	—	—	±1

6.2.4 盖材的物理力学性能应符合表 3 的规定。

表 3 盖材物理力学性能指标

项目		薄膜类			半硬质类
		高收缩类	低收缩类	非收缩类	
拉断力 N/15 mm	纵向	≥10	≥10	≥15	≥30
	横向				
断裂标称应变 %	纵向	≥100	≥100	≥100	≥20
	横向	≥70	≥70	≥70	≥20
自由收缩率 %	纵向	≥30	≥10	—	—
	横向	≥40	≥10		
雾度 %		≤10	≤10	≤10	≤10
氧气透过量 cm³/(m²·24 h·0.1 MPa)		≤20	≤20	≤20	≤10
剥离力(内层) N/15mm		≥2	≥2	≥0.6	≥4
防雾等级		≥4	≥4	≥4	≥4
注1:防雾等级仅对防雾类产品做要求。					
注2:雾度仅对透明产品做要求。					

6.2.5 底材的物理力学性能应符合表 4 的规定。

表 4　底材物理力学性能指标

项目	片材		预制托盒
	高阻隔	一般阻隔	
剥离力 N/15 mm	≥3	≥3	≥3
氧气透过量 cm³/(m² · 24 h · 0.1 MPa)	≤10	>10,≤200	—
水蒸气透过量 g/(m² · 24 h)	≤5	≤5	—
跌落强度	—	—	无破裂

6.2.6 底材(预制托盒)的质量偏差为±5%。

7　包装操作

7.1　基本要求

7.1.1 应建立符合国家相关要求的包装材料及相关产品的采购、验收、运输和储存管理制度。

7.1.2 待包装肉类应符合 GB 2707 的规定。

7.1.3 食品添加剂的使用应符合 GB 2760 的相关规定。

7.2　包装材料及填充气体的选用

7.2.1　包装材料选用

预期保质期不超过 5 d 的产品可选用一般阻隔包装材料,大于 5 d 的产品宜选用高阻隔包装材料。

7.2.2　填充气体选用

填充气体应符合 GB 1886.228、GB 29202 等食品安全国家标准的规定,其中,氧气还应符合表 5 的规定。

表 5　氧气技术要求

项目		指标
氧(O_2)含量(体积分数) 10^{-2}		≥ 99.5
二氧化碳(CO_2)含量(体积分数) 10^{-6}		≤300
一氧化碳(CO)含量(体积分数) 10^{-6}		≤5
气味		无异味
总烃含量(体积分数) 10^{-6}		≤100
固体物质	粒度 μm	≤100
	含量 mg/m³	≤1

7.3　卫生要求

7.3.1 工作人员进入包装间前,应进行洗手消毒和鞋靴消毒。

7.3.2 每日包装作业前,应对设备和工器具的产品接触面进行清洁消毒。

7.3.3 包装间班前班后应进行环境消毒,消毒剂应符合 GB 27948 的规定。

7.4 操作要求

7.4.1 包装操作前

7.4.1.1 包装材料领用前,应现场检查其内层包装是否完整、是否有明显质量缺陷,均无异常后方可领用并记录存档。

7.4.1.2 包装材料应拆除最外层包装后方可进入包装间,使用时应拆除内层包装。

7.4.1.3 待包装产品应堆码在包装间特定区域的专用托盘上,并与落地待包装产品、报废产品等区分放置。

7.4.1.4 包装设备开机前,应清除设备附近异物。

7.4.1.5 应检查设备气路、水路、电路、仪表显示等状况,确保正常。

7.4.1.6 应设立填充气体组分、含量、填充压力等技术指标指导标准,根据指导标准设置设备充气时间、充气压力等参数。

7.4.1.7 应设立封口温度、封口时间、封口压力等技术指标指导标准,根据指导标准设置相关参数。

7.4.2 包装操作过程

7.4.2.1 开机后,对首个包装周期生产的包装件进行外观、包装件内填充气体含量检测,合格后方可正式生产。在连续生产过程中,应每1 h取包装件检测1次。

7.4.2.2 使用带有印刷图案的包装材料时,包装件的图案位置偏差应小于8 mm。

7.4.2.3 包装件内填充气体各组分初始含量与指导标准规定含量允许偏差为±1%。

7.4.2.4 封口热合区域应均匀连续、干净无污染。封口宽度不应小于2 mm。

7.4.2.5 包装件应密闭,无泄漏。

7.4.3 包装操作结束

7.4.3.1 每班生产完毕,应对设备和生产场地进行清理。应将包装材料的边角料等废弃物清理出车间,并对废弃物存放设施进行清洗、消毒。

7.4.3.2 包装生产完毕,包装设备上剩余包装材料应妥善处置存放,24 h内无使用计划的包装材料应密封后存放至包材暂存间(柜)。

7.4.4 设备保养

每台设备均应制定保养作业指导书,定期进行维护保养,并做好保养记录。保养维修人员应熟悉设备结构、性能等。

8 包装件

8.1 包装件应无破损、漏气等情况。

8.2 包装件的氧气透过量应不大于20 cm³/(d·MPa)。

9 证实方法

9.1 包装设备参数的检测

9.1.1 通过查看设备的真空压力表,确定设备真空室的最低绝对压强。

9.1.2 用残氧检测仪检测包装件的残氧率。

9.1.3 用计时秒表测定包装周期。

9.1.4 用卡尺测量印刷薄膜色标的偏移距离,检测对正偏差。

9.1.5 设备工作噪声按GB/T 3768的规定进行检测。

9.2 包装材料的检测

9.2.1 包装材料的安全要求按GB 9683、GB 31604.1、GB 5009.156的规定进行检测。

9.2.2 溶剂残留量按GB/T 10004的规定进行检测。

9.2.3 外观和印刷质量按 GB/T 10004 的规定进行检测。

9.2.4 厚度偏差按 GB/T 6672 的规定进行检测。

9.2.5 长度、宽度、高度偏差按 GB/T 6673 的规定进行检测。

9.2.6 拉断力、断裂标称应变按 GB/T 1040.3 的规定进行检测。

9.2.7 自由收缩率按附录 A 的规定进行检测。

9.2.8 雾度按 GB/T 2410 的规定进行检测。

9.2.9 氧气透过量按 GB/T 19789 的规定进行检测。保持内容物接触面朝向氧气低压侧。

9.2.10 剥离力按 GB/T 8808 的规定进行检测。

9.2.11 防雾等级按附录 B 的规定进行检测。

9.2.12 水蒸气透过量按 GB/T 1037 或 GB/T 21529 的规定进行检测。试验温度为（38±0.5）℃，相对湿度为（90±2）%，选择底材的热封面为测试面。

9.2.13 跌落强度的检测。预制托盒于−7 ℃冷藏 4 h 后，置于 0.8 m 高度自由下落到坚硬的水平面（如混凝土地面），目测破裂状况。取样数量不少于 20 个。

9.2.14 质量偏差的测定。随机抽取预制托盒样品数量应不少于 5 个，分别用感量为 0.01 g 的天平称重，按公式（1）计算质量偏差，结果取平均值。

$$s = \frac{m - m_0}{m_0} \times 100 \quad\cdots\cdots\cdots\cdots\cdots\cdots\cdots\cdots\cdots\cdots\cdots\cdots\cdots\cdots\cdots\cdots\cdots\cdots \quad (1)$$

式中：

s ——单个样品的质量偏差，单位为百分号（%）；

m ——单个样品质量的数值，单位为克（g）；

m_0 ——样品标准设计质量的数值，单位为克（g）。

9.3 填充气体的检测

9.3.1 二氧化碳按 GB 1886.228 的规定进行检测。

9.3.2 氮气按 GB 29202 的规定进行检测。

9.3.3 氧气按 GB/T 8982 的规定进行检测。

9.3.4 其他气体按相关规定进行检测。

9.4 包装件的检测

9.4.1 目测包装件外部有无破损。

9.4.2 密封性按附录 C 的规定进行检测。

9.4.3 氧气透过量按 GB/T 31354 的规定进行检测。

附　录　A
（规范性）
盖材自由收缩率测试方法

A.1　试验装置

A.1.1　恒温浴槽

用于盛装液体传热介质,容积应满足试验要求。

A.1.2　液体传热介质

选择沸点高于 120 ℃的甘油或聚乙二醇作为传热介质。

A.1.3　框架

使用嵌有 2 层金属网的框架,金属网外形尺寸应大于试样的边长 10 mm 以上。2 层金属网间距为 1 mm～3 mm,应不影响试样的自由收缩。框架示意图见图 A.1。

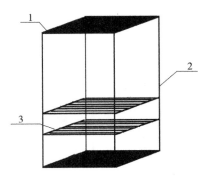

标引序号说明:
1——框架支撑板;
2——框架支撑柱;
3——金属网。

图 A.1　框架示意图

A.1.4　试样

用最小分度值为 0.5 mm 的钢直尺、刀片或专用工具,截取 100 mm×100 mm 的试样 3 块,标记薄膜的纵、横方向。

A.2　试验步骤

将试样放入 2 层金属网之间,迅速浸入 120 ℃恒温浴槽的介质中并开始计时。试验过程应保持试样均匀受热,自由收缩,10 s 后取出试样,并浸入冷却用的常温浴槽介质中,冷却 5 s 取出,水平静置 10 min,分别测量试样的纵、横向尺寸。

A.3　结果计算和表示

对每个试样,以百分比表示的自由收缩率按公式(A.1)计算。

$$s = \frac{L_0 - L}{L_0} \times 100 \quad\cdots\cdots\cdots\cdots\cdots\cdots\cdots\cdots\cdots\cdots\cdots\cdots\cdots\cdots\cdots\cdots\cdots \quad (A.1)$$

式中:

s ——自由收缩率,单位为百分号(%);

L_0——加热前试样长度的数值,单位为毫米(mm);

L ——收缩后试样长度的数值,单位为毫米(mm)。

结果取平均值,精确至1%。

附 录 B
（规范性）
盖材防雾等级测试方法

B.1 设备

B.1.1 冰箱。

B.1.2 烧杯：直径 140 mm，容量 1 000 mL。

B.1.3 橡皮筋。

B.2 试样

取外包装完好无损的一卷盖材，去掉外部 3 层，裁取试样 3 件。

B.3 测试步骤

将 250 mL 水倒入容量 1 000 mL 的烧杯，在（23±2）℃的标准环境下静置不小于 4 h。将试样盖住烧杯口部，用橡皮筋固定，待测试表面朝向烧杯内部。将烧杯置于 2 ℃～4 ℃的冰箱内。观察试样 1 h、24 h、48 h 的状态，用 48 h 后的状态进行防雾等级的评分（见表 B.1）。

表 B.1 防雾等级评分标准

分数	评分标准
1	试样内表面出现密集分布的尺寸小于 3 mm 的水滴，水滴之间互相接触，不能透过薄膜观察到烧杯的内部
2	试样内表面出现大量的尺寸大于 3 mm 的水滴，很难透过薄膜观察到烧杯的内部
3	试样内表面出现较大的透明或半透明的尺寸大于 6 mm 的水滴，可以透过薄膜观察到烧杯的内部
4	试样内表面出现少量的随机分布的不连续大水滴
5	试样内表面无水滴

B.4 结果计算

对每个试样测试防雾等级，结果取平均值。

附　录　C

（规范性）

包装件密封性测试方法

C.1　设备

C.1.1　透明真空室。

C.1.2　水槽。

C.2　试样

从外观质量目测合格的包装件中随机取样 10 件。

C.3　测试步骤

将试样放入存有适量着色水溶液的水槽内,使试样的顶端位于液面下 5 mm 处。将浸有试样的水槽放入透明真空室,抽真空抽至 80 kPa,保持 30 s,目测试样是否有连续气泡产生(不包括单个孤立气泡)。打开真空室,取出试样,擦净表面的水,开启封口,目测试样内部是否有试验用水渗入。

C.4　结果判定

若有连续气泡或开封检查时有水渗入试样,则为不合格。

————————————

附录

中华人民共和国农业农村部公告
第 651 号

　　《农作物种质资源库操作技术规程　种质圃》等 96 项标准业经专家审定通过,现批准发布为中华人民共和国农业行业标准,自 2023 年 6 月 1 日起实施。标准编号和名称见附件。该批标准文本由中国农业出版社出版,可于发布之日起 2 个月后在中国农产品质量安全网(http://www.aqsc.org)查阅。

　　特此公告。

　　附件:《农作物种质资源库操作技术规程　种质圃》等 96 项农业行业标准目录

农业农村部

2023 年 2 月 17 日

附录

附件

《农作物种质资源库操作技术规程 种质圃》等96项农业行业标准目录

序号	标准号	标准名称	代替标准号
1	NY/T 4263—2023	农作物种质资源库操作技术规程 种质圃	
2	NY/T 4264—2023	香露兜 种苗	
3	NY/T 1991—2023	食用植物油料与产品 名词术语	NY/T 1991—2011
4	NY/T 4265—2023	樱桃番茄	
5	NY/T 4266—2023	草果	
6	NY/T 706—2023	加工用芥菜	NY/T 706—2003
7	NY/T 4267—2023	刺梨汁	
8	NY/T 873—2023	菠萝汁	NY/T 873—2004
9	NY/T 705—2023	葡萄干	NY/T 705—2003
10	NY/T 1049—2023	绿色食品 薯芋类蔬菜	NY/T 1049—2015
11	NY/T 1324—2023	绿色食品 芥菜类蔬菜	NY/T 1324—2015
12	NY/T 1325—2023	绿色食品 芽苗类蔬菜	NY/T 1325—2015
13	NY/T 1326—2023	绿色食品 多年生蔬菜	NY/T 1326—2015
14	NY/T 1405—2023	绿色食品 水生蔬菜	NY/T 1405—2015
15	NY/T 2984—2023	绿色食品 淀粉类蔬菜粉	NY/T 2984—2016
16	NY/T 418—2023	绿色食品 玉米及其制品	NY/T 418—2014
17	NY/T 895—2023	绿色食品 高粱及高粱米	NY/T 895—2015
18	NY/T 749—2023	绿色食品 食用菌	NY/T 749—2018
19	NY/T 437—2023	绿色食品 酱腌菜	NY/T 437—2012
20	NY/T 2799—2023	绿色食品 畜肉	NY/T 2799—2015
21	NY/T 274—2023	绿色食品 葡萄酒	NY/T 274—2014
22	NY/T 2109—2023	绿色食品 鱼类休闲食品	NY/T 2109—2011
23	NY/T 4268—2023	绿色食品 冲调类方便食品	
24	NY/T 392—2023	绿色食品 食品添加剂使用准则	NY/T 392—2013
25	NY/T 471—2023	绿色食品 饲料及饲料添加剂使用准则	NY/T 471—2018
26	NY/T 116—2023	饲料原料 稻谷	NY/T 116—1989
27	NY/T 130—2023	饲料原料 大豆饼	NY/T 130—1989
28	NY/T 211—2023	饲料原料 小麦次粉	NY/T 211—1992
29	NY/T 216—2023	饲料原料 亚麻籽饼	NY/T 216—1992
30	NY/T 4269—2023	饲料原料 膨化大豆	
31	NY/T 4270—2023	畜禽肉分割技术规程 鹅肉	
32	NY/T 4271—2023	畜禽屠宰操作规程 鹿	
33	NY/T 4272—2023	畜禽屠宰良好操作规范 兔	
34	NY/T 4273—2023	肉类热收缩包装技术规范	
35	NY/T 3357—2023	畜禽屠宰加工设备 猪悬挂输送设备	NY/T 3357—2018
36	NY/T 3376—2023	畜禽屠宰加工设备 牛悬挂输送设备	NY/T 3376—2018
37	NY/T 4274—2023	畜禽屠宰加工设备 羊悬挂输送设备	
38	NY/T 4275—2023	糌粑生产技术规范	
39	NY/T 4276—2023	留胚米加工技术规范	

（续）

序号	标准号	标准名称	代替标准号
40	NY/T 4277—2023	剁椒加工技术规程	
41	NY/T 4278—2023	马铃薯馒头加工技术规范	
42	NY/T 4279—2023	洁蛋生产技术规程	
43	NY/T 4280—2023	食用蛋粉生产加工技术规程	
44	NY/T 4281—2023	畜禽骨肽加工技术规程	
45	NY/T 4282—2023	腊肠加工技术规范	
46	NY/T 4283—2023	花生加工适宜性评价技术规范	
47	NY/T 4284—2023	香菇采后储运技术规范	
48	NY/T 4285—2023	生鲜果品冷链物流技术规范	
49	NY/T 4286—2023	散粮集装箱保质运输技术规范	
50	NY/T 4287—2023	稻谷低温储存与保鲜流通技术规范	
51	NY/T 4288—2023	苹果生产全程质量控制技术规范	
52	NY/T 4289—2023	芒果良好农业规范	
53	NY/T 4290—2023	生牛乳中β-内酰胺类兽药残留控制技术规范	
54	NY/T 4291—2023	生乳中铅的控制技术规范	
55	NY/T 4292—2023	生牛乳中体细胞数控制技术规范	
56	NY/T 4293—2023	奶牛养殖场生乳中病原微生物风险评估技术规范	
57	NY/T 4294—2023	挤压膨化固态宠物（犬、猫）饲料生产质量控制技术规范	
58	NY/T 4295—2023	退化草地改良技术规范　高寒草地	
59	NY/T 4296—2023	特种胶园生产技术规范	
60	NY/T 4297—2023	沼肥施用技术规范　设施蔬菜	
61	NY/T 4298—2023	气候智慧型农业　小麦-水稻生产技术规范	
62	NY/T 4299—2023	气候智慧型农业　小麦-玉米生产技术规范	
63	NY/T 4300—2023	气候智慧型农业　作物生产固碳减排监测与核算规范	
64	NY/T 4301—2023	热带作物病虫害监测技术规程　橡胶树六点始叶螨	
65	NY/T 4302—2023	动物疫病诊断实验室档案管理规范	
66	NY/T 537—2023	猪传染性胸膜肺炎诊断技术	NY/T 537—2002
67	NY/T 540—2023	鸡病毒性关节炎诊断技术	NY/T 540—2002
68	NY/T 545—2023	猪痢疾诊断技术	NY/T 545—2002
69	NY/T 554—2023	鸭甲型病毒性肝炎1型和3型诊断技术	NY/T 554—2002
70	NY/T 4303—2023	动物盖塔病毒感染诊断技术	
71	NY/T 4304—2023	牦牛常见寄生虫病防治技术规范	
72	NY/T 4305—2023	植物油中2,6-二甲氧基-4-乙烯基苯酚的测定　高效液相色谱法	
73	NY/T 4306—2023	木瓜、菠萝蛋白酶活性的测定　紫外分光光度法	
74	NY/T 4307—2023	葛根中黄酮类化合物的测定　高效液相色谱-串联质谱法	
75	NY/T 4308—2023	肉用青年种公牛后裔测定技术规范	
76	NY/T 4309—2023	羊毛纤维卷曲性能试验方法	
77	NY/T 4310—2023	饲料中吡啶甲酸铬的测定　高效液相色谱法	
78	SC/T 9441—2023	水产养殖环境（水体、底泥）中孔雀石绿、结晶紫及其代谢物残留量的测定　液相色谱-串联质谱法	
79	NY/T 4311—2023	动物骨中多糖含量的测定　液相色谱法	
80	NY/T 1121.9—2023	土壤检测　第9部分：土壤有效钼的测定	NY/T 1121.9—2012

附录

序号	标准号	标准名称	代替标准号
81	NY/T 1121.14—2023	土壤检测　第14部分:土壤有效硫的测定	NY/T 1121.14—2006
82	NY/T 4312—2023	保护地连作障碍土壤治理　强还原处理法	
83	NY/T 4313—2023	沼液中砷、镉、铅、铬、铜、锌元素含量的测定　微波消解-电感耦合等离子体质谱法	
84	NY/T 4314—2023	设施农业用地遥感监测技术规范	
85	NY/T 4315—2023	秸秆捆烧锅炉清洁供暖工程设计规范	
86	NY/T 4316—2023	分体式温室太阳能储放热利用设施设计规范	
87	NY/T 4317—2023	温室热气联供系统设计规范	
88	NY/T 682—2023	畜禽场场区设计技术规范	NY/T 682—2003
89	NY/T 4318—2023	兔屠宰与分割车间设计规范	
90	NY/T 4319—2023	洗消中心建设规范	
91	NY/T 4320—2023	水产品产地批发市场建设规范	
92	NY/T 4321—2023	多层立体规模化猪场建设规范	
93	NY/T 4322—2023	县域年度耕地质量等级变更调查评价技术规程	
94	NY/T 4323—2023	闲置宅基地复垦技术规范	
95	NY/T 4324—2023	渔业信息资源分类与编码	
96	NY/T 4325—2023	农业农村地理信息服务接口要求	

中华人民共和国农业农村部公告
第 664 号

　　《畜禽品种（配套系）　澳洲白羊种羊》等74项标准业经专家审定通过，现批准发布为中华人民共和国农业行业标准，自2023年8月1日起实施。标准编号和名称见附件。该批标准文本由中国农业出版社出版，可于发布之日起2个月后在中国农产品质量安全网（http://www.aqsc.org）查阅。

　　特此公告。

　　附件：《畜禽品种（配套系）　澳洲白羊种羊》等74项农业行业标准目录

农业农村部

2023 年 4 月 11 日

附件

《畜禽品种(配套系) 澳洲白羊种羊》等74项农业行业标准目录

序号	标准号	标准名称	代替标准号
1	NY/T 4326—2023	畜禽品种(配套系) 澳洲白羊种羊	
2	SC/T 1168—2023	鳊	
3	SC/T 1169—2023	西太公鱼	
4	SC/T 1170—2023	梭鲈	
5	SC/T 1171—2023	斑鳜	
6	SC/T 1172—2023	黑脊倒刺鲃	
7	NY/T 4327—2023	茭白生产全程质量控制技术规范	
8	NY/T 4328—2023	牛蛙生产全程质量控制技术规范	
9	NY/T 4329—2023	叶酸生物营养强化鸡蛋生产技术规程	
10	SC/T 1135.8—2023	稻渔综合种养技术规范 第8部分:稻鲤(平原型)	
11	SC/T 1174—2023	乌鳢人工繁育技术规范	
12	SC/T 4018—2023	海水养殖围栏术语、分类与标记	
13	SC/T 6106—2023	鱼类养殖精准投饲系统通用技术要求	
14	SC/T 9443—2023	放流鱼类物理标记技术规程	
15	NY/T 4330—2023	辣椒制品分类及术语	
16	NY/T 4331—2023	加工用辣椒原料通用要求	
17	NY/T 4332—2023	木薯粉加工技术规范	
18	NY/T 4333—2023	脱水黄花菜加工技术规范	
19	NY/T 4334—2023	速冻西蓝花加工技术规程	
20	NY/T 4335—2023	根茎类蔬菜加工预处理技术规范	
21	NY/T 4336—2023	脱水双孢蘑菇产品分级与检验规程	
22	NY/T 4337—2023	果蔬汁(浆)及其饮料超高压加工技术规范	
23	NY/T 4338—2023	苜蓿干草调制技术规范	
24	SC/T 3058—2023	金枪鱼冷藏、冻藏操作规程	
25	SC/T 3059—2023	海捕虾船上冷藏、冻藏操作规程	
26	SC/T 3061—2023	冻虾加工技术规程	
27	NY/T 4339—2023	铁生物营养强化小麦	
28	NY/T 4340—2023	锌生物营养强化小麦	
29	NY/T 4341—2023	叶酸生物营养强化玉米	
30	NY/T 4342—2023	叶酸生物营养强化鸡蛋	
31	NY/T 4343—2023	黑果枸杞等级规格	
32	NY/T 4344—2023	羊肚菌等级规格	
33	NY/T 4345—2023	猴头菇干品等级规格	
34	NY/T 4346—2023	榆黄蘑等级规格	
35	NY/T 2316—2023	苹果品质评价技术规范	NY/T 2316—2013
36	NY/T 129—2023	饲料原料 棉籽饼	NY/T 129—1989
37	NY/T 4347—2023	饲料添加剂 丁酸梭菌	
38	NY/T 4348—2023	混合型饲料添加剂 抗氧化剂通用要求	
39	SC/T 2001—2023	卤虫卵	SC/T 2001—2006

（续）

序号	标准号	标准名称	代替标准号
40	NY/T 4349—2023	耕地投入品安全性监测评价通则	
41	NY/T 4350—2023	大米中2-乙酰基-1-吡咯啉的测定　气相色谱-串联质谱法	
42	NY/T 4351—2023	大蒜及其制品中水溶性有机硫化合物的测定　液相色谱-串联质谱法	
43	NY/T 4352—2023	浆果类水果中花青苷的测定　高效液相色谱法	
44	NY/T 4353—2023	蔬菜中甲基硒代半胱氨酸、硒代蛋氨酸和硒代半胱氨酸的测定　液相色谱-串联质谱法	
45	NY/T 1676—2023	食用菌中粗多糖的测定　分光光度法	NY/T 1676—2008
46	NY/T 4354—2023	禽蛋中卵磷脂的测定　高效液相色谱法	
47	NY/T 4355—2023	农产品及其制品中嘌呤的测定　高效液相色谱法	
48	NY/T 4356—2023	植物源性食品中甜菜碱的测定　高效液相色谱法	
49	NY/T 4357—2023	植物源性食品中叶绿素的测定　高效液相色谱法	
50	NY/T 4358—2023	植物源性食品中抗性淀粉的测定　分光光度法	
51	NY/T 4359—2023	饲料中16种多环芳烃的测定　气相色谱-质谱法	
52	NY/T 4360—2023	饲料中链霉素、双氢链霉素和卡那霉素的测定　液相色谱-串联质谱法	
53	NY/T 4361—2023	饲料添加剂　α-半乳糖苷酶活力的测定　分光光度法	
54	NY/T 4362—2023	饲料添加剂　角蛋白酶活力的测定　分光光度法	
55	NY/T 4363—2023	畜禽固体粪污中铜、锌、砷、铬、镉、铅、汞的测定　电感耦合等离子体质谱法	
56	NY/T 4364—2023	畜禽固体粪污中139种药物残留的测定　液相色谱-高分辨质谱法	
57	SC/T 3060—2023	鳕鱼品种的鉴定　实时荧光PCR法	
58	SC/T 9444—2023	水产养殖水体中氨氮的测定　气相分子吸收光谱法	
59	NY/T 4365—2023	蓖麻收获机　作业质量	
60	NY/T 4366—2023	撒肥机　作业质量	
61	NY/T 4367—2023	自走式植保机械　封闭驾驶室　质量评价技术规范	
62	NY/T 4368—2023	设施种植园区　水肥一体化灌溉系统设计规范	
63	NY/T 4369—2023	水肥一体机性能测试方法	
64	NY/T 4370—2023	农业遥感术语　种植业	
65	NY/T 4371—2023	大豆供需平衡表编制规范	
66	NY/T 4372—2023	食用油籽和食用植物油供需平衡表编制规范	
67	NY/T 4373—2023	面向主粮作物农情遥感监测田间植株样品采集与测量	
68	NY/T 4374—2023	农业机械远程服务与管理平台技术要求	
69	NY/T 4375—2023	一体化土壤水分自动监测仪技术要求	
70	NY/T 4376—2023	农业农村遥感监测数据库规范	
71	NY/T 4377—2023	农业遥感调查通用技术　农作物雹灾监测技术规范	
72	NY/T 4378—2023	农业遥感调查通用技术　农作物干旱监测技术规范	
73	NY/T 4379—2023	农业遥感调查通用技术　农作物倒伏监测技术规范	
74	NY/T 4380.1—2023	农业遥感调查通用技术　农作物估产监测技术规范　第1部分：马铃薯	

中华人民共和国农业农村部公告
第 738 号

农业农村部批准《羊草干草》等 85 项中华人民共和国农业行业标准，自 2024 年 5 月 1 日起实施。标准编号和名称见附件。该批标准文本由中国农业出版社出版，可于发布之日起 2 个月后在农业农村部农产品质量安全中心网(http://www.aqsc.agri.cn)查阅。

现予公告。

附件:《羊草干草》等 85 项农业行业标准目录

农业农村部
2023 年 12 月 22 日

附件

《羊草干草》等 85 项农业行业标准目录

序号	标准号	标准名称	代替标准号
1	NY/T 4381—2023	羊草干草	
2	NY/T 4382—2023	加工用红枣	
3	NY/T 4383—2023	氨氯吡啶酸原药	
4	NY/T 4384—2023	氨氯吡啶酸可溶液剂	
5	NY/T 4385—2023	苯醚甲环唑原药	HG/T 4460—2012
6	NY/T 4386—2023	苯醚甲环唑乳油	HG/T 4461—2012
7	NY/T 4387—2023	苯醚甲环唑微乳剂	HG/T 4462—2012
8	NY/T 4388—2023	苯醚甲环唑水分散粒剂	HG/T 4463—2012
9	NY/T 4389—2023	丙炔氟草胺原药	
10	NY/T 4390—2023	丙炔氟草胺可湿性粉剂	
11	NY/T 4391—2023	代森联原药	
12	NY/T 4392—2023	代森联水分散粒剂	
13	NY/T 4393—2023	代森联可湿性粉剂	
14	NY/T 4394—2023	代森锰锌·霜脲氰可湿性粉剂	HG/T 3884—2006
15	NY/T 4395—2023	氟虫腈原药	
16	NY/T 4396—2023	氟虫腈悬浮剂	
17	NY/T 4397—2023	氟虫腈种子处理悬浮剂	
18	NY/T 4398—2023	氟啶虫酰胺原药	
19	NY/T 4399—2023	氟啶虫酰胺悬浮剂	
20	NY/T 4400—2023	氟啶虫酰胺水分散粒剂	
21	NY/T 4401—2023	甲哌鎓原药	HG/T 2856—1997
22	NY/T 4402—2023	甲哌鎓可溶液剂	HG/T 2857—1997
23	NY/T 4403—2023	抗倒酯原药	
24	NY/T 4404—2023	抗倒酯微乳剂	
25	NY/T 4405—2023	萘乙酸(萘乙酸钠)原药	
26	NY/T 4406—2023	萘乙酸钠可溶液剂	
27	NY/T 4407—2023	苏云金杆菌母药	HG/T 3616—1999
28	NY/T 4408—2023	苏云金杆菌悬浮剂	HG/T 3618—1999
29	NY/T 4409—2023	苏云金杆菌可湿性粉剂	HG/T 3617—1999
30	NY/T 4410—2023	抑霉唑原药	
31	NY/T 4411—2023	抑霉唑乳油	
32	NY/T 4412—2023	抑霉唑水乳剂	
33	NY/T 4413—2023	噁唑菌酮原药	
34	NY/T 4414—2023	右旋反式氯丙炔菊酯原药	
35	NY/T 4415—2023	单氰胺可溶液剂	
36	SC/T 2123—2023	冷冻卤虫	
37	SC/T 4033—2023	超高分子量聚乙烯钓线通用技术规范	
38	SC/T 5005—2023	渔用聚乙烯单丝及超高分子量聚乙烯纤维	SC/T 5005—2014
39	NY/T 394—2023	绿色食品 肥料使用准则	NY/T 394—2021

附录

序号	标准号	标准名称	代替标准号
40	NY/T 4416—2023	芒果品质评价技术规范	
41	NY/T 4417—2023	大蒜营养品质评价技术规范	
42	NY/T 4418—2023	农药桶混助剂沉积性能评价方法	
43	NY/T 4419—2023	农药桶混助剂的润湿性评价方法及推荐用量	
44	NY/T 4420—2023	农作物生产水足迹评价技术规范	
45	NY/T 4421—2023	秸秆还田联合整地机　作业质量	
46	NY/T 3213—2023	植保无人驾驶航空器　质量评价技术规范	NY/T 3213—2018
47	SC/T 9446—2023	海水鱼类增殖放流效果评估技术规范	
48	NY/T 572—2023	兔出血症诊断技术	NY/T 572—2016、NY/T 2960—2016
49	NY/T 574—2023	地方流行性牛白血病诊断技术	NY/T 574—2002
50	NY/T 4422—2023	牛蜘蛛腿综合征检测　PCR法	
51	NY/T 4423—2023	饲料原料　酸价的测定	
52	NY/T 4424—2023	饲料原料　过氧化值的测定	
53	NY/T 4425—2023	饲料中米诺地尔的测定	
54	NY/T 4426—2023	饲料中二硝托胺的测定	农业部783号公告—5—2006
55	NY/T 4427—2023	饲料近红外光谱测定应用指南	
56	NY/T 4428—2023	肥料增效剂　氢醌（HQ）含量的测定	
57	NY/T 4429—2023	肥料增效剂　苯基磷酰二胺（PPD）含量的测定	
58	NY/T 4430—2023	香石竹斑驳病毒的检测　荧光定量PCR法	
59	NY/T 4431—2023	薏苡仁中多种酯类物质的测定　高效液相色谱法	
60	NY/T 4432—2023	农药产品中有效成分含量测定通用分析方法　气相色谱法	
61	NY/T 4433—2023	农田土壤中镉的测定　固体进样电热蒸发原子吸收光谱法	
62	NY/T 4434—2023	土壤调理剂中汞的测定　催化热解-金汞齐富集原子吸收光谱法	
63	NY/T 4435—2023	土壤中铜、锌、铅、铬和砷含量的测定　能量色散X射线荧光光谱法	
64	NY/T 1236—2023	种羊生产性能测定技术规范	NY/T 1236—2006
65	NY/T 4436—2023	动物冠状病毒通用RT-PCR检测方法	
66	NY/T 4437—2023	畜肉中龙胆紫的测定　液相色谱-串联质谱法	
67	NY/T 4438—2023	畜禽肉中9种生物胺的测定　液相色谱-串联质谱法	
68	NY/T 4439—2023	奶及奶制品中乳铁蛋白的测定　高效液相色谱法	
69	NY/T 4440—2023	畜禽液体粪污中四环素类、磺胺类和喹诺酮类药物残留量的测定　液相色谱-串联质谱法	
70	SC/T 9112—2023	海洋牧场监测技术规范	
71	SC/T 9447—2023	水产养殖环境（水体、底泥）中丁香酚的测定　气相色谱-串联质谱法	
72	SC/T 7002.7—2023	渔船用电子设备环境试验条件和方法　第7部分：交变盐雾（Kb）	SC/T 7002.7—1992
73	SC/T 7002.11—2023	渔船用电子设备环境试验条件和方法　第11部分：倾斜　摇摆	SC/T 7002.11—1992
74	NY/T 4441—2023	农业生产水足迹　术语	
75	NY/T 4442—2023	肥料和土壤调理剂　分类与编码	
76	NY/T 4443—2023	种牛术语	
77	NY/T 4444—2023	畜禽屠宰加工设备　术语	
78	NY/T 4445—2023	畜禽屠宰用印色用品要求	

（续）

序号	标准号	标准名称	代替标准号
79	NY/T 4446—2023	鲜切农产品包装标识技术要求	
80	NY/T 4447—2023	肉类气调包装技术规范	
81	NY/T 4448—2023	马匹道路运输管理规范	
82	NY/T 1668—2023	农业野生植物原生境保护点建设技术规范	NY/T 1668—2008
83	NY/T 4449—2023	蔬菜地防虫网应用技术规程	
84	NY/T 4450—2023	动物饲养场选址生物安全风险评估技术	
85	NY/T 4451—2023	纳米农药产品质量标准编写规范	

图书在版编目（CIP）数据

畜牧兽医行业标准汇编.2025 / 中国农业出版社编. --
北京：中国农业出版社，2025.1. -- ISBN 978-7-109-
32633-0

Ⅰ. S8-65

中国国家版本馆 CIP 数据核字第 2024Z9Q124 号

畜牧兽医行业标准汇编（2025）

XUMU SHOUYI HANGYE BIAOZHUN HUIBIAN（2025）

中国农业出版社出版

地址：北京市朝阳区麦子店街 18 号楼

邮编：100125

责任编辑：刘　伟　冀　刚

版式设计：王　晨　责任校对：周丽芳

印刷：北京印刷集团有限责任公司

版次：2025 年 1 月第 1 版

印次：2025 年 1 月北京第 1 次印刷

发行：新华书店北京发行所

开本：880mm×1230mm　1/16

印张：44.75

字数：1580 千字

定价：448.00 元